气象科学技术的历史探索

——第二届气象科技史学术研讨会论文集

Historical Exploration of Meteorological Science and Technology

Proceedings of the Second Symposium on the History of Meteorological Science and Technology

许小峰◎主编

气象出版社
China Meteorological Press

图书在版编目（CIP）数据

气象科学技术的历史探索：第二届气象科技史学术研讨会论文集/许小峰主编.—北京：气象出版社，2017.2（2017.9重印）

ISBN 978-7-5029-5118-4

Ⅰ.①气… Ⅱ.①许… Ⅲ.①气象学-历史-中国-学术会议-文集 Ⅳ.①P4-092

中国版本图书馆CIP数据核字（2017）第022815号

Qixiang Kexue Jishu de Lishi Tansuo——Di-er Jie Qixiang Kejishi Xueshu Yantaohui Lunwenji

气象科学技术的历史探索——第二届气象科技史学术研讨会论文集

出版发行：气象出版社

地　　址：北京市海淀区中关村南大街46号　**邮政编码**：100081

电　　话：010-68407112（总编室）　010-68408042（发行部）

网　　址：http://www.qxcbs.com　**E-mail**：qxcbs@cma.gov.cn

责任编辑：侯娅南　张　萌　**终　　审**：邵俊年

责任校对：王丽梅　**责任技编**：赵相宁

封面设计：楠竹文化

印　　刷：北京建宏印刷有限公司

开　　本：787 mm×1092 mm　1/16　**印　　张**：22.75

字　　数：558千字　**彩　　插**：4

版　　次：2017年2月第1版　**印　　次**：2017年9月第2次印刷

定　　价：68.00元

《气象科学技术的历史探索——第二届气象科技史学术研讨会论文集》编委会

序一

加强多学科交叉　促进气象科技史研究

气象科技史是研究大气科学技术发展历史与创新规律的综合性、通识性的专门学科，对促进气象科技进步与业务发展具有重要作用。2013 年中国气象局气象干部培训学院成功举办了“第一届气象科技史学术研讨会”，取得了不少成果和对气象科学发展的启示。不少专家建议能把这个会议继续举办下去。2015 年 12 月“第二届气象科技史学术研讨会”再次成功举办，进一步交流和研讨了大气科学技术的历史进程，归纳了气象科技创新规律。与会者也希望能通过这个平台凝聚更多有志于气象科技史研究的学者和单位，共同参与和推进这项工作。

当今科技的发展强调面向未来、面向现代化，强调大众创业，万众创新。但创新与发展都是有其自身规律的，而这些规律往往会蕴藏于科技发展走过的历程之中，通过发现与总结，可以从中受到启示，并可以加深对现代气象业务与科研的认识和理解。从这个角度讲，气象科技史学术会议就具有其积极意义。会议已经结束，但很多成果和收获值得我们进一步总结，借此序言做点回顾和思考。

本届研讨会的通知发出后，反响很热烈。投稿论文涉及了气象科技史研究的多个领域，参会代表具有较广泛的代表性，包括了国际气象史学会第一任主席、美国科尔比学院詹姆斯·弗莱明（James R. Fleming）教授，欧洲大学校际科学技术联盟主席、法国斯特拉斯堡大学马蒂亚斯·杜瑞斯（Matthias Dörries）教授，国际气象史学会第三任主席、英国曼彻斯特大学高级研究员弗拉迪米尔·扬科维奇（Vladimir Jankovic）教授；周秀骥院士、丑纪范院士、许健民院士、丁一汇院士；中国科技史学会副理事长吴国盛教授、南京大学副校长谈哲敏教授、北京大学陶祖钰教授、国家自然科学基金委员会张朝林研究员等；还有中国气象局各直属单位、中国科学院、中国社科院、北京大学、清华大学、中国海洋大学、南京信息工程大学、内蒙古师范大学、成都信息工程大学等 40 多家科研院所的 120 多位专家和学者参加了这次学术会议。

会议举办后，各方反映良好，据了解，会后多家新闻媒体予以报道。中国科学技术信息研究所（国家工程技术图书馆）还首次收录本次会议文集。此外，关于本次学术研讨会的英文报道也已经载入国际气象史学会年度报告。

我觉得这次会议上专家们各抒己见，体现了百家争鸣。这次会议的主题是“探索大气科学历史，推动气象科技创新”，体现了历史与创新的结合。这次会议能够成功召开，我认为除了学科本身发展迅速外，另一方面顺应了气象事业的发展形势，符合国家的气象现代化发展方向。气象科技史立足当下、连接过去与未来，既“严谨看待历史”，又“夯实当前研究、科学展望未来”，不仅为气象教育和人才队伍的建设提供帮助，也为气象科技和事业创新提供借鉴。

气象科技史研究之所以得到重视，根本原因还在于对现代气象科技发展的启示作用。

首先，科学发展并非一帆风顺，随着人们认知的不断提升，科学的研究目的、研究方向一直在不断变化，这种动态性在大气科学领域尤为突出。近几年，中国气象局发布了《气象科技创新体系建设指导意见（2014—2020 年）》等文件，也是希望进一步推动气象科技的创新工作。而认真研究气象科技的发展历程，挖掘大气科学发展历程中的关键事件，比如挪威学派、芝加哥学派的建立，再比如理查德森关于数值预报思路的设想、洛伦茨提出的混沌理论等等，弄清楚历史事件的来龙去脉，学习前辈们发现和解决问题的思路和方法，会有助于减少当前气象科技研发中的盲目性、浮躁性等弊端。

另一方面，气象科技史的研究有助于让专业人员更好地了解大气科学发展脉络、科学问题的解决过程及局限性。目前，在大气科学的基础教育中，比较强调知识体系的内在逻辑，对科学发展的过程关注不够，加强气象科技史的研究和学习，有助于气象科技人员从全局角度把握和理解学科的发展，提升在实际业务和科研中解决问题的思维能力。且气象科技史的知识有助于培养科技人员的人文情怀，扩展观察问题的视角。

此外，对于气象行业相关的广大从业人员来说，气象科技史研究可以为相关学科构筑学术沟通的桥梁和平台，有助于加强对不同学科相互影响的认识，这种融合能够为大气科学借鉴其他学科的发展提供帮助，也为气象文化的传播、沉淀和升华提供更广阔的土壤。二十四节气列入联合国教科文组织人类非物质文化遗产代表作名录表明中国古代气象科技成就也是中华文化的重要组成部分。全面理解气象科技的发展历程与相关学科的关系对于提升广大气象相关从业人员的认识也非常重要，如天文学、物理学、数学、流体力学等多种学科的发展和进步是如何促进气象科学发展的，测量仪器、电报、计算机等新技术的发展如何为气象业务发展与进步提供了支撑等等。

气象科技史有较好的学科交叉与综合性，对于气象现代化进程中通识人才培养和复合型干部培训具有独特价值。从这次会议报告所涉及的领域看，从气候变化到城市气候学，从中国古代气象科技史到中国近现代气象科技史，从气象观测预报到气象传播，从海洋气象学史到生物气象学史，从国内气象学家到国外气象学家，从书籍出版到气象学科建制等，无不体现了气象科技史的学科交叉与综合性。国际学者的报告对于开拓国内学者视野很有价值，这些交流与探讨必将有助于对现代气象科研与业务发展的认识。

第二届气象科技史研讨会虽已结束，但余音未了。希望参与全国气象科技史的相关学者能进一步推动这门学科的发展，特别是在气象核心业务和现代化的关键领域，比如气候变化、数值预报、大气探测、防灾减灾等方面，选准切入点，扎实做好基础研究，推动气象科技史学科繁荣。同时，希望进一步加强开放合作，将这样的学术交流活动常态化，多看看外面的世界，也为气象科技史研究人员和爱好者搭建出一个良好的常态化交流平台，并及时将会议成果通过适当途径和方式传播。本次文集收录了会议的代表性论文，反映了气象科技史研究的阶段性成果，也算是对会议成果的一次初步转化。希望通过文集的出版，展示出气象科技史在各个领域所取得的阶段性成果，也以此激励年轻的气象科技史爱好者们继续前进，努力攀登新的科学高峰。

许小峰

（中国气象局党组副书记、副局长）

2017 年 2 月 22 日

序二

依托气象科技史委员会　促进气象教育和干部培训发展

科学技术史是和大气科学并列的一级学科，国际研究非常活跃。“气象科技史研究”有助于从不同视角看待大气科学发展中的一些主流问题与难题，对人才培养和拓宽气象科技工作者视野等都有积极意义。借本书出版之际，谈一下对气象科技史的理解并回顾一下气象科技史委员会筹备与进展情况。

科学技术史是关于科学技术的产生、发展及规律的科学，科学技术史既要研究科学技术内在的逻辑关系和发展规律，又要探讨科学技术与整个社会中各种因素的相互联系和相互制约的辩证关系。这次研讨会的学术报告都反映了这些特点，因此科学技术史既不是一般的自然科学，也不同于一般的社会历史学，它是横跨于自然科学与社会科学之间一门综合的学科，一般来说它会涉及以下几方面的研究内容。一是要研究科学技术发展本身的逻辑，揭示科学技术发展的思想，包括内在的规律；二是要研究社会因素对科学技术发展的制约关系，也就是所谓的机遇，揭示科学技术发展在历史关系里面的条件；三是要研究科学发展对社会的反作用问题，来预示科学技术未来的发展。

气象科技史对于推动以史为鉴的气象科学技术创新具有重要价值，这方面需要进一步专门研究，比如思考如何促进知识体系创新。中国气象学在古代有无形成一些有中国特色的知识体系？为何没有自发转化成现代意义的大气科学？西方大气科学如何与中国本土下垫面实际结合起来出现带有中国气派的大气科学？在国家创新体系中，未来大气科学发展及其分支学科如何实现原始创新？

国际上的科技史研究早已经成为一门独立的学科，受到越来越多的国家和学者的重视，许多著名高校专门成立了这个专业。目前国际上有 40 多个研究科技史的专门机构，各国出版的科技史学术刊物有 100 多种，每年出版的科技史专著和论文远高于 2000 种，研究人员超过了 1 万，国际上对中国科技史的研究非常活跃。1980 年，中国科技史学会正式成立，从那个时候开始，中国科技史研究人员不断扩展，包括来自高等院校、科研机构的研究者、在读研究生等。中国科技史学会目前设有数学史、物理学史、化学史等 20 多个二级学科委员会，但就是没有气象科技史委员会。

实际上，气象科学具有悠久的历史，人类要认识大气规律并适应大气变化，适应气候变化发展。经过各国气象科技工作者的共同努力，在近代大气科学有了非常快速的发展，逐步成为一门具有坚实的学科理论基础和多学科交叉、与经济社会关系密切且影响广泛的专门学科。开展系统的气象科技史的研究，研究大气科学技术 4000 多年，特别是最近几百年的历史发展脉络，探索大气科学学科发展历程中的原始创新和关键事件、人物、理论，凝练气象科学技术创新的规律，研究自然、社会经济、历史环境，以及相关学科发展，气象科学相互作用的关系等等，对推动整个气象学科的创新和预示未来大气科学的进展很有意义。这也是我们考虑到气象科技史研究的重要性的原因，也是为了吸引更多的气象科技工作者参与其中，所以把气象科技史研究作为一门特色的学科来建设，需要搭建一个更广泛的交流平台，来激发更多的人参与这项研究。所以，我们觉得在这个基础上，专门建立一个气象科技史委员会还是非常必要的。

中国气象局气象干部培训学院原名北京气象学院（以下简称“干部学院”），20 世纪 50 年代建校以来，就有老师业余和零散地做些大气科学技术的历史资料搜集、人物访谈等工作。2009 年，中国气象局许小峰副局长对气象科学技术历史研究非常关注，考虑到气象专业继续教育和干部培训教育的需要，觉得应该在干部学院搭建一个气象科技史脉络研究的平台，有利于继续教育的开展。这项工作在有关司局的支持下，专门成立了气象科技史的课题组，目前已经发表了几十篇文章，有三本著作出版，另有若干著作正在出版进程中，得到了国内外学界的关注和支持，形成了一支基本的研究力量，专兼职研究队伍 20 余人。具体包括几方面进展：一是初步厘清了气象科学产生以来，特别是近代大气科学建制化以来气象科学发展的历史框架，有了一些初步的认识；二是开展了本土气象科学的研究，包括竺可桢、叶笃正、陶诗言等，已经有一些专著出版；三是召开了学术研讨会，特别是 2013 年在湖北大厦召开的“第一届气象科技史学术研讨会”，影响比较大，产生了良好的反响，尤其得到了国际气象史学会主席的肯定；四是推动了气象科技史研究工作的开展，包括一些合作，现在有多家气象部门内外单位、高校参与气象科技史的研究和教学，已经与气象部门形成一些合作机制；五是把一些成果引进了课堂，向学员讲授，非常受欢迎，因为气象科技史可以加深对气象科学和气象业务的理解。

考虑到气象科技史工作很重要，为促进气象部门教育和干部培训水平的提高，需要把气象科技史研究作为一门特色学科建设起来，就要有一些组织，聚焦一些力量与主题，形成一个平台。2013 年，结合研究与工作进展，成立气象科技史委员会时机逐渐成熟，干部学院通过请示中国气象局领导，获得首肯。2014 年，干部学院与中国科技史学会充分汇报沟通，进行了大量的初期筹办工作，准备并报送了必需的相关材料。2014 年底，准备工作全部完成。2015 年，中国科技史学会常务理事会批准成立中国科技史学会气象科技史委员会，并报中国民政部备案。

据此，干部学院专门组织力量，特别成立气象科技史筹备委员会，团结全国做气象科技史和相关研究的单位和学者，包括中国气象人才培养联盟成员，各行业气象单位、各气象业务部门、各所高校、研究机构，乃至海外一些学者，进行充分的酝酿和沟通。我们考虑尽量把平台做大，为大家服务，都可以来“唱戏”，干部学院做好服务工作。气象科技史委员会成立以后，要团结全国同行共同做好气象科技史未来 5～10 年的发展与规划等工作，促进气象教育和干部培训事业发展。

目前来看，气象科技史有促进科学发展和培养人才的功能，细分包括四个层次的功能，第一层次是大气科学技术发展史实的梳理，这是最基础的工作，需要艰苦、扎实、长期的文献研究和史实考证；第二层次是史实分析，根据历史史实分析气象科学技术历史发展规律，利用科学技术预测工具展望未来；第三层次就是某种程度的决策支撑，比如提供人才培养和干部教育培训的发展战略咨询及科学技术规划决策咨询等；第四层次是以长时段大尺度的历史视角研究文化和精神的力量，这种力量在潜移默化中能改变人的思想和行为，是很多学科不具备的。气象科技史的研究方法也在不断探索和完善中，包括文本研究法、史实考证法、口述史研究法、田野调查法、实验分析与仪器复原法、计算机数据处理等。这里不做展开论述。

气象科技史委员会的工作领域可以比较宽泛，凡是涉及大气科学技术发展历史和历史中创新的研究等相关内容都可以作为这门学科的研究对象，并且可以不断开拓。气象科技史委员会主要的研究领域，目前可以这样概括为以下几方面：一是大气科学技术历史总体框架和主干脉络的研究；二是研究大气科学的学科分类，各门分支学科历史研究和脉络，及其前沿相关问题的研究；三是研究气象科技国际交流史；四是研究气象科技人物与口述史研究；五是以科技史的视角和原始创新规律来探索相关的战略研究；六是关于科技史的人才培养，科技发展规划的研究、政策咨询，包括教材、科技评估等方面的研究。气象科技史的宗旨和研究领域有别于气象工作史和气象地方史志等研究，尽管可能存在部分交叉，但气象科技史核心是在研究大气科学与技术的发展脉络和规律挖掘上，有助于原始创新的理解和开展，属于科学技术史核心二级分支学科，未来也可能成为大气科学的二级学科。

未来气象科技史委员会要在中国科技史学会指导下建立并完善组织机构，在中国气象局和学界同行的支持下，气象科技史委员会可以借鉴国际国内有关学科委员会的成功经验，搭建气象科技史研究交流平台，最广泛地凝聚国内外气象科学领域业务科研和教育机构，调动有兴趣开展气象科技史研究的工作者的积极性，来推进气象科技史的研究，为我们国家大气科学的发展和学科建设、人才培养打下基础，贡献力量。

高学浩

（中国气象局气象干部培训学院党委书记、常务副院长、
中国科学技术史学会第一届气象科技史委员会理事长）

2017 年 1 月 12 日

目　　录

天气和气候是多变的名词：戈尔迪之结的理解与预见

Weather and Climate as Shape-shifting Nouns: Gordian Knots of Understanding and Prevision

James Rodger Fleming

（科尔比学院，沃特维尔 04901）

"技术"正在斩断戈尔迪之结，而非将其解开。

Carl-Gustaf Rossoy[1]

"为何近乎完美的预报不可能实现?"——混沌理论

Edward N. Lorenz[2]

摘要：综合叙述了持继时段内关于气候观念改变的本质，重点讨论了 1900—1960 年动力气象学和动力气候学发展史，以及 21 世纪在混沌理论影响下的观念更新。

关键词：天气，气候，戈尔迪之结

0 引言

在社会与文化词汇中，"气候"是值得一提的关键词。无可争辩，它是语言学上最复杂的词汇之一，这个名词在历史上因形式变化，其含义已经改变，而且还在变化之中，或许比气候本身变得还要快。气候的本质、历史和变化构成了我们对大气环境和与之关系的各种概念[3]。尽管我们可以对气候加以描述和模拟，但却不能将它直接可视化或预测。气候—气象之间的关系和气象—气候的研究也是动态的。本文综述了在持续时间段内，关于气候观念改变的本质，重点讨论 1900—1960 年动力气象学和动力气候学的发展史，以及 21 世纪在混沌理论影响下的观念更新。这为天气预报和气候变化在科学和哲学上增加了一个时间维度，也为思考天气与气候的相互关系的方法增加了一个时间维度。

对于历史学家来说，任何可以命名的东西，不同时期其含义不一，这个是不言而喻的；但有些哲学家却不敢苟同，不过有明显例外[4]。在认知上，重要的是我们应该考虑讨论对象的历史，以及其术语含义是如何演变的。正如 Mike Hulme 最近所写的："像所有万能概念一样，气候变化看似可以简单地加以定义，然而却受制于诸多文化意义和技术解释。"在我们使用诸如气候、气候变化、气象学、动力学和模式等术语时，澄清历史背景，弄明白我们在思考什么，这个非常重要[5-6]。

本文已发表于 *History of Meteorology* 2005 年第 7 期，经作者同意译成中文。译者：刘华、胡宇斌。

1 理解与权威

在《气候变化历史视角》(*Historical Perspectives on Climate Change*, 1998 年) 一文中，作者研究了从启蒙运动时期到 20 世纪末的气候和气候变化情况，特别提出了以下几个问题："人们（包括科学家）是如何意识到和理解覆盖于整个地球之上的气候现象的？要知道，气候现象在不断变化，从地质时代起，诸世纪一变，数十年一变，几年一变，甚至几季节一变。""被天文现象包围并沉浸其中的个人是如何理解气候变化的？""优势地位是如何产生和定义的？"[7] 由于大气科学家没有观测整体气候系统的能力（作为天文学家或许可以看到一颗恒星或行星），也没有直接进行试验的能力（作为化学家或许可以看到一个反应），对气候的科学认识各种各样，一点也不直接。令人烦恼的还有精英与民众之间的环境认知关系问题。

对于可应用于气候的术语的理解，主要有认知和理解、预感和担忧、干预和控制三个方面的定义。气候是难以捉摸的实体，远比从气候统计数据得出的大气平均状况复杂。它是更为基本的东西，是生活的经验，为物质生活的可能性提供框架结构，离不开社会环境的时间和特殊性。总之，气候在特定场所以基本的和戏剧的方式在塑造生活，它将人类的过去和未来编织在一起，对气候的体会和认识，脱离不了我们的生活方式、季节性、衣服和住房、愿望和悲剧等。气候涉及多方面的主题：帝国的统治、殖民者的傲慢、开拓者的心态，大众的、宗教的和种族的情感，强制和入侵意识形态，以及在农业、技术实践中对旱涝极端状况的恢复力。气候既亲近又普通，包括全球气候变化的地方经验[8-9]。气候的影响，就像吸一口新鲜空气、喝一口当地的水一样，贴近而个性化，或者成了地方的附加物。气候的兴衰变化越来越与群体通识（其实是恐惧）相联系，因为它的破坏性延伸至全球文明[10]。

那么，优势地位在这样一个难以捉摸的实体上是如何确定的呢？18 世纪一个流行的方法是诉诸权威——参照诸如文化、历史文献、探险家第一印象或长辈的记忆。这是启蒙运动和早期美国作家的修辞策略，他们想支持独特的文化兴衰理论。在 *Réflexions critiques sur lapoësie et sur lapeinture*（1719 年）中，Abbé Du Bos 探究了文学和科学中所谓的黄金时代的兴衰原由，将其主要归因于空气、陆地、土壤，特别是气候的变化。许多启蒙时代的作者都遵循这一路线，包括孟德斯鸠和托马斯·杰斐逊，他们把欧洲和美国的气候变化归因于人类居住环境，包括滥伐森林、湿地排水系统和过度种植等。

还有一种流行的做法是，大量、长期、广泛收集气象数据，以期推导出气候模式和变化。特定区域的个体观察员常常忠实地记录气象日志，合作观测员的网络则逐步扩展气象疆域。从 19 世纪开始，科学家们就认真制表、制图、绘图，分析观察结果，以提供气候铭文。这个过程深刻地改变了气候话语，建立起气候学科学基础。气候被看作是稳定的，可以被地理学家描述，被统计学家研究。著名的奥地利气候学家 Julius Hann 在 1897 年写道，气候是"气象现象之总和，它以地球表面任何一个地方的大气平均状态为特征"[11]。这成了气候的主流工作定义，今天仍然被沿用。

第三种获得优势知识的方法是根据基本原理确定气候应当是什么，它会如何变化。那些在特定学科视角内工作的科学家们，对从物理、数学、地质和天文学现象及原则得出的方法最为满意。大多数科学家都有一个最喜欢的因果机制，只勉强承认其他可能的气候变化的次要原因。在20世纪中叶，挪威学派的学者Tor Bergeron定义了“动力气候学”，用空气团、锋面和其他影响气候热力学的因素等进行详细的解释，补充了统计方法。根据Bergeron的观点，气候学本质上是对各个气象要素统计的一个系统汇编，无意试图全面获取潜在的动力或热动力现象。由于描述气候学没有提供控制气候热动力的统一规划，Bergeron用空气质量和锋面概念来概述综合性的动态气候学，解释数个完整的热力学单位，而不是无关的个体气象要素分布对一个区域的气候控制。旧的、静态的气候学能够说出给定年的降雨量，而动力气候学则说明何时、何地及为什么会降雨[12]。

还有一种获得气象优势知识的方法是凭借技术。现在天气和气候观测已经发展成全球性，而且是三维的，部分是因为气象仪器的发明和标准化，气象观测者的联网，但更多的原因是最近20世纪的通信和航天技术变革的迅猛增长。诸多的技术变革，包括雷达、核示踪法、数字电脑、探空火箭及气象卫星，催生了第二次世界大战后跨学科的大气科学。当时在气象学中使用计算机的科学家们，瞧不起旧式的、描述性的地理学的统计形式，认为它完全不能构成自然科学。今天，在遥感技术和建模界面工作的许多科学家，都希望通过技术的发展提供新的气象知识。对于大多数科学家来说，目的是更好地了解气候；而对于某些科学家，他们的目标是能预测气候和控制气候。

唯恐我们忽略了气象使用的维度，20世纪60年代，气候学家Helmut Landsberg在描述他所谓的“技术—气候学”时说，技术—气候学包括气候对现代生活基础设施的影响，不仅在日常生活方面，而且在气候信息对于工程和城市规划的适用性方面，还包括气候对商业和工业的影响[13]。由于工业包括在内，Landsberg通过对气候、人工影响气候和气候控制的案例研究，提高了自然环境史和人工环境史相结合的可能性，因为它对贮存、仓储，以及工人的效率、健康和安全都有影响。

气候远比一本杂志、图书甚至学科方法大得多。它在历史上某种程度吸附于特别的科学，比如天文学、化学、计算机科学、地理学、地质学、气象学、古生物学和物理学，部分来源于宽泛的历史潮流。有着特殊学科喜好的历史学家至少在某种程度上探究了上述所有领域。然而，随着全球气候变化作为新的焦点，开始出现跨学科的新局面，包括精英们和大众对气象的理解。为全局起见，越来越多的建模者们诉诸于权威和政府间气候变化专门委员会（IPCC）达成的共识。而事实是，气候学家们感觉到已失去了从未掌控的课题：科学理性的全球大叙事与人类行为、技术解决方案和政策创新结为一家。来自新闻界、公众、国家、环境保护运动的新声，由于不了解大气科学里的细微差别，在研究文献中泛滥，成为偏激之言，而同行评审和期刊出版一贯做法的刻板和脆弱，在新的电子促进“点对点”评审及无所不在的博客、微博等平台上坐上了冷板凳。

正如世界转向待解决的关键问题，看来气候学家确实已经失去了发言权、所有权、权威、地位，在很多情况下，还失去了纯真、耐心，甚至脾气，尽管有人提高嗓门为他们说话。怀疑论者（在哲学和科学界有着崇高的地位）认为，我们对气候的了解不如我们想的那么多，尤其不了解气候对二氧化碳的敏感性问题，而所谓的“否认者”（一种谩骂称谓形式）却坚持认为我们不应该对气候变化有所作为。另一方面，气候干预者建议用重拳技术控制天气系统和“修理”气候问题，比如：按需进行人工增雨或消雨，发射一组太空镜，将硫酸盐泵入平流层为地球降温，收集全球碳排放然后安全、经济地将其隔离数千年。由于气候变化太弱（按照IPCC的说法，今后10也许会变多?），经济会萧条，减灾计划如果有的话也会迟缓。目前，对于全球气候变化的共识，使人们质疑现代文明的轨迹：既存现状将会得到增强还是会被推翻？或者说气候和气候变化是可以变形的名词？这样的观点可能听起来像科幻小说，但实际上，它们是非常古老的故事的一部分，这个故事根植于人类对自然控制的理解和愿望[14]。

2 模式

模式的形态也是不断转换的。想想希腊哲学家德谟克利特对物质硬度的解释："物质的硬度与其原子的形状相对应。水的原子是光滑的；盐的原子是锋利的；空气的原子是轻盈的，会旋转"。根据形态转换认识论，"实际上我们没有把握什么。[15]"

数字计算机实际上只是一个很大的、计算速度很快的机器，自身并不是"模式"，而是一个有用的工具。在 20 世纪 40 年代末期，Carl-Gustaf Rossby、Jule Charney 和同事们导出了高空大气流动的简化微分方程，他们认为这个方程是适用于机器计算的有限差分方程。这涉及用有限大小的差异来取代时间和空间的导数，例如 1 小时时间增量和 300 km 的水平网格间距。气象的问题在于需要在上述系统内为计算机编程，使其计算每小时大气状态的改变。如果计算机的速度足够快，便能在一个小时之内完成这些计算，所预测的变化便能被纳入到原观测值中，进而通过迭代或"引导法"生成 12 小时、24 小时甚至更长时间段的天气预报。实际上这就是应用于常规数值天气预报服务的方法，自 1954 年以来，这种方法便在美国得以使用，至少是在高空大气领域，在瑞典也在有限的程度上得以应用。当时下一个符合逻辑且易于处理的步骤是将大气方程组进行整合，以用于一个永远都处于动态的、湿润的、加热的大气，也就是所谓的"无限预测"，此概念由 John von Neumann、Jule Charney 和 Harry Wexler 提出，并由 Norman Phillips 首次尝试。但是其结果却不是针对特定天气情况的预报或预测，而只是集中于环流统计特征的极限情况，它独立于任何可能存在的初始条件。这不是通常意义上的预报，而是一次模式测试。现代气候模式中的边界条件是长期变化的，是上述过程的远（非常远）亲。

天气和气候不是不同的，而是相关的。有些人可能会感到奇怪，这两者是如何相互关联的。举例而言，它们都处于有关温室效应和飓风强度的争论中心。少数人可能会指出，人工造雨与气候工程学毫不相干，但是，对地球辐射或热量平衡（例如太阳辐射管理）的任何干预都可影响到大气环流进而影响到高空模式的位置，包括急流和风暴轨道。因此，天气本身也可能被此类操作而改变。与此相反的是，通过改变暴风雨的强度或路径而对其进行干预，或者在类似一个区域、一个大洲或太平洋盆地那么大的尺度上对天气进行干预，显然将影响云量、温度以及降水模式，这将对季风环流，并最终对大气环流产生重大的影响。如果上述干预系统性地重复出现，那么将对热量平衡和气候产生影响。在上述扰动分析中，天气和气候是明显相关的。

3 戈尔迪之结

大气科学研究者们长久以来一直都试图解开气象学的戈尔迪之结——观测的不精确性、理论上的不确定性和非线性的影响造成了棘手的、难缠的混乱状态——如果这些问题被解决了，就可对未来 10 天的天气、下一年季节性的情况，乃至未来 10 年、1 个世纪、

1000年，甚至更长时间的气候情况做出完美的预测。在20世纪前60年，从应用流体动力学的诞生到跨学科大气科学的出现，相互关联的三代科学家们试图扩展和改善大气测量结果，并预测大气的未来状况。在20世纪的前10年，研究者们将希望寄托于无线电报和航空时代的来临。几十年后，广播、航空、火箭、计算机和地球轨道卫星开辟了全新的研究视野。每一代大气科学研究者们都致力于将理论与实践联系起来，他们热忱地将新技术所能提供的新能力融入到科学研究中，渴望形成一个更为全球化的气象学。每一代人以其自己的方式体验到了那种令人兴奋的感觉：他们是最新科技突破的直接受益者，他们即将开启气象学理论与实践的重大革命。他们的目标是制造出有关整个大气状态的准确信息，对大气不同的以及不断变化的状态进行完整的数学描述，并针对大气短期及长期的未来情况提供及时的预报。他们的想法固然高明，但却面临着许多破坏性极强的实际情况的限制，这是由战争、官僚作风、经济衰退、偏见及技术局限造成的[16]。

1895年，数卷地球物理论文的译者及编者、美国气象学家们的心腹谋士 Cleveland Abbe 指出，气象学需要基于大气规律进行演绎性的论述，论述要如拉普拉斯的天体力学那般完整而严密：气象学家们是永远都不会满意的，直至他们对大气的机制有了更为深入的了解为止。与最完美的组织机构比起来，还需要一些东西，对来自大气的最新消息进行观测、报告和发表。仅仅知道以前发生的情况和当前的情况是不够的，我们必须要知道未来如何，为什么会这样。我们必须基于大气规律进行演绎性的论述，论述要如拉普拉斯的“天体力学”那般完整而严密。在这一论述中，必须将力的一般规律应用于大气科学，或者是在技术上被称为气体和蒸汽的动力学和热动力学[17]。值得注意的是，Abbe 并未将天气和气候区分开来，而是强调了覆盖整个大气的规律。

不到10年，Vilhelm Bjerknes（1862—1951年）开启了新拉普拉斯计划，使用流体力学和热力学方程测量当前大气状况，并推测未来天气状态。在1902年的气象期刊上，他写道：“正如气象实践中最为著名的任务一样，当以直接的形式来处理时，理论力学的每一项任务都是预测。其目的在于，如果已知前面一段时间内的情况，就能预测未来大气动态以及大气的物理情况。[18]” Bjerknes 认为，气象学这一科学的核心问题是通过理性的动力学、物理学方法来进行天气预测。他希望将气象学置于坚实的观测和力学基础之上。1904年，他发表了《天气预报是力学和物理学的问题》[19]。在文中他指出，天气预报的问题是数学中的初始值问题，涉及了理想气体定律、热力学第一定律、质量守恒和理想可压缩气体的动力学方程。他写道，解决气象预报问题需要理性的方法，其必要和充分条件包括对一定时间内的大气状况有足够准确的了解，以及对规律的足够准备的了解，大气从一种状态发展成为另一种状态正是由这些规律所决定的。这些观点将观测、理论及预报汇集起来，真正是理论力学中有关信仰的哲学陈述，它针对我们究竟能看到多远的未来提出了根本性的问题。从详细的，如果不是完美的，大气观测入手，运用大气运动随时间变化的方程，迈出有限的，如果不是完美的一步，这是完全有可能的。这是 Bjerknes 解开气象学之中的戈尔迪之结的第一步。在这些论述中，Bjerknes 使用了“足够地”这一词，表明了他的决心。这个词无疑来自于他个人以任意精度在一个扩展的区域测量大气初始状态的经验，也来自于他在巴黎听过的 Henri Poincaré 的数学讲座。当时，Poincaré（1854—1912年）正在撰写他的三卷本著作《新的力学方法》（*Les méthodesnouvelles de la mécanique celeste*），其中他利用液流这一类比来描述所有机械系统的运动特点。在他的论文《科学和方法》（*Science et méthod*）中，Poincaré 提出了有关计算对初始条件的敏感性这一问题，并削弱了对自然进行完全精准观测这一概念。他指出："初始条件的细微差别可使得最终现象差别巨大。"这被认为是混沌理论的经典论述之一[20]。

Bjerknes 坚持在观测时采用厘米—克—秒制（c. g. s.），对观测结果进行科学分析。1913 年，他接受了来自莱比锡的邀请，前往莱比锡创建了一所地球物理研究所。由此他可获得上层大气密集观测网络的结果。第一次世界大战爆发，这使得德国的情况变得无法忍受。Bjerknes 于 1917 年携家人一道搬到了挪威的卑尔根，他的团队在卑尔根搭建了足够密集的观测台站网络，用于确认冷锋和暖锋，这便成为了理想的气旋波模型的组成部分。要想精确解出他的大气方程组系统是不可能的，因此 Bjerknes 推动了图形化方法的使用，包括简化分析方法。他于 1919 年创建了挪威学派，这一学派盛行图解法。挪威学派与许多同行一起合作，并获得了卡内基研究所的定期资助，划定了气团的属性，描述了沿极锋发展的气旋的生命史。Bjerknes 曾经说过："在 50 年内，全球的气象学家们都在研究天气图，但是却未能发现天气图中最重要的特点。我仅仅是把合适的地图交给了合适的年轻人，他们很快便发现了天气脸上的皱纹。[21-22]"

如果我们包括了 Tor Bergeron 的动力气候学，我们也可能加入"气候脸上的皱纹"。Bjerknes 和他的同事们所倡导的东西比他们自身要大得多，它非常有用，完全是新生事物。他们所提倡的图解法可用于分析和预测天气的短期变化。他们非常努力地工作，向全世界传播其理论思想，收集并解释更多且更好的，来自于越来越高的海拔高度的观测结果，并对气团分析和天气气旋技术进行整理和修订，以供国家气象部门使用。

4 进一步解开戈尔迪之结

在 Carl-Gustaf Rossby（1898—1957 年）的工作中，天气和气候是紧密相连的。他将挪威学派的方法引入美国，开发了用于收集高空大气测量结果的新方法，并将地球流体力学与航空及气象的实际需求联系起来。Rossby 创建了首个商业航线天气预报系统，在 1928 年在麻省理工学院（MIT）设立了首个气象学研究生项目，并在 1930 年与伍兹霍尔的动态海洋学家建立了联系。在"二战"期间，他监督了数以千计飞行学员的培训工作，开发了有关高层大气长波和急流的一般性理论，并创立了芝加哥大学地球物理学院以及波多黎各大学热带气象研究所。"二战"后，他创立了《气象学报》（*the Journal of Meteorology*），奠定了美国气象学会在专业研究上的核心地位。他与 Jule Charney 紧密合作，促进了（普林斯顿）高级研究所数值天气预报的研究工作。在他生命的最后 10 年，Rossby 回到了他的祖国瑞典，在斯德哥尔摩创建了国际气象研究所，进行了全球环境问题的研究。他的一项标志性的贡献是将高空行星（Rossby）波确认为进行长期预测的潜在关键因素，将它们视为适用于数字计算机计算的理想化案例。

20 世纪 20 年代，Rossby 首先在美国进行的实验项目之一是在美国气象局的地下室里建造一个旋转水池实验，一个半球形状的循环模型，放大到模拟大型的大气动态。他这个想法是受到 Helmholtz 的涡旋运动流体理论，Felix Exner 的转盘实验和"类似的运动原理"的启发[23-24]。Rossby 的水池直径 2 m，被灌满不同密度的有色液体，能每分钟旋转 3～4 次。如同大气一样，旋转水池宽大的横向维度远大于其垂直深度。大致上，这个模型是两维的。这是 Rossby 理论研究法的关键。尽管水池出现过机械故障，Rossby 最初试图模拟的大气失败，所写的无因次方程也没有结果，但这条研究线索最终在 20 世纪 40 年代被证明是卓有成效的，当时在芝加哥大学的 Dave Fultz（1921—2002 年）用双层造波水池生产的实验结果，提供了在地球大气和海洋中大规模环流的数值分析。

对 Rossby 来说，研究前沿还是在理论上，环流是在 500 hPa（约 5.6 km）的高度。高空风和行星波看上去运动起来很像造波水池实验中的有色液体。它们不像在地表的天气状况，有着明显的优势，大致上，高海拔气流无阻力，没有水汽、云层和加热等复杂因素。也就是说，运动方程式写起来相当简单，在相当长时间内管用。这为较长期的预测提供了希望，而且，如果数字计算机首先变得可用，也为计算的易处理提供希望，可以完成得比天气变化更快；换言之，为数值天气预报业务提供了希望。

晚年的 Rossby 在瑞典积极从事数值天气预报，那个年代，瑞典语词典中还没有数字计算机一词。在瑞士，他支持世界上第一个由 BESK 电脑生成的数值预报业务。他全力以赴在前沿搞研究，维护同行的一个大型通信网络，在斯德哥尔摩气象研究所接待国际访客[25]。

20 世纪 50 年代中期，Rossby 的注意力转向气候，这是他工作的全局性的环境转向。他在不同地学科学家（海洋学家、地理学家和地质学家）中促成了新的话题。在议题转向地球物理学和全球污染问题后，他创立了国际环境杂志 *Tellus*。他对所有时间尺度的气候变化和变异性感兴趣，包括冰河时代和间冰期的大周期。他谈论的越来越多的是作为环境背景的大气，它直接影响了所有人类的体验，警告人们在污染的施加下大气应力增强。他对大气的动力学和化学的复杂性感到敬畏，“为了我们生活的星球”，呼吁一种尊重的态度。他急切地期待未来的突破，“一个气象宏大的时代”，届时人造卫星可以从天上鸟瞰大气，“现如今，我们犹如螃蟹趴在深洋海底，”他说，“我们需要的是卫星视图。只有从卫星上我们才可以观察到行星波”。他最好的学生 Harry Wexler 那时正在为此能力发展奋斗中。

5 用技术斩断戈尔迪之结

Harry Wexler（1911—1962 年）将一系列变革性技术引入气象实践，以帮助斩断戈尔迪预知难题。这些技术包括雷达、核示踪法、数字计算机、探空火箭、气象卫星等。这就是传说中的“亚历山大解决方案”，1956 年 Rossby 提到这一方案时写道：“技术正在斩断戈尔迪之结，而不是解开它。”尽管如此，理论家们还是对大型快速的计算机寄予厚望，也许由于它的驱动，测量得越来越准，模型更加完美。在此基础上，Wexler 和他的同事们，尤其是 Jule Charney，为跨学科的大气科学的到来奠定了基石。

作为美国气象局的一名员工，Wexler 的工作给美国带来了空气质量分析，而作为一名空军军官，他与 Rossby 一起，在“二战”期间培训了一代军校天气学员。战后，Wexler 成了气象局的研究主管，那里的每一项新技术发展，每一个与大气相关的新国际计划都是他开发的。他在这方面颇具能力，将雷达、探空火箭、核示踪法、数字计算机和卫星整合服务于气象实践。作为许多国家和国际气象咨询委员会的成员（通常是主席），包括美国军事研究和发展委员会，美国原子能反应堆保护咨询委员会和国家研究所空间科学委员会，他显示出科学的领导能力。Wexler 的视野是全球性的，在国际地球物理年期间（1957—1958 年）他的领导能力可见一斑。他在南极冰原做试验，协调测量，并建立了气象局的莫纳罗亚山天文台，测量二氧化碳和其他气体的浓度。1962 年 Wexler 英年早逝，当时他正在执行肯尼迪政府的任务，与世界天气监视网谈判，制订一个恒久的关于天气信息和平交流的国际协议[26]。

Wexler 所处的位置，允许他有权接近各种大气科学技术。户外核试验所产生的放射云引进了径直穿过大气过程广阔范围的新工具，正如 Wexler 所说，为气象学家提供了一个纵横流动和扩散的“无敌示踪剂”，适用于从地球表层到平流层的所有尺度和水平[27]。在较高水平，放射性云概述了罗斯贝波模式。Wexler 还利用天气雷达来确定 1945 年经过佛罗里达州上空的飓风结构。他将传统天气观测和远程军用雷达提供的高分辨率延时跟踪天气映射图像技术进行了对比。

天气图像显示出前所未见的飑线和飓风带细节，从而激发了对动态变化新的解释。Wexlex 指出，现在雷达屏幕上装备了一个新的“目镜”，通过它来查看恶劣天气，打开了涉及气象雷达的一个新的研究领域[28]。Wexlex 还在新泽西普林斯顿高级研究所担任过气象局的计算机项目联络员，项目由 Von Neumann 负责，研究动力气象学理论，以便能够进行高速的、电子的、数字化和自动化的电脑运算。后来，Wexlex 在美国气象局负责制度建设和实施数值天气预报和大气环流模型。探空火箭在 Wexlex 权限范围内当作科学探索和观测平台，研究高层大气和云层照片。

Wexlex 在好几个对这门学科具有影响力的委员会担任主席，他大量的会议记录显示出问题的演化，包括正被发现的大气层的新的官方命名[29]。Rossby 早就期待的气象卫星时代，在 1960 年 4 月 1 日正式开始，泰罗斯气象卫星 1 号（TIROS-1），第一台电视和红外辐射观测卫星进入轨道。泰罗斯 1 号携带两个闭路电视摄像机（光敏光导管），用磁带记录云层图像后传输到地面。Wexlex 是这个项目的首席科学家。撇开技术，存在的问题是：特别在预测和预报中，能做什么，不能做什么？挪威学派倡导的技术，使对局部预测单个旋涡成为可能，开始可以预测两三天，后来，用一些技术，可以预测 3～7 天。然而，由于湍流和非线性相互作用，不可能预测多重漩涡的多重旋转，也就是说，生成不了以周、月或季为周期的长期天气预报。

行星预测，或罗斯贝波高空模式，可以延伸预测至 5～7 天。尽管科学家们可能知道高压脊和低压槽在哪，但不能预知所有的变化和充分肯定其兴衰。在气候相关事务中，“无限预测”可以提供总的模式和大环流的统计数据，但以牺牲所有细节为代价。然而未来气候系统状态，由于自然或人为因素，纷扰繁杂，不可能对它进行预测，更不用说预测天气系统行为，或者修正云层。我们可以干预自然系统，但我们无法控制它们，也不能精确地预测。最好的科学家能做的，是测量各种因素组成的模型的变化的敏感度。一份有影响力的报告在 1962 年指出，“大气科学家的任务是定量测量描述大气连续状态的属性，了解决定大气连续状态的物理过程，预测未来状态，如有可能，以有益的方式对未来状态施加影响”[30]。大气科学家们已经解决前两个任务，有了惊人的进步；后面两个任务，即预测和影响（或控制），仍无法触及。最后，他们对预测气候改变的时机，或流动状态的变化，感到无能为力（这不是一个科学常用之词）。

6 新的戈尔迪之结

1960 年 neo-Laplacian 程序碰壁，当时 Edward Lorenz（1917—2008 年）使用小型电

脑和一个简单的非线性模型，将混沌理论引入气象并将之扩展到气候建模[31]。他带来了新的理解，认为混沌理论提供了一种新的拓扑结构，在确定性非周期流的动力系统里对初始条件极端敏感[32]。于是，天气和气候的未来状态，在混沌理论中，由于动力系统的吸引子，成为可识别性，但动力系统也许有不止一个吸引子！无论这个技术有多么复杂，混沌理论认为，完全准确的测量和完美的预报是永远不可能的[33]。

自那以后，大气科学家研究混沌理论面临许多困难的概念选择，对天气和气候建模也带来挑战。就在“二战”后不久，科技推动了大气研究深刻转型，技术的改进版本仍然在广泛使用。每个技术对切入气象戈尔迪之结都具有意义，也许没有什么比预测技术因为终极连接卫星监测和数值天气预报而改进更伟大。集合预报员也试图规避混乱限制，用意大利面条图多模型预测来减少不确定性。然而当 neo-Laplacian 之结存留之际，新的混沌之结又被鉴别，它在数值天气预报领域被清醒认识，但对于气候模式，仅被朦胧理解。1994 年 J. B. Elsner 和 J. C. Honoré 指出，过去的 20 年都在紧跟 Lorenz 的开创性工作，之前科学界还没有对混沌理论的定量影响认真研究过[34]。

Lorenz 在他诸多讲座中有一次提到过如何“解决天气预报难题”的问题。他分享了 3 种可能的办法：

（1）学习制作基本完美的天气预报。

（2）学习制作可预测的天气预报，即使远非完美。

（3）知道可预测的天气预报有多美好，即使我们没有学会如何制作它。

然后，Lorenz 眨了眨眼睛，问道：“为什么近乎完美的预测高不可攀？”——“混沌”[35]。

选项 1：预测现在是立于过去？

选择 2：预测现在是立于现在？

选择 3：预测代表未来？

实际上，Lorenz 已经发现了一个新的气象学戈尔迪之结与过去之结相随相伴，难题有所松动和磨损，但并未解开。大气科学一直在接受这一挑战。1927 年，Arthur Eddington 爵士谈到新的物质量子理论和革命时说：“我们的眼睛一旦睁开，看到的是更新的世界新前景，但我们回不到旧日的景色。”这句话含蓄地指出，变形的科学概念同样适用于对于新的和新兴的天气与气候的理解，一如混沌理论所昭示。

参 考 文 献

[1] ROSSBY C G. Current Problems in Meteorology. The Atmosphere and the Sea in Motion: Scientific Contributions to the Rossby Memorial Volume. Stockholm: Rockefeller Institute Press and Oxford University Press, 1959: 9-50.

[2] LORENZ E N. Undated Lecture Transparency in the Papers of Edward N. Lorenz. U. S Library of Congress, Manuscript Division.

[3] FLEMING J R. Climate, Change, History. Environment and History, 2014 (20): 577-586.

[4] Epistemology. Internet Encyclopedia of Philosophy, http://www. iep. utm. edu/epistemo/.

[5] HULME M. Climate Change (concept of). International Encyclopedia of Geography, 2015.

[6] FLEMING J R. Historical Perspectives on Shape-shifting Nouns: Climate, dynamics, models. http://www. rotman. uwo. ca/new-video-posted-james-fleming-dynamic-climatology-historical-perspectives- on-shape-shifting-nouns.

[7] FLEMING J R. Historical Perspectives on Climate Change. New York: Oxford University Press, 1998.

[8] FLEMING J R, JANKOVIC V, COEN D R, et al. Intimate Universality: Local and Global Themes in the History of Weather and Climate. Sagamore Beach, MA: Science History Publications, 2006.

[9] FLEMING J R, JANKOVIC V. Osiris 26, Klima. Chicago: University of Chicago Press, 2011.

[10] ORESKES N, CONWAY E M. The Collapse of Western Civilization: A View from the Future. New York: Columbia University Press, 2014.

[11] HANN J, Handbook of Climatology. New York: [s. n.], 1903.

[12] BERGERON Tor. Richtlinien Einer Dynamischen Klimatologie. Meteorologische Zeitschrift, 1930 (47): 246-262.

[13] LANDSBERG H. Physical Climatology. [S. L.]: [s. n.], 1964.

[14] FLEMING J R. Fixing the Sky: The Checkered History of Weather and Climate Control. New York: Columbia University Press, 2010.

[15] COFFEY J. Democritus Atom. Universe Today, http: //www. universetoday. com/60058/democritus- atom.

[16] FLEMING J R. Inventing Atmospheric Science. Cambridge: MIT Press, 2016.

[17] ABBE C. The Needs of Meteorology. Science, 1985 (7): 181-182.

[18] BJERKNES V. Cirkulation Relativ zu der Erde. Meteorologische Zeitschrift 1902 (19): 97-108.

[19] BJERKNES V. Das Problem der Wettervorhersage, Betrachtet vom Standpunkte der Mechanik und der Physik. Meteorologische Zeitschrift 1904 (21): 1-7.

[20] POINCARÉ H, Science et méthod. Paris: E. Flammarion, 1906.

[21] FRIEDMAN R M, Appropriating the Weather: Vilhelm Bjerknes and the construction of a modern meteorology, Ithaca: Cornell University Press, 1989.

[22] BERGERON T, DEVIK O, GODSKE C L. "Vilhelm Bjerknes, March 14, 1862 - April 9, 1951," In Memory of Vilhelm Bjerknes on the 100th Anniversary of His Birth. Geofysiske publikasjoner, 1962 (24): 7-25.

[23] EXNER F. Dynamische Meteorologie. Vienna: Julius Springer, 1925: 341

[24] ROSSBY C G. On the Solution of Problems of Atmospheric Motion by Means of Model Experiments. Monthly Weather Review 1926 (54): 237-240.

[25] BOLIN B. Rossby Carl-Gustaf: The Stockholm Period, 1947 - 1957. Tellus A - B, 1999 (51): 4-12.

[26] FLEMING J R. Polar and Global Meteorology in the Career of Harry Wexler, 1933 - 1962. // LAUNIUS R D, Fleming J R, DE VORKIN D H, et al. Globalizing Polar Science: Reconsidering the social and intellectual implications of the International Polar and Geophysical Years . New York: Palgrave, 2010: 25-241.

[27] WEXLER H. Introductory Talk, Conference on Atomic Energy and Meteorology, U. S. Weather Bureau, December 19-20, 1949. Harry Wexler Papers, box 16. U. S Library of Congress, Manuscript Division.

[28] WEXLER H. Structure of Hurricanes as Determined by Radar. Annals of the New York Academy of Sciences, 1947 (48): 821-844.

[29] WEXLER H. Notes on Upper Atmospheric Nomenclature. Harry Wexler Papers, box 32, U. S Library of Congress, Manuscript Division.

[30] PETTERSSEN S. The Atmospheric Sciences, 1961 - 1971. Weatherwise, 1962: 185-187, 213.

[31] LORENZ E N. The Statistical Prediction of Solutions of Dynamic Equations. Proceedings of the International Symposium on Numerical Weather Prediction in Tokyo, November 7-13, 1960. SYONO S. Tokyo: Meteorological Society of Japan, 1962.

[32] LORENZ E N. Deterministic Nonperiodic Flow. J. Atmos. Sci. 1963 (20): 130-141.

[33] LORENZ E N. The Essence of Chaos. Washington: University of Washington Press, 1993.

[34] ELSNER J B, HONORÉ J C. Ignoring Chaos. Bulletin of the American Meteorological Society, 1997 (5): 1846-1847.

[35] LORENZ E N. Undated lecture transparency in the Papers of Edward. U. S Library of Congress, Manuscript Division.

“干扰区”：20世纪城市天气和气候研究

‘Zone of Disturbance’：Urban Weather and Climate Research during the Twentieth Century

Vladimir Jankovic

（曼彻斯特大学科学技术和医学史中心，曼彻斯特 M13 9PL）

摘要：总结了欧洲和美国城市气候学的早期历史，通过个案研究分析城市气候学的逻辑和尺度。

关键词：干扰区，城市气候，尺度

0 引言

在20世纪，天气和气候研究模式中占主导地位的是全球尺度的研究，这对20世纪大气科学发展中问题的选取产生了持续影响。自20世纪50年代以后，大部分数值天气预报侧重于大尺度天气系统，例如中纬度环流、高层大气行星波以及区域天气预报。全球偏差远非大气研究中唯一的，亦或最显而易见的方法，它是一系列政治、体制和理论发展的结果，仍然继续对地球科学以及更宽泛文化目前的做法和看法发挥着影响。环境问题的全球尺度是理解并应对此类问题的（又一次出现了）全球方法中的驱动力之一。针对如何应对全球气候变化的讨论一直在继续，再加上有关在国际层面上如何动员世界各国为缓解气候变化的努力做贡献的磋商，这都确认了该全球尺度的重要性。有关“全球的”和“全球”的讨论已经发展到了这种地步：许多分析家和学者将全球时代誉为“除了全球尺度之外，其他尺度都没多大作用的时代。[1]”

然而，这并不是说上述评论者们忽视了以下事实：即大尺度趋势在局部情况下也是有意义的，这可通过适应全球产品和服务而体现出来，或是（与本文内容相关）应对发生在社区的大尺度环境事件的具体实践来体现，这些社区受到了山洪、龙卷风、高温、海啸、干旱和暴风雪的影响。这可能是显而易见的，但是由于大气科学理论上、方法论上以及政治上的历史，此类局部尺度如何能获得更广泛的科学认可，并激发对全球危机由下至上的理解，要认识到这一点是有难度的。可能是由于在数学处理以及不稳定性方面的难度，小尺度极少被视为是自成一体的：举例来说，某一个特定的城市被极端的大气条件所侵袭，正如1995年芝加哥市使700多人丧命的热浪，首要关注的通常都指向天气（大尺度）特征，因为它已经体现在这个城市里了，“由城市造成的天气”这类小尺度的特征则仅仅偶尔被注意到，这类天气特征源于城市基础设施建设、道路、建筑物、当地热源或缺乏绿色空间[2]。在城市气象学的专业领域之外，城市很少被描述为天气的制造者。即使在城市被

本文经作者同意译成中文。译者：王春竹、田静。

资助项目：英国ESRC研究基金RES-062-23-2134。

视为天气制造者的地方或时候，它也没有能够在全球气候问题的版图上获得突出的认知地位。在国际城市气候学协会最近的一个帖子中，名古屋大学的气候学家 Toshiaki Ichinose 抱怨道，他想把“城市气候”作为一个部分纳入到联合国环境规划署（UNEP）全球环境展望第四次报告的“大气”章节中，却发现困难重重。审稿人拒绝了他的投稿，理由是“城市气候不是一个全球环境问题”。

虽然这种态度近年来有所转变——为了第五次评估报告，联合国政府间气候变化专门委员会（IPCC）成立了一个新的小组，由耶鲁大学的 Arnulf Grubler 担任主席。此小组旨在调查发现城市居住模式、能源和气候之间的整体关系——Ichinose 的经历证实了一种偏好，即把气候想象为全球化的实体，它由遥相关的综合驱动力所驱动。这些驱动力使天气和气候的全球性特征在认知上要高于其局部表现、生活体验的主观性以及城市、农村形式的特点。无论从比喻上还是从字面上来说，小尺度的现象，例如城市天气，在代表性工具中尚未达到知名度的门槛，因此作为气象事件和环境政策的基石显得不是那么紧密相关。这一点是相当令人吃惊的，因为世界上的城市占据了全球能源消耗的75%，人口的50%，GDP 的80%以及亮度的60%。尽管城市仅占陆地面积的3%，但是据预测 21 世纪的人口增长将几乎全部发生在城市。

鉴于公共讨论中相对较少地涉及城市天气，这篇论文的一部分将研究此现象背后的历史环境，还将研究大气科学的历史。作者的兴趣是简要地反思小尺度和城市尺度的研究在第二次世界大战的余波之中是如何发展的，进而提出如下问题：我们对于此项研究的认识能否使我们更好地理解当前全球环境危机中难以解决的问题。作者认为，这种难解性背后的一些原因反映出了经常被称为“尺度政治学”或“尺度意识形态”的情况，环境政策在很大程度上便是由这一情况所制定形成的，但是它却极少出现在已知分析或公共辩论的最前沿。在结束语中，作者提议，城市气象的地位相对而言还处于边缘化，这对人为性在气候科学和相关政策文件中的地位带来了新的曙光。

为了介绍这些主题，请允许我从网格开始。迄今为止，即使是世界上的主要城市，业务天气预报的网格分辨率都无法分辨出来，即在网格上使其“看得见”。即使是区域模式（中尺度）的最高分辨率在之前（现在仍然如此）也大于能够明确代表城市现象的分辨率。这样的结果便是，此类模式中通常会忽视城市。被称为平铺、表模式的引入——它通过计算一个网格盒内各个因素（平面）的能量平衡而考虑到了次网格的差异性——使次网格土地使用的模式得以建立起来，并为将城市纳入模式中提供了机会。但是，这个过程是缓慢的，其结果喜忧参半。

用具体的数值处理方法来分析城市这一气象现象是一种方法，与此相反，传统上是（大部分）采取描述性的方法来分析城市气象，从总体上说，研究环境科学的历史学家没有注意到这一方法。针对城市如何改变其自身以及区域气候的科学研究为人类所知晓已有两个多世纪，尽管缺乏系统性，许多研究反复证明了城市气候的独特性，包括莫斯科（1928 年）、列宁格勒（1939 年）、布达佩斯和巴黎（1947 年）、乌普萨拉（1950 年）、曼海姆（1952 年）和蒙特利尔（1954 年）。

1 欧洲和美国城市气候学的早期历史

在欧洲，小尺度天气研究始于现代近代早期，是为了应对公共健康、建造工程、农业、污染和建筑学中出现的问题。在 19 世纪期间，城市成为了卫生干预和规划的地点。人们将人口密集的区域定位为污垢、灰尘、黑暗和污染，这也影响到了公共对住宅、街道布局、交通、公园和绿色屋顶的决策。伦敦化学家及云分类学家 Luke Howard（1772—1864 年）是研究城市大气的首批学者之一。他关于伦敦天气的统计资料所揭示的正是如今被称为“城市热岛”的天气现象。Howard 将伦敦城市人为的热量过度与家庭及工业的排放联系起来，正是后者使“大气中所包含的部分”升温[3]。乡村地区将其白天的热量辐射至夜间的空气中，而城市的表面辐射热量，夜间比乡村更热。他关于“所包含的”大气的概念所指的尺度不仅仅比自由大气要小，而且是一个空间，在这个空间内，物理性质（风、湿度、辐射）不遵循大气运动的天气学定律。城市的天气不仅仅被视为当地大气的自然特征，而且是由城市肌理所控制的现象。从这个意义上来说，城市的天气事件被天气学看不见的因素所“污染”了。

到 19 世纪末期，德国占据了小型气候学研究的领先地位。Wilhelm Schmidt（1863—1936 年）和 August Schmaus（1877—1954 年）将 Luke Howard 的发现向前推进，开展了针对城市降雨、风速、湿度和辐射的微观研究。随后便出现了研究主题的复兴，例如 Georg Kraus（1841—1915 年）关于“空间最少的气候”的研究（1911 年）、Schmidt 关于都市化地区的微气象观测（1917 年）、Rudolf Geiger（1894—1981 年）关于近地面气候的研究（1927 年），以及 Kratzer 所著的 *Stadtklima*（1937 年）。Kratzer 教士（1905—1975 年）是一名本笃会的修士，他的研究基于 19 世纪末期柏林城市气候的早期研究，除了编辑出超过 250 个标题的书目之外，他还对他当时那个时代之前所有有关城市气候的已发表文献做了综述。他的著作 *Stadtklima* 在 1956 年由美国空军翻译成英文，成为了（也是颇有争议地成为了）首部描述城市气候学发展现状的著作[4]。

在以上这些研究的基础上，新的术语开始流通起来：当地气候、特殊气候、微型气候和城市气候。任职于慕尼黑大学气象和气候研究所的 Rudolph Geiger 在他的著作 *Das Klima der Bodennahen Luftschicht*（《对流层空气层的气候》）中使用了 Kleinklima（小气候）这个术语（1927 年）。但是 Geiger 对于此术语的科学地位并不满意。他指出，随着 19 世纪观测网络的扩大，科学家们意识到，测量结果的一致性取决于仪器放置的位置。为了避免误差，各国的国家气象局均同意将仪器置于高于地面 2 m 的位置，这是“最合适的位置”，它减少了邻近地面那层大气的影响，Geiger 将这一区域非正式地称为“干扰区”。将一片土地上免受这 2 m 干扰的数据拼凑起来，便形成了“大尺度气候”，它发挥了科学和国家的作用，被收入多卷宗的《德意志帝国的气候信息》一书中，此书由德国皇家天气局在 20 世纪 20 年代出版。为了经济的发展，气象信息的关注度越来越高，而大尺度气候年鉴却因其综合性太强而无法满足经济发展的需要。大家逐渐意识到，必须关注干扰区的天气情况：“不久大家便发现，所有植物的生命都受到来自干扰区的影响，而气象观测中却小心翼翼地避开了这一干扰区”[5]。

Geiger 认为，由于缺乏生活空间以及“由此而来的从地球获取最多的需求”，微气候学在德国应运而生[5]。源自农业和城市拥堵的实用性需求，微气候学帮助我们理解并降低工业污染的风险及其对当地土地、财产和人居环境的影响。它为农民、医生和商人服务，并激发设计者考虑到“街道建设、铁路建设、房屋建设以及通信系统的建立……在这之前，科学的程度决定了研究的水准，科学的深度导致了过度的专业化，但是在微气候学中，这两个之前互相矛盾的极端情况却能携起手来”[5]。这并非一个不寻常的抱怨。1931 年，俄罗斯气候昆虫学家 Boris Petrovich Uvarov 指出了“日常所指的气候，即在一个栖息地之内的生态气候，例如森林、沼泽或沙丘，最终称为微气候，即昆虫生活的实际生存空间内的条件”之间的区别。他观察到，气象平均值的计算、数据归简至海平面以及其他数据平均化的方法是由气象学家们设计的，其目的在于将完全意义上的本地因素和偶然的变化因素去除掉，这样便会使得这些标准数据对生态学家而言完全没有作用[6]。

截止到 20 世纪中叶，欧洲和北美所进行的大气研究在空间尺度上差异很大。在两次世界大战期间，气象研究分成了若干方向，不同的科学团体进行了不同方向的研究，其结果也呈多元化。小尺度的研究是自然地理学家、农学家和医生的职责范围；气候学家则侧重于研究区域或大陆模式以及生态地理学。但是政治事件将这些研究者们推到了与新兴气象需求相对立的一面。随着第一次世界大战的爆发，空军和商业飞行的需求使得气象研究者们开始关注垂直尺度，他们将“自由大气”作为了研究领域。为了空军指挥的需要，自由大气成为了业务工作（天气）的所在：地球的表面仅仅是“污染”了气象信息，是不适用于战争需求的，也不适用于天气预报员进行“大”天气预报的需求。城市气候学家能够给予这个新领域的很少：他们的研究正是研究“自由大气”的科学家意欲从其公式中去除的内容。

这并不是说在两次世界大战期间，城市气候学逐渐销声匿迹了。与此相反，城市气候学在应对城市“生态气候”问题方面有所进展。生态气候有关于大气污染、烟雾和有害的气体，城市气候学所取得的进展为城市规划者和负责公共健康的官员提供意见。城市气候学由此一直保持着活跃的状态，在两次世界大战期间甚至更为活跃了，因为其从业者能为城市提供有用的信息。随后，我将把目光转向三个历史案例，在这些案例中，城市气候学向城市提供了有用的信息，带来了实质性的成果。这些例子突出体现了对地理学家和城市气象学家所从事工作的感兴趣程度——政治的、公共的和科学的。如下文所示，地理学家和城市气象学家得到了公共的支持，开展了原创性的研究、建模，并建立了观测网络，以提供有关天气现象的信息。这些天气现象的尺度比一般的天气尺度要小得多，更不用说和全球大气循环相比了。

2 通过行动来学习：案例研究

2.1 斯图加特

德国斯图加特城是一个早期的案例，在这里，理论与实践一起携手，形成了一些最有趣也最持久的影响。斯图加特是一座工业城市，坐落于山谷之间，受制于冬季逆温和夏季高温，长期遭受工业污染。在 1934 年国家卫生保健系统法案设立之后，斯图尔特市政委员会成立了负责城市气候的部门，由气象学家 Karl Schwalb 领导。他利用由化学研究室提供的仪器，绘制了城市的通风路径，这对维持空气质量非常关键。在 1948 年制订综合建筑选址计划时，Schwalb 提供了其专业意见。1953 年，他提出的空气卫生观点对一项监管政策产生了影响。这项政策规定，市长和地方当局需针对气象和噪音消除问题定期磋商。

根据这项规定，“在上述任务的执行过程中，气候部门的领导可直接与市政厅的相关部门、专业部门以及行政区相关部门联系”[7]。Schwalb 是一位精力充沛的领导，为两代斯图加特气候学家奠定了基础，迄今为止，他们建立了无比详细的模式，并制作了城市气流和温度异常图（图 1，附彩图 1）。更不必说的是，该部门对斯图加特城规划策略产生了影响，包括冷流通道的保护、建筑的高度、街道的宽度以及土地的使用。斯图加特的城市气象确实是最好的例子之一，当地关注的问题、当地的政府以及当地的能力确实能够产生切实的减缓效果，而此时，全球气候变化这类概念尚未出现。

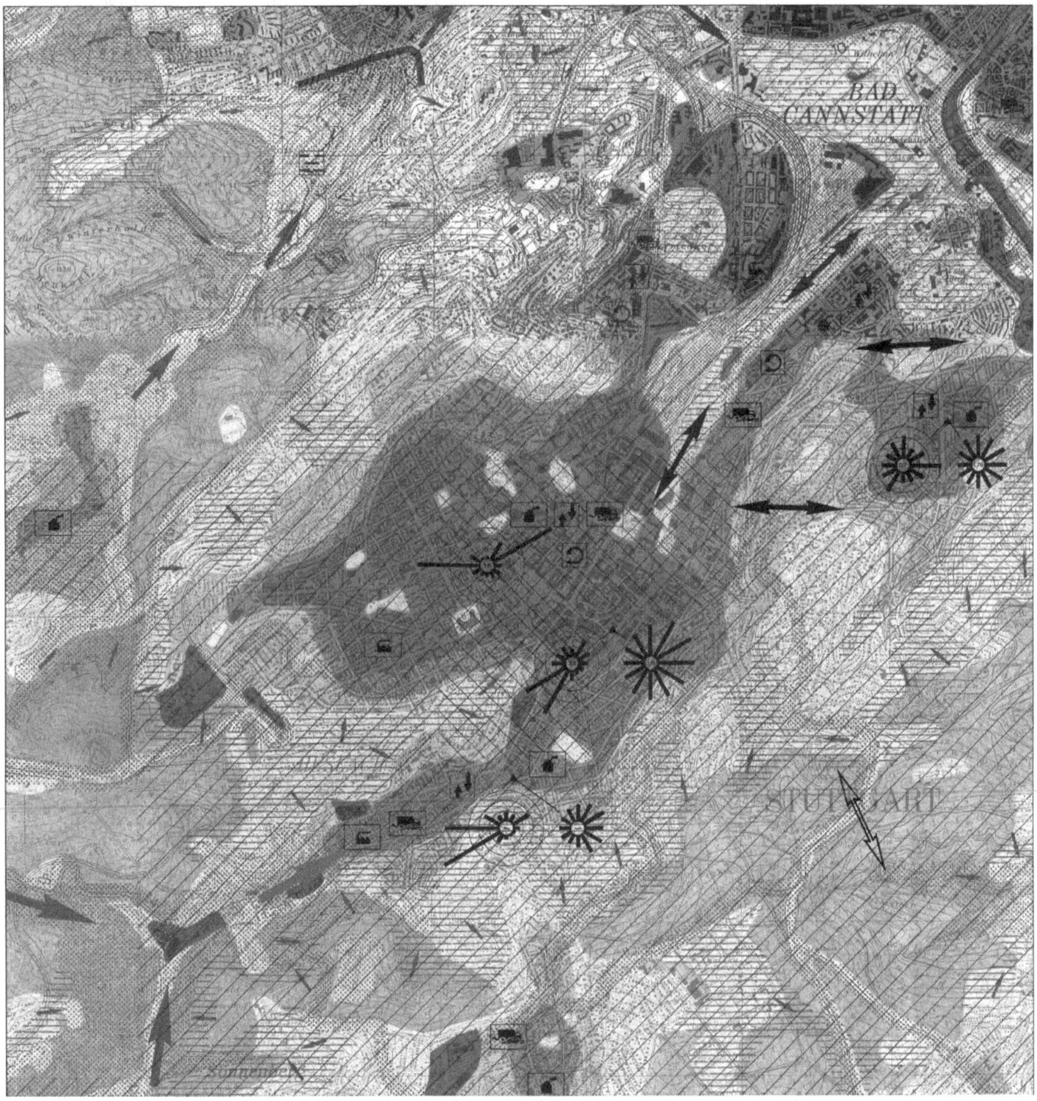

图 1 1992 年斯图加特气候分析图（包括风花、冷空气走廊、绿色区域和城市网格）

（来源：由 Jurgen Baumueller 教授和 Nicole Baumueller 女士提供）

2.2 斯科普里

斯图加特并不是唯一一个在城市规划中使用小尺度气象研究的例子。其他城市如斯大林格勒、林茨、纽约、慕尼黑和斯科普里也利用当地天气、风向及风速信息来帮助进行城市改造、城市规划政策和城市开发[8]，特别是在空气污染和城市热岛效应方面。1961 年的一次大地震之后，南斯拉夫东南部的斯科普里举行了一次国际城市规划比赛，来自日本代谢派的建筑师 Kenzo Tange 因为在日本广岛的重建中发挥了重大作用而赢得了冠军[9]。他建议在斯科普里建立与城市结构有关的详细的气流微气象模型（图 2）。Kenzo 的团队使用模型实验研究了斯科普里外部高层建筑对城市内部气流的影响。该小组还研究了气流速度与建筑物高度、建筑物之间的开放空间以及建筑物相对于街道的相对位置之间的关系。不同的模型设计产生不同的气流形态，Kenzo 利用当地风花图来选择对风速影响最小的设计，希望减少空气污染的影响。

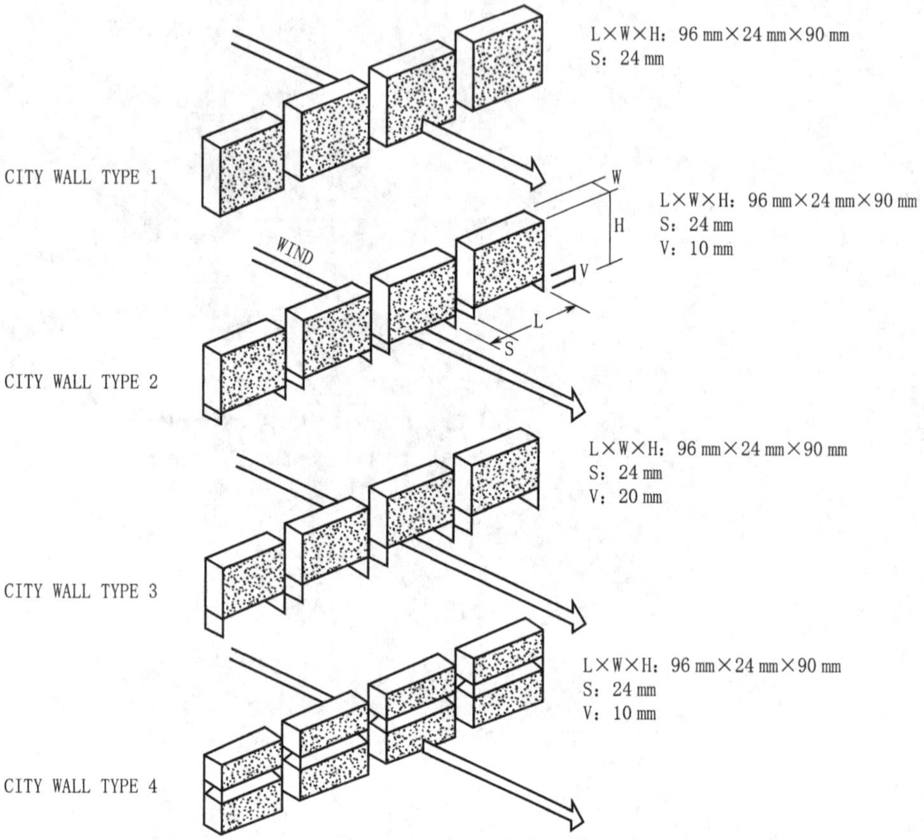

图 2　Kenzo 模拟气流通过斯科普里模型城墙的试验（1962 年）

（来源：美国环保署的特别报告，1971 年 12 月）

2.3　纽约

空气污染成为 1965 年纽约市长选举中的一个主要问题，在以市长 John Vliet Lindsay（1921—2000 年，图 3）为首的新共和党政府成立后，它仍然是一个核心问题。Lindsay 在 1966 年 5 月任命公共卫生专家 Austin N. Heller 担任空气污染控制司（DAPC）专员。Heller 为为期 5 年的科学研究绘制了发展纲要，并建立了大气测量站网，目的是将每日的大气信息结果发布给公众。因其在空气污染控制和减缓的过程中引入城市气象学，Heller 受到了 Lindsay 的肯定和表扬。Lindsay 说："几年前，只有气象学家才能告诉你，天气现象中的'逆温'是什么。但是现在，任何一个纽约人都能告诉你，逆温就是当我们上方的空气层处于这样的状态，导致污染无法飘走——污染只能在一潭死水中悬浮在街上……"

专员 Heller 认识到需要强制空气污染控制和减缓的过程，但同时他正在致力于长期解决方案。直到 Heller 来之前，该部门从来没有一个气象学家。想象一下，以前的部门没有一个气象学家而它的工作却关乎我们周围的空气。我们现在不仅有气象学家，而且部门也已经与哥伦比亚大学、纽约大学和库珀联盟合作，进行交通模式、天气和气流的基础研究，开发很多在源头上即能控制污染的新设备和新方法[①]。

图 3 1966 年 7 月 29 日，美国国家档案馆，华盛顿特区进行“雾霾之旅”之后的纽约市市长 John Vliet Lindsay

（来源：由 Roger W. Eardley-Pryor 提供）

这项研究的全部概要发表在 1968 年的 DAPC 年度报告中。作者们搭建了有关“空气资源管理”（ARM）的政策框架，这是基于 37 个大气测量站的观测结果而制定的。这些站点所测量的包括二氧化硫、一氧化碳、烟雾、悬浮颗粒物、灰尘、风向和空气温度。DAPC 还与哥伦比亚大学公共卫生和行政医学学院建立联系，创立了空气污染研究所，致力于对空气污染所造成的医学和生物学影响进行研究。他们还与纽约大学合作开展了一项

① 引自 Lindsay 1967 年的电视演讲：New York Lity Archives。

学术研究项目，重点关注空气污染气象学。DAPC 希望，这样的人员组合能够使得“应用科学和基础研究的学术和业务分支能够交融互育”，DAPC 总结：“我们部门可能是全国范围内首个进行这种安排的市政部门。”

1964—1968 年，在由 Ben Davidson 领导的纽约大学空气污染动力学项目中，这种交融互育已经制度化了，在随后的纽约大学布朗克斯工程学院亦是如此。1964 年，Ben Davidson 接受邀请，为一个约 500 万美元的项目组建团队，进行行星边界层气象学的研究。Davidson 收到了资助（约 100 万美元），以 0.5 mi①×0.5 mi 的网格密度（在当时是非常密集的，甚至在如今也不寻常）来编制二氧化硫的源排放清单。总部位于新泽西的 Sign X 公司被雇佣来进行直升机测量工作，他们需要收集日出前后温度廓线的数据资料。该团队建立了测量站网，要求当地参与者报送风力测量值。Davidson 的项目合作者 Robert Bornstein（纽约大学布朗克斯校区的研究生）收集了这些数据，并从风速仪记录中计算出了平均风速和风向。与此同时，二氧化硫测量站网也已搭建起来，以对模式进行初始化，并为其提供边界条件[10]。

该站网由 97 个站点组成，位于以曼哈顿中部西侧为中心的矩形中。该矩形东西方向长 220 km，南北方向长 110 km。数据用于研究天气特征对中尺度对流系统、中尺度涡旋轨迹以及城市—乡村风速差异的影响[11]。风速监测网包括 14 个机场测量站（由美国国家气象局和联邦航空局协助）、4 个军事基地（空军气象局和海军气象局）、10 个海岸警卫队基地、15 个公用事业公司、14 个工业站点、29 个公共机构（公共健康、卫生、学校等），以及纽约大学建立的 11 个站点。1965 年 6 月，在纽约市进行了一项试验，测试等容转换气球在跟踪空气运动、污染浓度和街道峡谷湍流方面的可行性。试验获得了关于气团轨迹的信息，特别是关于海风对大城市地区空气污染运输和疏散作用的信息[12]。

3 城市气候学的逻辑

本文通过斯图加特、斯科普里和纽约来表明，战后气象学的经历不一定要写成大规模数值模拟、综合天气预报和全球气候学，也不一定被看作是一种独立于人为因素的大气物理研究；如果有的话，这些案例证明了天气对城市环境、健康危害和城市规划的影响。在大多数时间里，城市气象学家更感兴趣的是对技术领域的研究，而不是大气的研究。

事实上，在过去 60 年里，城市气候学已经成为气象研究的一个蓬勃发展的子领域，并且在 1951 年首次得到了世界气象组织的支持和认可。这反映出，世界气象组织鼓励国家天气服务机构将重点从航空、海洋预报以及军事应用领域转移到更广泛的社会和经济利益相关领域以及社会“干扰区”的小尺度研究上。1968 年，世界气象组织与世界卫生组织在布鲁塞尔共同举办了有关城市气候和建筑气候学的重要会议，这也是定期举办的科学会议中的第一次。1971 年，世界气象组织第 6 次气象大会将气候学委员会重新命名为气象和气候学特别应用委员会（CoSAMC），其任务说明明确提到要将气象学应用于土地和城镇规划、建筑规格和建筑设计、陆路运输等；要应用于环境的特殊问题，如人类生态、人类健康和疾病、空气污染[13]。随着制度化的建立，这项研究已经变得越来越精细化，其主题从太阳日照几何学、街道平流、城市热岛到道路气象学，从天空角系数到交通引起的

① 1 mi（英里）≈1.6 km。

湍流、工业云启动和冠层研究。

然后，具有讽刺意味的是，尽管有这样的发展，Geiger研究的"干扰区"从未得到与全球大气研究和国家气象局数值天气预报工作同样的公众赞誉。从大陆和全球尺度的角度来看，城市大气（或技术领域）一直被视为是受到污染的，对于自由大气的活动过程而言不具备代表性。然而，从人类和经济发展的角度来看，这一层大气的意义是无穷无尽的，这是由变化和机会所决定的，城市大气的研究在现代历史的进程中始终保持着生物中心论的特点。

此外，大部分人口已经成为了地方层面上气候急剧变化的主题，在未来几十年的全球大气研究中，其重要性要大于之前所预计的情况。城市热岛、城市径流岛、空气污染、阳光减少、雷暴分裂、山洪暴发、街道峡谷湍流和二氧化碳"穹顶"困扰大都市的时间比通常所认为的时间更长。城市人口遭受气候变化的困扰至少有一个世纪了，但是他们的困境之所以变得明朗，正是因为小尺度的气候在如今被认为是体现出全球气候变化的地方。

全球性的方法再次获得了胜利。我们的许多受访者指出，城市气象研究再次得到关注所反映出的是自上而下的政策，这是由全球"降尺度"所造成的。在一个更加非正式的层面，我们可以看到，这种自上而下的文化体现在了许多场景中：人们努力去理解，一场热浪、暴风雪或是一场飓风能否成为全球变化的案例代表，这就好似此类局部的天气情况在没有全球动力的情况下便失去了意义。这些天气现象对当地的影响是痛苦的，也是致命的，但是它们却被视作是由全球气候变化的字母表书写而成的。换句话说，全球气候意识这一文化并没有认识到城市天气作为特殊系统的重要性，也没有认识到城市气象学家在过去60年所研究出的成果的重要性。这种偏见还体现在以碳为核心的减缓政策中。在制定这些政策时，城市生活的质量是否取决于减排，亦或取决于不恰当的规划、绿化带的缺失或其他因素，这些都未能被考虑到。这也造成了使用在地方层面应对环境压力的现有工具是不太可能的。对作者而言，这种情况是由特定的政治尺度而引起的。

4 尺度

"政治尺度"或"观念尺度"概念，或者说"尺度决策"，最近在地理研究与环境研究中受到关注[1,14]。正如Delaney和Leitner（2007年）指出，尺度是由选择定义的，由当事人和机构在环境谈判中决定。这样所做的选择并非必然——和过程尺度一样是非必然——视情况而定。全球天气观测的国家利益能够激发各国在全球网络上消费资源，因此国家框架下的问题和解决方案，将基层知识描述为"局部范围、相关性和权力，而国家规则与知识的范围和意义更大"[14]。

回顾18世纪的气候科学历史进程，那时欧洲殖民地气候的研究站点，都有帝国自然主义者的人员配置，因而刺激气候通信和跨大陆气候的比较研究，引起人们对气候变化的普遍焦虑，认为这是滥伐森林、土地开发和城市化的结果。Richard Grove（1995年）确定这是最早的"全球"气候观的构建之一。此外我们还注意到这一时期的科学家的研究方法，他们是如何将大气想象为身体过程的"血管"，而不是天气事件的"地点"。作者认为[15]这样的想象改变了人们的气候观，不再认为气候是山川的一部分，而认为山川是气候的一部分。作者现在意识到，这个过程已不可逆转，根据Tsing的建议，我们在决策和不决策时，都必须考虑到应急情况："全球性干涉政策与特殊时代的特殊尺度自动关联”——例如在考虑19世纪和20世纪天文台观测网络以及大片水陆偶发横穿事件时，通常都是这么做的——“这使得全球性很难关注到决策制作的细节和心理特质”[1]。

“亚洲褐云”就是近期一个典型的例子，已成为一个全球性的健康问题，究其原因，部分归因于虚拟技术和媒体的报道，部分归因于选择了联合国推荐的技术解决方案。正如Mitman[16]解释的：“联合国环境规划署的科学家们进行干预推荐，增强了技术科学监督，增强了科学家和政府官员之间的国际合作，其要点很大程度上是由描述模式预定的，通过此模式，‘褐云’成为专家们的关注点。联合国环境规划署的报告通过科技虚构，构建了这样一个全球难题框架，来从事尺度工作，换言之，它的科技产品强调各种特别尺度，诸如分子的、生态系统的和行星的等，环境健康问题及解决方案都孕育其中。”正如这些作者指出的，关键是，这个特殊的全球尺度框架，体现了美国人是如何思考科学和政治秩序的，这个模式建立在“政府之间的和睦、技术上的援助以及国际合作”的基础之上。

当代气候变化框架正是应用了这个方法。由于此过程被框在温室效应的通用条款里，也由于此效应包裹在整个世界大气中，减缓不利发展总是以碳的负载量语言来措辞。然而，新的全球变暖天气并非世界人口的唯一威胁。全球变暖也不是人为气候变化的唯一来源。如上所示，小规模的天气变化——在城市和地方志中——其量级急需政策措施，气候变化的政策或者相关，或者独立。当代全球气候科学还没有最佳装备来应对这些威胁。在应对城市热岛效应和其他城市天气现象时，城市气象学一直都被定义为关注人为天气产品的科学。在城市气象学中，从来没有自然天气第一，“人造”天气第二的说法。如果每个城市的风险和对全球环境的贡献能被正确理解和充分解决，那么首先是需要根据各自面临的问题来理解。

致谢：

作者感谢马克斯普朗克研究科学史中心的参与者对论文做出的评论和讨论，同时还感谢在北京召开的第二届“气象科学技术史学术研讨会”的与会者。

参 考 文 献

[1] TSING A. The Global Situation. Cultural Anthropology2000 (15): 327-360.

[2] KUNKEL E, CHANGNON A, Reinke C, et al. The July 1995 Heat Wave in the Midwest: A Climatic Perspective and Critical Weather Factors. Bulletin of the American Meteorological Society, 1996, 77 (7): 1507-1518.

[3] HOWARD, LUKE. The Climate of London. London: Harvey and Darnton, 1833.

[4] JANKOVIC V. A Historical Review of Urban Climatology and the Atmospheres of the Industrial World. WIREs Climate Change, 2013, doi: 10. 1002/wcc. 244.

[5] GEIGER R. The Climate Near the Ground. Cambridge: MIT Press, 1956.

[6] UVAROV B P. Insects and Climate. Transactions of the Entomological Society of London, 1931 (79): 1-247.

[7] BAUM E J, REUTER U. Urban Climate and Urban Planning－the Example of Stuttgart//Hitchhike K, et al. Klimaanalyse für die Stadtplanung. Forschungszentrum Karlsruhe GmbH: Karlsruhe, 1995.

[8] LEAVITT J M. Winds as a Factor in City Planning. Landscape, 1957: 16.

[9] LIN Zhongjie. Kenzo Tange and the Metabolist Movement. New York: Routledge, 2010.

[10] DAVIDSON B. A Summary of the New York Urban Air Pollution Dynamics Research Program. J Air Pollut Control Assoc, 1966 (16): 154 - 158.

[11] BORNSTEIN R D, JOHNSON D S. Urban-rural Wind Differences. Atmos Environ, 1977 (11): 597-604.

[12] HASS W A, et al. Analysis of Low－level, Constant Volume Balloon (Tetroon) Flights over New York City. Quarterly Journal of the Royal Meteorological Society, 1967 (93): 483-493.

[13] HEBBERT M, MACKILLOP F. Urban Climatology Applied to Urban Planning: A Postward Knowledge Circulation Failure. IJURR, 2013 (37): 1542-58.

[14] LEBEL L, GARDEN P, IMAMURA M. The Politics of Scale, Position and Place in the Governance of Water Resources in the Mekong Region. Ecology and Society , 2005: 10.

[15] JANKOVIC V. Reading the Skies: A Cultural History of British Weather. Chicago: Chicago University Press, 2001.

[16] MITMAN G, MURPHY M, SELLERS C. Introduction: A Colud over History. Osiris, 2004: 19.

火山喷发和核爆炸对地球气候影响的历史思考

The Effects of Volcanic Eruptions and Nuclear Explosions on the Earth's Climate: Historical Considerations

Matthias Dörries

（斯特拉斯堡大学，斯特拉斯堡市 999019）

摘要： 论述了火山喷发在重大历史事件中的稀释作用，火山喷发对气候和环境造成重大影响，与核战争的关系。文章启发从地球工程角度应对气候变化。

关键词： 火山喷发，核爆炸，影响，气候变化

0 引言

200 年来，火山喷发及其与气候之间联系的研究发生了巨大变化。人类最早用火山喷发来阐释地球异常天气（如寒夏或冰期）的讨论始于 18 世纪末—19 世纪。而有关上述异常天气成因的争论则可上溯至 19 世纪。19 世纪末—20 世纪初，科研人员针对几起火山喷发事件展开了严密彻底的调查研究工作，从而引领了第一次大型火山喷发对全球气候影响的定量研究。20 世纪中叶，火山喷发又因其在研究大型核爆炸对环境的影响中具有类比价值，引起了科学界和军界的注意。20 世纪 70 年代，火山喷发成为了公共环境关注的新中心，并在新兴的大气化学领域中地位卓著。20 世纪 80 年代，由于火山喷发对气候影响的定量研究有助于科学家们探索两个超级大国之间核战争所可能导致的后果，该主题又在政界引发关注。20 世纪 90 年代，随着计算机水平的快速发展和大量全球数据的涌现，人们得以使用火山喷发来校准大气和气候模型。21 世纪初，火山又成为了地球工程学家研究气候的类比模型。综上，本文将简述 4 个历史阶段。第一阶段：19 世纪—20 世纪初；第二阶段：1945 年—20 世纪 70 年代；第三阶段：20 世纪 80—90 年代；第四阶段：当下。本文旨在概述不同历史时期，火山喷发及其相关研究在人类探索地球气候的过程中发挥的重要作用和意义。因此，有别于一般的综述性文章，本文将仅从大规模火山喷发及其对地球、大气的破坏性影响入手，阐述气候研究的发展脉络。其余因素则略去不提。

1 19 世纪—20 世纪初，火山喷发在重大（地理）历史事件中的阐释作用

19 世纪末，一些学者认为是火山喷发启动了冰期（如意大利地理和气候学家 Luigi de Marchi，瑞典研究员 Svante Arrhenius 和瑞士的 Paul 和 Fritz Sarasin 兄弟等）[1-3]。该推测补充，甚至替代了以往冰期来临与天文和地质因素有关的观点（如太阳常数变化，地球轨道改变以及海陆形状变化、面积延展等因素）。1883 年位于荷兰东印度群岛（今印度尼西

本文经作者同意译成中文。译者：沈悦。

亚）的 Krakatau 火山大爆发令火山一举成为当时科学界研究的新热点。尽管当时尚无任何气候变化与此有关的论述，但 1888 年英国的大量报道早已系统地证实：单个火山喷发所产生的影响可能会波及全球。随后，英国皇家学会根据来之不易的全球数据，对世界范围内的一系列现象展开了追踪调查，进而证实了上述论断，如火山喷发所导致的气压波会环绕地球数圈，并将“浮尘”（按当时叫法）携带到更高层的大气（平流层）之中；在接下来大约两周的时间内，这些“浮尘”会随着大气环流逐渐布满地球赤道上空，并在之后的数周（月）内向更高纬度缓慢扩散[4]。人们还由 Krakatau 火山喷发联想到了 1815 年规模更大的 Tambora 火山喷发：两座火山都位于印度尼西亚，且都因喷发产生了类似的奇妙景象（如壮丽的日落和绿月亮等）。因此，有人推测：上述两次火山喷发所造成的影响相似。然而，直到 1912 年阿拉斯加卡特迈的 Novarupta 火山喷发，才启动了该领域的第一次定量研究。美国气象学家 William Jackson Humphreys（1862—1949 年）致力于证明全球温度与火山喷发具有相关性。Humphreys 还首次提出：火山喷发是自然界冷却全球温度的一种机制。其原理则是利用了大气中尘粒的反射和散射作用[5]。此外，Humphreys 还将数年来发生的大型火山喷发、全球平均气温、太阳黑子数量和辐射计值一一列出，并寻找其中的关联——早在 20 世纪初，科学家们就已经针对“太阳黑子是否是导致太阳辐射变化的主要原因，并因此对地球气候产生重要影响”的观点展开了激烈的争论。而直至 1882 年，科学家们才开始使用太阳辐射测量仪对太阳辐射进行定量测量。Humphreys 还提出：1816 年夏季寒冷（史称“无夏之年”）可能与 Tambora 火山喷发有关。那一年全球农作物大量歉收，多地发生饥荒[6-8]。通过研究世界各地的有效温度数据，Humphreys 发现：Krakatau 火山喷发令全球温度下降了 1 ℃。

2 火山喷发在研究核（炸）弹和大气化学对气候、环境造成影响课题中的类比价值

20 世纪上半叶，由于再无大型火山喷发，人们对该课题的研究兴趣逐渐减弱。直至 1945 年，随着第一颗原子弹爆炸和美苏冷战的开始而迅速复苏。如今，大型核爆炸对环境造成的影响已成为科学研究的新热点（尤其是 20 世纪 50 年代初，研制出了威力更强的氢弹之后）①。美国气象局华盛顿分局的气象学家 Harry Wexler 在军方开展的有关核武器爆炸对大气和气象影响的一系列最机密的科研项目中发挥了关键作用（如旨在研究核武器对全球影响的阳光计划）[9-16]。然而，Wexler 的工作是在全球气象数据匮乏的背景下进行的。且当时对大气化学和大气环流的研究并不深入，又缺少标准化测量仪器及有价值的大气模型。因此，Wexler 的结论多出自定性研究和推理判断。即便如此，Wexler 依然通过类比发现氢弹在大气中爆炸与火山喷发造成的影响有惊人的相似之处，如都在世界范围内产生了气压波，亦都导致了放射性粒子随大气环流运动。和同时期的许多气象、气候学家一样，稳定公众情绪是 Wexler 的另一个研究理念。那时，许多人都担心、惧怕太平洋上的数次爆炸会对当地的天气、气候造成不利影响。曾于第二次世界大战期间遭受原子弹重创的日本对此更是甚嚣尘上。当时的日本，无论是在科学界还是普通民众之间，都广泛掀起了针对美国大气氢弹试验是否已对日本的气候造成了影响，并导致粮食歉收的讨论热

① 我的文章基于美国方面的研究，苏联也曾有类似的研究.但知之甚少。

潮[17]。争论一直持续至1963年，随着美、苏、英三国签署了禁止在大气层、外层空间和水下进行核武器试验的条约而偃旗息鼓。

早在1963年印度尼西亚Agung火山喷发时的测量结果就已证实了更高层大气中存在硫酸层（即荣格层），且源自火山。然而至20世纪80年代，有关气候变化和火山喷发的议题才又强势回归人们的视线[18-19]。研究热度的再度回升与1972年斯德哥尔摩举办的联合国人类环境会议有关。该会议将环境问题的紧迫性置于全球的高度，具有里程碑式的意义：早在会议的筹备阶段，就撰写了两篇极具影响力的报告：《人类对气候的影响研究（SMIC）》和《关键环境问题研究（SCEP）》。

报告详细阐述了大气科学领域未来的研究规划[20-21]，翻开了20世纪70年代大气化学研究领域的新篇章：促进了臭氧的各种创新型研究；并鉴定出二氧化硫是气溶胶的一种——从而于1973年解释了金星的气候条件，并在几年后阐释了是火山喷发后产生的二氧化硫导致了地球气候的改变[22-23]。会议还推动了大气测量仪器的系统化和标准化发展，如使用激光雷达进行观测；根据代用指标信息来研究古代史等。那时，大气和气候的科研团队一直在迅速发展。至1980年位于美国的Mt. St. Helens火山和1982年位于墨西哥的El Chichón火山喷发时，全球测量网已建成并投入使用。其中Mt. St. Helens火山喷发时的规模较小，而El Chichón火山喷发时的规模则与Krakatau火山一致。当时的科研人员首次具备了监测、追踪火山云的能力。并通过实地测量（气球和飞机直入烟羽）、地面站和卫星观测的方式获取了大量数据[24]。正是基于这些数据，科学家们得以第一次着手建立大气和火山喷发的基本模型。

3 火山和核战争造成的影响

20世纪70—80年代，环境问题成为了公共辩论的重点。讨论主要集中于诸如在越战中使用橙剂①或氯氟碳化物（CFCs）及上述试剂给地球臭氧层带来的破坏等。公众开始认真彻底地审查军方对两个超级大国之间爆发核战争造成影响的假设和预测，一些长期认同的观点遭到质疑。人们越来越担心，一场伴有多个大型氢弹的核战争可能会破坏臭氧层[25-26]。1983年，一支名为TTAPS的团队通过构建模型宣称：北半球核战争将导致严重的气候变化，且持续数月之久。那时，温度会直降25 ℃之多，最终令夏季变成冬天。该小组还将上述现象命名为“核冬天”。“核冬天”的概念有悖于以往的结论，因此令人震惊。TTAPS是一个缩略词，由5位主要成员名字的首字母组成。这5位成员皆为高级科学家，分别是：Richard P. Turco，Brian Toon，Thomas P. Ackerman，James B. Pollack及Carl Sagan[27-29]。TTAPS小组代表当时核武器、建模和大气化学领域的最高水平。在接下来的几年里，活跃于培训及美国主要科学电视节目中的物理学家Carl Sagan承担了团队代言人的角色，多次代表TTAPS出席科学和政治辩论。TTAPS小组已对以往的3份著作，尤其是对Paul J. Crutzen和John W. Birks 1982年的论文做出了回应。该论文对核战争所造成的严重后果进行了推测。另2篇分别是来自国家研究委员会的一份报告，以及Louis Alvarez作于1980年的一篇关于恐龙灭绝的著名论文[30-32]。TTAPS小组与以往大多数军方研究的不同之处在于：将煤烟（燃烧不完全而产生的以碳为主要成分的微粒）和

① 尤指美军在越战中使用的剧毒除草剂。——译者注

浮尘带来的长期危害也考虑在内。上述的煤烟和浮尘是由核爆炸导致的火灾造成的，会阻碍阳光。TTAPS小组的最后结论是：一旦超级大国之间爆发核战争，毁灭的将不仅是被发射国的城市和领土，发射国也将遭受重创。此外，还将严重影响北半球所有国家的温度和粮食产量。简言之，核战争可能意味着对地球生命环境的严重破坏。因此，任何国家在任何情况下都应避免使用核武器。这一结论是TTAPS小组基于大量模型、当时最先进的计算机技术以及大气和气候领域最新的科研成果得出的。然而由于无法进行试验，仍不能将其称之为“百分之百正确”。TTAPS小组的后续研究还表明：5～15 ℃的温度变化已足以引发全球灾难[33]。有关“核冬天”的讨论在几年后渐渐减弱，并于1989年随着冷战的结束而终止。

两年后有研究表明：1991年Pinatubo火山喷发时，向平流层排放了2000多万吨二氧化硫。这标志着火山对气候影响研究的转折点。另外，科学家们曾于20世纪80年代在Mt. Saint Helens和El Chichón火山喷发的基础上研发了一些三维计算机模型。此次Pinatubo火山喷发为首次开展上述模型的测试工作提供了契机。科学家们随后预测并测量出全球温度下降了0.3 ℃。1992年后，涌现了大量有关Pinatubo火山喷发的著作。因此，美国地球物理联合会（AGU）分别于1992年、2002年和2012年赞助举办了3次开创性的国际查普曼会议[34-37]。会议促进了对Pinatubo火山喷发的研究工作。而因此获得的大量科研成果又助益于校准原有的气候模型（火山喷发后会在1或2年内对世界温度产生约0.3 ℃的影响），形成了良性循环。

4 火山喷发与“人致气候变化”

21世纪初，火山成为了“人致气候变化”领域讨论的重点。诺贝尔奖获得者大气化学家Paul Crutze在其2006年出版的著作中主张：一旦二氧化碳减排问题无法通过政治协商途径解决，环境工程或许将成为应对“人致气候变化”的最终方法[38]。在众多干预地球气候的技术手段中，有关向平流层注入二氧化硫的辩论最为激烈。而火山喷发因其在自然界降低地表温度中所起的调节作用，再次被科学家用来与同诉求的潜在人工方法进行类比。

地球工程因其在操作层面的难度和所蕴含的严重伦理因素，一直是科学界回避的敏感话题。而Crutze的主张则一举打破了这一禁忌。其实，Crutze对研究该领域的准备工作已达6年之久。早在2000年的时候，就曾和他的同事Eugene F. Stoermer一道提出了将过去的200年称为“人类世”的主张[39]。他们认为，近200年所产生的变化之巨大，足以与数万年来各地质代（如全新世等）变化累积的总和齐平。因此，在Crutze看来，既然人类对地球的介入已经发展到了令气候改变的地步，那么环境工程也不过就是一种人工调节的手段而已。考虑到人口增长以及环境、资源破坏等方面触目惊心的数据，Crutze提出了人类采取地球工程的方式来“优化气候”的需求[40]。

不出所料，该主张的提出引起了巨大争议①。有科学家对向平流层注入二氧化硫的人工行为会否产生与火山爆发相同的效应存疑——且这又该如何证明？另一些科学家则担心

① 关于地球工程的讨论，同一问题也有批评的声音（*Climatic Change* 2000年77期）。科学家们仍在争论是否正式接受“人类世”这个词作为一个新的地质时代。

此干预手段会引发意外。此外，倘若真付诸于行动的话，政治责任又该由谁来承担？为此，美国气候科学家 Alan Robock 还将上述反对原因一一罗列出来，共 20 项，以此强调：地球工程领域尚有许多不确定性和未知因素，且涉及诸多未解决的社会政治问题。因此，对待地球工程须持谨慎态度[41-42]。

5 结语

综上所述，火山和气候领域在这 200 年间取得了多项科研成果：有助于阐释天气、气候的成因；带动了对核爆炸全球性影响的研究；对环境研究也起到了促进作用；进一步完善了大气模型；还启发科学家们从地球工程学的角度寻求应对“人致气候变暖”问题的方法。

最近，自 1989 年就已沉寂的火山和核战争议题再次强势回归——TTAPS 小组的一些成员开展了有关核战争影响的新研究。研究中所使用的模型较之 20 世纪 80 年代（“核冬天”时期）更为先进、精细，而使用数据的效度也比当年更高。新的研究结果表明，即使发生规模相对较小的核战争（如在巴基斯坦和印度之间投掷 50 枚广岛原子弹大小的炸弹）对地球来说也是灾难性的。这意味着全球温度大幅降低，粮食减产，还将导致臭氧严重损耗[43-44]。同以往一样，这次的科研工作依然大量汲取了前人在火山喷发及其对气候影响领域的知识与经验。可以说，新的结论是过去几十年来科研成果的积累与体现。且研究还将继续——不仅因为未来会发生大规模的、影响全球的火山喷发事件，还因为这将对今后处理、商讨全球亟待解决的环境、政治等重要问题大有裨益。

参 考 文 献

[1] DE MARCHI L. On the Influence of Carbonic Acid in the Air upon The Temperature Of The Ground. Philosophical Magazine，1896（41）：237-276.

[2] PAUL，SARASIN F. Über die mutmassliche Ursache der Eiszeit. Verhandlungen der naturforschenden Gesellschaft in Basel，1902，13（3）：603-618.

[3] DÖRRIES M. In the Public Eye：Volcanology and Climate Change Studies in the 20th Century. Historical Studies in the Physical and Biological Sciences，2006（37）：87-125.

[4] GEORGE J. SYMONS，et al. The Eruption of Krakatoa and Subsequent Phenomena//Report of the Krakatoa Committee of the Royal Society . London：[s. n.]，1888.

[5] HUMPHREYS W J. Volcanic Dust and Other Factors in the Production of Climatic Changes，and Their Possible Relation to Ice Ages. Bulletin of the Mount Weather Observatory 1913（6）：1-34.

[6] STOMMEL H，STOMMEL E. Volcano Weather：The story of 1816，the Year Without a Summer . Newport：[s. n.]，1983.

[7] HARINGTON C R，et al. The Year Without a Summer? World Climate in 1816. Ottawa：[s. n.]，1992.

[8] WOODG. Tambora：The Eruption that Changed the World . New Haven ：Princeton University Press，2014.

[9] FLEMING J R. Fixing the Sky：The Checkered History of Weather and Climate Control. New York：Columbia University Press，2010.

[10] WEXLER H. On the Effects of Volcanic Dust on Insolation and Weather. American Meteorological Society，1951（32）：10-15.

[11] FUCHS V E，Paterson T T. The Relation of Volcanicity and Orogeny to Climatic Change. Geological magazine，1947（84）：321-333.

[12] GENTILLI J. Present Day Volcanicity and Climatic Change. Geological Magazine，1948（85）：172-175.

[13] WEXLER H. Spread of the Krakatoa Volcanic Dust Cloud as Related to the High-level Circulation. American Me-

teorological Society，1951 (32)：48-51.
[14] WEXLER H. Volcanoes and World Climate. Scientific American，1952 (4)：74-80.
[15] FLEMING J R. Inventing Atmospheric Science. Cambridge：The MIT Press，2016.
[16] MACHTA L，LIST R J，HUBERT L F. World-Wide Travel of Atomic Debris. Science，1956 (124)：474-477.
[17] ARAKAWA A，et al. Climatic Abnormalities as Related to the Explosions of Volcano and Hydrogen-bomb. Geophysical Magazine，1955：231-255.
[18] JUNGE C E，CHAGNON C W，et al. Stratospheric Aerosols. Journal of Meteorology，1961 (18)：81-108.
[19] MOSSOP S C. Volcanic Dust Collected at an Altitude of 20 km. Nature，1964 (203)：824-827.
[20] Man's Impact on the Global Environment (SCEP report). Cambridge：MIT Press，1970.
[21] Inadvertent Climate Modification (SMIC report). Cambridge：MIT Press，1971.
[22] YOUNG A T. Are the Clouds of Venus Sulfuric Acid. Icarus，1973 (18)：564-582.
[23] POLLACK J B，TOON O B，SAGAN C，et al. Volcanic Explosions and Climatic Change：A theoretical assessment. Journal of Geophysical Research，1976 (81)：1071-1083.
[24] POLLACK J B，TOON O B，EDWIN F，et al. The El Chichón Volcanic Cloud：An introduction. Geophysical Research Letters，1983 (10)：989-992.
[25] ACDA. Worldwide Effects of Nuclear War：Some Perspectives. Washington：[s. n.]，1975.
[26] IKLÉ F C. The Nether World of Nuclear Megatonnage. Bulletin of the Atomic Scientists，1975 (1)：20-25.
[27] TURCO R P，TOON O B，ACKERMAN T P，et al. Nuclear Winter：Global Consequences of Multiple Nuclear Explosions. Science，1983 (222)：1283-1292.
[28] BADASH L. A Nuclear Winter' s Tale. Science and Politics in the 1980s. Cambridge：MIT Press，2009.
[29] DÖRRIES M. Nuclear Winter and Global Climatic Change. Osiris 2011 (26)：198-223.
[30] Anon. Long-Term Worldwide Effects of Multiple Nuclear-Weapons Detonations. National Academy of Sciences，1975.
[31] LUIS W，ALVAREZ，WALTER A，et al. Extraterrestrial Cause for the Cretaceous-tertiary Extinction. Science，1980 (208)：1095-1108.
[32] PAUL J，CRUTZEN，JOHN W. The Atmosphere after a Nuclear War：Twilight at noon. Ambio，1982 (11)：114-125.
[33] STEPHEN H，SCHNEIDER，STARLEY L，et al. Simulating the Climatic Effects of Nuclear War. Nature，1988 (333)：221- 227.
[34] MCCORMICK M P. Initial Assessment of the Stratospheric and Climatic Impact of the 1991 Mount Pinatubo Eruption：Prologue. Geophysical Research Letters，1992 (19)：149.
[35] ROBOCK A，MAO Jianping. Winter Warming from Large Volcanic Eruptions. Geophysical Research Letters，1992 (24)：2405-2408.
[36] ROBOCK A，OPPENHEIMER C. Volcanism and the Earth's Atmosphere. Washington：[s. n.]，2003.
[37] ROBOCK A . The Latest on Volcanic Eruptions and Climate. EOS，2013 (94)：305-312.
[38] CRUTZEN P J. Albedo Enhancement by Stratospheric Sulfur Injections：A Contribution to Resolve a Policy Dilemma. Climatic Change 2006 (77)：211-219.
[39] CRUTZEN P J，STOERMER E F. The Anthropocene. IGBP Newsletter，2000 (14)：17-18.
[40] CRUTZEN P J. Geology of Mankind. Nature，2002 (415)：23.
[41] ROBOCK A. 20 Reasons Why Geoengineering May be a Bad Idea. Bulletin of Atomic Scientists，2008，64 (2)：14-18.
[42] ROBOCK A. Will Geoengineering with Solar Radiation Management ever be Used. Ethics，Policy & Environment，2012 (15)：202-205.
[43] ROBOCK A，TOON O B. Self-assured Destruction：the Climate Impacts of Nuclear War. Bulletin of Atomic Scientists，2012，68 (5)：66-74.
[44] ROBOCK A. Cloud control：Climatologist Alan Robock on the Effects of Geoengineering and Nuclear War. Bulletin of Atomic Scientists，2015，71 (3)：1-7.

气象科技发展历程的若干回顾及启示

Reviews and Enlightenments on Meteorological Technology Development in History

许小峰[1]　张萌[2,3]

（1.中国气象局，北京 100081；2.兰州大学大气科学学院，兰州 730000；
3.中国气象局气象干部培训学院，北京 100081）

摘要：探索大气层及其演变规律，科学预测其发展变化趋势，是人类适应环境、趋利避害的必然选择。在回顾大气科学发展史上多个关键事件的基础上，通过分析气象学界著名的挪威学派、芝加哥学派产生和发展情况及近代中国气象学者对于大气科学学科发展所做出的贡献，以此来探讨大气科学发展史对于当代大气科学发展的启示，即：大气科学的发展依赖于自然科学和技术的最新成果，同时又与其他学科相互促进、协同发展；在大气科学学科发展过程中应对不同意见，不迷信神话和权威；大气科学学科的兴盛离不开领军人才。

关键词：大气科学，气象史，发展，启示

0　引言

环绕地球不断运动的大气圈层，是维持地球生态生存、演变的必要条件，无时无刻不对人类的生产、生活及生态环境产生着重要影响。探索大气层及其演变规律，科学预测其发展变化趋势，是人类适应环境、趋利避害的必然选择。

16 世纪以前，人们只能依靠肉眼看到的天象、物象来判断天气或气候的变化，随着观云测天经验的积累，气象观测仪器的出现和发展，数学、物理等近现代科学知识和原理的引入，以及军事和民生对其的迫切需求，对大气现象的分析、预测逐渐摆脱了“算卦”“占卜”等非科学因素，发展成为一门有理论基础的气象科学。随着科学理论和高新技术的进一步发展，“气象学”或“气象科学”的概念已逐渐被“大气科学”的概念所取代，其研究内容也大大超出了传统气象学的范畴[1]。

1　大气科学发展回顾

1.1　气象学的萌芽

回望人类历史，从远古时代开始一直到公元 15 世纪末的数千年，是古代气象知识的

本文已发表于《气象科技进展》2014 年第 4 卷第 10 期。

资助项目：中国气象局气象干部培训学院“气象科技史研究”项目。

作者简介：许小峰，正研级高级工程师。研究方向为环境气象与社会影响评估、探测资料应用等，在天气动力学理论与业务结合方面有较深入的研究。

积累期。在这段漫长的时期内，自然界频繁出现的大气现象不断被人类关注，对其认识也渐渐由少到多、由表及深。但在缺少现代科学思想和认识方法的时代，人类对于气象的认识也只能是感知性和经验性的，且在全球不同地区的气象认知水平参差不齐。

古代文化源地有四处，即亚欧非三洲交界、印度次大陆、亚洲东部中国和古代美洲，本文仅对古代中国和古希腊的气象认知发展做简要梳理。

中国古代，为了安排农事生产、祭祀等活动，对天文、气象的占卜逐渐显现。例如商代就很重视天气对人类活动的影响。商代甲骨文中对天气现象的记载已十分完整、细致，包括降水、天空状况、风、云雾、大气光电现象等许多项目（图1），且对这些大项还有更细致的分类，如将降水现象分为雨、雪、雹、霜等，对雨又有大雨、猛雨、疾雨、足雨、多雨和毛毛雨等区别。

图1　甲骨文中对天气现象的记载（从左至右依次为风、云、雨、雪、雹）

商代卜辞常有对预知天气状况的要求，这与当时的社会生产水平是相应的。殷人还常在卜问后，把这10天的天气实况刻在甲骨上卜问部分的后面，用作验证。因此所发掘出来的甲骨文中，往往可以发现连续10天的气象实况记录[2]。

到了西汉，中国的气象知识发展可以归纳为三个方面：观测范围的推广和深入，气象仪器的创造和应用，天气现象的理论解释。直到明代初期（即15世纪）以前，中国对气象学的认识有许多地方并不落后于西方[3]。如唐代天文学家、数学家李淳风（602—670年），是世界上第一个给风定级的人，在其专著《乙巳占》的气候占和候风法中记录了很多重要的气象现象。李淳风对风的观测非常详细，古代中国一般使用的是8方位风向，因之有八风之名，李淳风进一步把风向明确定为24个，并根据树木受风影响而带来的变化和损坏程度，创制了八级风力标准，即："动叶，鸣条，摇枝，堕叶，折小枝，折大枝，折木飞砂石，拔大树和根。"1000多年以后，英国人蒲福（Francis Beaufort，1774—1857年）于1805年才把风力定级为12级共13个等级。明代杰出科学家徐光启（1562—1633年）编撰的《农政全书》中总结了天气和气候变化与农业生产的密切关系，供当时的农民参考，强调了纬度的变化对农作物生长非常重要，应该关注南北气候的差异，以便引种改制。在农业生产中，经度、纬度、季节、区域等影响要素都应该得到关注[4]。

王鹏飞[2] 总结中国古代气象上的成就主要有：最早的10天天气实况资料，大气奇异光象的观测和图谱，云的观测和古云图集，风、湿度、降水的观测和仪器，天气谚语和天气预报，以及古代天气现象理论。

在古希腊，气象的认知水平有了极大发展，可以说古希腊开创了世界气象科学发展的先河。到了公元前4世纪，古希腊的著名学者亚里士多德提出了冷、热、燥、湿四种基本物性，将在他之前的各类气象认知进行汇总，撰写了迄今为止发现的最早的气象学专著《气象汇论》，全书共四卷 42 章，其中有 15 章谈到气象，较为全面地阐述了云、雨、雹、霾的形成，气候变化，风的形成和分布，飓风、焚风以及晕和虹等大气现象。《气象汇论》主要介绍亚里士多德及其同时期或其前人们的气象观，虽然书中的许多解释在今天看来是错误的，甚至是荒谬的，但它仍对 17 世纪以前的西方气象学产生了重要的影响[5-6]。

1.2 气象观测与相关技术的进步

伴随着测量仪器的陆续发明，观测和实验的大量开展，以及在此基础上进行的理论研究，气象学从对天气现象的描述逐渐过渡到量化阶段。

据记载，1597 年意大利物理学家伽利略发明了温度计，在成为化学界和物理界应用的仪器之前，温度计首先被气象学家使用[7]，46 年后同样是在意大利，另一位著名的物理学家托里拆利通过玻璃管和水银进行试验，证实了大气压力的存在，但由于这一过程是在实验室里进行的，无法使公众有切身的感受，尚难以服众，还引起了争议；1654 年，格里克的马德堡半球试验，使人们对气压的存在完全信服；虽然早在 15 世纪就有人提出了湿度测量的可行性，但作为科学观测仪器的湿度计直到 18 世纪才由德国数学家兰伯特制造出来。而气象中另外两种重要观测仪器——雨量计和测风仪在 1800 年前后被发明。同时随着观测仪器的不断改良，气温、气压、风速、湿度等气象要素的观测精度也越来越高，为大气科学的快速发展提供了必要条件。

需要强调的是，法国著名哲学家、数学家勒内·笛卡尔（Rene Descartes，1596—1650 年）在《论气象学》中贡献了基于实际观察和定量计算的研究理论，强调用“量”的范畴来描述自然现象必须要使用标准的观测仪器、统一的度量单位、明确的记录格式。世界上最早的定量、连续观测资料肇始于 17 世纪中期。最早使用气象观测仪器实施气象观测，并将气象观测记录一直保存下来的是巴黎、克勒蒙费兰德、斯德哥尔摩这三个地方，时间为 1649—1651 年。其中，斯德哥尔摩这个地方气象仪器的观测工作首先是由笛卡尔实施的。这三个地方的气象仪器观测构成了世界上最早的国际气象观测网[4]。

除了气象观测仪器自身的发展外，主要用于其他领域的科技产品也为气象观测水平的提高，提供了极大的帮助。

19 世纪 30 年代电报的发明，为各地气象观测资料的迅速传递和集中提供了条件，使绘制当日天气图成为可能。1928 年，无线电探空仪的发明对 20 km 以下的各层气象要素的探测为当时的天气预报提供了有限的资料[8]。“二战”之后，最早被应用于军事的雷达开始用于探测气象要素；1958 年美国发射的人造卫星开始携带气象仪器；世界上第一台电子计算机 ENIAC 被用于数值天气预报试验，并于 1950 年获得成功。在此之后，空基和地基遥感技术以及计算机的发展，使气象观测资料更加丰富、计算更加可靠。

1.3 数学和物理的引入

人类文明伊始，人们仰望星空观察宇宙，通过风走云动、阴晴冷暖感知大气层的存在和其中发生的现象；在辽阔的荒原、山水间与大自然的持续博弈中体验、思考着各种大气现象的起源、行踪与规律。因此，气象学最早是与天文学、地理学等学科混合在一起的。随着气象学包含的内容不断丰富，逐渐形成了通过以记录天气现象为主的资料积累，以探讨天气变化规律为主的理论探索和以预测未来天气为主的应用实践三方面的经典气象学内容，从而逐步建立了经典气象学科[9]。

17 世纪之后，科学革命掀起的理性主义浪潮席卷了整个西方世界，气象学显然也从中受益。其中，笛卡尔做出了突出贡献，使其之后的气象学完全摆脱了《气象汇论》的束缚，成为了完全具有科学性质的学科。1637 年，笛卡尔完成了《折光学》《气象学》和《几何学》三篇论著，并为此写了一篇序言《科学中正确运用理性和追求真理的方法论》，简称《方法论》。笛卡尔试图以这三种科学研究为例，证明其方法论的正确性，进一步证明其实证主义的哲学观点。在《气象学》一书中，笛卡尔提出了诸多气象学方面的理论，用新方法解释了各种天气现象。如他详细讨论了地面上的物质以及上升的水汽性质、云层以及风的成因，并解释了云层演化成雨、雹、雪的过程和暴风雨、雷、闪电等的成因，以及虹和大气光现象。最值得一提的是笛卡尔在《方法论》中提出了四条认识客观世界的原则：首先，要尽量避免轻率判断，即使对待“权威说法”也要保持怀疑的态度；第二，遇有复杂问题时，可以把它分解为一系列简单的问题；第三，要按照次序认识并解决系列问题，逐步回溯到原始的复杂问题；第四，要尽量全面细致地考虑问题，确信准确无误[4]。尽管这些原则并不深奥，但对于从中世纪走出来的西方世界而言，已是很大突破了。即便是对现代人而言。能完全做到也并非易事。

人们对天气的认识是一个漫长的过程，依赖于知识的积累，认识的提升，技术的进步，需求的推动等多种因素，在具备了这些因素后，则要看人才的涌现了。在现代气象科学领域取得突破性、奠基性进展的要首推来自挪威的皮叶克尼斯父子和在他们的领导下形成的挪威学派了。V. 皮叶克尼斯在 20 世纪初提出天气预报是一个物理初值问题，并给出了描述大气运动的方程组，首次将流体力学、物理学的观点引入气象学研究，并用数学方式将大气运动表达出来，推动、加快了现代气象学的发展。数学表达式和物理定律的引入，使气象学成为了一门真正的现代科学。

V. 皮叶克尼斯在他 1904 年发表的经典文献[10] 中指出，大气运动过程本质是复杂的力学与物理学问题。每一个过程都可以用一个或多个遵循力学或物理学法则的数学方程表示。只要能够建立和未知变量数量相等的独立方程，就能充分获知大气的未来发展。从气象的角度来说，在任意时间，只要确定每个点上的大气速度、密度、气压、温度和湿度，大气的状态就可以确定。根据这些物理量，可以建立起三个方向的运动方程、连续方程、状态方程和两个符合热力学定律的方程（水汽质量方程和热力学能量方程）。这就是对现在出现在教科书中的大气运动方程组的最初描述。

1905 年，V. 皮叶克尼斯受邀到纽约哥伦比亚大学和华盛顿特区的卡内基学院做特邀报告，介绍了他发展的环流理论，以及如何将水文动力学和热力学的原理应用到大气科学身上。他在报告中提议将物理理论带入天气预报来整合天气理论与预报实务，让气象学作为一门科学彻底站立起来[11]，这个观点受到卡内基学院的巨大支持。

1.4 经典理论的提出与数值预报的诞生

1904 年大气运动方程组这一科学概念的提出，以及 1922 年理查森基于科学理念对数值预报的尝试（虽以失败告终），成为 20 世纪三四十年代极锋理论、长波理论、准地转理论、斜压不稳定理论等经典理论提出的基础和动力。这些成果又帮助了“计算机之父”冯·诺依曼和美国气象学家查尼，1950 年，用刚刚诞生的世界上第一台电子计算机 ENIAC，在以 1949 年 1 月 31 日观测记录为初值，进行欧洲地区 24 小时数值预报的试验中获得成功。数值预报的成功及其后来在天气预报业务的应用，使得天气预报从完全依据预报员经验的时代进入主要依据物理模式预报结果，再由预报员进行订正的客观预报相结合的阶段。

1.5 迅速发展阶段

最近半个世纪，大气科学在继承经典的同时，获得了极大发展。例如，在天气预报主战场，特别是随着卫星遥感方法的不断改进和数值预报模式更加精细化，以数值预报理论和技术为代表的预报预测分析方法逐渐占据天气预报领域的主要位置；在大气探测方面，各种雷达的出现，不仅让气象应用雷达的视野不断拓展，其识别能力也有了质的飞跃，特别是雷达探测已经结束了“看图识字”阶段，大量量化天气探测数据进入数值预报模式，派生出很多新的科学和技术问题，并为数值预报的进步不断提供潜能。此外，从世纪之交开始，大气科学的成果不断与其他科学融合，获得了新的研究和应用领域，例如，大气化学、生物气象、全球变化科学和地球系统科学等，这些交叉、衍生学科或新被认识到的领域的出现，不仅是强烈的应用需求使然，例如，大气化学因人们更加重视空气质量与人类福祉的关系而获得加速发展，更加重要的是，大气科学一些核心问题的最终解决，在很大程度是需要多学科发展融合的支持才有可能，例如，地球系统科学可能是最终实现包括准确预报大气行为在内的地球环境预报的最终解决方向。

在这样的科学进化过程中，一方面，大气科学扮演着越来越重要的角色，例如美国气象学家洛伦兹在用计算机模拟求解仿真地球大气的 13 个方程时，发现由于误差指数级增长和传递，微小误差随着不断推移将会造成截然不同的后果，即“混沌现象”，并由此诞生和发展了一门新兴的数学分支——混沌理论。混沌现象的发现和发展，影响了基础科学的众多领域，在人类对于自然界的认识上，引发了本质的变化；另一方面，气象学家需要关注的领域已经数倍地增加，大气科学涉及的基础知识“谱”的拓展不断。这一情况也造成了两方面的必然结局：大气科学家的队伍在迅速扩大（原来的大气科学家学习新知识，探知新领域；其他领域的科学家进入大气科学相关领域，与气象学者共同研究攻关）和大气科学的学科划分向更多方向及更加精细化两个维度出现史无前例的延伸与扩展。这时候，要从科学家的角度，获得大气科学整体发展脉络，绝非 20 世纪前半叶以几个学派为主的科学家队伍就能代表。

2 学派和学术领袖

回顾大气科学的发展历程可以发现，作为自然科学的一个重要分支，大气科学与其他自然学科一样充满着未知，这就需要有一批又一批的学者为之前赴后继，不断积累经验、开拓创新。从古希腊的亚里士多德到 16 世纪的伽利略，再到现代气象学之父 V. 皮叶克尼斯、“芝加哥学派”创始人罗斯贝以及数值预报的点火者查尼、冯·诺依曼，他们每个人在自己研究领域中的扎实推进，都最终在大气科学发展进程中留下了坚实的烙印。当这些精英学者组成的学术团体为某一个学科的发展做出了开创性或奠基性的工作时则可将其称之为学派，因此在大气科学的发展史上，能够被称为学派的，也是被广为认可的只有两个，即以皮叶克尼斯父子为首“挪威学派”（又称卑尔根学派、北欧学派等）和罗斯贝创立的“芝加哥学派”（图 2）。

2.1 挪威学派

挪威学派是世界公认的主流气象学派，V. 皮叶克尼斯和他的 10 个助手则是挪威学派的代表人物，无论在天气学理论方面，还是在天气分析和天气预报的方法上，他们都做出了卓越的贡献。其中，V. 皮叶克尼斯先后提出环流定理[12] 和大气运动方程组[10]，正是这些工作启发了包括埃克曼和罗斯贝在内的海洋、气象学家，在大尺度海洋和大气运动中使用数学方程和物理定律，使得现代天气预报成为可能。J. 皮叶克尼斯通过查阅大量的观测数据首次描述了移动气旋的结构，指出每一个移动气旋都有两条辐合线，并将它们称之为“引导线”和“飑线”，这就是对在未来被人们熟知的“冷锋”和“暖锋”最初的命名[13]。之后，他又和索尔伯格、贝吉龙等结合锋面气旋云系和降水特征建立了理想气旋模型、提出气旋生命史的四个阶段并解释其生成和消亡的原因[14-15]。其他成员的工作，则不断完善了挪威学派的理论体系。总的说来，挪威学派在气象学上的贡献是非常广泛的，且都带有奠基价值。

2.2 芝加哥学派

而曾是 V. 皮叶克尼斯的助手之一的罗斯贝，后来则成为了“芝加哥学派”的创始人。1925 年，罗斯贝在瑞典—美国文化交流基金的资助下前往美国学习，1941—1947 年在芝加哥大学任教期间，创立了芝加哥学派。而罗斯贝个人对气象学的主要学术贡献是 1928—1939 年在麻省理工学院（MIT）工作期间做出的，如关于中纬度西风带波动的研究[16]，如今，大气科学中的许多术语都是用罗斯贝的名字命名的，且都或多或少与大气长波理论相关。芝加哥学派的另一代表人物查尼在大气动力学方面也有许多贡献，如首先给出了动力学分析中应用准地转近似的方法，建立了准地转理论；对大气长波的产生机制进行了深入研究，提出斜压不稳定理论[17-18]；与冯·诺伊曼合作，推动了数值预报取得成功；等等。芝加哥学派特别强调大气科学问题的基本物理原理，而不是停留在大气现象本身，这种从最基本的物理或流体力学原理出发来研究大气科学问题的风格，也许是芝加哥学派能够做出许多开创性工作的重要原因[19]。

图 2 挪威学派与芝加哥学派代表人物①

2.3 中国学者的贡献

在国际大气科学领域快速发展的时期，中国由于长年战乱，科学技术水平相对落后，

① 本图根据傅刚在 2012 年 4 月“第一届气象科技史研究学术研讨会”上的报告以及胡永云在 2007 年发表的《我所知道的芝加哥学派》一文绘制。

但就是在这样艰苦的环境下，中国的气象学家们依然坚持探索，为中国气象事业的建立，乃至世界大气科学的发展做出了重要贡献。

竺可桢（1890—1974 年）1918 年获美国哈佛大学博士学位后回国，那时中国气象的科研与业务几乎是空白的，他为推进我国的气象科学做出了不懈的努力。1927 年，竺可桢在南京筹建了中央研究院下属的气象研究所，经过几年的努力，在国内建立了拥有 40 多个气象站和 100 多个雨量测量站的中国气象观测网，还开展了高空探测、无线电气象广播、天气预报等工作，整理出版了中国气候资料，创办《气象杂志》，发表了许多研究成果，培养了一批现代著名的气象学家，中国气象事业由此初具雏形[20-21]。赵九章是中国动力气象学的创始人，所著《信风带主流间热力学》是我国真正把数学和物理引入气象学，解决气象学问题的第一篇论文。他首先提出了长波斜压不稳定概念，比查尼的工作早发表了一年[22]。郭晓岚在大气正压不稳定性理论、大气环流、飓风形成理论、热对流和地气相互作用等领域具有突出贡献，并被美国气象学会授予“罗斯贝奖”[22]。叶笃正将罗斯贝提出的行星波理论发展到一个新的阶段，发表了被认为是对动力气象学发展具有重要贡献的论文——《论大气中能量频散》[23]。他还对完善地转适应理论做出了贡献，提出地转适应的尺度理论，从物理上辩证地指出气压场和风场是两个相互依存并相互制约的矛盾双方，它们之间的适应关系取决于运动的尺度[24]。谢义炳在东亚降水天气系统与湿斜压天气动力学等方面做出了开创性的成果，提出了湿斜压大气的概念和理论[25]。陶诗言是中国天气学研究和天气预报业务的开拓者之一，他系统、准确地划分了入侵中国的寒潮路径，并首次提出寒潮过程是高空大型天气过程急剧调整结果的理论观点。顾震潮则开创了中国数值天气预报事业，提出在数值天气预报中运用历史资料的方法[22]。

这些中国的气象学家，把从国外所学的理论带回中国，并结合中国的实际情况开展工作，为中国现代气象科学研究与业务发展做出了开创性的贡献，使得中国跟上了世界的步伐。

3 对当代大气科学发展规律的认识

大气科学的发展有其自身的规律，比如定量探测技术、观测站网的建设为现代气象科学奠定了基础，实际需求是推动大气科学发展的动力，杰出的领军人才和团队在科技创新中起着关键性作用等。

（1）大气科学与其他学科相互促进、协同发展

19 世纪随着工业革命的进行，资本主义社会的科学技术水平飞速发展，人类对于自然的认识达到了前所未有的高度，自然科学的发展逐步形成体系。在此过程中，大气科学在其他学科的促进下，得到了快速发展，比如流体力学方程成为大气动力学的发展基础；偏微分理论被用于解释大气运动和变化背后的微观过程；场论为气象学中的位势理论提供理论工具；概率论的发展为气象统计预报的发展奠定了方法基础。气象科学的发展除了依赖于 19 世纪哲学、数学、物理学、测量学等学科的成果，还离不开 20 世纪人造卫星技术和计算机技术的高速发展，探测技术的发展为气象高空探空提供了技术保障，随着气象卫星和气象雷达的出现，气象观测呈现快速、立体化发展，为气象预报与研究提供了大量的实况数据，极大地促进了大气科学的发展。同时计算机技术的发展又帮助大气科学开创了新的里程碑——数值天气预报。

大气科学在借鉴其他学科先进成果的同时也在促进其他学科发展。随着大气科学研究领域的不断拓展，学科间相互交叉渗透，相互促进的局面逐渐形成，大气科学特定的要求不断为其他学科开辟新的研究前沿，丰富其他学科的内容。例如海气相互作用的研究大大促进了海洋学的进步，由于大气和海洋运动都受到地球旋转、重力和热力影响，海气相互作用的研究开创和发展了地球流体动力学[26]。大气科学对于云物理、雷暴、湍流的研究，提高了飞行器运行的安全性和稳定性，促进了航空业的发展。大气本身就是人类生存环境的重要组成部分，对某研究的深入和发展显然会推动对环境科学的认识。因此大气科学与其他学科之间应当建立一种相互促进、协作发展的关系，大气科学学科在其自身发展的过程中，要充分了解其他学科的前沿成果，应用先进的科学技术和研究方法，加强学科间的人才和成果交流。

（2）宽容不同意见，不迷信神话和权威

优秀的科技人才往往较有主见，对一些问题有自己独特的看法，且性格直率，不掩饰自己的观点。如罗斯贝 1925 年到美国气象局工作后，由于对美国气象部门的行政和业务工作都不太满意，罗斯贝发表了许多不同意见，得罪了一些人，在那里工作期间并不愉快，并被宣布为“不受欢迎的人”。庆幸的是罗斯贝仍有机会。时值加州要发展航空业，正筹建从旧金山到洛杉矶的航路，航空基金会便聘用了罗斯贝，请他去建立航空气象业务系统，一年之内便完成了航空气象网的建设。美国气象局最终也接收了罗斯贝建成的航空气象业务网，并将其作为美国各航空业务机构的样板，认可了罗斯贝的成绩。如果没有美国气象界的宽容，可能就不会有芝加哥气象学派的辉煌历史。

如果缺少宽容、迷信权威，也会导致在科学探索的道路上出现迷失或停滞不前。19 世纪 50 年代，英国成立了气象局，首任局长菲茨罗伊的工作深受出海水手们的欢迎，他们不要求天气预报全对，大部分对就可以了。但当时社会的贵族们认为不太准的天气预报会妨碍他们的生活，守旧的科学大师们也不支持，一些英国皇家学会的大人物用物理学、生物学的眼光看待大气科学，认为科学结论都是要在实验室做好才能应用到实际。这导致 19 世纪 60 年代初期，英国气象局被取消，菲茨罗伊被调到英国皇家学会做资料统计员。后来，人们发现菲茨罗伊的天气图上已经绘出了气旋和锢囚气旋。1934 年，英国气象学家肖氏（N. Shaw）提出，如果菲茨罗伊继续沿着他的道路前进，则气旋的锋面学说将出现在 1870 年而不是 1919 年。而再看肖氏自己，也有类似的遗憾。1878 年英国气象学家艾伯克龙比总结出地面 7 种气压形势场，奠定了气压场形态学的基础。艾伯克龙比被誉为“大英帝国的亚里士多德”，他的学说完全主导了英国气象学界。20 世纪初，肖氏逐步总结出气旋波理论，发现了气旋中的三股气流和不连续线，他已经走到了斜压大气气旋波理论的门口，但肖氏在权威面前戛然止步，未能再深入下去。否则，锋面学说或许可以首先诞生在英国。如果英国气象界当时不迷信权威，对后来者抱着宽容的心态，如果相关科学家不固步自封，在自己开辟的道路上再前进一步，或许在气象科技史上真的会出现“英国学派”。

（3）科学的兴盛离不开领军人才

从挪威学派的气旋学说到芝加哥学派的长波理论，一批精英学者的通力合作带动了两个学派的兴盛发展，也使得气象学整体水平有了很大提升。而 20 世纪 30 年代前后，随着罗斯贝、J. 皮叶克尼斯移居美国，气象学研究的主战场也从欧洲向美国转移，这更说明科学的兴旺离不开领军人才的引导。领军人才，顾名思义，不仅自身能力出众，而且通常具有崇高的价值追求、出类拔萃的科学素养、卓越的领导才能、独特的人格魅力、坚韧的拼搏毅力、强大的团队凝聚力和广泛的社会影响力等优良素质[27]。而皮叶克尼斯父子、罗斯贝和查尼等人正是气象学界当之无愧的领军人才。他们以卓越的眼光招贤纳士、大胆做出创新的工作。正所谓“名师出高徒”，领军人才经常能够培养出精英学者，以壮大其研究团队，团队壮大所带来的号召力又会吸引更多的精英加入，从而形成良好的循环，研究成果不断推陈出新，一个地区甚至国家在某一学科上的领先优势也通常在这个时候被确立。

以史为鉴，如果中国大气科学要走到世界前端，科技人才队伍建设显然是最重要的环节，而其中领军人才的涌现则是更为关键的条件。

4 结语

20 世纪是大气科学获得迅速发展的 100 年，基础理论的突破、现代探测技术和计算技术的发展起到了至关重要的作用。但对于复杂多变的大气，人类的认识还非常有限，仍有许多难题尚待解决。如对于中小尺度天气系统的剧烈变化，能否在云物理方面取得突破；在气候预测领域，能否在基础理论、预测方法上有所斩获；在气候变化领域，能否在气候增暖的背景下，对气候系统各圈层造成的影响及演化规律有系统性的、更为清晰的认识；还有诸如无缝隙预报、应用气象、探测技术、信息分析、复杂性处理等多方面的领域需要深入探索。或许通过回顾、探讨和总结历史进程，对推进未来的发展能有所启示，期待大气科学在一些核心领域，能像过去 100 年那样，突破瓶颈，攻克关键难题，取得大踏步进展。

参 考 文 献

[1] 李国平. 动力气象学（大气动力学）发展、回顾与展望//新编动力气象学. 北京：气象出版社，2006.

[2] 王鹏飞. 中国古代气象上的主要成就. 南京气象学院学报，1978（1）：141-151.

[3] 竺可桢. 中国过去在气象学上的成就. 科学通报，1951，2（6）.

[4] 杨萍，叶梦姝，陈正洪. 气象科技的古往今来. 北京：气象出版社，2014.

[5] 王鹏飞. 世界大气科学发展概史//王鹏飞气象史文选. 北京：气象出版社，2001.

[6] 刘昭民. 西洋气象学史. 台湾：中国文化大学出版社，1981.

[7] MIDDIETON W E K. A History of the Thermometer and Its Use in Meteorology. Baltimore：The Johns Hopkins Press，1966.

[8] 黄荣辉. 大气科学发展的回顾与展望. 地球科学进展，2001，16（5）：643-657.

[9] NEBEKER F. Calculating the Weather，Meteorology in the 20th Century. Academic Press Inc，1995.

[10] BJERKNES V. The Problem with Weather Forecasting as a Problem in Mechanics and Physics. In：ShapiroThe M A，et al. Life Cyclesof Extratropical Cyclones. Boston：American Meteorological Society，1999.

[11] COX J D. 风暴守望者——从富兰克林的风筝到厄尔尼诺的天气预报风云史. 闻新宇，贾喆，朱清照，译. 北京：科学普及出版社，2014.

[12] THORPE A J，Volkert H，ZiemiańskiM J. The Bjerknes' Circulation Theorem：A Historical Perspective. Bulletin of the American Meteorological Society，2003（4）：471-480.

[13] BJERKNES J. On the strueture of moving cyclones. Geofysiske Publikasjoner，1919，1（2）：1-8.

[14] BJERKNES J，Solberg H. Life cycle of cyclones and the polar front theory of atmospheric circulation. Geofysiske Publikasjoner，1922，3（1）：3-18.

[15] 叶鑫欣，焦艳，傅刚. 卑尔根学派气象学家的研究工作和生平：J. 皮叶克尼斯、H. 索尔伯格和 T. 贝吉龙. 气象科技进展，2014，4（6）：35-45.

[16] ROSSBY C G. Relation Between Variations in the Intensity of the Zonal Circulation of the Atmosphere and the Displacements of the Semi-permanent Centers of Action. J Mar Res，1939（2）：38.

[17] CHARNEY J G. The Dynamics of Long Waves in a Baroclinic Westerly Current. J Meteor，1947（4）：135.

[18] EADY E T. Long waves and cyclone waves. Tellus，1949（1）：33.

[19] 胡永云. 我所知道的"芝加哥学派"// 北京大学物理学院大气科学系. 江河万古流：谢义炳院士纪念文集. 北京：北京大学出版社，2007.

[20] 《竺可桢文集》编辑小组. 竺可桢文集. 北京：科学出版社，1979.

[21] 王东，丁玉平. 竺可桢与我国气象台站的建设. 气象科技进展，2014，4（6）：67-73.

[22] 钱伟长. 20 世纪中国知名科学家学术成就概览：地学卷，大气科学与海洋科学分册. 北京：科学出版社，2010.

[23] YEH T C. On Energy Dispersion in the Atmosphere. J Meteor，1949，6：1-16.

[24] 吕美仲，侯志明，周毅. 动力气象学. 北京：气象出版社，2004.

[25] 北京大学物理学院大气科学系. 江河万古流：谢义炳院士纪念文集. 北京：北京大学出版社，2007.

[26] 张大林. 大气科学的世纪进展与未来展望. 气象学报，2005，63（5）：812-824.

[27] 盛若蔚. 呼唤"帅才"：科技需要领军人物. 人民日报，2005-01-11（9）.

近百年中国气候变化科学问题的新认识

New Understanding of Climate Change in China in This Century

丁一汇[1]，王会军[2]

（1. 中国气象局国家气候中心，北京 100081；2. 中国科学院大气物理研究所，北京 100029）

摘要：全球和中国的气候变化问题日益受到各国政府、科技界和公众的关注。其中科学问题作为气候变化影响和对策的科学基础与支撑，得到了广泛而深入的研究，无论在国际上还是在中国都取得了重大进展。从全球的视野对我国气候变化有关的6个方面的重要科学进展和新认知作了概述。它们包括：①近百年中国区域地表气温和大气平均气温的变化特征；②中国地区的水循环与区域降水变化；③亚洲季风的长期变化与原因；④海洋在近百年中国气候变化中的作用；⑤中国气候变化的原因；⑥全球与中国气候变化的预估和检验。最后，对未来中国气候变化研究需要加强的重点科学问题也提出了研究建议。

关键词：气候变化，亚洲季风，气候变化归因，全球气候变暖趋缓，气候变化预估

0 引言

全球气候变化问题日益引起各国政府、科技界和公众的关注。近几十年来气候变化基本事实和科学成因等方面的研究不断深入和扩展，并促进了跨学科的地球系统科学的快速发展。尤其是自1988年以来的20多年间，政府间气候变化专门委员会（IPCC）组织编写的5次气候变化评估报告在推动气候变化科学本身的深入发展与扩大政府和公众对气候变化的科学认知上做出重大贡献[1]。5次评估报告的结果表明，现代气候变化的基本事实和基本认知得到了大量观测事实、理论分析和气候系统模式数值模拟的一致支持，至少在5个方面取得了相当高度的共识[2]，这包括：①地球系统多种观测数据表明地表和对流层大气的温度明显升高，近百年全球气候在显著变暖；②全球气候变化是自然因素和人类活动共同作用的结果，但20世纪后半叶以来，人类活动是全球变暖的主因；③预计21世纪全球将持续变暖，气候极端事件的频率、持续时间和范围将增加；④气候变化对自然系统和社会系统都产生了重要影响，未来的影响利弊共存。但随着增温量值和速率的明显增加，负面影响将可能加深加重，给人类社会的可持续发展和生存环境带来更大的风险，因而，2 ℃阈值问题作为全球进行减排行动的第一个量化约束指标日益受到各国政府和科技界的重视和关注；⑤气候变化科学是典型的发展中学科，目前我们对复杂的气候系统的认知水平有限，一些定量的估算和结论有不确定性，并且将来还会不断有新的科学问题出现，近

本文已发表于《科学通报》2016年第61卷第10期。

资助项目：国家科技支撑计划（2012BAC19B11）。

作者简介：丁一汇，中国工程院院士，多次参与和主持国家和部门级重大攻关和研究项目。研究方向为季风动力学、灾害性天气及气候变化。

15 年时段内全球气候变暖趋缓或停顿现象就是一个新的广受关注的问题。

中国科学家在气候变化领域进行了长期的研究，并取得了丰硕的研究成果；也形成了一支较强的科技队伍。如同 IPCC 和其他国家一样，中国也迫切需要一部权威的中国气候变化评估报告，为制定应对气候变化的国家战略与对策以及指导气候变化的科学研究和技术创新提供科学依据。为此，从 2002 年开始，由科技部、中国气象局、中国科学院等多个部委共同组织对中国的气候变化问题进行了 3 次全面的评估。前两次报告已分别于 2007 年和 2011 年出版[3-4]。2015 年 11 月正式出版的《第三次气候变化国家评估报告》主要结论已在 2014 年 12 月的利马 COP20 气候公约大会上对外宣布。《第三次气候变化国家评估报告》的科学部分基于最新的观测资料和气候系统模式方面的相关科学研究成果，全面而深入地评估了中国气候变化的特征、原因和未来变化。本文将参考其中的一些主要成果并从全球气候变化的视野对下列 6 个问题进行综述。

1 近百年中国区域地表气温

图 1（附彩图 2）是 1873—2012 年中国区域器测地表气温（SAT）年平均距平变化序列，其中 WYG 序列和 TD 序列是前两次评估报告[3-4] 中给出的两个序列。T13 序列是这次评估报告新增加的序列[5]。《第二次气候变化国家评估报告》中还曾给出 LYT，TR 和 CRU 的曲线。由于计算 1950 年之前的日平均温度方法不同，对于过去 5 条曲线得到的近百年增温趋势有明显的差异（见表 1）[6]，而对于 1951—2007 年的 56 年，由于所用的台站数据明显增加（由解放前不足 100 个到这时期的 730 个），可信度更高，所得到的 SAT 变化趋势为 0.23 ℃/10a，增温量为 1.40 ℃。

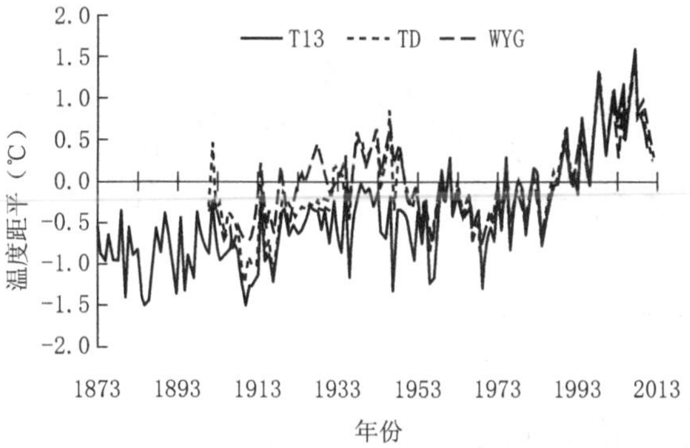

图 1 1873—2012 年中国区域地表气温年平均距平变化（相对于 1971—2000 年）。其中 3 个系列为 T13 序列[5]、TD 序列[3] 与 WTG 序列（1998 年）[4]（严中伟提供，2015 年）

表 1 过去 100 年地表气温（SAT）趋势 单位：℃/10a

SAT 序列	1906—2005 年	1908—2007 年
WYG	0.053	0.059
LYT	0.034	0.042
TR	0.095	0.111
TD	0.086	0.096
CRU	0.120	0.127

所有 SAT 时间序列都很一致地显示出近 50 年中国的地表气温加速上升，气候变暖十分明显[6]。由于 WYG 和 TD SAT 序列有较高的相关，但是两个序列所给出的增暖速率却不同（分别为 0.53 ℃/100a 与 0.86 ℃/100a），《第二次气候变化国家评估报告》认为中国的气候变暖速率可能在 0.5～0.8 ℃/100a。但这并不排除存在有更高增暖率的可能性，如 TR 与 CRU 曲线已接近或超过 1 ℃/100a。最近，Cao 等[5] 用最高和最低温度代表日平均温度，并采用经纬度网格面积加权平均与 CRU 插值的网格化温度资料一定程度上克服了 20 世纪上半叶因观测时间不同等因素引入的非均一性，得到了新的近百年 SAT 时间序列（图 1 中 T13 曲线），如与《第二次气候变化国家评估报告》中采用的方法相一致，可取 WYG 和 TD 序列则可得近百年（1913—2012 年）中国区域平均增温的中值为 0.9 ℃，这高于《第二次气候变化国家评估报告》中平均增温 0.5～0.8 ℃的结果。最近 50～60 年增温趋势为 0.23 ℃/10a。无论是近百年增温总量和增温趋势皆高于全球平均水平（全球平均分别为：0.85 ℃/10a（1880－2012 年）与 0.12 ℃/10a（1951－2012 年））。如根据上述 Cao 等[5] 的最新结果，中国中东部地区 1909－2010 年的增温率可达 1.52 ℃/100a，这主要是由于 T13 曲线中 1920－1940 年代的增温值明显减小的结果（比较图 1 中的各曲线）。这个值明显高于全球百年增温值。兼顾考虑上述 3 条百年曲线，可认为中国地表气温近百年变化的下限是 0.90 ℃，1.52 ℃是上限，取其中值为 1.20 ℃。在这种情况下，《第三次气候变化国家评估报告》取 1.20 ℃为新的中国百年增温率，其不确定性范围在 0.9～1.52 ℃。

但目前对这个结果需要从原因和机理上做进一步分析研究。除了在去除城市化效应所取的增温率不同以外，一个关键问题是 1920—1940 年的快速增温期和峰值是否存在？图 2

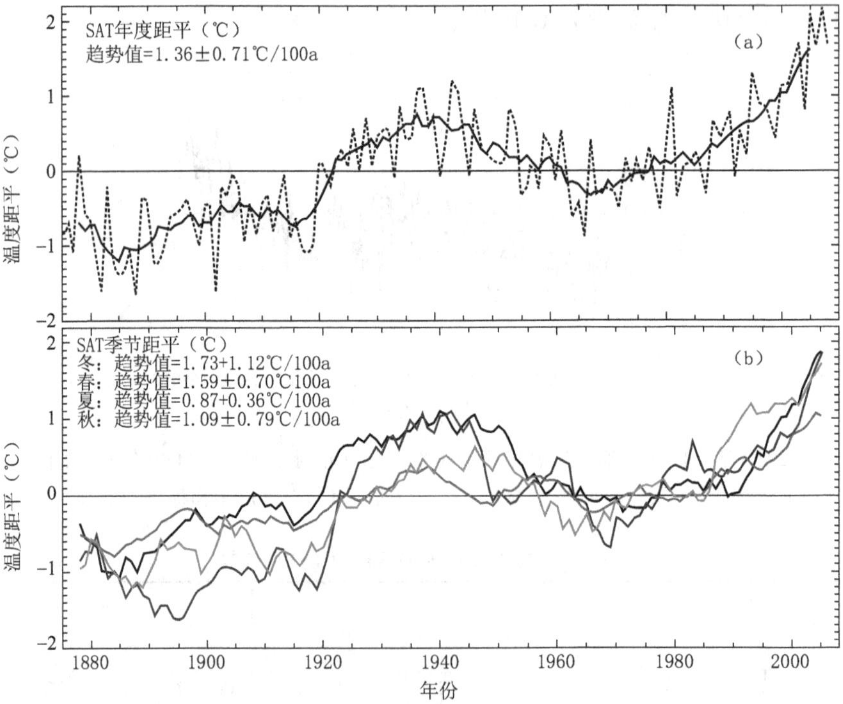

图 2　北极地区（59°N 以北）年平均（a）和季节平均（b）地表气温距平综合时间序列（（a）点线为原始值，实线是 7 年滑动平均曲线。图中给出的线性趋势值是指 1900—2008 年间的趋势值[7]）

(附彩图 3) 是北极地区 (59°N) 以北近百年 SAT 的时间曲线，可以清楚地看到，1920—1940 年代存在一个显著的暖期。在 WYG 和 TD 曲线上，可以看到类似的暖期。这反映了北极的影响[1,7]，而在 T13 曲线则不存在这个暖期，因而中国近百年 SAT 曲线可靠性的一个关键问题是 1920－1940 年代暖期是否存在，其量值和机理是什么？当然，中国不同区域不同季节的增温速率和增温幅度也是有差别的，例如：进入新千年的十几年里我国东部冬季气温基本是下降的[8]。另外一个重要问题是气候年代际变化，由于中国器测观测资料的长度不足 150 年，使得气温的年代际检测与预测十分困难。

2 中国地区的水循环与区域降水变化

全球水循环是指自然界的水以其液态、固态和水汽形态在整个气候系统中不断输送与转换，以及在海洋、冰雪圈、陆面和大气库中的储存状况。因而全球水循环涉及多圈层相互作用，并具有相变和复杂物理过程。对于区域水循环，还必须考虑各种形态的水在区域边界交换的状况。全球气候变暖可以通过 3 个方面影响全球水循环：①由于气候变暖后大气可容纳更多的水汽，实际比湿 (q) 和饱和比湿 (q_s) 都增加，所以相对湿度 ($RH=q/q_s$) 基本上可以变化不大。但如果温度上升十分明显，而 q 又增大不多，则 RH 减小，这种情况下，降水可能性减小，气候变暖后，易出现干旱；②大气环流也发生变化，这导致水汽输送及其辐合/辐散区与降水区发生变化；在气候变暖影响下，区域环流型和异常状况在不断改变，从而在改变着降水区和干旱区的分布型式和强度；③全球辐射强迫的变化改变着地表和大气的加热场。在地表直接影响蒸发和感热加热，后者又通过垂直输送改变大气的热源和层结稳定度，从而影响降水。正是上述原因共同引起了水循环的变化，尤其是降水特征（降水量、频率和长度）与极端值和极端事件的变化。由于气溶胶的存在可增强或减弱降水条件，进一步使降水过程变化复杂化。大量的研究表明[1]，近百年全球与区域水循环已经并将继续发生显著的变化。

对于中国的区域水循环，最显著的变化主要表现在 4 个方面：

(1) 虽然近百年和近 60 年全国平均降水量均未见显著的趋势性变化，但 20 世纪 70 年代以后降水型发生了明显的年代际变化。东部季风区出现“南涝北旱”的降水异常型，而西部干旱和半干旱地区近 30 年在变湿，降水呈持续增加趋势（图 3，附彩图 4)。东部季风区降水格局的变化与东亚夏季风年代际减弱（40 年与 60～80 年周期）密切相关[9-10]，其直接的后果是使季风的向北水汽输送减弱。对于西部地区的变湿与降水增加的成因目前尚无定论，也没有确切的证据表明中国这种雨型变化与人类活动密切有关。所谓“湿者愈湿，干者愈干”“暖者愈湿”或“副热带向北扩展”的结果[11-12] 都无法合理解释这种区域降水格局长期变化的特征。

(2) 近 50 年地表年平均比湿从 1960 年后是增加的，在 20 世纪 80 年代末到 21 世纪初处于一个高峰期，并在 2000 年左右达到 50 年的峰值。之后出现迅速减少的趋势[13-14]。全国范围地表到对流层中上层大气的水汽含量显著上升，北方上升趋势明显高于南方。上述大气实际水含量近 50 年总体上增加的趋势与气候变暖影响结果基本是一致的。但是由于饱和比湿也明显上升，并且上升速率比实际比湿或大气水汽量增加的速率更快，致使全国大部分地区地表相对湿度表现为减小的趋势[13]。这种情况与中国地区干旱面积的增长有相当密切的关系。

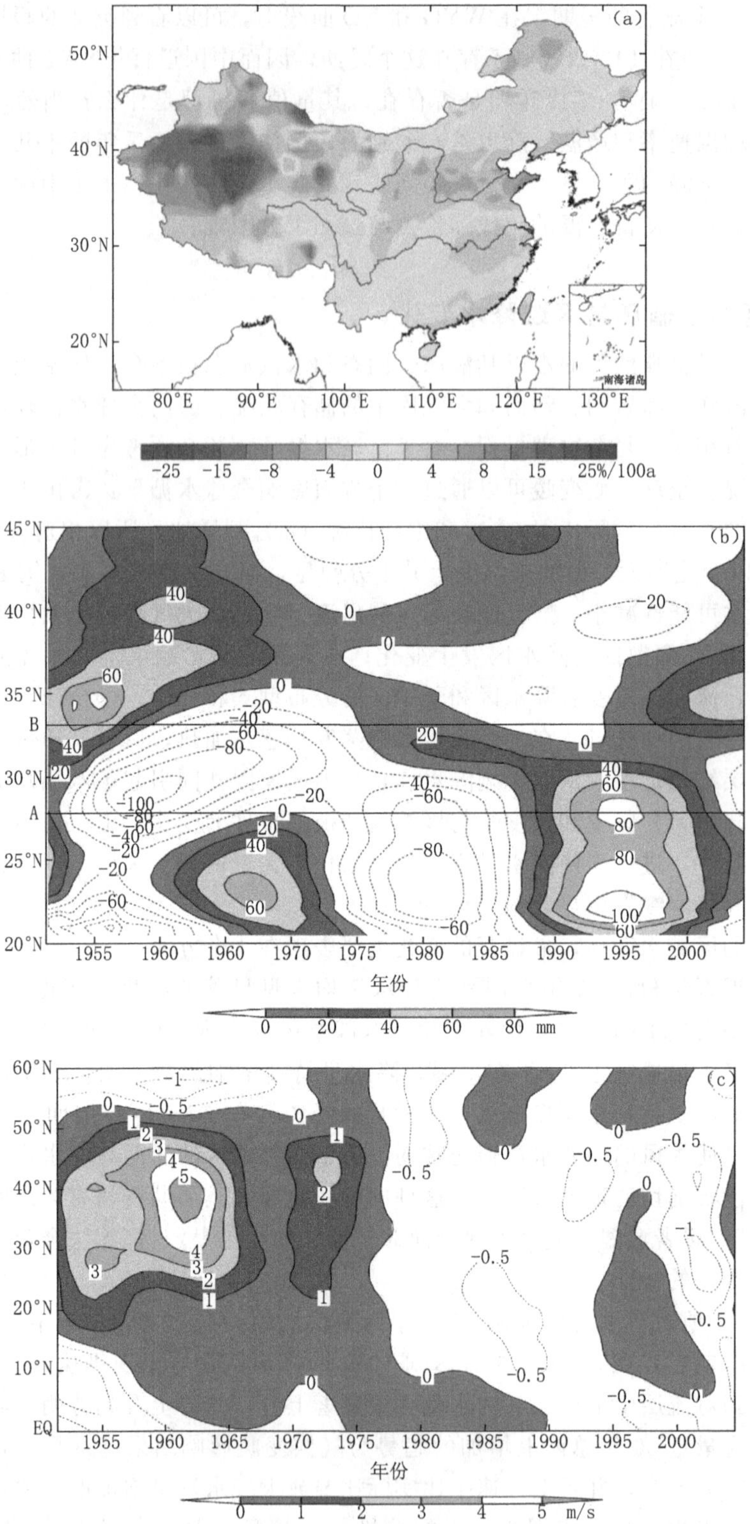
(a)
50°N
40°N
30°N
20°N
80°E　90°E　100°E　110°E　120°E　130°E
南海诸岛
-25　-15　-8　-4　0　4　8　15　25%/100a
(b)
45°N
40°N
35°N
B
30°N
A
25°N
20°N
1955　1960　1965　1970　1975　1980　1985　1990　1995　2000
年份
0　20　40　60　80 mm
(c)
60°N
50°N
40°N
30°N
20°N
10°N
EQ
1955　1960　1965　1970　1975　1980　1985　1990　1995　2000
年份
0　1　2　3　4　5 m/s

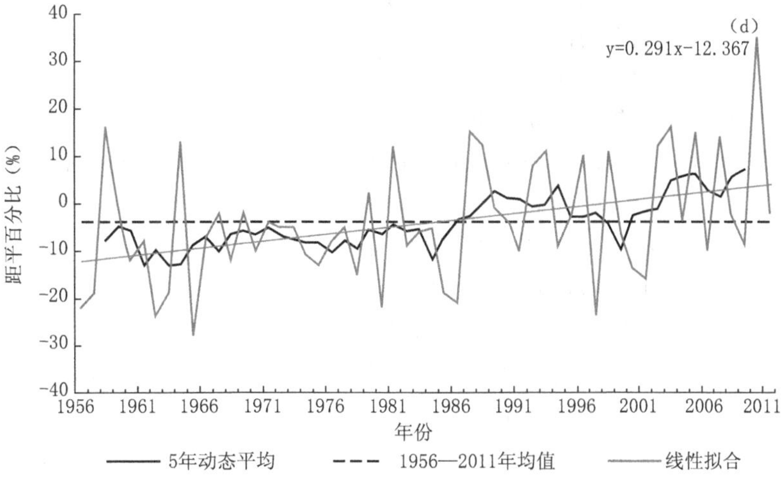

图 3 中国降水变化及相关特征量的时间演变((a) 1957—2010 年中国夏季降水量距平百分比变化图；(b) 1951—2004 年东亚夏季风（6—8 月）降水和（c）850 hPa 经向风，经度—时间剖面图[10]；(d) 西北地区（110°以西，33°N 以北）1956—2011 年平均降水量距平百分比时间序列（柳艳菊提供，2014 年))

（3）中国的蒸发皿和潜在蒸发量总体上呈下降趋势，绝大部分地区水面蒸发减少，这与大部分地区增加的实际蒸散发不同。这种所谓蒸发悖论问题国内外已有很多讨论[15-16]。这两种蒸发趋势的差别主要涉及对实际蒸散发的计算问题。由于中国蒸散发的实际测量数据（如用称重和边界层铁塔观测）十分有限，大多数实际蒸散发是根据不同的模型和经验公式计算得到。由于模式和公式不同，所得结果不同。分析表明，影响实际蒸发量值和时空分布的因子不仅包括温度，还包括多种气象要素和因子（如日照、风速、相对湿度、降水等），因而如何根据蒸散发理论构建合理的蒸散发计算模型是解决这一问题的关键。

（4）径流量表现为东部诸河减少，西部诸河增加的趋势。中国水循环的一个关键水文分量是径流。从全球径流变化研究看，最近进行的最全面的江河分析表明，其结果并不支持在 IPCC AR4[1] 得到的在 20 世纪径流增加的结论。全球 900 条河流百年以上记录的分析表明，有三分之二河流的入海淡水量呈下降趋势，只有三分之一河流的入海淡水量是增加的[17]，并未完全反映气候变暖的影响。中国的十大河流径流变化中，东南、西南、西北诸河流域有 4 条表现为增加趋势，而东部地区的 6 条河流径流表现为减少趋势。根据 Piao 等的分析[18]，自 20 世纪 60 年代以来，黄河流域径流呈不断下降的趋势而长江流域径流呈上升趋势。但近 10 年来，后者已呈下降趋势。

由上可见，径流对气候变化的响应是复杂的，与实际蒸散发一样也包含多因子的影响。这一方面主要是由于径流与人类活动以及复杂的自然变化有关，另一方面，也由于它与能量循环和大气环流的变化又相互交织在一起。这也表明，水循环研究和归因比温度有更大的不确定性和困难。

3 亚洲季风的长期变化与原因

亚洲季风是全球季风系统中的一个主要成员。一个季风系统的形成、发展和维持是在太阳年变化强迫下多种因子间复杂相互作用的结果。因而现代季风系统是被看作在太阳辐射年循环驱动与作用下耦合的海—陆—气—冰系统，而不仅仅是经典理论认为的由海洋与陆地热力差异引起的大型海陆风环流。季风系统具有多时空尺度的变化，从短期的天气尺度脉动到几千乃至几百万年的长期变率。对于几千年以上的季风变率，其原因与百年尺度以下的变率是不同的。中国的古季风研究有长期的历史，其中一个重点是利用多种代用资料（如黄土、年轮、石笋、海洋和湖泊沉积物等）对东亚与亚洲季风，包括夏季风和冬季风的演变与原因进行了研究，在国内外取得了很多成果[19-23]。古气候学家的研究认为，在万年至十万年时间尺度上，地球相对于公转轨道平面的倾角，地球公转轨道的形状与地轴缓慢的摆动或春分点进动的周期性变化，通过调制和分配入射太阳辐射而驱动全球气候和亚洲季风变化。据近万年以来古季风的研究，整个亚非季风具有长期的减弱趋势。此外，亚洲季风的强度也受欧亚北部冰盖增长和崩溃以及温室气体的影响。

近百年亚洲季风的研究进一步揭示了人类因子强迫（主要温室气体排放、气溶胶增加和土地利用变化）在影响季风及其变率的重要性[24]。温室气体排放增加引起的气候变暖导致大气中水汽含量增加与地表蒸发增加，从而改变季风区水循环。另一方面，由于大气顶辐射强迫的变化也改变全球和区域季风区能量收支。由于海洋和陆地的能量发生变化而影响海洋与陆地的热力差异和季风环流的强度与降水。大气气溶胶的增加通过减少陆地表面的太阳辐射加热和海陆温差而使季风环流减弱。在近百年亚洲季风变化中，最突出的特点是其强度的年代际变化（图 4，附彩图 5）。无论东亚季风和南亚季风都分别在 20 世纪 60 年代末和 20 世纪 70 年代末经历了减弱过程[10,25-26]。这种亚洲夏季风的年代际减弱导致了亚洲大范围季风雨区的明显南退，在中国的华北与印度北方都出现了持续的干旱少雨的条件。实际上，这种亚洲季风的大尺度衰减也向西延至西非，反映了整个亚非季风系统的年代际减弱。目前还无法确切地把这种减弱的亚洲夏季风归因于人类活动因子的影响。陈晓

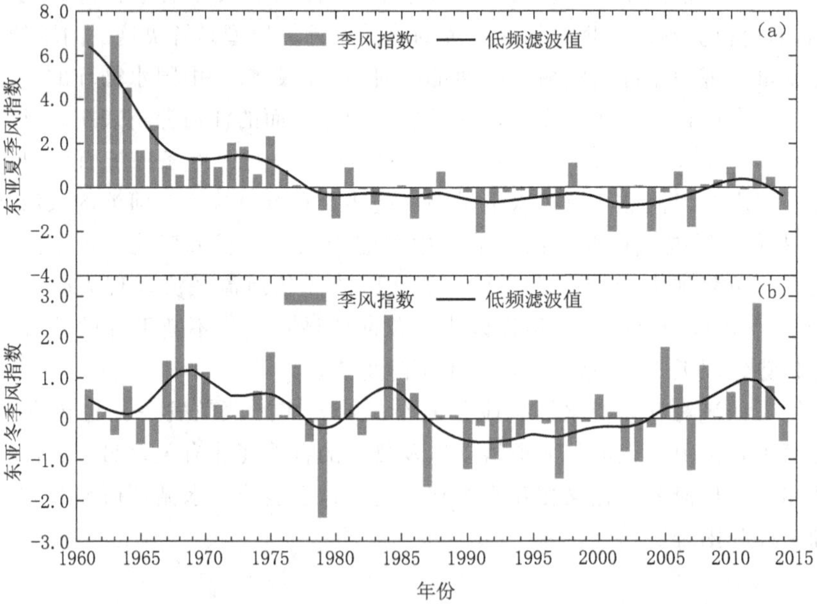

图 4　1961—2014 年东亚夏季（6—8 月）季风（a）和冬季（12—次年 2 月）季风（b）指数变化曲线（国家气候中心，2015 年）

龙等[27]和周鑫等[28]研究也表明，人类活动对亚洲长期变化趋势的影响可能较小。但Bollasina等[26]提到，近百年南亚季风的减弱可能是由人类排放气溶胶的增加造成的。

季风的年代际变化也是季风重要的特征之一，它主要受到海洋和陆面（包括积雪、植被等）因子的影响，其中ENSO是季风年际变率的主要强迫因子。虽然目前还无法从观测中确切地检测出季风和ENSO遥相关关系的稳定性是否会因气候变暖而改变，但模式研究表明，随着气候的变暖，两者关系仍然不会改变。为使将来的ENSO预测更为可信，模式必须能够真实地模拟热带太平洋的平均状态与季风—ENSO遥相关，但在未来的气候变化预估中，热带太平洋平均态与ENSO振幅和频率的变化是高度不确定的。但敏感性模拟实验表明，正常季风年在气候变暖下将减少，很弱的和很强的季风发生频率（PDF尾端）概率将增加。这表明，季风的异常变化幅度将随气候变暖而增加[29]。

4 海洋在近百年中国气候变化中的作用

海洋在全球气候变化中被看作是气候系统的内部变率。但它与大气的随机性内部变率不完全相同，海洋可以通过海气相互作用影响大气的变率，因而海洋与陆地被看作是一种大气外部的耦合强迫，可以引起时间尺度较长或缓慢的气候自然变率。其中年际（ENSO）和年代际尺度（太平洋年代际振荡PDO或IPO）最受到关注。20世纪90年代以来，赤道中太平洋经常可观测到海表温度异常增暖的现象，而赤道东太平洋海表温度异常变冷。这种太平洋中部异常增暖的事件有别于传统的东部型厄尔尼诺，被称为中部型厄尔尼诺。由于中部型厄尔尼诺对全球和东亚的天气气候影响不同于东部型厄尔尼诺，因而引起了相当的关注。对于ENSO发生频率和振幅的变化对全球变暖的响应问题至今仍有较大的不确定性。但将来ENSO仍然是影响全球气候的主要自然变率模态，它可以引起全球许多区域降水和气温异常。根据CMIP5的模式研究，由于ENSO的自然变率（包括方差和空间型）非常大，无法在21世纪的预估中，确定人类活动所占的相对贡献有多大[30]。

PDO是年代际尺度的北太平洋海温变率，有与ENSO类似的空间结构，它对北半球年代际气候变化有重要影响。由图5（附彩图6）可见，近百年全球地表气温的快速增温期和趋缓期（或停顿期）与PDO的位相变化有很明显的相关。PDO正位相对应于快速的全球增暖期（20世纪20—40年代和80—90年代），负位相期对应增温停顿期（20世纪50—70年代和1998—2014年）[31]，因而PDO的对全球变暖的年代际变化有明显的调节作用。

观测到的近百年地表气温的变化实际上是人类活动造成的变暖趋势与自然的PDO等年代际模态的冷暖期相互迭加或抵消的结果。另外，大西洋多年代尺度变率（AMO）也影响全球温度的长期变率[32]。虽然对于近15年气候变暖趋缓的原因提出了不少解释，包括太阳活动的减弱、火山爆发、平流层水汽减少，但北太平洋PDO的冷位相起着更重要的作用[1]。观测和模式计算都表明，人类活动引起的气候系统的能量输入继续增加，但海洋表层的冷却是由于海洋吸收的热量主要向海洋的中、深层输送和储存，而致使海表热量减少的结果。因而对近15年全球变暖趋缓期“丢失的能量”的去向目前基本上有了比较清楚的回答。

气候变化对海洋的影响的一个重要方面是海平面上升。全球海平面上升率从19世纪中期开始增加，高于过去2000年的平均上升率。在1901—2010年期间，全球海平面上升

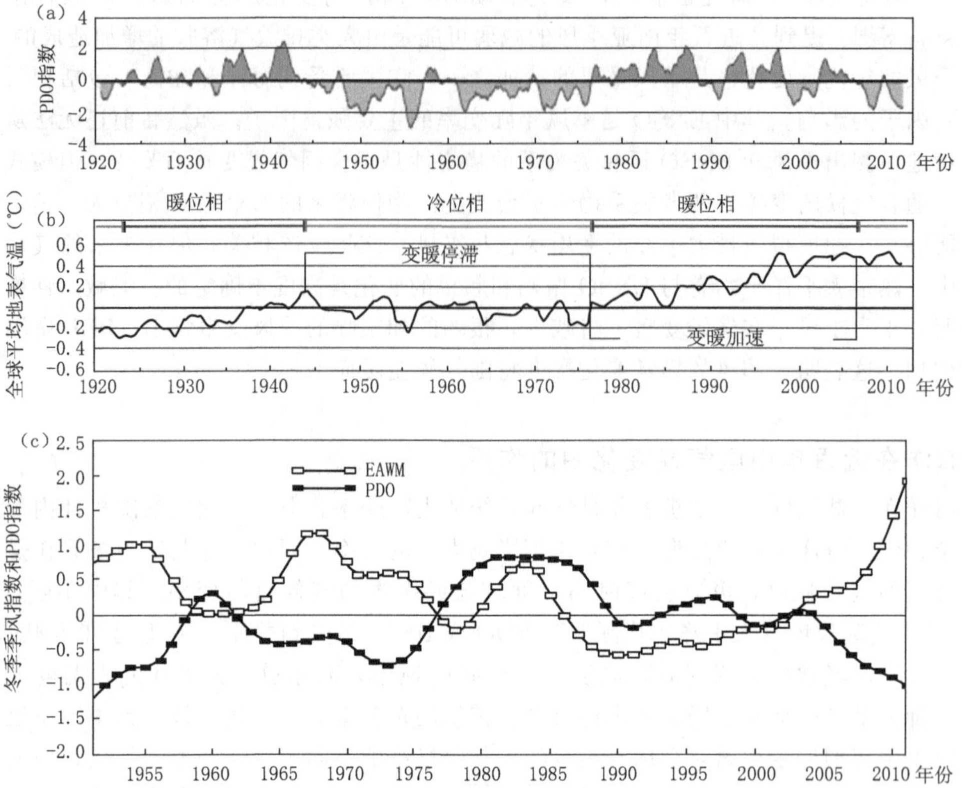

图 5　北太平洋年代际振荡指数（PDO）（a、c）
与全球平均地表气温（b）的关系图（由 Tollefson 改绘[31]）

高度达 0.19 m（0.17～0.21 m），其上升率为 1.7 mm/a，在 1971—2010 期间为 2.0 mm/a，而到 1993—2010 期间增加到 3.2 mm/a。验潮站和卫星高度计都测量到这个更高的上升率。其原因是由于自 1970 年以后，由增强的气候变暖使冰川和冰盖冰量损失和海水热膨胀增加，它们占全球观测到的海平面上升的 75%。

20 世纪 80 年代以来，中国沿海的海平面上升率为 2.9 mm/a，高于全球平均的海平面上升率（图 6，附彩图 7）。不少作者得到的上升率比此值还要高。2012 年为 1980 年以

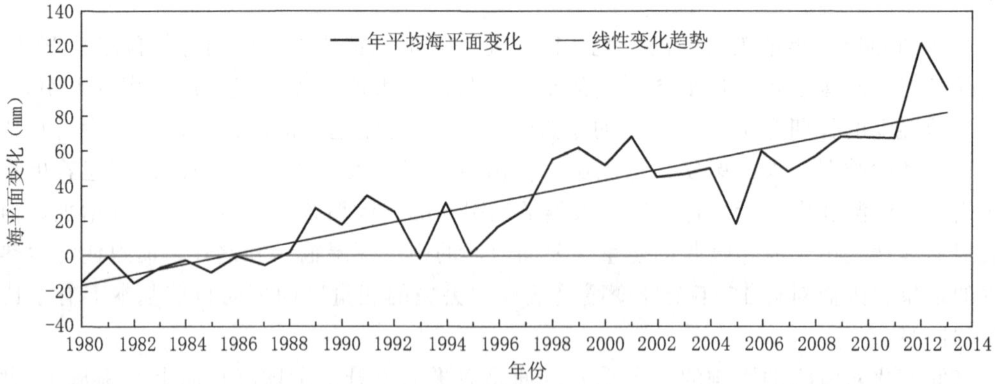

图 6　中国沿海海平面变化（相对于 1975—1993 年平均值）（引自国家海洋局 2013 年中国海平面报告）

来中国海平面最高位。中国海平面上升除受全球变暖影响外，也可能与太平洋年代际振荡（PDO）有关联，如太平洋赤道偏东信风增强，可驱动热带西太平洋海平面上升，导致菲律宾与南海约70%的海平面上升。从观测上可看到，这里是西太平洋海平面上升最显著的地区[1]。国家海洋局对中国沿海海平面未来30年的预测值在60～145 mm之间，这个值大于全球平均值。

5 中国气候变化的原因

地球的气候总是在不断地演变着，这种演变可能有多种原因（包括外强迫与气候系统内部变率）。为了确定观测到的变化是由何种主要原因引起，必须确认观测到的变化与完全不存在强迫条件下的变化（或称气候系统的内部变化）有什么不同。对于气候系统而言，温室气体、太阳活动、火山爆发、土地利用变化（包括城市化）是外强迫，而大尺度海洋变率如ENSO和PDO是年际、年代尺度与百年尺度的内部气候变率。因而确定气候变化原因的关键就是寻找和确认不同气候变化原因的“指纹”。其方法是用气候模式模拟各种强迫因子作用产生的不同气候变化型式，并把这些模拟的指纹型式与观测的气候变化相比较，以辨别观测的变化最可能与何种“指纹”型式相似，从而确认由何种外强迫作用引起，或由自然的无外部强迫作用下的内部原因引起。这就是气候变化的归因研究。通过近20多年的研究，目前对全球和区域气候变化已能定量地进行归因[1,33]。对于全球气候变化的原因，最主要的结论是1951—2010年全球平均地表气温的增加中，二分之一以上极可能（99%的信度）是人类活动造成的。在这期间，温室气体对全球地表气温增加的贡献可能在0.5～1.3 ℃，其他人类活动（包括气溶胶的冷却作用）可能为−0.6～0.1 ℃，自然强迫的贡献可能为−0.1～0.1 ℃，内部变率可能在−0.1～0.1 ℃。上述4种驱动因子总和与此时期观测到的约0.6 ℃的增温一致。

中国科学家的归因研究表明，中国区域很多气候指标的变化特征符合IPCC关于人类活动影响的相关认识和结论。图7是多个全球模式在不同强迫下对中国1961—2005年气候变化的模拟结果[33]，可以看到，包括人类活动等自然因子影响模拟的中国地表气温平均曲线与观测曲线总体上是一致的。这表明中国近50年气候变化是由人类活动造成的温度上升趋势与迭加在其上升趋势上的自然因子引起的温度脉动共同造成的。如果在模式中去掉人类排放的温室气体、气溶胶与土地利用变化的作用，则地表气温从20世纪80年代初与实际温度开始出现差别，前者表现为持续升温，后者表现为温度平稳，没有任何升温，甚至有一定时期的降温。该图还表明，如果不考虑人类活动的影响，单纯在自然因子的作用下，中国的气温应该是没有增暖效应的。另一方面，也可由该图得到，自20世纪80年初以后，中国的快速变暖与全球一致，也主要是受到温室气体增加的作用（图7，附彩图8）。

对于中国东部夏季（6—8月）温度的归因也证明，人类影响从20世纪80年代中期以后明显增加[34]。但与全球气候变化的归因相比，自然的气候波动可能对中国地区气候变化的贡献更大一些。有研究表明，从20世纪70年代到21世纪初中国变暖速率加大，其中快速的城市化对某些局地温度升高有不同程度的贡献，但与由人类温室气体排放引起的气温升高相比仍较小（占增暖的10%～25%）。

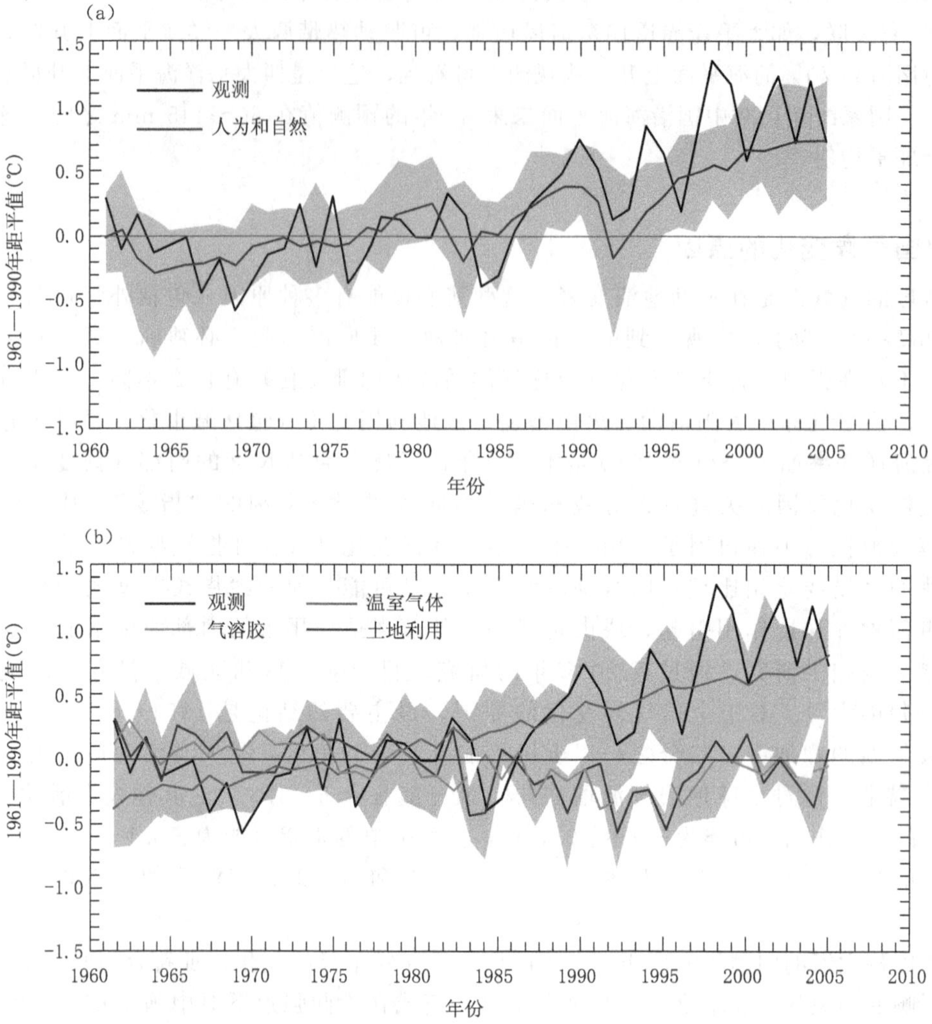

图 7　不同强迫因子对中国地区 1961—2005 年地表气温变化的影响[33]（(a) 自然因素和人为因素及（b）不同因子对中国近 50 年升温的共同作用）

对于近 15 年全球增温趋势趋缓的现象，中国的气温也有明显的响应，尤其是北方（东北、内蒙古和新疆北部等）冬季的温度呈现出变暖趋缓或下降趋势。其主要原因是由于气候系统的内部变率引起（如 PDO 冷位相、北极融冰加速等），它们产生的大气冷却在很大程度上抵消了温室气体的增温趋势。但从近百年看，最近 10 年仍暖于以往任何一个 10 年。

对于中国的某些极端天气气候事件变化的归因，中国的研究开始较晚，较少，但近 10 年中国地区极端天气气候灾害趋于增多，有些频率或强度有一定增加。由于它们是发生在特定的气候变化背景下，而后者受人类活动的影响明显，因而可推知，中国某些极端天气气候事件变化的原因不能排除人类活动的影响。最近 Sun 等[34] 对中国夏季高温热浪的检测和归因研究表明，中国东南地区 2013 年夏季发生的持续极端高温热浪（7 月和 8 月），人类影响起着关键作用，它使该事件发生的可能性增加 60 倍以上，为 270 年一遇的极端高温事件。

6 全球与中国气候变化的预估

气候系统变化预估的重要工具是具有不同复杂程度的气候模式，包括简单模式、中等复杂模式、复杂模式和地球系统模式，并根据一套人类强迫的情景（目前是用 RCPs 情景，即典型浓度路径）从多方面预测和预估气候的未来变化。近年来，气候预估被分两个阶段：近期预测（未来 20～30 年）和长期预估（到 2100 年或 2300 年，甚至更长）。一般情况下，对于近期气候变化的空间分布与 21 世纪的是相似的，但变化的量值要小得多。这个时期自然的内部变率将继续是一种重要的影响，而人类的影响当然也很重要，但其累计效应尚没有充分显现出来。因而，初始资料的同化对近期气候变化预测是十分重要的。

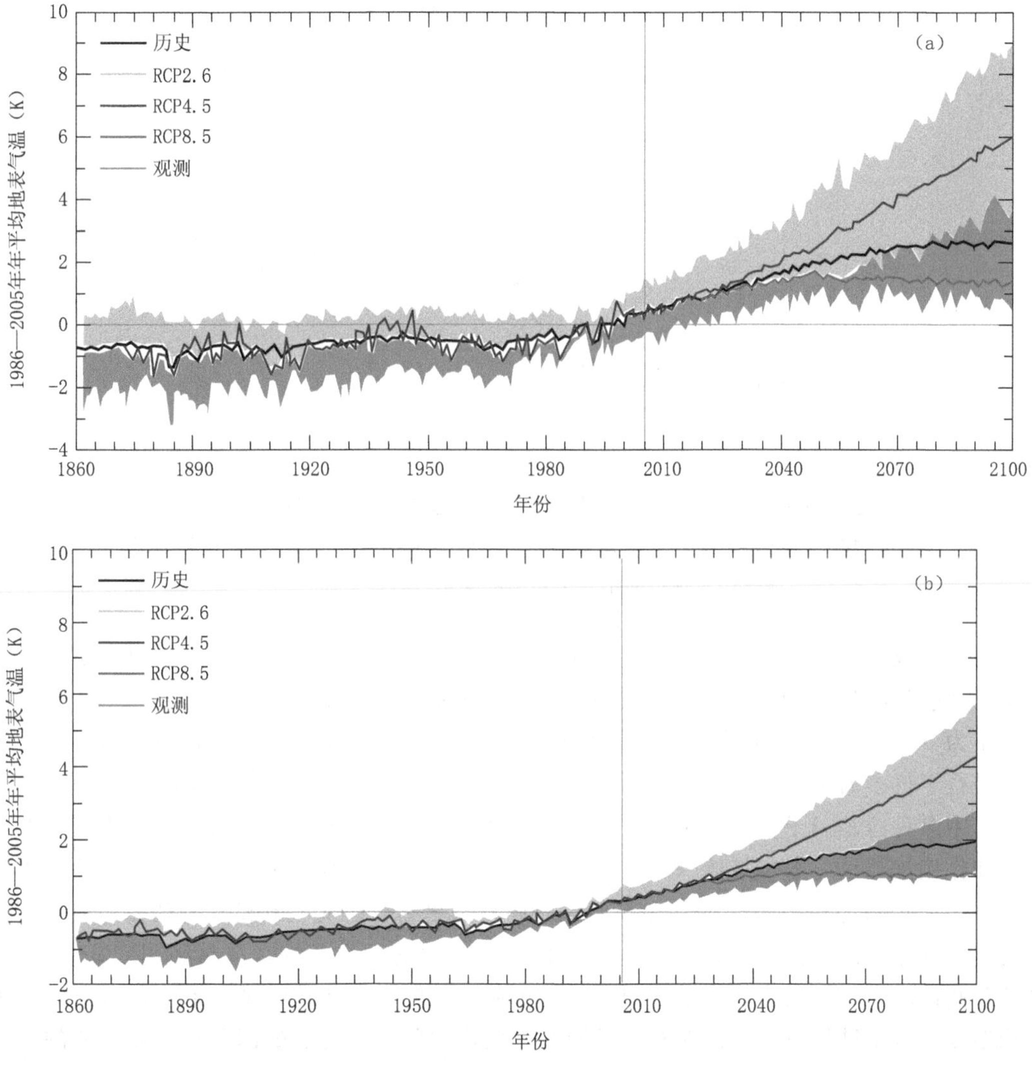

图 8 1861—2100 年中国（a）和全球（b）地区年平均地表气温距平序列（相对于 1986—2005 年），红、蓝、绿色实线为 29 个模式集合平均结果，紫色线为观测序列（全球观测序列资料取自 HadCRUT3（Brohan 等，2006 年）；中国区域资料取自唐国利等（2009 年）绘制（吴统文、俞永强提供，2014 年））

到21世纪中后期，预估的气候变化显著地受排放情景影响，初值的影响已不重要。在给定的温室气体排放情景下，所有的模式都模拟未来全球气温增加的趋势。从低排放情景（RCP2.6）到高排放情景（RCP8.5）[35]。到21世纪末，温度升幅（相对于1986－2005年平均值）可能在1.0～3.7 ℃（图8，附彩图9）。中国区域的增温幅度为1.3～5.0 ℃，比全球平均的增温幅度高，这主要是由于中国增温仅考虑陆地区域，未包括海洋地区，而陆地与海洋由于热容量不同（后者远比前者大得多），导致陆地增温的速率和量值均远大于海洋。预估也表明，未来东亚夏季风将明显增强，到21世纪末，全国降水平均增幅5%～14%。未来极端事件将增加，高温热浪明显增加（图9，附彩图10），极端干旱事件增加，海平面将继续上升。

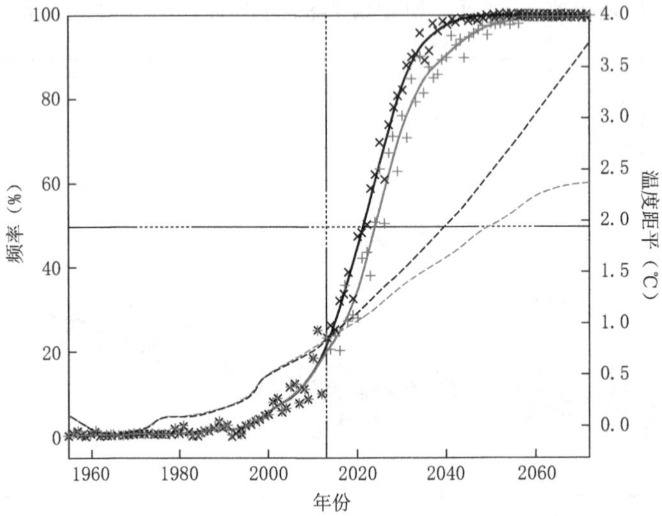

图9 1955—2072年极热夏季重现频率的变化，即夏季温度高于1.1 ℃距平（相对于1955—1984年）频率的时间演变（红色十字和绿色叉号分别代表RCP4.5和RCP8.5排放情况，虚线代表预估的集合平均温度变化（右边坐标）[34]）

对于气候变化的年代际预测是近年来提出的新问题。这是由于根据CMIP5模式对于近15年气候变暖趋缓的现象并未模拟出来（趋势为0.05 ℃/10a，而1951－2012年平均增温率为0.2 ℃），因而有人提出是否存在模式预测过高估计了气候变暖的量值。对此国际上进行了许多研究[36-38]。结果表明，CMIP5的近期预测存在两个问题：①这一时期的驱动力中多种冷却因子估计不足，需要重新估算和更新。这包括太阳活动和平流层气溶胶的冷却作用被低估，温室气体（CO_2、N_2O、CH_4和CFCs等）的辐射效应被高估。内部变率（如ENSO事件）产生的冷却作用也应调整和更新；②对气候模式的初始场应进行资料同化。利用新的外强迫资料与调整的与ENSO有关的内部变率，重新利用CMIP5模式进行预测试验，结果表明，几乎可以完全使CMIP5模式模拟出与观测相一致的全球地表平均温度。这个结果也充分说明对于近期气候变化的预测，自然的因子是十分重要的；观测到的地表气温变化实际上是人类活动造成的增温趋势与自然因子的冷暖周期相互迭加或抵消的结果。

下一个重要的问题是近15年的气候变暖趋势将什么时候结束，或加速的气候变暖什么时候恢复？根据最近的研究表明，温室气体引起的主要长期变暖作用将继续使温度上升；另外，亚洲气溶胶水平将会稳定，也许会减少，冷却作用不会增加，太阳活动仍会持续偏低，但其作用是一个小量，火山爆发不可预测，最重要的海洋内部变率（PDO 与 ENSO）一般持续 15～20 年。过去 15 年的气候变暖停顿已主要由上述海洋变率冷位相造成。因而这次 15 年的气候变暖停顿最长可能延续到 2020 年[39]。敏感性试验也表明，如果除去自然因子的影响，近期全球温度可能已接近 0.25 ℃/10a 的升温率。如果这个预测是对的，未来的 5 年全球地表气温的变化将处于气候态的转换时期，之后全球地表气温又会加速上升，并将可能在 21 世纪中期超过 2 ℃阈值。这意味着人类如果希望使全球地表气温不超过 2 ℃阈值，温室气体的减排努力将面临更严峻的挑战。

气候变化的预测具有不确定性，它由多方面原因造成。因而对模式预测的检验和评估对深入认识模式的性能和预测能力是十分重要的。另外，由于全球气候模式分辨率较低，会对中国东亚季风气候的模拟产生偏差，影响其评估，需要应用区域气候模式动力降尺度方法进行模拟和预估[40-43]。对于全球和中国地区的气候变化预测至今已从许多方面进行了检验[1,4]，其结果是相当令人鼓舞。从 IPCC 第一次评估报告发表以来的 25 年中，全球地表气温的变化是基本位于预测的范围内。CO_2 浓度的增加也在预测的范围中。海平面上升的预测位于预测的中值附近。总之，过去 25 年预测的成功使我们有理由相信，对未来全球和中国气候变化的预测是有科学依据的，可信的。

7 结语

全球和中国气候变化的研究需要学科交叉、多部门合作。本文只是在科学上从 6 个方面做了简明的评述。对于有些问题，尤其是涉及地球生物化学过程和古气候方面并未涉及太多，这包括气候变化对生态系统的影响、全球和区域碳循环、气溶胶的气候与环境效应以及古气候演变的驱动力与影响等。我国科学家在这些方面同样做出了重要的贡献。面临将来计划进行的 IPCC 第六次评估的要求以及我国应对气候变化和经济社会可持续发展重大而紧迫的需求，我国气候变化的科学研究具有更广阔的前景。气候变化研究即是地区国家需求驱动的，也是人类共同面对的重大科学和技术问题。全球气候变化问题研究是衡量一个国家在地球系统科学研究水平高低的重要标志。这包括①全球和区域气候的观测分析，尤其是海洋和大气环流模态与极端值及其多尺度变率；②云与气候的相互作用，气候敏感性和反馈作用；③古气候演变及其与现代气候变化的比较和归因；④全球与区域水循环与碳、氮循环及其影响；⑤极地海冰、冰盖和冰冻圈变化与海平面上升；⑥全球季风系统的变化与旱涝灾害；⑦气候极端事件阈值和气候突变；⑧改进年代尺度预测，建立天气—气候一体化模式与多用途的地球系统模式[44-45]。可以相信，中国科学家一定会通过自己的艰苦努力攀登上国际气候变化科学研究的新高峰。

参考文献

[1] STOCKER T. IPCC Climate Change 2013. In：The physical Basis：Contribution of Working Group Ⅰ to the Fifth Assessment Report of the Inter-government Panel on Climate Change. Cambridge UK：Cambridge University Press，2014：1135.

[2] 中国工程院应对气候变化的科学技术问题研究项目组.应对气候变化的科学技术问题研究.北京：科学出版社，2015：492.

[3] 《气候变化国家评估报告》编写委员会.气候变化国家评估报告.北京：科学出版社，2007：422.

[4] 《第二次气候变化国家评估报告》编写委员会，第二次气候变化国家评估报告.北京：科学出版社，2011：710.

[5] CAO L J，ZHAO P，YAN Z，et al. Instrumental temperature series in eastern and central China back to the nineteenth century. J Geophys Res-Atmos，2013，118：8197-8207.

[6] REN G Y，DING Z，ZHAO J，et al. Recent progress in studies of climate change in China. Adv Atmos Sci，2012. 29：958-977.

[7] SERREZE M C，BARRY R G. Process and impact of Arctic amplification：A research synthesis. Global Planet Change，2011，77：85-96.

[8] 李菲，王会军.20世纪90年代末之后东亚沿岸春季的降温趋势.科学通报，2013. 58：2840-2844.

[9] DING Y H，SUN Y，WANG Z Y，et al. Inter-decadal variation of the summer precipitation in China and its association with decreasing Asian summer monsoon Part Ⅱ：Possible causes. Int J Climatol，2009，29：1926-1944.

[10] DING Y H，WANG Z，SUN Y. Inter-decadal variation of the summer precipitation in East China and its association with decreasing Asian summer monsoon. Part Ⅰ：Observed evidence. Int J of Climatol，2008. 28：1139-1161.

[11] HELD I M，SODEN B J. Robust response of the hydrological cycle to global warming. J of Clim，2006. 19：5686-5699.

[12] HUANG P，XIE S P，HUK M，et al. Patterns of the seasonal response of tropical rainfall to global warming. Nat Geosci，2013，6：357-361.

[13] SONG Y F，LIU Y J，DING Y H. A study of surface humidity change in China during the recent years. Acta Meteorol Sin，2012，26：541-553.

[14] 苏明峰，王会军.全球变暖背景下中国夏季表面气温与土壤湿度的年代际共变率.科学通报，2007，52：965-971.

[15] GAO X J，WANG M L，GIORGI F. Climate change over China in the 21st century as simulated by BCC _ CSM1.1-RegCM4. 0. Atmo Ocean Sci Lett，2013，6：381-386.

[16] JUNG M，REICHSTEIN M，Ciais P，et al. Recent decline in the global land evapotranspiration trend due to limited moisture supply. Nature，2010. 467：951-954.

[17] DAI A，QIAN T，TRENBERTH K E，et al. Changes in continental freshwater discharge from 1948 to 2004. J Clim. 2009，22：2773-2793.

[18] PIAO S L，CIAIS P，HUANG Y，et al. The impact of climate change on water resources and agriculture in China. Nature，2010. 467：43-51.

[19] AN Z S，CLEMENS C，SHEN J，et al. Glacial-interglacial Indian summer monsoon dynamics，Science，2011，333：719-723.

[20] LIU Z Y，WEN X Y，BRADY E C，et al. Chinese cave records and the East Asia summer monsoon. Quar Sci Rev，2014. 83：115-128.

[21] 丁仲礼，刘东生.晚更新世东亚古季风变化动力机制的概念模型.科学通报，1998. 43：122-232.

[22] ZHAO P，WANG B，ZHOU X J. Northern Hemisphere summer monsoon and hydro-climate anomalies associated with the Asian-Pacific Oscillation. Clim Dyn，2012，39：1197-1207.

[23] JIANG D，LANG X，TIAN Z，et al. Mid-Holocene East Asian summer monsoon strengthen：Insights from paleoclimate modeling Inter-comparison project（CMIP）simulations. Paleogeogr Paleoclimatol Paleoecol，2013. 369：422-469.

[24] WANG T，WANG H J，OTTERÅ O H，et al. Anthropogenic agent implicated as a prime driver of shift in precipitation in eastern China in the late 1970s，Atmos Chem and Phys，2013，13：12433-12450.

[25] WANG H J. The weakening of the Asian monsoon circulation after the end of 1970’s. Adv Amos Sci，2001，18（3）：376-386.

[26] BOLLASINA M A，Ming Y，Ramaswamy V. Anthropogenic aerosols and the weakening of the South Asian summer monsoon. Science，2011. 334：502-505.

[27] 陈晓龙，周天军，邹立维. 夏季亚洲-太平洋涛动的耦合模式模拟. 气象学报，2013，71（1）：23-37.

[28] 周鑫，郭正堂，秦利. 近百年来自然和人为因素对亚洲季风降水影响的时间序列分析研究. 中国科学：地球科学，2010. 40：1718-1724.

[29] TURNER A G，AMMAMALAI H. Climate change and the South Asian summer monsoon. Nat Clim Change，2012，2：587-595.

[30] COLLINS M，AN S I，CAI W，et al. The impact of global warming on the tropical Pacific Ocean and El Niño. Nat Geosci 2010，3：391-397.

[31] TOLLEFSON J. The case of the missing heat. Nature，2014. 505：276-278.

[32] CHEN X Y. TUNG K K. Varging planetary heat sink led to global-warming slowdown and acceleration. Science，2014，345：897-903.

[33] XU Y，GAO X，SHI Y，et al. Detection and attribution analysis of annual mean temperature changes in China. Clim Res，2015，63：61-71.

[34] SUN Y，ZHANG X B，ZWEIERS F W，et al. Rapid increase in the rise of extreme summer heat in eastern China. Nat Clim Change，2014，doi：10. 1038/NCLIMATE 2410.

[35] XIN X G，WU T W，ZHANG J. Introduction of CMIP5 experiments carried out with climate system models. Adv Clim Change Res，2013，4：41-49.

[36] MEEHL G A，TENG H Y，Arblaster J M. Climate model simulations of the observed early-2000s histus of global warming . Nat Clim Change，2014，doi：10. 1038/NCLIMATE 2357.

[37] HUBER M，KNUTTI R. Natural variability，radiative forcing and climateresponse in the recent hiatus reconciled. Nat Geosci，2014，doi：10. 1038/NGEO 2228.

[38] SMITH S J，Edmonds J，Hartin C A，et al. Near-term acceleration in the rate of temperature change. Nat Clim Change，2015. doi：10. 1038/ NCLIMATE 2552.

[39] ROBERTS C D，Palmer M D，McNeal D，et al. Quantifying the likelihood of a continued hiatus in global warming. Nat Clim Change，2015. doi：10. 1038/NC LIMATE 2531.

[40] GAO X J，XU Y，ZHAO Z C，et al. On the role of resolution and topography in the simulation of East Asia precipitation. Theor Appl Climatol，2006，86：173-185.

[41] YU E T，WANG H J，SUN J Q. A quick report on a dynamical downscaling simulation over China using the nested model. Atmos Ocean Sci Lett，2010，3：325-329.

[42] GAO X J，WANG M L，GIORGI F. Climate change over China in the 21st century as simulated by BCC _ CSM1. 1-RegCM4. 0. Atmos Oceanic Sci Lett，2013，6：381-386.

[43] GAO G，CHAN D L，XU C Y，et al. Trend of estimated actual evapotranspiration over China during 1960-2002. J Geophys Res，2007，112：11-16.

[44] DING Y H，LIU Y J，SONG Y F，et al. From MONEX to the global monsoon：A review of monsoon research. Adv Atmos Sci，2015，32：10-31.

[45] WCRP Report. IPCC AR5：Lessons Learnt from Climate Change Research and WRCP. 2015，5：1-85.

上古的授时方法

Timing Method in Ancient Times

武家璧

（北京联合大学应用文理学院，北京 100191）

摘要：根据日出日入方位来测时节，是先民最早掌握的简单易行的观象授时方法，由于文献记载的缺失，人们对日出日入方位授时已不甚了解，考古发现提供了许多新材料。此外还有斗柄、中星和晨见昏伏等星象授时。西周以后通行晷影法，《夏历》把晷影和漏刻联系起来，使节气测定更加准确，为后世历法所遵循。

关键词：历法，节气，日出方位，观象授时

0 引言

中国有着五千年的文明史，农业的起源则可以追溯到一万年以前。1993 年考古工作者在湖南省道县玉蟾岩遗址发现了世界上最早的栽培稻遗存，距今超过一万年[1-2]。中国是世界上农业起源和发达最早的地区之一，因此也是世界上天文历法最早发达的地区之一。恩格斯在《自然辩证法》中指出："必须研究自然科学各个部门的发展顺序。首先是天文学——游牧民族和农业民族为了定季节，就已经绝对需要它。"毫无疑问，上古天文历法的发达，是中国最古老文明的重要成就之一。以往人们研究中国古代文明的起源，往往注重贫富分化、阶级对立、社会组织和结构的复杂化、国家的起源和形成等，其实早期科学技术的进步与发达更应是文明的重要标志。作为最古老的农业文明国家，中国早期的天文历法有着重要意义，理应受到研究者的重视。

中国古代历法从一开始就是阴阳历，即调和阴历月和阳历年的历法。寻找朔望月（阴历月）和回归年（阳历年）长度的最小公倍数，使得若干个阳历年内恰好包含相应个完整的阴历月，使"年"和"月"回到共同的起始点。阴历月以月亮的圆缺为周期，非常方便人们的日常生活和统治阶级的祭祀活动等，但却不能对农业生产发挥作用，因为它不能相对稳定地与季节和节气相对应，不能与太阳年相整合。中国古代找到一个解决办法，就是设置"闰月"来调合阳历年与阴历月，总能在有限的年份内找到完整的月份数，使"年"和"月"统一到共同的起点。《尚书·尧典》中有"期三百有六旬有六日，以闰月定四时成岁"，甲骨文中有"十三月"等作为闰月的记载[3]，就是阴阳历的显著特征。这种"阴阳历"在今天称为"农历"或"夏历"，它既包括阴历因素，也包括阳历因素。所谓"节气"就是典型的阳历因素，它是历法用以服务于农业生产的主要方式，因此也是农史研究的重要课题。

作者简介：武家璧，科学史博士，北京联合大学应用文理学院教授，荆州博物馆研究馆员，主要从事考古学、科学史研究。

从新石器时代的观象授时，到先秦的“古六历”，是历法史的上古时期。考古发现表明“古六历”中的《颛顼历》一直沿用到汉武帝颁订《太初历》以前[4]，文献记载也表明西汉早期在历法上并无重要建树，因此《太初历》以前的天文历法进展，反映的都是上古时期天文历法所取得的成就。例如《淮南子·天文训》最早记载我国完整的二十四节气的名称，反映的就是战国时期《颛顼历》的成就[5]。关于季节或节气的测定方法，过去所知主要靠晷影法和昼夜漏刻法，以及把斗柄指向、昏旦中星、晨见昏伏星等星象与节气联系起来的授时方法，然而远古时期，先民们主要通过日出方位来观象授时，关于这一方法，人们知之甚少，本文试详论之。

1 日出方位授时

《周易·系辞下》载伏羲氏“仰观象于天”，《尚书·尧典》载羲和氏“历象日月星辰，敬授民时”，意指根据实际天象来确定季节，制订历法，颁授民时，这就是“观象授时”。据研究，殷商时期我国先民已经能够测定分至[6]，《左传》已有“分至启闭”八节的概念，《管子·幼官篇》则记载了一年三十个节气，与汉以后通行的二十四节气不同。这些节气中以二分二至的测定最为关键，二十四气中的其他节气可由分至点平均分划而得到。

虽然“授时”与观天象有关，但并不是所有的日月星辰天象都能直接用来测定季节或节气，一般都是在已知节气日的前提下，把节气日与当天某一时刻发生的天象固定地联系起来，等到一年之后同一时刻的相同天象再次发生时，就可以间接地通过天象来判定相应节气是否到来。根据天象来确定节气以及根据节气来联系天象的做法，都被称为“观象授时”。

经验告诉我们，在同一地点观察，一年之内，太阳的出入地（山）方位，在一定的南北范围内移动一个来回。如果细心观察会发现，在白天最短的那一天，日出入方位到达最南点，就是冬至；而后日出入方位转向北方移动，在白天最长的那一天，到达最北点，就是夏至；而后又转向南方移动，回归最南点。当日出入方位再次到达最南点时就是第二个冬至，两冬至之间是一个回归年。冬、夏二至是两个最重要的节气点，如果地势平坦，那么春、秋分的日出入方位正好位于冬、夏二至的正中间，其他时节亦可根据不同的日出入方位依次划出。这就是“日出入方位授时”的基本原理。如此简单的授时原理和方法，十分便于早期先民理解和掌握。有很多考古发现的实物、遗迹以及出土文献可以证明，上古先民最早掌握日出入方位授时原理来测定二分二至等节气。

1.1 安徽含山凌家滩玉版

安徽省含山县凌家滩新石器时代遗址，发掘大汶口文化晚期墓地，出土一件绘有奇特图案的方形玉版（图 1）[7-8]，它可能与八卦方向以及日出入方位授时有关。玉版中部的大圆被放射状直线及圭叶纹相间划分成十六等分，玉版四隅的四个圭叶纹位于十六等分夹角的中分线上，指向二至的日出入方向，由此日出入方位构成的地平昼夜弧之比值，与秦简“日夕分”冬夏二至的地平昼夜弧之比完全吻合[9]，即冬至昼夜弧为 5/11，夏至昼夜弧为 11/5。这与秦汉日晷的冬（夏）至日出入方位也是符合的。

凌家滩玉版的发现，说明我国先民早在距今 5000 多年前，就已掌握根据日出方位确定时节这种简便的观象授时方法。日出入方位的变化，在春秋分前后变化速度最快，冬夏至前后变化速度最慢，慢到肉眼难以辨别其微小位移，《左传》中的“日南至”出现两到三天的误差，殆即与此有关。但这是最简单而直接的观象授时方法，因而也是古代先民最

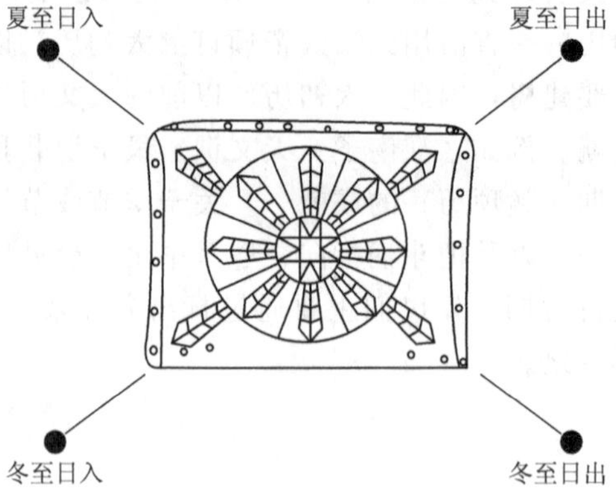

图 1　凌家滩玉版的日出入方位

早掌握的授时方法。

1.2　山西襄汾陶寺观象台遗址

近年来考古工作者在山西省襄汾县新石器时代陶寺文化城址发现 4100 多年前（相当于尧帝时期）的古观象台遗迹[10-13]，在靠陶寺古城墙的半圆形夯土台基上，呈圆弧状排列着夯土柱列，夯土柱之间构成 10 多道狭窄的观测缝，人们站在观测原点，可从狭缝中看到太阳从崇山（塔儿山）升起。负责陶寺城址发掘的何驽先生组织实地模拟观测，观测到冬至太阳从南端的一条观测缝中升起，夏至从北端的观测缝中升起，其他观测缝分别对应于不同的时节，证明该遗迹确实具有观象授时功能（图 2）[14-16]。

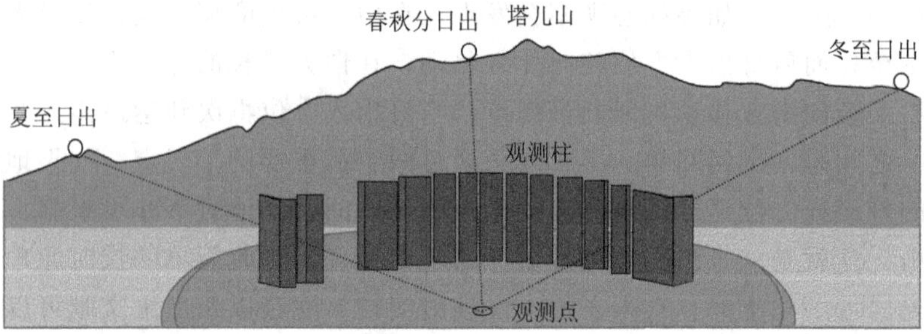

图 2　陶寺观象台观测日出示意图

陶寺观象台由观测点、观测狭缝和背景山峰等构成的巨大天文照准系统，为日出入方位授时提供场地、设施。

1.3　殷墟“日至南”卜辞

《殷墟花园庄东地甲骨》290 片（H3：876）记载一次占验日出的过程（图 3）[17]，其贞辞正反对贞：“癸巳卜：自今三旬又至南？弗雩？三旬亡其至南？二旬又至?”验辞曰：“乞（迄）日出，自三旬乃至”。根据卜辞大意，可断定自癸巳至其后 20 日、30 日的时段内，日出方位是向南迤动的，“二旬”之日出，比癸巳日出要偏南许多，但卜辞并不认为已“至其南”，要等到“三旬”日出更偏南时才认定“乃至”其南，这说明“至南”不是指一般的到达南方或者偏南，而是指日出方向所能到达的“南之至极”，也就是文献记载中的“日南至”，又叫“冬至”。

图 3　殷墟花东“至南”卜辞摹本与释文

上引花东卜辞虽然是“旬占”卜辞，但与一般旬占不一样的是，本条是跨旬占卜的，连续占问“二旬又至”？“三旬又至”？结果是“三旬乃至”。如表 1。

表 1　旬占

	1	2	3	4	5	6	7	8	9	10
癸巳卜：	甲午	乙未	丙申	丁酉	戊戌	己亥	庚子	辛丑	壬寅	癸卯
二旬：	甲辰	乙巳	丙午	丁未	戊申	己酉	庚戌	辛亥	壬子	癸丑
三旬：	甲寅	乙卯	丙辰	丁巳	戊午	己未	庚申	辛酉	壬戌	癸亥
	甲子									

自癸巳之后的“三旬”（30 日）冬至，即“癸亥夜”至“甲子晨”冬至。据研究，这一天象发生在武丁即位的第二年，公元前 1249 年“甲子冬至”[18]。

《左传》僖公五年（前 655 年）、昭公二十年（前 522 年）有两次关于“日南至”的记载，据考查它们与实际冬至相差仅两至三天[19]，以往一般认为这是使用圭表测影来定冬至而得到的成果[20]，今据花园庄东地甲骨文的记载，它们应该是根据日出方位测定节气的结果。花东 290 片卜辞表明殷人已经能够提前二至三旬预先知道“日南至”（冬至），这次占验冬至日出的记录，是迄今所知我国年代最早的有关观象授时的文字记载。

1.4　安徽霍山戴家院圜丘遗迹

安徽省霍山县戴家院西周遗址发现一处用于祭祀燔柴的圜丘遗迹，发掘者称之为“祭坛”（图 4）[21]。殷墟卜辞有“奏丘日南”（《乙编》9067）的记载，与《周礼·大司乐》“冬日至，於地上之圜丘奏之”十分符合[22]，《周礼》贾公彦疏“云冬日至者，《春秋》所谓日南至”。

戴家院遗址周围分布着低矮丘陵，唯东南方向数千米处有复览山高耸入云，“穹嶐突兀，如异兽蹲踞”（光绪版《霍山县志》），其形如“异兽”的顶部只有唯一一个山凹，负责戴家院遗址发掘的朔知（吴卫红）先生，在冬至前后站在圜丘顶部正中央，观测到冬至日出从复览山唯一山凹冉冉升起的壮观景象（图 4）[23-24]，证明复览山是圜丘遗址观测冬至日出的自然照准系统，而复览山顶部的唯一山凹是日出方位的最南点，冬日日出的标志点。西周时人们站在这个祭坛上，通过观测日出方位得到冬至日期，于是在此燔柴，举行祭祀活动。

1.5　秦汉地平式日晷

出土秦汉时期的地平式日晷，或称为晷仪[25]，是日出入方位授时的最典型的实物证据（图 5）。日晷正面上的圆周等分为 100 分，有放射线条纹 1～69 条（占 68 分），代表地

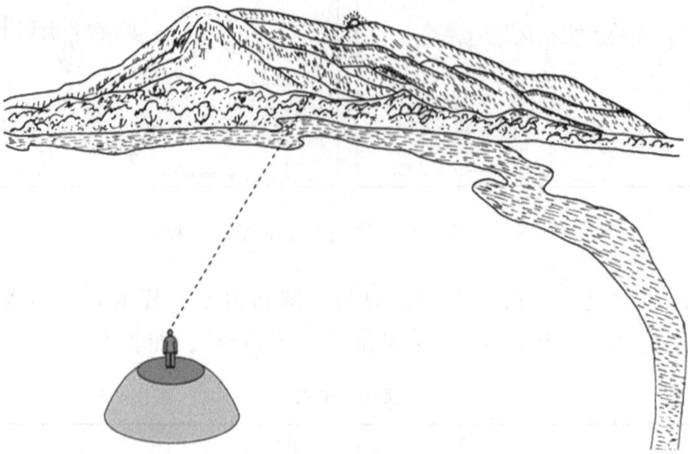

图 4　霍山戴家院西周遗址冬至日出观测

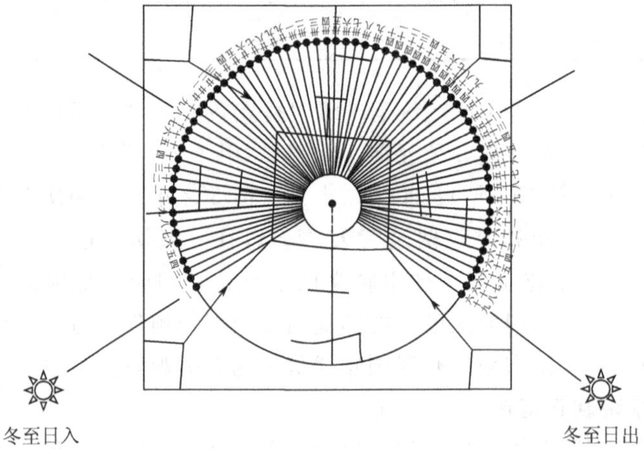

图 5　日晷的日出入方位

平昼夜弧的极大值；余 32 分空白代表地平昼夜弧的极小值。将放射线区及空白区的中分线对准正南北方向，那么第 1 与第 69 条射线及其反向射线指向的四个方位，就是冬、夏二至的日出、日入方向[26]。容易换算得冬至日出方位角为东偏南 32.4°。

这是将地平圆周 100 等分得到的日出入方位角，由此得到冬至地平昼夜弧的比值为 32/68＝8/17，即把一天分为 25 等分（地平数据），有昼夜比：“日八、夕十七。”如果把地平圆周分为 32 等分，得到凌家滩玉版的日出入方位，冬至地平昼夜弧的比值为：5/11。如果把地平圆周分为 16 等分，得到秦简“日夕分”中的昼夜弧，在数值上与凌家滩玉版完全一致。

1.6　秦简“日夕分”数据

云梦睡虎地秦简《日书》中有“日夕数”表[27]，记载了十二个月份的“日”“夕”对比分数，每一昼夜的日夕总数为十六分，如表 2。

表 2 日夕数

上半年		下半年	
月名	日 夕 数	月 名	日 夕 数
正月	日七夕九	七月	日九夕七
二月	日八夕八	八月	日八夕八
三月	日九夕七	九月	日七夕九
四月	日十夕六	十月	日六夕十
五月	日十一夕五	十一月	日五夕十一
六月	日十夕六	十二月	日六夕十

《论衡·说日篇》有类似记载，称为“昼夜分”。这套数据不是昼夜长短（漏刻）的变化值。目前最早完整记录二十四气昼夜漏刻值的是后汉《四分历》，与实际观测（洛阳纬度 34°43′）符合得很好[28]，其昼长极大值为 60/100，而秦简“日夕分”的昼弧极大值为 11/16＝68.75/100，比《四分历》昼长极大值要短 8.75％，化为时间则相差今 2.1 小时，这证明秦简日夕数不是时角昼夜弧的比值，而是地平昼夜弧的数据。

如果把秦简“日夕分”与日晷上的地平昼夜弧比较，则发现他们惊人地相似：两者的昼夜弧极大值在百分数的整数部分近似相等，即 11/16≈68％，5/16≈32％。这表明秦简日夕分与地平式日晷上的刻分性质相同，反映的都是地平方位数据。由秦简“日夕分”换算得其冬至日出方位为东偏南 33.75°。它与地平日晷在冬至日出方位（东偏南 32.4°）上的差值，是由等分圆周的不同份数造成的，日晷把圆周分为 100 等分，而秦简“日夕分”只把地平圈分为 16 等分，两者的日出方位角的分值是近似相等的。

2 见伏星授时

“见”星在现代天文学叫“偕日出”星，“伏”星叫“偕日落”星。“偕日”出落现象是最早被利用来观象授时的星象。例如古代埃及的太阳历，就是根据天狼星的偕日出与尼罗河同时开始泛滥作为一年开始的。《大戴礼记》的《夏小正》经文记载了 17 个星象：

正月，鞠则见，初昏参中，斗柄悬在下。

三月，参则伏。

四月，昴则见，初昏南门正。

五月，参则见，初昏大火中。

六月，初昏斗柄正在上。

七月，汉案户，初昏织女正东乡，斗柄悬在下则旦。

八月，辰则伏，参中则旦。

九月，辰系于日。

十月，初昏南门见，织女正北乡则旦。

其中有“见”星四条，“伏”星两条。按《夏小正》记述天象的方式，凡言“则见”者谓旦见东方，凡言“则伏”者谓昏见西方，是谓“晨见昏伏”星。当见、伏星与月份（节气）相联系时，就是见伏星授时（图 6）。

“鞠则见”的“鞠”字又写作“咮”。《说文》中有“咮，鸟口也。”《尔雅·释天》中有“咮谓之柳。柳，鹑火也。”郭璞《注》中有“咮，朱鸟之口也。”《左传·襄九年》中

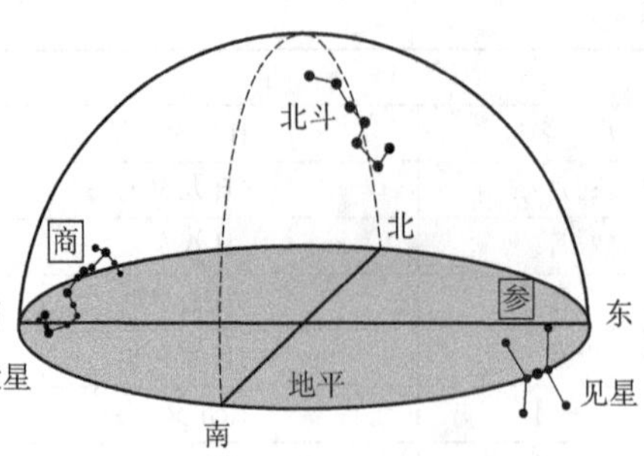

图 6　见伏星授时

有“古之火正，或食于心，或食于咮，以出内火。是故咮为鹑火，心为大火。”“正月鞠则见”意味着二十八宿中的柳宿（鹑火）晨见东方，是岁首的标志。

“八月辰则伏”的“辰”又叫“大辰”。《尔雅·释天》中有“大辰，房心尾也”。《国语·周语中》中有“辰角见而雨毕”，韦昭注：“辰角，大辰苍龙之角”。《史记·天官书》中有“东宫苍龙，房心，心为明堂”。《集解》引李巡曰“大辰，苍龙宿，体最明也”。由此可见“大辰苍龙”指房心尾三宿，昏见于西方，为八月秋分前后的星象。

《大戴礼记》在《夏小正》经文“初昏南门见”下作《传》曰：“南门者，星也，岁再见，一正，盖《大正》所取法也。”这段传文的意思是说：南门是星名，它一年之中两次作为始见星，即晨见于东、昏伏于西；一次正于南中；南门星的上述“再见一正”，是制订《大正》历法的依据。

3　中星授时

中星观测是指在一定的时间和地点（纬度）观测经过中天的星体。天文学上把在天球上通过北极、天顶和正南的大圆，叫作天球子午线，天球子午线所在的经圈叫作天球子午圈。天体正好过子午圈叫作中天；经过天顶所在的那半个子午圈时，天体到达最高位置，称为上中天；经过天底所在的那半个子午圈时，天体到达最低位置，叫作下中天。中国古代习惯上把某个时刻正好位于正东向、正南向、正北向和正西向等四正方位上的星象叫作“正星”，其中在南部天空过中天的星又叫作“中星”，古书或称之为“中”“正”“南中”和“南正”等。用观测仪器在平旦开始时刻观测到的中星叫旦中星，在黄昏终止时刻观测到的中星叫昏中星（图 7）。

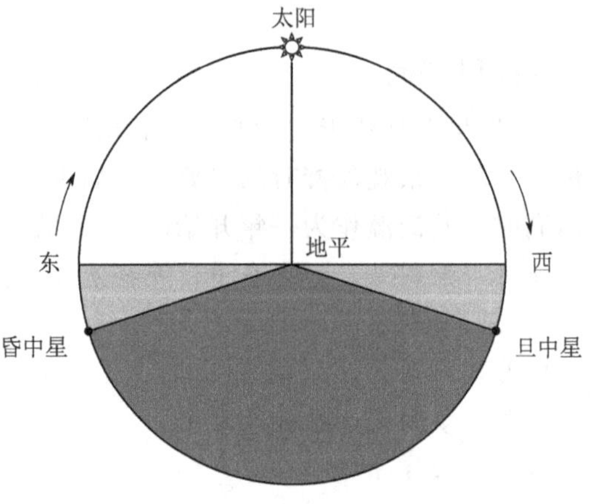

图 7　昏旦中星授时

最早的中星授时见于《尚书·尧典》的记载：

寅宾出日，平秩东作，日中星鸟，以殷仲春，厥民析，鸟兽孳尾。

平秩南讹，敬致，日永星火，以正仲夏，厥民因，鸟兽希革。

寅饯纳日，平秩西成，宵中星虚，以殷仲秋，厥民夷，鸟兽毛毨。

平在朔易，日短星昴，以正仲冬，厥民隩；鸟兽氄毛。

其中“星鸟”“星火”“星虚”和“星昴”等就是四仲中星天象，并不能直接拿来判定相应节气日是否到来，直接判定节气的是“日中”“日永”“宵中”和“日短”等昼夜长短的变化。尤其值得注意的是，在仲春节气（春分）举行了“迎日出”典礼——“寅宾出日”；在仲秋节气（秋分）举行了“送日入”典礼——“寅饯纳日”；在冬夏至日也举行了“敬致”（《周礼·冯相》“冬夏致日”）一类的祭日活动。这表明《尧典》的二分二至是通过测定日出方位和昼夜长短两种手段来确定的，其他关于民居的季节性变化以及鸟兽繁殖、换毛等物候，作为季节变换的参考，不能用来准确测定交气日的到来。“四仲中星”等天象是节气日被测定以后的附属产物，转而用来作为“殷正四仲”的标准天象，应该是历法应用的结果。

《鹖冠子·天则篇》云“中参成位，四气为正，前张后极，左角右钺。”所谓“中参”就是参宿昏中，这是当时立春时节的天象。如果以“昏参中”为岁首（即“成位”），那么一年中春、夏、秋、冬四季的顺序正好摆正（即“四气为正”）；立春时夜半“四塞”星象为：前张宿、后极星，左大角、右钺星。农历以立春为岁首，对于历法而言，岁首星象具有重要的标志性意义。

《诗经·豳风·七月》中说“七月流火，九月授衣”，是说农历七月，大火星初昏时开始从南中天向西南方向下沉，天气开始变冷，到九月就应该分发用来御寒的冬衣了。三星是上古特别引人注目的一组恒星，有参宿三星、心宿三星和河鼓三星等。《诗经·唐风·绸缪》分三章咏叹“三星在天”“三星在隅”“三星在户”，可以解释为一夜之间三个星座的依次出现。首章“三星在天”指初昏参宿三星出现在天中；第二章“三星在隅”反映夜半心宿三星出现在东南隅的地平线上；第三章“三星在户”是河鼓三星平旦出现在透过窗户所见的东方低空中。

中星观测既可以直接用于授时，还可以用于推测太阳位置，而太阳位置是与季节直接相关的。《国语·周语上》载：

宣王即位，不籍千亩，虢文公谏曰“……农祥晨正，日月底于天庙，土乃脉发。”

农祥、天庙分别是二十八宿中房宿和营室的别名。“晨正”就是旦中星。根据房宿旦中可以推算日在营室。《左传》中也有一条根据旦中星求得日在位置的记载，《左传》僖公五年：

其在九月、十月之交乎！丙子旦，日在尾，月在策，鹑火中，必是时也。

较早比较完备地记载昏、旦中星与太阳位置的文献是《吕氏春秋·十二纪》及《礼记·月令》，两者除个别星名有异之外，所记几乎完全相同，兹将《吕氏春秋》所记抄录如下：

孟春之月，日在营室，昏参中，旦尾中。

仲春之月，日在奎，昏弧中，旦建星中。

季春之月，日在胃，昏七星中，旦牵牛中。

孟夏之月，日在毕，昏翼中，旦婺女中。

仲夏之月，日在东井，昏亢中，旦危中。

季夏之月，日在柳，昏心中，旦奎中。

孟秋之月，日在翼，昏斗中，旦毕中。

仲秋之月，日在角，昏牵牛中，旦觜觿中。

季秋之月，日在房，昏虚中，旦柳中。

孟冬之月，日在尾，昏危中，旦七星中。

仲冬之月，日在斗，昏东壁中，旦轸中。

季冬之月，日在婺中，昏娄中，旦氐中。

这12条记载记录了太阳在十二个节气点位置上所对应的昏旦中星，只剩下昴星、张宿两宿由于既不在十二节气点上，又没有充当昏旦中星，故没有记录。为了准确地利用中星推算太阳所在位置，需要在黄道附近建立一套固定的参考坐标，二十八宿距度由此而产生。

《淮南子·天文训中记载》：

欲知天道，以日为主，六月当心……（日）正月营建室……六月建张。

此谓六月太阳位置在张宿，则初昏时张宿必为伏星；其时斗柄上指南，心宿正当其前，则心宿为昏中星。

《吕氏春秋·十二纪》及《礼记·月令》等皆详载昏、旦中星，而不载斗柄悬、正。西汉初期文献所载划分季节的依据已为夜半中星所取代，如《淮南子·天文训》：

日冬至则斗北中绳，……日夏至则斗南中绳。

当时冬至日在斗（南斗），则夜半时南斗下中天，故称“斗北中绳”；夏至日在东井，夜半时南斗上中天，故称“斗南中绳”。汉以后，夜半中星遂取代斗柄授时和昏、旦中星，成为观象授时的主要方法。

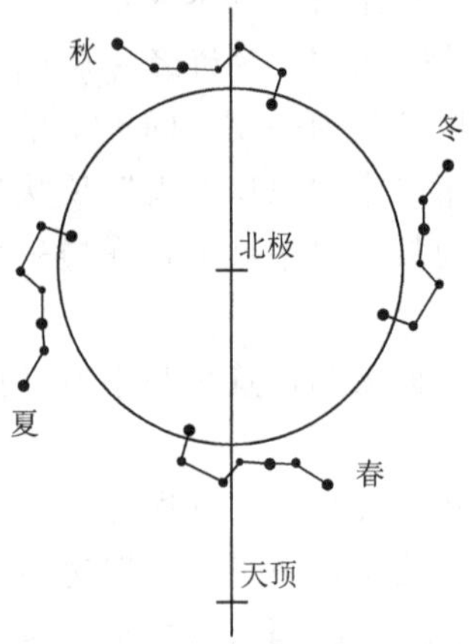

图8 斗柄授时

4 斗柄授时

随着生产的发展和社会的进步，在民间逐渐兴起一种更加简单而又直观的授时方法，即利用北斗星斗柄的指向来辨别季节，在天文历法上叫作“斗柄授时”。“斗转星移”是季节变换的标志，在固定的晨昏矇影时刻或者夜半时刻，观测北斗星斗柄的指向，可以准确地判断四季的交替与节气的变换（图8）。《夏小正》对斗柄授时法有十分精确的记载，如云：

正月，初昏参中，斗柄悬在下。

六月，初昏，斗柄正在上。

七月，初昏织女正东向，斗柄悬在下则旦。

上述记载有两点值得特别注意：第一是以“斗柄悬在下”这一星象作为昏、旦所见天象，分别置于岁首（正月）和年中（七月），用同一天象来校正一年的始点和中点，真正做到了历法上所要求的“履端于始，举正于中”；第二是把黄昏和平旦时刻的“斗柄悬在下”星象，分别与中星观测中的中星（参宿）和正星（织女）相联系，这意味着建立了中星授时与斗柄授时两种体系的对应关系，两者之间可以互相参证。

战国时期，斗柄授时的方法在南方楚国地区十分盛行，楚人鹖冠子在著述中就比较完整地记述了斗柄授时的基本方法。鹖冠子是著名的隐士，道家的代表人物之一，他的著作不是专门用来描述和解释天象的，“著书言道家事”，但书中往往引述数术、方技之学以证其道论要旨，故此书保留了不少当时有关天文历法方面的知识。如《鹖冠子·环流篇》云：

斗柄东指，天下皆春；
斗柄南指，天下皆夏；
斗柄西指，天下皆秋；
斗柄北指，天下皆冬。
斗柄运于上，事立于下；斗柄指一方，四塞俱成，此道之用法也。

鹖冠子认为，存在着一种叫作“道”的东西，它在宇宙中表现为一种时空关系，即某一方位与某个季节之间的必然联系，掌握和利用这种必然联系，人们就能进行斗柄授时。一句话，斗柄授时是“道之用法”，用现代话来说就是“道”自身的具体体现。通过鹖冠子所举的这个例子，可以明确他所说的“道”，就是现在所说的客观规律或自然规律。

所谓“斗柄北指”，《夏小正》称为“斗柄悬在下”；“斗柄南指”，《夏小正》称为“斗柄正在上”。所不同的是《夏小正》所载为初昏时的星象，《鹖冠子》所记为夜半时的星象。《夏小正》“正月初昏参中，斗柄悬在下”，指的是立春节气的星象，按汉以前制度，立春昼夜漏刻各 50 刻，自初昏至夜半历时 25 刻，斗柄正好在夜空中旋转四分之一周天（90°），故初昏时“斗柄悬在下”（北指），至夜半时斗柄旋转 90°就必然指向正东方，所以《鹖冠子》说“斗柄东指，天下皆春”。

如此看来，《鹖冠子》所说的斗柄四指，最初是用来制订历法的、非常精确的授时方法。这种授时方法以夜半时斗柄指向四正方位为依据，把一年划分为四等分，即四季。这种四季的划分，只依赖同一显著可见且永不没入地下的星座——北斗，比中星授时既简单又实用，容易被人们理解和掌握。

5 晷影法

文献记载商周以下我国古代天文历法常用立竿测影的方法，依据正午时晷影的长度来划分季节（图 9）。这种观象授时方法，据目前所知商朝人已经掌握，殷墟甲骨文称之为“立中”[29]。相传西周初年，周公旦曾向殷人商高学习“勾股术”，然后在东都洛邑建立圭表以测晷影，其所立八尺之表叫“周髀”。

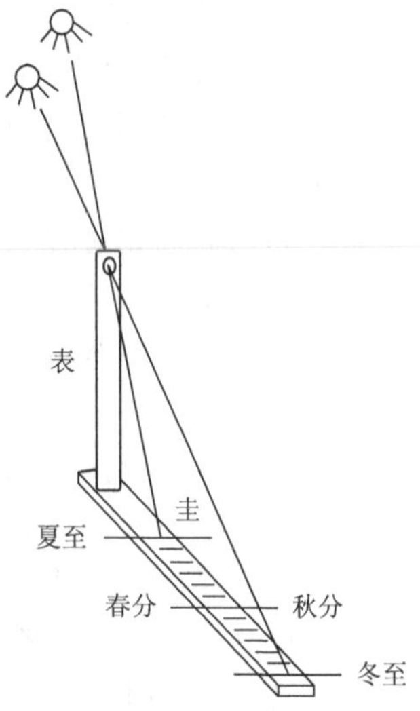

图 9 圭表测影

《左传·僖公五年》中记载“春王正月辛亥朔，日南至。公既视朔，遂登观台以望，而书，礼也。凡分至启闭，必书云物，为备故也。”杜预注“周正，今十一月，冬至之日曰南极。”杜注把“日南至”看作日午时太阳高度到达最低（南）点，即指日躔。《周礼·冯相氏》中记载“冬夏致日”。郑玄注“冬至日在牵牛，景（影）长三尺；夏至日在东井，景长五寸。此长短之极，极则气至。”《周髀算经》中记载“日夏至在东井极内衡，日冬至在牵牛极外衡也”，“冬至晷长一丈三尺五寸，夏至晷长一尺六寸”。《汉书·天文志》的记载和说明更为详细：

“黄道，一曰光道。光道北至东井，去北极近；南至牵牛，去北极远……夏至至于东井，北近极，故晷短；立八尺之表，而晷景长尺五寸八分。冬至至于牵牛，远极，故晷长；立八尺之表，而晷景长丈三尺一寸四分……此日去极远近之差，晷景长短之制也。去极远近难知，要以晷景。晷景者，所以知日之南北也。”

这是“周髀”系统解释太阳达到最南点为“日南至”（冬至），方法就是立表（周髀）测量正午时日影最长的那天为“日南至”。实际上甲骨文的“至南”是指“日出至南”，与“周髀”不属于一个系统。

有关圭表测影的基本原理和定量方法，详细地记录在《周髀算经》一书中。周髀术还可以用来进行大地测量。相传周公以此术测得“地中”在洛阳，于是决定在此地营建东都，日中立杆测影；其下地圭与冬至晷影等长，谓之“土圭”。土圭与周髀互为勾股。文献对“土圭”有较详细的记载：

“土圭尺有五寸。”（《周礼·考工记》）

“日至之景，尺有五寸，谓之地中……乃建王国焉，制其畿，方千里而封树之……凡建邦国，以土圭土（度）其地而制其域。”（《周礼·大司徒》）

“土圭之长，尺有五寸。以夏至之日，立八尺之表，其景适与土圭等，谓之地中。”（《周礼·大司徒》郑司农注）

“周髀长八尺，勾（日影）之损益寸千里”，“冬至晷长一丈三尺五寸，夏至晷长一尺六寸。”（《周髀算经》）

“掌土圭之法以致日景（影），以土（度）地相宅而建邦国都鄙。”（《周礼·土方氏》）

“土圭以致四时日月，封国则以土（度）地。”（《周礼·典瑞》）

从上述情况来看，圭表测影法在周初的两项重大政治决策——营建东都和封建诸侯的活动中发挥了重要作用。尤其是在营建东都洛邑的问题上，周公可能遇到了宗周贵族们的抵制，周公、召公巧妙地利用晷长数据的巧合性说服他们。因为冬至晷长 13.5 尺[①]、夏至晷长 1.5 尺，两者相减除以 2 等于 6 尺，正好是春、秋分的晷长（影端位于二至影端的正中间）。春、秋分日出入于正东西方，晷长 6 尺与表高 8 尺，正好是商高所言“勾三股四”数值的两倍。

周公利用商高定理以及周髀的神秘数字，把洛邑神化为“地中”（大地中央），使得反对营建东都的人们无话可说。后来的事实证明营建东都是具有远见卓识的重大决策。圭表测影法理所当然地受到周人的推崇，秦汉以降历代天文历算家将它奉为推步制历的圭臬。

后世之所以推崇圭表测影法，除了上述政治原因外，还有一个技术因素。从理论上讲，日出方位也是可以用来进行大地测量的，因为与晷影相类似，日出方位也随着地理纬度的变化而改变，二至日出方位角的不同也可反映所建“邦国”与“地中”洛邑的远近。但衡量这种改变的大小需要进行角度测量，中国古代擅长于长度测量而不习惯于角度测量，必须测量角度时往往将角度换算成长度来度量。这使得日出方位不大可能被利用来进行大地测量，而它所具备的授时功能又可为圭表法所取代，故此种方法日渐式微以致鲜有所闻，直到今天与日出入法有关的大量考古发现被揭示，才引起学术界的关注。

圭表测影由于受到太阳半影及日光散射等影响，表影的影端很难确定，而且表杆是否垂直，地圭是否水平，对测量结果都有很大的影响，因而误差较大。后世屡有改进，才得

① 1 尺≈33.33 厘米，下同。

以日臻完善。以狭缝测日出方位，则不受这些影响，因之相比圭表法显得更加简便而准确。先民们应该首先掌握简便的方法。

6 漏刻法

漏刻法直接测量昼夜长短，以昼极长、夜极短为夏至，以昼极短、夜极长为冬至，昼夜平分为春、秋分。其他平气在分至之间平均划分即可。实际上对于上古的平均节气而言，只需测得昼夜长短的极大、极小值就可以了。但它需要漏刻一类的计时工具，是比较晚出的定节气方法。

《隋书·天文志》载："昔黄帝创观漏水，制器取则，以分昼夜。"《初学记》卷二十五引梁《漏刻经》载："漏刻之作，盖肇于轩辕之日，宣乎夏商之代。"《周礼·挈壶氏》载："掌挈壶以令军井……悬壶……皆以水火守之，分以日夜。"虽然文献载漏刻创制甚早，然迄今所见最早的漏壶实物为西汉时制，如满城、兴平汉墓漏壶等[30]。

中国古代的漏刻制度与后世的钟表计时不同，它不从夜半或者午中开始计时，而是从"昼始"和"夜始"开始计时，称昼漏多少刻、夜漏多少刻。这是由于漏刻的两项功能决定的，首先用于日常生活计时，其次以漏刻反映昼夜长短变化，为"治历明时"服务。下面对比《颛顼历》与《夏历》的漏刻法，以说明地平方法与赤道方法在上古历法定节气中的应用。

《颛顼历》的漏刻法经过汉武帝时期的整理，到东汉早期仍施用，被称为"官漏"。李淳风《隋书·天文志上》载："刘向《洪范传》记武帝时所用法云：'冬夏二至之间，一百八十余日，昼夜差二十刻。'大率二至之后，九日而增损一刻焉。"唐徐坚《初学记》卷二十五引梁《漏刻经》云："冬至之后日长，九日加一刻……夏至之后日短，九日减一刻。或秦之遗法，汉代施用。"这种所谓"秦之遗法"与秦简"日夕分"同属《颛顼历》，属于盖天家的地平系统。

官漏"九日增减一刻"的方法，大约是与"日夕分"方法相适应的一种粗略的经验算法。《淮南子·天文训》载"距日冬至四十六日而立春……四十五日而立夏"等，则"四立"距"分至"各四十五日余，在分至昼夜刻上加减五刻，每刻增减九日，五九四十五日即得立春、立夏、立秋、立冬的昼夜刻，使得分至启闭的昼刻与夜刻皆得整数刻。东汉和帝永元年间太史霍融发现这种经验算法的不准确性，掀起了一场漏刻制度改革，最终浑天家的"晷景漏刻"制取代了"九日增减一刻"的官漏[31]。司马彪《续汉书·律历志中》有载，为便于分析，详引如下：

永元十四年（102年），待诏太史霍融上言："官漏刻率九日增减一刻，不与天相应，或时差至二刻半，不如《夏历》密。"诏书下太常，令史官与（霍）融以仪校天，课度远近。

太史令舒、（卫）承、（李）梵等对："……今官漏率九日移一刻，不随日进退。《夏历》漏刻随日南北为长短，密近于官漏，分明可施行。"

其年十一月甲寅，诏曰："……今官漏以计率分昏明，九日增减一刻，违失其实，至为疏数以祸法。太史待诏霍融上言，不与天相应。太常史官，运仪下水，官漏失天者至三刻。以晷景为刻，少所违失，密近有验。今下晷景、漏刻四十八箭，立成斧，官府当用者，计吏到，班予四十八箭。"

霍融推荐并获得实行的“《夏历》漏刻”有两大特点：一是“以晷景为刻”，即由晷影长决定昼夜刻，以取代《颛顼历》与“日夕分”相联系的昼夜刻；二是“日南北二度四分而增减一刻”，即由日在黄道上的去极度增减“二度四分”决定昼夜漏增减一刻，以取代九日增减一刻。晷长与黄道去极是相关联的，因为黄道去极度——太阳赤纬的余角，是由正午时的太阳高度换算得来的，而正午时的影长就是晷影。据《周髀算经》载当时测得黄赤夹角为二十四度，南北合四十八度，按一度换一漏箭得四十八箭；按二度四分增减一刻得二至昼夜差二十刻。

仅二至“昼夜差”二十刻与“秦之遗法”略同外，《夏历》主要法术已根本改变，形成“晷影长——黄道去极——昼夜漏——昏旦中星——日所在”等新一套历法的算法体系。“黄道去极度”是浑天说使用的基本概念，因此这一系统是浑天家的赤道系统。孔子主张“行夏之时”（《论语·卫灵公》），说明大约在春秋末年，《夏历》定节气方法的优越性，就已经为孔子所认识。

《夏历》中“晷漏”算法的实质是据太阳赤纬定节气，可称为赤道方法；《颛顼历》中“日夕分”算法的实质是据日出入方位定节气，可称为地平方法。两者在天文学原理上并无优劣之分，但在具体算法上却有高下之别。《夏历》漏刻“随日南北（赤纬变化）为长短”，故“密近有验”；而《颛顼历》官漏可能出于分至启闭皆得全刻的考虑给出“九日增减一刻”的经验算法，误差达 2.5～3 刻，因而在竞争中败给了《夏历》。后汉《四分历》的主要作者之一李梵参与了永元漏刻改制的全过程，故《四分历》采用晷漏算法。在中国古代的推步历法中，后汉《四分历》首次给出二十四节气昼夜漏刻表，该表是蔡邕和刘洪在洛阳经多年实测，于汉灵帝熹平三年（174 年）得到的[32]。此后这一作法为历代历法家所继承，“日夕分”等地平方法，从此退出历史舞台，以致湮没无闻。

参 考 文 献

[1] 袁家荣．玉蟾岩获水稻起源重要新物证．中国文物报，1996-3-3.

[2] 张文绪，袁家荣．湖南道县玉蟾岩古栽培稻的初步研究．作物学报，1998，24（4）：416-420.

[3] 陈梦家．殷墟卜辞综述．北京：科学出版社，1956：233.

[4] 陈久金，陈美东．临沂出土汉初古历初探．文物，1974（3）.

[5] 中国天文学史整理研究小组．中国天文学史．北京：科学出版社，1981：94.

[6] 同［5］第 11 页.

[7] 安徽省文物考古研究所．安徽含山凌家滩新石器时代墓地发掘简报，文物，1989（4）：6.

[8] 安徽省文物考古研究所．凌家滩玉器．北京：文物出版社，2001：125.

[9] 武家璧．含山玉版上的天文准线．东南文化，2006（2）.

[10] 山西襄汾县陶寺城址发现陶寺文化大型建筑基址．考古，2004（2）.

[11] 山西襄汾县陶寺城址祭祀区大型建筑基址 2003 年发掘简报．考古，2004（7）：9-24.

[12] 江晓原，陈晓中，伊世同，等．山西襄汾陶寺城址天文观测遗迹功能讨论．考古，2006（11）：81-94.

[13] 中国社会科学院考古研究所山西工作队，山西省考古研究所，临汾市文物局．山西襄汾县陶寺中期城址大型建筑 IIFJT1 基址 2004～2005 年发掘简报．考古，2007（4）：3-25.

[14] 武家璧，何驽．陶寺大型建筑ⅡFJT1 的天文年代初探．中国社会科学院古代文明研究中心通讯，2004（8）.

[15] 何驽．陶寺中期小城内大型建筑 IIFJT1 发掘心路历程杂谈∥中国社会科学院考古研究所．新世纪的中国考古学：王仲殊先生八十华诞纪念论文集．北京：科学出版社，2005.

[16] 武家璧，陈美东，刘次沅．陶寺观象台遗址的天文功能与年代．中国科学：G 辑，2008，38（9）：1265-1272.

[17] 中国社会科学院考古研究所．花园庄东地甲骨（六）．昆明：云南人民出版社，2003.

[18]　武家璧.花园庄东地甲骨文中的冬至日出观象记录.古代文明研究通讯，2005（25）.
[19]　陈美东.古历新探.沈阳：辽宁教育出版社，1995：52.
[20]　中国天文学史整理研究小组.中国天文学史.北京：科学出版社，1987.
[21]　朔知，怀才高.安徽霍山戴家院遗址发掘获得重要成果.中国文物报，2006-4-12（1）.
[22]　萧良琼.卜辞的“立中”与商代的圭表测量//科技史文集：第10辑.上海：上海科学技术出版社，1983.
[23]　武家璧，吴卫红.试论霍山戴家院西周圜丘遗迹（待刊）.
[24]　同［21］.
[25]　李鉴澄.晷仪——现存我国最古老的天文仪器之一//科技史文集：第1辑.上海：上海科学技术出版社，1978：31-38.
[26]　武家璧.出土日晷测制地的推算.古代文明研究通讯，2000（5）.
[27]　云梦睡虎地秦墓编写组.云梦睡虎地秦墓.北京：文物出版社，1981.
[28]　李鉴澄.论后汉四分历的晷景、太阳去极和昼夜漏刻三种记录.天文学报，1962（1）：46-52.
[29]　同［22］.
[30]　中国社会科学院考古研究所.中国古代天文文物图集.北京：文物出版社，1980：39-40.
[31]　陈美东.中国古代的漏箭制度.广西民族学院学报（自然科学版），2006，12（4）：6-10.
[32]　同［19］第185-186页.

论老庄生态环境思想及其现代意义

——从F·卡普拉的感叹说起

On Environmental Philosophy of Taoism and Its Modern Sense: From Fritjof Capra's Exclamation

刘克明

（华中科技大学人文学院，武汉 430074）

摘要：《老子》、《庄子》中的智慧和生态环境思想与现代环保思想和理念极其相似，美国物理学家F·卡普拉（Fritjof Capra）预言“近代物理学与东方神秘主义之间的相似性将会成为众所周知的事实”绝非虚言。本文以此切入，讨论了《老子》“道法自然”“天人合一”的境界，“治人事天莫若啬”利用资源、改善和保护环境的思想，讨论了《庄子》以道观分、“道通为一”、“无以人灭天”、“不以人助天”，以及“己养”与“鸟养”的论述。由是观之，中国哲人曾经拥有的“天人合一”的思想去面对现实问题的思路，无论何时何地，老庄的生态环境思想所表现出中国人的智慧都颇具现实意义。

关键词：物理学之道，老子，庄子，生态环境思想

0 引言

气候乃至环境变化都是全球性挑战，任何人、任何国家都无法置身事外。环境与人本为一体，生态环境是研究和修养“天人合一”的精神境界的学问。生态环境并不为人提供关于环境的实证知识，提供这种知识是环境科学的事情；生态环境使人修养对待环境的精神境界，这种境界的内容就是天人合一。生态环境与环境科学是两种不同种类而又密切相关的学问：没有生态环境，环境科学是盲目的；没有环境科学，生态环境则是空洞的。

1 F·卡普拉（Fritjof Capra）的感叹

美国物理学家F·卡普拉（Fritjof Capra）是维也纳大学高能物理学博士，讲学足迹遍及巴黎大学、加州大学、斯坦福大学、伦敦国王学院，并进行理论高能物理研究，发表过一些论文，曾执教于美国伯克利加州大学。1970年左右，F·卡普拉开始对东方哲学思想——老子的哲学思想产生兴趣，并且逐渐发现了东方哲学思想和现代物理学所显露出来的世界观的一致性，其著 *The Tao of Physics: An Exploration of the Parallels Between Modern Physics and Eastern Mysticism* 一书，就是学习《老子》之作，也是一部极富哲理的学术著作。该书的副标题是“近代物理学与东方神秘主义”，此书翻译为中文就是

作者简介：刘克明，华中科技大学副教授，中国科技史学会技术史委员会委员。研究方向为中国工程图学史、中国技术思想史等。

《物理学之“道”——近代物理学与东方神秘主义》(以下简称《物理学之“道”》)。

F·卡普拉认为:“我所说的‘东方神秘主义’是指印度教、佛教和道教的宗教哲学。虽然这些宗教哲学包含着大量微妙地交织在一起的宗教教规和哲学体系,但是它们宇宙观的基本特征却是相同的。这种宇宙观并非仅仅出现在东方,而是在某种程度上出现在所有神秘主义的哲学中。”在《物理学之“道”》中用了专门的章节讨论了“中国的思想”“道家”“禅宗”。他明确指出:“本书的目的在于通过说明东方智慧的精髓和西方科学在本质上是协调的。”F·卡普拉认为:“科学实验和神秘主义经验之间的相似性是令人惊讶的。”中国的直觉和西方的科学的实验差别“在于观察方式,而不在他们的可靠性和复杂性”。

《老子》所论东方哲学与现代物理学,如F·卡普拉所述,两者有着“惊人的相似之处”,而且F·卡普拉断言,“西方的思维、西方的物理学发展,必定要走到东方哲学道路上去”。他坚持:“读者中那些从未接触过东方宗教哲学的物理学家们,能够对物理学的哲学观点感兴趣。他们将发现,东方神秘主义提供了一个协调一致和尽善尽美的哲学框架,它能容纳物理学领域最先进的理论。”

F·卡普拉认为,东方思想,更一般地说是神秘主义思想,为当代科学理论提供了坚实而恰当的哲学基础,在这种宇宙观之中,科学发现能够与精神上的目标和宗教信仰完全和谐一致。东方宇宙观的两个基本主题是:所有现象都是统一的、相互联系的,宇宙在本质上是能动的。我们越深入亚微观世界,越会认识到近代物理学家是如何像东方神秘主义者一样,终于把世界看成是一个不可分割、相互作用、其组成部分是永远运动着的体系,而观察者本身也是这一体系必不可少的一部分。

F·卡普拉所论,与中国的哲学,与中国人的“天人合一”的思想何其相似乃尔。《老子》讲的“域中有四大,而人居其一焉”,正言此意。

F·卡普拉指出感叹道:“当人类精神的观念被理解为这样一种觉悟,那就是个体感觉到与宇宙联成一个整体,到那时就会明白生态学的认识在其最深刻的本质上是超世越俗的,也就在那时才不会对这种新的现实观与宗教上传统观念的和谐一致感到惊讶。”

世界的本原是什么呢?F·卡普拉讲,近代物理学再次为我们表明,有形物体不是截然分开的实体,而是和它们的环境不可分开地联系在一起的。它们的性质是根据与世界其他部分的相互作用来体现的。若不是存在着宇宙的遥远部分,我们日常的环境也就无法继续存在下去,我们日常的经验从最小的细节直到宇宙巨大的尺度的特征都是紧密联系的,以至不能指望把两者分开。

同时,F·卡普拉在《物理学之“道”》中写道:“我极为明确地认识到,在未来的某一天,近代物理学与东方神秘主义之间的相似性将会成为众所周知的事实。”

F·卡普拉的感叹,表现其对老庄思想的认识而产生的震感与由衷的敬佩,“在宇宙整体中不仅包含着我们的自然环境,而且也包含着人类自身”。确实,科学技术的发展,尤其是20世纪以来技术的快速发展和广泛应用,有效地改变了人类生活的面貌和水平,极大地推动了人类社会的发展,但也产生了一系列有害于人类生存与发展的负面效应,如环境破坏、大气污染、能源枯竭,因此,如何合理消除科学技术的负面影响成为当代科技发展的重大战略问题。面对现时代的技术困境,《老子》《庄子》的生态环境思想,日渐显示出巨大的理论价值和现实意义。

F·卡普拉认为:“近代物理学所含有的宇宙观与我们当前的社会是不协调的,这种社会并没有反映出我们在自然界中观察到的那种和谐的相互联系。要达到这样一种动态平衡的状态，就需要一种根本不同的社会和经济结构，需要一次真正的‘文化革命’。整个人类文明的延续，可能就取决于我们能否进行这种变革，归根结底，取决于我们对东方神秘主义某些“阴”的观点的接受能力，体验自然界的整体性的能力，以及与之和谐地共存的才艺。[1]”

2 老子的生态环境思想

道家思想的形成与演变，历经了三个阶段。其发展的第一阶段是弘扬“天”——即天地、自然、道、德，抨击仁、义、礼、法，即抨击儒家，又抨击法家。道家发展的第二阶段是坚持天、道、德，否定而又吸收仁、义、礼，否定而又吸收儒家思想，继续抨击法家。第三阶段将在下一节讲到。

老子处于道家发展的第二阶段，其哲学思想见于《老子》一书，《老子》第三十八章云：“上德不德，是以有德；下德不失德，是以无德。上德无为而无以为；下德为之而有以为。上仁为之而无以为；上义为之而有以为。上礼为之而莫之应，则攘臂而扔之。故失道而后德，失德而后仁，失仁而后义，失义而后礼。夫礼者，忠信之薄，而乱之首。前识者，道之华，而愚之始。是以大丈夫居其厚，不居其薄；居其实，不居其华，故去彼取此。”

2.1 “道法自然”——老子思想的精华

《老子》是言道之书，老子的天人结构，即宇宙结构，按《老子》第二十五章是“人法地，地法天，天法道，道法自然”。人，抬头见天，低头见地，于是产生天地人“三才”说；加以人格化，于是有天皇、地皇、人皇的“三皇”传说。这些古老说法，已有宇宙结构的意义，但都是感性的想象。《老子》第二十五章则做出理性的创造：增加一个“道”，提出道、天、地、人为“域中四大”的“四大”说。这是划时代的贡献。

先秦时期，诸子百家，都把自己的学说、自己的理论称为“道”，都说自己是在讲“道”。但是否讲“道”就是道家呢，答案是否定的。道家论“道”与其他各家讲“道”的区别，就在于道家讲的“道”是“道法自然”，以“自”为本，“自本自根”。“自然”不是与道、天、地、人四大并列的第五大，不是语言的一个名词，而是语言的一个主谓结构，意思是“自己如此”。“道法自然”，才是《老子》的特色，也是《老子》的精华。这个论断，是关于《老子》的根本论断。

在“道法自然”这句话中，“道”字指主观世界，“自然”这个词组指客观世界，“法”字表示主观世界与客观世界的关系：主观世界以客观世界为法。“自然”是主谓词组，主词是“自”，谓词是“然”。万物都是自己如此，所以用“自然”指万物组成的客观世界。“法”字作为动词，有模仿、遵照的之意。

“道法自然”这句话有两层意思：其一，道由模仿自然而来，回答了道的来源问题；其二，道遵照万物之自然，回答了道的规定问题。

宇宙本是一个世界，人是历经数十亿年演化的产物。我们这个世界有了人，乃有主观世界和客观世界。两个世界的关系，《老子》认为是“人法地，地法天，天法道，道法自然”，即主观世界“法”客观世界。既然主观世界“应当”法客观世界，则客观世界是第一性的，主观世界是第二性的。既然主观世界“能够”法客观世界，则主观世界体现人的主观能动性，使人不同于禽兽。既然万物，包括人，都是自己如此，都是以自为本，集体的意义是实现个体，则文化应以自为本，以个体为本，哲学形而上学应以殊相为本。这些论断，都是“道法自然”一语的意蕴，都是《老子》的特色和精华。

《老子》第四十五章说“以身观身，以家观家，以乡观乡，以邦观邦，以天下观天下。吾何以知天下然哉？以此”，就是“道法自然”的注解。这个以“道法自然”为特色的宇宙结构论，其中各项，以“法”字循序串联起来。“法”是“仿效”的意思。各项逐层仿效，使这个宇宙结构“混而为一”，如是达到天人合一。

2.2 老子论“天人合一”的境界

《老子》一书，一以贯之于全书的核心是老子的天人合一观。老子深刻地回答了天与人源于何处、天与人为何合一以及如何合一等人类关心的永恒命题。这是老子的贡献，标志着以人之道合天之道的成熟完善。虽然在《老子》的书中，无“天人合一”这四个字为一个词，但老子详论了“天人合一”的思想。关于“一”的妙用，《老子》第三十九章说：“天得一以清，地得一以宁，神得一以灵，谷得一以盈，万物得一以生，侯王得一以为天下贞。”“天无以清将恐裂，地无以宁将恐发，神无以灵将恐歇，谷无以盈将恐竭，万物无以生将恐灭，侯王无以贵高将恐蹶。”只要得“一”，则宇宙万物达到最佳状态，否则同归于尽，一切毁灭。人类面对的环境问题，形势正是如此。处理环境问题必须“得一”，这个“一”表现在人的精神状态上，就是天人合一的境界，所以《老子》第二十二章说：“圣人抱一为天下式”。老子认为，人与天地万物同为“道”所生，“人道”应效法于“天道”，形成了具有道家特色的“天人合一”思想。这一思想在当代仍然闪耀着人类思想的光辉，在实施可持续发展战略、保护自然环境和生态平衡、遵循客观规律办事等方面具有重大的指导意义[2]。

2.3 老子“莫若啬”“唯啬”的生态环境思想

《老子》对科学技术发展的历史经验教训进行了认真的反思，在如何合理利用资源，改善和保护生态环境的问题上，《老子》提出了“莫若啬”“唯啬”的思想，颇具现实意义。

《老子》第五十九章提出了“治人事天莫若啬”的至理名言。此章的全文是：“治人事天莫若啬，夫唯啬，是谓早服。早服谓之重积德。莫知其极，可以有国。有国之母，可以长久，是谓深根、固蒂、长生、久视之道。”“治人事天莫若啬”是谓治理人民，当用天道，顺四时。治国者当爱惜民财，不为奢泰。治身者当爱惜精气，不为放逸。

《老子》的思想可用来解决人类社会与自然关系的重大问题，无论是具体处理人的问题，即社会关系问题，还是天的问题，即自然界的问题，以及天人关系问题，即环境问题，没有比“啬”更好的了。

啬，就是吝啬，俭过了头。《韩非子·解老》：“圣人之用神也静，静则少费，少费之谓啬。”《新唐书·崔衍传》：“居十年，啬用度，府库充衍。”明朝张居正《寿襄王殿下序》：“夫神不可以鶩用，啬之则凝；福不可以驟享，啬之则永。”“我啬也夫，吾告子以啬而已。”《史记·货殖列传》：“然其赢得过当，愈于纤啬，家致富数千金。”人们经常提到的勤俭，包括执行厉行节约、反对浪费这样一个勤俭建国的方针，即生产要勤，消费要俭。《老子》没有连着说勤俭，只突出俭，以俭为“持而保之”的“三宝”之一。

对于科学技术的发展，《老子》的思想不仅是如第八十章所言：“民有什伯之器而不用”，即有而不用，更提出了“啬”的思想与方法。《老子》的意思是，消费要俭，生产也要俭；不只要俭，而要俭过头，要啬，消费、生产都要啬。“夫唯啬，是谓早服。早服谓之重积德。”即谓，唯有啬，则能先得天道，先得天道，是谓重积德于己。“夫唯啬”，才“可以长久，是谓深根、固蒂、长生、久视之道”，足以保证可持续发展和生态的平衡。那种疯狂牟利而刺激消费和生产的行为，不过是当代人提前透支超支资源，剥夺子孙后代的生存条件的野蛮行径；那种崇尚豪华、以奢为乐、以廉为悲、铺张浪费的作风，《老子》中早已反对。

《老子》主张“啬”，主张勤俭节约，但并不反对人们的基本需求和满足需求的能力，极力赞扬“甘其食，美其服，安其居”，不是把这些也“啬”掉。在满足现有一代的需求而不损害子孙后代满足自己需要的能力前提下，《老子》强调“知足”。《老子》中提出“知足者富”“知足不辱”“祸莫大于不知足”“故知足之足长足矣”。这样，就有助于把当代幸福与后代幸福统一起来，把这个统一放在可持续发展的基础之上。

科学技术的进步，曾有力地推动了人类社会经济的发展，却不意让我们付出了环境和资源遭到破坏的沉重代价，使持续发展难以为继。《老子》中提出“啬”的思想与方法，对于解决这个发展过程中遇到的难题，找到了一种理想的、有效解决问题的办法。《老子》“治人事天莫若啬”的论述，体现了人类的智慧，体现了用理性和道德的眼光同等地看待人和社会，人和自然，从而实现人和自然的可持续发展，这无疑是一份有益的文化资源。仅此一点，我们应该给予《老子》中“啬”的思想何等崇高的评价。

3 庄子的生态环境思想

道家发展的第三阶段为：坚持天、道、德，否定而且又吸收仁、义、礼、法，即否定又吸收儒家和法家思想。具体表现为《庄子·天道》篇中的“大道”——即中国文化的九变结构。第三阶段是庄子对道家创造性的发展，极大胆的改革。走是关系到道家姓“道”还是姓“法”的生死存亡的大问题。庄子改革成功了，道家发展了，道家发展成为“黄老”。“黄老之学”成为指导西汉前期帝业的理论基础。“黄老人士”成为领导西汉前期帝业的核心力量。

必须指明，即使在第一、二阶段，《庄子》与《老子》也有区别：《老子》中主张“道法自然”，《庄子》中主张道即自然（“道兼于天”）。道法自然，则道与自然为二；道即自然，则道与自然为一。老子以水喻“道”，水虽无色无味，但水毕竟有形；庄子尚水，但他认为有形之物，不可喻“道”。庄子进一步创造出以风喻道的独特思维方式和表现方法，赋予风这一自然界的自然状态以非同寻常的文化蕴含。以风喻道的内涵是人与自然、人与自己的心灵和灵魂的对话，体现了先秦哲人对于大道的企慕和追求。

3.1 庄子论“道通为一”与“以道观分”

庄子提出了“道通为一”的思想，这就是《齐物论》中的“物固有所然，物固有所可。无物不然，无物不可。故为是举莛与楹，厉与西施，恢恑憰怪，道通为一。”这里庄子仍然强调万物自己如此，道即自然。“物固有所然，物固有所可”一句，如郭象所注：“各然其所然，各可其所可。”成玄英疏：“物性执滞，触境皆迷，必固为有然也，固谓有可，岂知可则不可，然则不然也。”“举莛与楹，厉与西施，恢恑憰怪，道通为一。”也如郭象所言：“夫莛横而楹纵，厉丑而西施好，所谓齐者，岂必形状同规矩哉。故举纵横好丑，恢恑憰怪，各然其所然，则理虽万殊，而性同得，故道通为一也。”成玄英疏：“《庄子》略举莛与楹，厉与西施，恢恑憰怪，道通为一。”他认为，以道观之，本来无二，是以妍之状万殊，自得之情为一，故曰：道通为一。

《庄子·齐物论》提出“道通为一”，而物则有分有成，有成有毁。“其分也，成也；其成也，毁也。凡物无成无毁，复通为一。唯达者知通为一”。《庄子·庚桑楚》又说：“道通其分也，其成也，毁也”。分与成是同一个过程，不是分之外另有成，也不是成之外另有分，不过从一方面看是分，从另一方面看是成。成与毁亦然。例如用布做衣服，从布方面看是分了毁了，从衣服方面看是成了，其中分与成、成与毁都是同一个过程。这是从物的观点看物。若从道的观点看物，则“凡物无成无毁，复通为一”，因为“道通其分也，其成也，毁也”。凡物的分成毁都是道通着而为一，这就是“复通为一”。既复通为一，再看分成毁已无意义。从物的观点看，分成毁依然存在；从道的观点看，分成毁已无意义。这个道理唯有“达者”知之。由于“道通为一”，《庄子·大宗师》云“故其好之也一，其弗好之也一；其一也一，其不一也一；其一与天为徒，其不一与人为徒；天与人不相胜也”。这个“道通为一”的“一”，人爱它，它是一；人不爱它，它也是一；人知通为一，它是一；人不知通为一，它也是一；人知通为一，属于“天”的水平；人不知通为一，属于“人”的水平。但是“天”与“人”不是谁战胜谁的关系，而是终归合一的关系。

3.2 庄子论“灭天”与“助天”

《庄子》一书，富有想象力和浪漫主义色彩，擅长用讲故事、打比方的方式来说明道理。庄子论“灭天”与“助天”，不是用“解老”的方法，即用抽象概念，哲学语言，而是采用“喻老”，即用具象语言的方法。《庄子·秋水》说：“何谓天？何谓人？”“牛马四足，是谓天；络马首，穿牛鼻，是谓人。故曰：无以人灭天。”牛马可用而不可灭。《庄子·马蹄》说：“马，蹄可以践霜雪，毛可以御风寒，龁草饮水，翘足而陆：此马之真性也。”及至伯乐，曰：“我善治马。烧之，剔之，刻之，烙之，连之以羁绊，编之以皂栈，马之死者十二三矣。饥之，渴之，弛之，骤之，整之，齐之，前有橛饰之患，而后有鞭策之威，而马之死者已过半矣”。把马治死了就是“以人灭天”。郭象注此云：“若乃任驽骥之力，适迟疾之分，虽则足迹接乎八荒之表，而众马之性全矣。而惑者闻任马之性，乃谓放而不乘闻无为之风，遂云行不如卧，何其往而不返哉？斯失乎庄生之旨远矣。”一方面“无以人灭天”，一方面如《庄子·大宗师》所言，“不以人助天”。

而“以人助天”，就是如《孟子·公孙丑上》所言，揠苗助长，就是拔高。“非徒无益，而又害之。”

肯定式的说法是《庄子·达生》所论“与天为一”“反以相天”，“相天”就是《老子·第六十四章》的“辅万物之自然”，跟自然相铺相成。因为，“人与天一也”，郭象注此云：“皆自然也。”《庄子》说：“牛马四足，是谓天；络马首，穿牛鼻，是谓人”，就是用“喻”的方法，用具象语言，给人以整体形象。

3.3 庄子论“己养”与“鸟养”

庄子论“己养”与“鸟养”，也是用“喻”的方法。《庄子·至乐》说：“昔者海鸟止于鲁郊，鲁侯御而觞之于庙，奏九韶以为乐，具太牢以为膳，鸟乃眩视忧悲，不敢食一脔，不敢饮一杯，三日而死。此以己养养鸟也，非以鸟养养鸟也。”鲁侯用养他自己的养法养鸟，不是用养鸟的养法养鸟，把鸟养死了。“夫以鸟养养鸟者，宜栖之深林，游之坛陆，浮之江湖，食之鳅鲦，随行列而止，委蛇而处”，即以鸟之自然养之。天地养万物，皆以万物各自之自然而养之，只以甲物之自然养甲物，不以甲物之自然养乙物，反之亦然。动物住的不一样，“孰知正处”？吃的不一样，“孰知正味”？《庄子·齐物论》说“毛嫱丽姬，人之所美也，鱼见之深入，鸟见之高飞，麋鹿见之决骤，四者孰知天下之正色哉？”其实，谁爱住的就是谁的“正处”，谁爱吃的就是谁的“正味”，谁爱看的就是谁的“正色”：各是各的自然，本非一律，不可能强求一律。

《庄子·骈拇》进一步强调：“是故凫胫虽短，续之则忧；鹤胫虽长，断之则悲。”又如《庄子·逍遥游》大鹏“抟扶摇而上者九万里”，小雀腾跃不过数仞，皆自己如此，各适其性，一样逍遥。宇宙万物的生存状态，能够自己如此，便是最佳。对于万物生态，人力只宜辅佐，不宜破坏，这是环境科学技术根本意义之所在。人力怎么能够辅佐？亦出于人力之自然。

关于修养天人合一的精神境界，《庄子》提出了几种著名的方法，分别是《庄子·人间世》的“心斋”，《庄子·大宗师》的“坐忘”，以及“撄宁”和“悬解”。这种精神境界，恰如《庄子·天下》所言“独与天地精神往来，而不敖倪于万物，不谴是非，以与世俗处”[3]。

4 老庄生态环境思想的出发点

老子和庄子作为先秦时期的思想家，对当时的科学技术、生态环境观察了很多，思考了很多。无论是五千言、八十一章的《老子》，还是内篇、外篇、杂篇共三十三篇的《庄子》，里面都有专门的章节论及生态环境方面的内容。这些章节或讨论生态环境中的哲学问题，或以生态环境为喻、由“天道”以阐“人道”，或由“自然”以推论“社会”。从某种意义上说《老子》《庄子》是中国古代最早记载生态环境的著作，也是最早论及生态环境思想的文献。

气候乃至环境变化都是全球性挑战，任何人、任何国家都无法置身事外。环境与人本为一体，这一体就是构成宇宙全体的万事万物，这种天人合一的环境观是哲学的环境观。认为环境是在人之外的周围，直至宇宙空间，这种“天人二分”的环境观是科学的环境观。两种环境观都涉及宇宙，但宇宙在哲学上是指其大无外、无始无终的时空，或曰大全，而大全是哲学的对象；科学上是指特定的时空，是物理学及其他有关科学的对象。由于大全无外，人不在大全之外，人与大全不可能有主观与客观的二分关系，所以人的认识大全，不可能是主观对客观的认识，只能是主观客观合一的观察和反思，而由此提升精神境界。但在科学中，人与宇宙则是主观与客观二分的关系，在此关系中，人对观察、实验之所得进行加工制作，成为实证知识。

生态环境的核心是其形而上学。形而上学的对象是道，或曰存在。把道或存在讲出来，讲成理论体系，就是存在论，又名本体论。环境的本体是天人合一体，生态环境的本体论是天人合一论。专就事物而言，合一于天；专就认识而言，合一于人。再就事物与认识的统一而言，还是天人合一。事物与认识的统一意味着在既有事物又有认识时，固然不能离开事物谈认识，同样不能离开认识谈事物。

“天人合一”是生态环境的总出发点。任何体系的出发点，都不存在证明的问题，因为如果还要证明，它就不是出发点了。但是任何出发点总是一个陈述，一个判断，一个命题，它若不是作为出发点，而是作为陈述、判断、命题，则它的真假，还是必须加以证明的。但是“天人合一”作为陈述、判断、命题，其是真是假则是无须证明的，因为“天”

与“人”这两个名词的定义，就是天包括人，人蕴涵天，所以说天人合一，其为真，是天与人的定义早已保证了的，它不过是同语反复，因而恒真。

从天人合一出发得出：宇宙万物，包括人，都是宇宙全体中的平等成员；只要存在，都作为“存在者”成为平等成员，成员资格只此一条，别无附加，例如有无生命之类。这条宇宙万物平等的原则，简称“大平等”原则，是生态环境第一条最高原则。我们从理性上理解万物平等，从感情上感受万物平等，从意志上坚持万物平等，以至在生活中体现大平等原则，这就是天人合一的精神境界。

宇宙万物，都是“存在者”，在这一点上固然彼此平等，但是同时“相生相克”，有相生的一面，又有相克的一面。在相克方面，甲物吃乙物，乙物吃丙物……癸物吃甲物，这种食物圆圈，也是天然的事实。在此有个平衡问题，既有天然平衡，又有人为平衡，包括适当相克，反而相生，“损之而益”。指导平衡，是“致中和”的原则，调和各方，恰到好处，实现平衡。“致中和，天地位焉，万物育焉”，让宇宙万物各得其所，共生共荣。致中和原则是生态环境又一条最高原则，其中要掌握许多适当限度，如最高限度、最低限度，这些限度的精确数值要靠环境科学确定。

天人合一的精神境界是无差别的境界。这种境界的精神，若用科学知识的标准看，不是一种知识，而是一种经验、一种体悟。不是科学知识，当然不可能有科学的效用，但是确有另一种效用，使人得到安心立命之地，以天人合一为方向，促进环境科学技术发展，正确解决环境问题。要达到并保持天人合一的精神境界，有种种方法，大致分为负的方法和正的方法。负的方法是“损”，损之又损，以至于无差别。例如宇宙万物，有种种差别，先损掉人与其他动物的差别，再损掉动物与植物的差别，再损掉生物与非生物的差别，如此损下去，终于得到无差别的“存在”和“存在者”。正的方法是“益”，益之又益，亦至于无差别。这是“爱的事业”，所谓“泛爱”“兼爱”“推恩”“集义”“大其心”，以至“民胞物与”，都是增益所爱的范围和内容，以至达到无差别的“同天”境界。虽损虽益，但同时存在，交互使用，相得益彰。这是意志、理智、感情浑然天成的精神境界，不是唯意志论，也不是唯智论或唯情论，更不是唯心论或唯物论[4]。

F·卡普拉在《物理学之道》的后记中写道：“有一句古代中国格言的大意是：神秘主义者了解‘道’的根本，而不是它的枝节；科学家则了解它的枝节，而不是它的根本。科学不需要神秘主义，神秘主义也不需要科学，但是人们却需要这二者。神秘主义的体验对于认识事物最深刻的本质来说是必要的，而科学则对于现代生活来说是必要的。因此，我们所需要的并不是神秘主义直觉与科学分析的综合，而是它们之间动态的相互作用。[5]”

5 结论

（1）无论如何，西方学者，诸如当下 F·卡普拉所言：“在 17 世纪以前，科学的目标是学问，了解自然界的规律，并与之和谐地共存。这种可以称作是生态学的态度，在 17 世纪转变为它的反面。培根以来，科学的目标是可以用来主宰和统治自然界的知识，而在今天，科学和技术两者都主要地被用于危险的、有害的和反生态的目的。”

F·卡普拉在《物理学之“道”》第四版后记论述“新物理学的未来”所言：“所幸，对神秘主义与模糊不清的事物的错误联想现在正在改变。由于已经开始有更多的人对东方思想感兴趣，并且不再以嘲笑和怀疑来看待沉思，所以即使在科学界也正在更为认真地对待神秘主义。”

（2）无论过去，拟或将来，《老子》《庄子》关于生态环境的思想，不能直接解决生态环境中的具体问题、生态平衡的技术问题，即不能解决物质的问题。但是，《老子》《庄子》有关生态环境的思想可以解决人们的思想问题，提高人们的精神境界。工程技术与环境保护的创新能力和工作能力与一般的生产要素不同，它蕴藏在人们的头脑之中，只有提高人们的精神境界，提高人们的环境意识，才能产生强大的生产力，发挥出人的巨大的保护环境的积极性。“现在正在发生的世界观的变化将不得不把价值观的深刻改变包括在内，这实际上是情感的一次彻底变化——从主宰和控制自然界的意图转变为一种合作和非暴力的态度。”《老子》《庄子》的思想给人们指出了前进的方向，它不仅可以提升人的精神境界，而且可以指导人们的实践，指导生产和科学的发展，促进社会的进步，这也是《老子》《庄子》生态环境思想给我们的最为重要的精神财富，也是其对现代的贡献。

（3）《老子》第四十八章提出“为学日益，为道日损”，对于理解和掌握环境科学与生态环境及其区别和联系，具有认识论上的指导意义。《老子》第四十二章进一步指出“物或损之而益，或益之而损”，对于通过万物相生相克规律的运用以实现生态平衡，具有本体论上的指导意义。

参 考 文 献

[1] 卡普拉.物理学之“道”——近代物理学与东方神秘主义：第四版.朱润生，译.北京：中央编译出版社，2012：264-280.

[2] 涂又光.涂又光文存.武汉：华中科技大学出版社，2009：260-265.

[3] 同［2］第263-265页.

[4] 同［2］第257-259页.

[5] 同［1］.

二十四节气与《淮南子》关系的探究

On Relationship Between Twenty-four Solar Terms and Huai Nan Zi

张中平[1]　王景云[2]

（1.安徽省气象局气象发展研究室，合肥 230031；
2.安徽省六安市气象局，六安 237008）

摘要：基于对历史事件、地域文化、自然气候等的分析，认为二十四节气和《淮南子》主要在3个方面密切相关：①二十四节气的形成经历了漫长的历史阶段，至《淮南子》臻于完善；②二十四节气建立在道论、宇宙论和无为论之上，《淮南子》为其柱础；③二十四节气产生于黄河中下游的广大地区，符合著述地寿春的地理环境特征，因此认为，《淮南子》著述地古寿春为二十四节气大启而宇、长发其祥之地。

关键词：节气，淮南子，定型，理论基础，发祥地

0　引言

《淮南子》又名《淮南鸿烈》《刘安子》，由西汉淮南王刘安及其门客集体编纂，其书涉猎广泛，有“牢笼天地，博极古今”之称（唐·刘知己），总体以道家思想为主，广采博取道、儒、阴阳、五行、名、法、墨和兵等先秦诸家学说。1772年，清乾隆皇帝下令编纂《四库全库》时，将《淮南子》编入子部道类，正式列为国家级文献传世。学术界普遍认为历史上二十四节气第一次完整记载的文献即为《淮南子》，本文将就两者关系做进一步的探究。

1　二十四节气的形成经历了漫长的历史阶段，至《淮南子》臻于完善

二十四节气产生的根本原因，是我国古代农耕社会“农时”意识的萌芽和“指时”系统的需要。露天的农业生产对自然气候条件过度依赖，使其表现为明显的季节性和紧迫的时间性，知天顺时才能掌握农业生产的主动，从而有了“农时”意识，即“以事适时”（《吕氏春秋·召类》），作为技术上的需要，“指时”系统也随之出现[1]。

这种“指时”系统最初是用物候指时，传说中的“太昊伏牺氏以龙纪”，是以蛇的出蛰和入蛰来把一年分为冬夏两季，这可能是我国最早的历法，而启蛰也成为我国的第一个节气。很明显，这样的指时往往年无定时，同一物候现象在不同地区不同年份出现早晚不一，难以稳定，于是人们继而仰观天空，求助于星象指时。从地下到天上，这无疑是一个巨大的进步，开始的时候，是根据月球的视运动纪时，平均历月等于一个朔望月，即“太

作者简介：张中平，高级工程师，任职于安徽省气象局气象发展研究室。研究方向为气象发展、防灾减灾和气象文化。

阴月”。月球绕地球公转相对于太阳的平均周期，也是月相盈亏的周期，平均为 29.53059 天，同时设置闰月，使平均历年间接地接近一个回归年，这就是现在所称的“阴历”。虽然根据月球的视运动确定时日较为简便，但所纪时日和自然物候之间的关系仍然难以固定，无法更加具体地指导农业生产。

考古学家们推测到了夏代，才开始用立杆测影法来计量年月日，这是太阳年纪时的开始。二十四节气的产生只有在太阳年纪时出现之后才有可能。太阳年纪时是把一个太阳年划分为若干较小的时段来纪时，这就是现在所说的“公历”（西历）。当把一个太阳年划分为 24 段时，就有了二十四节气。因此，虽然二十四节气大多数时候是用来指导农业生产的，但它的纪时原理，不是“阴历”，而属于“公历”。以朔望的周期来定月，用置闰的办法使年平均长度接近太阳回归年，同时设置二十四节气来反映季节，即太阳直射点的周年运动变化，来指导农业生产活动，这就是我国的传统历法——农历，俗称阴历。因此，农历事实上是朔望月和太阳年相结合的阴阳合历。时至今日，几乎全世界所有华人及朝鲜、韩国和越南等国家，仍使用农历来推算传统节日，如春节、中秋节和端午节等。因为这种历法始于夏代，完善于汉代，所以又称夏历或汉历。

夏代利用太阳年纪时后，《夏小正》里的十二月里，节气有了启蛰（惊蛰）、夏至和冬至三个节气。殷商的《尚书尧典》里关于四仲中星的说法，也被普遍认为和二分二至（春分、夏至、秋分和冬至）有关。到了西周，已经将太阳的周年视运动与星空背景直接联系起来，能够计算回归年的精确长度，准确推算二分二至等重要节气的日期，从而正式进入观象授时阶段。春秋中叶，《左传》《国语》等古籍中已出现“十九年七闰”的置闰法则。除两分、两至外，四立节气也已出现，《左传》有多处记载，如《僖公五年》：“凡分、至、启、闭，书云物，为备故也”。春秋后期的四分历，是当时世界上最精确的历法。

《吕氏春秋》十二纪里，在孟春、仲春、孟夏、仲夏、孟秋、仲秋、孟冬、仲冬 8 个月中，分别安插了立春、日夜分、立夏、日长至、立秋、日夜分、立冬、日短至 8 个节气，这是每年二十四节气中最重要的 8 个节气。在这前后，《管子》《月令》《时训》《夏小正》《逸周书》和《黄帝内经》等著作里均有有关节气的记载。但所记名称和顺序，和现在的二十四节气有所不同。

到了《淮南子》，按“斗转星移”的原则，根据北斗星斗柄的指向，从冬至日开始，将一回归年等分为 24 段，对太阳在黄道视运动的这 24 个特定位置，逐一予以命名，以反映当时我国黄河中下游广大地区气候、物候和农事特征，从而形成了一个完整的综合的农时系统。至此，二十四节气才臻于完善。如果从第一个节气启蛰算起，已经过去了 4000 多年。

《淮南子》进献汉武帝后虽遭“秘之”，即藏入深宫，但 30 年后，西汉邓平等编造并由汉武帝颁布的《太初历》却将其二十四节气纳入其中，后世各朝基本沿袭使用，成为我国古代官方订立的一种用来指导农事活动的补充历法，和原来的“阴历”相结合，成为阴阳合历，即现在的农历，这也成为最能代表我国农耕文明的非物质文化遗产。

和之前的指时系统相比，《淮南子》中二十四节气的进步意义可以归纳为“四定”。一是定型：二十四节气名称与顺序的定型，《淮南子》所载二十四节气的名称和顺序，与后世完全相同，并历 2000 多年没有改变。二是定位：二十四节气的天文定位，《淮南子》按“斗转星移”的原则，根据北斗星斗柄指向来准确推算二十四节气日期。三是定理：《淮南子》以阴阳二气的消长为理论依据，对二十四节气的气候意义作了准确的描述，如认为冬至夏至分别是阴阳二气盛衰转换的枢纽等，这是对我国气候意义上季风的最早认识。四是定历：治历明时，将节气与气候、物候和农事进行准确联系，是对我国传统的阴阳合历和古代农时系统的一次重要完善，也是农时理论在农业生产中最为成功的应用。

2 二十四节气建立在道论、宇宙论和无为论之上，《淮南子》为其柱础

《淮南子》是刘安及其门客学术研究成果的代表文献，也代表了汉代的最高科技成就。《淮南子》整篇从“天地未形”开始，首先探讨了宇宙本原、演化和形成的问题，清晰地阐述了其宇宙观，对天地万物形成过程给出了明确的描述：虚霩（道）→宇宙→气→天地→阴阳→四时→万物。其中对“天有九野”的描述，将五星、二十八宿进行定位，对其运行周期、对应季节都做了准确的描述。在明确地给出宇宙星象结构之后，《淮南子》这才根据北斗斗柄的指向，定下了二十四个节气。

《淮南子》的宇宙论，则是建立在其道论的基础上。《淮南子》认为道是万物发生的总根源，是天地万物之前的原初状态，世界上有形的物体都由道化育而成。天地之所以能有秩序地运行，万物之所以能有秩序的变化，都是因为道的有规律的支配。既然这样，原本奉为至高无上的宇宙星空及其日月星辰的运行就可以认识、可以利用。在《淮南子·天文训》里，运用了当时先进的几何学原理，对正朝夕、大地东西南北的长度、日高等进行了观测，这种敢于探索宇宙奥秘的精神，就难能可贵，而大量的测量数据，直接为二十四节气提供了可靠的实证依据。《淮南子》宇宙论中的“天人合一”思想，使其相信宇宙间存在一个对应的、整齐的、与社会及人类相互关联的上下空间，天地万物在这里被划分成各种相互对应的“类”，如天有中心，地也有中心，天分九野，地分九州，星宿与州郡一一对称，天象与地象一一挂钩，季节、方位、风向、物候与人事也都互相匹配、互相感应。这也成为二十四节气和天文、气候、物候、农事甚至政治活动相联系的理论依据。

《淮南子》的无为论是其道家哲学的方法论，主要体现在“所谓无为者，不先物为也；所谓无不为者，因物之所为。所谓无治者，不易自然也；所谓无不治者，因物之相然也”（《淮南子·原道训》），这里有通过合规律达到合目的，在尊重客观规律的前提下充分发挥人的主观能动性的含义，在具体的方法上，就是要尊重客观规律，趋利避害。在《淮南子·天文训》及其后一篇《淮南子·时则训》里，以适应自然变化，利用自然规律为人类服务为准则，对人类活动如农事、政事、祭祀、官制等和节气、气候、物候的相适应给出了具体的做法，并意欲其成为治理天下的依据。其“五位”（东、南、中、西、北五方之定位）、“六合”（孟春与孟秋为合、仲春与仲秋为合、季春与季秋为合、孟夏与孟冬为合、仲夏与仲冬为合、季夏与季冬为合）、“六度”（天为绳、地为准、春为规、夏为衡、秋为矩、冬为权），则是对其自然天道观的进一步概括，也是二十四节气应用的进一步延伸。

《中国气象史》指出，“几千年来，二十四节气家喻户晓，保证了中国始终以发达的农业文明著称于世，所产生的经济效益不低于四大发明。”二十四节气之所以能够在我国的

农业生产上发挥巨大的作用，还应和其具有深厚的理论基础有关。

3 二十四节气产生于黄河中下游的广大地区，符合著述地寿春的地理环境特征

《淮南子》是刘安组织门客在淮南国都城寿春（今安徽省寿县）历时不到一年的时间编纂而成的，那么其中记载的二十四节气，会不会只是对寿春或是淮南国地区的气候、物候和农事的总结？关于这一点，《淮南子》及前人的著述均无明确记载。

事实上，一些学者已经指出《淮南子》对当地当时语言的直接应用。当地当时的语言为楚语，应区别于当时京都的秦腔。因此顾炎武有"《公羊》多齐言，《淮南》多楚语"之说，罗常培和周祖谟先生也说"《淮南子》所代表的语音可能就是当时江淮一带的楚音"。许慎和高诱二家所注指明的古楚语有 25 条，严学宭先生《论楚族和楚语》提到的古楚语有 13 条，靖江广播电视台的萧旭先生在其《〈淮南子〉古楚语举证》中提到的有 50 多条。例如，《淮南子·俶真训》有"毁誉之於己，犹蚊虻之一过也"，《说文》里有"秦人谓之蚋，楚人谓之蚊"，说明当时称一种小虫为"蚊"只是楚人的说法，而京都的秦人则叫"蚋"，譬若现在的北京人说的"蝉"，寿县人叫"遮溜"。

当代《淮南子》研究者陈广忠在其《〈淮南子〉的倾向性和淮南王之死》里认为"……从《淮南子》中亦可看出，书中引用的楚国史实、人物事件、风土人情和方言土语等是非常多的。可见楚文化对成书影响之深"[2]。如《淮南子》提到修建寿春芍陂的楚令尹孙叔敖的地方，就有 6 处之多。

二十四节气是否受到了地域气候的影响呢？《淮南子》二十四节气的顺序和 30 年后朝廷颁布的《太初历》有所不同，在《太初历》里，惊蛰排在雨水之后，谷雨排在清明之后。当代学者对这个问题有不同的论述，这里从气象学上做如下解释：

惊蛰、雨水、谷雨和清明，本来表示的都是自然物候现象，"惊蛰"表示这个时期天空打雷，蛰虫出土，说明土壤温度已高。"雨水"是说原来下的是雪，现在都变成雨了，说明低空气温已高。这两种物候现象，都是由于季风气候所致，在冬春转换季节，随着南方暖湿气流北上，近地面气温逐渐升高，大气层结变得越来越不稳定，这才有惊蛰和雨水现象出现。正是因为暖湿气流起主导因素，又是自南而北推移，因此越往北，出现先惊蛰后雨水的概率越大。也就是说，在同一年，雨水排在惊蛰前的地方，可能纬度更低。清明排在谷雨的前面，也可做类似推论[3]。这说明《淮南子》所描述的候应，其对应的地理纬度，要低于《太初历》所描述的候应，这正好和国都寿春低于京都长安大约 1.7 个纬度相印证。

但是，严格地讲，这些只是间接证据，一般性推论，其成立也还需要更多古语言学和古气候学的佐证。如果结合《淮南子》的写作时代背景来分析，则会认为《淮南子》中的二十四节气，应有更为广泛的来源。古人认为天象神圣，敬授人时、制订历法是统治者的权利，特别是直接用来指导农业生产的二十四节气。因为我国古代没有公元纪年（公历），二十四个节气具体时间需要推算，既要考虑大小月，还要考虑闰年和闰月，节气对应的阴历时间每年都有不同，比如 2012 年立春是正月十三，2013 年却在腊月二十四。由于推算过程复杂，历朝都设有"历官"，专管推算节气，推算结果用来编制"历书"，作为政令，予以颁布，天下百姓只需照此实行。而在大一统的汉武帝统治时期，作为国家法令之一的

历法，所涉内容应该首先符合国家政治中心所能代表的区域。

刘安编纂《淮南子》是为了给登基不久的汉武帝提供一套治国安邦的政治纲领，从这个角度来说，其中记载的二十四节气所对应的候应，首先要能代表西安或汉中平原地区的候应。而另一方面，若将来作为国家历法，颁行天下，指导具体的农业生产，则需要更广泛的代表性，不太可能只取寿春一隅，这也不符合他在《淮南子·要略》中，要“置之寻常而不塞，布之天下而不窕”的编纂要求。从西汉时期历史地图来看，当时的郡县密集分布的区域是在现在的西安以东、长城以南和淮河以北的广大地区，这也说明了那个时期这一区域的农耕文明程度相对较高，二十四节气要想成为国家历法，必须最大程度地代表这一区域。

因此二十四节气中的候应，最大的可能是取自黄河中下游的这一片广大地区。那么这一区域包不包括寿春？

我国南北气候分界线在淮河—秦岭一线，寿春和西安差不多都处于这条线的附近。1979 年中央气象局绘制的中国气候区划，寿县和西安同处Ⅲ区南部（南温带）。《中国农业自然资源和农业区划》近年绘制的中国耕作制度分布图，寿县和西安同属于Ⅵ区（黄淮海平原丘陵水浇地二熟旱地二熟一熟区）。1963 年竺可桢、宛敏渭在其《物候学》中绘制的中国东部刺槐年平均始花期[4]，寿县和西安也同处在 4 月 20—30 日这一区间，即处于谷雨、立夏之间。

虽然通过农谚来溯二十四节气的演变不太可靠，因为农谚只是对二十四节气的应用，为适应地理气候的变化，同一条农谚，不同地区在不同时期有不同的解释，但仍可放在同一个时间截面上加以比较。如现在农谚关于冬小麦适宜播期的说法，河北省平原地区有“白露早，寒露迟，秋分种麦正当时”；而河南中部有“骑寒露种麦，十种九得”；湖北省则为“霜降到立冬，种麦莫放松”；华南是“立冬麦，小雪菜（油菜）”；安徽寿县的沿淮地区则是“秋分早，霜降迟，寒露种麦正适宜”，农事节奏上同步于河南中部，这和上面提到的我国气候、物候和耕作分布一致，与西安所在的汉中地区具有同样的特征。

从不同时期的气候、物候和耕作（农事）来看，现在的寿县和西安有着极大的相似性。如果近 2000 多年来，地球大气环流和东亚季风格局以及地球的地形地貌没有大的变化，则可以推论，西汉初期的寿春和西安在二十四节气的候应上，同样有着极大的相似性。也可据此推论，二十四节气产生于黄河中下游的广大地区，并符合古寿春的地理环境。

通过以上 3 个方面的分析，可以对二十四节气（而不是单纯的节气）的形成有一个初步的地理定位：正是因为二十四节气在《淮南子》里才臻于完善，其具体内容符合古寿春的自然地理环境，且建立在《淮南子》道论、宇宙论和无为论的基础之上，所以，二十四节气在漫长的形成过程中与古寿春的历史事件、地域文化和自然气候等有着最大的交集，其为二十四节气大启而宇、长发其祥之地。

参　考　文　献

[1] 温克刚. 中国气象史. 北京：气象出版社，2004：3-321.

[2] 苏希圣. 寿县历史文化丛书文史辑存，合肥：安徽人民出版社，2009：6.

[3] 王鹏飞. 节气顺序和我国古代气候变化. 南京气象学院学报，1980（1）：105-112.

[4] 竺可桢，宛敏渭. 物候学. 科学出版社，1973：26-50.

《航海金针》研究
Study on Sailing Gold Needles

冯立昇　邓　亮

（清华大学科学技术史暨古文献研究所，北京 100084）

摘要：《航海金针》是中国首部气象科技译著，在中外科技交流史上具有重要意义。通过对比本文指出基于 Reid，Piddington 等人著作中的知识，玛高温更多地在自己理解的基础上重加编译，从而形成一个更具逻辑性的航海避飓知识体系。同时分析了《航海金针》融汇知识与宗教传播的编译动机（其编译时间大约在 1851—1853 年），以及书中对天文钟、晴雨表和象限仪等航海新知识的介绍等，并提出此书影响较小更可能是由于当时海洋意识的缺乏。

关键词：航海金针，气象学，底本，航海避飓，新知识

0　引言

《航海金针》，美国传教士玛高温（Dr. Daniel Jerome Macgowan，1814—1893 年）编译，咸丰三年（1853 年）刊于宁波爱华堂，是中国首部气象科技译著，较为系统地介绍了航海避飓的相关知识。玛高温，受美国浸礼会（American Baptist Board of Foreign Missions）派遣，作为医学传教士入华，1843 年 11 月到宁波，1844 赴印度孟买成婚，1845 年回到宁波，1854 年赴华南。在宁波期间出版《博物通书》（1851 年）、《日食图说》（1852 年）、《航海金针》（1853 年）和《中外新报》（1854—1858 年）等著作或报刊。1859—1861 年在日本、英国和法国等地；1862 年返美服务于联邦军队；1867 年再次入华，在上海行医；1868 年加入江南制造局，翻译了《金石识别》（1871 年）和《地学浅释》（1874 年）等。1893 年病逝于上海。

对于玛高温及其著作的研究或介绍，学界已有一些介绍或研究，现仅就与《航海金针》相关的研究做一概述。王扬宗称“此书论述飓风之理，介绍美国来特非尔（Mr. Redfield）、英国人毕丁登（Mr. Piddingon of Calcutta）和黎特上校（Col. Reid）对中国海台风的有关论述。”并简要介绍序言中一段文字，论及科学对中国的意义、科学传播与宗教传播关系以及翻译目的等内容[1]。王冰介绍了玛高温译述之《航海金针》在日本的刊行，以及得到日本儒学大家羽仓简堂的赞赏[2]。邹振环根据伟烈亚力的说法[3]，称主要部分译自 Col. Reid 论台风的著作，并注明其英文原著为 *Treatise on Cyclones*[4]。李传斌认为医学传教士编译自然科学著作，具有传播科学、以科学为传教媒介等目的，并以《航海金针》中英文序言中话作为证据[5]。谢振声指出此书为玛高温编撰，并引用了王扬

作者简介：冯立昇，清华大学科学技术史暨古文献研究所教授，研究方向为数学史、技术史、中外科技交流史。邓亮，清华大学科学技术暨古文献研究所馆员，研究方向为科技史、中外科技交流史。

宗有关《航海金针》的介绍[6]。日本学者八耳俊文在报告中介绍了玛高温的生平著述，并认为其底本是 *The Progress of the Development of the Law of Storms, and of the Variable Winds*，进而主要讨论了《航海金针》在日本的翻刻流传情况，诸如4个版本不少于500本印刷量，版刻错误，取出宗教性字句等[7]。陈志杰对此书有较详细的研究，介绍了前人一些研究成果，虽然未能见到《航海金针》英文序言，但探讨了底本来源，并予以少量文本对比分析，提出此书主要是“围绕着‘知避飓’的‘行船之法’建立起来的大气物理基础知识体系”，科学启蒙和实用性相结合，并从翻译的角度论述了编译的科普化策略，讨论此书在晚清影响有限的三种缘由等[8]。张璇等都对此书底本、内容有所描述[9]。此外还有沈福伟等也有所介绍。

尽管有不少学者对《航海金针》作者、底本及内容有或多或少的介绍，但或许是由于此书的编译性质，文本对比确实不易进行，现有研究并未对内容有深入的研究。因此，本文拟就一些问题作进一步分析和介绍。

1 翻译概述

1.1 关于底本与作者

《航海金针》在国内藏本极少，笔者在国家图书馆获见一部，无英文序言。但此书在欧美、日本等处有不少藏本或翻刻本，但多数也无英文序言。在澳大利亚国立图书馆藏有一部《航海金针》①，为伦敦会藏书，含有英文序言，题为 *The Law of Storms in Chinese*，意即中文版暴风法则。此序非常少见，对于了解《航海金针》的底本来源、翻译旨趣等有重要的价值，文本见附录。

对于底本来源的叙述，中文序言中称：

飓风之理，创其说者为亚美理驾合众国（即花旗）博士来特非尔，后英吉利文员毕丁登、武员黎特加祥焉。是书刊印资费皆出大英公使大臣驻香港包玲公子，翻译参订则花旗医士玛高温[10]。

此序中虽然指出三位外国学者对飓风的研究，但并未明言底本。我国学者的认识长期以来比较模糊，说法不一。谢振声认为该书由玛高温编撰，而沈福伟认为它译自美国人Redfield的著作；而邹振环则指出：“主要部分译自Colonel Reid的论台风的著作”，并注明其英文原著为 *Treatise on Cyclones*；王扬宗认为主要译自美国的Redfield、英国的Piddingon和Reid对中国海台风的有关论述。陈志杰检索了Redfield和Piddingon的论著，称“未找到与《航海金针》中内容相近的相关论述，倒是在William Reid的论著 *The Progress of the Development of the Law of Storms, and of the Variable Winds* 中找到了相关的证据”。

下面是英文序言中的相关记述：

The Chinese name of this pamphlet, *Hang Hai Kin Chin*, signifies The Navigator's Golden Needle. It has been drawn up in accordance with the wishes of H. E. Col. Reid, and is published at the expense of J. C. Bowring, Esq., of Hong Kong. The Chapter on the Typhoons of the China Sea in Col. Reid's work forms the basis of this; use having been

① http://nla.gov.au/nla.obj-48680023/view

made also of the publications of my townsman Mr. Redfield of New York, and Mr. Piddington of Calcutta. So much of the science of meteorology as applies to the subject, has been introduced, with some general principles of navigation as practised in the West; the whole being interspersed with remarks on natural and revealed religion.

将这段记述翻译如下：

这本小册子的中文书名为《航海金针》，意即航海家的“黄金针”。它按照尊敬的黎特上校（H. E. Col. Reid，即 William Reid，今译威廉·瑞德）的意愿行事，且得到香港的 J. C. Bowring 先生赞助出版费用。黎特上校的著作中关于中国海的台风一章，构成了此书的基础；其中采纳了我的纽约同乡来特非尔（Redfield）先生以及加尔各答毕丁登（Piddington）先生的出版物。此书介绍了许多气象学中相关主题，以及西方航海实践中的常规原则，同时穿插着自然和宗教的评论[10]。

由此可以明确得知，此书底本主要是 H. E. Col. Reid 著作中关于中国海的台风一章。H. E，即 His Excellency 的缩写，尊称，通常用于贵族，政府的高级官员。Col.，即 Colonel 的缩写，意为上校。作者即为英国人黎特（1791—1858 年），底本著作为 *The progress of the development of the law of storms*（1849 年）。陈志杰推测作者是 William Reid 可以得到确证，只是由于他未见到《航海金针》英文序，认为黎特上校与 William Reid 并不是同一人。

黎特，英国人，将军，政府官员，气象学家。半岛战争（1810—1813 年）期间，黎特在惠灵顿下任皇家工程师。1831 年到西印度群岛的巴巴多斯（Barbados）负责重建因 1831 年 8 月 10 日的飓风吹倒的政府建筑物，进而开展飓风研究。1837 年，晋升为中校 lieutenant-colonel。1838 年出版 *An Attempt to Develop the Law of Storms by Means of Facts*（此书 1841 年出版第二版，1850 年出版第三版），1849 年出版 *The Progress of the Development of the Law of Storms*。1839 年被选为皇家学会会员。黎特历任英国殖民地总督、百慕大总督（1839—1846 年）、西印度群岛总督（1846—1848 年）、马耳他总督（1851—1858 年）。1849 年当选英国皇家学会副会长，1851 年 10 月被封为爵士，1851 年 11 月晋升为上校衔（brevet-colonel），1854 年为团上校，1856 年晋升少将。序中提及之来特非尔，即 William Charles Redfield（今译威廉·瑞德菲尔德，1789—1857 年），气象学家，发明家，航海工程师，运输商。因长时间观察飓风中风向变化的气象学研究而著名，对鱼类化石也有相当研究，是美国高等科学联合会（American Association for the Advancement of Science）的首任会长。他与 William Reid 因飓风研究保持了长期的合作[11]。而毕丁登（Henry Piddington）著有 *The Sailor's Hornbook for the Law of Storms*（1848 年）和 *Conversations about hurricanes*（1852 年）等关于风暴研究的著作。

1.2 关于编译动机

对于《航海金针》之翻译，玛高温在中文序言中先是叙述汉文典籍中关于羊角风、飓风的记载与认识，接着描述西方学者近来对飓风的观察与研究，进而称：

予观中华海船，至东海者有之，往南海者有之，与西洋诸国通商者有之，往来络绎，间或顺流而至止，然其中罹是患者不少，良由逞其行船之志，而未知避飓之方也。爰即是书，参以己意，译成华文，庶舟人览之，知避飓有要，而行船得其法矣。[10]

由此可见，针对中国读者而言，玛高温只是强调对飓风知识的传播，以便中国船工行船之用。但在英文序言中，玛高温确有更多的描述，并明确表达出在知识传播的同时，借以传播宗教真理。这一观点可能更真实。

旅居中国的外国人每年赞助我们这些医师传教士救治病人数以万计，令人赞叹，然而中国人对慈善事业还有别的需求。他们实在亟需科学上的训练，而这些科学实为我们西方国家富强的根源。如果没有科学，要想开发这个帝国的潜能，那是不可能的。当然，我们为他们翻译科学著作，不仅在促进其物质利益，也应该藉以传布基督教的真理。英美各慈善机关一向仅注意于传布福音，这一类介绍世俗科学的尝试，特别需要各机关的大力支持[10]。

这段话已为王扬宗、李传斌和谢振声等几位学者所引用。此处译文引自王扬宗论文。类似含有宗教内容的表述在《航海金针》的正文中也多次出现。

而物之生也，悉有所本。本者何？即无所不知，无所不能之神也。神为天地之主，犹君为一国之主。君主一国，必有法以治之。神主天地，亦有法以治之。风者，神之一法也[10]。

［戒词］第七，遇飓风，船几破坏时，须要心放得定，切不可惊慌如失魂然，不顾驶船之事，亦不可拜求船中偶像，致胸无定主，须以心拜天上真神与神子耶稣，盖惟真神为最灵，偶像乃土木之物，安能救人之命乎。凡尔舵工，切宜戒之[10]。

吾侪处天地间，仰观宇宙之大，俯察品类之盛，见其无不奇奇妙妙，可藉之以生以养，以爽心而悦目，非造化之神，妙智妙能，至德宏功，有如是乎？奈何世人不察，不念皇降之衷，不顾自天之命，惟利欲之从，死而后已，能不悲哉。予奉救世之教，不远数万里航海而来，非为功名，勿求利达，惟自孜孜，思以真理觉世，俾脱苦海而登乐地，既有专书刊送劝人，兹复因论海风而及之，处世须避恶俗，较之航海须避飓风，殆有甚也[10]。

实际上，早期新教传教士在传播知识中夹带宗教内容，是较为常见的现象，而且也形成一定的共识。然而，也许正是这些夹带的宗教内容，部分地影响了此书在中国的传播。因为尽管此书反复提及船工，似乎是以船工为读者对象，但船工阅读此书的可能性较小，中国学者对此感兴趣者可能也较少，即便阅读此书，或许因其宗教性内容而产生警惕，从而影响知识的传播，背离了此书编译之愿望。

1.3 关于编译时间

《航海金针》书名页显示的版本信息有“咸丰三年正月”，“爱华堂藏板”，“耶稣降世一千八百五十三年”等，即 1853 年正月。英文序的落款时间为 1853 年 6 月。由此可知，此书的刊刻时间应在 1853 年间。

至于文本翻译的时间，则可以从记事中的数则西洋船只在遭遇飓风的案例[12] 中做一推测：

“前五十一年七月初一日广东海边有飓风”一则，对应 Reid 原书，则为 1803 年台风，由此可知此则翻译大约在 1853 年。

“前八十一年六月十七日飓风”一则，而 Reid 原文中为 1780 年 7 月 17 日 London

East Indiaman 号遇台风事，当知此则翻译时间为 1851 年。

“前五十六年五月十五日英吉利兵船护航商船，因飓风沉没”一则，Reid 原文为 1797 年 6 月 15 日，H. M. ship Swift 护航 1182 吨之 Duke of Buccleuch 号商船，后因飓风而沉没，可知此则译成时为 1853 年。

“前四十三年八月西洋数船往广东遇飓风”一则，Reid 原文为 1809 年 9 月 27 日—10 月 1 日，东印度公司的四艘船 True Briton，Scalesby Castle，Cumberland 和 Neptune 遇台风事，可知此则约翻译于 1852 年。

“前四十二年八月西洋四船往澳门遇飓风”一则，Reid 原文是 1810 年 9 月，另一个东印度公司的船队，包含有 Arimiston，Wexford，Alfred，Winchelsea，Elphinstone，Woodford 和 Cuffnells 等，遇台风事，可知此则翻译时间为 1852 年。又《航海金针》此则称四艘船，与前则 1809 年数艘，玛高温似乎翻译时弄混了。

“前十七年广东海边有飓风”一则，Reid 原文为 1835 年 8 月台风，H. M. Raleigh 船遇飓风事，可知翻译时间为 1852 年。

由此可知，玛高温在 1851—1853 年间编译此书，同时可见他在翻译时并未核实中西日历之差异，而是直接将西历月份减去一月。由于这只是内容中有明确时间的部分，因此不能排除翻译时间跨度有更长的可能性，而这有待新史料的挖掘。

2 内容分析

《航海金针》分三卷，共 35 页。卷一包括“推原、论气、论风、论飓风、观兆、审方和趋避”等部分，解释了风的成因，描述了中国东南沿海的飓风运动，提出了趋避海上飓风的航海方法；卷二内容包括“飓风图说、飓风分十六角图说和记事”等部分，以图示方式展示了北半球飓风的轨迹，以及海船在不同方位时船员应对飓风的不同方法；卷三主要为“地球总论、海上测船所在法、量天气法、量水程法、西洋罗盘图说、杂说”等内容，介绍航海测量方位、距离和天气的方法。下面通过比较《航海金针》和 Reid 原著的内容，分析其知识的来源，并对书中的飓风与避飓知识体系及相关航海知识做一介绍。

2.1 底本来源与对比分析

对于中译本与 Reid 原著的比对分析，除了英文序言有数人论及外，内容部分则较少涉及，目前仅见陈志杰[8] 文章中所对比。他指出“有大量的内容明显译自该书”，并以卷一趋避之首句“假如有船自南洋来广东，适遇天起飓风……”为例，对照 Reid 原著中相关段落，加以佐证。此外也认识到玛高温编译时未能比较严格地翻译原著，称“玛高温游走在科学普及和实用指南之间。译者的编译就是围绕着这个目的而去芜存精”，“译者删去了源文本中对叙事者的介绍，改变了源文本的叙事模式，不但使归化后的译文更加符合中国人的阅读习惯，而且以客观的口吻强化了‘知与行’的关系”。

尽管很难查找出《航海金针》与 Reid 之 *The progress of the development of the law of storms*（1849 年）一一对应的关系，但通过对照二者以及其他相关著作，也可大致地梳理出可能的来源。

第一卷推原，介绍风之属性，有自然神学之内容，应是玛高温自撰；

“论气”简述了空气具有质量、气压以及能流动等物理性质。Reid 书中并无对应描述，应有其他底本来源。

“论风”介绍风由热生成变化、因地球自转或山势阻隔而致风向在不同地方或不同季节发生改变。Reid 书中有一些表述，但更多是玛高温编译。

“论飓风”在 Reid 的书中有类似表述，但部分有差异。比如介绍飓风的风速，中文本“风之来，缓者一时约行六里，疾者一时约行一百二十里，疾甚者，一时约行三百里。惟飓风之来，旋转如轮，渐磨而前，其旋转如轮之势，一时约转六百余里，较大炮弹子为更速”[10]；而 Reid 书中第一章导论中关于风速的介绍为“每小时 43 英里至 3 英里之间变动”[12]，即在 138 里①与 10 里之间。风向在赤道南北的差异，中文本称“飓风之转，在赤道北，常自右向左。在赤道南，常自左向右”[10]；Reid 书中第十六章结论中称“赤道北，风在船左舷，赤道南，风在船右舷”[12]。飓风行进路线在南北半球之不同，中文本称“飓风之路，在赤道北，自东南往西北者居多，在赤道南，自东北往西南者居多，阔约两千余里，至狭者亦二百里”[10]；英文本中为“行进中的风暴路径有如摆线，其弯曲度将取决于风暴的速度。据已有发现，热带地区的风暴一般是自东向西运动的。当风暴向两极运动，到达北纬 25°和 30°，通常弧度向东，旋转方向相反，如图所示。南半球的风暴旋转有如线圈所示行进，而北半球的则相反”[12]，可见中文本中的表述主要依据图例而来，且飓风面阔之数据来源待考。另外，此节附有 3 幅图：第一图飓风之转，来自 Reid 书中第十六章结论第 412 页；第二图飓风之路（图 1），来自 Reid 书中第一章导论第 5 页（图 2）；中国东南海道并所知飓路图，由玛高温自绘。

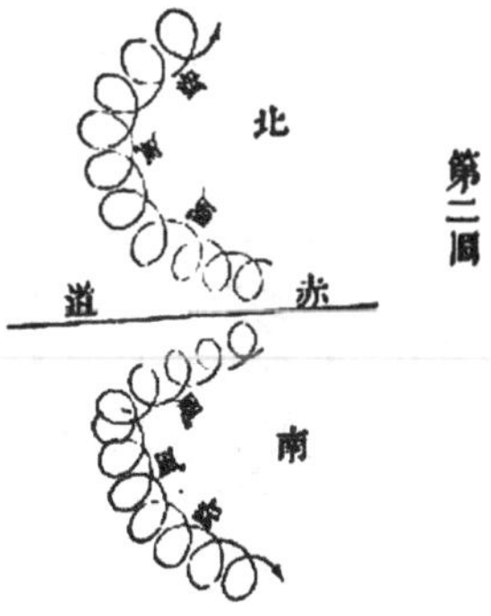

图 1《航海金针》第二图

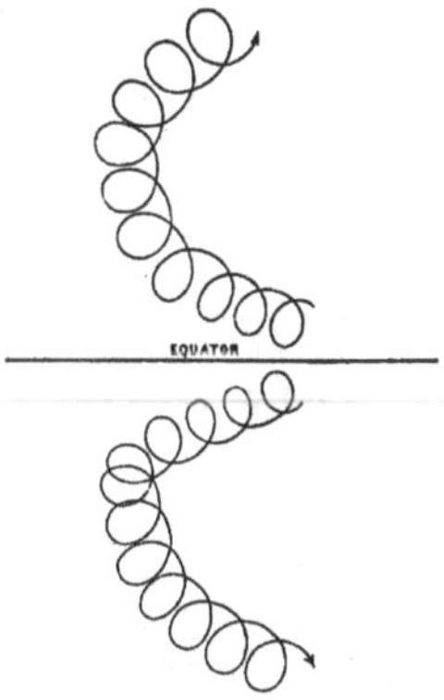

图 2 Reid 书中第一章导论旋转路径图

“观兆”介绍了飓风来临之前四面有巨浪之征兆，Reid 书中未见明显对应者，但中文本“又飓风旋转而来，前后左右，皆有巨浪。如第三图（图 3），行船者于未遇飓风之前一二日，或船中，或岸上，见有此浪，可知必有飓风”[10]，此第三图巨浪，来自 Reid 书中第四章风暴引起巨浪之方向第 36 页（图 4），而下有文本“当 1839 年的飓风发生时，我在百慕大，9 月 9 日上午清楚听到海浪急剧拍打南部海岸的声音，即风暴到达此岛屿的整整三天之前”[12]，可能是玛高温译文来源。

① 1 里＝500 米，下同。

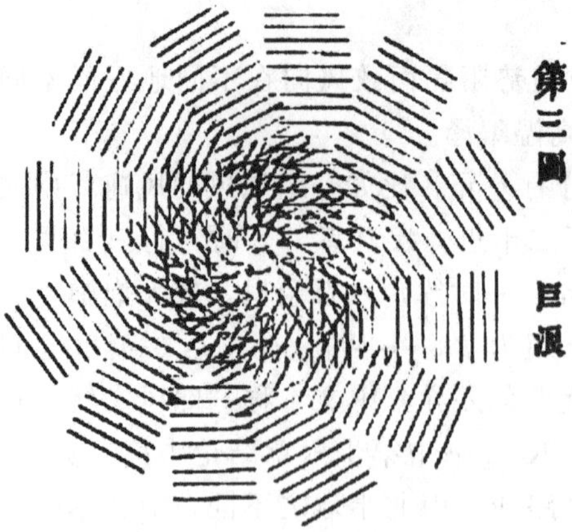

图 3 《航海金针》第三图

图 4　Reid 书中第四章巨浪方向图

“审方”介绍了如何根据船只与风相遇的方向而判断飓风中枢所在，应该是玛高温根据第一图所做的推论。

“趋避”以四则案例图文介绍如何在遭遇飓风时有效避免罹患，有比较明确的底本来源，文本翻译大致遵照原意。其中第四图（图 5）及文，“广东往南洋遇飓风”，来自 Reid 书中第八章中国海之台风第 174 页（图 6）；第五图（图 7）及文，“赤道北遇飓风趋避之法”，来自 Reid 书中第三章暴风中心趋避之法第 30 页（图 8）；第六图及文，“南洋遇飓风十三船趋避之法”，Reid 书中无，应该是改编自 Henry Piddington 之 *Conversations about hurricanes*（1852 年）中第七章风暴中行船法[13]；第十四图及文，“船当飓路之前趋避之法”，来自 Reid 书中第三章第 25 页。

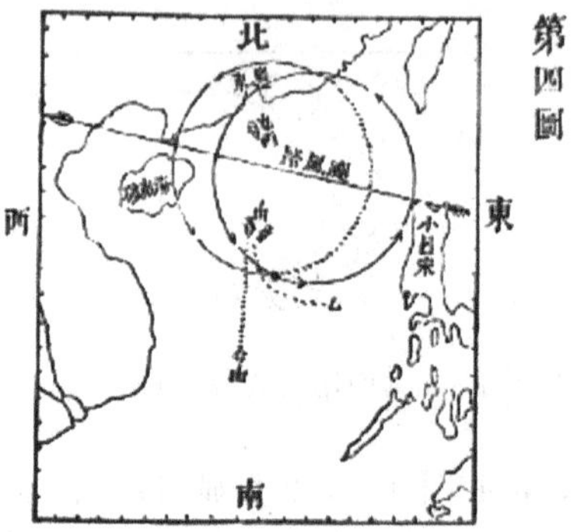

图 5 《航海金针》第四图

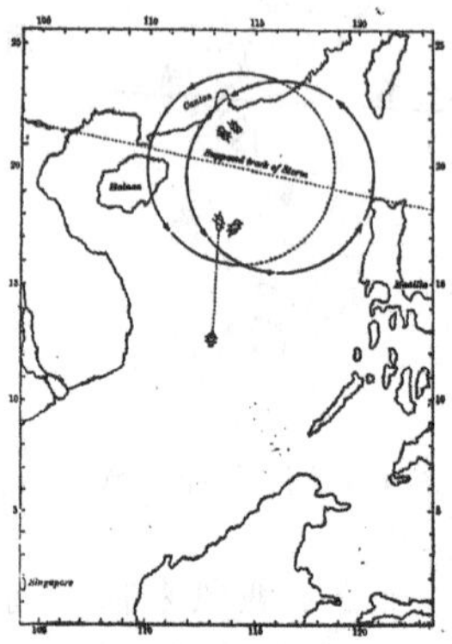

图 6　Reid 书中第八章第 174 页图

第二卷“飓风图说”，应是玛高温根据飓风图，以及中国东南海域飓风情况而做的推论。第七图飓风图（图 9），来自 Reid 书中第一章第 2 页与第 3 页之间夹页附图（图 10）。

“飓风分十六角图说”，附第八图飓风分十六角图，Reid 书中无，来源不明。但查阅 Henry Piddington 之 *Conversations about hurricanes*（1852 年）第八章证据中，有一幅十六角图[13]，但与《航海金针》之图差距明显；并且，此图采用八卦方位字排序，从北东南西看，为坎艮震巽离坤兑乾，方位混乱，风向从巽指向乾，大概是玛高温根据巽位指代风，又因“中国东南海上，飓风之路大都自东南往西北”，从而改编出来的。

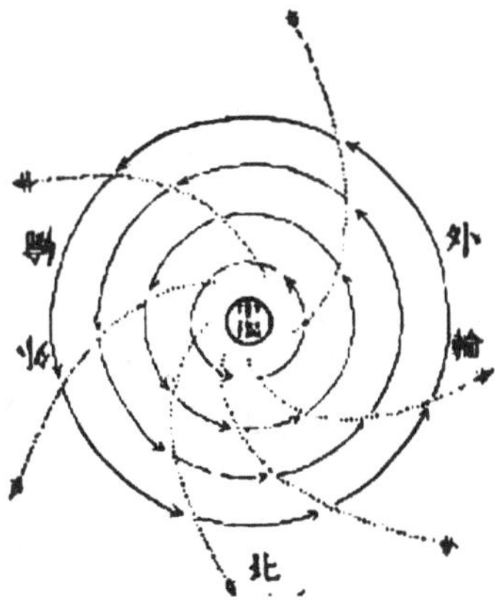

图 7 《航海金针》第五图

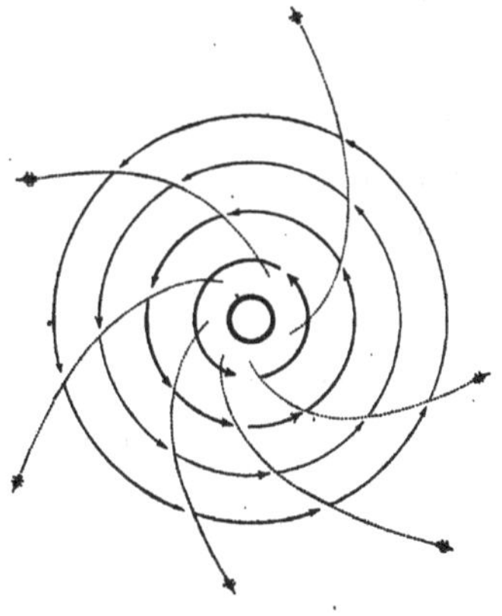

图 8 Reid 书中第三章第 30 页图

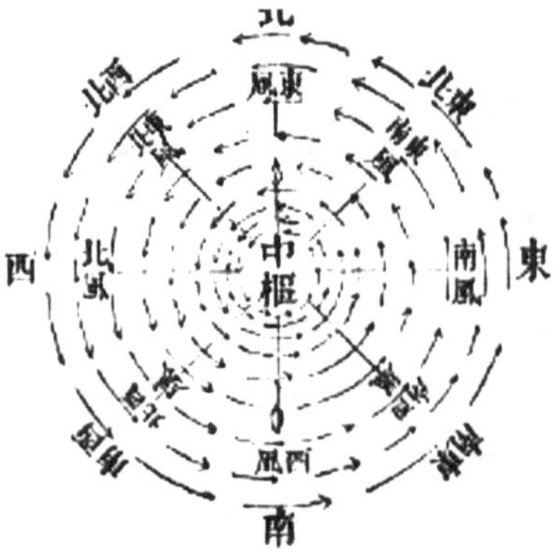

图 9 《航海金针》第五图

图 10 Reid 书中第一章附图

“戒词七条”，其中前五条为航海规则，涉及认识飓风中枢，以及在遇到飓风时如何驾驶；第六条则请求中国船员在中国北洋海域驾驶时，根据书中所介绍的技术加以记录，转交外国领事，以便完善中国海域的气象认识，因为西方海员对于台湾以北海域的航行记录很少；第七条则与宗教有涉。此节内容前五条可能另有来源，也可能是玛高温根据前述内容提炼而来，后二条为玛高温自撰。

“记事”，其中七则发生于中国东南海的飓风有比较明确的来源，见 Reid 书中第八章，但原著中多为航海日志或报告，有诸多时间、经纬度以及专用术语等，较难翻译，因此玛高温按照大意节译重组。一则发生于前七十年的英国百余船遇飓风罹难事，待考。其中第九图（图 11）至第十三图，分别来自 Reid 书中第八章第 179（图 12），184，186，193 和 200 页。

第三卷包括地球总论、海上测船所在法、量天气法、量水程法、西洋罗盘图说和杂说等。此卷内容及所附第十五图玉衡、第十六图量天气之器、第十七图量水程法、第十八图沙漏和第十九图西洋罗盘，在 Reid 书中均无明显对应者，但在其他著作中有类似的表述，因此来源待考。比如“量天气法”中介绍的晴雨表，William Reid 的另一本著作 *An Attempt to Develop the Law of Storms by Means of Facts* 于 1850 年出版的第三版中附有气压计的论文或许是其来源，但文本表述有所不同。此文题为“关于气压计（barometer，也译作晴雨表、量风雨表）和弯管流体压力计（sympiesometer）的通俗解释”，论述气压计的工作原理。然而，与《航海金针》相比，其中的数字却不同。比如此文称“水银比水重约 12 倍”[14]，而《航海金针》则是“如水银一物，较水重十四倍”。

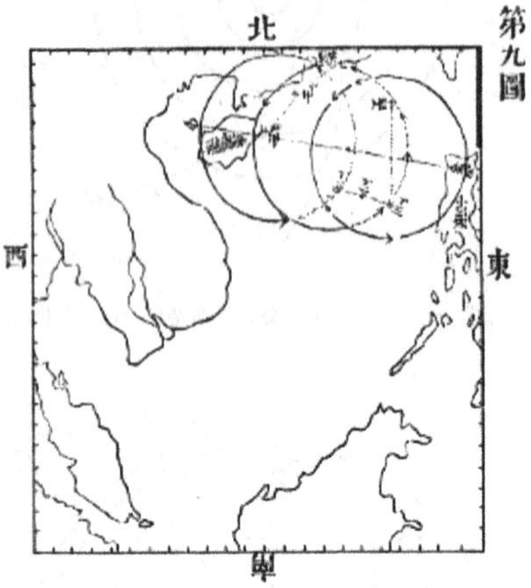

图 11　《航海金针》第九图

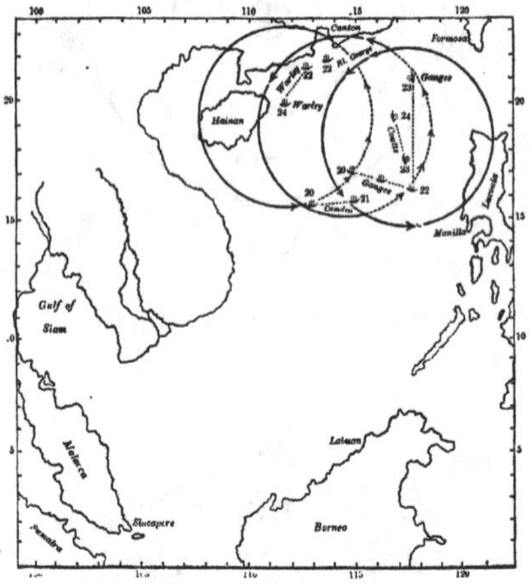

图 12　Reid 书中第八章 179 页附图

综上所述，底本除了 Reid 的书外，可能还有 Piddington 之著作，且约有一半的内容未能找到相似性的描述，应该是另有来源。玛高温更多地是根据原著中的片段，或只是援引原著的图例，再加上自己的理解与推论，重新编排而来。

需要指出的一点是，Reid 原著中对飓风（hurricane），台风（typhoon）的使用上有较明确的区别，其中把发生在南中国海、北太平洋西部的热带气旋表述为台风，而将生成于大西洋或北太平洋东部的热带气旋称为飓风。飓风和台风在本质上相似，玛高温在翻译时未做区别，统之于飓风。

2.2　飓风与航海避飓知识体系

此书的主要目的是介绍海员航海时遭遇飓风时的应对方法，但通过玛高温的编译，围绕航海避飓这一主题，形成了一个颇具逻辑性、较为完整的知识体系。

首先，在讨论飓风之前，玛高温先论述气的物理性质，比如通过竹管入水底部存气、以气发炮、抽气测重等试验，介绍了空气无形而有质，具有重量，气压随高度降低，具有流动性，因冷热而实浮之变化等。进而描述风之成因，即因空气受热而升腾，升高或向极地运动下流，如此循环，鼓荡成风。又因地球自东向西转，以致海上北方常有东北风，南方常有东南风，陆地上因地势各异而风向不同。

接下来介绍飓风各事。当疾风速度渐大至每小时 600 余里且发生旋转前行时为飓风，多发生于纬度 14°以上。飓风的气旋旋转方向，北半球常自右向左，南半球常自左向右。飓风的行进线路，北半球多自东南往西北，南半球多自东北往西南，范围达二百里至两千余里之间。因中国海员并无西方海航常用之晴雨表，因此接着介绍飓风来临之前的征兆，即之前一两天就有四面巨浪的现象。进而论述当确实遇到飓风时判断飓风中枢所在，即人或船头正对飓风，则飓风中枢在右，船应当向左驶离，以免其害。并以数则具体事例介绍如何趋避之法。并在接着的第二卷中更加详细地介绍如何识别飓风中枢，以十六角分图更加细致地论述遭遇不同风向时趋避之法，著录五条戒词以指航行，介绍 8 则西方海员遭遇飓风的实际案例并加以分析。

最后在第三卷中介绍与航海有关的地理常识，主要介绍地球的经纬度划分，以及中国主要地方的经纬度；海上测量经纬度、距离的方法；晴雨表原理、制法与用法；航海罗经制法用法；杂说则介绍潮汛涨落、五带划分、水具重量、山水物类等。

2.3　其他相关新知识的介绍

除了关于飓风的知识外，玛高温在第三卷中还介绍了数则与航海相关的新知识。比如在海上测船所在法，论述的是海上测量经纬度的方法。其中介绍海上测经度法，称：

假如于某处开船，其地为经线几度，取至准至正时辰标两具。先用一具，对日较合彼处时刻，安固在家内，为定准标。另一具，于船上逐日，对日晷较合，为较合标。全地球经度三百六十，一昼夜钟点二十有四，则是太阳每一点钟当过地十五度。若船行过十五度，则较合标比定准标必差一点，船过东十五度，则较合标必多一点，过西必少一点。由是细推，即十里五里可算而知。然若定准标有变，则所算经度不真，须看木星及月食时刻较准之，此另有法，兹不备及[10]。

实际是介绍利用天文钟测定海上经度法。自 18 世纪末期英国约翰·哈里森（John Harrison，1693—1776 年）和法国皮埃尔·勒·鲁瓦（Pierre Le Roy，1717—1785 年）先后发明天文钟，有效地解决了海上测经度法。但由于天文钟较为昂贵，在 19 世纪中叶后才在航海上普遍使用[15]。至于书中假设通过天文钟不能准确测算时，用“木星及月食时刻较准”之法，则是指伽利略（Galileo Galilei，1564—1642 年）的木卫法测经度，实际上并不适用于海上测距。

至于海上测纬度，书中称：

船在大洋，欲测纬度，须用玉衡，如第十五图（图 13）。甲是一小镜，乙是其柄，丙是一象限九十度分秒，丁亦是小镜，戊是窥管。用法，于正午时，面南，以甲镜对日，则日影入甲镜，自甲镜返照入丁镜，人从戊管窥丁镜之日影，复移动乙柄，至丁镜内日影及地平面而止，视乙柄下对丙限几何度分，加此时太阳离赤道几何度分，变知船在经度几何[10]。

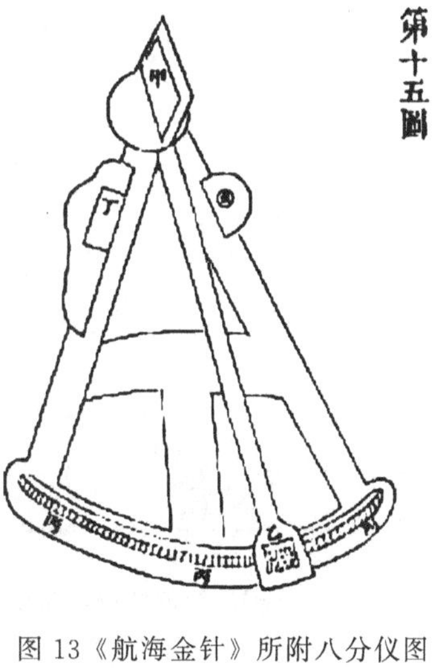

图 13《航海金针》所附八分仪图

这里的玉衡实际上介绍的是一台哈德利式八分仪(Octant)，它的扇形框架为八分之一圆周。在 19 世纪中叶时，西方航海时多用由八分仪或由其改进而来的更精确的六分仪（Sextant），即弧度刻为六分之一圆弧，观测范围扩大到 120°。这是所见较早的关于利用天文钟和八分仪在海上测量经纬度的介绍。此前中国科学家丁拱辰、郑复光和邹伯奇研究和介绍过八分仪的结构原理和使用方法[16]。

其后至 1859 年，《谈天》卷三测量中图文结合地介绍了一种纪限仪，用于海上测距或测高。查阅《谈天》底本可知，所称纪限仪实际是六分仪。

又有纪限仪，用以测二物之距度，或测一物之高度，如图，甲乙为全圆之六十度分，为一百二十等分，丙乙半径上有镜，半回光，半透光，正交仪面而与甲丙半径平行，丙戊为活半径，可移动，其末有佛逆，戊可细测度分，其端有回光镜，丙亦正交仪面而与本半径平行[17]。

在量天气法中，此书主要介绍了晴雨表的原理、制法与用法。比如“造量天气之器，用一玻璃筒，细如笔竿，长约三尺，用水银实其中，以指按其筒口，倒放在水银盃内，则筒中水银必低几寸，盖水银为外气所逼而上者，不过二尺四寸，则三尺玻璃筒，上有几寸空矣。空处无气，人观空处水银之高低，即可验气之轻重”[9,卷三,4b-5a]。“此器，西洋船皆用之，观之能知飓风之来。盖飓风为气所激而成，飓风远，水银必高，飓风近，水银必低，以此度彼，固无少差之理也”[10]。

再如西洋罗盘一则，书中称：

其制，外用一木盒，形方，内以线悬圆铜盘一面，如甲，使木盒在船上，虽有剞侧，而铜盘常平，盘中直竖一细铁柱，头锐如针，上顶一条横针，即指北之针，针上负一图如乙，其图随指南针为转移[10]。

实则是一种带有常平装置的指南针，是陀螺罗经发明前西方航海家或工匠的创造。我们知道，中国是指南针和陀螺仪的发明国，然而并未见将两者结合起来用于航海的记录。而西方也是在 19 世纪中叶才有类似陀螺罗经的装置，至 20 世纪初期才得以发明出实用。

正是由于天文钟、晴雨表、象限仪或六分仪等测量工具的发明，海上测量经纬度这一问题得以解决，从而促进了航海的发展，以及天文学星表编制、地理坐标测量等方面。

3 总结与评述

综上所述，《航海金针》尽管依据 Reid 和 Piddington 等人的著作，但更多地是玛高温基于原本的相关知识，按照自己的理解而编译，反而更具体系。尤其值得注意的是，玛高温因此书主要以中国东南海道立论，为了更好地方便读者理解并运用书中介绍的飓风各事，由此特意绘制了一幅中国东南海道并所知飓路图（图 14）。其制法原则为“经度自北京起数，注于上下两头，纬度自赤道起数，注于左右两边，亦不过就海边推算，而非论中华全国也”[10]。此图为书中重要的参照物。

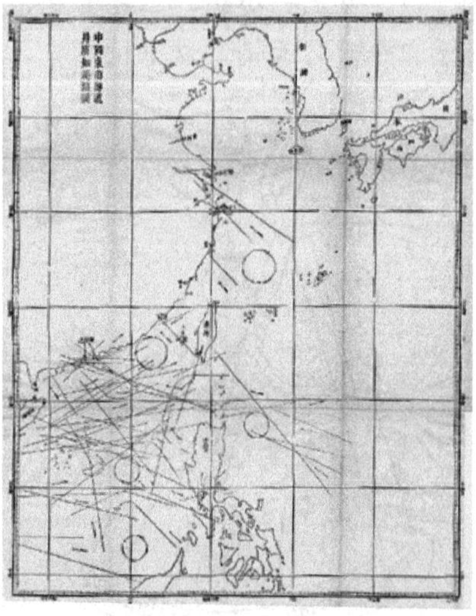

图 14　玛高温所绘的“中国东南海道并所知飓路图”

此图可能参照了 Reid 书中的图，但幅员更广。Reid 书中附有多幅关于中国海之飓风的图，标有经纬线，纬度线按赤道起算，经度是采用伦敦格林尼治天文台的子午线作为起点的。各图经纬度数不一，纬度范围为 0°至北纬 25°余，经度范围为东经 99°至 127°。然而《航海金针》中，并未标注这些经纬度，而是附有玛高温所绘中国东南海道图，纬度同按赤道起算，范围为北纬 9°至北纬 40°，而经度则以大清京师为中线起算，范围为偏西 7°至偏东 20°，大约相当于东经 108°至 135°。当然，玛高温将北京作为经度的起算点，除了可能的迎合中国人的想法外，从法理上讲并无不妥。因为我们知道，直到 1884 年国际本初子午线大会上，国际上才正式将格林尼治天文台的子午线定位经度起点，而此前并无定规。

《航海金针》在晚清的传播与影响较小，除了学者已指出王韬赞赏此书“讲风力备矣，此论气行舟者所不废也”外[18]，尚发现一条中文记载。《遐迩贯珍》中介绍此书之编译，称“居士于宁波府译出《航海金针》一书，而包公使之少君为之捐资镌刻，篇内细叙飓风来路，及考验趋避之法，绘图拈说，备极详明，诚为涉洋者之宝鉴也”[19]。此序又发表在《美国东方学会杂志》上，并加了按语[20]。相较而言，正如八耳俊文等学者指出，此书反倒是在日本更受重视。究其原因，除了宗教因素的可能影响外，更根本的其实是清政府官民学者对于海洋意识的缺乏而致学习动机的缺失，当然这需要进一步的讨论。同时，此书的知识来源尚有许多待考之处，有待新史料的发现。

参 考 文 献

[1] 王扬宗. 晚清科学译著杂考. 中国科技史料，1994，(4)：32-40.

[2] 王冰. 近代早期中国和日本之间的物理学交流. 自然科学史研究，1996，15 (3)：227-233.

[3] WYLIE A. Memorials of Protestant Missionaries to the Chinese. Shanghae：American Presbyterian Mission Press，1867：132-134.

[4] 邹振环. 晚清西方地理学在中国. 上海古籍出版社，2000：373.

[5] 李传斌. 基督教在华医疗事业与近代中国社会（1835—1937）. 苏州：苏州大学，2001.

[6] 谢振声. 近代宁波传教第一人——玛高温. 中共宁波市委党校学报，2010 (2)：123-127.

[7] YATSUMIMI T. The Law of Storms in Chinese（航海金针，1853），an American Medical Missionary Work on Meteorology，and Its Spread to Tokugawa Japan. 第五届东亚科技典籍国际研讨会，清华大学，2011.

[8] 陈志杰. 中西文化碰撞“风暴”中的《航海金针》——国内首部气象防灾减灾科技译著. 中国科技翻译，2013，26 (2)：59-62.

[9] 张璇. 民国时期中国气象学会会员群体研究（1924—1949）. 南京：南京信息工程大学，2015.

[10] 玛高温. 航海金针. 宁波：爱华堂藏板，1853（咸丰三年）.

[11] OLMSTED D. Address on the Scientific Life and Labors of William C. Redfield. New Haven，1857.

[12] REID W. The Progress of the Development of the Law of Storms. London：John Weale，1849：171-204.

[13] PIDDINGTON H. Conversations about Hurricanes. London：Smith，Elder & Co.，1852：74-76.

[14] REID W. An Attempt to Develop the Law of Storms by Means of Facts. London：John Weale，1850：521.

[15] 冯兴耿. 关于海上经度测定技术的发展. 大连海运学院学报，1986，12 (3)：107-115.

[16] 王森. 中国早期对西方双反射八分仪的介绍和研究. 中国科技史料，2000，21 (4)：340-347.

[17] 侯失勒. 谈天卷三测量. 伟烈亚力，李善兰，译. 江南制造局，1874：18a-b.

[18] 王韬. 瓮牖余谈：卷五. 上海：申报馆本，1875（光绪元年）.

[19] 今日杂报. 遐迩贯珍译. 香港英华书院，一千八百五十四年第六号，6b.

[20] MACGOWAN D J. The Law of Storms in Chinese. Journal of the American Oriental Society，1854，4：456-457.

我国先民对晕、虹和蜃的气象认知及其文化影响

Halo, Rainbow and Mirage: Weather Cognitive and Cultural Influence in Old China

罗见今

（内蒙古师范大学科技史研究院，呼和浩特 010022）

摘要：《淮南子》"羿射十日"、《诗经·鄘风》"蝃蝀在东"和《史记》"海旁蜄气象楼台"是我国先民和先哲对日晕、虹霓和蜃景的最早记录，反映出他们对大气折射现象的早期认知，在世界气象史中占有重要地位。依据古代文化史和文字学，从科学史的角度分析上述文献，叙述"羿所射十日即幻日"是何丙郁先生早年的发现；讨论"蝃蝀在东，莫之敢指"和"白虹贯日"的气象学含义和古人的畏惧心理。研究指出，司马迁不仅最早提出了"气象"一词，也提出了古代气象的基本理论。对这些历史记录做深入的科学分析，不仅对气象学史，而且对古代文化的研究都具有重要意义。

关键词：中国气象史，日晕，虹霓，蜃景，大气折射，古代文化史

0　引言

气象和气候是影响人类生活、生产和社会发展的永恒课题，过去、今天和未来的气候变化不仅关系到每个人的身体健康、家庭幸福，而且对工农业的存在形态和现代国家的经济发展战略产生决定性的影响。现今的科学已揭示了人类的经济活动对气候变化的负作用，认识到世界产生的大量气候问题许多都来源于当代以及近百年、上千年的历史积累，如何改变愈演愈烈的气候灾难成为紧迫的世界课题；同时，为了形成可持续发展的社会，必须构建崭新的、全人类共同的气象文明。于是，气象科学技术史的研究便被列入议事日程，我国悠久的"人与天调"的哲学思考和气象认知也引起越来越多的重视，在新的世纪里，必将成为促进环境保护和可持续发展的思想动力。

从史前时期开始，我国先民对气象、气候、物候和时令等有大量的观察、记录和感受，对预测气候变化和适应环境、保护气候积累了丰富的经验，对恶劣的气候引起的自然灾害创造出许多应对的策略和方法，所有这些，都是科学思想史、气象科技史和文化史的珍贵遗产，形成了内容丰富的中华气象文化。

天空中因大气折射而形成的日晕、虹霓和海市蜃楼等，远古先民常用幻想中的怪物来解释；即令到现代，其成因也并非易于明了，至今在民众中看到这些气象现象还会产生疑惑，需要对具体问题做较全面、透彻的分析。本文列举晕、虹和蜃的历史资料，就科技史关心的问题讨论如下。

作者简介：罗见今，内蒙古师范大学科技史研究院教授，博士生导师。研究方向为科学技术史和数学史。

1 史前传说“羿射十日”的气象史意义

1.1 史料来源

《山海经·海内经》[1] 记载：

“帝俊赐弈彤弓素矰，以扶下国。弈是始去恤下地之百艰。”

意思是：东方殷民所奉祀的帝俊（或称帝喾）把红色的弓和白色的箭赏赐给后弈，让他去扶助下方的百姓。于是后羿便从天上来到人间，帮助人们排忧解难。

《淮南子·本经训》[2] 记载：

“逮至尧之时，十日并出，焦禾稼，杀草木，而民无所食。猰貐（yā yú）①、凿齿②、九婴③、大风④、封豨（xī）⑤、脩蛇⑥皆为民害。尧乃使弈诛凿齿于畴华之野，杀九婴于凶水之上，缴大风于青邱之泽⑦；上射十日而下杀猰貐，断脩蛇于洞庭，擒封豨于桑林⑧。万民皆喜，置尧以为天子。”

意思是：到了尧的时候，天上同时出现十个太阳，把庄稼都烤焦了，草木都被杀死了，庶民没有食物可吃。食人兽、长牙怪、九头妖、大鹏鸟、大野猪、长蟒蛇都祸害百姓。于是尧便让后羿在南方的畴华之野诛灭长牙怪，在北方的凶水杀死九头妖，在东方的青邱之泽捕获大鹏鸟；把天上的十个太阳射下来，把地上的食人兽杀死，在洞庭湖把长蟒蛇斩断，在桑林活捉了大野猪。万民都非常高兴，便拥戴尧做他们的天子。

这段记载脍炙人口，详述尧时华夏先祖在中原大地上清除各种妖魔鬼怪和凶恶的飞禽走兽的英雄事迹。记录具体而确切，纵有神话成分，也曲折反映了当时开辟草莱、艰苦创业的历史事实。在民间口口相传，百姓把这些功劳归于来自天界的英雄后羿，认为所有这些都出自伟大的天帝保佑他的子民。

这里出现了“尧之时，十日并出，焦禾稼，杀草木”和后羿“上射十日”的著名典故。首先人们要问：“十日并出”是什么天象？是可能的吗？

1.2 幻日是什么

“十日并出”是古人对所观察到的日晕现象的夸张描述，即“假日（幻日）”的最早记录。人们经常能够看到的，是“三日并出”，四、五日并出的机会很少。

日晕（yùn）是日光通过云层中的冰晶时，经折射而形成的光现象。围着太阳成光环，带有色彩，排序是内红外紫。称这七色彩环为日晕（或月晕）。晕常称为“风圈”，民谚中有“日晕而风，础润而雨”之说。

由于日晕出现的气象条件不尽一致，阳光经折射的结果也有差别，出现有22°晕、46°晕、内晕珥、日柱、幻日或反假日等景象，有时还会看到环天顶弧，所谓“三日并出，彩

---

① 猰貐：在古人心目中是一种丑恶可怖的食人猛兽，走得很快。

② 凿齿：猛兽名，齿长三尺，其状如凿，暴露于下巴外。凿齿尚能操持戈盾。

③ 九婴：可能是长有九个头的水火之怪。

④ 大风：按甲骨文，“风”即“凤”，大风指大鹏或鸷类猛禽，它飞过时伴有大风，故奉为风神“风伯”。

⑤ 封豨：特大野猪。

⑥ 脩蛇：长大的蟒蛇。据《山海经》，脩蛇能吞食大象，三年后吐出骨头。

⑦ 畴华之野：南方有水泽的原野。凶水：北狄之地的凶险河水。青邱之泽：东方的沼泽。

⑧ 桑林：商时汤曾在桑林祈雨，可能位于中原地带。

虹倒映”，即彩虹倒挂在天上，且颜色排序与正常的彩虹相反。

现在人们知道，天空高度在6～7千米的半透明或羽毛状薄云，由六角棱柱状冰晶构成，它们有时候会整齐地垂直排列在空中。当太阳光照射到上面，就会发生折射现象，形成幻日。这是一种大气光学现象，可以看作是大自然的杰作，但不是天文现象，更与各种神灵无关。“焦禾稼，杀草木”是一种夸张说法，但反映出曾经出现过严重旱灾。

根据车冷柏先生在《什么是幻日现象?》一文的介绍，我国各地出现幻日虽不是十分普遍，但并非罕见①。作者于20世纪70年代在内蒙古农村高中教数学，遇到过假日现象，在当地农民中流传的说法是“天上出了连环套（即三日并出），地面上人头落”，引起恐慌。当年，落后地区宣传教育跟不上，作者和物理教师一同在课堂上宣讲假日形成的原因。当时力图绘出六面冰晶棱柱折射阳光的光路图，由于资料欠缺，没有成功，心想要彻底搞清楚它的原因并不简单。所以认识到进行气象科学普及、讲清楚光折射的科学道理是一项现实的需要。

1.3 何丙郁先生的发现

据作者所知，最早将“羿射十日”解读为古代出现“假日”的记录之学者，是中国著名科技史专家、华裔澳大利亚人何丙郁先生（Ho Peng-Yoke，1928—2014年，图1），他曾任英国剑桥大学李约瑟研究所所长，台湾“中央研究院”院士。20世纪50年代，他跟随李约瑟先生（J. T. M. Needham，1900—1995年，图1）研究中国科技史，成为李约瑟主持的《中国的科学与文明》巨著的重要研究成员和写作者之一。何丙郁先生发现，《淮南子》记载相传尧时“羿射十日”，事实上就是上古中国关于“假日”的记述。对于这一发现，李约瑟先生给予了高度评价。

图1 查德威克、李约瑟和何丙郁（从左至右）

英国物理学家查德威克（James Chadwick，1891—1974年，图1）因1932年发现中子于1935年获诺贝尔奖。在一次聚会中，李约瑟对何丙郁说，我带你去见那位中子的发现者。何丙郁是学物理的，对于能见到这样的大家有点紧张。于是两人便来到查德威克先生座位前，李约瑟恭敬地向他介绍何，说：“这位是五千年前假日（parhelion）现象中国记录的发现者”，这使得何丙郁变得自然起来，老先生关心地询问情况，三人讨论早期人

① 2001年3月27日北京，2003年1月22日新疆塔城，2005年12月24日淮北，2006年01月09日内蒙古阿尔山，2008年3月1日辽宁锦州，2008年7月14日吉林长春，2008年12月22日江苏靖江，2010年4月7日安徽合肥，2010年7月14日重庆均出现过幻日现象。此外据网上记录，还有2010年7月26日四川乐山，2012年7月5日浙江嘉兴，2012年12月10日上海，2013年11月1日赤峰、围场满族蒙古族自治县和承德的部分地区上空出现“四个太阳”，个别位置可看见“五个太阳”，均为“幻日”现象。

类对“假日”等自然现象的认识和在中英两种文化中的反映。谈到后来，两人原来都毕业于曼彻斯特大学，何有一位老师是查的同学①。

这件事清楚表明，“羿射十日”的传说早已产生了广泛影响，解读为“假日”引起国际上著名科学家、科学史家的重视。由于何先生熟悉中国古代文献，能够从几何光学中认识“假日”的真实意义，因此，他的解读是史前中国气象科技史的一个重要发现，我们必须给予充分评价。

车冷柏先生在《什么是幻日现象?》中写道[3]：“关于幻日，我国早有记载，《淮南子》上说：‘尧时十日并出，草木皆枯，尧命后羿仰射十日其九。’② ”这说明车先生也将射日与幻日联系起来，有此独立创见，是一件很有价值的判断，当然需要做进一步论述。

2 《诗经·鄘风·蝃蝀》对虹霓的记述

2.1 《诗经·鄘风·蝃蝀》[4] 原诗表达的意义

蝃蝀在东，莫之敢指。女子有行，远父母兄弟。
朝隮于西，崇朝其雨。女子有行，远兄弟父母。
乃如之人也，怀婚姻也。大无信也，不知命也！

参考译文如下：

一条彩虹出东方，没人胆敢将它指。一个女子出嫁了，远离父母和兄弟。

朝虹出现在西方，整早都是濛濛雨。一个女子出嫁了，远离兄弟和父母。

这样恶的女子啊，破坏婚姻礼仪啊！太没贞信太无理啊！父母之命不知依啊！

“蝃蝀”（dì dòng）也写作“螮蝀”，《毛传》载“虹也”，即虹的别称；《周礼·春官》载“九曰隮”，郑玄注“虹也”，隮（jī）也是虹，古人心目中皆为不祥怪兽。诗中前两句是起兴。彩虹，又称美人虹，外观美丽，其实古时认为是食人双头兽，古人引在诗前有忌惮之意。《后汉书·杨赐传》唐李贤注引《韩诗序》云：“《蝃蝀》，刺奔女也。”历史上许多注家认为这是一首讽刺女子私奔的诗，目的是要规范当时的礼仪制度，所以带有警告的意义[5]。

“女子有行，远父母兄弟”即出嫁远行，本常见。但与前两句起兴中晚虹联系起来，却不吉祥，因“蝃蝀在东”已昭示出这是恶劣的情事。有人认为“将淫邪的美人虹来象征这个出嫁的女子”。

清代陈启源说：“蝃蝀在东，暮虹也。朝隮于西，朝虹也。暮虹截雨，朝虹行雨。”（《毛诗稽古编》，1697 年）说明诗中清楚认识到虹无论出现在东方或西方，都与太阳处在相对的方位。但能否下雨，似乎同这个女子行为好坏无关；“朝隮于西，崇朝其雨”之句也不是诗人表示在西能下雨的朝虹就比在东的暮虹好。

有学者认为[6]：“《蝃蝀》这首诗歌是在告诫热恋中的子女要谨慎，洁身自好。……晚虹出现在东方时，莫指望天会下雨。朝虹出现在西方时，不久就会下雨。这是三千年前商周时代积累起来的看天经验，被反映到了《诗经》中。这条经验至今还流传民间，叫‘东

---

① 这个故事是何丙郁先生于 1986 年在悉尼大学召开第 4 届中国科学史国际会议时亲口告诉作者的，当时他是一种调侃的口吻，但作者明白此事的重要性。迄今尚未在何先生的文献中查到有关文字。

② 参考文献 [3] 引文与《淮南子》原文有出入，可能是不同版本所致。

虹日头西虹雨’。”

这个说法轻松摆脱了历史上对该女私奔的批评，但没有解释朝虹、晚虹在该诗起兴中的作用，特别须解释晚虹“莫之敢指”的问题。晚虹无雨、朝虹多雨是“商周时代积累起来的看天经验”，这与该女“要谨慎”关系不大，不过是陈启源“暮虹截雨，朝虹行雨”的另一种说法。何况晚虹也并非一定无雨。上述情况如能充分理解该诗中虹的作用，解释就会更确切。

2.2　虹、蝃蝀的字义

为什么“虹霓（蜺）”“蝃蝀”和“蜃”等都带有虫字旁？

在上古传说里，虹是一种蛇状怪兽，首尾两端都长开大口（也说它是双头），常在瀑布处饮水，若遇见男子便会变成女性诱而食之。《梦溪笔谈·异事》也说：“世传虹能入溪涧饮水。”由于天空中出现的彩虹都有一定宽度，所以把它想象为两头怪兽，归为“虫”类（比较：虎亦称“大虫”），故虹霓（蜺）、蝃蝀这些气象现象都带有虫字旁，是按照古人当时观念的分类。

当在物理学里看到“虹吸现象”时，若联想起双口怪兽，就会明白：虹吸管正是两端开口。因此“虹吸”与天上的“虹霓”并无关系。其实，汉语里有“天地虹洞”，指天地相连。而“虫洞”来源于英语 wormhole，也与虹无关。

为什么“蝃蝀在东，莫之敢指”？“蝃蝀在东”古人以为是凶兆，所以“莫人敢指”。有注《诗经》的学者说：“古人以为虹的产生是由于阴阳不和、婚姻错乱，因而将它视作淫邪之气，如刘熙云：‘淫风流行，男美于女，女美于男，互相奔随之时，则此气盛’（《释名》）。彩虹在东边出现，自然是一件令人忌讳的事，所以大家都‘莫之敢指’。”可备一说。但还存在疑问：当“朝隮于西”时，同样是虹，为什么不说“莫之敢指”了呢？“蝃蝀在东”一定还有其他令人畏惧的原因。

2.3　什么是“白虹贯日”？

中国古人非常注重观察太阳和太阳周边的云、气变化，一个不可忽视的原因是，他们认为天象昭示与皇权有关的重大人间事件。《史记·天官书》[7] 说：“王朔所候，决于日旁。日旁云气，人主象。皆如其形以占。”《汉书·天文志》也有同样记载，君主还要根据云、气的形状占卜吉凶休咎。

战国时出现了一个神秘的成语“白虹贯日”，它究竟是什么？《战国策·魏策四》记载：“聂政之刺韩傀（guī）也，白虹贯日。”韩国大臣严遂与相国韩傀有仇，他便到齐国，雇了一个屠狗为业的聂政作为杀手。聂政待母亲一去世，就仗剑独闯戒备森严的韩府刺杀了韩傀，然后毁容自杀。传说当时天显“白虹贯日”之象，被认为是昭示人间出现了凶险的事物。

《史记·鲁仲连邹阳列传》：“昔者荆轲慕燕丹之义，白虹贯日，太子畏之。”公元前227年，荆轲带着燕国督亢（gāng）地区的地图和樊於（wū）期首级，前往秦国刺杀秦王嬴政。荆轲来到咸阳宫受到秦王召见，敬献地图，图穷匕见，刺秦王不中，被杀死，这是一尽人皆知的历史事件。当时出现“白虹贯日”的天象，燕太子丹尚未得知行刺结果就从天象中看出谋杀失败，感到非常恐惧。

《战国策·魏策四》还说：“专诸之刺王僚也，彗星袭月；聂政之刺韩傀也，白虹贯日；要离之刺庆忌也，苍鹰击于殿上。”真有其事，还是渲染气氛？

那么，从气象学来看，何谓“白虹贯日”？当时天上究竟出现了什么景象？

《辞海》[8] 解释：“谓白色的长虹穿日而过，古人认为人间有不平凡的行动，就会引起这种天象的变化，其实不是虹，而是晕。”作者认为，这种解释并未到位，还需要具体说明。司马迁引用的是战国成语，要说他们都认为“白虹”实际指的是“晕”，需要从大量文献中举出例证；如果说虹与日处于相对两方，虹不能穿日，即假定穿日而过的是“幻日环”，就认为是“晕”，这是一种现代的解释，至于古人是否这样想则需要有证据，证明古人虹晕不分。

但无论如何，古人对于傍晚出现在东方的晚虹“蝃蝀在东，莫之敢指”、或对日晕的敬畏心理持续了许多世代，“白虹贯日”在重大历史事件中出现，说明这种气象现象受到古人高度重视，到现在，还没有一种合理的解释说明这些气象现象引起的心理反应。

2.4 虹霓及其成因

自古以来，人们在观察虹的同时也努力认识虹的起因。北宋沈括在《梦溪笔谈》[9] 卷二十一“异事”中，曾记叙他在熙宁年间（公元1073年前后）到北方永安山下，有一次“新雨霁”时观察到落到涧中的彩虹：“自西望东则见，盖夕虹也。立涧之东西望则为日所铄，都无所睹。”对于虹的成因，他引用孙彦先的话说：“虹，雨中日影也。日照雨，即有之。”这些观察和判断都是正确的。

虹霓是在日出、日没、雨后和瀑前天空所现七色圆弧的大气光现象，其方向恒与太阳相对，朝现于西，晚现于东。其形成的原因是：日光以一定角度照射在空中浮游的水滴上，经折射、分光、一次（霓）或两次（虹）内反射、再折射时，各种颜色的光发生偏离，在空中现出红橙黄绿青蓝紫七色。虹霓常有内外二环，成二同心圆，因一部分在地平线下，所见者在地平线上。内环曰虹（或正虹、雄虹），光强色浓，红在外、紫在内，按太阳光谱排列；外环曰霓（或副虹、雌虹、雌霓），光弱色浅，紫在外、红在内，与太阳光谱排列相反。两者可统称为虹。

3 《史记·天官书》“海旁蜄气象楼台”的意义

3.1 原始文献和翻译

司马迁在《史记》[10] 卷二十七《天官书》第五中有一段论述：

故北夷之气如群畜穹闾，南夷之气类舟船幡旗。大水处，败军场，破国之虚，下有积钱，金宝之上，皆有气，不可不察。海旁蜄气象楼台；广野气成宫阙然。云气各象其山川、人民所聚积。

“穹闾”即穹庐，毡帐。这段引文大意是：

北方夷民居住地方所生之“气”，形成的“象”就如成群的牲畜和毡帐；南方夷民居住的地方所生之“气”，形成的“象”就类似舟船和桅杆上飘扬的旌旗。在大范围水面上，损兵折将的旧战场，被灭亡国家的废墟上，下面埋藏着成堆金钱、宝物之上，都有“气”生成，不可不认真地观察（所形成的各自的“象”）。在海边上，看到了“蜃气”形成的“象”，就如亭台楼阁；在广阔的原野上，看到了由“气”形成的嵯峨宫阙。在空中的各种“气”都各自形成“象”，从所由来的山川和各自人民聚集的“气”而形成。

“蜄”即“蜃（shèn）”，神话传说的一种海怪，形似大牡蛎，如蜃蛤（大蛤和蛤蜊）或传说中的蛟属。蜃所吐之气，变幻成蜃楼蜃阁；海面风平浪静时出现在远方的幻像，如司马迁所说，会现出楼台、宫阙或山川之象，叫做蜃市或海市。

后世诗人将蜃景与幻影联系起来，塑造出神岛瀛州、蓬莱和方丈，恍如仙境，但永难达到。唐代大诗人李白《梦游天姥吟留别》“海客谈瀛洲，烟涛微茫信难求”，实际上讲的就是海市蜃楼。

3.2 司马迁提出最早的“气象”理论

在上述《史记·天官书》的引文中，司马迁首先将“气象”二字连用，并对相关知识奠定了“物各有气，气必成象”的理论基础。

这里的“气”是中国哲学史、科学思想史上的重要概念，带有物质性，王充：“天地合气，万物自生”（《论衡·自然篇》）。天气、阴气、阳气、元气（天气，《后汉·明帝纪》）、五气（雨旸燠寒风，《尚书·洪范》；五方之气，《史记·五帝纪》）、六气（阴阳风雨晦明，《左传·昭元年》）、节气、气候等充满了史书记载。

这里的“象”兼有现象、象征的意义。《易·系辞》说：“易者象也，象者像也。”又说：“天垂象，圣人则之。庖牺氏之王天下，仰则观象于天，俯则观法于地。”在天象气象不分的时代，“观象于天”也包括观察气象现象，即《天官书》在此所说的“象”要更宽泛，包括空中出现的有象征意义的兆象。

司马迁的理论，用今天的话来表述，就是性质各异的物体，或南或北，久聚一处，就能向外释放出独有的“气”，在大气中显现出各自的“象”。凡物皆有气、有气必成象，把“气象”连用，表明司马迁清楚定义了两者的因果关系：先有气，后有象，象由气生，气必生象；所有的这类“气象”，都必然存在于天地之间。

他在论述南北地气之不同后提出“海旁蜃气象楼台”，这不仅是中国气象史上对海市蜃楼的首次记载，而且是历史上首次将“气象”两字连用，与今义相近，其学术价值是，给今天的气象学，提供了一个重要的汉语科学名词。

3.3 蜃景及其成因

海市蜃楼出现的条件：在平静的江、湖、海面、雪原、沙漠或戈壁等地，气温较高，造成上下层空气的温差、密度差较大，折射率发生变化。蜃景是由光线在上下密度不同的气层中经过折射造成的。据蜃景出现的位置相对于原物的方位，可分为上蜃、下蜃和侧蜃；据它与原物的对称关系，可分为正蜃、侧蜃、顺蜃和反蜃；还可分为彩色和非彩色蜃景。常见的有上蜃和下蜃。

“上现蜃影”的形成：夏天傍晚海面平静，空气温度高，贴海面气层温低、密度大，上层气温高、密度小。远处景物的光线从光密介质进入光疏介质，会向上折射。入射角增大，发生全反射；其光线进入人眼时，人们看到远方的景物悬在空中，此即“上蜃”。人眼总以为光线直进，看到上面的虚像，即海市蜃楼。

“下现蜃影”的形成：夏天正午沙漠地面炙热，下层气温高、密度小，上层气温低、密度大。从高远处的光线射来，所经气层由密而疏，不断折射，折射角与入射角渐增，大到等于临界角时发生全反射，这时，人要是逆着反射光线看去，好似远处物体的倒影，或看到出现了一片蔚蓝发光、晃动不止的湖面，这就是“下蜃”，即沙漠蜃影。

参 考 文 献

[1] 佚名.山海经.海内经//北京大学中国文学史教研室.先秦文学史参考资料.北京：中华书局，1963：4.

[2] 刘安. 淮南子・本经训//北京大学中国文学史教研室. 先秦文学史参考资料. 北京：中华书局，1963：4-5.

[3] 车泠柏. 什么是幻日现象. (2014-11-19) http：//www. zybang. com/question/6749cddcd9e8f009ae62b33cc3579aba. html.

[4] 刘毓庆，李蹊. 诗经. 中华经典名著全本全注全译丛书. 北京：中华书局，2011.

[5] 周蒙.《诗经》中的气象先兆民俗举隅. 东北师大学报（哲学社会科学版），1993（4）：31-36.

[6] 余秋雨.《诗经大意今歌》前言：我读《诗经》. (2013-12-15) http：//www. chineseinla. com/f/page _ viewtopic/t _ 429685. html.

[7] 司马迁. 史记：卷二十七天官书第五. 北京：中华书局，2013.

[8] 辞海：词语分册（下）. 上海：上海辞书出版社，1977：1885.

[9] 沈括. 梦溪笔谈：卷二十一异事. 张富祥，译注. 北京：中华书局，2009.

凝固的风

——敦煌壁画气象遗珍

Solidificated Wind：Weathered Dunhuang Frescoes

张立峰[1]　贾　燕[2]

（1. 浙江省气象局，杭州 310017；2. 浙江省气象台，杭州 310017）

摘要：在保存至今的敦煌壁画中，有不少直接或间接地反映了古人对气象的观察、认识乃至应用的场景。从“风”的角度出发，初步勾勒了敦煌壁画中关于风的观测、风灾场景和对风的利用等三个方面的图景，借此重新认识敦煌壁画这一宝贵的图像史料对研究我国古代气象科技文化的重要价值。

关键词：敦煌壁画，测风仪，风灾，风的利用，人造风

0　引言

敦煌壁画泛指敦煌地区分布的石窟壁画，包括莫高窟、西千佛洞、东千佛洞、榆林窟等数百个石窟中数万平方米的壁画。它不仅集中展示了传统宗教艺术文化，也包含着 4—14 世纪大量的政治、经济、文化和科技等方面的资料，犹如包罗万象的百科全书。在敦煌壁画中，还有为数不少与气象有关的场景信息，为研究古代气象科技文化提供了宝贵的图象史料。本文以风为着眼点，探寻敦煌壁画中有关“风”的场景，重拾这一蒙尘已久的气象遗珍。

1　敦煌壁画中的测风仪

1.1　风的示踪物——幡

“幡”是重要的宗教用品，在敦煌壁画中随处可见，它们一般悬挂在堂内柱上，或佛殿前庭，或宝塔顶端，或伞盖四周。唐太宗李世民在《咏兴国寺佛殿前幡》诗中，赋予“幡”浓厚的气象色彩：“拂霞疑电落，腾虚状写虹。屈伸烟雾里，低举白云中。纷披乍依迥，掣曳或随风。①”开凿于初唐的莫高窟第 323 窟的佛教史迹画中，有八幅幡随风律动（图 1）。这与我国早期的候风装置——“伣”非常类似，将布帛或长条幡旗系在风杆上，观察其被风吹动的飘向。这些幡虽不是专门的测风仪，但它们无疑是风很好的示踪物。

1.2　羽质测风仪——“五两”

“五两”是我国古代一种简易的测风仪。东晋郭璞在《江赋》中说：“觇五两之动

作者简介：张立峰，气象学硕士，工程师，主任科员。研究方向为应用气象、气象科技史志等。

① 清・彭定求、沈三曾等《全唐诗》卷一。

图1 莫高窟第323窟佛教史迹画中的“幡”

静。[①]”许慎在《淮南子》中注释说：“綄，候风者，楚人谓之五两。[②]”古代船舶航行，风是重要的动力，因此测风的“五两”也不可或缺。《说郛》记载：“舟船于樯上刻木作乌，衔幡以候四方之风，名五两竿。军行以鹅毛为之。亦曰相风乌。[③]”唐代独孤及在诗《下弋阳江舟中代书寄裴侍御》中说：“东风满帆来，五两如弓弦。[④]”宋代海船在远洋航行时，为及时掌握风的变化，以便调整船帆，“立竿以鸟羽候风所向，谓之五两。[⑤]”

“五两”一般是用五两或八两重的羽毛捆结在一起，挂在高处，通过观察其飘动的状态来观测风。由于材质问题，至今未见“五两”有实物出土，我们只能根据文献来想象其使用情况。但在敦煌壁画中保留了不少古代船舶航行的图像资料，其中，就有测风的“五两”。

敦煌壁画中描绘舟船场面的大多是反映佛教题材的航海活动。开凿于中唐时期的莫高窟238窟内绘有“善事太子入海品”屏风画。画中有一艘两层楼船，船为双尖头、方尾状，楼船中央树立一个桅杆，桅杆之上就是测风的“五两”(图2)。

这个“五两”形状细长呈流线型，似鸟雀一般高居桅杆之顶。画面描绘的那一刻，风帆鼓张，显然是吃紧了风，“五两”也被风吹起，近乎于平飘状态，方向与风帆相一致。从画面上分析，此“五两”可能是用鹅毛或鸡羽制成。这种羽质的“五两”不仅可以根据流线型的羽身围绕桅杆的摆动方向来确定风向，也可以根据羽身的垂落或飘起的幅度来推测风速大小。

① 南朝·萧统《昭明文选》卷十二《江海赋》。
② 西汉·刘向等《淮南子》卷十一《齐俗训》。
③ 元末明初·陶宗仪《说郛》卷十引《炙毂子》。
④ 清·彭定求，沈三曾等《全唐诗》卷二百四十六。
⑤ 北宋·徐兢《宣和奉使高丽图经》。

图 2　莫高窟 238 窟壁画中楼船桅杆上的“五两”

1.3　木质“五两”

开凿于五代时期的敦煌莫高窟第 288 窟壁画中绘有一艘海船，海船方头、平底，首尾高翘，船体有华丽的雕绘装饰，数名船夫正在摇槽、撑篙。在船的正中有一根桅杆，上有白色的风帆和测风用具（图 3）。

这个测风用具的外形清晰，整体很接近鸟儿的形象，前有尖细的头颈，肚腹呈明显的圆弧状，后有黑色开叉的尾羽。从画面上看，它的重心恰好落在桅杆上，与 238 窟壁画中的“五两”明显不同。这与《说郛》中“舟船于樯上刻木作乌，衔幡以候四方之风”的记载比较接近，因此称其为“相风乌”更加合适，其制作材质也可能是木制的。画中的风帆鼓张的方向与“相风乌”的尾部一致，说明其测风向的灵敏度还是很高的。

但是木质“相风乌”不具备羽质“五两”测风速的功能。在图中桅杆上部、“相风乌”下部固定有一斜向木杆，杆头系挂着一团深色物体，其形体较小，不像是旗帜。推测其可能是羽毛制成、用于测风的“羽葆”，在画面定格的那一刻似乎还随风摆动。如此这艘船就有木质“相风乌”专用于测风向，羽质“羽葆”即可测风速也能辨风向。在海上航行常会遇到大风，木质“相风乌”比较脆弱，易被风折断，因此“相风乌”和“羽葆”可以互为备份，确保船舶在航行时对风不间断观测。

在敦煌壁画中还有不少描绘船舶、风帆和测风仪的画面。盛唐时期的莫高窟第 31 窟

图 3 莫高窟 288 窟壁画中的海船及测风仪

中有一艘船舱为画舫式的楼帆船，船的桅杆顶尖设有测风的“五两”。晚唐时期第 54 窟中有一艘海鹊船，船上风帆大张，桅顶也有鹊鸟测风导航。晚唐时期第 18 窟西壁龛内的“观音经变图”中绘有一只小帆船，上面也有桅杆、风帆和“五两”。

在上述五幅绘有“五两”等测风仪的帆船中，测风仪的朝向与风帆鼓张所示风向均都一致。这些测风仪与帆船多次同步地出现在西北内陆的敦煌壁画中，这说明至迟到唐代，用于水上航行测风的“五两”等测风仪在当时的应用是非常普遍的。同时，这种普遍性又间接说明，“五两”等测风仪在测风方面具有较高的准确度和可靠性。

2 “劳度叉斗圣图”中的风灾场景

2.1 多风的自然环境为壁画提供素材

敦煌壁画“劳度叉斗圣图”最早见于莫高窟晚唐时期的 196 窟西壁。此外，晚唐、五代和宋代的敦煌壁画中还有多幅“劳度叉斗圣图”。根据佛经记载①，舍卫国大臣须达请释迦牟尼佛说法，六师外道“劳度叉”在国王的支持下极力反对，并与佛弟子“舍利弗”斗法，这就是壁画“劳度叉斗圣图”的故事来源。

在斗法的最后阶段，“劳度叉”变化出一棵参天大树，“舍利弗”即令风神放出狂风，“劳度叉”惊慌无措，所坐宝帐摇摇欲坠（图 4）。大树也被狂风吹得枝叶几乎偃伏于地，

① 北魏·慧觉等译《贤愚经》第四十八卷《须达起精舍品》。

图 4　莫高窟 146 窟壁画中被风吹袭的“劳度叉”宝帐

主根也从土中裸露出来，即将被连根拔起。树旁的鼓架也被大风吹得几欲倾倒，有一人身体前倾奋力拉住行将倒掉的鼓架，表情惊慌（图 5）。壁画中这场“风树之斗”给人以深刻的印象。

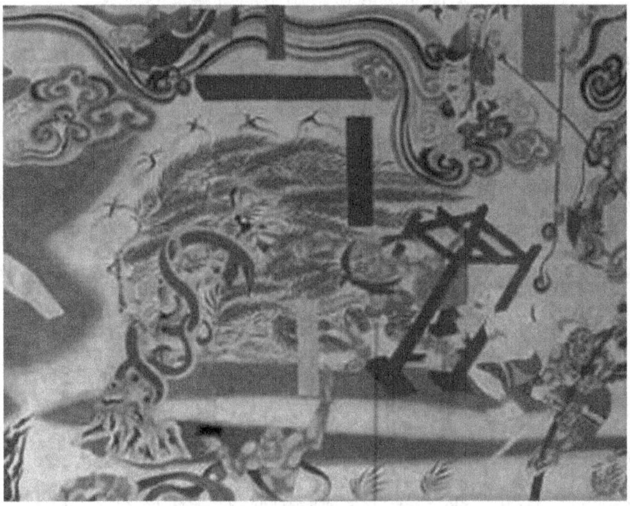

图 5　莫高窟 196 窟壁画中“风吹大树及鼓架”

艺术高于生活，但源于生活。敦煌自古多风沙和大风天气，古代敦煌文书曾描绘了大风来临时的情景：“黄云离被，红日惨澹，猛风飔起，轻尘勃飞。[①]”这样的气候环境为古代画师提供了丰富的艺术素材，使他们可以从实际生活中汲取艺术灵感。

① 敦煌文书编号：S. 2832《时文规范》。

2.2 壁画折射出古代敦煌人民抗御风灾的情景

“劳度叉斗圣图”中外道魔女们或惊惶躲避狂风，或奋力抗御风灾，恰好折射出了古代敦煌人民真实的避风抗风情景，也让这场“风灾”显得更加生动逼真。

狂风来袭时，脂粉失色、瑟缩颤栗的魔女们依偎在一处相互遮蔽，同时高举袍袖，双手掩面保护自己。另外两名男性外道被狂风吹的衣带飞舞、站立不稳的样子，其中一人转过身体背对大风；一人侧身以单手遮住半个脸庞，像是被风沙迷了眼睛（图 6）。

图 6　莫高窟 146 窟“魔女避风”（左）与“外道避风”（右）

狂风来时，一群惊慌的外道们卷裹着帐幕，借以躲避风寒。就在这时，还有一些人正奋力施救、抗御狂风（图 7）。红色肤色的外道向后倾倒身体，上身几乎与地面平行，双手奋力牵住固定“劳度叉”宝帐的白色绳索，回头看着另一个外道在打桩。白色肤色的外道则挥起黑色大锤敲击锚定绳索的黑色木桩。两人身体紧绷，怒目圆睁，显得紧张又专注（图 8）。

图 7　莫高窟 146 窟西壁南部“外道卷裹帐幕避风”

图 8　榆林窟第 16 窟“外道拉绳打桩”

大风席卷而来，“劳度叉”的宝帐即将倾倒，一根绳索已经难以固定了。宝帐前的三名外道正在攀帐系绳（图 9），一人爬到宝帐顶端，伸手等待下面的人把另一根绳索抛上来。另两人在下面“叠罗汉”，灵巧身轻的外道踩着身材粗壮的同伴，欲将手中绳索抛给

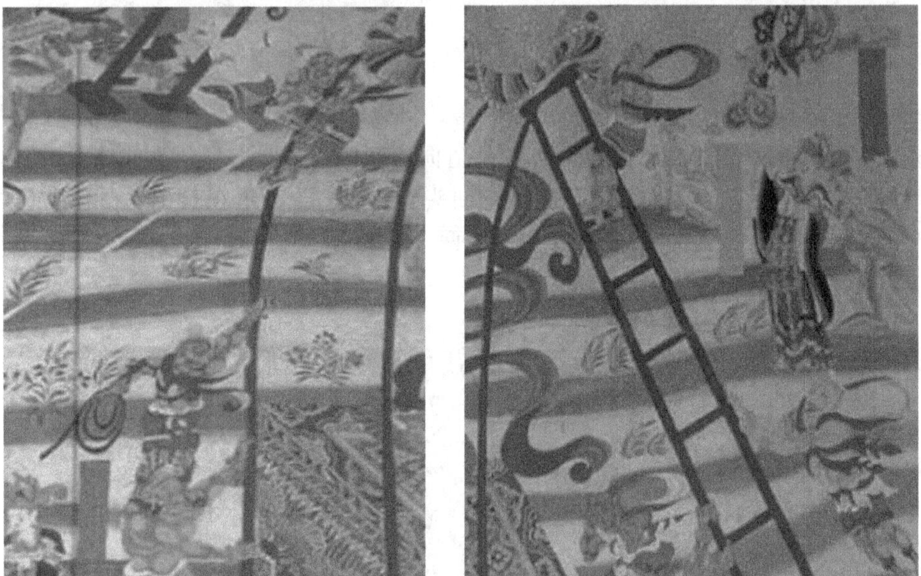

图 9　莫高窟 196 窟外道们正“攀帐系绳”（左）“扶梯撑帐”（右）

上面的同伴。宝帐后面另有三名外道扶梯撑帐，一人沿着梯子爬到宝帐顶端进行加固，另两人一左一右牢牢地扶住梯子的下端。这六人在周围一片慌乱中，紧张地忙碌着，竭力抗御狂风的破坏。

郑振铎先生曾说："在大幅的佛画里，也往往杂着尘世的人物和景色……我们在那里仿佛重见到唐、宋盛时的生活，而与之面对。[1]" 从这一点而言，"劳度叉斗圣图"描绘的不仅仅是佛经里的斗法故事，还在很大程度上再现了古代敦煌的"风灾"场景，还原了古代敦煌人民避风抗风的真实情态。

3　敦煌壁画中对风的利用场景

3.1　"扬场"与风的利用

我国古代先民在生产生活中很早就对风及其作用有了较为科学的认识，并对自然风和人造风加以开发利用，谷物清选就是一个重要的应用方面。古人根据质量不同的物体在同等风力条件下，被风吹落距离不同的原理，借助风把粮食与杂物分选开来。这种谷物清选方法在敦煌壁画的"扬场"图中有详细的描绘，可以让我们对其有一个形象、直观的认识。

中唐时期的榆林窟 25 窟绘有"扬场"图，一位农夫手持六齿杈，扬起的谷子迎风而落。一位妇女手持芨芨草扎成的长扫帚在粮堆上掠扫。五代时期榆林窟 20 窟的"扬场"图，描绘了一个农夫手持木锨将谷物高高抛起，谷物随风而落，另一位农妇手持长扫帚在扫场（图 10）。

图 10　榆林窟 25 窟（左）和 20 窟（右）壁画中的"扬场"图

在刚刚打完场的谷堆中，掺杂着许多长的秸秆，农夫用杈扬场，借助风力除去那些体长质轻的秸秆。当块头较大的杂质被去除后，缝隙较大的杈就无法使用了，这时"扬场"工具会换成木锨，木锨铲取较细的谷物，借自然风使粮食与谷壳、尘屑等分离。木锨一般由男人使用，妇女则用扫帚与之配合。

农忙时节，家庭妇女也担负起“扬场”重任，由于体力所限，她们放弃了木锨而选择簸箕。莫高窟6窟壁画描绘的是五代时期一位农妇手持簸箕在当风“扬场”，她站在高凳上是为了增加高度，以尽量利用风力（图11）。簸箕还能清除一些带壳的粮食和同谷粒重量相似的杂物，“挤匀扬播，轻者居前，簸弃地下。重者在后，嘉实存焉。①”其原理是利用簸箕扬起的谷物下落时，使谷物与簸箕两侧及后部的空气受压产生向前的气流而吹带走杂物。

图11　莫高窟6窟“端簸箕扬场”

“竿头掷谷一箕轻，忽作晴空骤雨声。已向风前糠粃尽，不劳车扇太忙生。②”这首诗形象地描述了风将谷物与糠粃分离的情景。借助自然风清选谷物，简单易行、劳作效率高。但其必须借助适度的自然风，风过大或者过小乃至无风都不能进行清选，局限性较大。簸箕是通过制造间断的人造风来清选谷物，简单易用，但较费人力，不适合大规模的清选作业。

3.2　鼓风设备与人造风

风橐是另一种重要而古老的制造人造风的器具。老子说：“天地之间，其犹橐籥乎！虚而不屈，动而愈出。③”“橐”就是鼓风用具。墨子记述了皮橐的制作材料及工作方式，“具炉橐，橐以牛皮，炉有两甀，以桥鼓之。④”秦汉时期，皮橐已经用于冶金鼓风，《论衡》载：“铜锡未采，在众石之间，工师凿掘，炉橐铸烁，乃成器。⑤”古代乐器“兴隆笙”

---

① 明·宋应星《天工开物》卷四《粹精》。
② 元·王祯《王祯农书·农器图谱》。
③ 春秋·老子《道德经》第五章。
④ 春秋战国·墨子《墨子》卷十四《备穴》。
⑤ 东汉·王充《论衡》卷十二《量知篇》。

也配有风囊，“前系风囊于风口，囊面如琵琶，朱漆杂花，有柄。[①]”这与晚唐时期莫高窟第 9 窟壁画中风神所使用的风囊的外形很接近（图 12）。因此，敦煌壁画中风神所使用的风囊并非绘画者的臆造，应该是联系生活实际后获得的创作灵感。

图 12 莫高窟第 9 窟壁画中风神抱持的“风囊”

唐宋之际，皮囊逐渐为木扇式风箱代替。木扇式风箱是通过悬挂式木扇门的开合来鼓风的机械，其图样最早见于北宋的“行炉图”[②]。相对于皮囊，木扇式风箱制作简单、坚实耐用，是鼓风技术的进步。但这种单扇式风箱仍然没有克服鼓风的间歇性问题，直到敦煌壁画中“双扇式风箱”的出现。

宋代榆林窟 3 窟绘有一幅“冶铁图”，图中一人推拉着双扇式风箱（图 13）。这架风箱整体呈竖式梯形，装有两个活动的扇门，上有推拉杆，并设有只能向一侧开的进气、排气活门。送风时扇门做闭合摆动，箱内气体因压缩而气压增大，推动进气活门关闭，排气活门打开，箱内的气体被鼓入火炉内；扇门做开启摆动时，箱内气压减小接近真空，排气活门闭合，箱外气流推动进气活门开启，空气进入箱内。当两个扇门前后交替摆动时，即可连续鼓风。

这种由一人即可操作的双扇式风箱，解决了皮囊与单扇式风箱不能连续鼓风的问题，保证足量气流的供给，大大提高冶金效率，是鼓风技术的一大进步。对此，著名的科技史专家李约瑟博士在《中国在铸铁冶炼方面的领先地位》一文中评价说：“中国从未用过楔形鼓风器，而经常是使用长方形的风箱。这类风箱首先见于 10 或 11 世纪西夏榆林窟壁

① 明·王圻《续文献通考·乐十》。

② 北宋·曾公亮《武经总要·前集》卷十二《守城·猛火油柜》。

图 13 榆林窟 3 窟壁画中的“风箱与冶铁图”

画，它无疑是日本脚踏大风箱的先导。”

4 结语

本文初步描述分析了敦煌壁画中关于风的观测、风灾场景和风的利用等三方面内容。仅从这一点就能看出，敦煌壁画和敦煌文书中包含着丰富的有关利用天气气候资源的历史和文化信息，值得进一步整理和发掘，这些史料的地位和价值也需要认真加以评估和利用。另一方面，气象与敦煌地区的生态环境演变，与古代敦煌人民的生产、生活，与敦煌历史文物的保护等方面，都具有密切的关系，也值得我们深入研究。

参 考 文 献

[1] 郑振铎. 域外所藏中国古画集：西域画. 成都：成都古籍书店，1990.

宋代的天气预报与日常服务

Weather Forecasts and Activities in Song Dynasty

贾　燕[1]　张立峰[2]

（1. 浙江省气象台，杭州 310017；2. 浙江省气象局，杭州 310017）

摘要： 南宋时期的临安城（今杭州）是南宋王朝的临时首都，因其百业兴旺，有“四百一十四行”之说，这其中的“报晓人”还兼职报告天气，为临安市民提供气象服务，可谓开公众气象服务之先河。本文从已有宋代天气预报案例、预报经验理论和南宋太史局工作职责等方面入手，初步分析南宋临安开展日常天气预报的可能性，以此折射我国宋代的气象科技文化成就。

关键词： 南宋，临安，报晓人，太史局，天气预报，服务

1　从“报晓人”报天气说起

自北宋都城开封废除街鼓制度后，开封城逐渐出现一批“报晓人”，他们负责每天天明的“报晓”工作。南宋都城临安（今杭州）沿袭了这种风俗，据吴自牧记载：“每日交四更，诸山寺观已鸣钟，庵舍行者头陀，打铁板儿或木鱼儿沿街报晓，各分地方。若晴则曰‘天色晴明’，……阴则曰‘天色阴晦’。雨则曰‘雨’。……虽风雨霜雪，不敢缺此”①。当时的报晓方式主要是寺院中的行者头陀们沿街敲打铁板或木鱼，并口头执讯进行每天的报晓工作，与此同时他们还报告每天的天气状况，包括晴、阴、雨等基本情况。据此可知，南宋都城临安已经有“日常化”的气象服务。“报晓人”每日所报天气是实况的可能性较大，但也不排除是当日天气预报的可能，若是后者则其意义大为不同。本文试从已有宋代天气预报个案、预报经验理论和南宋太史局工作职责等方面，初步描述南宋时期的天气预报基本情况。

2　宋代天气预报案例

2.1　大雪预报

早在北宋景德四年（1007 年）十一月，宋真宗对大臣王旦说：“昨暮降雪遽止，朕忧其未足，夜分使人於宫廷视之，乃云：复降，其势甚密。今果盈尺，来岁麦苗应有望也”②。北宋君臣此次谈话是说昨天傍晚的降雪突然停了，皇帝让人查看后续天气。看视的人汇报说还会下雪，而且不小。结果次日积雪超过一尺。文中虽未提及是何人预测的天气，但从“於宫廷视之”这句话，参考南宋陈元靓《事林广记》所绘的开封城图，推断应

作者简介：贾燕，气象学硕士，工程师。主要从事短期天气预报、短期气候预测和气象科技史志研究等工作。

① 南宋・吴自牧《梦粱录》卷十三《天晓诸人出市》。

② 清・徐松《宋会要辑稿》瑞异一之四。

该是值宿于皇城内的翰林天文局的工作人员所为。

2.2 降雨预报

北宋科学家沈括曾详述自己一次成功的降雨预测过程："熙宁中，京师久旱，……上问雨期，余对曰：'雨候已见，期在明日。'众以谓频日晦溽，尚且不雨，如此旸燥，岂复有望。次日，果大雨。是时，湿土用事，连日阴者，从气已效，但为厥阴所胜，未能成雨。后日骤晴者，燥金入候，厥阴当折，则太阴得伸。明日，运气皆顺，以是知其必雨"①。从沈括自己的记载来看，他的预测不仅准确，而且还有明确的理论支持，其预测理论应是建立在传统的阴阳五行和运气学说基础上。沈括还强调"此亦当处所占也，若他处候，别所占亦异"，指出天气变化具有局地性，要根据当时当地的具体情况来进行天气预报。

2.3 48 小时晴雨预报

宋人的祈祷行为非常普遍，一有雨旸不时，从皇帝到各级官员，乃至普通百姓都要虔诚祈祷。宋代皇帝为了显示自己的权威，增强祷雨效果，在公开祈祷前常事先让太史官进行天气预报，以便选择适当时机祷雨。庆历三年（1043 年）京师开封夏旱，谏官王公素乞请宋仁宗亲行祷雨。仁宗说："太史言月二日当雨，一日欲出祷"②。仁宗根据太史官初二日有雨的预报，决定初一日进行祈祷，结果被谏官以心不诚为由劝阻。此为宋代太史局进行天气预测的直接记载，文中虽未言及此次预测结果是否准确，但可以推测太史官至少已可以进行 48 小时的晴雨预报。

2.4 其他天气预报案例

北宋僧人赞宁曾把土、炭两物，置天平两端，使之平衡，悬于房内。天将雨时，炭重而垂；天欲晴时，炭轻而翘。这是把测湿仪器作为预报天气晴雨的仪器③。李约瑟博士说："宋代有一位伟大的天气学家，名叫刘师颜，他的成就载于赵德麟的《候鲭录》"④。《候鲭录》卷四记载："江邻幾《杂志》云：刘师颜视月占水旱，问之云：'谚有之：月如悬弓，少雨多风。月如仰瓦，不求自下'"⑤。这是说刘师颜通过观察月亮来占卜水旱。

3 宋代天气预报理论与经验

3.1 气象典籍

在宋代应有大量的气象典籍存世。《宋史》收录刘启明的《云气测候赋》和《占候云赋式》等各类气象典籍 26 部⑥。《宋史》中还收录《行军气候秘法》《行军占风气》等兵书类军事气象典籍 13 部⑦。南宋学者郑樵曾系统地列出《占候风雨赋》《云气图》《气象图》等相关的云气、占候等气象典籍 17 部⑧。以上 56 部典籍名称未有重复，可见其丰富程度。

---

① 北宋·沈括《梦溪笔谈》卷七《象数一》。
② 南宋·李焘《续资治通鉴长编》卷一四一。
③ 北宋·赞宁《物类相感志》。
④ 英国·李约瑟《中国科学技术史》（天文气象卷）第二十一章。
⑤ 宋·赵令畤《候鲭录》卷四。
⑥ 元·脱脱等《宋史·艺文志五》。
⑦ 元·脱脱等《宋史·艺文志六》。
⑧ 南宋·郑樵《通志》卷六十八《艺文略六》。

可惜上述文献资料多已失佚。虽然我们已无法探知其详细内容，但从书名也能判断出宋人对于云图、占风、测雨等气象知识和天气预测应有较深的认识。

3.2 吕祖谦的预测理论

天地万物并非神秘莫测，其中总有规律可循。南宋大儒吕祖谦就预测问题说："自十一月观之，严霜暴雪，正万物摧挫时，无有生意，安得有雷？不知雷声已自潜于黄钟之宫，但雷伏在地下，虽无朕兆之可见，无声音之可闻，人自不知其所谓复，盖积阴沍寒之后而阳气发生之理"①。在"严霜暴雪"的隆冬，人们之所以能预测来年的惊雷，就在于"积阴沍寒之后阳气发生"，这是不可改变的规律。掌握这一规律，"虽无朕兆之可见，无声音之可闻"，也能认识事物的起因与后果。吕祖谦还具体谈到："物莫不能先。础先雨而润，钟先雾而清，灰先律而飞，蛰先寒而闭，蚁先潦而徙，鸢先风而翔"②。天要下雨，柱础就会先反潮；钟声清朗，则预示是晴天；隆冬将至，百虫先入穴潜藏；大雨将至，蚂蚁先由低处向高地迁徙；大风将至，鸢则先飞。人们掌握了这些规律，就能预测天气变化。

3.3 叶梦得的天气预报体会

就预测天气问题叶梦得谈及他的亲身体会："在山局久，见老农候雨阳，十中七八。问之无他，曰：'所更多耳。'问市人则不知此。余无事，常早起，每旦必步户门，往往僮仆皆未兴。其中既洞然无事，仰视云物景象与山川草木之秀，而志其一日为阴为晴，为风为霜，为寒为温，亦未尝不十中七八"③。作者见山中老农预报晴雨，且较为准确，问及方法老农则说没什么，只是经验而已。倘若问住在城市里的人，他们对此就一无所知了。于是在闲暇时叶梦得也早早起来，注意观察一切风云、天象、山河、草木变化，逐渐也能预测天气，准确率约有70％～80％。

3.4 诗歌中的预报经验

宋代诗歌中也有气象预测方面的知识。南宋诗人陆游说："蚍蜉占雨解移穴，蟋蟀畏寒先近床"④。这是典型地利用物候知识来预测天气的实例。南宋词人范成大说："朝霞不出门，暮霞行千里"⑤。这引自民间谚语的诗句也完全符合当今的气象科学知识。再如北宋孔平仲说："云向南，雨潭潭；云向北，老鹳寻河哭；云向西，雨没犁；云向东，尘埃没"⑥。这是通过云层和高空气流的走向预测天气的方法。宋代很多气象知识经过不断提炼加工后，以谚语的形式流传于后世民间。

4 南宋太史局的气象工作

《宋史》记载："太史局，掌测验天文，考定历法。凡日月、星辰、风云、气候、祥眚之事"⑦。宋高宗绍兴三年（1133年）诏令："太史局每月具天文、风云、气候、日月交食

① 南宋·吕祖谦《吕东莱文集》卷十四《易说·解》。
② 南宋·吕祖谦《东莱博议》卷二《卜筮》。
③ 南宋·叶梦得《避暑录话》卷二。
④ 南宋·陆游《剑南诗稿》卷七十三《东偏纸阁初成》。
⑤ 南宋·范成大《范石湖集》卷十六《占雨诗》。
⑥ 北宋·孔平仲《谈苑》卷二。
⑦ 元·脱脱等《宋史·职官制》。

等事实封报秘书省"①。太史局的"保章正"就是负责观测、占候风气云雨的专业职务："保章氏以五云之物，辨吉凶水旱降丰荒之祲，象物色也。视日旁之云色降下也，知水旱所下之国"②。太史局的官员还随时将天气情况和占验结果向皇帝汇报："日将午，雷暴震"。当雷暴天气发生时，太史局会进行观测和占验，并以"占辞"的方式趁机向皇帝进言："国家发号布德，未及黎庶"③，借此引起皇帝的重视。

南宋太史局把风、云、雷、雨等气象现象都列入观测范围，史料中保存有一批南宋临安的风向观测资料④，资料序列从绍兴三十二年（1162 年）立秋至嘉定十七年（1224 年）立秋，共 62 年，如此有系统的观测记录当是南宋太史局的官方行为。现代学者研究表明，自东汉时期起，主持天文台工作的灵台丞有 42 个助手，其中 3 人测风向，12 人测晴雨，此后大体沿袭至元代[1]。南宋宁宗时期太史局的技术官员一度达到 125 名[2]，其中势必包括气象观测与预测的技术人员。

5 结语

由于宋末战乱，大量南宋史料散佚，今天已经很难看到南宋太史局的工作流程和全貌。尽管尚缺乏直接证据表明南宋都城临安已开展日常天气预报，但是从史料中的蛛丝马迹分析，特别是关于报晓人和报天气的记载来看，南宋临安已有针对于普通大众的日常气象服务，并存在开展日常天气预报的可能性。开展天气服务的部门可能是负责"占候风气云雨"的太史局，北宋时期该机构更多是为皇家服务，到了南宋，通过走街串巷的"报晓人"普通百姓也能享受其服务，可谓进步。

由此我们不妨展开想象，八百年前的杭州市民每天早晨起床，就能"收听"到报晓人带来的当日气象服务。他们打着铁板或木鱼儿开始沿街高喊："天色晴明!"这是好天气。若是阴天，就喊"天色阴晦!"。下雨就拉着长音，"雨——"。

参考文献

[1] 陈久金，杨怡.中国古代的天文与历法.北京：商务印书馆，1998：159.
[2] 陈晓中，张淑莉.中国古代天文机构与天文教育.北京：中国科学技术出版社，2008：103-105.

① 元·佚名《宋史全文》卷十八上。
② 南宋·章如愚《群书考索》卷五十六《占候类》。
③ 南宋·李焘《续资治通鉴长编》卷五十五甲申条。
④ 清·徐松《宋会要辑稿》运历二之二七至三六。

霾的历史观照与现实关注

——基于毒理学史的霾态问题思考

Haze Watch，Yesterday and Today：Haze Problems Pondered in History of Science

卜风贤

（陕西师范大学西北历史环境与经济社会发展研究院，西安 710062）

摘要：古代文献中的霾是一种自然异常现象，对霾的认识以及霾与社会的关系体现在历史时期霾类事件的历史记录中，通过梳理霾类事件的历史变化及其内在特征，可将霾做以比较清晰的界定：历史时期的霾是一种异常态的自然现象，而现代社会的霾是一种与天气因素相关的霾态问题。而且历史文献中霾事件的记录较少，见之于文献的霾类事件更多的是一种霾态问题的泛称。对霾态事件的历史关注并不在于其社会危害性，而是作为异常现象之一种并与其他灾异事件列举对比，以体现五行理论架构下的天人关系。而从霾的危害过程看，霾的古今差别重点体现在毒性机理方面，霾事件的历史研究对毒理科学史的进一步发展具有一定积极意义。

关键词：霾，霾态问题，毒性机理，科学史研究

0 引言

霾是一种突出的环境问题，在当下社会生活中影响深远，对霾的认识和探索需要做更多深层次的研究工作。在以现代科学为主流的霾研究中，我们针对霾的成分、成因、危害、霾的毒性机理以及社会影响等问题均有关注，且有一定成果；对霾的历史及其演变特征也做了一些讨论，并有一些新的解释[1-3]。但是，还需要从霾的关注度方面思考一些问题，即过去和现在的霾事件，关注点在哪里，何以出现古今霾关注度方面的差别，基于霾的关注，人们在今后的毒理科学史研究中应该注意哪些问题。

1 由霾而生的现象

古代文献中对霾的词语解释是比较清楚的。《释名》曰："霾，晦也，如物尘晦之色也。"《尔雅》曰："风而雨土为霾。"《佩文韵府》："霾，莫皆切，风而雨土也。"也就是空气中尘埃弥漫、光线昏暗的大气环境现象，这与现今遭遇的霾事件有一定相似性。空气本是清洁的环境要素，《释名》曰："气犹饩也，饩然有声而无形也。"《易》曰："天地氤氲，

本文已发表于《气象与减灾研究》2016 年第 39 卷第 1 期。

资助项目：国家教育部人文社会科学重点研究基地重大项目（编号：10JJD790035）。

作者简介：卜风贤，博士，教授。主要从事灾荒史及科技史研究。

万物化醇。”可是当这样的空气条件出现异常情况，大风吹拂，尘土飞扬之时，则以“霾”界定。只有清除空气中的霾态现象，才会天清气爽，事业顺利。《诗》曰：“终风且霾，惠然肯来。”

与霾有关系的词语，今日常见“雾霾”用语。但在历史文献中除了雾霾之外，还有一些与天气状况有关的含霾词语，如旱霾、冰霾、风霾、云霾、阴霾、晴霾、昼霾、昏霾等。《明史》卷十五《孝宗本纪》：“十年春，正月庚戌，大祀天地於南郊。三月辛亥，以旱霾修省求直言。”《御定历代赋汇》卷七十八《椿堂赋》：“今也日临中街，霜飞冰霾，毳集于踵，貂挟于怀。”《周易孔义集说》卷十：“重云蔽日，雾霾眯目。”《魏书·崔光传》：“昨风霾暴兴，红尘四塞，白日昼昏，特可惊畏。”郝经《仪真馆中暑一百韵》：“经晓瘴煤生柱，晴霾土抹墙。”杜甫《白帝城最高楼》：“峡拆云霾龙虎卧，江清日抱鼋鼍游。”卢纶《送惟良上人归江南》：“苦雾沉山影，阴霾发海光。”杜甫《七月三日亭午已后较热退晚加小凉稳睡》：“洒落唯清秋，昏霾一空阔。”苏轼《泗州南山监仓萧渊东轩二首》：“北望飞尘苦昼霾，洗心聊复寄东斋。”此外尚有烟霾、尘霾、盐霾、沙霾、妖霾、曀霾、幽霾、氛霾、沈霾、晓霾、翳霾、黄霾、黑霾、霾晦、霾雾、霾天、霾暗、霾晶、霾霡和成语雨霾风障等词语使用。

从风土为霾的认识过程来看，霾是空气混浊的一种状态。这种浑浊的极差的空气质量，既与风雨阴晴等天气因素有关系，也与其他方面的影响有关系。其中，天气状况与霾关系尤为密切。这是古代霾与现在霾之间能建立起联系的主要原因。因为当前影响我国比较严重的霾，其主要成分为二氧化硫、氮氧化物和可吸入颗粒物。这些物质成分或是因为城市工程建设产生，或是汽车尾气排放、城市居民使用天然气等原因造成。它与古代霾事件在原因、机理、成分等方面有根本性差别。但是在表现方式上，古代霾与当今面对的霾事件又具有一定相似性。这也是在研究霾问题时首先应注意并加以区分的常识。

古今霾之间的这种差别，恰好符合自然灾害的时代变化属性。按照灾害学的解释，灾害事件的危害性、灾害结构等均会随着社会发展也发生相应的变化[4]。在古代社会虽有霾事件，但其影响极其有限，霾之于社会更多的是一种异常现象。因为历史文献的记录中有“记异”的传统，所以这种异常的霾现象得以留存至今。现在霾事件的危害性和化学成分已经与古代的尘土霾之间发生了显著变化，但二者之间的联系也并未因为霾成分的变化而有所减弱，因为霾事件的社会关注度日益提升，近年来霾历史的研究也取得了较大进步。在研究霾问题时，回顾并讨论霾的历史演化，也是我们应该关注的问题之一。

2 霾类事件的历史记录中并未特别关注其社会危害性

虽然古代文献中不乏“霾”的记录，但这种霾态更多的是一种异常现象描述，或者仅仅作为各类灾害事件和社会危机事件的诱发因素。对于霾的直接危害性，人们并没有更多地关注和认识。历史文献中记录的霾事件较多，而且与其他灾异类事件一样，愈到晚近时期，愈加繁多。自两汉至明清两千年间的历代史书中，霾类事件不胜枚举，自《新唐书·五行志》之后的灾异志中，霾类事件愈积愈多，《明史·五行志》和《清史稿·五行志》中的霾类事件记录几可用连篇累牍来形容其受到的关注程度。除去正史《五行志》或《灾异志》等文献中集中记录霾类事件之外，在历代正史纪传篇章或其他文献中也有一些霾事件的现象描述或者事态叙述。崔豹《古今注》："汉昭帝元凤三年（前78年），天雨黄土，昼夜昏霾。"《魏书》卷六七《崔光列传》："昨风霾暴兴，红尘四塞，白日昼昏，特可惊畏。""秋末久旱，尘壤委深，风霾一起，红埃四塞。"《旧唐书》卷九《玄宗本纪》下："开元二十九年（741年），三月，吐蕃、突厥各遣使来朝。丙午，风霾，日色无影。"《旧唐书》卷一六《穆宗本纪》："长庆二年春正月己酉（822年）是日，大风霾。"《新唐书》卷三二《天文志二》："（开元）二十九年三月丙午（741年），风霾，日无光，近昼昏也，占为上刑急，人不乐生。"《宋史》卷一三《英宗本纪》："（景祐八年，1041年）十一月丙午，祔于太庙。大风霾。"《宋史》卷三八《宁宗本纪》："开禧元年（1205年）春正癸酉，初置澉浦水军。壬午，雨霾。"《宋史》卷四七五《张邦昌列传》："是日，风霾，日晕无光。"《金史》卷十一《章宗本纪三》："（承安五年，1200年）冬十月庚寅，至自秋山。庚子，风霾。宋遣使来告哀。辛丑，集百官于尚书省，问：'间者亢旱，近则久阴，岂政有错谬而致然欤?'各以所见对。"《元史》卷二《太宗本纪》："（五年，1233年）是冬，帝至阿鲁兀忽可吾行宫。大风霾七昼夜。"《元史》卷二一《成宗四》："（大德十年二月，1306年）是月，大同路暴风、大雪，坏民庐舍，明日，雨沙阴霾，马牛多毙，人亦有死者。"

霾是一种特殊霾态。如果霾仅仅属于自然异常的话，雾和霾一同出现则近乎灾害事件。《释名》曰："雾，冒也。气蒙冒覆地物也，昏暗之时则为妖灾，明王圣主则为祥瑞。"异常之霾如果呈现雾气般扩散状态，则可以界定为雾霾事件。《十六国春秋》卷七十二："是月，沈阴昏瞑，雾霾四塞。"《江西通志》卷一："八九月间，多雾霾，晓起山峰，莫辨霜降。"南宋释居简《北涧集》卷三《庆宁僧堂记》："僧堂之作，非古人意。古无拓提，况堂耶?自枯木留香后，天下较奇策胜，翚飞炫耀，床榻囱几惟恐不壮丽，耄耋疾疢，无雾霾风雨暴露之惨。既适既宁，精励胜进，当倍蓰异时冢间树下不三宿者，何反无闻焉?"清人沈季友《檇李诗系》卷二十二《將雨》："忽尔雾霾起，阴风鸣挂筝。"《钦定热河志》之《烟波致爽》三集："热河地既高敞，气亦清朗，无蒙雾霾氛，柳宗元记所谓旷如也。"

在历代文献中记录的霾事件中，直接造成人员伤亡和社会危害的极少，仅《元史》所记成宗大德十年（1309年）发生在大同路的霾事件中有坏民庐舍、家畜死亡和人员伤亡的灾情发生。《元史》卷五〇《五行志》也有记录："大德十年二月，大同平地县雨沙黑霾，毙牛马二千。"而这样的结果，并不是因为霾事件的污染性原因所造成，很可能是沙尘暴灾害机械力破坏作用所致的结果。因此，历史文献中的霾，除了一部分记录描述空气污浊的环境状态之外，也记录了当今定义的沙尘暴灾害事件。

相对于洪水、干旱、地震等破坏性明显的灾害事件，霾事件的危害性相对较为轻微。但是霾事件却是异常现象之一种，是异常事件诱发社会反应的一个重要方面，历代史书《五行志》中也增加了对霾事件的文献记录。《后汉书》卷三〇下《郎顗列传》："王者则天之象，因时之序，宜开发德号，爵贤命士，流宽大之泽，垂仁厚之德，顺助元气，含养庶类。如此，则天文昭烂，星辰显列，五纬循轨，四时和睦。不则太阳不光，天地溷浊，时气错逆，霾雾蔽日。"

3 霾的毒性及其在毒理学史研究中的意义

过去我们关注霾，关注点在霾的现象、霾的成分、霾的社会危害性等方面。但是随着现代科学对霾研究的深入，特别是毒理科学方面的研究成果揭示了霾对呼吸道系统和人体健康的直接毒性作用之后，研究霾的毒理特性也成为当前霾研究中的重大课题。

科学史的研究有一个特点，就是紧密追踪科学研究的最新成果。毒理科学史从学科属性上看，具有显著的科学史学科属性[5]，因此，今后的毒理科学史研究中关注霾，研究霾的历史变化，应该把毒理学史的学科关注点集中于霾的毒理特性及其历史变化方面。当然，历史文献中很少有针对霾毒性的直接记录，这对人们的研究是一个困难和挑战。但是可以从其他毒性事件中对比分析，研究类似毒性事件的毒害机理、毒性大小、毒害防治等相关问题，并把各种毒性事件予以统一概括，比较研究。近年来医学史研究中就很关注古代毒物的认识和利用问题[6-7]，具有很好的启发和促进作用。

从霾事件的毒性机理出发，可以很好地判别当前的霾事件与历史时期的霾事件之间的关联性。通过文献梳理，不但能够清楚地看到古今霾的区别，也能够认识到古今霾的联系。特别是这种相关性对人们的研究更有意义，如果没有看到霾现象的古今一致性关系，就很难理解古代的霾事件从本质上与当代霾有根本差别，但何以在科学定义中又存在高度相似性。现代科学中界定霾，重在取霾事件的空气污浊现象之表面一致性，便于人们认识和理解这种新的毒性事件。相对于前些年对SARS病毒的描述，霾事件的科学定义显得更加具有中国传统文化特色。

通过霾的历史研究，人们也能看到古代霾事件的特殊性所在，即霾事件的异常性不在于其空气污浊的严重程度，而是这种污浊的空气质量现象与社会政治之间的牵强附会关系。这也是反映人们科学认识的一个重要方面，传统科学中已经关注并描述了诸多自然现象，也尝试解释各种自然问题，促进了传统科学的发展。但从霾事件的解释和认识过程看，传统科学对这类异常事件始终处于现象描述和外在特征区别方面，对霾的机理、危害、成因等重要科学问题无法做出合理的解答。这种情况在古代毒物和毒性机理方面是否存在？是不是也有一些毒物的毒性认识存在偏差和误区？这些都是值得人们思考和探讨的问题。

4 结语

古今霾既有区别也有联系，从毒理学史角度研究霾的毒理特性有助于分析其相关性；同时，关注中国古代霾记录的特殊性也将进一步推进毒理学史的发展。总之，毒理科学史专业关注霾是一种学科责任，也是在科学研究方面的一种尝试，是一个新的起点。期望今后更多的专家关注毒理科学史研究，也加入到该项研究队伍中来。

参 考 文 献

[1] 吴兑. 灰霾天气的形成与演化. 环境科学与技术，2011，34（3）：157-159.

[2] 张军英，王兴峰. 雾霾的产生机理及防治对策措施研究. 环境科学与管理，2013，38（10）：157-158.

[3] 蒋璐君，刘熙明，贺志明. 江西省中北部地区一次典型灰霾天气过程分析. 气象与减灾研究，2015，38（2）：40-46.

[4] 卜风贤. 我国历史农业灾害信息化资源开发与利用. 气象与减灾研究，2011，34（4）：57-61.
[5] 中国毒理学会毒理学史专业委员会，西北大学生态毒理研究所. 2010 毒理学史学科发展报告//毒理学史研究文集（第九集），2010：3-16.
[6] 刘伟. “毒”的含义辨析. 中医药学刊，2004，22（12）：2282.
[7] 郝保华. 论中国古代独特的中药毒理学思想//毒理学史研究文集（第三集），2004：32-37.

雨量器及其在古代中国之命运
Rain Gauge and Its Destiny in Ancient China

曾雄生

（中国科学院自然科学史研究所，北京 100190）

摘要：中国自古以农业立国，雨水又是影响农业生产最主要的自然因素。对于农业的重视，使得人们非常关注雨水的情况。至少自秦汉时期开始就出现了地方向中央上报雨泽的制度，唐宋时期便有了雨量概念的出现和雨量器的发明。但由于雨泽上报制度中所存在的各种弊端，不同雨量标准的存在，以及传统文化对于雨水的认识，使雨量器及其所代表的科学技术在古代中国没能得到进一步的发展，甚至落后于原本向其学习的邻国。

关键词：雨量器，雨量概念

0 引言

中国自古以农立国，农业始终是上至最高统治者，下至普通老百姓所共同关心的问题。而雨水又是影响农业生产最主要的自然因素。中国位于亚洲东部太平洋西岸，受季风气候的影响，中国各地的降雨量呈现出由东南向西北递减的趋势，并大体上以秦岭—淮河为界划分为南方和北方。北方以旱地农业为主，南方则以水田农业为主。但由于农业对于雨水的需求不同，多雨的南方时有干旱之虞，干旱的北方也常受雨水之灾。

1 雨量器发明的历史考证

古人认为："夫稼，为之者人也，生之者地也，养之者天也。"天、地、人合称为三才，三才之中，"论其要，则莫要于天时，而地利次之，人和又次之"。"天时"是农业收成的主宰，在"靠天吃饭"的情况下，人们最盼望的就是风调雨顺。这首先是因为作物生长需要适量雨水的灌溉。但同时雨量的多少又制约着农业生产。雨多导致水灾，而少雨又酿成干旱，而水旱又是农业的两大主要灾害，"水旱，天时也"，雨水是"天时"中最为重要的内容。古人往往根据特定日子雨水的大小来预测年成的好坏，即所谓"占雨"，如唐韩鄂《四时纂要》中就提到："凡甲申风雨，五谷大贵，小雨小贵，大雨大贵；若沟渎皆满者，急聚五谷。"雪作为一种特殊的雨泽，于农业的关系尤为重要。俗话说"瑞雪兆丰年"。

1.1 中国古代雨泽上报制度和尺度雨量概念的形成

对雨水的关注，促成了雨泽上报制度的形成。从现有的材料来看，奏报雨泽是自秦汉以来就已形成的一个惯例。州县一级的官员必须定期地向朝廷上报当地的降水及农业生产情况。早在公元前 3 世纪，中国就出现了雨泽上报制度。《睡虎地秦墓竹简·田律》中就

本文已发表于台湾义守大学学报《人文与社会》2008 年第 2 期。

作者简介：曾雄生，中国科学院自然科学史研究所研究员、博士生导师。主要研究方向为农学史。

有关于雨泽上报的法律，要求各县根据远近，采用步行上交，或邮递传送方式，上报雨水情况。内容大致包括三个方面：一是对及时的雨（澍），要上报已垦尚未种庄稼的土地得雨顷数，以及庄稼因得雨而抽穗结实的田顷数。二是对一般的雨按已有庄稼的田，分为三类上报：一类是雨水不足，一类是雨水过多，一类雨水适宜。三是对于灾害，要求上报受旱、受暴风雨、受水潦、受虫害及其他损伤的庄稼田顷数。

原文如下：

“雨为（澍），及诱（秀）粟，辄以书言（澍）稼，诱（秀）粟及（垦）田场毋（无）稼者顷数，稼已生后而雨，亦辄言雨少多，所利顷数，早（旱）及暴风雨，水潦、（螽）蚰，郡它物伤稼者，亦辄言其顷数，近县令轻足行其书，远县令邮行之，尽八月□□之。[1]”

汉代也要求“自立春，至立夏，尽立秋，郡国上雨泽。若少，郡县各扫除社稷。其旱也，公卿官长以次行雩礼求雨。①”即在整个农作物生长期间，各地都要向中央上报雨量情况。

萧规曹随，秦汉时所形成的一些制度一直为后世所沿用。以“半部《论语》治天下”而称于后世的宋代，国家的治理在很大程度上依赖于祖宗成法。虽然有王安石为了推行新法，而提出了“祖宗不足法”的口号，但因不符合当时的国情，而免不了失败。在旧法和新法之间，宁愿松懈地执行旧法，而不愿锐意地实行新法。就上报雨泽一事而言，宋代更趋于制度化和法律化。宋真宗咸平四年（1001年）二月，州司覆验县所上降雨雪时辰、尺寸诏：诸州降雨雪，并须本县具时辰、尺寸上州，州司覆验无虚妄，即备录申奏，令诸官吏迭相纠察以闻②。宝元元年（1038年）夏六月立上雨雪限，诏诸州旬上雨雪限，并著为令③。宋神宗熙宁年间先后出台了多个与上报雨泽相关的法令。熙宁元年（1068年）二月辛亥，令诸路每季上雨雪④。神宗熙宁四年（1071年）四月，诏自今天下上雨雪状，司农寺每月缴进⑤。并规定司农寺，“凡诸路奏雨雪之阙与过多者皆籍之”⑥。神宗熙宁七年（1074年）三月，诏河北、河东、陕西、京东西淮南路转运司，具辖下巳得雨州军以闻⑦。四月，诏开封府界提点司督，责诸县捕蝗得雨，实时以闻⑧。五月，诏河北东西路转运司，疾速契勘辖下未得雨州军，入急递以闻⑨。六月，又诏天下奏报雨雪贼盗之类，旧悉以状进，令通进司分门类次，略为奏目进入⑩。宋孝宗淳熙八年（1181年）秋七月乙亥朔，是月定上雨水限，诸县五日一申州，州十日一申帅臣，监司类聚，候有指挥即便闻奏⑪。宁宗庆元年间（1195—1200年）诸州县条具

① 《后汉书·礼仪中》。

② 《宋会要辑稿》职官二之四五。

③ 《九朝编年备要》卷十、《宋史·食货上·农田之制》、《续资治通鉴长编》卷一百二十二、《宋史全文》卷七下。不过也有作月报的，如《宋史·仁宗本纪》：“六月甲申，诏天下诸州月上雨雪状”。

④ 《宋史》卷十四《本纪·神宗》、《九朝编年备要》卷十。

⑤ 《续资治通鉴长编》卷二百二十二、《资治通鉴后编》卷七十九。

⑥ 《宋史》卷一百六十五《职官·司农寺》。

⑦ 《续资治通鉴长编》卷二百五十一。

⑧ 《续资治通鉴长编》卷二百五十二。

⑨ 《续资治通鉴长编》卷二百五十三。

⑩ 《续资治通鉴长编》卷二百五十四。

⑪ 《宋史全文》卷二十七上。

雨旸及黍禾稻分数（自四月一日至九月终）县五日一申州。州十日一申安抚转运司，逐司类聚。四川、二广每月，余路每半月开具闻奏。诸水旱监司帅守奏闻不实或隐蔽者，并以违制论①。

自从有“上雨泽”制度的秦汉开始，雨水的少多就一直是上报的主要内容。先秦以前，很早就确定了以平地积雪的厚度来确定降雪量的大小，如“平地尺为大雪”②。但早期用以确定雨水多少并没有一个统一的量化标准，虽然，人们也能直观地感到雨水的大小和降雨时间的长短，也分别有不同的文字加以表示，如大雨为“澍”或“潦”，久雨为“淫”“濱”“滈”“鄏”或“鄙”，无雨为“旱”，小雨为“溟”“涑”“溦”“霢霂”“醑”“酉”“醯”或“霎”，微雨为“濛”或“郷”，疾雨为“瀑”，雨止为“霁”等；但量化起来却有困难，最初的量化在于降雨持续时间的长短，如“凡雨，自三日以往为霖”③。秦时注意到受雨面积，即秦朝律法中的“所利顷数”。或许由于受雨面积很难确定的缘故，上报受雨面积的情况并不多见，汉代以后，人们更多注意的是降雨时间的长短，如，“昭帝始元元年七月，大水雨，自七月至十月。成帝建始三年秋，大雨三十余日；四年九月，大雨十余日”（《汉书·五行志》）。

气象学家竺可桢依据《西游记》中讲龙王降雨，提到“午时下雨，未时雨足，其得水三尺三寸另四十八点”有关雨量的说法，认为元、明时期（1271—1644年）时，我国曾有以尺度量雨之观念[2]。气象学家王鹏飞更将这一观念产生的时间推前到南宋（1127—1279年）。他说，秦汉时期尚不能上报相当于平地尺寸的雨量，因为这只有从南宋时起才开始换算出来[3]。现有的证据表明，唐朝甚至更早，中国对于雨水的多少和降雪一样是由尺寸，甚至是分来计算的。计算的对象为雨水过后，地面积水深度（或入土深度，或积雪厚度）。宋人李昉等编《太平御览》卷十一引《葛仙翁传》有“日午大雨尺余水”的记载。葛仙翁，即葛洪（283—343年），炼丹家。一说葛仙翁名玄，字孝先，为葛洪之从祖。于此可见，尺度量雨之观念，可能在公元3、4世纪的晋朝即已出现。但考虑到李昉所引为二手材料，本文更倾向于将尺度雨量之观念形成时间定在唐朝（618—907年）。唐李复言（775—833年）《续玄怪录》卷四记李靖误入龙宫，夫人教其行雨的故事，故事中本约下雨一滴，李靖私下二十滴。没想到此一滴，乃地上一尺雨也。二十滴导致平地水深二丈④。从唐朝开始，雨水的尺寸已成为上报雨泽的内容。唐人李暠（682—740年）《祭北岳报雨状》中也有“臣至邢州，雨降盈尺”[4]。张九龄（678—740年）《贺祈雨有应状》：“昨日申酉之间，云物果应，初含五色，正覆于坛场；未及终宵，更洒于城阙：遂使炎埃宿润，虐暑暂消，实冀肤寸之资，毕致普天之泽。⑤”

唐以后，尺度雨量之观念更为普及。五代晋高祖（936—947年）时，曾祈雨于白龙潭，有白龙见于潭心，是夜澍雨尺余⑥。宋人杨亿（974—1020年）的《奏雨状》（约在999年）：就提到“本州……自夏至后来绝少时雨，……臣遂率军州僚吏精意祈求，

① 《庆元条法事类》卷四《职掌》，续修四库全书，0861-0889页。

② 《春秋左传·隐公九年》。

③ 《春秋左传·隐公九年》。

④ 《太平广记》卷四百一十八，《龙》一。

⑤ 《全唐文》卷二百八十九。

⑥ 《旧五代史》卷八十一，《晋书·少帝纪一》。

……寻于前月十六日相次降雨，不及寸余，清尘有余，沃焦无益。……十二日初旭，与知丽水县事殿中丞甄旦诣城北集福院，如其法请祷。……忽有微云自东北起，良久弥漫，至午未间，暴雨及寸余。由是阴结未解，至十三日大雨连昼夜，约及三四尺，溪谷涨满，沟塍流溢。①”真宗天禧元年（1017 年），王旦言：“兖州自春亢旱，行礼之夕，降雨及尺”②。神宗熙宁七年（1704 年）十一月苏轼《论河北京东盗贼状》中提到，“臣所领密州，自今岁秋旱，种麦不得，直至十月十三日方得数寸雨雪，而地冷难种，虽种无生”[5]。又一再祈祷之后，“虽尝一雨，不及肤寸”[6]。熙宁七年是宋代历史上的一个干旱之年，各地旱情严重，为了及时地了解各地旱情，朝廷对各地上报的雨水情况十分关注，皇帝也盼望着上苍能够及时地降下甘霖，地方官则揣摩上方的意思，在雨泽上报时弄虚作假，于是便有了司马光所提到的那种情况，“诸州县奏雨，往往止欲解陛下之焦劳，一寸则云三寸，三寸则云一尺，多不以其实”③。又哲宗元祐元年（1086 年）御史中丞刘挚言：“臣累具奏请，以谓罢蔡确及惇可致雨。昨者罢确而相司马光，宣麻之日，遂雨。自后不出旬日，三得雨。都城近尺，而畿甸尤为沛然。④”宋人洪迈在《夷坚志》中就有“震电注雨，顷刻水深数尺”（甲志）、“雨大至……水积于地尺余”（丙志）等有关雨量的描述。“开宝二年雨及五寸，即庐舍多坏”⑤。南宋郑刚中《祈雨祭文》中也有“与神为三日之约，傥能如约相报，惠雨盈尺，则躬率鼓吹饯归之。⑥”宋人诗歌中可以举出许多例子，见表 1。

表 1 宋诗中雨水的尺寸

作者	诗 题	诗 句	出 处
梅尧臣	送韩玉汝太傅知洋州三首	太白山前一尺雨，桑下问蚕田问耕。	全宋诗卷二六〇第 5 册 3297 页
石介	久旱	喙垂一尺雨一尺，得雨万丈成丰穰。	全宋诗卷二七〇第 5 册 3421 页
韩琦	观稼二首	尺雨滂然涤旱灾，行田因得过家来。	全宋诗卷三二五第 6 册 4032 页
韩琦	寒食开园	游人尽陟春台去，尺雨宜苏旱岁来。	全宋诗卷三三六第 6 册 4107 页
韩琦	孟冬朔日祀坟二首	无限人心苏尺雨，有时天意活苍生。	全宋诗卷三三六第 6 册 4110 页
黄庶	伊川喜雨	尺雨乘春慰望深，家家仓廪一年心。	全宋诗卷四五三第 8 册 5485 页
郑獬	祈雨	平地三尺雨，农家三尺金。	全宋诗卷五八六第 10 册 6894 页
释了元	沂山龙祠祈雨有应	一夜雷风三尺雨。	全宋诗卷七二一第 12 册 8336 页
郭祥正	题泗州龟山寺	借僧百万人，下坛三尺雨。	全宋诗卷七五九第 13 册 8833 页
苏轼	次韵孔毅父久旱已而甚雨三首	沛然例赐三尺雨，造物无心怳难测。	全宋诗卷八〇四第 14 册 9320 页
苏辙	遗老斋绝句十二首	田中有人至，昨夜盈尺雨。	全宋诗卷八七〇第 15 册 10129 页
苏辙	春旱	邂逅一尺雨，岂复阴阳和。	全宋诗卷八七一第 15 册 10152 页
孔平仲	至日作	积晦弥旬三尺雨，新阳半夜一声雷。	全宋诗卷九二六第 16 册 10889 页
李之仪	读渊明诗效其体十首	乘时得尺雨，吾农实难勤。	全宋诗卷九六七第 17 册 11246 页
陈师道	田家	昨夜三尺雨，灶下已生泥。	全宋诗卷一一一四第 19 册 12641 页

① 《武夷新集》卷十五。
② 《续资治通鉴长编》卷八十九，真宗天禧元年。
③ 《续资治通鉴长编》卷二百五十二。
④ 《续资治通鉴长编》卷三百六十九。
⑤ 《挥麈前録》卷之四。
⑥ 《北山集》卷十四。

续表

作者	诗　题	诗　句	出　处
张耒	苦寒二首	时倾墙下一杯酒，不怕檐前三尺雨。	全宋诗卷一一八二第 20 册 13357 页
张扩	次韵石倅喜江令祷雨有应三绝句	借得丰年三尺雨，此郎那解世间书。	全宋诗卷一三九九第 24 册 16090 页
周紫芝	雨余便有秋意夜闻络纬声甚急	朝来三尺雨，一洒遍原隰。	全宋诗卷一五〇〇第 26 册 17116 页
吕本中	阻雨不出	一夜北风三尺雨，卧闻车马溅泥声。	全宋诗卷一六二六第 28 册 18238 页
曾几	七月一日复大雨用前韵	山头一寸云，山下一尺雨。	全宋诗卷一六五三第 29 册 18516 页
王之道	和秦寿之喜雨	滂沱一尺雨，旱魃惊辟易。	全宋诗卷一八〇九第 32 册 20151 页
王之道	次韵张文伯喜雨	滂沱忽澍三尺雨，稿苗厌厌蕉绵绵。	全宋诗卷一八一〇第 32 册 20164 页
王之道	追和东坡张昌言喜雨呈同官	旱魃正须三尺雨，飞廉旋布四天云。	全宋诗卷一八一五第 32 册 20206 页
王之道	和徐季功舒蕲道中二十首	春旱正须三尺雨，江湖宁放老蛟潜。	全宋诗卷一八二〇第 32 册 20257 页
朱翌	喜雨欲行园	洗沐江山三尺雨，庄严天地十分春。	全宋诗卷一八六四第 33 册 20851 页
晁公遡	四月堰水甚小一雨灌田方足	滂沱三尺雨，泛溢千步堤。	全宋诗卷一九九三第 35 册 22370 页
周麟之	忧旱	霈然坐待三尺雨，拟赋云汉歌宣王。	全宋诗卷二〇八七第 38 册 23541 页
范成大	初发太城留别田父	路逢田翁有好语，竞说宿来三尺雨。	全宋诗卷二二五九第 41 册 25916 页
李处全	蜕龙洞	壁上梭飞三尺雨，匣中剑跃一声雷。	全宋诗卷二三九七第 45 册 27712 页
赵蕃	趣章永丰祈雨	旱繇十日晴，潦自三尺雨。	全宋诗卷二六一九第 49 册 30450 页
赵蕃	闵雨	惜此三尺雨，龙师恐不仁。	全宋诗卷二六一九第 49 册 30450 页
吴昌裔	九吟诗：翠蛟	吐出英云千尺雨，须臾雷霁水痕收。	全宋诗卷二九九六第 57 册 35657 页
范成大	送周直夫教授归永嘉	昨夜榕溪三寸雨，今朝桂岭十分寒。	全宋诗卷二二五五第 41 册 25867 页
赵善括	过清江怀莫谦父	昨夜忽添三寸雨，今朝尤喜一帆风。	全宋诗卷二五五八第 47 册 29679 页
史俊卿	祈雨有感	沛来三寸雨，感动九重天。	全宋诗卷三四四六第 65 册 41065 页
何梦桂	赠懒然子刘高士二首	一坞闲云懒出关，惭无肤寸雨人寰。	全宋诗卷三五二八第 67 册 42211 页
方一夔	喜雨	今年七月雨，稻田盈尺水。	全宋诗卷三五二九第 67 册 42225 页

所有的这些材料都证明，唐宋时期已经形成了尺度雨量的概念。现在的问题是，这些雨量数值是如何得出的？是用雨量器量出的呢？还是目估的？

就唐宋时所留下的雨水数值来看，的确没有资料证实为雨量器所测，且也留下了估计的痕迹，如杨亿的《奏雨状》中，所有的三次记录雨的厚度：一次是“不及寸余”、一次是“及寸余”，未测出寸以下的分。另一次是“约及三四尺”。未确定三尺还是四尺。三尺与四尺相差有一尺，更不提到多少分与寸，却用了“约”字，其粗略已很明显，可见实为估计所得。但若因此认为唐宋时期的雨水厚度皆为“估计所得”，而非实测所得，进而否定雨量器的存在则不尽然。

首先，制度不允许用估计来代替实测的降雨量。如，宋真宗咸平四年（1001 年）二月，州司覆验县所上降雨雪时辰、尺寸诏：诸州降雨雪，并须本县具时辰、尺寸上州，州司覆验无虚妄，即备录申奏，令诸官吏迭相纠察以闻①。如果雨量为估计所得，那么，层层“覆验”，“迭相纠察”是难以行得通的。

---

① 《宋会要辑稿》职官二之四五。

其次，我们在宋代文献中也的确看到了精确到“分”的雨量数值。南宋某年，“黟县申本县得熟，即无旱伤，寻具黟县雨旸帐呈，九十日内止有十来日得雨，所谓雨者，止是二（分）或不及分，止有七月初九日雨及五分”①。这么精确的数值显然是测量的结果。精确到分，其实也不是黟县一县的做法，实际上也是当时朝廷对各县的要求。宁宗庆元年间（1195—1200 年）诸州县条具雨旸及黍禾稻分数（自四月一日至九月终）县五日一申州。州十日一申安抚转运司，逐司类聚。四川、二广每月，余路每半月开具闻奏。诸水旱监司帅守奏闻不实或隐蔽者，并以违制论②。

有了尺度雨量观念之形成，雨量器的发明也就是顺理成章的事情。

1.2 雨量器的发明

雨水是流动的，和雪不同，雨水分寸尺丈的计算必须借助于专门的器物，这就涉及雨量器的发明和使用。起初人们或许只是依据生活经验对雨后地面积水的厚度进行推测，后来也可能对雨水进行测量，而用以测量的器具，便是生活中的一些器皿，如盆、盎等，公元前 4 世纪印度文献中所记载的雨量器，据称是最早有文献记载的量雨器，即是直径约 18 寸的盆（bowl）[7]。当雨水灌满盆、盎，并从盆、盎中翻出时，称之为“翻盆”或“翻盆盎”，又称为“倾盆”。“翻盆”“倾盆”之说，最早也见于唐代。诗人杜甫就有“白帝城中云出门，白帝城下雨翻盆”③，唐韩鄂《岁华纪丽》二《雨》“倾盆”注：“大雨”。后来便用“翻盆”或“倾盆”，形容雨势之大之暴。一般人都将“倾盆”理解为雨水像从盆中倾倒而出。实际上最初所谓“翻盆”或“倾盆”可能是指雨水大且急，很快就将盆注满，并从盆中溢出。如果这种理解不错的话，那么这里的盆或盎就具有雨量器的作用。

南宋数学家秦九韶的《数书九章》（成书于理宗淳祐七年，1247 年）中就有“天池测雨”（图 1）和“圆罂测雨”二题：

“问今州郡多有天池盆，以测雨水。但知以盆中之水为得雨之数，不知器形不同，则受雨多少亦异，未可以所测，便为平地得雨之数，假令盆口径二尺八寸，底径一尺二寸，深一尺八寸，接雨水深九寸。欲求平地雨降几何？答曰：平地雨降三寸。”

又：

“问以圆罂接雨，口径一尺五寸，腹径二尺四寸，底径八寸深一尺六寸，并里明接得雨水深一尺二寸。圆法用密率。问平地雨水深几何？答曰：平地雨深一尺八寸七万四千八十八分寸之六万四千四百八十三。”

气象学家和科学史家竺可桢认为，“雨量器是在中国最早应用的。宋秦九韶着《数书九章》，其中有一算题，乃关于雨量器之容积”[8]。数学史家钱宝琮先生对“天池测雨”一题中提到的“天池盆”做了高度的评价，指出“天池盆是世界文化史上最早出现的雨量器”[9]。然而，这一推论却引起了中外学者的质疑。研究中国科学史的杜石然等认为，从算题的内容来看，宋代可能还没有标准雨量器，“天池”是为了防火用的积雨容器，各州县都有，形状尚无一定的标准，可以说是我国雨量器的前身[10]。专门研究气象学和气象

① 《后村先生大全集》（卷之一百九十二）；《明公书判清明集》（中华书局 1987 年第 616 页）。

② 《庆元条法事类》卷 4《职掌》，续修四库全书，第 0861-0889 页。

③ 杜甫《白帝》（《全唐诗》卷二百二十九，第七册，2505 页）。

史的王鹏飞认为，秦九韶并未发明测雨器，因为一个测雨器必须具备这样的功能，即从容器内所收集的雨水应能直接量出（而不是算出）平地雨水的厚度。秦九韶所用的承雨器（天池盆和圆罂）并不具备上述这种性能[11]。韩国外国语大学的朴星来（Park Seong-Rae）也从东亚科学编史学角度对天池盆为雨量器的说法进行了否定，而他的立论依据正式来自于中国学者杜石然等人的著作[12]。

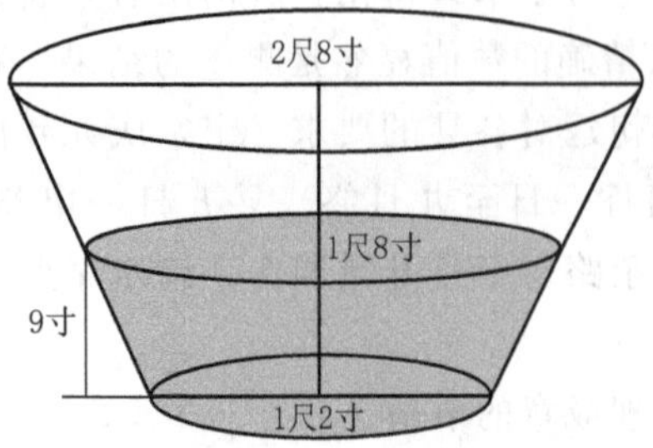

图 1　《数书九章》中的天池盆示意图

那么，宋代的“天池盆”是不是雨量器，或者说宋代到底有没有雨量器呢？的确，在一些中国古建筑物前面，人们至今仍然能看到许多过去曾用于贮水的大瓮，据说它的作用主要用于防火。但是据此来推断“天池盆”的作用在于防火则难以成立。远水救不了近火。很难以想象人们会用承接天然雨水的办法来防火，万一盆中之水尚未盛满，就发生大火，岂不哀哉。所以把天池盆当作是防水用器从情理上是说不通的。用它来计算雨量也是在它没有水，或者是水位固定的情况下才能进行。其次，从题中天池盆的大小尺寸来看，盆中之水也很难说是用来防火的。题中的天池盆是一个“口径二尺八寸，底径一尺二寸，深一尺八寸”的容器，按它的尺寸计算，这个天池盆的容积即便是承满盆也不足以防火救火。不仅如此，从规格来看，除口径和底径不一致外，其规格尺寸和后来留下数据的朝鲜的测雨器相当。1441 年朝鲜户曹提议制造的测雨器是长（深）二尺，径八寸；1442 年朝鲜制测雨器的规格是长（深）一尺五寸，圆径七寸；至今保存在大丘、仁川等地刻有乾隆庚寅年（1770 年）颁发的雨量器为高一尺，广八寸。第三，从题中所要解决的问题来看，也不是用于防火而是要得出地面的降雨量。所以，天池盆显然不是用来防火的，而是雨量器。

其实，天池盆是雨量器，秦九韶自己说得明白。他在《数书九章·序》中解释为何要叙述“天池测雨”等“天时”问题时，如是说：

“七精回穹，人事之纪，追缀而求，宵星画晷，历久则疏，性智能革，不寻天道，模袭何益。三农务穑，厥施自天，以滋以生，雨膏雪零。司牧闵焉，尺寸验之，积以器移，忱喜皆非。述天时第二。”

“天池盆”之所以称为“天池盆”，是与古人对于天地人“三才”及其与农业生产关系的认识分不开的。“三农务穑，厥施自天，以滋以生，雨膏雪零。”用“天池盆”来测雨水，正是“司牧”（地方官）们用以了解当地农业生产服务的，跟防火无关。从文中不难看出，刻有“尺寸”的“器”是用来“验”雨雪的。“天池测雨”一题的述文也明确指出，天池盆是用以测雨水的，“今州郡多有天池盆，以测雨水”。它使用的方法也和雨量器一致，即“以盆中之水为得雨之数”。问题是天池盆和圆罂还不是标准的雨量器，“器形不同，则受雨多少亦异”，所以“未可以所测，便为平地得雨之数”，也即“序”中所称的“积以器移”。解决的办法就是计算。所有这些都充分说明“天池盆”是雨量器而非积水灭火用器。同时，秦九韶的这种认识也为标准雨量器的制定奠定了思想基础。

宋朝已经使用水在盆盎中的水位来计算时间，并且在盆盎上标有刻度。田漏等就是这样制造出来的（图 2）。梅尧臣有诗云：“瓦罂贮溪流，滴作耘田漏。不为阴晴惑，用识早暮候。辛勤无侵星，简易在白昼。同功以为准，一决不可又。①”

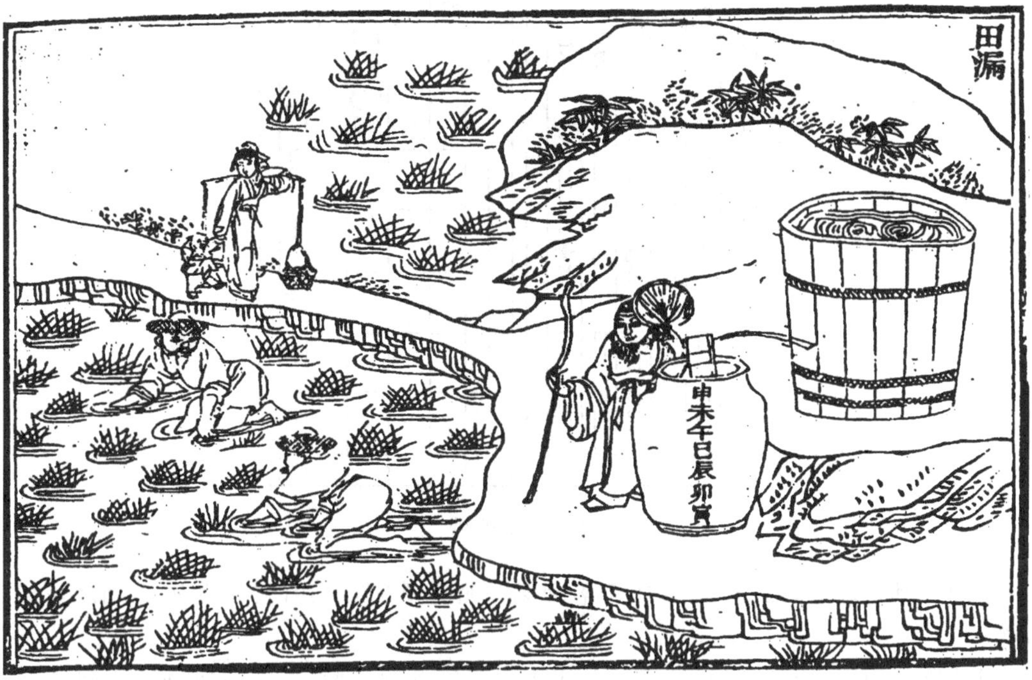

图 2　田漏图

这种时间的计量方法和雨量器的计量方法是可以相通的，它可能是借用了雨量器的方法，或者相反，这种方法也可以移植到雨量器上来。

宋朝还将雨量器的原理用于测水。宋朝在各地的渠道、河道、陂塘及平原地区普遍设置水尺，用以观测水位[13]，其所用的方法和水位计量标准，均与雨量器有相似之处。

北宋熙宁十年，范子渊奏称：“熙宁八年八月，……臣契勘当年二股河次下埽分，各有河水长落尺寸月日。②”当时黄河上已有长年依月日记载的水尺水位的变化数据，称为“埽上水历”。南方地区水网密布，雨水频繁。水尺的设置更多。如浙东鉴湖“立石则水，一在五云桥，水深八尺有五寸，会稽主之；一在跨湖桥，水深四尺有五寸，山阴主之。③”而最著名的莫过于太湖地区的吴江水则碑（图 3）。碑分左右。左水则碑“长七尺有奇树垂虹桥北之左，石长七尺有奇，横为七道，道为一则，以下一道为平水之衡。水在一则则高低田俱无恙，过二则极低田渰过，三则稍低田渰过，四则下中田渰过，五则上中田渰过，六则稍高田渰过，七则极高田俱渰。如某年水至某则为灾，即于本则刻曰：某年水至此。凡各乡都年报水灾，虽官司未及远临踏勘，而某等之田被灾不被灾者，已预知于日报水则之中矣。长民者时出垂虹以验之，俱得其实，而虚冒者无所容也。”右水则碑“长七尺有奇树垂虹亭北之右……分上下为二横，每横六直，每直当一月，其上横六，直刻正月至六月，下横六直刻七月至十二月，每月三旬，月下又为三直，直当一旬，三季一十八旬，凡

① 梅尧臣《宛陵集》卷五十一。
② 《续资治通鉴长编卷》二百八十二。
③ 曾巩《元丰类稿》卷十三《序越州鉴湖图》。

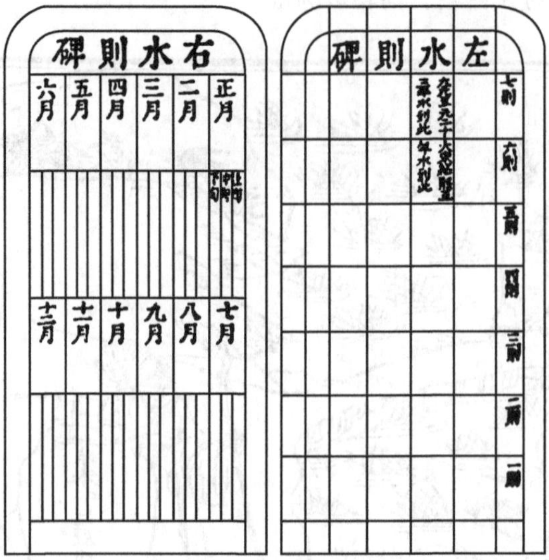

图 3 水则碑

一十八直，其司之者，每旬以水之涨落到某，则报于官，其有过则为灾者刻之，法如前意。①”

测水除了用于预测灾害程度之外，还作为水资源的分配②，甚至量刑定罪的依据③。测雨和测水多是同时进行的。朝鲜世宗二十三年（1441 年），朝鲜在推行铁质测雨器的同时，“又于马前桥西水中，置薄石，石上刻立趺石二，中立方木柱，以铁钩镍趺石，刻尺寸分数于柱上。本曹郎听审雨水浅深分数以闻；又于汉江边岩石上立标，刻尺寸分数，渡丞以此测水浅深，告本曹以闻”④。“树石测水，宋旧制也。⑤”追究测水的历史，也可上溯到宋朝，甚至更早。

据上面的分析，“天池测雨”一题可以做以下几点解读：①从天池盆放置的地点“州郡”来看，天池盆应该具有某种政治上的功能，这一功能很可能就是上报雨泽，因为自秦汉以来，州郡就有定期上报雨泽的制度。宋时的州郡官员很可能就是依据天池盆中所承接的雨水来上报朝廷的。其之所以称为天池盆还因为他有承接上天恩泽的意思，因为雨水常常被视为上天所赐的甘霖的意思。②天池盆是可以用来测雨的，“盆中之水为得雨之数”。③雨量指的是“平地得雨之数”，并非雨水入土深度。④放置在各州郡的天池盆，其器形并不统一，还不足以称为标准的雨量器。

应该指出，尽管天池盆和圆罂不是标准的雨量器，但不能据此否认宋代有标准雨量器概念的存在。因为量雨是为了上报的，要上报必然要有标准，如果标准不同，上报就没有

---

① 《吴中水利全书》卷十八；《嘉善志》，转引自唐启宇《中国农史稿》第 569 页。

② 郭子皋为解决蜀州高原和邛州大邑两县用水的矛盾，“均以夫井，断木为平，以限水广深多寡，自木为准，目曰水平。由是大邑之水，不买而足。号曰郭公平”（范祖禹《范太史集》卷四十二《朝奉郎郭君墓志铭》）。

③ 润州丹阳县，县有练湖，专为运河蓄贮水量，政府控制很严，规定“决水一寸，为漕渠一尺，故法盗决湖者，罪比杀人”（欧阳修《文忠集》卷三十三《尚书工部郎中充天章阁待制许公墓志铭》）。

④ 《世宗实录》卷九十三。

⑤ 《嘉善志》，转引自唐启宇《中国农史稿》第 569 页。

任何意义。《数书九章》是一部数学书，书中涉及的问题，必然要涉及计算，所以往往是非标准器形。书中的“竹器验雪”和“峻积验雪”两题[①]也是从数学的需要来设计的。因为计量降雪的厚度只要用尺子一探，便可得知，根本不用计算。实际上，“天池测雨”等题的出现表明当时人们对于雨量器的原理及运用已有相当的认识，根据这一认识制造出一种简便直观的雨量器也是非常容易的，只要将承接雨的器具做成口径和底径同样大小即可。因此，不能因为在一本数学书中采用了计算便否定当时有标准雨量器的存在，而恰恰应该看到数学问题之外，时人对于雨量器原理的认识，以及理论上存在标准雨量器的可能。

“天池测雨”和“圆罂测雨”两题所要求得的是“平地得雨之数”和“平地水深”。这正是宋代“上雨泽”的主要内容。这一内容在宋代一些地方官员“上雨泽”的“奏折”中得到了证实。前引杨亿《奏雨状》在“寻于前月十六日相次降雨，不及寸余”之后，接着“清尘有余，沃焦无益”，明显是指平地得雨之数而非入土深度。宋代上雨泽的资料通过史书保留下来，从中也可以看到当时上报雨泽的内容指的是平地得雨之数。如，《宋史·五行志》记载，太平兴国二年（977 年），“道州春夏霖雨不止，平地二丈余”。又如，太平兴国五年（980 年）五月，“京师连旬雨不止”。再如，大中祥符三年（1008 年）“五月辛丑，京师大雨，平地数尺，坏军营、民舍，多压者，近畿积潦。”又据《玉海》载，淳化三年（992 年）五月己酉以岁旱分遣官决狱，是夕降雨尺余[②]。从上面的例子中，可以发现宋代上雨泽可能包括下面的一些内容：时间、地点、持续长度、平地积水深度和受益或受害程度等内容。宋代还用同样的计量标准用于沙尘暴过后，地面积土的厚度。熙宁七年（1704 年）六月，吕惠卿执政。命下之日，京师大风，雨土翳席逾寸[③]。

有学者认为，唐宋时期的雨量尺寸值并非由可靠的雨量器测出，而是在下雨时或雨后目估地面积水的厚度或用犁锄估计出的雨后湿土深度，以此否定雨量器的存在。但问题是，唐宋以前并没有见到雨水的尺寸数值。众所周知，中国度量衡制度的起源很早。《隋书律历志》例举了从周代到隋代十五种尺做长短比较。将雨水用厚度（尺子）表达，按理在周代就应当想到了，可是却迟迟没有实现，原因之一，就在于未发明可确切表示雨水多少的方法和工具。直至唐宋时期才开始见到用尺寸分来表示的雨量数值的记载。这不正好是唐宋以后出现雨量器的证明吗？虽然不排除有些数值是湿土深度，但更多的当是用雨量器测出的地面积水深度。否则的话，我们如何去解释周代便有度量衡，而在唐宋时期才出现雨水尺寸数值？

雨量数值，甚至非雨量器的水则的存在，就是尺度雨量观念形成的重要标志。因为在没有直接证据讲明雨量器存在的情况下，可以通过雨量器发明原理和雨量器使用所留下的一些数据来反推雨量器的存在。除非有理由否认这些数值不是雨量器量出的，而是“估计所得”。举个简单的例子来说，我们看见一个蛋，推论出这儿肯定有鸡。除非你能证明这个蛋不是鸡蛋，而是鸭蛋、鸟蛋，甚至是一块石头。而我们认为，唐宋时期所留下的雨量

---

① “竹器验雪：问以圆竹箩验雪箩口径一尺六寸深一尺七寸底径一尺二寸雪降其中高一尺箩体通风受雪多则平地少欲知平地雪高几何？……答曰平地雪厚九寸三千四百二十九分之七百六十四。”“峻积验雪：问验雪占年，墙高一丈二尺，倚木去址五尺，梢与墙齐，木身积雪厚四寸，峻积薄平积厚，欲知平地雪厚几何？答曰平地雪厚一尺四分。”

② 《玉海》卷一百九十五；《群书考索》卷三十六。

③ 《宋资治通鉴·宋纪》七十。

数值虽然可能有目估的成分，但不能完全排除有雨量器的存在。

鉴于唐代，甚至更早就已出现雨量尺寸的记载，认为雨量器至少在唐代即已出现是可能的。如果以唐人李暠（682—740年）、张九龄（678—740年）等在上报雨量时用到了尺寸的概念为依据，则中国至少在8世纪前后应有雨量器的发明，比朝鲜的同类发明（1442年）提前了740余年，也比秦九韶《数书九章》中有关天池盆的记载早了540余年。

2 雨量器在古代中国之命运

中国自秦汉开始就有雨泽上报制度，至少从唐朝开始雨量由尺、寸、分来表示，且自宋以后标准雨量器的概念也已形成，距标准雨量器的运用也只有一步之遥，但由国家制订并推广的标准雨量器在中国似乎并没有出现，更没有在此基础上建立起全国性的观测网点，各州县只是以“天池”中所承接的雨水上报朝廷，而且使用的标准也没有统一。这一点和朝鲜形成了鲜明对比。1441年以前的朝鲜也是采用中国的上雨泽的成法。确切地说，采用的是明洪武时制订的“雨泽奏本式”，要求奏明“雨泽事，据某人状呈：洪武几年几月几日某时刻下雨至某时几刻止，入土几分”[14] 等项内容。如，朝鲜世宗七年（1425年）四月庚子朔……壬子，“命诸道、郡、县，有雨泽，则入土深浅，开具驰报”①。但是，他们很快就发现，“土性燥湿不同，入土浅深亦难知之”，于是在户曹的建议之下，从世宗二十三年（1441年）开始，由官方铸造出标准的雨量器，并在全国各地推广，形成了全国性的雨器观测网点[15]。至今在朝鲜的大丘、仁川等地还保存有乾隆庚寅年（1770年）颁发的雨量器，均为黄铜制，刻有标尺，计高一尺，广八寸。这是世界现存最早的雨量器。

那么，何以很早就开始上报雨泽，并且至迟在宋代以后即有标准雨量器概念出现的中国，没有更进一步，反而落后于一直跟在自己后面的朝鲜？这是本文所要关注的另一个问题。

2.1 雨泽上报中所存在的弊端

雨泽上报制度如果从秦朝开始算起，到宋朝也已行用了上千年。只是有些制度时间一长，就难免变成例行公事，走过场，搞形式主义。秦汉草创，制度尚且完备。后世因循，因呈式微之态。宋代虽有复兴之意，奈何时冷时热，也没有严格执行。宋朝多次颁布过诏令，申明上报雨泽之令，但时紧时松，或一月三报，或三月一报。而且申明过多少次也就意味着被忽视过多少次。因为如果执行得很好是用不着一再重申的。频繁申明且号令不一，也使人感到无所适从。欧阳修就曾对政令多出的弊政进行过批判，“夫言多变则不信，令频改则难从。今出令之初，不加详审，行之未久，寻又更张。以不信之言，行难从之令，故每有处置之事，州县知朝廷未是一定之命，则官吏咸相谓曰：‘且未可行，不久必须更改。’或曰：‘备礼行下，略与应破指挥。旦夕之间，果然又变。’② ”雨量上报制度也受到这种弊政的影响。

即便上报雨泽制度在一个朝代里或某一时期得到较好地执行，也会随着改朝换代而走

---

① 《李朝实录》第七册《世宗实录》卷二十八（东洋文化研究所，昭和三十一年（1926年），419页）。

② 欧阳修《文忠集》卷四十六《准诏言事上》。

样，乃至寝废。明清两朝的情况可以说明问题："洪武中，令天下州县长吏月奏雨泽。……承平日久，率视为不急之务。……后世雨泽之奏，遂以寝废。①"明仁宗时抓了一抓，无赖好景不长，仁宗在位不到一年便不治身亡（永乐二十二年（1424 年）旧历八月即位，年号洪熙，次年（1425 年）五月，47 岁的仁宗皇帝即宣告病死），此后，雨泽上报制度又趋式微。清代也是如此，清雍正以前，并没有很好的雨水上报制度，皇帝要了解各地雨情往往要通过别的渠道来实现。如康熙三十二年（1693 年）六月上谕大学士等曰："朕每见各省往来及请安之人，必问地方情形雨水沾足与否?"甚至要派官下去"详问督抚，观看雨水形势来奏"②。只是雍正朝时才要求，"所属境内无论远近一有雨泽即行奏闻"③。乾隆朝以后才有"直省旬月奏报雨雪"的规定④。

问题的根源在于朝廷。上方只是要求下面如期上报，但上报之后，如何处置各地上报上来的材料却没有一个很好的办法，这本是一个技术性很强的问题，在这个问题没有得到很好的解决以前，处理各地上报来的数据甚至被认为是一件繁琐的事情。有宋代"先是雨雪状诸州径奏，朝廷以为繁，故改法令司农寺编排缴进，而司农亦以为疲于省览"，于是，熙宁七年（1704 年）正月丙辰，诏自今诸州具属县旬申雨雪尺寸上提点刑狱司，本司类聚上司农寺类聚月奏，有稽违者纠之⑤。同年七月癸卯，又诏天下奏报雨雪、贼盗之类，旧悉以状进，令通进司分门类次，略为奏目进入⑥。明朝的时候，最初各地上报雨泽的奏章都上交到主管内外奏章的通政司，但通政司觉得每年要处理大量的这类地方报告不胜其烦，于是，永乐二十二年（1424 年）请求"以四方雨泽奏章类送给事中收贮"⑦。仁宗皇帝即位后认为此举失去了上报雨泽的初衷，"徒劳州县"，要求"亲阅"⑧。而明清时期的大多数的皇帝根本不览"雨泽奏章"，而只是听任有司处理。如明朝曾规定，"凡天下府州县奏到本年雨泽本，年终面奏，类送户科；凡本司日逐收下奏本夹板，年终面奏，令锦衣卫差人运送司礼监交收"⑨。有些皇帝即便过问雨泽之事，也只是关心雨水如期与否、沾足与否，对于具体的数字并不感兴趣，甚至也没有概念。如清雍正二年（1724 年）五月初五日，皇帝在给直隶巡抚利瓦伊钧臣上报雨泽奏折所做的批示中写道："连降时雨，大约沾被宽广，朕忧岁之心已释。雨泽分数，此后可不必频频奏报矣。⑩"不仅如此，上报者也觉得"仅得微雨者，不敢繁叙，上渎宸聪"⑪。上雨泽奏中最多的就是"阙雨"或"沾足"之类的字眼。这种情况至少从宋代以来便是如此。如，南宋绍兴十七年（1147 年）六月丙申，上谓秦桧曰："雨泽稍频，细民不易。"桧曰："前日蒙宣问常、润、江南阙雨，臣弟棣赴宣州新任，近得本州申报，雨已沾足。"上曰："此时多雨，陂塘有所潴蓄，秋或旱

① 《日知录》卷十二。
② 《圣祖仁皇帝圣训》卷二十一。
③ 《世宗宪皇帝朱批谕旨》卷十上。
④ 《皇朝文献通考》卷一百五十二。
⑤ 《续资治通鉴长编》卷二百四十九，6070 页。
⑥ 《续资治通鉴长编》卷二百五十四，6220 页。
⑦ 顾炎武，《日知录集释》卷十二，《雨泽》。
⑧ 《日知录》卷十二。明·余继登《皇明典故纪闻》卷八。
⑨ 《明会典》卷一百六十七。
⑩ 《世宗宪皇帝朱批谕旨》卷十上。
⑪ 《世宗宪皇帝朱批谕旨》卷十上

干，可备灌溉，农夫有丰稔之望，甚可喜也。[①]”只关心定性的结论，而忽视定量的分析也影响到雨量器的进一步发展。

由于大多数皇帝对于具体的雨泽数字并不感兴趣。各州县辛苦弄出来的数据也是“徒劳”，因此，虚报的现象时有发生，从宋真宗咸平四年（1001 年）二月发布的诏令来看，雨雪上报中存在的“虚妄”现象自宋初以来就已存在，否则的话何以会要求诸州州司覆验各县上报的降雨雪时辰、尺寸，在确定“无虚妄”之后，才可以“备录申奏”，还要命令“诸官吏迭相纠察以闻”[②]。

那么，官员们又为何要冒着风险去进行虚报呢？原因之一便是投上方所好。熙宁七年（1704 年），各地旱情严重，为了及时地了解各地旱情，朝廷对各地上报的雨水情况十分关注，但“诸州县奏雨，往往止欲解陛下之焦劳，一寸则云三寸，三寸则云一尺，多不以其实”[③]。同年在京东、胶西、淮浙等地还发生了严重的蝗灾，但有人却说“蝗不为灾”，甚至说“为民除草”[④]。因为这种“现象”（假象）的出现，不仅可以表示皇帝的英明伟大，同时作为当地的守土之官也是面上有光，升迁可待。这种情形促使了虚报的盛行。本来在大灾之年，农民的赋税负担可以得到不同程度的减免，甚至可以得到政府的及时救助，但是，前面已经提到，由于地方官出于各种私心杂念，或曲意奉承，以图进身，或地方保护，以树立形象，往往对灾情进行虚报瞒报。北宋元祐五年七月龙图阁学士知杭州苏轼就发现了这样的现象，“诸路监司多是于三四月间先奏雨水调匀，苗稼丰茂；及至灾伤，须待饿殍流亡，然后奏知，此有司之常态，古今之通患也。丰熟不须先知，人人争奏，灾伤正合预备，相顾不言。若非朝廷广加采察，则远方之民，何所告诉？[⑤]”甚至“州郡岁常先奏雨足岁丰，后虽灾害，不敢上闻，故民赋罕得蠲者，乃下诏申饬之”[⑥]。这是先报雨水条件好，而后歉收的情况，有时候也有相反的情况，先报雨水条件不好，后报丰收的情况。南宋时某年，“黟县雨晹帐呈，九十日内止有十来日得雨，所谓雨者，止是二或不及分，止有七月初九日雨及五分”，从这个降雨情况来看，当年黟县的旱情是很严重的，但该县却“申本县得熟，即无旱伤”，这种情况不单发生在黟县，“诸郡率谓旱伤不至于甚，如信州虞守谓晚禾倍熟”。为了掩盖事实真象，诸郡还要“先移文□制诸村诸邑不得申旱。”结果受害的是百姓。了解内情的刘克庄不无感慨地说：“古人谓县令字民之官，不损犹应言损，今者所申何其与古语背驰也？[⑦]”在这种情况下，即使有标准雨量器也会形同虚设。这也就是宋代已完全具备制造和使用标准的雨量器，一些州郡却要用口径大（二尺八寸）而底径小（一尺二寸）的天池盆作为测雨器，以测雨水，用以上报的原因。因为用这种口大底小的雨量器，“平地雨降三寸”，天池盆中却显示“接雨水深九寸”，上报时便说成一尺，以此来解皇上的“焦劳”，保住自己的乌纱帽，甚至得以升迁。此其一。

---

① 《建炎以来系年要录》卷一百五十六。

② 《宋会要辑稿》职官二之四五。

③ 《续资治通鉴长编》卷二百五十二。

④ 《东坡全集》卷七十三，上韩丞相论灾伤手实书。

⑤ 《续资治通鉴长编》卷四百五十一，又《苏轼集》卷五十七。

⑥ 《宋史》卷一七四《食货志上二》，4207 页。

⑦ 《后村先生大全集》卷之一百九十二，又《明公书判清明集》（中华书局，1987 年第 616 页）。

其二，虚报出于某种程度的地方保护主义。大灾大害之年，国家往往会在“检踏”的基础上，依据灾情，对赋税征收进行适当的调整，一些地方官员出于地方保护主义，往往对灾情进行虚报，以减免应缴赋税，其手段之一就是在降雨量上做手脚，比如，为了夸大旱情，往往会将降雨量有意识地少报，以给人形成旱情严重的印象。比如，苏轼在杭州任职期间，由于当地“大旱，饥疫并作，轼请于朝”，获得了“免本路上供米三之一”等多项优惠①。但也有人认为，苏轼在这一过程中弄虚作假，指出“累年灾伤不过一二分，轼则张大其言，以甚于熙宁七八年之患。彼年饥馑疾疫，人之死亡者十有五六，岂有更甚于此者”。并认为他这样做是为“邀小人之誉……窃忠荩之名”②。

宋代虽然也采取了一些防止造假的措施，如，宋真宗咸平四年（1001 年）二月诏令规定：“诸州降雨雪，并须本县具时辰尺寸上州，州司覆验无虚妄，即备录申奏，令诸官吏迭相纠察以闻。③”通过“覆验”“迭相纠察”等方式来防止弄虚造假。法律明确规定，“诸水旱监司帅守奏闻不实或隐蔽者，并以违制论”④。但这只能说明历来造假现象并没有得到遏制。元代也有“验雨泽”之说，至元元年（1264 年）八月颁布《至元新格》规定地方官要“均赋役，招流移，……劝农桑，验雨泽，……月申省部”⑤。这种造假现象也出现在其他领域，比如天文观测，在传统文化中，天象的变化被视作王朝兴衰的反映，历代朝廷出于对自身命运的关注，也十分关注天象的变化，为了加强天文观测的准确性，防止弄虚作假，宋朝同时设置了天文院和司天监两个天文机构，以“互相检察”，每天都要将两个部门独立完成的观测报告进行核对，“奏状对勘，以防虚伪”。但是在熙宁年间，这两个部门却串通起来，共同编写观测报告，并且成为公开的秘密，对于“日月五星行次”，只是根据历法推算出来的结果，而根本就没有去进行观察，有关人员纯粹是只拿俸禄不干活。熙宁七年（1704 年），沈括提举司天监时，“尝按发其欺，免官者六人，未几其弊复如故”⑥。和上报天象记录相比，雨量上报似更容易一些，因为十里不同天，上方更难以稽查。因为虚报而受制裁的可能性更小，虚报的情况只会更加严重。

明清时期，也存在相同的情况。主要表现，一是不及时上报，二是虚报。《康熙起居注》就可以查到许多这样的例子，如康熙二十八年（1689 年），“山东、陕西等省已报雨泽沾足，惟盛京未见奏报，致烦圣虑”。康熙五十六年（1717 年），礼部所上报雨奏中，“雨之大小沾足与否，并未声明”，而且“寅时雨止”，至“未时方奏”，中间相距 5 个时辰，10 个小时。康熙帝称，“各处报雨，皆未有如此之糊涂者”。为此，康熙皇帝下令将报雨迟延、屡次蒙混之礼部尚书殷特布（殷忒布）等革职，交刑部治罪。同年，因为上报雨泽问题受到康熙帝批评的还有大学士松柱，康熙当着松柱的面说：“尔等今年报雨甚是荒唐。皇子等已奏雨泽均沾，尔等犹云甘霖未足，岂雨有终日祈祷不已之理耶？况今年粮米亦属丰收。”松柱只好推卸责任，奏曰：“此系礼部所奏。”又遭到了皇帝的严厉批评，上曰：“尔等诿之部臣，部臣诿之司官，司官乃微员，岂可竟以其言为

① 《宋史·苏轼传》。

② 《續資治通鑑長編》卷四百六十三，起哲宗元祐六年八月戊子盡是月壬辰。

③ 《宋会要辑稿》职官二之四五，第三册，2394 页。

④ 《庆元条法事类》卷四《职掌》，续修四库全书，0861-0894 页。

⑤ 《元史》卷五《世祖本纪二》。

⑥ 《梦溪笔谈》卷八。

实耶？尔等身为大臣，享厚禄，惟以己身衰老，希图安逸，于国计民生毫不筹画而行，是自取死也。[16]”清乾隆时，皇帝就曾指出“阿桂等节次所奏雨水情形，与甘省常年被旱之言，迥不相符，其为捏饰浮冒，开销监谷，更属无疑”①。数字出官，官出数字。上报的数字并不取决于量雨的结果，而取决于上方的需要以及下方对上方喜好的揣摩，使用和改进雨量器也就没有必要。

虽然总体上说来，雨泽上报制度并没有得到上方足够的重视，但在长达千余年的历史中，上方重视的时候也曾有过，只是这种重视到了基层往往会走样。政令不通也是导致雨量器得不到进步的一个原因。可以 20 世纪 20 年代的一个例子来推测雨量器的命运。1922 年，中华教育改进社在济南开年会时，中央观象台曾有请各省于每县择一中学或小学担任报告雨量及暴风雨案，当经大会议决。并由教育部行文至各省教育厅，训令各县办理其事。计其所费仪器一项，不过五元之数，洵可谓轻而易举。乃各省县均置若罔闻，视为虚文，至最近则教育部以经费支绌，竟有以中央观象台低押借款之说矣[17]。另外，还有一个从业人员的素质问题。由于对雨水多少的精度重视不够，从事测报的人员往往素质低下，也使测报数据难以精准。竺可桢据 W. Doberek《论 1886 年中国东南的气象》（1888 年）一文说，“我国自有海关以来，即有观测所，然观测员均系门外汉，所记不可靠”[18]。这也是影响雨量器进一步发展的原因之一。

2.2 雨量的双重标准

上报雨泽所依据的标准没有统一也是影响雨量器进一步发展的原因。雨量器所得出的是地面得雨之数，但从秦九韶的《数书九章》来看，各地使用的用以测量雨量的天池盆并没有统一的标准，“积以器移”的情况在所难免。更有甚者，中国历史上不仅雨量器的标准没有统一，即便是雨量的标准也没有统一。有时候所谓的“雨量”指的是“地面得雨之数”，而有时候指的又是“雨水入土深度”。

从宋代的情况来看，天池盆所得之雨，自然为“地面得雨之数”，但宋代似乎还存在另一种标准，即以雨水的入土深度为雨量标准。如，神宗熙宁七年（1704 年）九月戊戌，上以连日阴雨，喜谕辅臣曰：“朕宫中令人掘地及一尺五寸，土犹滋润，如此必可耕耨。②”更如，神宗元丰五年（1082 年）四月，上以自春亢旱，靡神不宗，及此雨尺余，喜见於色，谓辅臣曰：“禁中令人掘地，润及五寸，秋成当复有望，殆天助也。③”在民间和文人笔下也有“一犁雨”的说法，如苏东坡“昨夜南山雲，雨到一犁外”④。同类的诗句还有：“柔桑蔽野麦初齐，布谷催耕雨一犂。⑤”“东皐好雨一犁足，麦半黄时秧半青”（葛绍体，《溪上》）。虽然有注释家认为这只是表示“一场雨”较为形象的说法⑥。但也有说，“一犁雨”指雨水入土的深度，具体说来，“雨以入土深浅为量，不及寸谓之一锄雨；寸以上谓之一犁雨；雨过此谓之双犁雨”⑦。

---

① 《钦定兰州纪略》卷十一。

② 《续资治通鉴长编》卷二百五十六，6247 页。

③ 《续资治通鉴长编》卷三百二十五。

④ 《苏东坡全集·前集》卷十四，《诗·东坡八首》。

⑤ 释道潜《游径山怀司马才仲》，918 页。

⑥ 参考《文史知识》1998 年第 11 期，“一蓑雨”和“一犁雨”。

⑦ 《凤台县志·食货志》。

从明清时期的情况来看，确实存在以雨水入土深度作为雨量上报的情况。明初洪武年间制订的“雨泽奏本式”，就明确要求奏明“雨泽事，据某人状呈：洪武几年几月几日某时刻下雨至某时几刻止，入土几分”[19] 等项内容。清代也能找到许多上报雨水入土深度的奏折。如，雍正八年（1730 年）三月十三日吏部尚书署陕西总督查郎阿、西安巡抚武格的奏折中便提到“初九、初十、十一等日，连得时雨，入土一尺有余，土膏透润，麦豆秀颖”①。又如，“今于三月初五日戌时起细雨，至初六日巳时止，经阳曲等附近州县已报到者，俱云入土一二寸不等，于麦苗大为有益”②。

奏报雨泽中“入土几分”的引入，表明人们更加注意雨水的实际效果。但是，“入土几分”也没有成为上报雨水的唯一标准。首先，上报“入土深度”虽然更重视雨水的效果，但操作起来比测量地面得水之数要更加困难一些，且精确度也较差。朝鲜在英宗四十六年（1770 年）之所以要推广雨量器就是因为雨量器“比诸一犁一锄之报，颇为详密”③。其次，入土深度除雨量大小外，还与土壤性质有很大的关系。1441 年，朝鲜世宗二十三年，提出铁铸造雨量器，也是因为“土性燥湿不同，入土浅深亦难知之”④。同时，还有一个雨水下渗时间长短的问题。中国国土辽阔，各地土壤性质更是迥异，《尚书·禹贡》和《周礼·职方氏》早已言之凿凿。这样以入土深浅为上报标准更不可取。另外，作为雨泽的重要组成部分——雪，测量入土深度更有困难，但平地得雪厚度却比雨水更易测量。因此，以“入土壤深度”为依据并没有成为“上雨泽”的唯一标准。

明朝虽然官方规定要求上报雨水入土分数，但从嘉靖年间成书的吴承恩的《西游记》来看，测雨时还是以平地得水之数为多。如第九回：“明日辰时布云，巳时发雷，午时下雨，未时雨足，共得水三尺三寸零四十八点。”第三十七回：“寡人只望三尺雨足矣，他说久旱不能润泽，又多下了二寸。”第八十七回：“若施寸雨济黎民，愿奉千金酬厚德！”

清代上雨泽的奏折中，有些奏折既有“入土数”，又有“得雨数”，如雍正元年（1723 年）五月十八日直隶巡抚利瓦伊钧的上奏中提到“窃查顺德府属之沙河、南和、唐山、任县、邢台等县，于五月初十日得雨二寸五分；宣化府属之西宁县于初九、初十等日，得雨四寸；保定郡城于十七日酉时起微雨至十八日午时雨尚未止，入土约有三寸，此雨未足尚在祈求”。更有些奏折只有“得雨数”，而不提入土深度。如：雍正元年（1723 年）五月十三日直隶巡抚利瓦伊钧的上奏中提到“窃据各属陆续具报得雨日期前来，查顺天府属之武清，河间府属之交河、庆云，广平府属之成安，宣化府属之宣化、万全等县，于五月初二、三等日，得雨二三寸不等，保定府属之蠡县、博野、束鹿，正定府属之安平、武强、武邑、晋州等州县，于五月初八、九、十等日，得雨一寸五六分，及二寸余不等，大名府属之元城、魏县、大名、开州、浚县、长垣、清丰、南乐、东明等州县，于五月初二、三等日，得雨三四寸余不等，滑县得雨七八寸，内黄县得雨四五寸，其余各属俟报到另行奏”⑤。由因

① 《世宗宪皇帝朱批谕旨》卷二百三十下。
② 《世宗宪皇帝朱批谕旨》卷五。
③ 《增补文献备考》卷三，英宗四十六年。
④ 《世宗实录》卷九十三，转自王鹏飞文，242 页。
⑤ 《世宗宪皇帝朱批谕旨》卷十上。

看来，至少在清代的上报雨量中就存在平地得雨之数和雨水入土深度两种标准。在双重标准并存的情况下，对于雨量器的使用和改进也就变得不那么迫切。

2.3 中国古代对雨水的认识

雨量器为什么得不到进一步的改进？从上面的论述中可以看出，除了事实存在双重雨量标准之外，跟各级负责上报雨水的官员弄虚作假有关，而官员为何要弄虚作假？这和古人对于雨水的认识是分不开的。

古人对于雨水的形成有许多论述。有些论述其实已接近近代科学对雨水成因的解释。但古人对于雨水的解释并没有将人与自然区隔开来。从雨的发生来看，古人更认为雨是阴阳相和的产物，是天地对人间的施舍。将天视为有意识的主宰者。《数书九章》中用以测量雨水的“天池盆”之所以称为“天池盆”，也与古人对于雨水的认识分不开。“夫雨者，盖阴阳之和而宣天地之施者也”①，而阴阳是否相和，天地是否施舍，又与人事有关。这就涉及到所谓“天人”关系的命题。

自古以来，一直占据大多数中国人心灵的便是天人感应的思想。汉代思想家董仲舒对这种天人感应的思想首先做了完整的表述，他认为“天”出于对人君的仁爱，会以灾异谴告的形式对国家政治的过失提出警告。所谓“灾者天之谴也；异者天之威也。谴之而不知，乃畏之以威。……凡灾异之本，尽生于国家之失”②。“国家将有失道之败，而天乃先出灾害以谴告之；不知自省，又出怪异以警惧之；尚不知变，而伤败乃至。③”在这种思想支配之下，当水、旱、蝗，乃至地震等重大的自然灾害发生之时，人们首先想到的是自己有过错，引发天怒，进而要从人事上来找原因，“以为天有是变，必由我有是罪以致之”[20]。这是一种普遍的观念。

就雨水来说，古人认为雨既是云，云又是气，气又分阴阳，而阴阳又是由人事来调燮。调燮得宜，自然雨旸时若，使民物无饥寒之患。如果调燮倒置，阴阳失和，必然会引起水旱灾害。因此，当雨旸违时，危及农业生产时，人们便自然地将其与“时政”有失联系起来④。这种天人感应学说最终使得原本应该对自然的探索，转化为对人事的调整。

以北宋熙宁七年（1074年）为例，这一年发生了严重的旱灾，上自神宗皇帝，下至普通百姓，无不为此感到万分的焦急。按照天人感应的说法，旱灾的发生乃是由于人事所致。因此，许多人都将当年干旱的责任强加到当时正在进行的王安石新政。

尽管支持变法的一方极力否定干旱与新政之间有必然的联系，但他们也不能不接受干旱这样的一个事实。因此，他们要尽量将旱情说得轻微一些，这样一方面可以减轻皇帝由于旱灾所引起的“焦虑”，另一个方面，也可以减轻自己的责任，毕竟还是有相当多的人认为旱灾是由于新法引起的，旱情越严重，变法所要遭受的指控也就越严重。而反对变法的一方，则要尽可能地将旱情夸大一些，以陷支持变法的一方于不利。这种情况在熙宁七年（1704年）四月十八日司马光上呈《应诏言朝政阙失状》中得到了充分的反映。司马

---

① 《事类赋》卷三。

② 《春秋繁露》卷八。

③ 《汉书·董仲舒传》。

④ 王禹偁《秋霖》二首：“时政苟云失，生民亦何辜。雨若是天泪，天眼应已枯。”（《全宋诗》卷六十二，第2册，686页）。

光是反对新法的主要代表人物之一。根据他的立场，他必须将当时的旱情说得更严重一些，并且将旱灾的责任推到新法的支持者王安石一方，方能凸显出自己的正当性。于是，状中便有这样的一段文字：

"又诸州县奏雨，往往止欲解陛下之焦劳，一寸则云三寸，三寸则云一尺，多不以其实，不可不察也。①"

这一段文字可以做三个方面的解读。诸州县何以要如此奏雨？一是像奏中所说，"欲解陛下之焦劳"；二则是为自己开脱责任，因为按照天人感应的说法，某地出现干旱，可能是当地领导上出了问题，所以就算为了自己也有虚报的必要；三是为王安石新法的歌功颂德，因风调雨顺会被看成了新政的功绩，地方州县一级作为新法的执行者，在上报雨量时弄虚做假也有吹牛拍马的意思。就像王安石也不忘对皇帝说"水旱常数，尧、汤所不免。陛下即位以来，累年丰稔"，来迎合当时人们所普遍接受的天人感应的观念。反过来看，司马光在奏折中之所以要对州县奏雨作假进行揭露，也是想借干旱之机，对王安石新政发起攻击，因为按照一般人所理解的天人感应的理论，干旱的发生是人事所致，那么，王安石及其新政是脱不了干系的。司马光等人更是直截了当地将王安石和新政与干旱联系起来，并信誓旦旦地说，"天旱由王安石所致，若罢安石，天必雨"②。只要将新法废除，则"中外欢呼，上下感悦，和气熏蒸，雨必沾洽矣"③。出于攻击王安石及新法的需要，即便各州县没有虚报雨量，司马光等也要污蔑地方官员造假，以使皇帝相信干旱是"莫须有"的，从而早下决心废除新法，罢免宰相。同时，为夸大干旱的事实，也要在雨量上报上做文章。在这样的情况下，雨量器的精确与否对于双方来说都不重要，重要的是看哪种数据对己有利。

熙宁七年（1704 年）的大旱果真是帮了反对派一方的大忙，最终迫使王安石在新政实施五年之后"以旱引去"，新法遭到了前所未有的挫折。

需要指出的是，王安石的遭遇既非第一个，也不是最后一个。即便在宋代，王安石的遭遇也非绝无仅有。晴雨被看作是天命，治理国家依天命而行，甚至个人的命运也被所谓天命所左右。因为在古人看来，雨量不完全是由自然决定的，而是人事导致的。这里的人事上关朝政，下及吏治，尤其是局部地区出现灾害性天气，当地的官员更是难辞其咎。当某地出现灾害性天气，当地的官员就可能因此要革职查办，雨量大小有无决定官员的命运。历史上以水旱去职的官员并不在少数。地方官员出于自我保护，也需要对雨水进行虚报。同时，上报雨量也是由地方官员负责，而非由专门的机构执行，这也就为弄虚作假提供了方便。为了逃避自己的责任，虚报瞒报也就在所难免。

当雨水成为政治斗争和谋取个人私利的工具时，雨水的计量必须服务于政治斗争和个人命运的需要，数字出官，官出数字。雨量器就是在这样的文化底下失去了作用，计量雨水的器具也就变得可有可无，更失去了进一步改进的动力。而这一切的一切都是建立在天人感应这样一个基本的信仰之上的。这就是雨量没有在中国得到进一步发展的原因。

---

① 《续资治通鉴长编》卷二百五十二。

② 《续资治通鉴长编》卷二百五十四。

③ 《续资治通鉴长编》卷二百五十二。

参 考 文 献

[1] 睡虎地秦墓竹简整理小组. 睡虎地秦墓竹简. 北京：文物出版社，1978：24.

[2] 竺可祯. 竺可祯文集. 北京：科学出版社，1979：93.

[3] 王鹏飞. 中国和朝鲜量雨器的考据. 自然科学史研究，1985 (3)：239.

[4] 李暠. 祭北岳报雨状//董浩，阮元，徐松，等. 全唐文：卷三三〇. 北京：中华书局，1983：3347.

[5] 苏轼. 论河北京东盗贼状//曾枣庄，舒大刚. 三苏全书：第 11 册. 北京：语文出版社，2001：413.

[6] 苏轼. 祭常山祝文五首密州//曾枣庄，舒大刚. 三苏全书：第 15 册. 北京：语文出版社，2001：526.

[7] FRISINGER H H. The history of meteorology：to 1800. N Y：Science History Pub，1977：89.

[8] 竺可桢. 论祈雨、禁屠马旱灾//竺可桢：竺可桢文集. 北京：科学出版社，1979：90-93，267-268.

[9] 钱宝琮. 秦九韶《数书九章》研究//宋元数学史论文集. 北京：科学出版社，1966：100.

[10] 杜石然，范楚玉，陈美东，等. 中国科学技术史稿（上册）. 北京：科学出版社，1982：193.

[11] 王鹏飞. 中国和朝鲜量雨器的考据. 自然科学史研究，1985 (3)：237.

[12] PARK S R. Pride and prejudice in the historiography of science in east asia//Kim Y S，Bray F. Current perspectives in the history of science in East Aisa. Seoul National Uni Press，1999：9-11.

[13] 张芳. 宋代水尺的设置和水位量测技术. 中国科技史杂志，2005，26 (4)：332-339.

[14] 奏启题本格式//续修四库全书：大明会典（卷七十六）. 上海：上海古籍出版社，2002：381.

[15] 同 [11] 第 242-246 页.

[16] 中国历史档案馆. 康熙起居注：第一册. 北京：中华书局，1984.

[17] 同 [8] 第 93 页.

[18] 竺可桢. 中国之雨量及风暴说//兰可桢. 竺可桢文集. 1979：1.

[19] 同 [14].

[20] 王安石. 王安石全集：卷六十五. 长春：吉林人民出版社，1996：707.

山西陶寺古观象台遗址时空探析

The Analysis of Time and Space about Taosi Ancient Observatory Site in Shanxi Province

周京平

（中国气象局气象干部培训学院，北京 100081）

摘要：本文详述了距今4300年的山西陶寺古观象台遗址形成的地理气候环境因素和社会经济发展背景。这个巨大的天文气象观象台通过观测一年中太阳的变化，准确测定冬至、夏至日出方位，确定季节，制定历法，并将其运用到原始农业生产和生活中，形成中国早期的天文气象学观测系统。

关键词：陶寺古观象台，太阳崇拜，天文历法

0 引言

人类在文明早期就开始关注天文、气象，从新石器时代开始，中国古代先民关于天文、气象的观测对人类生产、生活产生了深刻的影响。

中国古代的天文、气象在商周、春秋及汉代已形成自己的体系，这个体系是在史前起源和早期观察、思考发展的基础上逐渐积累形成的。越是在文字处于萌芽阶段的文明早期，文献中文字的记载越稀缺、零散并难以辨识[1]。著名天文学家王绶琯院士认为："中国有着5000年光辉灿烂的文明史，中国天文学在近代以前一直处于领先地位。但由于文献记载的缺失，我们对于商周以前上古天文学的发达水平知之甚少，考古发掘弥补了这一缺憾。"著名学者张光直先生认为："史前人类历史的全部资料，都是由考古学产生的。"1978—2003年，令人惊叹山西陶寺古代文化遗址及古观象台的废墟遗址陆续被发现，它彻底改写了中国的史前史，并在中国科学史，乃至世界科学史上产生了重要意义[2]。本文就陶寺文化遗址做一探索性研究，研究其史前遗址的天文、气象地理环境及产生的历史时空背景，探究其天文气象观测标志点、系统功能等。

山西省南部发掘出的距今4300年的陶寺城遗址是中华民族最早的发祥地之一，是目前在黄河流域发现的新石器时代最大的一座城址，在该遗址中期小城内，发现大型建筑基址IIFJT1，2003—2005年对该遗址进一步发掘，又发现远古时期观象台遗址。陶寺遗址被认为是先秦史籍中最早出现的"中国"的遗迹，同时也形成了中国最早的天文气象观象台及观测系统。

1 山西陶寺城古观象台遗址的地理、气候环境时空分析

1.1 陶寺古观象台遗址产生的气候因素分析

环境科学研究显示，全新世气候环境的变化在我国北方农业的起源和发展过程中起到非

作者简介：周京平，北京大学信息管理系硕士研究生班毕业，中国气象局图书馆工作。

常重大的作用。距今 11000 年左右，末次冰期结束，全新世初始，气温上升并逐步稳定，这为成功种植谷物提供了适宜的环境和气候条件，当时农业处于萌芽状态；距今 3000～5000 年属于气候波动的亚稳定湿暖期，当时年均气温距今差 2～3 ℃，气候温暖湿润，降雨充沛，植被丰茂，适于木石农具耕作和农作物生长，为原始农业进一步发展的提供了客观条件，当时的自然条件和气候条件为山西陶寺文化遗址提供了物质框架和资源基础[3]。

1.2 陶寺地区洪水

在距今 4300 年前后，当时黄河流域气候湿润多雨，有一个较长时间的洪水泛滥阶段，先秦的《尚书》《诗经》《墨子》《孟子》都详细记载了尧舜禹时代的洪水泛滥情况，如“汤汤洪水方割，荡荡怀山襄陵。”“当尧之时。水逆行，泛滥于中国，蛇龙居之，民无所定，下着为巢，上者为窟。”洪水冲刷后的土地非常肥沃，适合农作物生长，因此产生了中国原始农业，如图 1 所示。

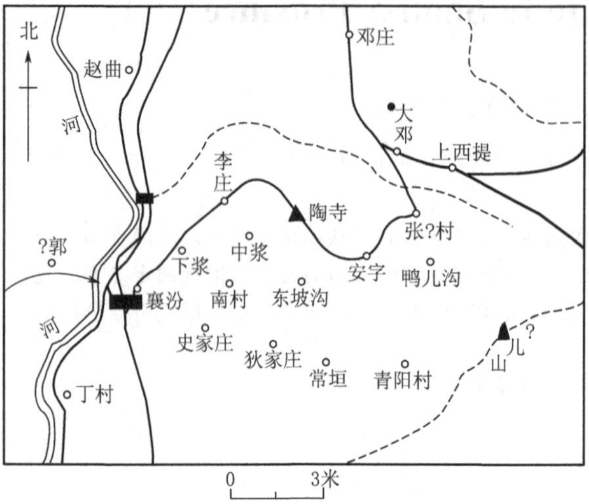

图 1 山西襄汾陶寺遗址位置图

1.3 陶寺文化遗址的地理环境分析

陶寺文化遗址位于黄河中游地区，汾河下游以东，塔尔山（崇山）西麓，襄汾县城东北约 7500 米的陶寺村南面，遗址分布在陶寺、李庄、中梁、东坡沟四个自然村之间，南北宽约 1500 米，东西长约 2000 米，总面积达 300 多万米^2，遗址地势东高西低，地理单元相对封闭，土地肥沃。土壤为褐色土，含钙量较高。

2 陶寺文化遗址社会经济发展的历史时空背景分析

（1）处于新石器时期的陶寺文明及文化遗址是龙山时代晚期晋西南地区一脉重要的史前文化，距今 4300～4500 年，主要生产工具是石器，其数量多，功能多样（表 1），陶寺古代先民使用石器工具从事农业、手工业及建筑房屋等。建造天文、气象观象台建筑群，更离不开得心应手的石器工具，这些当时先进的石器工具为天文、气象观测台建设提供了重要的物质基础和技术支撑[4]。

表 1 1999—2003 年陶寺文化遗址出土的石器

工具类别	工具名称及数量	基本功能
石器类	石斧 6 件、石刀 21 件、石锛 2 件、石楔 1 件、石铲 5 件、石杵 1 件、石凿 5 件、石锤 9 件、石磨棒、石研磨盘、“V”字形石刀、石纺轮、犁状石器、石球、石锤、石刮削器、石璇玑、石钺	切割稻草，从事农业生产活动；刮削木材及兽骨、兽皮；刮削木材及建筑生活房屋及祭祀台等工程类
骨器及蚌器类	骨针 5 件、骨锥 11 件、骨凿、骨铲、蚌镰	收割农作物、掘土工具、手工业工具、缝制衣物等
陶器类	陶刀、陶球、陶纺轮、陶纺锤、陶拍、陶垫	收割农作物、纺织、狩猎、制作加工陶器等

(2) 农业经济发展奠定陶寺文化经济基础，从陶寺遗址碳化植物遗存的浮选中，分析和鉴定出当时主要农作物有黍、稻谷、大豆、高粱等。在陶寺墓葬群中发现若干件木制“仓形器”，表明当时粮食产量较大，早期农业在古代先民生活中占有重要地位。

(3) 畜牧养殖业造就古人饮食改善，从陶寺遗址出土动物骨骼中分析、研究、鉴定，家养动物有猪、绵羊、狗、黄牛，其中猪占绝大多数，表明此处居住的先民们获取肉食资源方式以家畜为主[5]。植物性食物营养值低于肉类，肉类的食用将大大改善当时古代先民的体质，利于大脑创造性思维的发展。

(4) 陶寺文化遗址包括有规划的城垣、房屋建筑等地基遗存、高规格的宫殿建筑和宗教建筑，已具备了中国早期城市的特点，当时的居民过着定居的农业生活，中期墓地和大型礼仪宗教观象建筑 II FJT1——陶寺古观象台遗址，其结构复杂，设计系统精准，显示出城址发展向高级阶段迈进，是中国史前最大的古城。多种多样的城市生活建筑技术和经验为建设陶寺古观象台奠定技术支持和保障。

(5) 陶寺手工业发展，出土了比较精美的漆木器、玉器、陶器等，器型主要有案、俎、几、匣、斗等，将这类文物的历史分别提前了 1000～2000 年[6]。

(6) 在陶寺墓内发现扁壶上的“文尧”二字，用红颜料清晰书写，许多著名学者认为“文尧”二字近似于甲骨文的书体，字体笔法纯熟，已脱离文字初始的稚拙形态，被认为是中国目前所知的最古老的中国文字[7]。将中国古代文字发明历史向前推进了 1500 年。

(7) 陶寺古代先民已掌握了铜的冶炼技术，在一座墓穴中发现一铜制铃器，含铜量为 97.86%，属纯度较高的红铜，为铸造产品，说明当时中国古代先民已能炼出纯度较高的铜液，掌握了复合范铸造技术。这将中国古代冶炼金属技术提前了 1500 年以上。以上因素条件为构建陶寺古观象台建筑工程活动奠定了物质技术基础[8]。

(8) 陶寺古代先民已经把石膏这种建筑材料用于室内建筑，这种石膏经光谱分析研究，主要成分为二硫酸钙即现代建筑装饰材料，这首次表明今 4300 年前。它不仅是理想的凝胶材料，而且比石灰具有更好的可塑性[9]。

(9) 陶寺古代先民烧成工艺和物理性能甚佳的“陶板瓦”，其系黏土原料在 1000 ℃以上温度烧制而成，具有较高的抗折强度、硬度和较低的的吸水率，它将人类烧制陶瓦的历史提前了六七百年。

肥沃的土地和温和的气候赐予了陶寺古代先民优越的自然条件，而发达的农业生产、手工业、建筑业先进技术给他们提供宏伟的建筑梦想的自由[10]，建造了中国最早乃至世界最早的陶寺城遗址中期小城祭祀区内的 II FJT1——陶寺古观象台。

3 山西陶寺古观象台基本结构及时空内涵

陶寺遗址位于山西临汾市襄汾县城东北 7.5 千米的陶寺乡东坡村，处于较平坦的半丘陵地带，背靠塔儿山，西临汾河，总面积约 300 多万米^2。这是迄今为止中原地区龙山文化遗址中规模最大的一处。历时五六百年，分为早、中、晚三期，其年代早期在新石器晚期，晚期年代已进入夏代纪年范围。[11]

3.1 陶寺古观象台遗址地面建筑形态分析

陶寺城址内建立了中国最早的圆体“观象台”建筑（图 2）：古观象台遗址地基由若干小板块错缝夯筑而成，此建筑由大半圆形外环道和半圆形台基建筑构成，其基址由环形夯土路基和生土台芯组成，总面积大约 1740 米^2。它由三个圈层的夯土结构组成：第一道夯土挡土墙基呈月牙状贴于台基正东，其半径大约 18 米，弧长 25 米，宽 1.1 米，由九块夯土板块拼接而成；第二道夯土挡墙墙内填土为黄褐色，其半径大约有 24 米，弧长 40 米，墙宽 1～1.5 米，成中层台基，其台基东层为生土半月台，南侧为看台；第三道夯土挡土墙呈现大半环形，其半径大约有 50 米，弧长 38 米，墙宽 1.5～2 米，三层台基各高 0.4 米，由 16 块夯土板块组成圆弧，观测中心和 12 条由夯土柱构成的观测缝呈扇状辐射排列，观测中心距观测缝的距离约 10.5 米，各缝张角大多为 1°～2°。一段深达 2～3 米的圆弧状夯土墙的顶端挖出 10 道残深 4～17 厘米的缝隙，加上北侧两个夯土墩形成的缝隙，共形成 12 道观测缝，观测缝隙从东南到东北排序依次命名为东 1 号缝到东 10 号缝隙，宽度多在 15～20 厘米，[12-13] 加起来形成东 11 号缝和东 12 号缝。遗址东面遥遥相对塔儿山，经现场勘查、研究分析，现已确定这是一处中国古代先民观测日出、确定季节、兼举行宗教仪式的建筑物，而观测天象制订历法是华夏文明诞生的重要标志。历史学界一般认为陶寺城遗址可能是传说中五帝时代尧帝的都城。

图 2 观测点基础和柱缝基础局部图

经 C_{14} 检测证实，初步认定，该观象台形成于公元前 2300～2500 年的原始社会末期，它比中美洲的玛雅天文台遗址还早千年，比英国索尔兹伯里（Salisbury）平原上的史前巨石阵观测台还要早近 500 年。

3.2 古人目测天象时，其天象长度和取象比类描述记录分析

陶寺古观象台第一道夯土挡土墙基呈月牙状态，它贴于台基正东，其半径大约 18 米，第二道夯土挡墙，其半径大约有 24 米，第三道夯土挡土墙呈大半环形，其半径大约有 50 米，这些形成中国古人观测天象的一套独特系统[14]，它表现了中国古代传统科学思维方法——“取象比类”，展示事物性质，其体现在对天象（太阳、黑子、星体等）的描述中，说明了它们的视直径、视大小、亮度等。《敕勒歌》中记载“天似穹庐，笼盖四野”，古人心目中天穹，在视觉中，人会下意识地感觉到地面上方有一个半球的天幕，套用现代术语，可以称之为目视“投影天球”。现代天文学地平坐标系“天球”定义为：以观测者为球心，以任意长为半径所作的假想球面，故球面上星体的视距离、视高度、视直径只能以角度为单位。但古人目视观测投影天球主要依据人的立体视觉经验，而 10 余米正是人们日常生活中所遇树梢的平均高度，所以树梢是人在观天、测天中的最佳参照物。古人具有这种本能，把半径 10 余米的假想天穹作为标准投影面，它与现代人一切都用仪器来精密测量而修建的天文馆、天象厅（表 2），有异曲同工之处[15]。

表 2　世界一些大型天象厅及穹幕影厅的直径

天象厅(国家)	直径(米)
北京天文馆(中国)	23.5
上海天文馆(中国)	23
筑波天文馆(日本)	27
莫斯科天文馆(俄罗斯)	23.7
圣彼得堡天文馆(俄罗斯)	24
布鲁德斯莱斯天文馆(比利时)	24
维莱特天文馆(法国)	26
背哈拉天文馆(捷克)	23.5
阿姆斯特丹天文馆(荷兰)	25
杜塞尔多夫天文馆(德国,已毁)	30
福利特空间剧场(美国)	23.2

从表中可以看出，大型天象厅的直径基本为 23～27 米，而陶寺古观象台古人目视测天时的天球尺寸，第二道夯土挡墙墙内填土为黄褐色，其半径大约有 24 米。此结果令人惊讶，4300 年前中国古代尺度体系的假想天球半径与现代大型天象厅的直径相似。这更充分证明了中国古代先民在有文字之前，人的进化过程中的本能智慧、心理习惯、生活观察、经验积累和总结在其中所起的重要作用，中国古代先民对天文、气象的观察走在世界前列。

3.3　12 条观测缝的天文气象模拟观测过程及时空分析

原始时空观是人类对宇宙现象长期观测的结果，是对时空运行规律的认识或知识体系，通过它，中国古代先民知道空间的四方——东西南北；通过它，圆更圆，方更方，房屋平面变得规则了；通过它，时间中产生一年、四季和节气，诞生了最初的历法。太阳是地平面上最常见、最容易观测到的天体，所以古人建立陶寺古观象台观测太阳，它有一个观测中心点和 13 个土柱，中间夹着 12 条缝隙[16]。中国古代的祭祀遗址，一般都带有天文历法功能，由观测点找到冬至时所观测的狭缝（从南向北数第 2 条），以及对应塔儿山的东南山峰。在春分、秋分附近则是通过第 7 条狭缝，它与塔儿山主峰以北的小山头对应，至此可从这些夯土柱中间看到12条狭缝，第2条对应冬至，第3条缝是大寒日出的观测缝，第7条对应春分、秋分，第12条对应夏至[17]。

表3　日出通过狭缝日期

狭缝序号	日出通过与狭缝日期	相邻狭缝与间隔日期	公历中的中气日期
12	6月21日	32	6月21日夏至
11	7月23日	22	7月23日大暑
	5月20日	24	5月21日小满
10	8月14日	19	
	4月26日	10	
9	9月2日	12	8月23日处暑
	4月10日	13	4月20日谷雨
8	9月14日	11	
	3月28日	10	
7	9月25日	9	9月23日秋分
	3月18日	10	3月21日春分
6	10月4日	10	
	3月8日	9	
5	10月14日	17	10月24日霜降
	2月27日	18	2月19日雨水
4	10月31日	18	
	2月9日	18	
3	11月18日	33	10月23日小雪
	1月22日	32	1月20日大寒
2	12月22日		12月22日冬至

从表3记录各狭缝间相隔日数的具体数据表明：各土柱夹角为6.5°～8°之间，每两个狭缝之间象征着一个节气，即一个土柱为一个节气，太阳在冬至前后通过一个土柱需要32～33天，在夏至前后也为32天，二者所需天数相似。夹角变化7°约需33天；而在春秋分前后，太阳南北位移速度相对较大，只需9～10天就通过一个土柱。由此可见，冬至、夏至这两个重要缝隙最有实用价值，它暗示古代先民对气象节气和气候变化的认识经历了一个漫长的过程，而陶寺天文气象观测正好处于4300多年前萌芽时期的气候节气观测系统时期，这两个缝隙标志具有制订历法和早期气象学思想的形成的时代意义，也成为后世形成的二十四节气的参照基准，同时中国古代历法家也正是一直保持这一传统制订历法的。

另外，11条狭缝和10个夯土柱，既有天文、气象上实际观测功能，也具有当时历法、宗教和文化上的示意性质。冬至到夏至之间的10个土柱象征10个节气，再从夏至到冬至完成一个回归年，计有20个节气。即当时的历法具有包含20个节气的内容，即将一回归年按20个节气平均分配，每个节气18天，合计360天，余下5～6天作为过年日处理，后世的太阳历应是由此发展的。土柱和狭缝表明帝尧时代已将一年分20个节气的历法特征，具有非常重要意义。它表明，当时的天文、气象观测发展已掌握了太阳的视运动变化的周期，为后世测的回归年的精密数据打下基础[18]。

从陶寺古观象台的弧形推断，早期人们观测日出山头时，逐渐学会画出圆弧来观测日出方位的变化，日出于东方，东方对应季节，体现古人“执规而治春”的原始含义，也是古人精心设计观测日出方向定季节而建造的，日出、日落的观测是以理性整理时间和空间概念进而发展文明的第一步，司马迁认为：“自初生民以来，世主曷尝不历日月星辰?”陶寺遗址观测结论说明：尧时有了观测点和狭缝以及对应山峰，是天文、气象观测的一个巨大进步，也是人类文明的一个巨大进步。

3.4　陶寺古观象台与自然山峰背景时空关系

陶寺古观象台以自然山峰做衬托，人工建筑与天然背景相融合，天人合一，构成一个巨大的天文参照准系统。用来观测日出方位以制订历法，陶寺天文气象观测台的背景山叫作“崇山”。《尚书·尧典》载：“放驩兜于崇山。”《山西志辑要》（卷二，平阳府）亦谓塔儿山“昔称卧龙山，即古之崇山”。《山海经·海外南经》引《山海经》作“尧葬狄山之阳，一名崇山”；《论衡·书虚篇》载“尧帝葬于冀州，或言葬于崇山。”文献记载夏禹的父亲鲧就封在崇山，称为“崇伯鲧”（《国语·周语》），因治河无方被尧帝诛杀，嗣封称为“崇禹”（见《逸周书·世俘解》）。《国语·周语上》及《郑语》载“昔夏之兴也，融降于崇山”。有学者认为上述尧瞬时期鲧禹的封地“崇”就在今陶寺东南的崇山。《史记·夏本纪》刘起釪注译：“鲧居地在崇（山西襄汾、冀城、曲沃之间的崇山），称崇伯。”陈昌远先生认为：“古崇国应在今山西南部襄汾崇山，即夏族兴起地”[19]。何光先生研究，崇人约在唐虞以前随夏部落联盟越过岷山顺渭水东下，迁至今山西襄汾县一带，处于帝尧部落联盟中心地区。今塔儿山古名崇山，因崇人迁居而得名。陶寺古观象台中，其观测点找到冬至时所观测的狭缝，对应塔儿山的东南山峰，在春秋分附近则是通过第 7 条狭缝，它与塔儿山主峰以北的小山头对应，至此可从这些夯土柱中间看到 12 条狭缝，第 2 条对应冬至，第 3 条缝是大寒日出的观测缝，第 7 条对应春秋分，第 12 条对应夏至。

3.5　《尚书·尧典》记载与陶寺遗址及四季形成

《尚书》是我国最古老的一部历史文献汇编，《尚书·尧典》是最早记录尧舜时代一笔珍贵的档案资料，记载尧的为政共 225 字，关于“天学事物”有 172 字，占 76%，“一篇《尧典》，给人印象似乎是：帝尧的政绩，最重要、最突出的是他安排天学事物。”《尚书·尧典》载：“（尧）乃命羲和，钦若昊天，历象日月星辰，敬授民时。分命羲仲，宅嵎夷，曰旸谷。寅（yin）宾出日，平秩东作。日中星鸟，以殷仲春。厥民析，鸟兽孳尾，申命羲叔，宅南交，平秩南讹，敬致。日永星火，以正仲夏，厥民因，鸟兽希革。分命和仲，宅西，曰昧谷。寅饯纳日，平秩西成。宵中星虚，以殷仲秋。厥民夷，鸟兽毛毨。申命和叔，宅朔方，曰幽都。平在朔易。日短星昴，以正仲秋，以正仲冬，厥民隩，鸟兽氄毛。帝曰：咨，汝羲暨和，期三百有六旬有六日，以闰月定四时成岁。允厘百工，庶绩咸熙。[11]”

《尧典》有尧时“期三百有六旬有六日，以闰月定四时成岁”的历法记载，管理者测定一年的天数、节令和四季，“期三百有六旬有六日”指当时确定一年有 366 天，采用阳历纪年。《尧典》记载已知“二分和二至”“日中”“日永”“日短”“宵中”，说明它们是确定四季的标志星象，仲春、仲夏、仲秋、仲冬四个节气设置，即那是已有分四季的观念，它的设置是古代先民认识自然能力的提高，有利于农业的发展。“以闰月定四时成岁”指的是阴历，阴历是以月象的天文历法知识。历法采用阴阳合历，以闰月调整月份与季节的对应之间的矛盾[4]。上述记载所反映的天文学状况已经具备了后世历法体系和宇宙观的基本形态，将一年分为四季，观测四季的中星。有了中星观测就有了正南正北方位的概念，因此有了将空间划分为四方的观念。

《尧典》还记述了观测中星分别在旸谷、南交、昧谷、幽都。这四个地方分别在东方、南方、西方和北方。在《礼记·月令》中记载，孟春、仲春、季春三月，都有“其日甲乙，其帝太皞，其神句芒”，孟夏、仲夏、季夏三月，都有“其日丙丁，其帝炎帝，其神祝融”，季夏止后有“中央土，其日戊己，其帝黄帝，其神后土”；孟秋、中秋、季秋三个月都有“其日庚辛，其帝少皞，其神蓐收”；孟冬、仲冬、季冬三个月都有“其日壬葵，其帝颛顼，其神玄冥”。从此看出当时四方、四时、四季对应的观念无疑已经形成[19-20]。这无疑也形成中国气象及气候学的早期思想的萌芽。

陶寺文化遗址内发现中国最早的圆体“古观象台”建筑，印证了《尚书·尧典》中记载的唐尧时代对天文、气象、历法的贡献，古人利用天象推算历法，形成当时的“天之历数”。“历象日月星辰，敬受人时。”以上事实表明，《尧典》确实保存商代以前的天文历法及气象学萌芽思想成就，延续到了这个时代，中国天文学及气象学四季思想已经基本成形，天文历法及气象学萌芽雏形已基本形成。

4 陶寺古观象台对现代气象学的意义

4.1 中国古代先民建立了中国最早的古观象台

距今4300年前山西陶寺古天文气象观测台遗址有明确的观测点及遗迹、遗物，它的发现弥补了人们对商周以前中国古代天文学、气象学发展情况知之甚少的情况，它展示了新石器时代中国古代文化、科技、文明历史的进步程度，陶寺古观象台遗址材质取自当地黏黄土、砂土，运用了原始天文气象观测学、原始几何图形学、原始建筑工程学等原理，构建了中国现存最早的古观象台，凝聚了4300年前中国古代先民文化智慧的结晶。

4.2 建立起中国最早的气象观测系统

在距今4300年的山西陶寺古观象台以自然山峰做衬托，人工建筑与天然背景相融合，天人合一，构成一个巨大的天文气象照准系统。陶寺天文气象观测系统内容成果如下：

（1）测量大地方位：在“寅宾出日”“寅饯纳日”等活动中得到“东作”“西成”方向，确定日出、日落方位，并确定正东、正西方向。

（2）观测日出、日落方位定节气：陶寺古观象台夯土柱中12条狭缝中，第2条对应冬至，第7条对应春分、秋分，第12条对应夏至。此时日出达最南方向之日就是冬至，达到最北端就是夏至。春分日出在“旸谷”方位，秋分日落“昧谷”方位，《尧典》载“旸谷”“昧谷”指以自然山谷为背景标志的日出入方位，即陶寺古观象台背景山——塔儿山。

（3）“期三百有六旬有六日”：测得日出方位以后，太阳先后两次到达冬至（或夏至）日出方位的时间间隔，就是一个回归年。测得一回归年的长度（虚日数），这是编制太阳历的基本数据和基础。

（4）观测昼夜长短：观测“日中”“宵中”即昼夜长短相等的日期是春分、秋分，“日永”“日短”即白昼最长及最短的日期分别是夏至和冬至。

古代先民对太阳的认识逐步加深，认为太阳是气象、气候变化及农业生产活动之源，在没有产生文字之前，古代先民用质朴的、抽象的、形象化的图画、图形记录其观察天文气象的结果，并抒发自己对太阳的感悟，用锲而不舍的精神在陶寺地点建造观象台并常年观测太阳，经思考分析总结，摸索经验并应用于农业生产过程，用实证方法准确测定冬至、夏至、春分、秋分，建立四季和节气等气候概念，比甲骨文记录天象的象形文字早1300多年，在这漫长的1000多年中，因为没有产生系统文字，也就缺乏文字记录，但我们通过陶寺古观象台遗址及出土的大量实物等用逻辑方法和中国古代文献记录的佐证、考证、揣测、假设、推理和演绎其整个过程，可以认为：人类早期是从观察太阳开始，使太阳和古代先民的农事生产及生活紧密相连，因而形成了早期原始农业、天文学、气象学思想的萌芽，并在陶寺地区建立起中国最早的天文气象观测系统。

5 结论

（1）陶寺文化遗址处于温暖湿润气候，具有优越的地理环境。距今四五千年，正处于气候波动和亚稳定湿暖期，陶寺文化遗址位于黄河中游地区，分布在山西临汾盆地，土地肥沃，河流众多，当时植被是暖温带落叶阔叶林，动植物资源丰富，为陶寺古代先民提供了良好的生产、生活环境。

（2）新石器时期陶寺遗址城社会经济发展程度相当发达，为中国古代文明及天文、气象观测奠定技术、物质、文化基础。陶寺文化遗址表明，当时的社会经济发展到一个相当发达程度，首先表现为大量的石器生产工具，农业进入“刀耕火种”的精细化阶段，人们过着定居生活，以粮食作物为主，兼食用猪、牛、羊肉，改善先民自身体质，利于发展大脑的创造性思维。这一时期出现铜的冶炼、铸造技术，手工业生产出许多精美的陶器、玉器、骨器，同时在陶罐上出现古代文字，出现建筑材料石膏及陶瓦板材。这些为当时中国古代文明和天文气象观测系统建立奠定技术和物质基础。

（3）古人目测天象时，其天象长度和取象比类描述记录分析。陶寺古观象台地面目测天象半径，形成古人观测天象一套独特系统，它表现了中国古代传统科学思维方法——“取象比类”方法，展示事物性质，具体在天象（太阳、黑子、星体等）的描述中，说明了它们的视直径、视大小、亮度等。

（4）中国气象学四季概念已经基本成型，天文历法雏形已基本形成。中国古代的祭祀遗址，一般都带有天文历法功能，陶寺遗址其夯土柱中间看到12条狭缝，第2条对应冬至，第7条对应春秋分，第12条对应夏至。

（5）中国古代先民建立了中国最早的古观象台。4300年前的陶寺古天文台遗址有明确的观测点，它的发现，填补了我们对商周以前中国气象学发展水平知之甚少的情况，它展示了新石器时代中国古代文明的进步程度，构建了中国现存最早的古观象台，凝聚了4300年前中国古代先民的智慧。

（6）建立起中国最早的天文气象观测系统。4300年前的陶寺古观象台遗址，以自然山峰做衬托，人工建筑与天然背景相融合，天人合一，构成一个巨大的天文气象观测系统。古代先民对太阳认识逐步加深，在陶寺地区建立起世界上最早的天文气象观测系统，把中华民族把对太阳的观测、崇拜和远古以来原始农业及早期天文气象学思想的萌芽推向一个新的高峰。

参 考 文 献

[1] 孙小淳，何驽，徐凤先，等. 中国古代遗址的天文考古调查报告——蒙辽黑鲁豫部分. 中国科技史杂志，2010，31（4）：384-406.

[2] 李维宝，陈久金. “陶寺观象台”发掘与古代文献的印证. 天文研究与技术，2007，4（4）：412-415.

[3] 崔建新，周尚哲. 中国新石器时代文化演变动力分析. 中国历史地理论丛，2008，23（2）：33-44.

[4] 蔡明. 陶寺遗址出土石器的微痕研究——兼论陶寺文化的生业形态. 西安：西北大学，2008.

[5] 徐凤先. 从大汶口符号文字到陶寺观象台探寻中国天文学起源的传说时代 . 中国科技史杂志，2010，31（4）：373-383.

[6] 赵春燕，何驽. 山西省襄汾县陶寺遗址出土动物牙釉质的锶同位素比值分析. 第四世纪研究，2011，34（1）：65-71.

[7] 程平山. 论陶寺古城的发展阶段与性质. 江汉考古，2005（3）：48-53.

[8] 张德光. 在论陶寺城址发现的意义. 文物世界，2003（3）：24-28.

[9] 贾志强，穆文军. 陶寺类型社会性质的考古学分析. 忻州师范学院学报，2011，27（3）：127-130.

[10] 马兴. 尧舜都成葬地考辨. 兰台世界，2011（28）：34-39.

[11] 潘继安. 陶寺遗址为黄帝及帝喾之都考. 考古与文物，2007（1）：55-61.

[12] 徐凤先. “陶寺史前天文台的考古天文学研究”项目组春分观测纪行. 中国科学史杂志，2009，30（2）：265-268.

[13] 刘次沅. 陶寺观象台遗址的天文学分析. 天文学报，2009，50（1）：107-115.

[14] 王玉民. 古代目视天象记录中的尺度之研究. 自然科学史研究，2003，22（1）：42-53

[15] 李勇. 世界最早的天文观象台——陶寺观象台及其可能的观测年代. 自然科学史研究，2010，29（3）：259-270.

[16] 李维宝、陈久金. 中国最早的观象台发掘. 天文研究与技术. 2007，4（3）：301-306.

[17] 武家璧. 陶寺观象台与考古天文学. 科学技术与辩证法，2008，25（5）：90-96.

[18] 武家璧，陈美东，刘次沅. 陶寺观象台遗址的天文功能与年代. 中国科学，2008，38（9）：1-8.

[19] 马世之. 虞瞬的王都与帝都. 中原文物，2006（1）：167-171.

[20] 陈久金. 试论陶寺祭祀遗址揭示五行历. 自然科学史研究，2007（3）：324-333.

人类生物气象学：过去、现在和将来

Biometeorology: Its Yesterday, Today and Tomorrow

张书余[1]　刘昊辰[2]　屈芳[3]

（1. 中国气象局气象干部培训学院河北分院，石家庄 071000；2. 东方通用航空有限责任公司，天津 300300；3. 中国气象局气象干部培训学院，北京 100081）

摘要：本文概述了国际生物气象学的过去、现在和将来的发展动态，着眼过去着重介绍了国际生物气象学的创建、学科辩论以及发展历程；立足现在着重介绍了人类生物学研究的重点，包括气候变化、极端天气对健康的影响、机理研究、环境气象指数、环境与健康适应等；以着重分析我国生物气象学研究及业务发展存在的问题为基础，从七个方面对生物气象学将来的发展进行了展望。

关键词：生物气象学，医疗气象，预报，发展历程

0　引言

国际生物气象学是由气象学、物理学、医学、生物学、生态学、气候学和地理学等多学科领域的交叉而形成，与人类的生产和活动密切相关。目前，国际生物气象学涵盖了五个方面的专业，分别是人类生物气象学、动物生物气象学、植物生物气象学、古生物气象学和宇宙生物气象学。随着气象学、医学和生物学的发展，气象因素与人类健康之间关系变得更加密不可分，直至 20 世纪 30 年代形成了现代意义上的人类生物气象学。本文从人类生物气象学的过去和现在来阐述生物气象学的发展历程，过去是指从国际生物气象学会筹建到召开第十八届年会，现在是指国际生物气象学 2008 年 9 月第十八届年会之后到 2014 年 10 月第二十届年会召开的 6 年。

1　生物气象学发展的过去

自 1956 年 8 月 29—31 日在巴黎联合国教科文组织大厦召开第一次国际生物气象学专题研讨会以来，已经过去了 60 多年，生物气象学过去的发展历经了三个阶段：一是国际生物气象学会创建阶段，二是对生物气象学名称、定义及内涵的学术辩论阶段，三是生物气象学的科学实验及理论研究的快速发展阶段。

1.1　生物气象学的创建

1955—1960 年为国际生物气象学创建期。1955 年 S. W. Tromp 博士（图 1）在荷兰莱顿市郊区乌赫斯特海斯特建立了首个生物气象研究中心，随着生物气象学的研究开展，Tromp 深感研究缺乏科学交流。他开始联系一些对生物气象学研究有兴趣的科学家，

资助项目：国家自然科学基金高温热浪对心脑血管疾病的影响及其机制研究（41375121）。

作者简介：张书余，主要从事人类生物气象学研究。

图 1　S. W. Tromp（1909—1983）
国际生物气象学会创始人

1955 年夏天到南巴伐利亚阿尔卑斯山麓的水疗中心，拜访 H. Ungeheuer 博士，此人时任德国天气服务的医疗气象研究站的主任。Tromp 与他交流了研究自然环境对人类、动物的影响等生物气象学问题，并探讨了尽可能早地建立一个国际性组织和开创国际性期刊，Ungeheuer 博士积极响应并为 Tromp 发展生物气象学提供了帮助，为了联合全世界更多的科学家共同推进生物气象学的研究，他们两人编写了一份一页的调查问卷，分别发送给了 50 个可能对此关注的科学家，并要求被调查者们把这份问卷专递给更多的人，以获得更多的人的关注。Tromp 紧接着访问了美国，在华盛顿，他与 Frederick SargentII，Konrad Buttner 和 Edgar Folk 一起讨论了创建国际生物气象学学会等问题。1955 年底，Tromp 收到了超过 100 人的回复。每封信都给出了正面回复并表示他们对国际生物气象学领域的合作很有兴趣。Tromp 在 1956 年 1 月正式启动了非官方的生物气象学学会筹建工作。因此 S. W. Tromp 是国际生物气象学学会的发起人和创始人，并获得了国际上从事这门学科的 100 多位科学家的支持。

Tromp 成功筹备了 1956 年 8 月在巴黎召开的国际生物气象学研讨会，会议围绕成立国际生物气象学会和出版国际生物气象学杂志进行了讨论，内容包括国际生物气象学会执委会委员选举、章程及发展计划，国际生物气象学杂志编辑等，为国际生物气象学发展奠定了基础，选举产生了执委会。遗憾的是巴黎会议并没有留下参与者名单和讨论的草案。只有寥寥无几的照片记录了首次国际生物气象学会研讨会的开幕式。最好的一张发表在国际生物气象学杂志第 10 卷 209 页[1]，图 2 是第一次执委会选举出的五名成员，选举 Sargent II 教授任会长，从图中可以看出国际生物气象学会的三个特点：各不相同的个体、专业以及国籍（从左到右依次为英国的生物学家 Taylor 先生、德国气象学家 Berg 教授、以色列植物学家 Boyko 博士、人类生理学家 Lee 博士、美国人类医学和生理学教授 Sargent II 和地质学家 Tromp 博士）。研讨会用了相当长的时间讨论了学会未来的名称，法国和德

图 2　1956 年 8 月在巴黎选举产生的国际生物气象学学会执委会组成人员[1]

国的气象学家坚持采用传统的术语——生物气候学，但大多数人赞成用现代的术语——生物气象学。折中考虑，会议决定使用国际生物气候学和生物气象学学会这一名称。在1960年第二届伦敦会议结束后标题被缩短为国际生物气象学会，不仅因为前者太长，还因为生物气候学被视为生物气象学的一部分。

巴黎研讨会后，会议章程由当选会长的 Sargent II（图 3）起草。他们稍做修改后，在1957年维也纳召开的第一届国际生物气象学会年会正式进行了投票并通过。学会章程规定学会年会每三年召开一次，每次都在不同的国家举行。除了建立科学国际学会外，Tromp 另一个关心的问题是出版专业期刊，根据 Tromp 的建议，从1956年开始，国际生物气候气象学杂志以活页式出版，由他来担任总编、发行人和主管。1960年在伦敦召开的第二届国际生物气象学会年会上投票决定杂志类型，期刊正式定名为“国际生物气象学杂志”，在总编辑和编辑部的指导下每年出四期，W. H. Weihe 担任了杂志总编辑，Tromp 为执行编辑。第一期《国际生物气象学》杂志从1961年第5卷开始，Weihe 和 Tromp 共同负责杂志长达20年，直到1981年第25卷为止，并且一直有荷兰阿姆斯特丹的出版商 Swets&Zeitlinger 出版发行，从1988年开始到现在，《国际生物气象学》杂志改由斯普林格出版社出版。

图 3　1956 年巴黎会议以后修改学会章程的情景[1]

（中间是 Sargent II 会长，左边是 H. Lee 博士，右边是 Tromp 博士）

1.2　生物气象学的辩论

60年前在巴黎召开的首届生物气象学研讨会期间有关生物气候学和生物气象学的辩论迄今没有停止过，主要是对生物气象学本质的认识，涉及对生命科学的立场，集中反映在生物气象学的定义上。这些年来定义经历了多次改述，在此期间生物气象学名称、定义及内涵的学术激烈辩论阶段主要发生在1960—1987年。巴黎会议所采用的定义是由 Tromp 提出的：“生物气象学研究包括在大气中的地球物理、地球化学以及生物、植物、动物和人之间的直接和间接的相互关系。环境这一术语的大致构思包括微观、宏观和宇宙环境及他们所影响地球大气层不同的物理和化学因素。”此定义在各个生物学领域快速推广使用。根据第二至四届国际生物气象学三次年会学术辩论形成的研究成果，1970年对定义进行了修订：“生物气象学是研究物理、化学和物理化学的微观和宏观环境，对物化系统和生物体在地球大气和大气圈外类似的环境直接和间接影响。”这些年来，随着各种学术观点的争论，这个定义不断被指出存在的问题。在 R. W. Gloyne1982—1986 年担任

《国际生物气象学》杂志的主编期间，总结了多年学术年会及《国际生物气象学》杂志发表的论文，提出了一个简洁，具有一般性的定义："生物气象学是应用气象学的一个分支，它研究大气过程和植物、动物、人这些生命体之间的交互作用。"并在1987年召开的第十一届年会上得到了认可。但是围绕气象学和生物学这两个学科的权重，以及学科内涵仍会有争论。总之，伴随国际生物气象学的发展，我相信这个问题永远不会有最终的答案，因为研究的重点和优先顺序一直在循环改变。目前全球高度关注气候变化问题，使气象学处于生物学之前的位置。对于一个气象学家来说，意味着更加理直气壮地研究天气和气候对生物的影响，而对于一个专门研究某个领域的生物学家来说，意味着从物理环境变化对生物的影响存在的疑虑。到目前为止，国际生物气象学会已经走过了60多年的历程，但是生物气象学内涵的学术争论仍在进行中，这些正是这门学科不断取得进步的动力所在。

1.3 生物气象学的发展历程

在生物气象学学科发展过程中，一个具有里程碑意义的人才培训计划由D. B. Dill提出，由美国国家卫生研究所资助，在美国中西部10所大学进行了实施。该项目从1963年持续到1971年。项目经费事实上是拨给了一个由国际生物气象学会组织、10所大学组成的合作委员会组织实施的。该项目资金充足，主要用于资助这10所大学生物气象学博士或访问学者。先后有30个学生获得学会合作委员会项目资助并获得生物气象学博士学位。

另外就是对来自全球各地的生物气象学方面的专家到这10所大学学习的资助，这为推动国际生物气象学会在全世界范围发展，起到了令人激动的作用，为国际生物气象学带来了特殊的生命力。例如，有来自非洲的John Cloudsley-Thompson教授、来自澳大利亚悉尼的Victor MacFarlane教授等人，在爱荷华大学和其他几所大学的生物社区进行研讨和讲座。John Cloudsley-Thompson是国际生物气象学会的终生成员，他发表了许多关于非洲沙漠微气候方面的文章。

这里着重介绍科学家D. B. Dill，他是美国国家卫生研究所资助计划实施的关键人物，对生物气象学非常感兴趣。他在哈佛大学疲劳实验室做了很长时间的主管，发表了一部名为《生活、热量和高度》的经典著作，这本书激发了很多人投身生物气象学科学。D. B. Dill因对胡佛水坝的建造所做的贡献而成名，他在疲劳实验室发表了第一篇人类适应热环境的实验证据，提出了一系列关于胡佛水坝中暑问题的解决方案，建议不要让工人们睡在建造水坝所处的山谷，而是每天晚上把他们送到最凉爽的高地工棚。D. B. Dill为生物气象学的持续发展做出了重大贡献。

国际生物气象会对本学科发展做出贡献的科学家授予了荣誉，包括生物气象学家David M. Gates、环境物理学家John L. Monteith、微气象学家Champ B. Tanner等。

还有很多科学家也为生物气象发展做出了贡献，标志就是他们发表的专著：Helmuth Lansberg 1969年发表了一本名为《气候与健康》(1969年)的著作；B. Givoni博士1958年发表了一本名题为《人、气候和建筑》的专著；1975年Jacques LeBlanc出版了《处在寒冷中的人》；David M. Gates在1972年、1993年先后出版了两本关于人和所处环境的书，堪称经典。近几年国外未见新的专著出版，国内由张书余发表了5部人类生物气象学方面的专著。

对国际生物气象学会发展做出巨大贡献的主要有四个人：一是S. W. Tromp博士，前面已经介绍；二是 W. H. Weihe，他是 1961-1982 年国际生物气象学杂志的总编辑，为学会学术发展做出了持久的贡献；三是 W. O. Haufe，他担任了 9 年的学会主席；四是 LeRoy Hahn，他在 1999-2006 年担任学会的会计，他的尽职尽责化解了国际生物气象学会发展的许多风险。当然，历届的学会主席和秘书会计（表 1）也为学会的发展做出了极大贡献。

表 1　历届国际生物气象会的学会主席和秘书

年份	主席	秘书
1960—1963	F. Sargent	S. W. Tromp
1963—1966	F. Sargent	S. W. Tromp
1966—1969	D. H. K. Lee	S. W. Tromp
1969—1972	D. H. K. Lee	S. W. Tromp
1972—1975	W. O. Haufe	S. W. Tromp
1975—1979	W. O. Haufe	Bernaud Primault
1980—1984	H. Lieth	Bernaud Primault
1984—1988	N. Kikuchi	Bernaud Primault
1988—1991	J. Newman	Bernaud Primault
1991—1994	WolfH. Weihe	Bernaud Primault
1994—1996	Russel J. Reiter	Nayana Barthakur
1996-1999	AndrisAuliciems	Paul Beggs
1999—2002	Peter Hoeppe	Paul Beggs
2002—2005	Ian Burton	Scott Greene
2005—2008	Laurence Kalkstein	Scott Greene
2008—2011	Paul Beggs	Mark D. Schwartz
2011—2014	GlennMcGregor	Jonathan M. Hanes
2014	Mark D. Schwartz	Jonathan M. Hanes

自 1957 年开始到 2014 年止，国际生物气象学会已经召开了 20 届学术年会了，前两届年会主要是从生物学的角度研讨了生物气象学，集中讨论了生物气候人才培训及生物气象学的实验与研究方法，高山生物气候学，人类生物气候区划，人对热的适应及气候医疗等方面的问题，并完成了国际生物气象学会的创建。从 1963 年在法国举行的第三次国际生物气象学年会开始到 1990 年在奥地利召开的第十二届年会，研究主要是从气象学的角度研讨了生物气象学，进一步明确了人类生物气象学的研究方向，集中讨论了气象条件、大气环境（大气污染、空气负离子、大气电磁及磁场）对人类的生物效应，并通过争辩基本上明确了生物气象学定义及研究范畴和方向。从 1993 年第十三到 2014 年第二十届国际生物气象学年会，研讨主要集中在气候变化对人类健康的影响，包括热浪及极端天气对人类疾病死亡和发生的影响，人体舒适度指数及气象因素对人体行为的影响等，高度关注了“气候与社会”关系。伴随 1963-1972 年美国在 10 所高校实施的为期 10 年的面向全球的生物气象学人才培养计划，人类生物气象学从 1993 年进入了科学实验及理论研究的快速发展期。

2　生物气象学发展的现在

生物气象学的发展引起了相关学科的重视，尤其是随着气候变暖，高温热浪对人类健康产生了明显影响，进一步促进了气象与医学专业学者合作，共同研究气象因素与人类健康的关系。在这里着重介绍一下 2008 年第十八次国际生物气象学年会以来人类生物气象学研究的发展情况。

2.1 气候变化对健康的影响

气候变化是人类社会面临的最严重的问题之一，气候变暖进一步加剧了人类生存环境的恶化，对人类健康和生命安全构成威胁，成为当前生物气象学家研究的重点之一。目前研究的内容主要包括四个方面。一是研究气候变暖导致的负面影响，气候变暖导致自然疫源性疾病的分布和传播发生变化，增强了相关疾病的传播[2-3] 范围；气候变暖使大气化学污染物之间光化学反应速度加快，臭氧增加导致呼吸系统及眼睛疾病[4-5] 发生；气候变暖可使紫外线辐射强度增加，导致白内障、雪盲症及皮肤病等疾病增多[6]；气候变暖导致高温热浪和暴雨频发，致使食物霉变、水质恶化及洪水泛滥，进而引起腹泻、霍乱和痢疾等消化系统疾病流行[7-8]。二是研究气候变暖对人体健康影响的途径[9-10]，途径有时是单一的，有时多种途径并存。三是研究气候变暖对人体健康影响的方式，包括直接影响和间接影响两个方面。直接影响包括气温升高、热浪、洪水等，可导致人体不适，甚至影响到心脑血管和呼吸系统，引起死亡率升高或传染病传播[11] 及慢性病复发。间接影响包括饮水供应、卫生设施、农业生产、食品安全以及媒介传播性疾病和水传播性疾病的影响等等[12]。四是应对或适应气候变化的措施和对策研究，针对气候变暖对人体健康的负面影响，采取一切措施来减缓影响的程度，研究的具体方法包括潜在流行区的监测与预警、预防疾病流行范围的扩散、在极端天气高发季节采取的预防措施、改善居住与生活条件及针对环境污染的适应对策等。

2.2 极端天气对健康的影响

目前针对极端天气对健康影响的研究主要包括强冷空气、高温热浪及雾、霾等天气。研究指出[13] 热浪期间人群总死亡率明显上升，死亡高峰与高温曲线峰值相吻合，主要造成发热中暑、心脑血管疾病、呼吸道疾病发病率增加，同时引起神经系统疾病、精神病、消化系统疾病、泌尿系统疾病、传染病等多种疾病发病增加。热浪对婴儿、儿童、老年人和本身患病人群更易造成影响，但性别因素的影响仍需进行系统研究。热浪对人体的影响存在收获效应和短暂的滞后效应，一般可滞后 0～1 天、1～3 天或 5 天不等，不同地区的滞后天数不同。热浪的相关研究方法过于简单，一般为指标法、天气分型法、多元回归分析法，集中于使用气象资料和医疗资料相关分析，并且由于缺少界定标准，资料统计可能存在误差。研究热浪与健康的关系时，应综合考虑热浪发生的多气象要素特征、地理位置及其他社会因素、行为因素，运用气象学与流行病学、毒理学结合的方法进行研究，需进一步加强气象和医疗相关人员合作。冷空气已被公认为是造成心脑血管疾病发病率和死亡率增加的重要危险气象因素。大量的研究均表明，心血管疾病死亡和发病在冬季呈上升趋势[14-15]。虽然不同的地域有着不同的模式[16]，但很少有与这个结论相反的研究[17]。在一个大人群研究中，急性心梗发病率从高到低的季节变化是冬、秋、春、夏[18]，超过 30% 的入院率出现在 12 月—次年 2 月，尤其是降温天气[19-20] 心脑血管疾病发病率更高。Anderson 等人研究发现 65 岁以下人群死亡在降温幅度 4.4～8.3 ℃和大于 8.3 ℃时分别增加 13% 和 25%，而在降雪天气死亡率较前一天增加 88%[21-=22]。由此可见，寒冷天气对心血管疾病的影响已俨然成为世界上一个不可忽视的公共卫生问题。

雾、霾对人类健康的有害影响已经得到全世界的广泛关注，早在 1952 年伦敦大雾流行期间，与颗粒物相关的死亡率明显增加，引发了颗粒物流行病学研究[25]。世界卫生组织 2002 年的评估表明，全球每年至少有 100 万人死于颗粒物暴露[26]。2004 年 6 月，美国心脏学会（AHA）在 *Ciculation* 上发表文章，首次证实空气颗粒物污染与心血管疾病相关[27]。美国环保局（EPA）、美国国立环境卫生研究院（NIEHS）等国际机构把颗粒物的心血管效应作为研究重点，并认为其将成为解释颗粒物污染与心血管疾病发病率、死亡率相关性的关键[28]。因此，雾、霾与心血管疾病之间的关系已经成为国际环境流行病学研究的热点之一。

2.3 机理研究

生物气象学机理研究主要集中在四个方面，包括气温、雾和霾及高原对人体健康的影响机制研究。

Kakitsuba 发现人体中心温度随着环境温度的上升而上升，人体更易在午后发生中暑[29]。Vanos 等[30] 人研究了人在热房间内和室外热环境中的出汗率和能量收支。Park 等人评估了韩国高温对人体皮肤温度和心率的影响[31]。张书余等研究[32-37] 指出冷空气和热浪天气均能够引起心脑血管疾病复发和发生增加，揭示了冷空气和热浪天气过程导致心脑血管疾病发生的机理，为心脑血管疾病的预警和防御奠定了理论基础。

雾、霾直接作用于心血管系统和血液可能有三个方面的机理，一是雾、霾可引起自主神经功能改变[38]，直接导致血压高、心肌梗死及慢性心衰等心血管疾病发生；二是进入血液的重金属离子破坏细胞钙稳态平衡[39]，它们与 Ca^{2+} 具有类似的原子半径，当它们进入血液后，导致细胞内膜 Ca^{2+} 浓度的增加，可使氧自由基增加，使心脏组织损伤[40]，可引发心肌梗死及冠心病发生或加重；三是影响心肌离子通道[41]，心脏 Ca^{2+} 通道可能是雾、霾产生心脏毒性的靶蛋白之一，雾、霾可能通过影响 Ca^{2+} 通道而起作用，使 Ca^{2+} 电流发生改变，进而导致室性期前收缩、缺血性心肌损伤和心衰等心血管疾病。

高原氧气稀薄、气压低，对人的生理有明显的影响。目前机理研究主要集中在低氧对人的生理影响研究，揭示了两个适应机理。一是低氧适应的生理机制[42]，在低氧环境下，肺泡受低氧刺激引起肺小动脉平滑肌收缩，导致肺血管阻力增大和肺动脉压力升高，保证在低氧环境中肺血流的充分灌注，改善通气、灌注比例，减低肺泡-动脉氧阶差，提高血氧含量，随着在高原生活时间的增加，人的心脏发生右心肥厚，适应缺氧需求。肺动脉压力升高和“右心肥厚”是机体对低氧适应的重要生理机制。二是低氧适应的分子机制[43]，人类在高原通过增加血液中的血红蛋白（Hb）和肌红蛋白（Mb）含量，为人类机体提供能量代谢所需的氧；通过增加舒血管因子（EDRF）含量，使人体组织毛细血管持久性舒张，减小外周阻力，加速血液循环，改善组织获氧量；通过人体增加细胞内皮生长因子（VEGF）含量，促进新生血管形成，改善微循环并增加血管的通透性，使人体对低氧的适应能力大大加强；通过人体心脏和肝脏线粒体数目的增多，进一步使心肌线粒体的有效活动面积增加，以适应低氧条件下的细胞代谢；通过升高人体组织和血液中的乳酸浓度，增强低氧条件下蛋白质无氧酵解作用。通过这些生化指标的增加以适应高原缺氧的气象条件。

2.4 环境气象指数

环境气象指数是近期生物气象学研究的热点，主要集中在舒适度指数研究上。其中 Mader 研制的[44] 人体综合舒适指数 CCIH 最引人关注，该研究涵盖了综合气候指数 CCI

的算法，包括了热指数、温湿指数和风寒指数。Lemke 等人研究[45] 的综合温热指数 WBGT 已在很多国家得到了应用，在众多包含温度、湿度、风速及太阳辐射在内的指数中更能评价热暴露对热作业人群生产效率的影响。Jendritzky 研发了普遍热气候指数 UTCI[46]，它包含了风、辐射、湿度和气温等参数，能较好地评价人体对气象环境的舒适度，并且美国开发的业务系统中计算了 UTCI 和 WBGT 两种指数[47]，用于热天气预警。法国热浪预警系统应用环境气象指数设定生物气象阈值[48]。随着气候变暖，环境指数会越来越受到重视。

2.5 环境与健康适应

目前环境与健康适应研究主要集中在热环境适应研究。Hanna 介绍了一种自我评价的方法[49]，让热暴露工人利用 MultiStix（尿液测定试纸）测定他们的尿液并评估脱水水平。Martinez 研究了温暖亚热带湿润地区带空调办公室内的平均温度和热舒适温度[50]，发现其平均温度为 24.2 ℃，而舒适温度为 22.3～25.8 ℃。墨西哥研究者研究了在湿热天气中人的适应行为。Balogun 认为为适应气候变化导致的气温上升，应增加绿化面积，尤其是种树能大大降低热的负面影响[51]。改变城市规模、增加绿色空间、减少能源使用和空气污染都能减少城市热岛效应。Barradas 介绍了墨西哥利用水资源和重新造林以应对气候变化的计划。Unger 研究了对城市公共空间热环境的主观感受[52]，发现市民对风速和太阳光的变化最为敏感。极差的房屋质量能使儿童暴露于更高的温湿变化，导致更差的热舒适。Yamamoto 报告了用富含 CO_2 的水沐浴能够改善人身体灵活性和肌肉僵硬[53]。Lee 等发现雾桑拿能增加氧合血红蛋白含量从而更能缓解疲劳。

3 生物气象学发展的将来

生物气象学作为研究天气气候对生物界影响的一门学科，正越来越受到政府和人们的重视。目前人类生物气象学研究范围可分三方面：

第一是关于生理气象学，研究季节、气候及气象对正常健康人生理过程的影响以及健康人在各种不同气象条件下的适应、航海气象以及在宇宙航行中宇宙大气环境对人体生理影响的研究。研究主要采用生物医学实验方法。

第二是关于病理气象学，研究气候和气象与人类疾病的关系，通过分析不同季节气候下发生的多发病和不同气候的天气变化对疾病的影响，疾病在不同气候地区的分布，各种气象要素与疾病的内在联系，利用若干气象因子诱发疾病的生物过程和医学手段，分析有利或不利的气象环境，进一步分析同一种疾病在不同地区、不同季节、受不同天气影响以及在不同患病人群之间的共性和差异。研究主要采用实验方法和统计方法。

第三是关于环境气象学，研究城市、农村、住宅区环境小气候以及人工气候（空气调节）对人体健康的影响，由于大气污染与气象条件有关，应当也包括在这方面的研究中。大气环境对疾病影响依据时间关系分为两类，一类是与季节有关的“季节病”，一类是受天气非周期变化影响的“气象病”。

围绕上述提出的三个研究范围，我国人类生物气象学发展应着重从如下七个方面开展。首先是加快生物气象专业人才培养，要从国家层面上进行布局，比如有应用气象学专业的院校，设置生物气象学专业，逐步开展本科、硕士及博士不同学历层次的人才教育。其次是建立生物气象观测系统，实现气象、大气环境、卫生观测资料共享，为人类生物气象学研究奠定基础，应用长时间、大样本的资料，解决人类生物气象的研究存在空间和时间跨度的局限性问题。三是在应用技术研究的基础上，加强基础理论研究，尤其是侧重于天气气候变化对人体影响的机理研究，从生理学和病理学方面入手，加大实验室研究的力度，以推动天气气候与多种疾病发生机理的研究向纵深发展；四是探讨气象对人体健康影响的不确定性问题。由于人体是一个有机整体，气象条件并不是对人体健康产生影响的唯一因素，其他诸如遗传、自身素质、饮食、地域、生活习惯等因素均会对人体健康产生综合影响。因此，在进行健康气象学研究中，关键技术在于从影响健康的诸多其他因素中分离出气象因素的影响。五是应用数值模式开展天气气候与健康研究，早在20世纪70年代国外就开始用数值模拟研究环境气象条件变化对人体生理及动脉血流变化的影响[54-55]，我国这方面的研究刚刚开始[56-57]，这是一个非常重要的研究方向，是开展天气气候与各种疾病发生机理研究的重要方式，也是疾病预测研究的重要方面，需要引起更多关注。六是开展疾病预测和预警研究，此项研究与机理研究是相辅相成的两个方面，就是说通过毒理学和数值模拟不断揭示各种气象和大气环境条件导致人体各种疾病形成的机理，建立并不断完善人体生理数值模式，最终与天气预报数值模式耦合，即可制作出医疗气象数值预报。我国虽已开展[56-57]，但仍与发达国家有相当大的差距，需要大力发展，这项研究也是把已有科研成果用于实际的重要途径。加快尝试开展医疗气象预报服务，开发天气气候及大气污染诱发疾病预警系统。通过预报使人类在日常活动中避开不良气象环境条件的影响，利用有利的大气环境来增强体质，预防疾病，合理开展生产活动，提高工作效率。七是开展气象条件对人体健康有利方面的研究。目前人们更多的关注了气象条件对健康负面影响，而对某些气象条件（如山区、海滨、森林、瀑布等）对健康益处的研究不够深入。加强此项研究对促进气象疗养、气象保健、老年医学的发展将会很有益。

参 考 文 献

[1] TROMP S. The main purposes of this meeting in Paris in 1956. International Journal of Biometeorology，1966，10 (1)：208-211.

[2] 杨坤，王显红，吕山，等. 气候变暖对中国几种媒介传播疾病的影响. 国际医学寄生虫病杂志，2006，33 (1)：182-187.

[3] 吕山，周晓农. 全球气候变暖对广州管圆线虫病流行的潜在影响. 国外医学：寄生虫病分册，2005，32 (1)：195-199.

[4] 周凯，叶有华，彭少麟，等. 城市大气总悬浮颗粒物与城市热岛. 生态环境，2006，15 (1)：381-385.

[5] MC MICHAEL A J，Woodruff R E，Hales S. Climate change and human health：present and future risks. Lancet，2006，367 (1)：859-869.

[6] 刘学恩. 全球气候变化对人类健康的潜在影响. 国外医学：卫生学分册，1997 (24)：159-161.

[7] 曾四清. 全球气候变化对传染病流行的影响. 国外医学：医学地理分册，2002 (23)：36-38.

[8] VOROSMARTY C J，Green P，Salisbury J，et al. Global water resources：vulnerability from climate change and population growth. Science，2000，289 (1)：284.

[9] BOSELLO F，Roson R，Tol R S J. Economy-wide estimates of the implications of climate change：human health. Ecol Economomics，2006，58：579-591.

[10] 高广生. 中国应对气候变化国家方案. 中国能源，2007 (29)：5-8.

[11] BENISTON M. The 2003 heat wave in Europe：a shape of things to come? An analysis based on Swiss climatological data and model simulations. Geophys Res Lett，2004 (31)：1-4.

[12] 俞凤，孙玉东. 洪涝灾害中传染病流行特点分析. 伤残医学杂志，1997 (5)：39-42.

[13] 田颖，张书余，罗斌，等. 热浪对人体健康影响的研究进展. 气象科技进展，2013，3 (2)：49-54.

[14] 张书余，王宝鉴，谢静芳，等. 吉林省心脑血管疾病与气象条件关系分析和预报研究. 气象，2010，36 (9)：115-119.

[15] 马守存，张书余，王宝鉴等. 气象条件对心脑血管疾病的影响研究进展. 干旱气象，2011，29 (3)：350-354.

[16] NAYHA S. Short and medium-term variations in mortality in Finland. A study on cyclic variations，annual and weekly periods and certain irregular changes in mortality in Finland during period 1868--1972. Scand J Soc Med Suppl，1981 (21)：1-101.

[17] THAKUR C P，AnandMP，Shahi MP. Cold weather and myocardial infarction. Int J Cardiol，1987，16 (1)：19-25.

[18] SPENCER F A，et al. Seasonal distribution of acute myocardial infarction in the second National Registry of Myocardial Infarction. J Am Coll Cardiol，1998，31 (6)：1226-1233.

[19] HONG Y C. et al. Ischemic stroke associated with decrease in temperature. Epidemiology，2003，14 (4)：473-478.

[20] BARNETT A G. et al. Cold periods and coronary events：an analysis of populations worldwide. J Epidemiol Community Health，2005，59 (7)：551-557.

[21] KUNST A E. LOOMANC W，MackenbachJP. Outdoor air temperature and mortality in The Netherlands：a time-series analysis. Am J Epidemiol，1993，137 (3)：331-341.

[22] SOTANIEMI E. Efeect of temperature on hospital admissions for myocardial infarction in a subarctic area. Br Med J，1970，4 (5728)：150-151.

[23] ENG H，MERCER J B. Seasonal variations in mortality caused by cardiovascular diseases in Norway and Ireland. J Cardiovasc Risk，1998，5 (2)：89-95.

[24] HUYNEN M M. The impact of heat waves and cold spells on mortality rates in the Dutch population. Environ Health Perspect，2001，109 (5)：463-470.

[25] LOGAN W P. Mortality in the London fog incident，1952. Lance，1953 (1)：336-338.

[26] GULLAND A. Air pollution responsibale for 600，000 premature deaths worldwide. BMJ，2002 (325)：1380。.

[27] BROOK R D，Franklin B，Cascio W，et al. Air pollution and cardiovascular disease：a statement for healthcare professional from the Expert Panel on Population and Prevention Science of the American Heart Association. Circulation. 2004，(109)：2655-2671.

[28] GORDON T，REIBMAN J. Cardiovascular toxicity of inhaled ambient particulate matter. Toxicol Sci. 2000，56：2-4.

[29] VANOS J K. Validation of Predictive Sweat Rate Rate and Core Temperature Equations During Intense Exercise Throngh Application of the COMFA Outdoor Energy Budget Model. 19th ICB Papers，76.

[30] PARK J K，JUNG W S. Study on the evluation of the impact of high temperatures on stin temperatures and heartrate among Korean. 19th ICB Papers，193.

[31] 张书余，马守存，周骥，等. 模拟寒潮对高血压疾病影响机理的实验研究. 气象，2013，39 (6)：789-793.

[32] 张夏琨，周骥，张书余，等. 模拟寒潮对高血压疾病的影响实验研究. 气象，2014，40 (6)：754-758.

[33] ZHANG X K，ZHANG S Y，WANG B J，et al. Effects of Moderate Strength Cold Air Exposure on Blood Pressure and Biochemical Indicators among Cardiovascular and Cerebrovascular PatientsRes. Int. J. Environ. Public Health 2014，11 (3)：2472-2487.

[34] LUO B，ZHANG S，MA S C，et al. Artificial Cold Air Increases the Cardiovascular Risks in Spontaneously Hypertensive Rats. Int. J. Environ. Res. PublicHealth. 2012，9 (9)：3197-3208.

[35] WANG C L，ZHANG S Y，TIAN Y，et al. Effects of Simulated Heat Waves on ApoE-/- Mice. Int. J. Environ. Res. Public Health. 2014，11 (2)：1549-1556.

[36] LUO B，ZHANG B，SHOU M，et al. Effects of different cold-air exposure intensities on the riskof cardiovascular disease in healthy and hypertensive rats. Int J Biometeorol，2014，58：185-194.

[37] ZHANG X K，ZHANG S Y，WANG C L，et al. Effects of Simulated Heat Waves on Cardiovascular Functions in

Senile Mice. Int. J. Environ. Res. Public Health. 2014，11 (8)：7841-7855.

[38] BRAUNEALD E，主编. 陈灏珠，主译. 心脏病学. 北京：人民卫生出版社，2003：528.

[39] BROWN D W，STONE V，FINDLAY P. Increased inflammation and intracelular calcium caused by ultrafinecarbon black is independent of transition metals or other soluble components. Occup Environ Med. 2000，57 (10)：685-691.

[40] 戴海夏，宋伟民. 大气颗粒物健康效应生物学机制研究进展. 环境与职业医学. 2003，20 (4) ：308-311.

[41] BALL J C，STRACCIA A M，YOUNG W C，et al. The formation of reactive oxygen species catalyzed by neutral，aqueous extracts of NIST ambient particulate matter and diesel engine particles. J Air Waste ManagAssoc. 2000 (50)：1897-1903.

[42] 王礴，杨亮宇，白文顺，等. 哺乳动物对高原低氧适应的研究进展. 四川畜牧兽医，2009，228 (10)：35-27.

[43] 江炎庭，苟潇，李明丽，等. 高原民族和动物低氧适应血液生理特征及相关基因研究进展. 中国畜牧兽医，2012，39 (10)：149-153.

[44] MADER T L. Comprehensive Comfort Index for Humans. 19th ICB Papers，33.

[45] LEMKE B，TORD K. The estimated global and regional impact of climate change on occupational heat stress and related work capacity and productivity effects. 19th ICB Papers，258.

[46] JENDRITZKY G，Dear R. The Universal Thermal Climate Index UTCI-Achievements of the ISB Commission 6. 19th ICB Papers，184.

[47] OTTO M，LEMKE B. A Software Tool to Estimate Heat Exposures From Weather Station Date. 19th ICB Papers，339.

[48] PASCAL M. Evaluating the Biometeorological Thresholds for the Heatwave Alert System in France. 19th ICB Papers，20.

[49] LEE D G. The development of heat-health warning systems for Seoul：is it feasible to divide the city into partitions? 19th ICB Papers，212.

[50] MARTINEZ K. Neutral Temperature and Thermal Comfort Ranges for Air Conditioned Offices in a Warm Sub-Humid Climate. 19th ICB Papers，286.

[51] BALOGUN A A. Towards Adapting the Federal University of Technology，Akure Campus to Climate Change. 19th ICB Papers，372.

[52] UNGER J. Visitorssubjective estimations on thermal environment in public. 19th ICB Papers，368.

[53] YAMAMOTO N. Bathing with CO2-rich water improved physical flexibility and muscle stiffness in male college students. 19th ICB Papers，141.

[54] GAGGE A P，Stolwijk J A J，Nishi Y. An effective temperature scale based on a simple model of humen physiological ragultory response. ASHARE Transactions，1970，77 (1)：247-262.

[55] DEPTANO V，BERIOLOTTL C，BOIRON O. Nnmerical simulations of unready flow in a stenosed coronary bypss graft. Medical&Biological Engincering&Computing，2001，39 (1)：488499.

[56] 罗笑南，徐清振，曾龙，等. 人体热湿交换的数值模拟模型. 计算机辅助设计与图形学学报，2004，16 (4)：513-517.

[57] 刘有军，乔爱科，主海文，等. 颈动脉分支的血流动力学数值模拟. 计算力学学报，21 (4)：475-480.

北方暴雨协作研究和谢义炳的学术思想

Northern Rainstorm and Xie Yibing's Academic Thoughts

陶祖钰[1]，张春喜[2]，闻新宇[1]，郑永光[3]

（1.北京大学物理学院大气和海洋科学系，北京 100871；

2.夏威夷大学，夏威夷 HI 96822；

3.中国气象局国家气象中心，北京 100081）

关键词：暴雨，湿斜压，潜热反馈，能量天气学，辩证法，历史唯物主义，本性可预报性

0 引言

1975年8月初，河南发生了一场历史性的特大暴雨，简称"75·8暴雨"，之所以将它称为历史性特大暴雨，是因为它使两个大型水库垮坝。这场灾害在北方14个省（自治区、直辖市）引发了一波暴雨协作研究，并产生了不同于经典的斜压不稳定理论的湿斜压天气动力学理论。

2015年9月27日，北京大学新文化运动一百周年纪念大会上，朱善璐书记的讲话提到"对于现状，对于历史，对于外国事物，没有历史唯物主义的批判精神，所谓坏就是绝对的坏，一切皆坏；所谓好就是绝对的好，一切皆好"。对气象史，也应该用高度的文化自觉和文化自信来看待。不能只知道外国的气象史，不知道中国的气象史，而且也需要有批判精神，不能一味地继承。

回顾历史，目的是以史为鉴。历史是纷杂的、多侧面的。司马光编《资治通鉴》的原则是"删削厄长，举取（撅）机要：专取关国家兴衰，系生民休戚，善可为法，恶可为戒者"[1]。所以要选对当前最有借鉴意义的来介绍历史，而不是当作纯粹做学问来讲历史。

北方暴雨协作组（1976—1992年）及谢义炳（1917—1995年）、雷雨顺（1937—1983年）等相关人士或已故，或已是耄耋之年。整理这一段历史和他们的学术思想，似一学者所言，这是完成自己的"必然天命"。如加缪所说，个体脆弱、易朽，唯愿自己推动的石块在时光磨损之后能留下一颗小小沙粒。

在写这段历史时尽可能遵从以下三个原则：①历史真实性；②解读是否正确；③是否有可汲取的经验教训。对历史的人和事坚持二分法：不违避缺点，优点可以效法，缺点可以为戒。因为是写最近的历史，亲身经历的历史，特别要警惕门户之见。同时还要避免世俗的"名分""地位"的考量，避免评功摆好、歌功颂德；不歪曲、不夸大、不掩饰（不伪饰）。当然，也不避嫌。总之，要不怕说真话、实话，不怕争辩，要反身诸己，格去私

仅以此文献给已故的周晓平学长。

作者简介：陶祖钰，北京大学教授。研究方向主要为天气分析、预报和诊断。

欲（私心杂念）。这样才有可能使写出来的东西真正有益。

1 北方暴雨协作研究

1.1 北方暴雨研究协作组概况

1.1.1 起止时间

起因是“75 · 8”河南特大暴雨。1976 年 3 月发起成立“75 · 8”暴雨会战北京组（动力学分析）。由北京大学谢义炳教授牵头，北京大学、吉林大学的老师和河北、河南两省气象台的预报员集中在北大会战。主要采用 Ω 方程对特大暴雨过程做诊断分析。须知，在计算机的应用刚刚处于萌芽状态时，这是一个非常艰巨的任务，需要很多人来会战。

结束时间，第一种算法是结束于 1992 年《北方暴雨丛书》(《东北暴雨》《华北暴雨》《西北暴雨》) 出版，即 1976—1992 年，计 17 年。另一种算法是 10 年，即 1976—1986 年。以《暴雨文摘》(二)(东北、华北、西北)（1982—1986 年）收录的研究成果的结束时间为标志。

1986 年后之所以研究活动逐渐停止，其原因是：①1985 年“七五”国家科技攻关启动，又有国家自然科学基金可以自由申请，科研逐渐纳入国家轨道，所以民间自发的活动渐趋停止；②各省主要研究骨干和活跃分子逐渐走上领导岗位，如吉林、辽宁、陕西、河北、山东等，而中央单位的人员则纷纷出国进修，如中科院大气所、北京大学等，民间科研活动也就既无人组织又无人参与了。

1.1.2 “自带粮票”的组织形式和成员

北方暴雨研究的活动都不是行政安排而是自愿参加的。在当时大家戏称为是“自带粮票”，即没有专项经费支持，必须自己解决活动经费。当然随之而来的是，一切活动也都无需经过行政审批。这一现象可以说是改革开放政策在气象科研领域激发出活力的表现。

所谓协作组，可能并没有固定的形态和章程。在我的印象里，好像每一次学术会议的技术组就是协作组，它负责活动的筹划、安排和实施，一直到最后的总结及下一次活动的计划。参加暴雨协作研究的成员包括黄河流域及以北的北方 14 个省（自治区、直辖市）气象局的气象台和气科所，即河南、山东、河北、辽宁、吉林、黑龙江、内蒙古、山西、陕西、宁夏、甘肃、新疆、北京、天津，以及北京大学、中国科学院大气物理研究所、中国气象科学研究院和兰州大学。核心成员，或者说活跃分子，有丁士晟、周晓平、游景炎、陆一强、雷雨顺、曹钢锋、马鹤年、席国耀、陈受钧、张镡、程麟生等。

一个值得特别提出的现象是，有 4 名在北方暴雨研究中做出重要贡献的成员英年早辞。这与当时长期物质匮乏和忘寝废食的工作不无关系。他们是：

雷雨顺（中国气象科学研究院）：主要贡献是层结稳定度、能量天气学、探空利用。

陆一强（辽宁）：主要贡献是高空急流与暴雨的因和果、地形特大暴雨。

王晓林（北京大学）：主要贡献是有限区域降水数值预报、潜热反馈数值试验。

李麦村（中国科学院大气物理研究所）：主要贡献是湿斜压不稳定（后继者有陈忠明、

程麟生）。

作为北方暴雨研究的学术带头人谢义炳也在 1995 年去世，距由他撰写出版序言的《北方暴雨丛书》出版仅仅 3 年。

1.1.3 活动方式

学术交流年会和技术组扩大会议是协作的主要方式，通常是“轮流坐庄”，各省轮流主持，内容主要是交流、讨论、总结和协调。每次会议都以技术组的会议总结形式肯定前一阶段的主要成果并确定下一步研究的重点。

其次是举办进修班（如暴雨进修班（1978 年）和数值预报进修班），为全国培养科学研究的骨干人才。教师包括北京大学、大气物理研究所和中国气象科学研究院等。同时还应各省气象学会或气象台邀请巡回讲学。例如能量天气学、准地转诊断分析、OLR 应用等曾经在南北多个省市进行过介绍和推广。

第三是组织成果出版。它使北方暴雨研究的大量成果及时地得到总结，不致散失。

最后是参与汛期预报服务。最值得一提的是 1977—1981 年 7—8 月间在水利部中央防汛办公室（国家防汛抗旱总指挥部）进行了五年汛期预报会商。它为后来水利部气象中心的成立提供了一定的技术储备。

1.2 北方暴雨研究协作组主要成果

1.2.1 出版物

（1）《暴雨文集》，1980 年由吉林人民出版社出版。

（2）《北方天气文集》（1—6 册），1981—1987 年由北京大学出版社出版。共计 123 篇，其中第 3 册是能量天气学专集，第 4 册是暴雨研究专集。出版目的一是希望实现常态化，二是希望能有助于国际交流（国内首次使用中英文摘要和中英文图题）。

（3）《暴雨文摘》（东北、华北、西北），1983 年由北京大学出版社出版。为了最后能为暴雨预报提供系统的科学基础，故将 1949—1982 年国内国家和省级气象刊物上刊登的与暴雨有关的文献全部收集起来，也为今后撰写暴雨丛书作准备。主编为丁士晟，共收集 407 篇（34 年），归纳为 27 个专题。书后附有三种索引：分类索引、地区索引和第一作者索引（没有年代索引）。

（4）《暴雨文摘》（二）（东北、华北、西北），1987 年由气象出版社出版。进一步收录了 1982—1986 年的研究成果。主编为游景炎，共收集 383 篇（5 年），归纳为 23 个专题。5 年的总数接近前 34 年的数量，说明这 5 年北方暴雨研究非常活跃。

（5）《中国北方暴雨丛书》，1992 年由气象出版社出版。包括《东北暴雨》《华北暴雨》《西北暴雨》3 本，委托专门的编写组编写。

1.2.2 主要科学成果

主要科学成果包括：

①动力学诊断（丁士晟、谢安等：包括散度、垂直速度、水汽通量等）；②静力稳定度（雷雨顺等：包括潜在不稳定、总温度、探空分析利用）；③降水数值预报和数值试验（陈受钧、周小平、张玉玲等：B 模式）；④高低纬相互作用（谢义炳、张镡等：重点是台风间接暴雨）；⑤次天气尺度（王晓林、程麟生等：主要针对水平尺度为 500 km 左右的低涡、中尺度雨团等）；⑥地形（陆一强等：主要针对喇叭口地形上升速度和短时局地大暴雨）；⑦边界层分析（游景炎、陶祖钰、周晓平、孙淑清等：强调边界层急流和切变线）；

⑧湿斜压天气动力学（谢义炳、王晓林、陶祖钰等：包括次天气尺度系统和潜热反馈、湿急流等）。

1.2.3 暴雨预报业务指导

（1）不同气候区域的特大暴雨定义：西北 100 mm；华北 200 mm；华南 400 mm。

（2）暴雨预报技术路线：预报因子物理化；预报工具客观化；预报对象定量化；预报方法综合程序化。

（3）暴雨预报思路：高低纬度相互作用；850 hPa 以下的行星边界层分析；多尺度预报流程。

1.2.4 部分成果评价

根据截止到 1986 年的北方暴雨研究成果估计，与国外研究水平相比，整体上大致落后 5～10 年，局部问题研究水平超过国外。

（1）动力学诊断方面

国内，1976 年提出用 Ω 方程迭代分别求解动力强迫和热力强迫的贡献。紧随英国雷丁大学气象系主任 Pearce 上任英国气象学会主席主旨报告的物理诊断思想。

（2）边界层分析方面（925 hPa 标准等压面）

20 世纪 70 年代末河北游景炎首先发现，在暴雨和强对流天气过程中，行星边界层 600～1000 m 高度间存在急流。北方暴雨协作组首先在国家防汛指挥部汛期降水预报中分析测风报（PPAA 报）海拔 1000 m 的实测风（图 1）。并于 1980 年呼吁在测风报中恢复播发 300、600 和 900 m 高度的实测风（简称 369 风），并将呼吁书呈送中国气象局预报司。当时为了节省电报费，停止编发 PPAA 的 369 风。

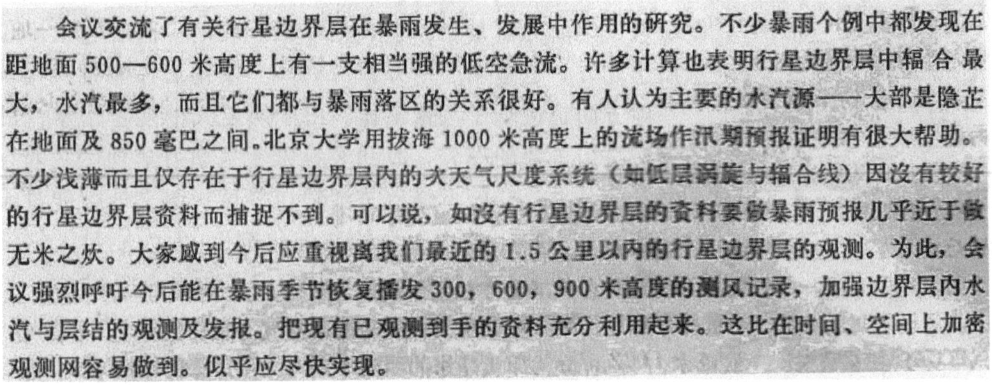
会议交流了有关行星边界层在暴雨发生、发展中作用的研究。不少暴雨个例中都发现在距地面 500—600 米高度上有一支相当强的低空急流。许多计算也表明行星边界层中辐合最大，水汽最多，而且它们都与暴雨落区的关系很好。有人认为主要的水汽源——大部是隐芷在地面及 850 毫巴之间。北京大学用拔海 1000 米高度上的流场作汛期预报证明有很大帮助。不少浅薄而且仅存在于行星边界层内的次天气尺度系统（如低层涡旋与辐合线）因沒有较好的行星边界层资料而捕捉不到。可以说，如沒有行星边界层的资料要做暴雨预报几乎近于做无米之炊。大家感到今后应重视离我们最近的 1.5 公里以內的行星边界层的观测。为此，会议强烈呼吁今后能在暴雨季节恢复播发 300，600，900 米高度的测风记录，加强边界层內水汽与层结的观测及发报。把现有已观测到手的资料充分利用起来。这比在时间、空间上加密观测网容易做到。似乎应尽快实现。

图 1 1980 年 3 月天津北方暴雨技术组扩大会议（天津）简报（周晓平撰写）

国外，从 1991 年 10 月开始执行世界气象组织（WMO）规定，探空报（TTAA 报）中增加一个新的标准等压面，即 925 hPa，弥补了原来探空报中缺少行星边界层中的风、高度、温度与湿度的实测资料。

（3）湿急流

1980 年 12 月《气象学报》刊出根据谢义炳湿斜压理论的思想，从常规观测的实测风资料中分析出贯通整个对流层高低层的湿急流。稍后英国皇家气象学会国家气象图书馆翻译室 Harrion 于 1981 年 4 月 28 日来函索取英文稿或同意由他们将中文翻译成英文。英文译文编号为 No. 1519。

（4）次天气尺度扰动

谢义炳于 1978 年提出次天气尺度系统的概念，指常规天气图上能够分辨的最小尺度 500 km 的天气系统，如梅雨锋切变线上的低涡、西南涡等，与强降水和潜热反馈密切关联。相关的研究有：

①《数值预报模式中次天气尺度系统动能平衡的个例分析》[2]，指出暴雨过程中，次天气尺度系统向环境输出动能；干湿模式对比证明，潜热是动能源。

②《次天气尺度系统数值预报问题——急流非地转和非热成风分析》[3]，暴雨过程中，凝结潜热是动量向低空急流集中。

③《一次次天气尺度系统降水的数值预报试验》[4]。

国外，1975 年 Orlanski 提出的尺度分类中 200～2000 km 为 α 中尺度系统，1980 年 Maddox 定义的卫星云图上的中尺度对流辐合体（MCC），冷云盖面积 5 万～10 万 km^2。

（5）降水数值预报

从斜压模式发展到有限区域原始方程模式，即建立了 B 模式。

1.3　湿斜压理论诞生的“催化剂”

中国气象科学研究院雷雨顺研究组（核心成员有吴振华和吴宝俊，三人均为北大校友，雷雨顺是谢义柄的研究生）的能量天气学研究，是北方暴雨研究中非常活跃但又有一定独立性的成果。能量天气学（图 2）的研究早于北方暴雨，开始主要是针对冰雹天气而非暴雨天气。文化大革命时期人工消雹工作因为有“政治意义”所以很活跃。中科院大气所和中国气象局气科院都投入了大量的科研力量。雷雨顺的能量天气学研究就是从冰雹天气预报发轫的。同时它也不仅适用于北方，也适用于南方。“75 · 8”暴雨后，能量天气学在暴雨方面也进行了大量工作。由于所定义的能量中水汽的潜热能是最主要的部分，故和湿斜压天气动力学理论之间存在紧密的联系，如能量锋就是湿斜压锋区。谢义炳把能量天气学称为是湿斜压理论诞生的“催化剂”。因为能量天气学在北方暴雨研究中的特殊地位，故有必要做重点介绍。

图 2　雷雨顺《能量天气学》（气象出版社，1986 年）

1.3.1　能量天气学简介

总温度 T_σ 是能量天气学的核心，它的全称是“湿静力总能量（感热能＋潜热能＋重力位势能）的相当温度”，$T_\sigma = T + 2.5T_d + 0.01Z_{T\sigma}$ 比较便于计算，便于在静力稳定度分析中使用。用总温度垂直廓线三线图（干空气总温度、湿空气总温度、饱和湿空气总温度）分析潜在不稳定等，比用 T-$\log P$ 图简便。这在计算机尚未普遍使用的 20 世纪七八十年代，能量分析具有很大的应用价值。

1.3.2　能量天气学的 10 年发展历程

（1）1974—1975 年，由中央气象局气象科学研究所印制《能量天气学研究》（油印本）。

（2）1977 年，编制北京大学、中山大学培训班讲义《能量天气学基础》。

(3) 1978 年，由湖北省气象科学研究所印制《能量天气学概述》。

(4) 1982 年，《陕西气象》刊登《能量天气学讲义》，辽宁、陕西、吉林省气象学会举办讲座。

(5) 1986 年，由气象出版社出版《能量天气学》。

1.3.3 能量天气学的历史地位

概括起来说，能量天气学是中国自创的强对流天气预报。它的历史地位具体表现在以下几个方面。

(1) Doswell 在 1996 年提出的对流三要素和要素法（即配料法）[5]，强调水汽在强对流天气中的作用；而 10 年前雷雨顺给出的总温度表达式中，突出显示了水汽的重要性，而且给出了定量的表达，即露点的系数是 2.4，而温度的系数是 1，远远小于露点。

(2) 在以往的常规天气分析中，主要使用了探空资料中的高度、温度和风，露点主要用于分析相对湿度（温度—露点差）。总温度的提出，使探空中的湿度观测，特别是绝对湿度，得到了充分的利用，如能量锋区分析就是锋区，也即湿斜压锋区。

(3) 发现了探空层结曲线的干暖盖结构和冰雹等强对流天气的关系。Doswell 后来将这种现象称为 Capping layer（可译为“盖帽层”）。

(4) 提出下湿上干所形成的潜在不稳定性概念。它与西方学者所用的相当位温随高度减小的对流性不稳定或条件性不稳的概念相同。

(5) 起到了使湿斜压理论产生的催化剂作用。记得这是在一次会议或讲学期间作者和谢义炳同住一屋，旁听了谢和雷在讨论水汽的作用时，谢强调水汽不仅在产生对流天气上有十分重要的作用，而且对于大尺度大气运动也有主动性的作用（即潜热反馈）。这个催生出湿斜压理论的实际场景至今仍相当清晰。

雷雨顺在能量天气学方面孜孜以求、脚踏实地，一心做好强对流天气预报的科学精神，可以说和屠呦呦的精神并无不同。

最后有必要指出，能量天气学的后期有学术化倾向，如在雷雨顺去世后出版的《能量天气学》中关于湿有效位能、等能管等内容，显示出追求系统化、复杂化，脱离天气预报的倾向，同时还可能引出违背基本概念的错误结果。

能量天气学是“文革”后期、改革开放初期这一特殊历史时期的产物。历史不可复制，但历史的经验值得借鉴：①国家需要是科学研究的出发点（宗旨）和归宿；②既要重视学习西方先进科技，但也不应盲从，亦步亦趋；③科研需要有自由宽松的环境，不应行政领导主导；④科研应去门户之见，去恶性竞争（如封锁、保密等），创造团结协作、友谊竞赛的活跃氛围。

和青蒿素研究相似，科研只须确定实际目标，无需预设科学水平。一言以蔽之，从求实获得创新。不可把二者的次序颠倒。把创新当作目标，最后可能收获的是跳蚤。

2 谢义炳的学术思想

2.1 治科学史的应有之义

《北京青年报》2015 年 10 月 16 日刊登了一篇采访社科院文学研究所外国文学史学者柳鸣九的报道，题为《我们面临的必然天命》。作者称“历史文化发展的无情规律”是一块巨石（加缪的推石上山的西西弗比喻），“在时光磨损之后能留下的一颗小小沙粒”。以此眼光来看科学，在浩如烟海的科学文献中，大多数成果都被时间冲刷掉了，只有少数仍被后人使用。沙里淘金，也是治科学史的应有之义。

其次，柳鸣九“真诚地认为历史唯物主义还是很顶用的”，“要阐明一种意识形态、一种文学艺术，与其时代社会、民族历史、国别人群的关系，不靠历史唯物主义靠什么?”，“每一种理论都是从一定的社会现实、社会实践中总结出来的，它往往有最适合运用的领域，也往往有只适用于某一领域的局限性”。因此，在整理和总结谢义炳的学术思想时也必须以历史唯物主义的眼光，联系谢义炳所处的历史环境，找出他的学术思想的来源、应用领域和局限性。

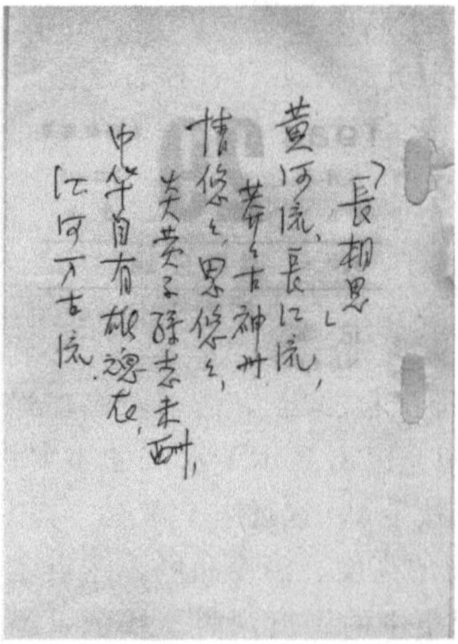

图 3　谢义炳诗手稿

黄河流，长江流，莽莽古神州。

情悠悠，思悠悠，炎黄子孙志未酬。

中华自有雄魂在，江河万古流。

（白居易《长相思》改）

2.2　家国情怀和历史使命

一首谢义炳亲手抄录在台历上的诗（图 3）最能代表谢义炳先生的家国情怀和历史使命感，用自己的一生为中华民族在历史长河中做出一份个人的贡献。

谢义炳晚年时曾在 1987 年庆祝谢义炳从事气象工作 50 周年大会上致辞反映了他的历史使命感以及晚年“壮志未酬”的思想情感基调（图 4）。在 30 年后的今天来看，实现第一个一百年目标，全国达到小康，已近在眼前。距第二个一百年也已不是遥不可及，而且充满信心的。应该说现在是“壮志将酬”。

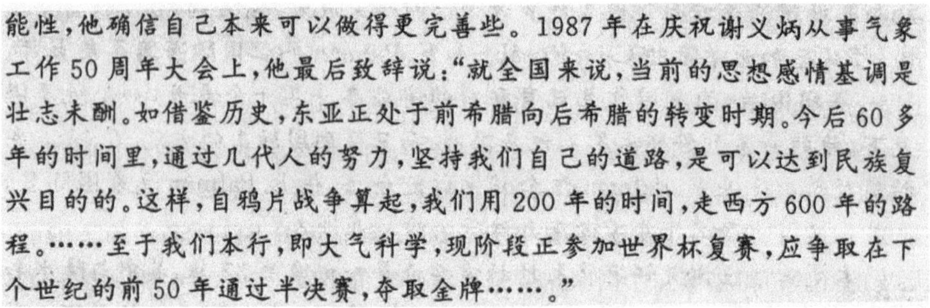

能性，他确信自己本来可以做得更完善些。1987 年在庆祝谢义炳从事气象工作 50 周年大会上，他最后致辞说：“就全国来说，当前的思想感情基调是壮志未酬。如借鉴历史，东亚正处于前希腊向后希腊的转变时期。今后 60 多年的时间里，通过几代人的努力，坚持我们自己的道路，是可以达到民族复兴目的的。这样，自鸦片战争算起，我们用 200 年的时间，走西方 600 年的路程。……至于我们本行，即大气科学，现阶段正参加世界杯复赛，应争取在下个世纪的前 50 年通过半决赛，夺取金牌……。”

图 4　《谢义炳文集》序言局部[6]

从 1935 年参加“一二 · 九”抗日救亡运动的 18 岁热血青年，到 1950 年在 33 岁的而立之年应召回国，参加新中国气象事业的建设，到六七十年代的政治动荡浪费了大部分最宝贵的壮年时光。到 80 年代改革开放初期，谢义炳已年过六旬，不难想象，当时谢义炳是抱着一种怎样的迫切心情投入北方暴雨协作研究，想把丢失的时光追回来。为了使自己确定的历史使命后继有人，谢义炳晚年在很多场合苦口婆心地宣讲他的学术思想。1981 年刊载在《内蒙古气象》上的一张图（图 5）是谢义炳学识思想和历史抱负的集中体现。其抱着气象报国、民族复兴的宏图而毕其终生，其一生的学术活动处处都体现着家国情怀。

图中左右两个单箭头表示欧美气象学走的道路，是以航海（早期）和航空（后期）的

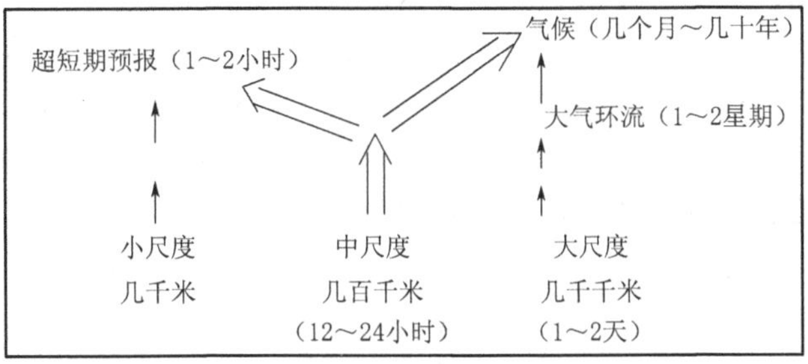

图 5 《气象科学发展的趋势和我们的对策》中有关中国气象学应该走的道路
（谢义柄文集，选自《内蒙古气象》1981 年第 6 期，时年 64 岁）

需要发展起来的气象学。航海和航空关注的是风。右边是几千千米尺度的大尺度环流系统研究。早期主要是地面气团、锋及气旋研究，后期发展为高空急流和大气长波。它可归结为斜压大气天气动力学。左边是尺度为几千米的局地小尺度对流天气研究，如雷暴高压、飑线、下击暴流和龙卷等对航空安全的威胁。重点是对强对流天气的雷达监测和超短期预报（现在称为短时和临近预报）。

中间的双箭头是谢义炳认为中国气象学应走的道路。因为中国是农业国家，主要关注水旱灾害，特别是区域性暴雨。因此应该在欧美只包含温度和风两个变量的干斜压大气的基础上再引进第三个变量——湿度，成为湿斜压大气。天气预报应该重视水汽的分析。这就是产生湿斜压理论的根本原因。

与湿斜压理论相关联的环流系统是几百千米尺度的中尺度系统，也称为次天气尺度系统，因为它是常规天气图能分辨的最小的环流系统。日本把它称为中间尺度系统，因为它处于小尺度和大尺度之间。它相当于现在流行的 α 中尺度系统（按 1975 年 Orlanski 提出的尺度分类）。谢义炳把重点放在研究数百千米的中尺度系统，称为“中间突破”。突出显示中国应走一条与欧美不同的有中国特色的气象道路。谢义炳在回国初期就遇到 1954 年长江和淮河流域发生的巨大洪涝灾害。新中国将根除水害作为政府的使命。当时在“一定要将淮河治好”等口号的号召下，全国掀起了轰轰烈烈的水利建设高潮（如淮河流域的佛子岭水库），取得了历朝历代都没有的成就。就是在这样的群情振奋的社会环境下，谢义炳以巨大的热情投入了中国降水问题的研究，大力倡导在天气分析中采用既包含温度又包含湿度这两个要素的分析，并用垂直剖面揭示了梅雨锋的三维结构。

2.3 学术思想：起于自强不息，止于厚德载物

谢义炳学术思想的特点是有宏大的视野，从哲学的、历史的和全球的角度，高瞻远瞩地考察具体的科学问题。

2.3.1 天气预报的社会需求是推动气象科学发展的根本动力

用历史唯物主义的哲学观点看待气象科学：①强调生产与科技的关系，生产是第一位的，生产的需要决定科学的发展；②强调实践与理论的关系，实践是第一位的，理论是实践的升华，没有实践就没有理论，实践是判断理论的对与错的最后标准。在 1959 年出版的中国第一本天气学教科书《天气学基础》[7] 的第一章绪论中，谢义炳就开宗明义：“天气学既是一门科学，当然受着最普遍的科学原则——辩证唯物主义所指导。”这个学术思想到 30 年后还是没变，可以说是贯彻终身。具体内容有：

（1）密切结合生产活动的生动实践，再根据实践的经验运用抽象的思维加以总结再回到实践中去。例如他将气象学的发展历史高度概括为以下一段非常简洁明了叙述：

“有了某种实践，我们就可以观察、分析和总结提高，结果就上升为理论。比如分析天气图，分析多了，就可以判断，做出天气预报，并总结为天气动力学。斜压的概念是在天气分析预报实践过程中得到的，流体力学中引进了斜压概念，就得到斜压大气的环流理论，它实际上是天气动力学从流体力学中分离出来形成的一门独立学科理论。环流理论一改变形式就是涡度理论，涡度方程后来再发展，就形成了长波理论和一些数值预报模式。”

即，斜压大气环流理论—涡度理论—长波理论—数值预报。

（2）事实胜于雄辩，谢义炳讲过一个发生在“文革”后期的小故事：一条长长的锋面。

“文化大革命”期间，我分析过一张冬天的地面图，从亚洲北部到海南岛，分析出一条锋面。有人提出问题：“你怎么分析得出来？我怎么就分析不出来？！哪有这么长的锋面！”这是因为我脑子里有印象，一个东亚大槽下来时，槽前就会有一条锋面，锋上还有波动。没有这个经验的人，就分析不出来。我们过去对挪威学派的工作也是半信半疑。既使用它，又否定它，还批判它。直到卫星图出来后，从图上可以直观地看到一条云带从北极圈南延到低纬度，另外数值模拟理论也出来了，也算出来了，这时才被肯定。所以有时被否定是有客观原因的，是有其历史条件的。你不能说服别人，就不能被肯定，虽然你是对的，也没有办法。

直到有了卫星云图，人们在云图上的确看到了这样一条长长的云带，天气图上分析出的长长的锋面才得到承认。

2.3.2 科学发展之路是曲折的，要破除迷信解放思想

谢义炳的学术思想又是历史的。他用很多气象界的真人真事，包括他的导师 Rossby 在美国曾经被气象局开除并明令以后永不录用的遭遇，说明科学发展的道路是曲折的。谢义炳特别强调要破除对权威的迷信，包括要破除对科学的迷信和对外国的迷信。所谓“对科学的迷信”是指避免片面性与绝对化，避免教条主义。强调科学技术的发展需要思想的解放。他用示意图（图 6）说明思想解放的重要性，“文艺复兴”是一个思想解放运动，是反封建反神学的斗争，欧洲人向往东方，与东方的来往促进了生产，生产促进了思想解放，后来导致欧洲的“工业革命”和近代自然科学的发展。

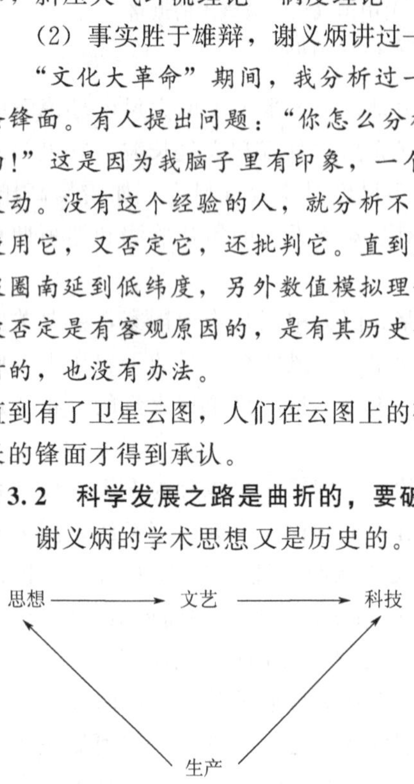

图 6 《气象科学发展的趋势和我们的对策》中有关思想解放的示意图
（谢义柄文集，选自《内蒙古气象》1981 年第 6 期，时年 64 岁）

2.3.3 自然哲学—自然辩证法

谢义炳曾讲过他在美国求学时与导师 Rossby 一起游泳散步经常讨论哲学问题的经历。回国后，在知识分子思想改造运动中系统地学习了马克思的唯物史观和辩证唯物论，使他和导师之间有过的哲学讨论得到了深化。例如，风与气压场的关系本质上是物质和运动的关系；地转风和地转适应是平衡与不平衡的关系；长波理论的核心是地转适应，而不是后人表面上的解释（绝对涡度守恒）。在这个问题上产生的分歧，曾经引起了芝加哥学派内部 Rossby 和 Palmén 之间的一场争论。

在 20 世纪 50 年代末的《天气学基础》中，他举出了下面四个辩证观点：

(1) 长短不同的天气现象与过程是相互联系、相互制约的。

(2) 量变与质变也是相对的。

(3) 天气学工作者应当善于在这些多样性的相互联系、相互制约中，分辨主要与次要，在针对我们生产及生活中所提出的问题加以适当的处理。

(4) 由一种准平衡状态过渡到另一种准平衡状态，表现为各种各样的天气过程。天气中主要客观现象间的矛盾与不平衡，是天气发展的动力。这些观点始终贯彻在谢义炳的科学活动中，如20世纪80年代的北方暴雨协作研究中的高低纬度环流的相互作用观点和水汽对风场存在“反作用”的湿急流的观点等。

2.3.4 广阔的全球视野——整体和局部的有机联系

前面的小故事“一条长长的锋面”就是一个例子。从研究台风间接暴雨发展出来中低纬相互作用的概念模型也是一个很好的例子，比较图7中的两张图，这种全球视野是和Rossby、Palmén的芝加哥学派一脉相承的。

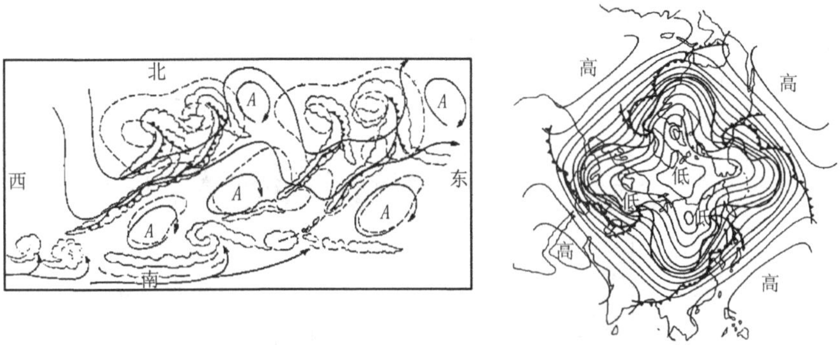

图7 中低纬相互作用概念模型[8]

2.4 关于湿斜压理论的一场公开争论

“湿斜压”这个名词首见于文字是在1978年《气象科技》上介绍能量天气分析预报的文章中。谢义炳在此文的最后指出，用湿绝热过程代替干绝热过程会使斜压不稳定的临界波长从3000 km缩短到1000 km上下，这就是次天气尺度系统发生的“湿斜压”不稳定机理。提出开展湿斜压大气的天气学和动力学研究将有助于降水预报。在1980年《湿斜压大气的天气动力学问题》一文中，谢义炳对湿斜压理论作了系统的表述[9]，即考虑了水汽后，在大气动力学的一些基本问题上会显现出新的特点，如湿热成风、湿斜压的能量守恒、湿力管和湿有效位能、湿斜压不稳定问题、湿位涡和湿倾向方程等问题。

有一系列研究，证明了“湿斜压”思想的正确性。1980年，从一次暴雨过程的高空风实测记录中分析出了湿急流的存在[10]。1981年，通过干、湿模拟对比证明，暴雨过程中出现的次天气尺度低涡是湿绝热过程的产物，并向环境输出动能，即潜热被转换为动能[2]。1982年，又进一步证明暴雨过程中，凝结潜热促使动量向低空急流集中[3]。

虽然湿急流的猜想和次天尺度与湿斜压过程的关系已被观测事实和数值模拟试验所证明（图8），但是“湿斜压”概念也受到了质疑，特别是对将干斜压大气热成风方程中的位温θ用假相当位温θ_{se}代替得到的“湿热成风方程”提出质疑。因为热成风方程是建立在地转平衡基础上的一种平衡，即两个力之间的平衡；而湿热成风方程并不是力的平衡关

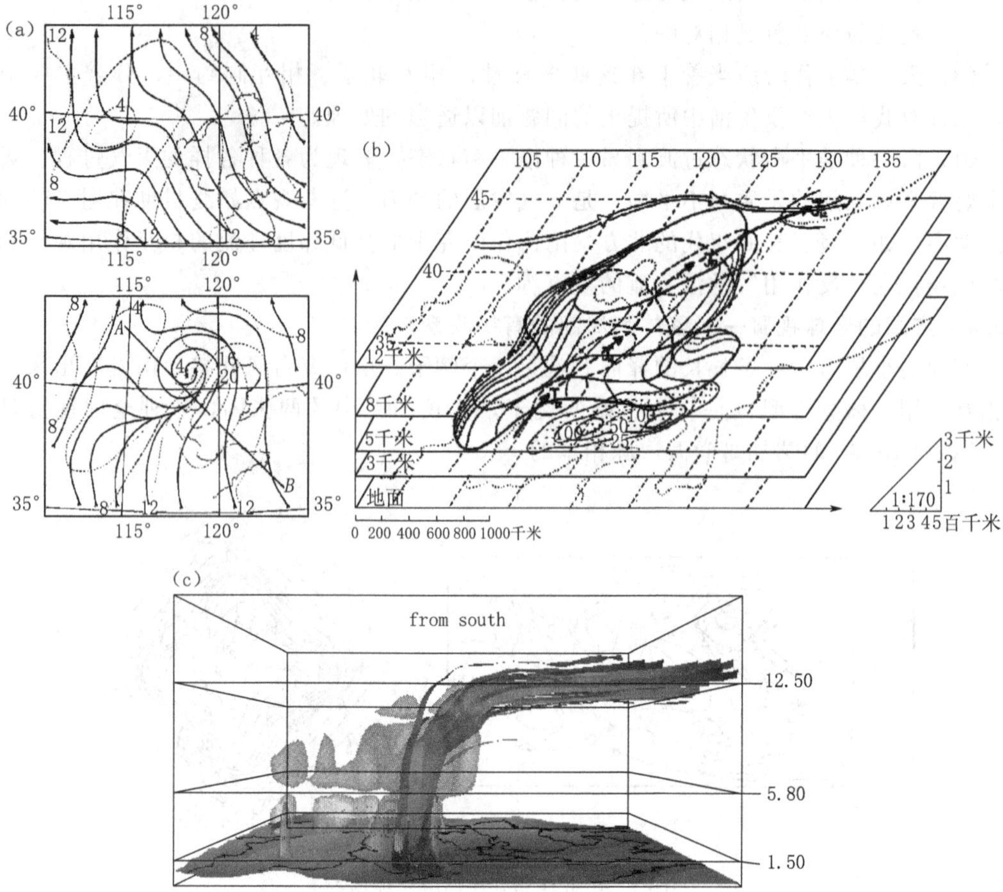

图 8　无潜热反馈和有潜热反馈的数值模拟对比试验（a）；从实测风资料中分析出的湿急流（b）；数值模拟中湿急流的轨迹（飘带）色块为空中的云和雨（c）

系，因为潜热能的水平梯度并没有变成位势能的水平梯度。所以，产生怀疑的原因是不难理解的。湿斜压天气动力学自 1977 年 10 月在湘潭能量会议上提出，经过 12 月桂林会议和 1978 年 6 月大连会议补充，到 1980 年《湿斜压大气的动力学问题》在吉林人民出版社出版的《暴雨文集》上刊出，一直存在质疑。1983 年《气象学报》以读者来信方式刊登了一篇质疑及谢义炳对质疑的回答[11]。30 年后再看这场争论，结合近来对 Rossby 长波悖论的讨论，对谢义炳当年的解答才有了更深的理解。

湿热成风方程实际上是湿斜压大气的能量平衡方程，即潜热能、位势能和动能的平衡方程，所以湿热成风方程也可称为湿平衡方程。谢义炳把分歧归结为，两个不同的假定，地转平衡（干斜压平衡）和湿斜压平衡。在自然辩证法看来，平衡是相对的，不平衡是绝对的。所谓平衡，本质上是对不断变化着的实际大气状态的一种近似和假定。这个学术思想来源于他的导师 Rossby。长波公式的导出依靠的是无辐散假定。但在物理上，它是明显不合理的，因为长波的移动和发展都和辐合辐散紧密相连。没有辐合辐散，就没有波动。因此 Rossby 长波理论也受到质疑。但是，长波理论得出的结论符合高空环流中波的实际活动情况。因此，尽管受到责疑，长波理论还是被广泛应用，成为天气预报的基本原理之一。谢义炳指出，所谓绝对涡度守恒下的相对涡度和地球牵连涡度之间的转换，实际上只是一种“解释”、一种“说法”而已，并不是长波的真正本质。后来的准地转理论中，地转参数被视为常数，却深刻地揭示了辐合和辐散产生的机理并引起波的移动和发展。所以，长波理论只是跳过了波在传播过程中辐合辐散的变化，而是直接给出了最后的地转（平衡）适应的结果（移速和频散现象）。湿热成风方程，则是跳过了潜热能、位势能和动能之间的转换过程，直接给出了水汽和大气运动之间的湿斜压平衡关系。

谢义炳认为湿平衡方程假定的误差并不比地转平衡假定的误差大。显然，能否接受湿平衡方程的假定，只有根据观测事实才能得出结论。在谢义炳的建议下，作者计算了一次华北暴雨期间的热成风和湿热成风，并与实测风的垂直风切变进行了比较。结果是，热成风为 11 m/s，湿热成风为 38 m/s，实测风垂直切变为 40 m/s，证明在夏季发生暴雨的情况下热成风的误差非常大（300%），而湿热成风的误差很小（<10%）。事实证明，谢义炳对两种平衡假定的误差大小判断是正确的，湿平衡假定是可以接受的。

谢义炳生前经常强调，大气能量学是一种“算账”关系，是各种能量之间的收支平衡关系；但能量之间的转换过程是复杂的。特别是潜热能，需要先转换为位势能，再转换为动能，这个过程尤为复杂，因此，只能用湿斜压平衡方程给出水汽对大尺度运动的贡献。

如前所述，谢义炳把强调水汽作为中国气象科技区别于欧美的基本特色。谢义炳认为，水汽“在大尺度大气运动中起主动性的作用”就是潜热反馈。在大气数值模式广泛应用的今天，湿急流的猜想，湿空气在湿不稳定大气中上升、加速和转向已在数值模拟中生动地展现出来（图 8）。

大气环流中有一个长期悬而未决的问题：与副热带高空急流相配合的副热带锋为什么只存在于对流层上半部？气候资料表明，在多年平均的北半球相当位温垂直剖面上，副热带高空急流下方的对流层下部确实存在一条相当位温的锋区，即湿斜压锋（图 9）。如果用全球数值模式做潜热反馈的敏感性试验，应该很容易证明副热带高空急流形成的机理的确是低纬度降水在对流层上部释放的潜热。对做气候数值模拟的同志，这个试验是轻而易举的。

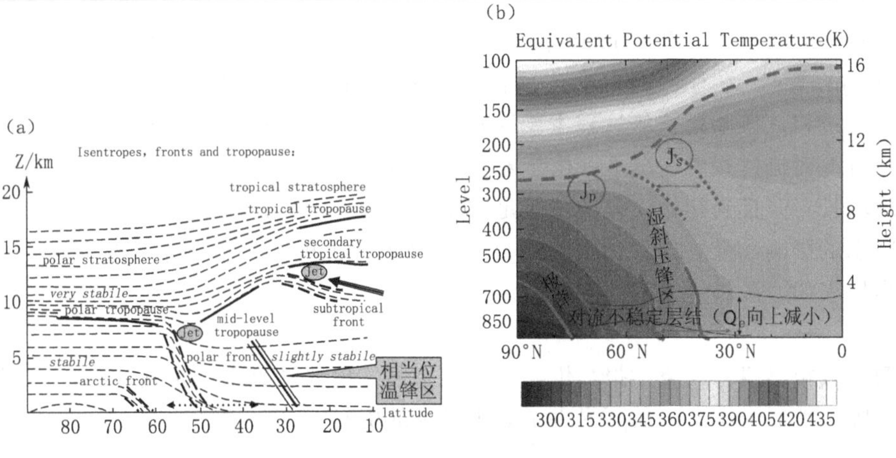

图 9　北半球锋区和急流分布概念模型（a，浅虚线为经向垂直剖面图上的等位温线）；
北半球冬季经向垂直剖面图上的等相当位温气候分布（b）

谢义炳提出来的“湿斜压”概念，现在在国内外文献上常可以看到，它已被大家所接受。1988年谢义炳获得 E. Palmén 气象国际奖，也是因为他对湿斜压大气的观测和理论研究。

2.5 一个值得思考的问题

1980年《湿斜压大气的动力问题》发表以后，谢义炳在《气象学报》连续发表了《纬圈平均大气运动特征的振动》[12]，《稳定的和不稳定的斜压行星波》[13]，《地球斜压大气纬圈平均运动特征的振动（一）和（二）》[14-15]。这最后的四篇论文和一篇未完成稿，都是从非常宏观的角度试图用数学的方法解决大气运动基本特征的规律。他用了很多高深的数学方法力图克服数学上线性化方法的局限性，试图找到像长波公式和斜压不稳定那样的简洁的描述大气宏观运动中西风指数循环等准周期性和准波动性及准涡旋性的基本规律。这些工作反映谢义炳有很深的“学者情结”。这点可从谢义炳为《中国北方暴雨丛书》[16] 写的序中可以看出来，他说北方暴雨的成果“不是学究式的，行文引经据典者少，带有一定的粗犷的地方性色彩”，是“地方性智慧的积累”。

气象学一方面属于地球科学，同时也是物理学的一个分支。在物理界，一切物理现象，只有“升华”为数学公式才是严谨的、高级的；否则就是“土的”或是“粗犷的”。换言之，就是不够科学。但是大气的宏观运动几乎不可能用一个简单的公式来描写。这是物理界“看不起”气象界的原因，也是气象界和物理界相比总有“低人一头”的自卑感的原因。在气象界内部，则表现为天气预报工作者总有比动力气象工作者“低级”的压力。进入北大学习气象的新生，大多只是想学物理，满脑子的是牛顿、爱因斯坦和居里夫人，根本不认气象[17]。谢义炳在其晚年花了大量心力的工作，现在看来，有为了追求“完美”、“高深”而走向繁琐的现象。或者说为了追求“形而上”，而丢掉了初衷。谢义炳在文中也承认，它所给出的结果，很难实际应用。气象史上有过不少这样的事例，谢义炳在他的演讲中也提到过。翻开当今国内外气象学术期刊，是不难发现存在这类“学术化”的文章。或许从屠呦呦的青蒿素研究获得诺贝尔奖可以得到一个启示：学者也可以平凡！

后记

最近评阅北大博士研究生张云济的论文《一次中尺度强对流雷暴天气的可预报性分析》了解 Sun 等[18] 在他们的本性可预报性（intrinsic predictability）研究实验中，如果没有湿对流过程，误差增长的过程主要受到斜压不稳定性的控制，可预报时长可以无限延长；而在有湿对流过程的情况下，由于对流不稳定性的作用，湿对流过程会迅速导致误差的升尺度增长，并且当初始误差的量级足够小的时候，误差升尺度增长的速率不再受到误差量级减小的影响，最终导致预报精确度存在极限（也即本性可预报性受限）。这个最新研究突出地表明，湿斜压过程的重要性。

致谢：诚挚感谢《气象学报》伊兰主编、中国气象局气象干部培训学院周小刚老师和熊秋芬老师，他们为本文的撰写提供了必不可少的资料。

参 考 文 献

[1] 姜鹏. 德正之要——《资治通鉴》中的智慧. 上海：上海人民出版社，2015.

[2] 王晓林，阎秉耀，谢安. 数值预报模式中次天气尺度系统动能平衡的个例分析//北方天气文集（1）. 北京：北京

大学出版社，1981：105-112.

[3] 王晓林，阎秉耀. 次天气尺度系统数值预报问题——急流非地转和非热成风分析//北方天气文集（2). 北京：北京大学出版社，1982：103-113.

[4] 王晓林，阎秉耀. 一次次天气尺度系统降水的数值预报试验. 气象学报，1982（40).

[5] DOSWELL III C A，BROOKS H E，MADDOX R A. Flash flood forecasting：An ingredients-based methodology. Wea Forecasting，1996（11)：560-581.

[6] 谢义炳. 谢义炳文集//北京大学院士文库. 北京：北京大学出版社，1997.

[7] 谢义炳,陈受钧，肖文俊. 天气学基础. 北京：高等教育出版社，1959.

[8] 谢义炳，张镡. 初论西风带和热带辐合带环流系统的相互作用. 大气科学，1977（1)：1-23.

[9] 谢义炳. 湿斜压大气的动力问题//暴雨文集编委会. 暴雨文集. 长春：吉林人民出版社，1980：1-15.

[10] 陶祖钰. 湿急流的结构和形成过程. 气象学报，1980，38（4)：331-340.

[11] 读者来信. 气象学报，1983，41（3)：382-384.

[12] 谢义炳. 纬圈平均大气运动特征的振动. 气象学报，1980，38（2)，111-121.

[13] 谢义炳. 稳定的和不稳定的斜压行星波. 气象学报，1981，39（1)，44-58.

[14] 谢义炳. 地球斜压大气纬圈平均运动特征的振动（一). 1986，气象学报，44（2)，149-157.

[15] 谢义炳. 地球斜压大气纬圈平均运动特征的振动（二). 1987，气象学报，45（4)，408-415.

[16] 中国北方暴雨丛书(华北、西北、东北). 北京：气象出版社，1992.

[17] 周鸣盛. 先生之风，山高水长//江河万古流-谢义炳院士纪念文集. 北京大学物理学院大气科学系. 北京：北京大学出版社，2007.

[18] SUM Y Q，ZHANG F. Intrinsic versus practical limits of atmospheric predictability and the significance of the butterfly effect. Journal of the Atmospheric Sciences，2016，73（3)：1419-1438.

关于我国高空探测的一些资料

Historical Materials Concerning High Altitude Detection in China

毛节泰

（北京大学物理学院大气与海洋科学系，北京 100871）

摘要： 高空气象观测以测定大气各高度上的温度、湿度、气压、风向风速为主，还包括一些特殊项目，如大气成分、辐射等。国外的高空气象观测起始于18世纪中期，而中国的高空气象观测则始于20世纪30年代。本文收集了我国早期高空气象观测的历史资料，并介绍了20世纪50年代以来我国自行研制不同型号的探空仪和测风雷达的情况。文章最后还对以地基遥感为主体的无球探空系统的发展思路进行了讨论。

关键词： 高空气象观测，探空仪，测风雷达，无球探空

0 引言

《中国大百科全书》对高空探测的定义是“测量近地面层以上大气的物理、化学特性的方法和技术，又称高空观测或高空探测。高空气象观测以测定大气各高度上的温度、湿度、气压、风向风速为主，其他还有一些特殊项目，如大气成分、臭氧、辐射、大气电等。主要的观测方法有气球探测、气象飞机探测、无线电探空和测风、气象雷达探测、气象火箭探测、气象卫星探测等”。

1 国际上高空探测的发展

18世纪中叶以来，国际上先后用风筝、载人气球携带仪器进行直接探测高空气象要素观测，其中载人气球的观测更多的是带有探险的性质。现在最早可以查到的材料，最早乘热气球升空的是法国人Montgolfier兄弟（1783年），而最早能提供大气信息的是Robertson（1803年）和Gay-Lussac及Biot（1804年），他们最高升到7000 m，给出气压、温度和湿度是随高度递减的结果，而且认为大气成分随高度没有改变。但这方面的进展很慢，直到1901年，德国人Berson达到10300 m的高度，测到最低温度为−47.91 ℃。这种探险升空活动在20世纪虽还有继续，但作为气象探测，早已转为无人的气球探测了。

系统的无人气球探测最早是由法国人Hermite和Besanc于1892年开始实施的。他们用气球系带Richard公司生产的自记温度计、湿度计和气压计升空，并在Versailles附近的Trappes建立了观测站，系统地进行这一观测。由于这一工作，在1898年发现了平流层的存在。利用德国Assmann 1901年提出的超压气球方案，1912年在意大利，探空气球

作者简介：毛节泰，北京大学教授。研究方向为大气辐射和大气遥感、大气化学与云雾物理。

最高飞到 37.7 km 的高度。20 世纪二三十年代，在电报、编报、短波无线电技术发展的基础上，先后研制成了无线电探空仪、无线电经纬仪和测风雷达等设备，为建立全球高空观测站网奠定了基础。

2 我国高空探测的发展

与国际上这些活动相比，由于当时国内条件的限制，我国的高空探测比较零散，目前能找到的资料很少。从现有资料看，20 世纪三四十年代，飞机探测、气象风筝和气球探测等项目，在我国都曾经开展过。1933 年前后，清华大学气象系就有利用风筝进行气象观测的工作。1933 年 9 月 8 日，清华大学气象台助理史镜清在施放探空用的气象风筝时触电身亡。当时中央研究院气象研究所所长竺可桢在悼词中说史镜清是“气象学界因技术而牺牲的第一人”。竺所长呈请中央研究院拨款千元，成立史镜清纪念基金，奖励气象学优秀论文。在 1936 年的《气象学报》上还可以看到有关的征文公告[1]。涂长望在 1940 年《中国高空气候的初步检讨》一文[2] 中系统地整理了这些探测工作，文中提到：“我国的高空探测前后已有五年的历史，这五年中收集的高空材料虽然不十分完整，可是从这些零星的材料中我们也还可以整理出一点头绪来。民国二十一年（1932 年）七月二十五日在南京作初次的飞机探测，以后每隔一二周探测一次，迄民国二十六年（1937 年）七月二十三日止探测次数总计一百三十二次。后因日本侵略，首都告急，南京的飞机探测遂不得不暂行停止。北平的风筝探测开始于民国二十一年（1932 年）秋，民国二十三年（1934 年）夏因主持人离职遂停止施放，两年间共获记录七十四次。民国二十七年（1938 年）正月昆明中央航空军官学校也逐日施行飞机探测，四个月间共获记录五十六次。”在卢鋈《南京之高空》一文[3] 中也分析了上述在南京地区用飞机观测的资料。关于气球探测，在 1936 年《气象学报》上也有气象研究所施放气球有结果的报道[4]：“历年以来，气象研究所施放带自记仪器之十号气球，探测高空，已有数次，因下落后，无人送回，未有结果。三月十六日下午三时五十分，重新施放，五分钟后，即入云中不见，至十九日晨，得已南通陈桥镇乡民何奎生报告拾得仪器，当派专差领取，给赏二十元，并于十九日下午三时作二次施放云。”相比之下，我国的气球测风应当开展得是比较早的。在 1927 年 5 月 9 日开始实施的西北科学考查团的工作记录中就有中方团员李宪之到内蒙额济纳河畔进行地面气象观测和高空气球测风的记载。从这以后在南京和重庆都有过较为系统的工作，包括在朱文荣的文章《南京高层气流之观测》[5] 中就利用南京气象研究所民国十九年（1930 年）一月起至二十一年终，3 年共 525 次观测记录分析了南京市冬季和夏季的平均风廓线特征，夏季最大探测高度达到 12 km，冬季为 8 km。杨鉴初在《川南之上层气流》[6] 一文中也介绍了民国二十七年（1938 年）到二十九年（1940 年）在重庆和北碚所做的 91 次气球测风资料。

新中国的高空气象观测是从 1951 年从国民党政府接收的北京、南京两个探空站开始的。使用旧政府从美国进口的高空探测仪器设备，后又在汉口、成都、兰州增加了三个探空站。至 1957 年，我国已建成 69 个探空站，使用芬兰和原苏联进口的探空仪，用光学经纬仪测风。在这一期间，也开展了许多关于高空探测的研究工作。顾震潮先生 1950 年 11 月在《气象学报》上发表的《无线电气象仪器调查报告》，列举了各种探空仪的探测原理和构造，并详细介绍了芬兰 Vaisala 探空仪[7-8]，并专文探讨了这种探空仪所用空盒的弹性后效误差。1957 年北京大学严开伟、张钧在《气象学报》上发表了《肠膜之特性及其在无线电探空仪上的应用》一文[9]，其所研制的肠膜在相当长一段时期中都是国产探空仪的湿度元件。

1958 年，太原太行仪表厂仿制成功了苏联 P3-049 型探空仪，这是我国自行生产并正式投入业务使用的国产探空仪，由上海电讯器材厂（现长望）生产。

1959 年我国开始研制 59 型探空仪和二次测风雷达，后者在 1965 年定型时被命名为 701 型二次测风雷达，由南京大桥机器厂生产。1966—1970 年期间，我国在近 100 个探空站推广了 59 型探空仪，其中将近 40 个站使用了二次雷达测风。

59-701 型高空探测系统开始时使用的是机械式探空仪，用人工听取电码并点绘在记录纸上，人工处理记录，观测员工作量较大。1995—2000 年，701 雷达进行了改造，相继研制成 701A 和 701B 雷达，探空仪也换成 GZZ 电子探空仪，并配备了计算机，实现了探空数据的自动化处理。

中国气象局使用 59-701 型高空探测系统直到 2002 年。2002 年第一台 L 波段电子探空仪高空探测系统开始业务使用，该设备做到了施放过程和数据采集、处理、编报以及上传数据文件的全程自动化。2010 年 7 月在广东阳江举行的 WMO 第八届国际探空仪比对，中国的 GPS 探空仪参加了比对，并取得好成绩，标志着中国探空仪技术已进入了国际先进的行列。

3 我国研制的几种探空仪

（1）49 型探空仪

测温元件：双金属片；

测湿元件：毛发；

气压元件：空盒；

工作频率：25 MHz；

可加挂回答器，与马拉黑联合测风，工作频率 215 MHz。

（2）59 型探空仪（GZZ 型探空仪，图 1）

测温元件：双金属片；

测湿元件：肠膜；

测压元件：空盒；

工作频率：24 MHz 或 400 MHz；

加挂回答器，可与 701 雷达（图 2）配合测风。

(a) (b) (c)

图 1　59 型探空仪（（a）防辐射罩和电码筒；（b）湿度传感器肠膜和空盒；（c）双金属片测温）

图 2 701 雷达天线

(3) L 波段电子探空仪（GTS 1 型电子探空仪（图 3)+L 波段测风雷达（图 4))
测温元件：热敏电阻；
测湿元件：湿度片；
测压元件：膜盒。

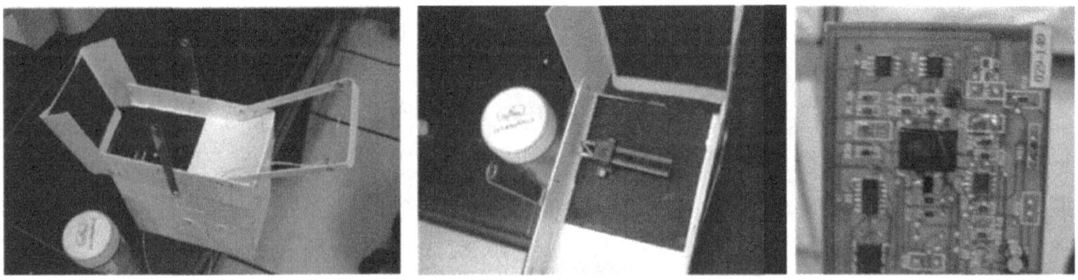

(a) (b) (c)

图 3 GTS 1 型电子探空仪（(a) 热敏电阻；(b) 湿度片；(c) 膜盒）

图 4 L 波段测风雷达

（4）GPS探空仪

2007年我国已研制成功了GPS探空仪，2010年参加由世界气象组织（WMO）组织的阳江（广东）国际探空仪对比试验，取得好成绩。我国GPS探空仪的特点是在接收GPS导航信号的同时，增加了接收北斗导航卫星信号的能力，使其工作具有更大的灵活性。

4 高空探测下一步的发展

作为一种直接探测设备，用气球携带探空仪升空测量大气温、湿、风廓线的方案不会被取消，目前探空观测一般可达30～35 km高度，可以为天气预报提供基本的数据。在探测温、湿、压参数的同时，气球还可以加挂大气臭氧、大气电场、云微物理特性等探测器，成为一种综合的探测平台。因此气球探空是很有发展前途的。

但也应看到它的局限性，首先，其时空密度是有限的，而且由于对空域的需求，其密度也难以进一步提高；其次，气球探空观测各高度数据不是同时的，在空间上也有很大的不确定性；第三，探空球的施放主要在陆面上空，广大的洋面上目前尚没有系统的观测。

为了解决这些问题，地基和星载遥感设备对大气温、湿廓线的遥感观测是必不可少的。目前基于星载导航卫星掩星观测反演大气温、湿廓线系统已取得了很好的成果，尤其是它在海洋上方取得系统的大气温、湿廓线数据，对改进全球数值天气预报模式是十分有价值的。星载微波和红外辐射计也可以提供有关大气廓线的许多信息，随着高光谱技术的推进，其信息量将迅速增加。地基大气温、湿、风廓线遥感系统在技术上也日趋成熟，风廓线雷达、微波辐射计、毫米波云雷达和各种测量温、湿廓线的激光雷达，可以联合组成无球探空系统，提供高时空密度的大气廓线信息，这对研究中尺度强烈天气过程以及大气边界层尤为重要。

致谢：张玉存先生为本文提供了宝贵资料和图片，特此致谢。

参 考 文 献

[1] 中国气象学会史镜清君纪念奖金征文办法. 气象杂志，936（04）：4.
[2] 涂长望. 中国高空气候的初步检讨. 地理学报. 1940（00）：7.
[3] 卢鋈. 南京之高空. 气象杂志，1937（01）：1-23.
[4] 气象研究所施放气球得有结果. 气象杂志，1936（03）：166.
[5] 朱文荣. 南京高层气流之观测. 气象杂志，1936（01）：20-30.
[6] 杨鉴初. 川南之上层气流. 气象学报，1941（Z1）：165-170.
[7] 顾震潮. 无线电气象仪调查报告. 气象学报，1950，21（1-4）：79-92.
[8] 顾震潮. 论Vaisala无线电探空的空盒弹性后效误差. 气象学报，1950，21（1-4）：53-55.
[9] 严开伟，张钧. 肠膜之特性及其在无线电探空仪上的应用. 气象学报，1957，28（02）：91-100.

中国海洋气象学发展史

History of China's Marine Meteorology

盛立芳[1]　李永平[2]

（1. 中国海洋大学海洋与大气学院，青岛 266100；2. 中国气象局上海台风研究所，上海 200030）

摘要： 海洋气象学是大气科学和海洋科学共同研究的领域，它的起源来自航海需要，它的发展得益于理论研究和观测技术的不断进步，它的未来取决于人类防灾减灾和服务国家战略的需求。一门学科的发展离不开理论体系和方法论，理论源自实践又反过来指导实践。因此从海洋气象科学研究和海洋气象业务两个方面对我国的海洋气象学进行历史回顾与现状介绍，并对海洋气象学的未来发展做简要展望。

关键字： 观象台，海洋气象，青岛，上海，蒋丙然

0　引言

根据1959年世界气象组织（WMO）的定义，海洋气象学是“气象学的一个分支，是关于大洋上空大气现象、大气对浅海和深海水的影响，以及洋面对大气现象影响的研究”，即海洋气象学主要研究海洋上大气现象、运动规律以及海洋与大气相互作用。海洋气象观测与研究、天气预报和海洋气候预测以及海洋灾害评估等是海洋气象学的基本内容，是大气科学和海洋科学共同研究的领域。随着21世纪制海权越来越成为世界海军强国之间、强国与第三世界国家之间争夺的焦点，有关海洋气象业务保障工作的重要性，学科研究的系统性和复杂性也越来越突出。

海洋气象学的早期发展源于航海的需要。从15世纪末到19世纪初，基于长期航海经验的总结，海洋气象学的初步轮廓得以形成。自19世纪中叶至20世纪中叶，得益于第一次国际气象会议的决议，海洋气象资料才逐步有了保障；得益于气象学的理论研究和观测技术的不断进步，海洋气象研究得以快速发展。20世纪60年代以后随着多国联合海上立体观测和数值试验研究的全面兴起，促使海洋气象学从描述为主的定性研究阶段进入到定量试验研究阶段。

我国先民对海洋的认识很早，对海洋气象谚语的总结、对海市蜃楼现象的观察以及利用季风进行航海活动等都是早期认识的体现。但是作为一门系统的学科，我国的海洋气象学最早始于19世纪70年代由欧洲传教士开始的滨海气象观测，民国元年以后国人着手经营气象，20世纪30年代气象科学研究与人才培养才逐渐兴旺起来。其后又经历了抗日战争和“文化大革命”的冲击，表现出曲折的发展历史。本文将沿着历史脉络做简要回顾，这对了解历史，面向未来海洋气象学发展有着积极的意义。

1　近代海洋气象业务与研究（1873—1949年）

中国近代早期的海洋和气象事业皆操诸于传教士之手。1840年鸦片战争爆发后，海

作者简介：盛立芳，中国海洋大学教授。研究方向为海面风场、大气气溶胶等。

禁初开，西方科学传入中国。虽然19世纪中叶天气观测非常稀少，高空观测和海洋观测几乎空白，但是英法各国为其本国之海运谋安全计，“即在沿海沿江凡有海关之处，普设气象测站，而各海岛与灯塔，亦均广为设立”。1840年英国占领舟山后马上开展了系统的气象观测（1840年9月—1841年2月），逐时记录气象观测。为了收集中国沿海、东南亚地区的气象观测资料和海上保障的需要，英国人于1883年又筹建了香港皇家天文台。也许是翻译有误，虽名为天文台，实则开展气象和地磁观测等业务。1873年法国耶稣会传教士在上海建造了徐家汇观象台并从事气象观测与预报，这在当时的中国还是第一次。1897年德国强占青岛，先是设立简易气象观测点，后于1912年建成了皇家青岛观象台。

这3个外国人建造的沿海观象台开启了中国早期的气象观测业务，并对中国海洋气象研究和学科发展起了重要作用。香港天文台和徐家汇观象台保持了连续的观测业务，热带气旋的监测和预警都是其主要内容，“我国滨海各处飓风所经之地，全赖香港及徐家汇气象之报告而定”。徐家汇观象台为旗语和气象信号系统发展做出了贡献，而香港天文台业务拓展和与国际气象接轨的程度是最高的。受日德两国入侵的影响青岛观象台的观测有过中断，但是其观测历史也很长，而且成立了中国最早的气象科学高等学术研究机构，为海洋气象学科的发展做出了贡献。下面首先以徐家汇观象台和青岛观象台成立及早期发展为例介绍海洋气象业务史，进而介绍与海洋气象研究和学科发展有关的历史。

1.1 徐家汇观象台

上海徐家汇观象台是一座集气象、天文和地磁等于一体的观象台，它也是远东及中国最早开展海洋气象观测、预报和服务的机构，曾被誉为远东气象第一台。

徐家汇观象台是耶稣会传教士在世界各地建造的多家观象台之一。早在19世纪60年代耶稣会传教士就在董家渡进行气象观测，一直持续到1872年底。1872年江南科学会议所决定成立气象台，将创建地点定在上海西南7千米处的徐家汇。气象台的建造开始于1873年2月，8月开始观测工作。徐家汇观象台在创建之初的主要研究课题是气象，特别是灾害性天气，伴随着业务发展，相继开展了地震、地磁、天文和重力等的观测研究。

1879年7月31日上海遭受强台风的袭击，造成了巨大的损失。观象台台长能恩斯通过分析沿海各灯塔站及周边各站的气象数据，分析并预报了这次台风。这是首次对台风做出较为准确的预报和发布的中国第一个台风警报，从而拉开了中国天气预报的序幕。正是由此契机，观象台的工作也进入了一个新的阶段：正式开始航海气象服务。

1882年1月1日起，观象台开始向上海各报递交中国沿海天气预报。每天观象台根据观测及收集到的各地气象信息绘制两张天气图表，分别于清晨和下午张贴在位于法租界的外滩信号台；并且在外滩信号台以旗语发布天气状况。1883年5月底在外滩耸立起当时亚洲和太平洋地区最早的信号塔，采用5种旗语发布当天的上海及其近海天气。之后天气信号系统得到不断完善，至19世纪末，观象台的联络网络已经北及西伯利亚，南至马尼拉，东到日本，西至印度半岛。并向中国沿海各地气象台及航海船舶发布气象消息，成为当时报告航海船舶气象的中心。此外，观象台还发表了大量关于热带风暴、季风和气压的研究论文。

至20世纪30年代，观象台发展了75种旗语，被除朝鲜以外的东亚各国海关所属港口遵照使用，使航海业获益匪浅，从而显著地提高了徐家汇观象台的国际威望。当时的英国海军曾评论说：“全航海界应感激徐家汇观象台。”1940年日军占领徐家汇周边地区，观象台的预报业务被迫中止，但观象台的观测工作并未因此而受到影响。

1949 年 5 月上海解放后，徐家汇观象台气象业务并入上海气象台。

自 1872 年开展气象观测以来徐家汇观象台的观测资料从未间断，是中国唯一的百年气候站，见证了中国近代气象发展历史。2012 年世界气象组织授予徐家汇观象台国际“世纪气候站”证书，以表彰其对世界气象组织全球系统和计划做出的突出贡献。

1.2　青岛观象台

德国强占胶州湾后，“为海港业务及船舶航行之发展”于 1898 年在青岛馆陶路 1 号设立了简易气象观测点，开始收集青岛的气温、风力和潮汐等气象资料，并于 1904 年在大港码头设立了验潮井，还安装上了自动验潮仪。1910 年开始在当时的“水道山”（现称观象山）上兴建观象大楼，到 1912 年才建成。观象大楼被命名为“皇家青岛观象台”。而当时除了预报天气以外，这里还负责天文观测、准点报时、地磁地震、水文测量、地形绘测等多个项目，并管辖济南及胶济铁路沿线设立的 10 多个观测点。同时开展的还有对舰船的无线电授时和天气预报服务等工作。

1914 年日本占领青岛后气象定时观测由原来的 3 次增为 6 次，并增加日照、蒸发、云向和云速等气象要素记录，在海岛开始气象及海洋观测，并沿胶济铁路沿线设立测候站，听取和搜集进港船只及定期航行船舶的海上报告。

1922 年北洋政府正式收回胶州湾租界行政权。1924 年青岛测候所改称胶澳商埠观象台，蒋丙然任台长。随后高鲁、蒋丙然和竺可桢等前辈于当年 10 月 10 日在青岛胶澳商埠观象台正式创立“中国气象学会”。蒋丙然被选为首任会长。在宋春舫的建议下，1928 年观象台增设了海洋科，这是中国第一个包括海洋水文、气象和生物观测的综合性海洋研究机构。海洋科成立后，每月借用港务局的船只，在胶州湾内从事海洋调查，包括观测水温，采取水样，挖取海底沉积物，采集海洋生物标本等。

1930 年 5 月，国民政府令定青岛为青岛特别市，胶澳商埠观象台改称青岛市观象台。同年秋，为进一步推动海洋科学的发展，中国科学社在青发起组织中国海洋研究所，蔡元培、李世曾、杨杏佛等先生出席会议。第一步工作决定在青岛筹建一海滨生物研究工作站。除有专人从事研究外，还可作为临时驻足的场所，供国内各大学或学术机构随时来青岛从事野外工作。1937 年“七七”事变爆发，工作停顿，直到 1938 年 2 月恢复气象观测，同时增加了高空探测。

1945 年 8 月日本投降，王彬华受命接管青岛观象台，各项工作陆续得到恢复和发展。1946 年 3 月 1 日恢复每小时气象观测记录，7 月正式发布天气预报。1948 年为纪念观象台诞生 50 周年，该台编辑出版了集资料文献于一体的《青岛市观象台五十周年纪念特刊》，收集记载了该台 50 年来的演变及全部观测资料。《特刊》除了在国内散发，还与 30 多个国家和 50 多个地区进行了交流。

1949 年 6 月青岛解放，青岛观象台这所驰名中外、代表青岛科学史的最早学术研究机构，才真正回到了人民手中。1950 年青岛观象台被命名为“中国人民解放军海军基地观象台”，王彬华任台长，设气象、天文、海洋三科。青岛观象台是海军建设初期唯一的正规和北方的重点气象台，在设备和人员上为军队和地方气象台站建设做出重要贡献。王彬华亲自参与新站选址勘测，建立了多个海洋气象观测站和海洋潮汐观测站，这些台站选址的科学性和资料的客观代表性至今无不令人叹服。

1.3 海洋气象研究的开拓者

在气象观测业务发展的同时，气象研究也有所发展。除了早期传教士的工作，民国元年（1912年）以后国人开始经营气象，涌现了许多对我国和世界气象事业有重要贡献的科学家。

1853年美国传教士玛高温（Daniel Jerome Macgown）在宁波编译出版了《航海金针》，是中国近代第一部海洋气象学与减灾科技著作。他及时将当时世界气象科学研究的最新成果引进中国，其中包含了英国人 William Reid（1791—1858年）所著的 *The progress of the development of the law of storms, and of the variable winds* 中关于飓风的研究成果，该成果是近代气象科学史上具有里程碑意义的重大成果。但是当时中国正在经历清朝历史上最大规模的农民战争，总体看来该书产生的效果非常有限。

徐家汇观象台的工作人员中有多位隶属于法国科学院或其下属的巴黎天文台等机构，有能力开展气象、地磁以及地球物理方面等问题的研究，有大量成果发表于包括法国科学院周刊在内的多种欧洲科学刊物上或单独出版，该台也因此成为西方科学界位于远东的一个不可或缺的测点。首任台长能恩斯（1845—1923年）的工作主要集中在气象学方面，关注台风研究。1879—1885年他在上海工作期间发布了62次台风报告。继任台长劳积勋贡献也很大，他通过海关将一套可视气象信号系统推行至中国大部分港口，所建议的气象代码于1898年1月1日起采用，是其在华期间于科学研究之外的最大成就。

1911年蔡元培执掌教育部，建立中央观象台，中国气象事业肇始。广设气象观测台站所，最初各种测候事业的增加大都偏于东南沿海一带。自1924年气象学会成立，1928年中央气象研究所创办以后，气象研究与业务并进，逐步走上自主发展的道路。

中国近代从事气象事业的知识分子中有许多翘楚，本文无法逐一列叙，仅从与海洋直接相关的角度略列一二。其中蒋丙然、竺可桢等受徐家汇观象台的影响很大，他们也是中国气象事业的先驱，王彬华是海洋高等教育的开拓者。

（1）蒋丙然

蒋丙然（1883—1966年），字右沧，福建闵侯人，是我国近代气象事业的开创者，也是我国近代天文、地震、地磁和海洋事业的开拓者之一。

民国元年（1912年），蔡元培任首任教育总长，即创建中央观象台。当年蒋丙然从比利时获博士学位回国，为我国第一位气象博士，次年被台长高鲁聘任为气象科科长。1913年7月气象科正式开展工作。

蒋丙然任国民政府教育部中央观象台气象科科长后开创了我国气象观测事业、绘制了我国第一张天气图，1914年7月创办了我国最早的气象刊物《气象丛报》。1922年北洋政府正式收回胶州湾租界行政权。1924年青岛测候所改称胶澳商埠观象台，蒋丙然任台长。随后高鲁、蒋丙然和竺可桢等前辈于当年10月10日在青岛胶澳商埠观象台正式创立中国气象学会。

1928年在宋春舫的建议下，蒋丙然主政的观象台增设了海洋科，这是中国第一个包括海洋水文、气象和生物观测的综合性海洋研究机构。1929年5月在爪哇万隆召开了第四届太平洋科学会议，中国气象学会推选蒋丙然代表出席，并应邀担任气象海洋组主席团主席来主持研讨会。1930年4月，香港天文台召集远东气象会议，讨论统一暴风信号及气象电报问题，中央研究院派蒋丙然代表出席。

中国的气象事业始于中央观象台气象科，气象科的气象工作则由蒋丙然始创。中国的海洋研究起步于青岛观象台，蒋丙然则是海洋研究的奠基人。

（2）竺可桢

竺可桢（1890—1974 年），字藕舫，浙江绍兴人。中国近代气象学家、地理学家和教育家，中国近代地理学和气象学的奠基者。

1918 年，竺可桢以论文《远东台风的新分类》获哈佛大学气象学博士学位，随即回国。1920 年秋，竺可桢开始筹建东南大学，1928 年应蔡元培院长之聘又创办中央研究院气象研究所，1928—1946 年，他一直担任国立中央气象所所长，1929 年起继蒋丙然之后连续当选为气象学会理事长。1936 年主持浙江大学。1948 年被选为中央研究院院士，新中国成立后曾任中国科学院副院长。

作为中国现代气象科学的奠基人，竺可桢对海洋气象的贡献从他培养的人才身上也可见一斑。我国海洋气象学的开拓者之一吕炯（1902—1985 年）1922 年入读东南大学地学系，大学毕业后又在竺可桢的指导下从事气象科学研究。20 世纪 30—50 年代发表了系列海—气关系的论著，负责我国第一次黄、渤海海洋调查中的海洋气象观测。1943—1949 年，吕炯任中央气象局局长，兼任国际气象组织执行委员会委员和国际海洋气象专门委员会委员，代表中国政府在世界气象组织公约上签字，中国成为世界气象组织的创始国。海洋气象学家王彬华也受到过竺可桢的指导，在海洋气象学、天气学、气候学、大气边界层、航空气象学、潮汐以及海洋—大气相互作用等诸多领域都有所建树，发表过不少有影响的学术论文和专著，20 世纪 80 年代出版的《海雾》是海洋气象学领域的经典之作。先后担任中国海洋湖沼学会水文气象学会副理事长、山东气象学会副理事长、山东海洋湖沼学会副理事长兼秘书长、《海洋湖沼通报》主编、《中国大百科全书海洋科学》编委及《海洋学报》编委等职。

（3）王彬华

王彬华（1914—2011 年），原名王华文，字彬华，安徽寿县人。海洋气象学家、教育家。中国海洋大学海洋气象系的创建者，气象终身成就奖获得者。

王彬华 1934 年考入山东大学物理系，攻读气象学，师从蒋丙然先生；1940 年考入中央研究院。1943 年应招进入中美合作所气象组，从事战区气象预报。1945 年 9 月，奉命接管青岛观象台并任台长。1948 年 3 月组织编撰出版了《青岛观象台五十周年纪念特刊》。1950 年 9 月，青岛观象台被命名为“中国人民解放军海军青岛基地观象台”，王彬华任台长。1956 年调入山东大学，创建了海洋气象系。

除了海雾研究成果在国际上的影响力，王彬华的贡献集中在人才培养和青岛观象台的发展两方面。王彬华是继蒋丙然之后的第二任青岛观象台台长，是人民海军的第一位气象台长。他从满目疮痍中重整青岛观象台，为保持其国际上的学术地位做出了不可磨灭的贡献。他和山东大学的老师一起为海军气象部门培养了 300 多名气象技术人员，成为新中国海军气象保障的基础力量和后期发展栋梁。1956 年王彬华入山东大学开始专职气象学的教学与科研工作，在当时系主任赫崇本的关心和支持下，提出海洋气象学的办学方向，开启了中国海洋大学的海洋气象学。

2 现代海洋气象业务与研究（1950 年至今）

新中国成立后对海洋气象学科发展有重要影响的事件包括 1952 年开始在较长时间内进行的全国高等院校的院系调整；1956 年海洋科学研究被列入国家科学技术发展规划；

1958 年开始全国性海洋综合调查；1964 年成立了国家海洋局；1975 年中国海洋科学代表团访美；20 世纪 80 年代以来的“863”“973”等科技发展计划和国际重大海洋科学合作项目实施；20 世纪 90 年代后期中国气象局逐渐建立了海洋气象管理机构和海洋气象台；第 22 届中国气象学会开始下设海洋气象学委员会等。

目前中国海洋气象学科研究依然主要集中在青岛、上海和广州等沿海城市，而海洋气象预报业务主要由中国气象局的国家气象中心和国家海洋局的国家海洋环境预报中心所预报中心承担。中国气象局和国家海洋局两大部门内一些科研院所则承担海洋气象预报技术的开发等任务。另外，总参气象水文中心负责全球和区域海洋气象业务，以保障各类海上军事活动的安全。以下主要介绍在海洋气象科研和业务领域有代表性的一些科研院所和业务单位工作状况。

2.1 中国气象局上海台风研究所

中国气象局上海台风研究所（以下简称台风所）的前身为上海气象科学研究所，于 1978 年正式成立。它是中国专门研究台风的机构，是中国热带气旋资料信息中心、热带气旋成果业务转化中心和台风科学综合研究专业人才的培养基地。主要研究方向包括台风监测与信息整编、台风预报理论与应用技术、数值天气预报技术、海洋气象预报理论和技术，以及台风气候和台风灾害评估技术。

20 世纪 60—80 年代，台风所逐渐建立了有关台风路径预报的统计、统计—动力相结合、正压和原始方程数值模式。进入 21 世纪，建立了基于中尺度大气模式的台风数值预报和集合预报业务系统、专门用于台风科研和业务预报的 GRAPES-TCM 模式系统。研制开发的关键技术包括：应用 Bogus 资料同化（BDA）技术、变分同化卫星云导风、Quik-SCAT 海面风、TRMM 降水率以及 AMSU 反演温度资料改善台风初始场的关键技术。此外，研制的热带气旋强度客观预报方法已投入业务应用。

为满足海洋气象预报和服务的业务需求，上海台风研究所还建立了风浪、风暴潮和海雾等海洋气象要素数值预报系统，风浪数值预报业务系统的范围覆盖全球海洋，在长江口航道和上海洋山国际深水港等海域的空间分辨率最高达 20 米。

台风所自 1972 年起开始承担中国台风年鉴的整编和出版工作，包含西北太平洋及南海热带气旋的定位、定强及影响我国的热带气旋带来的大风、降水分析，至今已发布并完整保存了自 1949 年以来的逐年台风年鉴，并推出了系列热带气旋气候图集，是中国保存台风资料最完整、年代序列最长的权威资料专业机构。

在台风气候研究方面，20 世纪 90 年代台风所研究建立了台风短期气候预测业务系统，2009 年基于“九五”期间影响华东及上海附近地区热带气旋频数预测的研究成果，发展了影响我国及我国华南地区的热带气旋频数等预测方法。近年来，又基于数值模式，相继研制了台风动力—统计预测技术（包括生成频数、强台风频数和热带气旋活动指数）和台风动力降尺度季节预测集合方法（包括生成频数和生成位置），热带气旋短期气候预测系统逐步完善。应用中国史志等各类文献资料，重建了影响华东地区 500 年历史台风资料，是台风影响气候变化和全球变化的局地响应研究的基础资料之一。该所还较全面地开展了台风灾害评估、海雾等方面的研究等。

2.2 中国气象局广州热带海洋气象研究所

1976 年中国气象局广州热带海洋气象研究所（以下简称热带所）成立。热带所最早开展的是台风数值预报模式研发，2002 年开始季风背景下海—气相互作用的研究，2005 年开始海洋气象外场科学试验基地建设。在数值预报模式方面，2002 年在台风数值预报模式研发基础上，开展海浪数值预报模式研发；2005 年开始开展海面风、浪数值预报技术研究和预报产品发布；2007 年完成了海洋气象数值预报系统主题框架建设，包括海洋模式、海浪和风暴潮模式；2008 年海浪模式开始提供实时预报产品，2010 年和 2011 年为广州亚运会水上赛场和深圳世界大学生运动会提供现场风、浪预报服务。近年来，海洋气象数值预报系统逐步完善，目前可提供逐日 2 次的海流和海表温度、海浪、风暴潮等数值预报产品。2008 年建立了国内第一个海上综合观测平台，建成了博贺海洋气象科学试验基地。目前已开展了多个外场观测试验，获得国内外同行专家认可的比较可靠的观测数据。

2.3 中国气象局台风与海洋气象预报中心

中国气象局于 1989 年正式开展海洋气象导航业务，20 世纪 90 年代后期在沿海省市相继设立海洋气象台，2007 年成立了台风与海洋气象预报中心（简称台海中心）。台海中心主要负责西北太平洋及南海台风的监测、预报、预警和服务；登陆及影响我国台风的应急响应及服务保障；全球其他海域热带气旋监测、服务；责任海区海事卫星产品制作、全球船舶气象导航及重要社会活动的海洋气象保障服务；负责海难搜救等方面的应急响应以及服务保障；海洋气象导航和台风的业务指导、技术总结、科学研究；牵头组织国内外的相关业务、科研交流与合作、技术创新与成果推广应用等；负责责任海区及全球海洋环境气象监测、预报、警报等。

近年来，得益于我国集合预报技术的发展、观测站网的完善、卫星数据定量分析的优化应用以及客观化业务模型和预报平台的改进，我国台风预报技术能力得到大幅度提升。我国台风路径各时效预报准确率已整体超过日本和美国，台风强度预报、风雨影响预报准确率也有所提升。台海中心首创的“多集合预报模式系统的集成订正技术”在台风路径客观订正预报能力提升方面有所加强。从 2011 年起，台风路径预报误差值呈逐年下降趋势。其中，24 小时路径预报误差 5 年来依次为 112，94，82，78 和 65 千米。而截至目前，2015 年日本台风路径 24 小时预报误差为 73.3 千米，美国预报误差为 74 千米。目前台海中心还开展了台风风场精细化格点预报、台风降水精细化格点预报以及台风影响预估等业务。

2.4 国家海洋环境预报中心

1965 年国家海洋局组建“海洋水文气象预报总台”，并成立了海洋气象预报室。1966 年 8 月填绘并分析第一张天气图，为我国海区天气进行试报，同年 10 月 1 日正式发布我国各海区短期水文气象预报。1974 向全国提供我国海区、远洋的天气预报、台风警报和海浪预报。1983 年，海洋水文气象预报总台更名为国家海洋环境预报中心，业务范围扩大，除了为我国运载火箭发射试验和极地科考提供水文气象预报保障，还为“蛟龙”号载人潜水器海试、大型海上工程设计、渔业安全生产等提供海洋环境预报保障。目前已经形成了短、中、长期相结合的预报体系，具备近海、远海、大洋和极地的海洋天气分析和预报能力。

边界层实验室和碳化学实验室都是国家海洋环境预报中心的重点实验室，以观测、调查、研究和应用并重，为海—气耦合模式的建模、验模提供技术支持和服务。经过多年的发展与积累，现今它不仅拥有数字多普勒声雷达、大气剖面仪、系留气艇探空系统、风温湿梯度观测系统、超声风速仪和水汽 CO_2 分析仪以及由此组成的动量、热量、水汽通量观测系统、高精度海水和大气 CO_2 分压气相色谱仪、海水总溶解 CO_2 库仑分析仪、海水和淡水总有机碳测量系统等世界一流的探测仪器设备，而且还造就了一支经验丰富的、老中青有机结合的科研队伍。

近年来，实验室的业务和研究工作面向社会和国防需求，从海上调查到登陆台风的追风试验，从数字多普勒声雷达开发到电厂环境评价，从海—气参数化方法到大气波导研究，在多个领域有很大的拓展。

3 海洋气象教育与学科发展

我国高等海洋气象教育起始于20世纪30年代。1930年4月，国立青岛大学成立。对于国立青岛大学的办学特色，时任校长杨振声见解独到且富有远见。他对青岛的地理环境、自然资源以及山东的古物文献等做了细致的分析，主张文理渗透，"理学院中，如海洋学、气象学，亦皆为其他大学所未办，我们因地理上或参考上便利，皆可渐次设立，此理学院自求树立之道也"。后来这些颇具战略眼光的设想，渐次变为现实。1935年，蒋丙然在国立山东大学物理系创立了天文气象组。1946年厦门大学成立海洋学系及海洋研究所，唐世凤教授为首任系主任和所长。1947年国立山东大学海洋研究所成立，童第周被聘为海洋研究所所长，曾呈奎为副所长。1952年全国高校进行院系调整，厦门大学海洋系唐世凤教授等3名教师和18名学生调入青岛，与山东大学海洋研究所合并，成立了山东大学海洋学系，设置物理海洋学专业，赫崇本任主任。

受挪威气象学家、海洋学家 H. U. Sverdrup 的影响，赫崇本认为，气象研究应从全球系统考虑，且必须扩充到海洋领域的研究，否则是不能彻底解决大气问题的。作为首任海洋系主任，赫崇本积极倡导和推动了海洋系学科建设，继1952年设立物理海洋学专业后，又于1957年设立海洋气象学专业。并致力于两门学科的相互渗透，相得益彰。为了加强师资力量，他一方面注意培养本校毕业的中青年教师，一方面设法在全国范围内遴选精英，商调哈尔滨军事工程学院的文圣常、厦门大学海洋系主任唐世凤、青岛观象台台长王彬华和四川大学牛振义来校工作，聘请中国科学院海洋研究所毛汉礼授课，使教学质量大为提高。

王彬华在青岛观象台工作时就兼职山东大学的教授，和山东大学的老师一起举办多期训练班，为海军和地方台站培养气象技术人员。1956年正式调入山东大学工作，专职海洋气象学专业建设和科学研究。20世纪60年代初他就研究了太平洋海洋环流和东亚大气环流之间的关系及其对中国气候的影响。80年代出版《海雾》，并译成英文出版，是海洋气象学领域的经典之作。他指派青年教师秦曾灏去当时的中央气象局研究所进修数值预报技术，为日后开设数值预报课程做前期准备，并为今后风暴潮数值研究奠定基础。

秦曾灏是著名海洋气象学家，1956年南京大学气象系毕业分配到山东大学海洋学系任教，是中国海洋大学海洋气象学博士点创建人之一，他主持的"浅海风暴潮的动力机制及预报方法的研究"于1982年获得国家自然科学三等奖，为我国沿海风暴潮的预报奠定了理论基础。作为海洋气象学博士点创建人之一，学科点的博士生导师，秦曾灏培养了很多优秀的学生。美国马萨诸塞州大学终身教授、国际流行的 FVCOM 海洋模式创建者陈长胜、美国海洋和大气管理局（NOAA）大西洋海洋与气象实验室气候与飓风组主任、

Journal of Geophysical Research (*Oceans*) 杂志主编王春在、现任中国气象科学研究院院长端义宏等都是他的学生。

中国海洋大学刘秦玉教授是我国海洋—大气相互作用研究学术带头人之一。鉴于她在北太平洋和南海海洋—大气相互作用研究中的突出贡献，作为第一完成人获得 2006 年中国高校自然科学一等奖和 2004 年中国高校自然科学二等奖。她倡导情景教学，着重培养大气—海洋学科交叉创新型人才。

国内其他涉及海洋气象的院校主要集中于南京、广东、上海和大连。中山大学于 20 世纪 60 年代开始招收本地生源的海洋气象专业学生，以热带气象学为主要研究方向。目前拥有完整的大气科学人才培养体系，以季风系统和热带天气气候为重点学科方向。广东海洋大学的大气科学本科专业始于 2000 年湛江气象学校并入湛江海洋大学。此外，起源于 1950 年的吴淞商船专科学校的上海海事大学、1949 年成立的第一海军学校——海军大连舰艇学院、大连海事大学、青岛船员职业学院都有少量师资从事航海气象教育，但是没有完整的学科体系。

进入 21 世纪，海洋领域受到社会广泛关注，许多高校设立涉海专业。南京信息工程大学 2003 年招收第一批海洋科学专业学生，2005 年组建海洋科学系，2006 年获国家本科理学学士授予权，同年获评校级特色专业，2008 年获评中国气象局重点学科。2012 年初海洋科学学院正式独立运行，专业方向为海洋气象与物理海洋。解放军理工大学、南京大学大气科学学院和北京大学物理学院成立的大气与海洋科学系在海洋气象科研和教育领域也取得令人瞩目的成果。

4 海洋气象学发展展望

回顾中国海洋气象学的发展历史，可以总结出：科学的发展驱动于国家的利益需求，受制于国力水平和国民素质高低；一门学科的发展程度受科学和技术的影响很大。第一次鸦片战争英国入侵，欧洲向东方扩张，西方教会人士涌入，19 世纪后半叶“挑战者”号海洋调查船进行全球海洋调查，海洋学成为一门独立的学科等，这些都是中国气象首先起于海洋发展的重要外部因素。

从一门学科的角度去梳理，从观测到理论，从单要素到多要素，从局地到区域再到如今的全球尺度，气象学科的综合性和复杂性越来越高。在全球气候变暖背景下，特别是围绕 21 世纪海上丝绸之路建设和海洋国防的保障需要，多尺度海洋气象的研究与业务服务能力的提高是根本，我们应该从全球的尺度出发，利用多种理论和技术解决局地和区域的问题。

目前我们在台风、海雾和海冰等灾害天气的观测、研究、模拟和预报等方面已经取得了很大发展。特别是在观测能力提高方面，除了加密的常规气象观测，沿岸多普勒天气雷达，强风自动站、波浪潮位站、风塔、风廓线仪、GPS/MET 水汽监测站、温盐流等观测设备极大丰富了海洋气象观测体系。一些先进的气象设备，如微波辐射计、车载风廓线雷达、GPS 观测仪、强风观测仪、毫米波双偏振多普勒测云雷达系统、微型测雨雷达、闪电监测系统、全自动探空系统、X 波段双偏振多普勒雷达及火箭探空系统等新型探测设备，结合已建的组网可以实现对中小尺度天气系统细微结构监测，为天气预报、研究和服务提供基础资料。但是在远海的覆盖能力还有限，海上气象的精细和综合观测能力、考虑海洋—大气相互作用的多尺度海洋—大气模式的开发与利用等尚有很大的发展空间。扩大海洋气象学科队伍、提高海洋气象观测和研究投入、开展高水平国际合作应该是今后重点发展方向。

致谢：在本文的撰写过程中得到了秦曾灏老师的宝贵指导意见，并得到以下单位老师和同仁们提供的宝贵资料支持，特此一并表示衷心的谢意：中国海洋大学档案馆孙厚娟研究员、周发琇教授，中国气象局广州热带海洋气象研究所刘春霞研究员，国家海洋环境预报中心李诗民研究员、黄焕卿工程师，中国气象局台风与海洋气象预报中心曹越男高级工程师。

参 考 文 献

[1] 中国海洋学会. 中国海洋学学科史. 北京：科学技术出版社：2015.

[2] 陈志杰，隋洁. 中西文化碰撞“风暴”中的《航海金针》——国内首部气象防灾减灾科技译著. 中国科技翻译，2013，26（2）：59-62.

[3] 蒋丙然. 青岛观象台海洋观测纪略. 中国气象学会会刊，1930（5）：1-6.

[4] 蒋丙然. 第四次太平洋学术会议纪略. 中国气象学会会刊，1930（5）：102-106.

[5] 子猷. 为海洋科学研究奠基——纪念宋春舫与蒋丙然二位先驱者. 海洋湖沼通报，1990（3）：1-4.

[6] 赵九章. 中国气象学研究工作的回顾与前瞻. 气象学报，1951，22（1）：11-14.

[7] 中国人民解放军海军北海舰队司令部气象区台. 青岛观象台建台100周年纪念册. 1998.

[8] 中山大学大气科学系. 风雨同舟岁月如歌——纪念中山大学大气科学系创办50周年. 2011.

[9] 张静. 中国海洋大学大事记. 青岛：中国海洋大学出版社，2014.

[10] 中国海洋大学党委宣传部. 八关山下——中国海洋大学的文脉延承. 青岛：中国海洋大学出版社，2012.

[11] 吴燕. 近代欧洲科学扩张背景下的徐家汇观象台（1873—1950）. 上海：上海交通大学，2008.

20 世纪数值天气预报发展进程中的创新思维与科学成就

Innovation and Achievement in the Growth of Numerical Weather Prediction in 20th Century

陈正洪[1]　丁一汇[2]　许小峰[3]

（1. 中国气象局气象干部培训学院，北京 100081；2. 国家气候中心，北京 100081；
3. 中国气象局，北京 100081）

摘要： 数值天气预报是大气科学发展的一个里程碑，也是近代大气科学成为一门精细和定量化科学的标志。这个重要过程主要发生在 20 世纪。对其发展和演进过程进行研究和分析，特别指出了 20 世纪数值天气预报演进中几次重大的原始创新成就。也通过阐述数值预报的演进和历史，说明其他交叉学科成果对数值天气预报发展的推动作用，最后使 20 世纪数值天气预报成为复杂的多学科交融的学科，并进一步演变成更复杂的气候模式系统，其中基础科学与地球观测系统及高性能计算技术的发展起着关键作用。

关键词： 数值天气预报，发展进程，主要脉络，原始创新，启示

0　引言

数值天气预报是近代大气科学走向建制化的主要标志之一，是目前气象预报业务的核心技术，在某种程度代表了一个国家的科技实力。发达国家在数值天气预报上竞争日趋激烈，回顾其 20 世纪的发展历史，发掘重大创新节点，对于这门学科和相关大气科学分支学科都有重要学术价值。

1　科学思想转换的时代背景

纵观科学技术发展，人类对自然本质的认识遵循螺旋上升的规律，19 世纪前，牛顿力学被认为是高度确定性的，宇宙都处于一个机械力学控制的框架下，在这种框架下，物体运动是可预测的。不过从实践来看，科学家逐渐发现一些不可预测的运动。1903 年前后法国数学家庞加莱（Jules Henri Poincaré，1854—1912 年）对三体问题的研究中，第一个发现混沌并为现代的混沌理论打下了基础。他研究了牛顿动力学下物体运动的近似解，

本文已发表于《广西民族大学学报（自然科学版）》2016 年第 22 卷第 4 期，略有修改。

资助项目：国家自然科学基金（41220001），中国博士后面上项目资助（2012M520220），中国气象局气象科技史研究项目。

作者简介：陈正洪，中国气象局气象干部培训学院，副研究员，主要研究方向为气象科学技术史和气象灾害。丁一汇，国家气候中心，中国工程院院士，主要研究方向为气候变化和数值模式。许小峰，中国气象局，正研级高级工程师，主要研究气象科技史和气候变化。

发现一些解并不收敛，他认识到在这些情况下，实际解一定是高度依赖于初始条件。这为科学界摆脱牛顿确定论思想的束缚打开了一个缺口。19 世纪末到 20 世纪初，大气科学发展就是处于从牛顿确定论到逐渐摆脱确定论影响的阶段。当时被一些物理学家认为不够科学的气象学获得了被科学共同体认可的机遇。

19 世纪的工业革命取得很大成就，航海对于洋流知识和天气预报的需要使得人们更加关注天气变化。人类积累了 2000 多年的气象知识，逐渐从感性上升到理性，杂乱的地方性知识和观测经验逐渐汇总成为系统性的气象学知识。不过 19 世纪末 20 世纪初的天气预报依赖的观测非常稀少也不规则，特别是高空观测和海洋观测几乎空白，所以预报员主观能动性很强。这个时候的预报与今天相比，与其说是科学，不如说是艺术[1]。时代需要一门“科学”的大气科学。

经过 19 世纪末的知识积累，大气科学在 20 世纪初到了一个质变和理论飞跃的阶段。在 V. 皮叶克尼斯（Vilhelm Frimann Koren Bjerknes，1862—1951 年）提出数值预报思想之前，有一些科学家已经有类似想法。大约 1890 年左右，著名的美国气象学家 Cleveland Abbe（1838—1916 年）就提出“气象学本质上是应用流体力学和热力学规律的科学”[2]，这些气象学家的成果为 20 世纪提出科学的数值天气预报概念奠定了理论基础。V. 皮叶克尼斯继承前辈把数学和物理思想引入气象的做法，开创了大气运动方程，并且科学预见了未来可能出现的一些问题，以及如何发展，20 世纪数值预报大体上按照 V. 皮叶克尼斯的最初设想在发展。

V. 皮叶克尼斯的创新还在于改变当时学界对天气变化的看法，当时比较流行的看法是气团理论，认为天气活动主要是发生在气团里面，冷气团带来干冷，暖气团带来暖湿，天气变化主要等待气团移动，据此做出天气预报。这个是不完整的天气学理论，V. 皮叶克尼斯提出锋面理论，认为真正的天气变化是在气团的交接面上。冷暖气团交接面的变化产生气旋，从而影响天气过程，这改变了当时整个天气预报的思想。在此基础上，V. 皮叶克尼斯把大气运动纳入物理规律构建的数学方程中，深刻地改变了人们对天气预报的看法。

2 动力方程组引入数值天气预报

1904 年 V. 皮叶克尼斯阐述了数值预报的中心问题[3]，指出从原则上说，大气未来的状态完全是由其初始状态和已知边界条件加牛顿运动方程、气体状态方程、质量守恒方程、热力学方程等所决定。他认为如果可以根据物理定律推断空气运动，必须有两个必要充分条件：

（1）必须知道空气准确的初始状态；

（2）必须知道空气从一个状态到另一个状态的准确规律[3]。

当时，由于科学技术发展限制，缺少海洋上大气的资料和陆地上高层大气的资料，不过 V. 皮叶克尼斯对此很有远见，认为随着科学技术发展，这两个鸿沟（gap）都将会被解决。

为获得大气方程，V. 皮叶克尼斯假定采取如下步骤：

第一，从无摩擦流体方程开始，同时不对流体密度进行假定；

第二，从内部存在摩擦的黏性流体运动方程开始发展相应理论；

第三，建立自转地球上适合环流和涡旋运动的旋转坐标轴，以此建立理论体系。

V. 皮叶克尼斯这个理论方案的优点是考虑了流体密度取决于温度，同时考虑了地转偏向力的作用，由于地球自转，这显得很重要。

他假定了空气中的水蒸气没有变化，是个常量。通过这几个假定，V. 皮叶克尼斯指出可以算出这7个相互独立的方程，从而计算出7个未知参数（即U、V、W、T、P（气压）、ρ（密度）、q（比湿）），来推断空气运动。不过他也担心宇宙中还有很多未知变化影响大气运动，比如彩虹可能会影响空气的辐射和电量。不过在当时无法证明这是否可能。不管如何，他都从思想观念上找出一个简单而又科学的方法来研究空气运动。

有了方程，如何计算减少误差，V. 皮叶克尼斯知道当时的数学水平和科学水平还无法满意的解出他所列的方程，因此注重从观测出发，从最初观测状态的数据出发，得到后一个小时的天气图，以此类推，逐步一个小时一个小时前进。V. 皮叶克尼斯提出数值预报思想之后，Felix Maria Exner（1876—1930年）成为第一个尝试进行天气预报计算的人。

然而数值天气预报这时还处于“怀胎十月”之中，其复杂性也不是当初就能预料到的，所以还出现反对天气可以预报的意见[4]，这暗示数值预报的发展将不会一帆风顺，作为一门实践性很强的学科，只有在大气科学的实践发展中形成理论体系才更加可靠。

3 数值天气预报试验的先行者

尽管V. 皮叶克尼斯提出超越时代的数值天气预报思想和实现办法，但由于受到科学技术发展水平和计算能力的限制，其后近20年没有更大发展。火炬的下一棒传到了理查德森（Lewis Fry Richardson，1881—1953年）手中。这是有着特殊才能的大气科学家，比如他曾经把过去的天气形势分门别类建立天气图索引，这种索引可以发现过去天气演变的某些规律，并对当前预报做出参考。他认为“天气预报建立在假定知道过去大气运动和未来如何运动……过去气象学历史某种程度上是其自身全方位的工作模型”[5]。但是理查德森并不看好这种方法，认为过去不能代表未来。这表明理查德森对大气的非线性特征有独特而深刻的理解。

理查德森在1911年开始思考有限差分方法，第一次世界大战中，理查德森研究出中欧地区气压变化计算手册[5]。他开始的数据来自V. 皮叶克尼斯在莱比锡发表的天气图。他从中抽取离散的格点算出西德某地区气压变率。他使用的差分方法是把全区划分成格点，就像国际象棋棋盘，用有限差分代替空间微商。

1913年在英国气象局办公室主任肖爵士（Sir Napier Shaw）的鼓励下，理查德森开始深入研究数值天气预报。其研究成果 *Weather Prediction by Numerical Process* 一书1922年由剑桥大学出版社出版。理查德森在前言中说，他认真阅读了V. 皮叶克尼斯和他的挪威学派（也叫卑尔根学派 Bergen School）关于差分方程的论述，认为有限差分方法不能很好解决不连续导致的问题，计算机可以解决这方面困难。不过他当时自己也认为计算机速度太慢，他相信也许将来计算机的运算速度可以超过天气变化的速度，并且获取信息的成本低于人力成本[6]。

理查德森的这篇文献是数值天气预报历史上带有奠基性的重要文献。文中详细叙述了动力学模式、物理过程和数值分析以及计算的实例。这本书出版后，肖爵士大加赞赏，在

Nature 上写了书评，并写信给理查德森，认为该书是“关于气象预报方面的巨著（magnum opus）”。从对这本书的文本分析来看，总地来讲，理查德森对数值天气预报有全面、深刻、系统而且长远的想法，对所有环节和计算流程有着详细论述，既有对当时最新文献和观测数据的深刻把握，也有对未来技术发展和学术思想延展的合理外推，更有许多原创性思想，包括差数方程式的选择、热动量以及水汽的乱流输送作用、平流层的影响等。有很多超越同时代的学术思想，作为一个伟大的气象学家撰写的重要历史文献，这本书以及理查德森本人都是数值天气预报的学术宝库，值得进一步深入研究。

由于天气运动的复杂性和当时计算机能力的限制，需要考虑天气运动的主要矛盾，进行原始方程的简化，理查德森的理想才有可能实现。大尺度天气运动有几个主要特征：第一是准静力特征。据此得出准静力关系

$$\frac{\partial p}{\partial z}=-\rho g$$

第二个主要特征是准水平运动。以此简化原始方程的垂直项。第三个主要特征是准无辐散。可以得出绝对涡度守恒原则：

$$\frac{d}{dt}(f+\zeta)=0$$

第四个主要特征是准地转性，得出简化的正压地转模式。至此，可以进行业务预报了。

从尺度来讲，大尺度现象的观测和模拟都比较容易做到，其次中尺度，最难的是中小尺度和微尺度的数值模拟。理查德森所处的时代，人类对大气运动知识的积累还处于粗线条的阶段，计算机能力也很有限，观测资料和观测能力也很有限，所以如果一开始什么都去模拟，失败是必然的，可以选择从天气运动的大尺度现象出发，就可能取得成功。之所以后面出现滤波模式，再回归到原始方程，历史发展的 S 曲线与人类对大气尺度运动的理解历史相一致。

理查德森的思想具有超越时代的重要意义，在于把大气科学从描述性和经验性向着定量化发展，大气科学只有建立在实验物理学和流体力学的基础上，强调其中各种物理过程和动力过程及其相互作用，才能使大气科学向物理学、化学等其他科学一样，成为真正意义的科学[7]。也许理查德森的理想超出时代太多，他的这本杰出文献出版后的几十年并没有受到太多重视。理查德森的试验正是人类探索非确定性世界观的努力表现，其学术意义对大气科学未来发展有深远影响。所以理查德森被说成“数值天气预报之父”[8]。理查德森对于数值预报的理解超越了时代，比如他已经使用“舍弃”方法，表明他虽然知道要用物理和数学方程描述大气运动，但还要顾及大气非确定性的特点，理查德森还有滤波思想，这对后世创新是个启发。

4 历史条件的逐渐具备

理查德森的初次数值天气预报试验失败了，失败原因很大程度上归咎于计算技术，当物理的基础问题有所解决，特别是动力学模式的控制方程解决后，接下来的问题是如何在数学上求解以及如何能使计算的速度大大超过天气变化的速度。

1928 年，Courant、Friedrichs 和 Lewy 3 人提出了对于线性方程初值问题不稳定的解决办法[9]。这篇文章也是数值预报历史上比较重要的文献，总被引次数有 1000 多次。作者指出在进行数值计算时，水平网格距与时间步长不能相互无关联地任意取值，而是应满足一定的相互依赖关系，这就解决了理查德森碰到的计算不稳定问题，即当线性计算满足

以下条件时，计算可以保持稳定

$$|\lambda|=\left|\frac{c\Delta t}{\Delta x}\right|\leqslant 1 \quad 或\ \Delta t\leqslant\left|\frac{\Delta x}{c}\right|$$

这就是 CFL 条件，这表明，在进行线性计算时，为使计算稳定，作差分计算时，外推的时间步长必须小于波动通过空间格距所需要的时间。例如，量尺分度值必须小于被测量物体的长度。对于慢波，如大气长波、超常波等，波速较小，因此，时间步长可以取得大一些；而对于快波，如声波、重力波，波速快，则时间步长只能取得很短，因此要完成一个预报，要做更多步的计算。

只要时间步长和空间步长满足一定的限制，构造的方程格式计算就是稳定的，这个思想对原先理查德森的数值预报有重要改进和现实意义。一方面，可以明确动力方程修改的方向，而不是在所有项上进行修改，可以提高预报精度和准确性。另一方面，可以有选择地对某些项进行计算，减少计算量，从而更有可能在实际业务中得到应用。

1939 年，Rossby 等在高空天气图上发现了北半球中纬度高空西风带中存在有波长长达数千千米的波动[10]，这些波动除有自身的结构和运动规律外，还与地面上的锋面气旋存在内在的联系。Rossby 在静力近似和水平无辐散的假定下，用小扰动法对涡度方程线性化，推出了著名的 Rossby 长波公式，通过各种近似假设把其他波动滤去，而得到了一个具有天气意义的长波公式，大大促进了 Charney 滤波方程的建立[11]。

苏联气象学家基别尔（H. A. Кибелъ，1904—1970 年）对数值预报做出重要贡献，他是苏联数学家、流体力学家和气象学家，1940 年首次成功得出大气热力和动力学方程组的解，提出“准地转模式”（quasigeostrophic model），并研究了涡旋运动[12]。基别尔利用手摇计算机大约半天完成了苏联和欧洲部分国家的 24 小时天气预报图，结果比较接近实况[13]。随后他在求解大气动力学诸多问题上做出了重要贡献，如地转适应、中尺度气象学等[14]。

基别尔提出对流层内自由大气大规模运动的数值预报方法，与 V. 皮叶克尼斯等西方学者有些不同。他采用地面气压、地面气温、气温直线率非线性偏差作为基本变量，获得其他变量，建立预报方程。这些方程对于处在中高纬度的苏联大片国土的预报还是有些科学性[15]。

曾庆存 1961 年第一次用原始方程模式在莫斯科做出实际天气预报图（图 1），这是中国人对数值天气预报做出的一个重要贡献，比西方同样成果要早若干年。至今国际上一些著名的业务模式仍然采用半隐式格式。

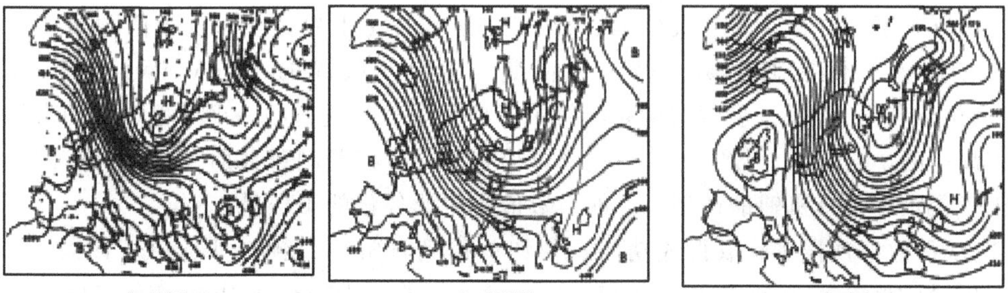

初始场　　24小时预报　　24小时实况

图 1　曾庆存用原始方程做出的预报[13]

5 第一张数值天气预报图

1948—1950 年，Charney 等的工作导致了“数值预报的复兴”[16-19]。Charney 吸取了理查德森的失败经验，在 Courant 和 Rossby 等人的影响下，证明了在准地转或准无辐散并且满足静力平衡的条件下，可以从大气运动方程中滤除声波、贯性重力外波和内波，之后推导建立了滤波模式。

他大胆地提出以一层空气简要代表整层大气运动的构思，建立了正压模式。正压原始方程模式是最简单的原始方程模式。其中包含两个假定：

（1）假设大气为均匀不可压缩的流体，密度为一常数。流体的上界面为一自由表面。

（2）大气是正压的，即初始时刻的风不随高度变化。

据此，Charney 推出了正压原始模式方程组：

$$\begin{cases}\dfrac{\partial u}{\partial t}+u\dfrac{\partial u}{\partial x}+v\dfrac{\partial u}{\partial y}=-\left(\dfrac{\partial \phi}{\partial x}\right)_p+fv\\ \dfrac{\partial v}{\partial t}+u\dfrac{\partial v}{\partial x}+v\dfrac{\partial v}{\partial y}=-\left(\dfrac{\partial \phi}{\partial y}\right)_p-fu\\ \dfrac{\partial \phi}{\partial t}+u\dfrac{\partial \phi}{\partial x}+v\dfrac{\partial \phi}{\partial y}+\phi\left(\dfrac{\partial u}{\partial x}+\dfrac{\partial v}{\partial y}\right)=0\end{cases}$$

初始条件按 Charney 设计的理想场给出[20]。Charney 提出的准地转模式过滤了短期的重力波和声波，减少了计算量，同时需要两个历史条件得到满足，一是高性能计算机的出现，二是相当完善的高空台站网，这个站网在第二次世界大战结束后不久就建立起来。

其中高性能计算机与冯·诺依曼（John Von Neumann，1903—1957 年）直接相关，作为 20 世纪最重要的数学家之一，在现代计算机、博弈论等诸多领域内有杰出建树。冯·诺伊曼认为天气预报是可以用大型计算机完成的重要科学问题，通过使用电子管模拟计算大气运动从而进行预报。为获得计算结果他列出三个前提：

第一，全新的天气预报计算方法；

第二，物理测量和观测的新的合理基础是可靠的；

第三，影响天气模式计算的第一步是可以做到的。

这三个前提在当时基本上都已达到。1946 年 8 月 29－30 日，美国新泽西普林斯顿高级研究院召开了一次特殊的“气象学研讨会”，这或许是世界上第一次数值预报业务运行会议。参加人员包括 Rossby、冯·诺伊曼、美国气象局的 Harry Wexler 和 George W. Platzman 等 20 余人，会议目的是继续推进研究院已经进行的一项工程，把动力气象方程可以高速的、电子的、数字的自动化计算出来。会后在美国普林斯顿高级研究院，开始实施天气预报的计算机辅助计划，也即是数值预报业务化的工程[21]。

ENIAC 数值预报实验取得成功后，很快就用到日常天气预报业务中。1954 年 7 月，美国气象局的联合数值预报中心（The Joint Numerical Weather Prediction Unit，JNW-PU）建立，主要服务于美国空军、海军和气象局（图 2）。

图 2 Fred Shuman（左）和 Otha Fuller Circa 1955 年在 IBM 701 前研讨（701 是 JNWPU 第一台用于数值预报的计算机）[22]

6 回归原始方程

滤波模式由于消除了高频波，其实也就影响了真实的大气运动本质，随着计算机能力增长，回归原始方程是历史必然。因为滤波模式把重力波滤除只是反映了大气大尺度的规律，对于中小尺度强对流天气，要把中小尺度天气过程预报出来，还必须回到原始方程。实际上，在准地转模式占主导地位期间，对原始方程模式的研究和使用并未中止，包括 Charney 本人。索耶指出准地转模式主要的缺点就是仅能描述大尺度天气系统，1000 km 是其描述的最低尺度，而很多重要天气系统天气扰动的尺度处于 1000 km 以下，这使得人们重新回到原始方程[23]。准地转模式滤去了重力波，而原始方程则包含了长波和重力波（快波），为使计算稳定，更好地刻画大尺度运动的变化，回归原始方程的要点在于避免重力波的虚假产生和增长。

回归原始方程要考虑对于理想气体几个空气守恒的性质，包括动力守恒、能量守恒、干空气质量守恒和湿度守恒等。第一，要对初值场进行处理，必须抑制初值中重力波的能量及其在初始时段的增长。第二，一般情况下积分的时间步长 Δt 可以取足够小，以满足 CFL 条件。

观测表明大气大尺度运动的一个最基本特征是风场和气压场的准平衡关系。而大气中地转偏差又经常存在，因为完全地转平衡后将很快没有天气变化。实际天气变化就是地转平衡不断被破坏，又不断重建。原始方程模式积分的时间步长问题成为制约其实际应用的瓶颈。大气适应过程研究，为解决这个问题提供了思路。

大气适应理论研究，将这对同时发生的矛盾过程分离开来，模型化为两个相互衔接的阶段：演变过程和适应过程。曾庆存[24] 和叶笃正等[25] 利用尺度分析证明大尺度运动中适应过程和天气系统演变过程在物理本质上不一样。ЦзэнЦин-Цунь[26] 和 Robert[27] 先后提出“半隐式（或称半显式）格式”，对制约慢过程的非线性平流项取显式和较大时间步长，而对制约快过程的气压梯度力项和科氏力项取隐式格式，从而可以取相同的时间步长。这就大大减少了计算量，并很快得到广泛应用。

对于线性方程，前已述及，其计算稳定性判据是 CFL 条件。而原始方程是非线性方程，对计算稳定性十分敏感，它得以在数值预报中顺利应用的另一个重要保证，是非线性计算不稳定（Nonlinear Computational Instabillty，NCI）的发现及其对策——“物理守恒格式”的构建和应用。

NCI 的发现始于 Phllips[28] 的工作。他在 1956 年前后，用数值试验方法研究大气环流，并发表了他的著名论文。在其研究过程中发现，尽管积分所取时间和空间步长满足线性 CFL 判据，但模式长期积分有时仍会出现不稳定。对此，他深入探究。这最终导致“非线性计算不稳定”概念及其机理的提出，而其论文的发表，已是 1959 年了[29]。

曾庆存对此做过很好的研究。他从物理观点出发，计算不稳定表现为小尺度的大幅振动，并且振动随时间增长很快。原始方程对误差的敏感性主要来自短波部分，引起虚假的快波，掩盖真正的长波。计算不稳定主要是破坏了能量关系，有三种机理造成：频散效应、能谱非线性转移效应及能量增长效应[30]。NCI 问题及“物理守恒格式”的构建，成为数值天气预报以至计算流体力学的一个重要研究方向。对原先的数值预报具有重要的改进意义。此后用数学物理方法制作短期气候数值模拟获得很大发展。郑庆林[31] 对非线性项的处理使用了变维方法，提出纬向的“完全的谱方法”和经向的“准谱方法”，这既有利于克服非线性不稳定，且能大大节省计算量及存储量，特别还能在小型计算机上实现程序设计。

中国学者在数值预报实际业务中做出了可贵的探索，纪立人等[32] 研究了地形运动学边界条件的斜压发展计算。顾震潮等[33] 对于准地转两层模式数值预报方法的改进进行了大量试实验，特别是对使用过去资料促进数值预报方面取得积极进展[34]，丑纪范在历史资料应用方面也做出了重要贡献。

7 初值条件的重要性与初始化

大气科学正是不确定性现象最为典型的领域。尽管在 V. 皮叶克尼斯、理查德森和 Charney 等大气科学家的努力下，数值预报把不确定的大气运动朝着确定性方向大大推进了一步。气象界似乎有了更多的信心，只要一直努力下去，借助无限增长的计算机速度，数值预报可以预报未来任意时刻的天气。然而事实并非如此。洛伦茨及其混沌理论的提出宣告数值天气预报存在极限。数值天气预报领域遇到建立以来最严重的危机。

洛伦茨经过认真研究，提出数值天气预报对于初值的极端敏感性[35]。他用简化为 3 个自由度的确定论方程来模拟天气变化：

$$X^{\circ} = -\sigma X + \sigma Y$$

$$Y^{\circ} = -XZ + rX - Y$$

$$Z^{\circ} = XY - bZ$$

进行数值试验的结果，即使最初两个数值无限接近，发现在一定条件下，积分到一定时间阶段，会进入一种区域（被称为奇异吸引子）。最初接近的初始值会得出两个毫不相干的积分值。这表明气象非周期性变化的轨道十分不稳定，大气状况“初始值”的细微变化，都足以使其轨道全然改观（图 3）。

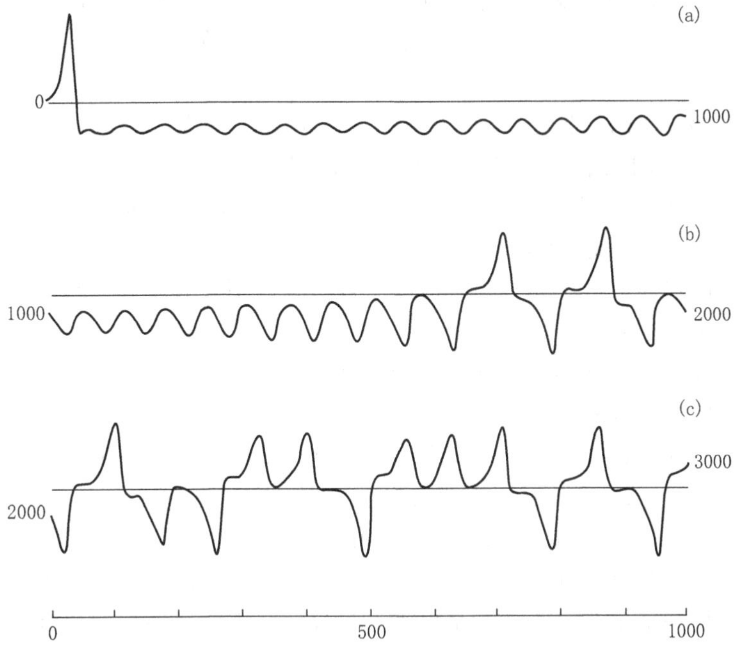

图 3　洛伦茨对流方程中的数值试验

根据洛伦茨对流方程中的数值试验，图 3a 中表示时间函数在第 1000 个循环时的图形，图 3b 是第 2000 个，图 3c 是第 3000 个[36]。从中可以看出，随着时间流逝，非周期性逐渐增强。从确定性的波动变成不可预测的非周期流。

混沌理论也被看成是在 20 世纪发生的第三次科学革命，它同相对论和量子力学这两次革命一样，彻底颠覆了牛顿经典物理观。混沌理论不仅使大气动力学大大发展，而且使得数学、物理学，甚至生物学、工程技术也得到非常大的发展，并产生很大的突破。洛伦茨所提出的这些理论对于现代科学的各个领域所取得的突破性进展有很大贡献。在洛伦茨提出非线性理论系统之前，解决科学问题要么是确定论，要么是随机论，然而洛伦茨提出确定论与随机论不能截然分开，它们之间是有联系的，这无疑是科学认识的一次重大突破。气象学家把洛伦茨所提出非线性动力学系统的概念应用到大气环流的研究中，利用截谱模式研究了大气运动存在的多平衡态，即在一定外界条件下大气可能出现高指数环流，在另外一些外界条件下，大气可能出现低指数环流，而状态的跃迁产生突变。这个多平衡态的概念为中长期天气动力过程研究开辟了道路[37]。洛伦茨论文的重要意义还在于表明长期天气预报不可能准确，大概可预报时限是 2 周左右[38]。

洛伦茨的混沌理论使得人类对于世界本质有了更深的认识，大气运动非线性的本质再次得到体现。如何克服这种混沌带来的不可预报性，这是各国气象学家探索的重要方向。不过无限延长不可能，有限延长还是可以做到的。这就像人类都肯定并且接受“每个人终将死亡”，但是通过有效方法，可以适当延长寿命。

8　集合预报与预报理念的变化

集合预报就是承认天气预报存在极限的情况下，研究如何延长“寿命”的手段。反映了气象学家对于数值预报初始值的重要性和大气科学本质的进一步认识。集合预报的出现，表明在大气科学领域，没有合作就没有进步。在这个阶段，数值天气预报学科逐渐走向成熟。

1963年洛伦茨发现混沌现象后，气象学家就开始思考如何降低预报的不确定性。1969年，Epstein首先提出动力随机预报方法，用于尝试解决数值预报初值敏感性问题[39]。1974年Leith提出蒙特卡罗方法（Monte Carlo forecasting），就是用一个随机函数产生的扰动形成的初始场进行集合[40]。现在的集合预报思想与此类似。一个模式预报带有某个范围的不确定性，多个模式集合再取平均值，其预报时效和预报效果从概率上来讲比单枪匹马的单个预报要好，因此集合预报应时而生。

集合预报突破初值必须确定的观念，认为初值可以不确定，初值是某种概率密度函数，天气预报问题是大气在相空间中合适的概率密度函数随时间的演变[41]。为解决初值问题导致的预报不准确，1992年，美国国家环境预报中心（National Centers for Environmental Prediction，NCEP）和欧洲中期天气预报中心中心（European Centre for Medium-Range Weather Forecasts，ECMWF）开始了中期集合预报，表明集合预报开始成熟并开始业务化[42-44]。集合预报达到两个主要目标，一是在预报的前几天更加准确，因为不同模式预报得出的结果好于单个模式；二是提供了预报后几天的发展方向的可能性与可靠性。

由于集合预报对某些气象要素变化的可能范围或发生某种天气的概率预报提供了合理依据，并为有关部门应付可能出现的天气情况提供参考。所以集合预报改变了统计预报在中长期天气预报中一直占主导地位的局面，在中长期气象要素的预报中起重要作用。另一方面，这些成果揭示了预报各类天气系统与初值条件有关的不确定性，改变了预报员习惯于模式确定性预报的意识和理念。

集合预报在气象观测上的一大应用就是所谓的目标观测。基本思想就是根据集合预报中预报集合的离散度预估出某一重要天气系统可能对其上游某一地区的气象资料特别敏感的区域，然后对该上游区域利用各种可能的观测工具，如雷达、飞机等进行加密观测，减少对该重要天气系统预报的误差[45]。比如美国通过中期集合预报分析，成功发现了东北太平洋地区为冬季预报误差来源，然后利用适应性（adaptive）观测概念，使用有限的飞机下投探空资料大大改善了冬季中期天气预报的准确度。

数值天气预报的基本原理可以应用到气候的预测和预估上，也就是气候模式，不过要考虑的问题更加复杂，20世纪70年代气候模式只是大气模式，80年代加入陆面模式，到90年代末，出现海—陆—气耦合模式并包含了硫化物循环，及非硫化物循环模式和动态植被模式。当前气候模式包括了碳循环和硫化物与非硫化物气溶胶作用。未来动态植被或生态模式可能置入气候模式。更高级阶段就是地球系统模式。这对计算机的要求会不断提高。

9 百年数值天气预报发展的启示

回顾历史，可以得到启发，借鉴过去，可以看清未来。20世纪数值预报领域发展演进研究正是希望可以对当下数值预报和未来大气科学发展提供一些历史视角和有益启示。

基于物理规律的数值预报理论的发展，使人类可以利用计算机重现或预测发生在自然界的天气变化过程。这是地球科学由“定性”走向“定量”的重大进步。2004年，世界气象组织秘书长雅罗指出“数值天气预报质量和准确性的大大提高，是20世纪下半叶所有科学分支中的主要成就之一”[46]。全球大气研究计划中的 THORPEX 科学计划报告指出“数值预报的成功是 20 世纪最重大的科技和社会进步之一”[47]。

目前以数值模式为核心的数值预报整体水平是国家气象综合科技水平的集中体现和标志，某种程度也是体现国家科技实力的标志。

(1) 数值预报仍然普遍存在不同程度的误差

数值天气预报通过物理方程和数学计算刻画大气状况，误差成为不可避免的难题。也许可以说数值预报全体系都存在不同程度的误差。使用数值模拟来代替物理实验进行研究时，结果不可避免地会受到误差的影响，通常有 4 种误差来源会对模拟结果有影响：数学模型的误差、初值的误差、差分格式带来的截断误差（也称为离散化误差）及计算机的舍入误差。大气模式是一个离散化的数值模型，存在物理意义和数学意义上的近似，数值预报模式所描述的大气过程并非真实的大气过程，模式大气与真实大气存在误差。而这种数值模式的预报误差随着模式积分时间的延长而增加[48]。

(2) 大气可预报性存在极限

大气不同于刚体，非线性系统总是存在规律约束范围。大气运动状态不可一直预报下去，这将导致从确定性预报走向概率预报，洛伦茨认为时效可以超过 5 天，但不管模式如何完善和观测如何精确，混沌本性使得大气预报极限是 2 周左右[35-36,38,49]。集合预报的出现有可能延伸洛伦茨所说的 2 周预报极限，特别是对热带海洋和陆地影响的预报，一个例子是对 ENSO 预报，承认混沌情况下，仍然可以提前 1 年甚至更长时间进行较准确的预报，1986 年用一组“大气—海洋”模式预报 ENSO 取得了成功[50]。不过不管怎样改进，预报存在“天花板”效应，终究存在极限。

(3) 21 世纪数值预报仍将是大气科学发展的核心

将来的大气科学包括数值预报将会逐步融合其他学科的内容，从物理学到计算机将会有更多科学方法和技术吸收到数值预报中。特别是计算数学，越来越模式化，不需要从头开发，这对于数值预报来说是个重大的研究范式的变化，可以把更多精力用于物理规律的研究，同时也是重大的挑战，因为在模块化的研究框架下，非气象专业的科学工作者也可以直接进入数值预报的前沿阵地。因此数值预报，甚至大气科学就需要不断从外围科学吸收养料，占用的资源和参与的人数会愈来愈多。就像曼哈顿工程一样，数值天气预报将从一门小学科变成大学科。21 世纪数值天气预报将会更加深刻地影响预报业务，比如中国暴雨的中尺度数值预报就是一个重要的发展领域[51]。

(4) 数值预报演进反映了创新的驱动和学科交叉的驱动

20 世纪中叶，Charney 等的工作导致了“数值天气预报的复兴”。要报准实况天气不是增加对大气所有现象的刻画，而是如何“精简”和“过滤”，这就是新的发展模式。这一阶段与数学家求精求准的理念背道而驰，气象学家把天气方程的右边不断抛弃若干项，不管方程左右是否平衡，只管计算出影响天气的主要矛盾，数值天气预报反而可以从纸面走向实际应用了。Charney 和另外两位科学家运用这种简化范式计算出了历史上第一张数值预报天气图，成为里程碑式的贡献。之后气象学家们运用这种简化范式不断取得更大成功。

1963 年，洛伦茨发现了确定性非周期流，提出了数值天气预报对于初值的极端敏感性，也就是初始计算哪怕无限小的差异都会导致一定时段后的巨大差距，这表明长期数值天气预报不可能准确。长期天气现象不可预报不仅在于物理规律的不可逾越，而且在于计算机技术的限制。尽管今天科学技术日新月异，但是预报精度和时效的提高越来越难，几乎每 10 年才能提高一天时效。数值天气预报的发展历史和洛伦茨的混沌理论表明在大气科学领域，创新的驱动和科学与技术结合的驱动对于学科发展至关重要。未来数值预报乃至大气科学发展必须更加依赖创新，特别是原始创新。这种创新经常来自于科学和技术的交叉融合。

集合预报本质上是一种概率预报，还包含了不确定信息部分，要让公众理解天气预报的不确定性源自何处，未来不可能做到预报完全准确。概率预报日渐成为国际气候预测业务的主流，能够减少公众对发布的气候确定性预测结果常常不准确的指责。

（5）走向数值天气—气候预报体系

如果把数值天气预报积分时间无限延长，就可以对气候进行数值预报。气候模式已成为预测全球气候变化的主要工具。从未来预报时效、原理和方法上区分气象预报可分为 3 种类型：天气预报、短期气候预测和气候变化预估。气候预测需要考虑大气层上下边界的外强迫作用、五大圈层的相互影响等，不确定性很大，只是告诉人们未来可能的气候变化趋势与变化范围。但是有理由认为将来会构建从“临近—短时—2 周天气—短期气候—气候变化”这样一个数值预报谱系，形成数值天气—气候预报的无缝隙预报系统。

参 考 文 献

[1] LYNCH P. The origins of computer weather prediction and climate modeling. Journal of Computational Physics，2008，227：3431-3444.

[2] WILLIS E P，Hooke W H. Cleveland Abbe and American meteorology，1871-1901. Bull Am Met Soc，2006，87：315-326.

[3] BJERKNES V. Das Problem der Wettervorhersage，betrachtet vom Standpunkte derMechanik und der Physik. Meteor Zeits，1904，21：1-7.

[4] MARGULES M. Über die Beziehung zwischen Barometerschwankungen und Kon-tinuitätsgleichung. Ludwig Boltzmann Festschrift. Leipzig，J A Barth，1904：930.

[5] RICHARDSON L F. Weather Prediction by Numerical Process. Cambridge. Cambridge University Press，1922，New York：Dover Publications，1965.

[6] RICHARDSON L F. Weather prediction by numerical process（Second edition），Cambridge Press，2007.

[7] 梅森 B J. 气象学的未来发展——到公元 2000 年展望. 纪乃晋，译. 气象科技，1973（2）：1-10.

[8] THOMAS T W. Numerical weather and climate prediction. Cambridge University Press，2011.

[9] COURANT R，Friederichs K，Lewy H. Uberdie particllen Differentialgleichungen der inathcmatischcn Physik. ，2fnfh. AWL，1928，100：32-74.

[10] ROSSBY C G. Relation between variations in the intensity of the zonal circulation of the atmosphere and the displacements of the semi - permanent centers of action. J Mar Res，1939，2：38-55.

[11] PHILLIPS N A. Carl-Gustav Rossby：His times，personality and actions. Bull Amer Meteor Soc，1998，79：1079-1112.

[12] КИБЕЛЪ И А. Приложение к метеорологии уравнений меха-ники баро-клинной жидкости. - Изв. АН СССР，сер геогр игеофиэ，1940，M5：627-638.

[13] 曾庆存. 天气预报——由经验到物理数学理论和超级计算. 物理，2013，42（5）：300-314.

[14] 基别尔. 短期天气预报的流体力学方法引论. 北京：科学出版社，1959

[15] 涂尔灏. 基培尔预报方程的物理导法及一些解释. 气象学报，1954，25（4）：253-277.

[16] CHARMEY J G. On the scale of atmospheric motions. Geofys Publikasjoner，1948，17：1-17.

[17] CHARNEY J C，Eliassen. A numerical method for predicting the perturbations of the middle latitude westerlies：

Tellus，1949，2（1）：38-54.
[18] ELIASSEN A. The quasi-static equations of motion with pressure as independent variable. Geofys Publikasjoner，1949，17（3）.
[19] CHARNEY J G，Fjortoft R，von Neumann J. Numerical integration of the barotropic vorticity equation. Tellus，1950，2：237-254.
[20] CHARNEY J G. The use of the primitive equations of motion in numerical prediction. Tellus，1955，7（1）：22-26.
[21] THOMPSON P D. A history of numerical weather prediction in the United States，Bull Ame Meteor Soc，1983，64，（7）：755-769.
[22] HARPER K，Uccellini L W，Morone L，et al. 50th Anniversary of Operational Numerical Weather Prediction. Bull Amer Meteor Soc，2007，88：639-650.
[23] 索耶 J S. 数值天气预报的回顾与展望. 殷显曦，译. 气象科技，1974（2）：50-52.
[24] 曾庆存. 大气中的适应过程和发展过程（一）——物理分析和线性理论. 气象学报，1963，33（2）：163-174.
[25] 叶笃正，李麦村. 大气运动中的适应过程. 北京：科学出版社，1965.
[26] ЦИН-ЦУНЪЦ. Применение Полной Системы Yравнений Термогидродинамики К Краткосрочному Прогнозу Погоды В Двухуровенной Модели，ДАН СССР，1961，T137，No 1
[27] ROBERT A. The integration of a spectral model of the atmosphere by the implicit method. Proc WMO/IUGG Symposium on NWP. Tokyo：Japan Meteor. Soc，1969：19-24.
[28] PHILLIPS N A. An Example of Nonlinear Computational Instability. The Rossby Memorial Volume. NewYork：The Rockefeller Institute Press，1959：501-504.
[29] 纪立人. 数值天气预报发展进程中若干亮点的回顾及其启迪. 气象科技进展，2011，1（1）：40-43.
[30] 曾庆存. 计算稳定性的若干问题. 大气科学，1978，2（3）：181-191.
[31] 郑庆林. 北半球三层准地转波普模式. 气象学报，1979，37（1）：36-43.
[32] 纪立人，赵明哲，顾震潮. 考虑地学运动学边界条件斜压大气发展倾向计算. 气象学报，1958，29（3）：213-220.
[33] 顾震潮，曹纪平，瞿章. 准地转两层模式天气数值预报方法的试验. 气象学报，1957，28（1）：41-62.
[34] 顾震潮. 天气数值预报中过去资料的使用问题. 气象学报，1958，29（3）：176-184.
[35] LORENZ E N. Deterministic nonperiodic flow. Journal of the atmospheric science，1963（20）：130-141.
[36] LORENZ E N. The predictability of hydrodynamic flow. Trans NY Acad Sci（Series II），1963，25：409-432.
[37] 黄荣辉. 大气科学发展的回顾与展望. 地球科学进展，2001，16（5）：643-657.
[38] LORENZ E N. A study of the predictability of a 28-variable atmospheric model. Tellus，1965，17：321-333.
[39] EPSTEIN E S. Stochastic dynamic prediction. Tellus，1969，21（6）：739-759.
[40] LEITH C E. Theoretical skill of Monte Carlo forecasts. Mon Wea Rew，1974，102（6）：409-418.
[41] 刘金达. 集合预报开创了业务数值天气预报的新纪元. 气象，2000，26（6）：21-24.
[42] TRACTON M S，Kalnay E. Ensemble forecasting at NMC：practical aspects. Wea Forecasting，1993，8：379-398.
[43] TOTH E，Kalany E. Ensemble forecasting at NMC：the generation of perturbations，Bull Amer Meteor Soc，1993，74（12）：2317-2330.
[44] TOTH Z，Kalnay E. Ensemble forecasting at NCEP：the breeding method. Mon Wea Rev 1997，125：3297-3318.
[45] 杜钧. 集合预报的现状和前景. 应用气象学报，2002，13（1）：16-28.
[46] 雅罗 M. 信息时代的天气、气候和水——2004 年世界气象日致辞. 气象知识，2004（1）：4-5.
[47] SHAPIRO M A. Thorpe A J. THORPEX International Science Plan（Version 3）. WMO/TD No. 1246，WWRP/THORPEX No. 2，2004.
[48] 李泽椿，陈德辉. 国家气象中心集合数值预报业务系统的发展及应用. 应用气象学报，2002，13（1）：1-15.
[49] LORENZ E N. The predictability of aflow which possesses many scales of motion. Tellus，1968，21：289-307.
[50] CANE M A，Zebiak S E，Dolan S C. Experimental forecasts of El Niño. Nature，1986，321：827-832.
[51] 丁一汇. 暴雨和中尺度气象学问题. 气象学报，1994，52（3）：274-284.

汉译《阿含经》中的气象学

Meteorology in the Agama Sutra (Chinese Version)

王雅克

(贵州师范大学历史与政治学院，贵阳，550001)

摘要：汉译《阿含经》中有不少关于气象要素的描述，而学界以往对这些内容并没有予以足够的关注。通过较为系统的文献整理和研究后发现，汉译《阿含经》中的风、云、雨、雷、电等，除了本身作为自然现象而具有的自然属性外，同时还有哲学和宗教学方面的意义。佛经中对存在于自然界的诸多气象要素的描述，反映了佛教徒对南亚次大陆自然环境的认识程度。但这种对自然的认识在根本上则是服务于佛教教理的阐发。

关键词：气象学，汉译《阿含经》，自然哲学，宗教

0 引言

根据现代自然科学体系的学科划分标准，气象学① (meteorology) 是研究大气中所发生的各种物理现象和物理过程的原因及其变化规律的学科，属于大气科学的组成部分，其研究对象是大气圈中各种自然现象（风、云、晴、雨、干、湿、冷、暖、雷、电）及其过程[1]。西方最早研究大气运动的是古希腊哲学家亚里士多德，他在《天象学》一书中对天气变化做了最初的表述和解释。如“潮湿总是由于热的力量升起，又由于冷而重新下降到地上。有专门的名称来称谓这些过程以及它们属下的某些情形。例如，当水小点下落时，叫毛毛雨；当水滴较大时，则称为雨。[2] ”古代中国对于天气现象及其变化也给予了较早关注，在已发现的殷商甲骨文中就有关于风、云、雨、雪的文字记载[3]。而佛教作为古印度文明的重要组成部分，其经典文献中也有不少关于风、云、雨、雷、电等气象变化的描述。

在卷帙浩繁的汉译佛经体系中，《阿含经》是最基础的部分。汉译《阿含经》分为四部，即《中阿含经》《增壹阿含经》《长阿含经》《杂阿含经》②。四部《阿含经》在佛陀涅槃后的第一次结集时即已形成，属于“经藏”③，这在佛教典籍中占有重要地位，它们不仅

本文已发表于《自然辩证法通讯》2016年第3期，第78-83页。

作者简介：王雅克，贵州师范大学历史与政治学院副教授，研究方向为中国古代科学史、科技史文献学。

① 严格来说，“气象学”的概念是随着近现代科学发展而出现的学科分类术语，是否能够直接用于界定古代与气象变化有关的知识、要素等，则应予慎重，原因之一是古代的气象知识或者与气象相关的要素分布零散，其关注的范围、对象与现代科学往往存在较大差异，其研究的深入程度亦不及现代科学，但在某些方面却具备了现代科学的思想雏形或者萌芽，这是由科学发展的历史阶段性决定的，佛经中诸多的气象要素即呈现如此特征。本文所用“气象学”一语，而非“气象知识”等其他名词，更多地是出于叙述的方便。

② “阿含”，梵文为 Agama，意为传承，指从佛陀传承下来的经典。此处的排列顺序，依据是四部《阿含经》初次被翻译的先后顺序，并且，本文所引四部《阿含经》，皆以中国佛教文化研究所点校，宗教文化出版社1999年版为准。

③ 有关“经藏”的结集与形成，目前学界的观点较为统一，代表性著述详见参考文献［4-9］所列。

阐明了“四圣谛”、“八正道”① 等佛教教理教义中的核心概念，而且涉及到的内容多样，含义丰富，在其后佛教理论体系的日益完善过程中，影响颇大，可以说，后世各派佛教教义教理的思想萌芽大多都能够从四部《阿含经》中发现。梁启超先生在《佛学研究十八篇》中如是论述“阿含”的重要性：“《阿含》为最初成立之经典，以公开的形式结集，最为可信。以此之故，虽不敢谓佛说尽于《阿含》，然《阿含》必为佛说极重之一部分无疑。……虽不敢谓《阿含》一字一句悉为佛语，然所含佛语分量之多且纯，非他经所及。[4]” 经过较为系统的文献梳理后发现，汉译四部《阿含经》中包含不少与自然科学各分支学科相关的内容。以往学界在以“佛教与科学”这个主题进行相关研究取得的成果颇多②，但由于研究的侧重点不同[6]，相关学者对汉译佛经，尤其是四部《阿含经》中含有的气象要素缺乏一定程度的关注。而这些气象要素反映了早期佛教徒面对自然变化进行的思考和解释，是佛教自然观的重要组成部分。那么，究竟佛家如何看待这些气象要素呢?

1 气象要素的自然性

《阿含经》中的气象要素以风、云、雨为主。这些气象要素在《阿含经》中分布零散，而且四部《阿含经》中气象要素多寡不一。总体而言，《长阿含经》与《增壹阿含经》中的气象要素多于《中阿含经》和《杂阿含经》。《阿含经》中的气象要素在不同的经文中具有不同的属性，但气象要素的自然性是最基本的。

对于南亚次大陆的热带季风气候而言，“凝云致雨”是最为典型的气象变化。《阿含经》的描述颇具特色：“诸上座食诸酥酪蜜饱满，于春后月热时，行路闷极。尔时，有一下座比丘名摩诃迦，白诸上座：‘今日大热，我欲起云雨微风，可尔不?’诸上座答言：‘汝能尔者，佳。’时，摩诃迦即入三昧，如其正受。应时云起，细雨微下，凉风亹亹从四方来。至精舍门，尊者摩诃迦语诸上座言：‘所作可止?’答言：‘可止。’时，尊者摩诃迦即止神通，还于自房。[14]” 有液态水或者过冷却水滴形成云，而云中的水滴如果不断增大，并且具有了一定的下降速度，那么降落到地表，即成为雨，并且，伴随着降雨的形成，地表的水汽蒸发量增大，原本过多的热量被带走一部分，地表气温随之降低。这一过程，在佛经中则表现为“入三昧，如其正受。应时云起，细雨微下，凉风亹亹从四方来”的“神通致雨”了。“神通致雨”的描述与古印度自然环境中气象变化的关系密切，这反映了佛教徒对于古印度的天气变化已经有了一定程度上认识。而这种认识则来自于佛教徒的日常修行经历。《大唐西域记》记载：“印度僧徒，依佛圣教，皆以室罗伐拏月前半一日入雨安居，当此五月十六日；以頞湿缚庾阇月后半十五日解雨安居，当此八月十五日。[15]” 佛家修行中的“雨安居”③ 就是佛教徒为了避开热带季风气候带来的集中降水的

① 四圣谛，又称为四谛，即苦谛（人生本质与现实世界都是苦）、集谛（苦的根源）、灭谛（苦可以被消除）、道谛（消除苦的方法，最终如何达到涅槃的目的）；八正道或称为八圣道，即佛教徒修行达到涅槃的八种方法：正见、正思、正言、正行、正业、正精进、正念、正定。

② 代表性著述详见参考文献［10-13］所列，这些著述从天文学、数学、物理学、化学、生物学、心理学和佛教徒的科学观等不同的角度对佛教与科学的相互关系进行了研究。而近年来相关的研究论文，根据“中国期刊全文数据库”的统计数据，有千余篇，限于篇幅，不再一一列举。

③ 雨安居，又称夏安居、坐夏等，指佛教徒在雨季时，不随便外出云游，聚集在一起共同诵经、修行，持续三个月左右的时间。

月份，而进行的另外一种形式的修行。“神通致雨”的前提是遵循“凝云致雨”的自然规律，“凝云致雨”是“神通致雨”的本质，“神通致雨”是“凝云致雨”的宗教外衣。

《中阿含经》中有一段经文值得关注：“大海亦有食，非无食。何谓大海食？答曰大河为食。大河亦有食，非无食。何谓大河食？答曰小河为食。小河亦有食，非无食。何谓小河食？答曰大川为食。大川亦有食，非无食。何谓大川食？答曰小川为食。小川亦有食，非无食。何谓小川食？答曰山岩溪涧、平泽为食。山岩溪涧、平泽亦有食，非无食。何谓山岩溪涧、平泽食？答曰雨为食。有时大雨，大雨已，则山岩溪涧、平泽水满。山岩溪涧、平泽水满已，则小川满。小川满已，则大川满。大川满已，则小河满。小河满已，则大河满。大河满已，则大海满。如是彼大海展转成满。[16]”大海食、小河食、溪涧、平泽食等，用水文学的术语表达就是“补给”，即河流补给大海，川流补给河流，溪流补给川流等等，这个过程中，“雨”则是重要环节。这段经文与现代气象学对水循环过程中的地表径流有类似之处①（见图1）。通过水的三相变化，把地球表层各个不同的水域联系在一起成为一个系统，这是现代气象学研究的重点之一。虽然佛经中的记载并不能说明佛教徒对于水循环全部过程的认识，但这种记载反映了在佛家眼中，自然要素彼此之间是相互联系的一个整体。如果说这种认识并不是经过科学研究而得到的理性认识，而是出于哲学思辨或者宗教证悟，那么，佛教徒在云游行乞的传教过程中，视野得以扩大，对自然的认识程度得以加深，这是哲学思辨和宗教证悟的基础——哲学的思辨或宗教的证悟一定有其直接或间接的经验来源。

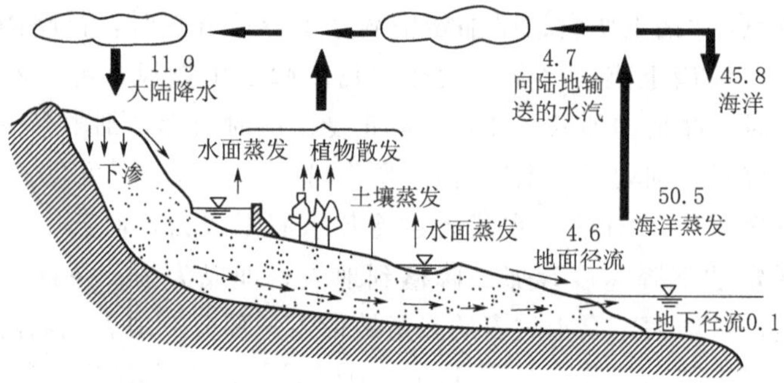

图1　水循环示意图（图中数字的单位为万 km^3）[18]

云，是反映大气运动状态的重要指标，佛经中的“云”有四类，由于分类原则不同，有两种划分方法：一是“佛告比丘：‘云有四种。云何为四？一者白色，二者黑色，三者赤色。四者红色。其白色者地大偏多，其黑色者水大偏多，其赤色者火大偏多，其红色者风大偏多。其云去地或十里、二十里、三十里，至四十……四千里，除劫初后时云上至光音天’”[19]；二是“世尊告诸比丘：‘有四种云。云何为四？或有云雷而不雨，或有云雨而不雷，或有云亦雨亦雷，或有云亦不雨亦不雷，是谓四种云’”[20]。概而言之，前者是从云的构成角度进行划分，按照地、水、火、风“四大”在云中所占比重划分为白色、黑色、赤色和红色，这类似于静态划分；后者从云的是否引起雷雨的角度进

① 水文循环（Hydrologic Cycle）是指地球上或某一区域内，在太阳辐射和地心引力的作用下，水分通过蒸发、水汽输送、降水、入渗、径流等过程不断变化、迁移的现象，又称水循环，详见参考文献［17］。

行划分，类似于动态划分。相对而言，佛经中对云的这种动态描述更具有气象学意义，从侧面反映了不同的天气现象：雷而不雨——打雷与下雨并无必然联系，所谓“干打雷不下雨”；雨而不雷——大气温度、湿度、风速等差异不大时而形成的相对稳定性降雨；亦雨亦雷——雷雨交加，夏季午后强对流天气下的对流雨即是如此；亦不雨亦不雷——相对稳定的大气状态，即凝云不一定致雨，“凝云”只有进一步形成了如空气过饱和、气温持续下降等条件，才会“致雨”。这是佛教徒面对复杂的气象变化得出的基本认识，当然，这种认识从根本上也是源于经验的。尽管这种基本认识与现代气象学的研究相比，还存在较大差距，但在距今约 2500 年前的古印度，则是相当了不起的思想了。另外，《长阿含经》中对于缘何有雷声，也进行了初步探讨：“复有何缘，虚空云有雷声起？虚空中有时地大与水大相触，有时地大与火大相触，有时地大与风大相触，有时水大与火大相触，有时水大与风大相触。以是缘故，虚空云中有雷声起。[19]”雷的产生，首先是由于不同性质的云层接近时，由于所带电荷不同，相互作用形成闪电，其后在闪电的冲击下，大气和水汽等急剧膨胀而产生了轰鸣之声①。而佛家依然用“四大”来解释雷声的出现，这是朴素的认识，相对于从神话学的角度，如雷公、电母等进行解释，则是明显的进步。

2 气象要素的哲学性

关于佛教理论体系的性质，以往学界多有论述，有学者主张佛教是宗教而非哲学，有学者主张佛教是哲学而非宗教，还有学者主张佛教非宗教非哲学而应称之为佛法[23]。但无论哪一种观点，都对佛教理论体系表现出来的哲学思辨性极为重视。《阿含经》中的气象要素亦有其哲学性，主要体现为气象要素在世界构成和演化过程中的本体论意义。

“佛告比丘：‘今此大地深十六万八千由旬，其边无际，地止于水。水深三千三十由旬，其边无际，水止于风。风深六千四十由旬，其边无际。比丘！其大海水深八万四千由旬。其边无际。须弥山王入海水中八万四千由旬，出海水上高八万四千由旬，下根连地，多固地分。其山直上，无有阿曲，生种种树，树出众香，香遍山林，多诸贤圣，大神妙天之所居止。[19]”在佛家理念中，须弥山是世界的中心，以此为中心，加之日月照耀、八山八海、四大部洲的环绕等共同构成一小世界，如是一千个小世界构成一小千世界，一千个小千世界构成一中千世界，一千个中千世界构成一个大千世界。由于一个大千世界同时包含三个千世界，所以又称为三千大千世界。这是佛家世界构成理论体系中的核心概念。源于自然的“风”在佛教理论体系中属于地、水、火、风“四大”之一，“四大”之间的因缘和合是世界构成的基础。这种认识是佛家在对世界进行本体论思考时的高度概括，朴素性是其鲜明特征，同时，这也是古代文明发展之初的共同之处。

“劫”，是“劫波”的简称，梵文为“Kalpa”，是佛家衡量时间的单位，同时也是用于表达世界演化的重要概念。“劫”可以分为小劫、中劫和大劫三类。用于描述世界演化的

① 雷电与降雨是两种不同的大气运动状态。电的形成与云层所带电荷的性质及电位差有关，雷的形成与闪电形成的冲击波的瞬间膨胀有关。降雨的形成则源于大气中的水汽含量和气温的变化。但雷电与降雨在一定条件下可以相互影响，详见参考文献［21-22］所列。

劫，则是“大劫”①。佛家认为，世界总是需要经历成劫、住劫、坏劫、空劫这“四劫”而不断循环往复的。其中，在一个成劫中，世界逐渐完成从器世间到有情世间的建构，即三千大千世界的形成：“比丘复当知：劫还成就时，或有是时，火还自灭，虚空之中有大云起，渐渐降雨。是时，此三千大千刹土，水遍满其中，水乃至梵天上。比丘当知：是时此水渐渐停住而自消灭。复有风起，名曰随岚，吹此水聚著一处。是时，彼风起千须弥山、千祇弥陀山、千尼弥陀山、千佉罗山、千伊沙山、千毗那耶山、千铁围山、千大铁围山；复生八千地狱，复生千马头山、千香积山、千般荼婆山、千优阇伽罗山、千阎浮提、千瞿耶尼、千弗于逮、千郁单曰；复生千海水，复生千四天王宫、千三十三天、千艳天、千兜术天、千化自在天、千他化自在天[20]。”由此可知，在佛家看来，世界的演化过程，首先是虚空中的大云兴起，由云而降雨，水遍满三千大千世界，其后有名为“随岚”的风，吹水而聚，逐渐形成须弥山、八千地狱、四大部洲、三十三天等。这里的云、风、雨等不仅具有自然属性，而成为了推动世界演化的动力。这种解释，带有朴素辩证法的倾向，这与古希腊自然哲学家们在解释世界的演化时提出的“水成论”“火成说”或“原子论”等学说有类似之处。所以，恩格斯对佛教徒和古希腊人的辩证思维给予了肯定：“辩证的思维——正因为它是以概念本性的研究为前提——只对于人才是可能的，并且只对于较高发展阶段上的人（佛教徒和希腊人）才是可能的。[26]”

“因缘和合而生”是佛家理论体系中的核心观念之一：“有因有缘集世间，有因有缘世间集；有因有缘灭世间，有因有缘世间灭。[14]”佛家认为，构成世界的诸多要素以及推动世界演化的诸多动力因子都遵循着“此有故彼有，此生故彼生”的规律：“尔时，世尊告诸比丘：‘天地大动有八因缘。云何为八？比丘当知：此阎浮里地，南北二万一千由旬，东西七千由旬，厚六万八千由旬，水厚八万四千由旬，火厚八万四千由旬，火下有风厚六万八千由旬，风下际有金刚轮，过去诸佛世尊舍利尽在彼间。比丘当知：或有是时，大风正动，火亦动；火已动，水便动；水已动，地便动，是谓第一因缘使地大动。[20]”由风动开始，进而火动、水动、最终地动，“地大动”的第一因缘的主要环节就如同“多米诺效应”。此外，在《长阿含经》对地动八因缘的解释中又提到“大风”有时是“自起”的：“佛告阿难：‘凡世地动，有八因缘。何等八？夫地在水上，水止于风，风止于空，空中大风有时自起，则大水扰，大水扰则普地动，是为一也。……’[19]”可见，作为气象要素之一的“风”，在引发“地动”的过程中起到了根本“因”的作用，这是“因缘和合”思想在自然观上的体现。

3 气象要素的宗教性

“宗教是建立在信仰的基础之上的。[27]”而宗教中信仰的建立，大多基于宗教中的神（神通）以及教理教义中伦理教化的功能。虽然佛教的信仰属于“智信”[28]，但是对于大部分中下层民众来说，还是需要借助于神通以及伦理功能，以实现其扩大教众，度化众生的目的。所以，《阿含经》中的气象要素也就脱离不开其宗教性。宗教性的气象要素可以

---

① 一“大劫”包括四中劫（成劫、住劫、坏劫、空劫），每个中劫分为二十小劫，即一“大劫”包括八十小劫。相关学者根据《法苑珠林·劫量篇》等经文的计算，四“中劫”即一“大劫”的时间为13.44亿年，详见［24］，但也有学者认为一“大劫”的时间是12.8亿年，详见［25］。

分成两类：一类是作为神通的表现手段，另一类则体现了教化的功能。

“尔时，魔王见诸大众在世尊所，怀毒害心，即自念言：我当将诸鬼兵往坏彼众，围绕尽取，不令有遗。时，即召四兵，以手拍车，声如霹雳，诸有见者无不惊怖，放大风雨、雷电、霹雳，向迦维林围绕大众。[19]”“是时，毗沙恶鬼还来到本住处。尔时，恶鬼遥见世尊端坐思惟，身不倾动。见以，便兴恚怒，雨雷电霹雳向如来所，或雨刀剑；未堕地之顷，便化优钵莲华。是时，彼鬼倍复嗔恚，雨诸山河石壁；未堕地之顷，化作种种饮食。……是时，彼为便生此念：我今所有神力，今以现之，然此沙门衣毛不动，我今当往问其深义。[20]”这两处的神通（力）是超人的，但并不是超现实的，因为风雨雷电霹雳等都是存在于现实的自然界中。魔王或毗沙恶鬼只不过把“自然而然”的风雨雷电转化成为了具有神通的“当然而然”。自然力神化的目的不外乎在于树立佛陀以及佛法的至尊至圣，为外道所不能侵的形象，这是吸收僧众，发展僧团的有效方式之一：通过“神通”而走进宗教，进而建立宗教信仰。

“世尊告曰：‘梵志！欲知由此人民所行非法故，使本有城廓，今日磨灭，本有人民，今日丘荒，皆由生民悭贪结缚，习行爱欲之所致故，使风以不时，雨以不时，所种根栽，不得长大，其中人民死者盈路。梵志当知，由此因缘，使国毁坏，民不炽盛。复次，梵志！人民之类所行非法，便有雷电霹雳自然之应，天降雹雨，坏败生苗，尔时人民死者难计。复次，梵志！人民之类所行非法，共相净竞，或以手拳相加，瓦石相掷，各各自丧其命。复次，梵志！彼人民之类已共净竞，不安其所，国主不宁，各兴兵众共相攻伐，至大众死者难计。或有被刀死者，或有稍箭死者。如是，梵志！由此因缘，使民减少，不复炽盛。’[20]”“使风以不时，雨以不时”的原因在于“生民悭贪结缚，习行爱欲”；“有雷电霹雳自然之应，天降雹雨”的原因在于“人民之类所行非法”。这与中国古代的“天人合一”思想如出一辙：人的行为会引起天象的变化或者天象变化（多指违反规律的变化或灾难性的变化）本不出于自然，而是人不合时宜的行为。只不过，此处“不合时宜”的行为是“非法”的行为，即违反佛教教义教理的行为。此处的风雨雷电霹雳等的变化服务于佛家所倡导的教理教义——为违反教理教义的行为提供了可以耳闻目染的直接证明。这种针对气象变化的非自然解释，有助于佛教教理教义的推行，而且，由于佛教把“悭贪结缚”“共相净竞”“共相攻伐”等行为列为“非法”，从而对信众也起到宗教性的道德教化作用。但同时，气象要素却被宗教化，而失去了其自然性。

4 结语

风、云、雨、雪、雷、电等重要的气象要素，在四部《阿含经》中的属性是多样化的，无论是哲学意义，还是宗教学意义，都以它们的自然属性为基础。对存在于自然界中的诸多气象要素的描述，反映了佛教徒基于日常的生活和修行而对南亚次大陆自然环境进行的最初的认识。哲学化和宗教化了的气象要素与佛教的教理教义以及思维方式有直接的关系：“相师占雨有五因缘不可定知，使占者迷惑。云何为五？一者云有雷电，占谓当雨，以火大多故，烧云不雨，是为占师初迷惑缘。二者云有雷电，占谓当雨，有大风起，吹云四散，入诸山间，以此缘故，相师迷惑。三者云有雷电，占谓当雨，时，大阿须伦接揽浮云，置大海中，以此因缘，相师迷惑。四者云有雷电，占谓当雨，而云师、雨师放逸淫乱，竟不降雨，以此因缘，相师迷惑。五者云有雷电，占谓当雨，而世间众庶非法放逸，行不净行，悭贪嫉妒，所见颠倒，故使天不降雨，以此因缘，相师迷惑。是为五因缘，相师占雨不可定知。[19]”

“相师占雨不可定知”的五因缘，前两者“火大多故，烧云不雨”“大风吹云，四散山间”主要就气象要素之间的关系而论，这是从自然的角度进行的分析；后三个因缘主要从宗教的角度分析“当雨不雨”的因缘：第三个因缘，“大阿须伦接揽浮云，置大海中”，属于从神通的角度做出的解释；第四因缘“云师、雨师放逸淫乱，竟不降雨”，也把“当雨不雨”归结为神通；第五因缘“世间众庶非法放逸，行不净行，悭贪嫉妒，所见颠倒”是从宗教教化入手，阐述“当雨不雨”的缘由。这是佛家对于气象变化复杂性的一种认识。之所以从多种角度对“当雨不雨”进行了分析，这与上述提到的佛家主张“因缘和合而生”的思维密切相关：观气象的方式在很大程度上决定了气象观。由“因缘和合而生”的理论出发，佛家在解释气象变化时，进行了环环相扣的诠解，从而展示出佛教思维在一定程度上已经具有了辩证性。巫白慧先生曾把佛教的辩证思维发展分为两个阶段，第一个是原始佛教辩证思维，第二个是大乘佛教辩证思维，并且认为，在第一个阶段“释迦牟尼比较全面地继承吠陀的辩证思想，并加以发展、丰富，从而创立了一个较高级的辩证思维体系——‘生灭缘起说’，或称‘缘起说’、‘缘生法’。[29]”四部《阿含经》中有关气象变化的描述与解释即是这种“较高级的辩证思维体系”的体现。总体而言，辩证性是佛教气象观的重要特征，但佛教自身的宗教性质又使其辩证思维难以彻底，这是佛教气象观的历史局限，同时也是佛教气象观的科学史价值。

参 考 文 献

[1] 贺庆棠，陆佩玲. 气象学. 北京：中国林业出版社，2010，1.

[2] 亚里士多德. 亚里士多德全集：第2卷. 北京：中国人民大学出版社，1991，492-493.

[3] 于省吾. 甲骨文字释林. 北京：中华书局，2009：2；6；118.

[4] 梁启超. 佛学研究十八篇. 长沙：岳麓书社，2010：88-303，259-260.

[5] 吕澂. 佛典泛论. 上海：商务印书馆，1925：1-5.

[6] 杜继文. 汉译佛教经典哲学. 南京：江苏人民出版社，2008：135-145.

[7] 释印顺. 原始佛教圣典之集成. 北京：中华书局，2009：1-54.

[8] 英武. 佛典入门. 成都：巴蜀书社，1998：2-16.

[9] 渥德尔. 印度佛教史. 王世安，译. 北京：商务印书馆，1995：183-205.

[10] 钮卫星. 西望梵天：汉译佛经中的天文学源流. 上海：上海交通大学出版社，2004.

[11] 马忠庚. 佛教与科学：基于佛藏文献的研究. 北京：社会科学文献出版社，2007.

[12] 王萌. 佛教与科学：从融摄到对话. 北京：中国社会科学出版社，2010.

[13] 周瀚光主编：中国佛教与古代科技的发展. 上海：华东师范大学出版社，2014.

[14] 佚名. 杂阿含经. 中国佛教文化研究所，点校. 北京：宗教文化出版社，1999：478；39.

[15] 玄奘，辩机. 大唐西域记校注. 季羡林等，校注. 北京：中华书局，2000：698.

[16] 佚名. 中阿含经. 中国佛教文化研究所，点校. 北京：宗教文化出版社，1999：182.

[17] 王亚军. 水文与水文地质学. 北京：化学工业出版社，2013：6.

[18] 杨文利. 水利概论. 郑州：黄河水利出版社，2012：2.

[19] 中国佛教文化研究所点校. 长阿含经. 北京：宗教文化出版社，1999，375-376；376；318；43；224；376.

[20] 中国佛教文化研究所点校. 增壹阿含经. 北京：宗教文化出版社，1999，268；572-573；621；213；455.

[21] 徐万民. 时空新解——21世纪前沿物理学探秘. 长春：吉林人民出版，2006：205-209.

[22] 王红亚，吕明辉. 水文学概论. 北京：北京大学出版社，2007：15-17.

[23] 太虚. 佛学入门. 湘潭：湘潭大学出版社，2011：4.

[24] 陈兵. 生与死——佛教轮回说. 呼和浩特：内蒙古人民出版社，1994：108.
[25] 方立天. 佛教哲学. 北京：中国人民大学出版社，2012：148.
[26] 恩格斯. 自然辩证法. 马克思恩格斯选集：第四卷. 北京：人民出版社，1995：331.
[27] 赖永海. 宗教学概论：第2版. 南京：南京大学出版社，2004：54.
[28] 梁启超. 梁启超全集. 北京：北京出版社，1999：906.
[29] 中国社会科学院科研局. 巫白慧集. 北京：中国社会科学出版社，2010：99.

新中国成立初期策划的两部大型科学丛书及其命运

Two Big Science Series Planned in the 1950's China and Its Fate

张九辰

（中国科学院自然科学史研究所，北京 100190）

摘要：选取20世纪50年代初期和末期筹划出版的两套大型科学丛书：《中国近代科学论著丛刊》和《十年来的中国科学》进行分析。通过对两套丛书的缘起、编撰过程和最终结果的梳理，探讨50年代科学工作的学术与社会环境。文章进一步以两套丛书中的气象学分册为案例，从其学术评价中分析丛书的学术特点和时代定位，以窥见科学与社会的关联及其互动关系。

0　引言

中国现代气象学研究肇始于20世纪20年代[1]。经过中国学者近百年的努力，气象学已经成为一门研究领域广阔、研究方法多样、分支学科众多的学科。现代气象学在中国的引进与传播的过程，正值中国社会经历着“千年未有之大变局”，正在中国本土经历职业化进程的现代自然科学，其研究内容和工作方式也因此带有鲜明的时代特色。

现代气象事业虽然在中国起步晚，但其创建不久即有学者开始撰文介绍、总结中国气象事业及气象学的工作及成果。20世纪上半叶，基本上每10年就有多篇气象学史的文章问世。新中国成立以后，气象学分支学科的总结性文章开始陆续出现。直至目前，气象学史类文章基本出自气象学家之手。气象学家撰写气象学史，既有总结过往、推动学科发展的动因，也有学科宣传、引起政府及社会重视的目的。限于文章篇幅，这里不再列举气象学史类文献。而是在众多的文献当中选取两部大型丛书，通过对其中气象学分册的案例分析，探讨科学发展的时代特色和学科定位。

1　从《中国现代科学论著丛刊》到《中国近代科学论著丛刊》

1951年春节刚过，政务院文教委员会就做出了一项重要决定：“把编印现代中国科学论著丛刊作为今后该会的重要工作之一，特拨专款把这件光荣的任务交给中国科学院来完成”[2]。中国科学院（以下简称中科院）接受任务以后十分重视这项工作，于2月22日的院长会议上即讨论了《中国现代科学论著丛刊》委员会的组成人选，并决定由院编译局主持具体工作。

资助项目：中华人民共和国科学技术史研究（Y62102）。

作者简介：张九辰，中国科学院自然科学史研究所研究员。主要研究20世纪地学史及中外地学交流史。

接受任务以后，中科院制定了编写《中国现代科学论著丛刊》的庞大计划（由于该丛刊的名称在不同文献中略有差异，以下简称为《丛刊》）。《丛刊》不但学科种类和刊物数量较多，而且还计划把它作为一项长期的计划："今后科学论著丛刊很可能每隔十年甚至于五年或更短时期，随发展的情况而定，来源源出版。这就说明了今日刊行现代中国科学论著丛刊这个工作是继往开来的工作，是长期性工作的开端，是整个中国科学史中的一部分"[2]。规定中还提到，如果遇到重要文献超过 30 万字的还可作为专集出版。可以看出，中科院希望通过这项连续、长期性的工作打造中国的科学品牌。

1.1 早期计划及定位

在《丛刊》的启动阶段，中科院专门拟定了《中国科学院刊行现代中国科学论著丛刊的办法》和《中国科学院刊行现代中国科学论著丛刊编审方案》。计划分为中外文两种类型发行，文章由作者自选或专门委员会、专家等推荐，送交各编审小组选定。

1951 年 5 月 5 日、7 日、8 日、10 日和 12 日 5 个下午，编译局分别邀请气象、物理、数学、生理和地质 5 个小组的院内专门委员和各有关学会的理事举行座谈会，征集意见并确定人员。"大家一致拥护科学院来举办这件工作，并愿极力协助来完成它。[2] " 1951 年 5 月 17 日，第八次院长会议通过了《中国科学院刊行现代中国科学论著丛刊编审办法》和《中国科学院刊行现代中国科学论著丛刊编审方案》。5 月 22 日中科院邀请各小组的组长和副组长、秘书召开联席会议，院长郭沫若亲临指导。会议还决定每月召开一次联席会议，把这项工作作为中科院长期、连续且是经常性的工作。

初期的工作可谓紧锣密鼓、轰轰烈烈。1951 年《科学通报》上发布消息《中国科学院刊行现代中国科学论著丛刊编审方案》，公布 1951 年的重点为数学、物理、地质、生理、气象 5 门，其他如化学、动物、植物、心理、天文、地理亦希望在本年内进行。对于工作标准及原则也有明确的规定："选辑时须正确估计论著在中国科学发展过程中所起的作用和所占的地位，须结合论著发表时的客观情况，正确估计它在当时的意义和价值，避免非历史观点，用现代尺度去衡量过去的东西"[3]。与此同时，公布了选辑论著的 4 点原则：①在学理上或在实际应用方面具有普遍的重要性者。②在学理上或在实际应用方面具有局部突出的重要性者。③为某种科学某一方面研究的创导或开辟道路者。④在科学方法上有启发作用使科学研究有新成就者。这次遴选包括了在国外的中国科学家的论文。

同年又公布了《中国科学院刊行现代中国科学论著丛刊办法》，明确了《丛刊》的目标："本院为介绍国内现代科学家的重要学术贡献，以鼓励科学研究，决定编印《现代中国科学论著丛刊》；并指出了该刊涉及的范围："凡是中国现代的科学家，在其科目内所发表的重要论文，依此种科学发展的阶段和年代，依次汇编在丛刊内"[4]。

1951 年《科学通报》在公布 5 个学科组的编审人员名单的同时，还专门刊行了《关于中国科学院刊行现代中国科学论著丛刊的报道》[2]。这份长篇报道首先介绍了这项任务的重大意义是使读者对中国近几十年科学进展有个全面的了解，并籍此来做学术上的交流，互相提高学术水平，促进全世界科学家的团结，为保卫世界和平而奋斗。

在学术意义之外，该报道还特地强调了《丛刊》的爱国主义教育功能：为了鼓励和培养年轻一代去做科学研究工作，必须有系统地给他们介绍现代中国科学家的重要学术贡献。"因为我们知道在过去几十年的反动统治之下，科学不可能在中国生根的，许多优秀的中国科学家由于自己奋斗和努力，也曾个别的在科学研究园地上开出灿烂之花来，但是他们的论著在那时无法贡献给人民，也就是说在中国没有地方来发表和出版。于是我们的科学家的成果都被资本主义的国家剽窃去了。他们的论著，绝大多数登载在欧美的杂志上。这便是半殖民地文化的特征，和半殖民地的政治经济连成一个体系的。因此从人民中培养出来的科学家竟不能将他们的心得和创建贡献给人民；他们的论著连和祖国人民见面的机会都很少。尤其痛心的是日子一久养成风气，造成了一般人觉得中国人不能独立研究科学的错误观念，使青年们失去了独立研究科学的信心……这部丛刊的刊行，在这方面要起一定的作用。它可使年轻一代的科学工作者知道：我们是有优秀的科学家的，但在帝国主义面前，在反动统治下，优秀的科学家也无用武之地。[2]”

为了更好地推动《丛刊》编撰工作，各学科小组又根据各自的分支学科进一步划分了专业领域。例如气象组分为5个部门，物理组分为8个部门，数学组暂分4个部门，生理组分为6个部门，地质组分为6个部门……初期工作进展顺利且进度较快，数学、物理和气象3个小组很快就完成了目录的初步收集。但是接下来的情状，逐渐超出了科学家们的预期。

1.2 《丛刊》名称的演变及最终命运

这套大型丛书的名称经历了几次变化。最早被称为《中国科学论文选集》。这是在1951年1月3日中科院召开的行政工作会议上讨论决定的。当时拟将过去30年中有价值的论文汇总集成，并决定由竺可桢、钱三强、杨钟健等负责拟定论文选集的条例[5]。从这个题目来看，似乎最初并没有打算做成大型科学丛书。经过科学家们的反复酝酿，到了2月初政务院文教委员会在下达任务时，就已经改成为大型科学丛书项目，并命名为《中国现代科学论著丛刊》。无论是《论文选集》还是大型《丛刊》，这项工作从一开始就有反对的声音。这种声音首先来自科学界内部：“若干科学工作者对于这项工作曾提出不同的意见：以为在北洋军阀及国民党反动政府时期根本不重视科学，个别科学工作者偶有成就，亦是抱着为科学而科学的态度，与国计民生完全脱节；所以解放前各学科的论文已不值一顾，印刷过去的科学论著丛刊是浪费时间与金钱。[6]”

但更多的科学家持赞成的观点：“这种看法是不合于历史唯物主义的。……解放前三十年间，我国科学工作虽无十分成就，但为将来的发展，我们在整顿园地的同时仍要拔除杂草，而培植科学的微嫩根苗。因此，编印论著丛刊，并可对过去三十年各学科的成就做一历史的评价。……1952年，科学工作者经思想改造与大学课程调整以后，逐渐领会到各科论著丛刊的需要，编选工作已被推动起来。[6]”

1955年正式出版时，《丛刊》的名称由“现代”改为“近代”：《中国近代科学论著丛刊》。目前尚无《丛刊》改名原因的文字资料。在1951年《科学通报》的报道中我们找到了对于“现代”的解释：“这里所指的‘现代’规定自从中国之有近代科学起到1949年10月1日中央人民政府成立为止的这个时期。我们知道近代科学来到中国，不过是‘五四’前后的事，而‘五四’离1949年也不过三十年。丛刊的目的便是收集这时期内科学家的重要学术论著。在这时期以前虽然我们的祖先给我们留下了许多宝贵的发明和创造，值得我们去整理去记载下来，但是这部分工作将在中国科学院另一重大任务——编撰‘中国古代科学史’——中去担任。所以这部丛刊也可以说是紧跟着中国古代科学史后面的一部‘中国现代科学史’……把中央人民政府成立的前一天作为收集这部丛刊的截止期，是具有深刻意义的。在这以前，科学家受尽了压迫和侮辱，靠了他们个别的奋斗，才能有过去那样的成绩，才能使这部丛刊得以编印。自从中央人民政府成立了，情形完全不同……今日刊行《现代中国科学论著丛刊》这个工作是继往开来的工作，是长期性工作的开端，是整个中国科学史中的一部分。[2]”从这段介绍中可以看出，定为“现代”是因此项工作是长期工作的开端，其后还有更多的类似工作要做。

但是，这项大型丛刊刚刚起步即戛然而止。从其最终夭折来判断，这项工作难以为继似乎与它的时代及学术定位的困难有着密切的关系。

从竺可桢在《气象学》卷的序言中可以看到，后来的编辑工作并不顺利：“这次选辑工作，费时一年以上，翻译时间尚不在内。因本丛刊分中文、外文两种刊印……”。编辑《丛刊》的困难似乎不止技术上的问题。科学史家、当时参与过丛刊编辑工作的席泽宗认为，编撰《丛刊》的工作不能继续主要是由于政治原因：“当时人们对是否收入已加入外国籍和跟随国民党到台湾去的学者的论文分歧较大，一时无法统一意见。当然，现在不会因为这个原因在论著的取舍方面出现问题，但受意识形态的影响，在当时就会因此出现错综复杂的问题”。至于为什么还能够出版《气象学》一册，竺可桢本人的解释是：“在五门学科中，气象学论文为数最少，仅四百篇左右，工作不如他科繁重，所以付印特在他科之前”[6]；席泽宗事后的解释是：“《气象学》之所以能出版与竺可桢有关：他本人是气象学家，在新中国成立前曾任中央研究院气象研究所所长，对于这本书该收什么，不该收什么，他都心里有数。而对编撰其他学科的论著，可能没有人出来工作。[7]”一项工作的完成，其难度往往超出事先设计时的种种设想，在技术层面总会遇到没有顾及的困难，实属正常。但科学家们没有预料到的政治原因，直接导致了这套丛刊的夭折。这一点从《气象学》卷的竺可桢序言中对气象学的评价中可以判断。

1.3 《气象学卷·序言》对过去工作的评价①

1955年12月，科学出版社正式出版了《丛刊》第一、也是唯一正式出版的一册：《气象学》。本书的《序言》由气象学家、时任中科院副院长、主持这项工作的竺可桢于1953年1月写就。

在这篇3000多字的《序言》中，竺可桢简要介绍了丛书编撰的缘起与意义，中国气象学的发展历程和水平，并用了近一半的篇幅对1949年以前的气象学工作做了评价。据竺可桢介绍，1919—1949年的30年间气象学论文共约400篇。其中以质或以量而论，在1935年以后均有显著的进步。对于这些论文，竺可桢总体的评价是：400多篇论文中创作是比较贫乏的。如天气学的著作解放前的25年内的成绩远不如解放后3年中的成绩。他认为其中的原因，“是因为解放后人民政府多方注意，人民迫切需要，使气象事业有了极迅速的发展；同时，气象事业在人民革命军事委员会气象局领导之下，大部气象工作人员的工作方法因而也有了改进”。

竺可桢首先用一个自然段概括出1949年以前学术研究取得的4个方面的成就：气候

① 本小节的引文均出自参考文献［6］，本小节中不再另加注释。

学方面，对中国气候区域有了轮廓的了解，对于个别省份，如四川区域气候也做了一些分析；天气学方面，对中国的寒潮、气旋、天气类型与气团分析有了初步了解；大气环流的主要成就是关于夏季季风进退和高空环流的研究；在理论气象方面，是关于信风主流的热力学与西风环流的研究。

然后又用 3 个自然段分析存在的问题：①最大的错误是根本没有配合实际。没有专门研究农业气候的人员。在 400 篇文章中只有 6 篇涉及农业气候，但文章因不够全面而没有被选入《论丛》之中。直接为航空安全服务的气象学论文一篇都没有。②盲目崇拜挪威派锋面学说，机械地把适用于西欧的理论硬套在中国天气图上，对于我国的天气特征不够重视。“教条主义就在这样的温床上发育生长了。”③严重地受了环境决定论的影响。“至于人定胜天、征服大自然的思想是完全没有的。”竺可桢把他总结的这些问题，归结于气象工作者受了资产阶级腐朽思想的影响，因而犯了严重的错误。

1949 年以前中国的气象事业已初具规模，其中最重要的当属竺可桢主持的中央研究院气象研究所。他在《序言》中也评价了 1949 年以前气象事业的总体水平：“从 1929 年起发行《气象月刊》，1930 年以后并试做天气预报。但反动政府对于人民需要毫不关心，对于气象工作自不重视，观测台站添设极少，而分布又不均匀，天气电报常被积压至一二天之久，所以那时的天气预报，成绩并不显著……气象工作人员在 1935 年以后逐渐加多；同时各省实业厅、农业试验场以及水利、航空机关，先后设立气象台站，为数虽不多，到 1935 年也达五十余处，这对于气象研究工作仍是有利的条件。”在批判总体水平落后的同时，再略谈已有工作的成绩。

不难看出，竺可桢的评价既有作为亲历者对过去工作的肯定，也不得不使用当时大环境下的时代语言。对过去工作的两难评价，也使这套丛书的价值处境尴尬。如果过去的工作没有价值，如果过去的工作充满错误，那么这套丛书的价值何在？出版意义又如何？《丛刊》的夭折，已是历史的必然。

2 《十年来的中国科学》

《中国近代科学论著丛刊》停顿后仅两三年的时间，第二套大型科学丛书《十年来的中国科学》（以下简称《十年》）已经在酝酿之中。后者有了明确的任务定位：为 1959 年的新中国成立 10 周年献礼。

2.1 《十年》的编撰出版

从 1958 年 11 月开始，中科院根据国家科委的指示，着手组织出版一套规模宏大的丛书。丛书涉及自然科学的各个领域：数学、物理学、化学、生物学、综合考察等约 30 个左右的学科和重要工作，共有 200 多个分支学科和专题。正如当时的宣传所述，“科学工作和我国社会主义建设其他战线一样，在建国以来的伟大十年中取得了前所未有的辉煌成就。为了总结过去，检阅成绩，找出方向，指导将来”而编辑出版这套丛书。“丛书将全面叙述我国十年来科学的发展和成就，揭示社会主义优越性对科学发展的关系和我国现有的科学工作水平；它将是具有高度学术性的为专家们和关心科学工作人士所需的总结性著作”[8]。国内各方面的科学家，包括科学院、各高等院校、各产业部门研究机构的 500 多位专家、青年科学工作者和另外的 60 多个单位参加了这套丛书的编写工作。

《十年》的编撰任务十分艰巨。首先是时间仓促。据薛攀皋的回忆，“这是一个献礼项目，是中宣部和国务院科学规划委员会布置下来的，要求总结10年来中国在科学上取得的成就”，要求1959年10月前交稿[9]。其次是涉及学术领域众多。为了在短时间内完成任务，中科院决定由各学部分头组织、审查稿件，具体工作交给科学出版社来做。各个学科分册都是以某个研究所的所长为主编。他们再组织一批著名科学家就中国科学家已发表的相关文章写学科文献综述。

由于时间仓促，在规定的期限之前只有生物学的4册和心理学的1册稿件按时交稿，其他学科分册的出版都略有滞后。尽管如此，最终仍然出版了20多册，涉及的学科有：生物学、心理学、数学、物理学、化学、地质学、古生物学、地理学、地球物理学、测量学与制图学、土木·建筑·水利、天文学、综合考察、动力、石油的化学和工艺学、硅酸盐、冶金等。

《十年》丛书并非正式出版物，各个分册均印有“内部资料，注意保存”的字样，并夹有一页由中科院编译出版委员会撰写的《致读者》信。信中除了请读者指出是否遗漏了重要成就、编撰体例和写法等方面的问题外，还请读者关注书中是否有政治性错误或有无失密之处。信中强调，在广泛征求读者意见之后要修改补充，并在短时期内正式出版。但是时过境迁，这个10年国庆的献礼项目也很快失去了其再版的意义，最终没有正式出版。

2.2 气象学成就的总结

为了与《中国近代科学论著丛刊》进行比较，这里以《十年》中气象学部分为例进行分析。在《十年》中，气象学作为地球物理学的分支学科之一，同地震学、地磁学和地球物理勘探等共同编入了《地球物理学》分册[10]。在50年代初期编撰的《丛刊》中，气象学是第一个完成编撰的，但是《十年》中的气象学部分则出版较晚。其中的原因，或许与涉及领域广泛、学术内容过多、短期内无法完成有关。

《地球物理学》分册的序言执笔人，也由竺可桢改为赵九章。此时竺可桢重点负责中科院的自然资源综合考察工作，因此负责组织《十年》丛书中《综合考察》分册的撰写。赵九章是竺可桢创办的中央研究院气象研究所的继任者，编撰《十年》丛书时是中科院地球物理研究所二部的主要技术负责人。因此，《地球物理学》分册的总序由他执笔。

《丛刊》出版以后的1955—1966年，是地球物理学大发展的时代。研究领域从天气动力学和气候学扩展成大气物理学，先后开拓了数值预报、大气探测、云雾降水物理和人工影响天气、大气电学以及大气湍流等新分支学科[11]。《十年》丛书的编撰时期正值地球物理学科的快速发展时期，总结起来也是扬眉吐气。赵九章从天气学、中长期天气预告、数值预告、大气环流和气候学等5个方面总结了10年中的气象学成就。尽管涉及领域广泛、学术成果众多，但总结新中国10年的成就不必有任何顾忌，显得心情轻松了很多。此时的序言，只需总结成果，不需分析问题、批判错误。赵九章在序言中也提到社会大环境对科学研究工作的影响，但那些都是科学发展的促进因素，因此写起来轻松自如，不需遮遮掩掩。

3 余论

前文已经提到，20世纪50年代初期中科院在筹备编辑《中国近代科学论著丛刊》的同时，另一项工作也在紧锣密鼓地筹备中。这就是撰写中国古代科学史。撰写中国古代科学史的目的，是因为“中国科学史料散见各书，为宣扬爱国精神应选派专人成立委员会，编辑并审定中国科学史料以便修编中国科学史，以天文、数学、水利、营造、化学、地学、农学、医学等自然科学为限”[5]。

1951年1月25日，《人民日报》社召开座谈会，李四光、竺可桢、钱三强等应邀参加。讨论的中心议题就是如何发扬宣传中国古今科学上之成就，以激励爱国精神[12]。2月12日，中科院也召集了中国科学史座谈会，计划出版《中国科学史资料丛刊》。会议讨论了收集资料、出版文献等内容[12]。科学史丛刊虽然没能整理出版，但是研究中国古代科学史的工作随着1956年“十二年远景规划”的制订而落到了实处。其后不但有大量古代学科史论著出版，还建立了研究实体：中国科学院自然科学史研究所。《中国近代科学论著丛刊》虽然也可以看作中国科学史的组成部分，但其选取的时期正是中国社会动荡、国民党统治的时期，展现这个时期的科学成果，无法鼓舞国人的爱国主义精神。

《中国近代科学论著丛刊》与《十年来的中国科学》都有其学术价值，不但利于当时学者了解学术进展、总结经验教训，至今仍然是研究现代中国科技史的重要文献。两本书的不同命运，折射的是其时代价值定位的差异，反映的是科学与社会之间的互动关系，值得后人深思。

致谢：郭金海研究员为本文提供了重要的文献线索，特此致谢！

参 考 文 献

[1] 巢纪平，陶诗言，周秀骥. 20世纪中国大气科学研究//朱尔明. 20世纪中国学术大典：大气科学卷. 福州：福建教育出版社，2002：1.

[2] 谢庚. 关于中国科学院刊行现代中国科学论著丛刊的报道. 科学通报，1951，2 (6)：580-582.

[3] 中国科学院刊行现代中国科学论著丛刊编审方案. 科学通报，1951，2 (5)：495.

[4] 中国科学院刊行现代中国科学论著丛刊的办法. 科学通报，1951，2 (5)：530.

[5] 王忠俊. 中国科学院史事汇要·1951年. 中国科学院院史文物资料征集委员会办公室，1994：7-9.

[6] 竺可桢. 中国近代科学论著丛刊：气象学 (1919—1949). 北京：科学出版社，1955.

[7] 席泽宗. 席泽宗口述自传. 长沙：湖南教育出版社，2011：112.

[8] 十年来的中国科学. 科学通报，1959 (9)：307.

[9] 薛攀皋. 中国科学院学部的定位与调整. 科学文化评论，2015，12 (3)：7-27.

[10] 中国科学院编译出版委员会. 十年来的中国科学：地球物理学 (1949—1959). 北京：科学出版社，1960.

[11] 当代中国丛书·中国科学院 (下). 北京：当代中国出版社，1994：511.

[12] 竺可桢. 竺可桢全集：第12卷. 上海：上海科技教育出版社，2007：278.

民国时期岭南大学的气象观测

Meteorological Observation in Lingnan University in the Period of the Republic of China

冯颖竹[1]　何溪澄[2]

（1. 仲恺农业工程学院，广州 510225；2. 广州市气象局，广州 511430）

摘要： 文章通过综合分析相关文献和历史图片，对民国时期岭南大学的气象科学活动进行了回溯，指出岭南大学菲文气象观测站建于 1918 年，当时气温、降水、蒸发等气象要素的观测位于校园中轴线北端的东侧，风速、气压、日照的观测位于马丁堂，水位的观测位于北校门外康乐码头的一侧，气象观测与水文观测资料应用在当时的农业研究和工程设计中。

关键词： 岭南大学，气象观测，气象史

0　引言

现在的中山大学是在 1952 年院系调整中，由原中山大学与原岭南大学的文理科合并而成，现中山大学主校区为原岭南大学旧址康乐园。

岭南大学前身为格致书院，1888 年由美国基督教会创办，校址位于广州市六二三路。1903 年学校在海珠区康乐村购得土地，建立岭南学堂。1912 年民国成立后改名为岭南学校；1918 年改名为岭南大学，1927 年学校收归中国人自办，更名为私立岭南大学。抗日战争期间学校迁到香港、韶关等地，抗战胜利后复迁广州。

许多回顾岭南大学历史的专著和论文都提及康乐园内曾长期开展过气象观测。然而，这些文献对气象观测的时间、地点和内容都缺少较详细的记载，当时的气象观测场地如今也都改变了用途。本文试图通过对一些文献和老照片（拍摄于 1912—1938 年）的综合分析，还原民国时期岭南大学的气象观测活动。

1　气象观测站创建时间与名称

关于岭南大学内的气象观测站建设的时间，徐天舒对广东省档案馆和中山大学校史资料室保存的历史资料的研究显示，岭南大学在 1917 年获得美国 John R. Freeman 先生赠送的气象仪器。吴增祥在《中国近代气象台站》一书指出“1918 年，岭南大学成立农学院，学院附设气象观测所”[1]。美国气象学术期刊 *Monthly Weather Review* 上也有一篇文章指出“广州岭南大学校园内的气象观测站建于 1918 年”[2]。上述文献表明，由于学校农业研究试验迫切需要气象资料，岭南大学于 1918 年在校园内建立了气象观测站。

本文已发表于《气象科技进展》2016 年第 6 卷第 6 期。

作者简介：冯颖竹，仲恺农业工程学院教授。主要从事农业气象研究。

关于观测站的名称，吴增祥指出，为纪念 Freeman 先生捐助气象设备，气象站命名为 Freeman Meteorological Observatory[1]。但中文名称则不统一，在不同的文献中有不同的称法：《南大工程》1933 年发表的论文中称为“非文氏气象观测台”[3]，岭南大学同学会编写的《钟荣光先生传》一书中称为“菲文气象台”，吴增祥先生书中称为“裴文气象台”，维基百科介绍岭南大学的条文中称为“斐文气候观察所”。本文为统一起见，参考现在的气象台站命名方法，将其称为“菲文气象观测站”。

2　气象观测的内容与频次

气象观测场（图 1、图 2）位于岭南大学校园中轴线的东侧，距离珠江不远，当时周边还有不少农田。一个 9 米长的方形草棚内设有气温自记仪、气压自记仪、湿度自记仪和土壤温度自记仪等设备，可 24 小时不间断记录温度、气压、湿度的变化，草棚内还有气温表、最高最低温度表和湿度表，用于每天定时的温度和湿度观测。草棚的功能类似于现在的百叶箱，既能防止太阳光直射和雨水侵袭，又能保持设备处于通风的环境。草棚的南侧还有一块用细竹竿围成的小观测区，区内设有蒸发皿、雨量计和地温表，地温表放置竹

图 1　岭南大学校园，右上角的草棚是气象观测场

图 2　菲文气象观测场

筒中插入 60 cm 深处。

风和日照的测量设备不在观测场内，鉴于两者对观测环境要求高，设备周边不能有障碍物，在当时条件下将其安装在马丁堂（现中山大学人类学系大楼）楼顶。

马丁堂（图 3）竣工于 1906 年，是校园内最早的建筑，也是中国最早的砖石钢筋混凝土混合结构建筑，初时称作东院，后为了纪念为建校捐款最多的美国辛辛那提实业家亨利 · 马丁（Henry Martin）先生，改名为马丁堂。从图 3 中可以看出，马丁堂是具有英式风格的三层建筑，早期屋顶有 6 个 3 米高的通气烟囱伸出，中间靠右的一个烟囱上竖起一根铁杆，铁杆的上部伸出横臂，安装了三杯风速仪，铁杆的顶端是一个风袋。楼顶还安放了日照仪，具体位置在图中看不出来。风向按照 8 个方位进行人工观测，风速仪和日照仪转接到马丁堂内的物理实验室，在室内获取器测数据。物理实验室内还安放了气压表，可直接读取气压值[3]。在马丁堂楼顶最外侧的 2 个通气烟囱上各竖立了一根避雷针，高度高于风杆，既保护了大楼，也保护了楼顶的气象观测设备。

图 3　校园内的马丁堂，测风设备安放在楼顶

马丁堂屋顶 6 个通气烟囱在 1965 年马丁楼翻修时被拆除，测风设备也不见了，但楼顶的两根避雷针现在依然保留着。

气象观测当时每天都进行，节假日也不中断。观测的频次是气压、气温、地温、雨量、风向和天气现象每日 3 次，分别在 07 时、13 时和 18 时；最高最低温度和蒸发则是每日 18 时记录一次。观测记录每月整理后公开印发。

菲文气象观测站的观测资料主要用于当时的农业科研和工程设计。受当时条件的限制，岭南大学没有开展过天气预报，广州市天气预报业务始于 1935 年成立的广州市气象台。

3　岭南大学的水文观测与测时报时

岭南大学除了拥有菲文气象观测站的气象仪器以外，还有其他与之相关的水文观测和测时报时设备。当时岭南大学北临珠江，北校门外数十米处就是康乐码头（1952 年改名为中大码头），码头的栈桥上竖立着一块简易的木牌，上书“私立岭南大学”6 个隶体字。码头的一侧建有自动验潮站，用来测量潮水的涨退（图 4 的最右端）。据文献记载[3]，该验潮站由当时的广东河工管理局安装，最大可测水位高度是 5 米，观测到的数据不仅用于校园内的建筑物设计和防御水灾，也用于广州市的水利工程建设和城市规划。20 世纪 70 年代，水文部门在中大北校门外重建了中大水文站（图 5），作为珠江广州段前航道水位的指标站，由广东省水文局广州水文分局管理。

此外，校园格兰堂（Grand Hall）的门前，曾经建有一个小日晷，可利用立竿在太阳照射下影子的方位测得时间（图 6）。格兰堂于 1915 年动工，1916 年 6 月落成，当时是大学的行政办公大楼，由于楼顶设有报时大钟，故也称该楼为大钟楼。格兰堂原为三层，20 世纪 60 年代加建了一层，并拆除了正门的两个小立亭。在日晷基座的正面有一个图标，图标下刻有“1914”字样，表明日晷可能建于 1914 年。这个小日晷是岭南大学附属中学一个毕业班的学生送给岭南大学的礼物。小日晷安放在行政楼正门前醒目的位置，与楼顶的大钟遥相呼应。

图 4　20 世纪 30 年代康乐码头旁的验潮站

图 5　现在中大码头旁的水文站

（a）格兰堂全景　　（b）局部放大的小日晷

图 6　校园内的格兰堂及门前的小日晷（（a）格兰堂全景；（b）局部放大的小日晷）

4 对菲文气象观测站的评价

由于菲文气象观测站的观测种类较齐全，受到当时国内外科学界的关注。美国教授称赞“观测站的设备非常齐全，观测员们认真且称职”[2]。岭南大学校长 1919 年 4 月向校董事会做的报告中，写到“校园里有一个装备较齐全的气象站，学生和来访者可以看得到，气象站观测环境使得观测数据可靠，这是一件有意义的工作”。对菲文气象观测站及相关仪器设备的作用，岭南大学老校友评述：“岭南大学之菲文气象台，有数十年之记录。凡雨量、气候、水文等资料，均对农业及工程建设研究有非常之帮助。”

1937 年 7 月抗日战争全面爆发后，岭南大学停止了气象观测。虽然菲文气象观测站早已成为历史，但其观测得到的雨量、气温、水文等资料保存了下来。*Monthly Weather Review* 上有 1919 年和 1920 年的气象资料及相关统计分析[2]，1920－1937 年的逐日基本气象观测资料刊印在当时岭南大学发行的气象报告上[1]，另在岭南大学工学院主编的《南大工程》1933 年创刊号上，刊登了 1923—1932 年逐月平均日蒸发量、日照时数、土壤温度等气象统计数据[3]，这些历史数据为华南气候变化研究提供了不可多得的参考资料。

参 考 文 献

[1] 吴增祥. 中国近代气象台站. 北京：气象出版社，2007.
[2] HUBBARD G D. Meteorologial notes on Canton，China. Mon Wea Rev，1922，50 (4)：190-191.
[3] 高贵梨. 广州近十年来之气象观测. 南大工程，1933，1 (1)：26-27.

民国时期中国气象事业建制化研究

Study on Meteorological Service Institution in the Period of the Republic of China

刘晓君

（中国矿业大学，北京 100083）

摘要：民国时期是中国气象事业独立建制的开始。本文从气象机构的建立、天气预报工作的开展、气象人才的培养、创办相关期刊杂志情况以及参与、举办各种学术会议情况等方面系统地追溯了民国时期中国气象事业的建制化过程，勾勒出民国时期中国气象事业的概貌，为民国气象史研究奠定基础。

关键词：民国时期，气象，建制化，测候所，气象预报

0 引言

中国是世界上最早有气象记载的国家，其最早气象记载的年代可追溯到公元前 14 世纪[1]。以后延绵不绝，以迄于今。秦汉以来，我国的气象知识在“观测范围的推广和深入、气象仪器的创造和应用、天气中各项现象的理论解释……直到明初……都是超越西洋各国的”[2]。

明末清初，西风东渐，近代气象开始传入我国。鸦片战争后，海禁初开，各国船舶来华通商，海关创始。为了航行安全产生了气象预告的需求，即在沿海沿江设立海关，广设气象观测机构。只可惜当时中国的气象事业几乎全部操于外国人之手，国人很少问津。

中国独立的气象建制始于民国初年中央观象台的建立，这是中国气象事业的开始。一般认为，科学建制化大体应该包括建立专业机构、开展专业工作、培养专业人才、出版专业刊物以及召开专业学术会议等因素。本文即从气象机构的建立、气象预报工作的开展、气象人才的培养、气象刊物的出版以及气象学术会议的参与情况，来考察民国时期中国气象事业的建制化历程。

1 气象事业建制化的基础——气象机构的建立与发展

气象事业与航空、航海、农林、水利、交通等各项事业密切相关，这些事业的发展都离不开气象科学事业的配合与服务。因而独立的气象机构的建立是经营气象事业所必需。国民时期主要的气象建制有以下几个方面：

本文已发表于《自然辩证法研究》2014 年第 30 卷第 8 期。

作者简介：刘晓君，中国矿业大学副教授。研究方向为科技史、科学技术的社会研究等。

1.1 中央观象台的创立：中国气象事业建制化的起点

国人自营气象事业始于民国元年（1912 年），蔡元培先生执掌教育部，建立了中央观象台（地址在北京东城泡子河，今建国门附近）。这是中国气象事业的肇始。中央观象台内设天文、历数、气象和磁力 4 科，实际上是天文台、气象台、经度局、地球物理台融于一炉，遴选天文学家高鲁①担任观象台台长。民国元年（1912 年）12 月，高鲁先生邀请自比利时回国的蒋丙然先生②筹备气象科。此时，蔡元培先生离开教育部，经费筹措相当困难，经高鲁先生向教育部陈述气象事业之重要，始获教育部准许。民国二年（1913 年）夏，中央观象台成立气象科，由蒋丙然出任气象科科长，从事筹划工作。中央观象台及气象科的建立，成为中国气象事业建制化的起点和标志。

1.2 广设气象观测台所：气象事业建制化的坚实基础

民国创始之后，气象事业逐步走向建制化。气象事业建制化的一项重要工作就是设立气象观测台所。各测候机关是搜集气象资料的分站，所搜集的相关气象资料、数据不仅关系到国计民生和国防大业，而且为气象科学研究奠定基础，没有一定数量并能保证质量且广泛分布的测候所，气象事业就没有坚实的基础。

民国七年（1918 年），顺直水利委员会（后改为华北水利委员会）设立多处测雨站，分各河流区域次第分设，所分的河系有滦河、涧河、运河、北运河、永定河、大清河、子牙河、南过河、黄河。这是中国言水利重雨量的开始。

民国八年（1919 年），电报局在观象台设立分机，可以直接收报天气。在气象事业发展的初期，气象电报是制气象图之必需，而各地电报均须由电报局转送，很多时候不能按时到达，影响天气预报。在观象台设立电报局分机，直接收报天气，给气象信息的收发带来极大的便利。

民国九年（1920 年），航空署开通自北京至浦口航运，成立气象科。开始各站均设气象观测站，报告天气。一切设备由中央观象台担任计划，并派人在各站担任观测及报告工作。由于气象工作发展的需要，中央观象台呈请教育部，在内蒙古、新疆、甘肃、西藏、陕西、湖南、云南等省建立全国性的观测站。民国十年（1921 年），由国库拨款在全国扩建气象观测站。后因财力不足，此计划未能全部实施，只设立了邢台、张北、西安、开封，拉萨等十处。航空机关之设立测候所的有航空委员会、欧亚航空公司、中国航空公司。此外，一些军事水利农业等各种机关也开始设立测候所，从事研究气象事业者也日渐增多。大学之中设有气象台者，国立的有清华大学、中央大学，私立的有金陵大学、厦门大学、岭南大学等。只不过这一时期各种测候事业的增加大都偏于东南沿海一带，内陆及西北区域则以风气较为闭塞而少有进展[3]。

民国十四年（1925 年），海岸巡防处于东沙岛设立气象台。东沙岛为海上孤岛，对于航行关系重要，东沙岛气象台设备完善，配有无线电台，收发气象电报并对飓风进行预告。此气象台的成立对东南亚的气象工作贡献极大。

---

① 高鲁（1877—1947），为中国现代天文学奠基人之一。在中央观象台台长任内主持编制新历，创办《观象丛报》、《气象月刊》，后任中央研究院天文研究所所长，发起筹建紫金山天文台，参与选址工作，是中国天文学会创始人。

② 蒋丙然，（1883—1966 年），天文学家，气象学家，中国现代气象事业奠基人，中国气象学会创建人之一。主持建造我国第一座圆顶天文观测室，从法国引进中国第一架大型天文望远镜，并购置坐标量度仪和超人子午仪等，为我国现代天文事业的建立和发展奠定了基础。在他主持下，青岛观象台参加第一、二届万国经度测量，取得较好观测结果，成为我国天文界步入国际合作的创举。他在我国现代地震、地磁研究的开创中均有重要贡献。

民国十六（1927年）年，由于北京政府财政紧张，中央观象台所设各地测候所停办。但在民国十八年（1929年），武汉大学、常熟建设局、河南农林试验场等地设立了气象所。民国二十年（1931年），全国各省成立测候所，大概在省会设总所，各县设分所。到抗日战争爆发前夕，除了西北、西南地区外，气象台站网已初具雏形。只不过一些由不同部门为本部门工作需要而建成的测候所，由于隶属、人员、仪器、设备、技术、经费、制度等并不一致，缺乏统一和协调。

1.3 青岛观象台的收回

青岛昔称胶澳，因其重要的地理位置而使之成为我国开展气象工作最早的城市之一。1898年德国海军港务测量部在馆陶路1号建“青岛气象天测所”，1911年改称“皇家青岛观象台。”1914年，日本占领青岛后，又改称气候测量所。

民国十一年（1922年），华盛顿条约将青岛主权归还中国，王正廷[①]先生任接收督办。王先生聘蒋丙然为筹备接收青岛测候所委员，前往青岛与日本的测候所长入间田毅洽商接收事宜。日方藉口中国无此人才，只做形式的移交，实际上仍由日本人把持。蒋丙然只好又返回中央观象台任气象科事。民国十二年（1923年）青岛督办公署与日本公使商定测候所办法八条，青岛观象台正式成立，督办熊秉琦委任蒋丙然任台长，设立气象地震科与天文磁力科两科及事务处。

1.4 气象研究的独立建制——气象研究所

民国十六年（1927年），国民政府定都南京，创立中华民国大学院。民国十七年（1928年），改组大学院为中央研究院（后文简称中研院），并设立了气象研究所（后文简称气象所）和天文研究所，标志着气象所独立的开始。北平中央观象台之一部也改级而隶属于气象所。气象所所址在南京北极阁，从事气象研究，同时亦担任一部份气象行政工作，如统筹全国测候所，绘制天气图集、收发气象电报及发布天气预报等。同年青岛气象所配备了短波发报机，开始拍发气象电报，并成立了海洋科，对海洋问题进行观测，海洋气象为其中之一。

中研院气象所在内忧外患、人员不足、经费短绌的条件下，经过竺可桢所长和所中同仁近10年的惨淡经营，到抗日战争全面爆发被迫西迁以前，该所在“仪器设备、图书刊物、人员素质、业务范围、科技水平和国际影响等方面早已超过当时外国人在我国创办的、规模最大的徐家汇观象台，成为我国气象研究的中心和实际上的指导中心，同时也是气象人才培养的重要基地，奠定了我国现代气象事业的基础”[4]。

1.5 “全国民用气象之最高机关”——“中央气象局”建立

中国气象事业的落后状态与各系统的分散局面，激起全国气象界与实业界有识之士的不满，迫切要求统一规划、统一建设、统一管理全国气象事业。1941年经多方努力，南京国民政府在重庆成立“中央气象局”，抗战胜利后于1946年迁到南京。“中央气象局”是“全国民用气象之最高机关”，也是“掌理全国气象行政及技术事宜”的主管部门。在此之前，全国没有一个能统辖气象事业的行政机关。成立于1912年的中央观象台，由于军阀割据，连年内战，经济枯竭，当局也不重视，难以履行统筹全国气象事业的责任。

---

① 1922年的华盛顿会议上，由于美国嫉妒日本独占山东的特权，联合英法等国强迫日本人归还中国青岛及胶东附近一带的特权，并规定由中日双方协商，成立所谓“鲁案协定”。

1928年成立的中研院气象所，作为一气象学术研究机构，承担了许多全国性的气象业务与技术指导工作，但限于人力、物力以及体制方面的原因，也难以统筹全国气象事业的全局。“中央气象局”的成立，使中国的气象事业“始有专司”。“中央气象局”成立后，制订了“中央气象局”组织条例、直属气象台组织条例、各省建设厅测候所组织条例。这是气象事业在机构组织方面的法律条文，也是各级气象机构建设与管理工作的重要依据。在台站建设上，“中央气象局”一方面陆续增设测侯站，另一方面接收设置于我国境内的各级气象机构。据“中央气象局”1948年9月的统计，全国气象台、站、所共123个。

2 气象建制化的重要标志——天气预报工作的开展

2.1 中央观象台的天气预报工作

中央观象台成立之后，便开始着手天气预报工作。要进行气象预报工作，相关的气象设备是必需的。在中央观象台建立之初，台中关于气象仪器的设备，只有一空盒气压表、最高低温度及三个自记表。当时的气象仪器一般均购自国外，当然也有一些简单的设备，如风向针、雨量计、蒸发计等可以自制。为了开始观测，先设计制作了一雨量计和一个英式百叶箱，又购买毛发温度表。每日观测3次并立簿记载。中央观象台仪器设备虽然简陋，但毕竟是国人气象观测事业的开始。

民国三年（1914年）十月，蒋丙然所购的气象仪器买到，择地安置，设备始稍完善。每日观测次数，也增加为四次，于每日的08时、12时、16时、20时各观测一次。观测事项包括气压、气温、湿度、风向、风力、雨量、云量、云类、最高最低温度、地温等，观测工作主要由蒋丙然及其助手轮流担当。民国四年（1915年），正式成立了气象科，同时又增加了一些气象应用仪器，如陶迪乐水银气压表、迪克地式最高最低温度表、利沙式气压温湿度自记表等。

最初的观测仅限于北平，民国六年（1917年）至民国十一年（1922年），先后增设库伦、张北、开封、西安等测候所，但因内乱叠起，时设时停。到民国十三年（1924年）以后，因经费拮据，分所均停办，即使是中央观象台也因窘于经费而奄奄一息[3]。

民国五年（1916年），开始天气预报，每日两次，每天上午09时前，在台内挂信号旗，信号旗为蓝底白字，分风向与天气两种，其制至简以便一般人易于认识。晚间报告一次，由各报馆公布。中国气象事业之初，主要是向气象台问时间而不是问天气，可见当时国人对气象并不在意。这一年南通的军山气象台落成并开始观测，这是我国私立气象台的创始。

民国十年（1921年），中央观象台设立之后即按日试绘制天气图。最初主要是依据10余处海关测候所的气象电报，准确程度无从谈起。甚至当时中央观象台停办，始终未脱离实验时期。

2.2 青岛观象台的天气预报工作

民国十一年（1922年），青岛观象台成立，蒋丙然任台长，同年二月便开始工作。气象观测用24小时制，于三月一日开始，每日公布天气图，天气预报及天气报告以便民众和进出口船只。相关规章大体上都仿照中央观象台[5]。民国二十年（1931年），青岛观象台收回暴风预报信号权，更换新信号。

青岛观象台在收复时期的16年里（1922—1937年），由于气象科技人士的努力，各项事业颇有建树：气象事业全面展开，天文工作贡献突出，海洋科学成效显著，国际交流活跃。青岛观象台成为当时中国科学界和社会名流进行学术研究和交流的重要场所，不仅深受国内科技界的好评和赞赏，而且博得国际同行们的依赖和钦佩[6]。

2.3 气象研究所的天气预报工作

民国十七年（1928 年），中研院气象所成立，即于该年五月派观测员沈孝凤、黄厦千赴菲律宾马尼拉观象台学习预报及制图；同年 9 月 8 日返回研究所，着手试做天气图。一年后，从民国十九年（1930 年）一月一日正式刊印天气图并发表预告。最初仅依据 Abercromby 之等压线式作预告，即视高气压与低气压之运动，以确定阴晴雨霁之区域。最初因为缺乏经验，预报准确程度不过 70%。这一时期，准确程度有所增加，传递速度也有所提高，测候所也相应增多，预告方法也由原来的等压线式的范式转为气团界面的性质及探讨，有时还有高空记录作为预报的参考，因而准确程度达到 85%以上。广播全国天气、发布台风预告等工作都由气象研究所负责[3]。

2.4 西北科学考察与高空测候工作的展开

所谓高空测候指放测风氢气球。民国十八年（1929 年），中瑞人士组成了西北科学考察团，探查新甘宁海一带，他们对高空气象的研究尤其关注，并设立多处气象站，同年底，考察团工作结束，将成绩、设备交由气象所进行检查、接手。此次考察标志着西北气象研究工作的开始，并对欧亚航空事业的发展做出了贡献。民国二十年（1931 年），西北科学考察团二月出发至内蒙古实测西北气象，对西北气象的发展具有重要的意义。

在西北科学考察工作的影响下，民国十九年（1930 年）一月十八日开始，南京气象研究所开始施放氢气球，北平气象台、徐家汇、汉口航空公司、青岛观象台、陕西西安测候所等也先后开始施放氢气球，使高空风向风速的记录日益增加，对中国境内高空气流的运行逐渐明了。

民国二十一年（1932 年），内政部土地司组织人员完成全国气象观测实施章程并颁布各省予以实施。应国际极年委员会之邀，中国部分之极年测侯工作，在泰山玉皇顶和峨嵋山设立高山观测所。

除此之外，民国期间，水利、空军、农林等系统也先后开展了气象观测、预报及试验，积累了一部分宝贵的气象资料。

3 气象建制化的人员支撑气象人才的培养

民国时期，气象事业初创，气象人才十分紧缺。为了开展气象工作，培训工作人员。民国五年，蒋丙然先生编著了《实用气象学》一书。该书简单介绍了一些气象原理及仪器用法，并附以气象常用表，以方便工作。民国六年（1917 年），因航空与气象有密切相关，参谋本部在航空学校增设气象学讲座。蒋丙然任该校任教，编《理论气象学》一书作教材，培养相关气象人才。

民国十年（1921 年），在全国扩建气象观测站。因人才短缺，培养专业人才成为重中之重，为此特创办了以 3 个月为期的学习班，学习气象、天文、地震等学科，以气象为主并加以实地训练，在经费及其管理办法、人员保障等方面也都有涉及“全国民用气象之最高机关”。第一期毕业学员 30 人分到各地气象观测站。航空署也派出人员学习，毕业后由航空署在济南设航空站任用。民国十二年（1923 年）因气象人才缺乏，又招收一班学生加以训练，所有功课同第一期学生，学成毕业者，约十余人。

中研院气象所成立后，派观测员沈孝凤、黄厦千赴菲律宾马尼拉观象台学习天气图表的绘制和天气预报技术，回国后正式绘制天气图和发布天气预报及台风警报。黄厦千后来成为清华大学气象台主任。民国二十年（1931 年）三月，为解决气象人员短缺问题，气象所造就测候生设立气象练习班，以六月为毕业期，计有学生三十余人。

民国二十三年（1934 年），山东大学和青岛观测所合作办学习班解决人才短缺问题。同时中研院气象所也举办了为期 6 个月的学习班。到抗战爆发前，气象所一方面陆续接受了各机关、单位派来的几十名气象人员在该所实习、进修，提高业务能力；一方面又先后开办了 4 期气象学习班，总共培养了近百名学员充实到各个气象部门工作，大大缓解了气象人员的短缺。

整体看来，民国时期的气象人才的培养多是以短期班的形式培养的，时间短，规模小，未建制化，训练也不是很系统，但在实际工作中都能够按照服务条例准时进行观测、发报、抄送报表等。

4 气象建制化的发展——创办专业的杂志

民国时期创办的有关气象方面的期刊主要有以下几种：

（1）《气象月刊》

中央观象台成立后于民国三年（1914 年）的七月，编印《气象月刊》（后改为《观象丛报》）。该杂志与中国科学社主办的《科学》杂志几乎同时问世，主要介绍一些气象学原理，以及一些关于气象、天文之类的知识，按月刊载北平及 10 余处海关测候所的气候记录，并试图在国人当中传播一些气象常识。民国五年（1916 年），《气象月刊》改为《观象丛报》，刊登一些气象学说和气象图表等，后因经费原因于民国十年（1921 年）九月即第 7 卷第三期停刊。

（2）《中国气象学会会刊》

民国十三年（1924 年），中国气象学会成立，确立编辑每年一期的学会会刊——《中国气象学会会刊》①。1925 年 7 月，《中国气象学会会刊》出刊。该刊由中国气象学会编辑、发行，北京同文印书局印刷，在北京中央观象台、上海蚕桑改良会、胶澳商埠观象台及中华书局设有代售处。1931 年 10 月发表的竺可桢的《论新月令》和《二十八宿起源之时代与地点》两篇论文，在物候学研究中有创造性的贡献，解决了国际上 100 多年的争论，得到了国内外学术界高度评价。《中国气象学会会刊》的最后一期为民国二十四年（1935 年）出的《中国气象学会十周年纪念刊》[7]。

（3）《气象杂志》

1935 年 4 月 11 日召开的第 32 次理事会决议将《中国气象学会会刊》改为月刊，改名为《气象杂志》。1935 年 7 月 25 日，《气象杂志》第一期出刊。与原来的《中国气象学会会刊》不同的是《气象杂志》开始刊载全国天气情况，如各地逐月雨量、气压、温度记录、水位报告、气象要素平均等实用数据。《气象杂志》出版后，发行量激增，大大促进了国内气象科技知识的传播与交流。

综上，这些气象刊物的创办对于联系有志于气象之士、普及气象知识和研究、交流气象学术，保存气象科研成果等方面具有重要意义。

5 气象建制化的重要表现——参与及举办各种相关会议

5.1 参与国际会议的情况

民国元年（1912 年）中央观象台设立之时，恰逢日本中央气象台召集远东气象台台

① 其中民国 18 年未出，民国 21 年和 22 年，改为每年各出两期，两者总共出了 10 期。

长会议，所邀者只有上海徐家汇气象台、香港英人气象台、青岛德人气象台、越南法人气象台各台长，并未邀及中央观象台。当时的高鲁台长从徐家汇气象台台长劳积勋神父处得知此事，即到东京拟正式出席参加会议，竟未获通过，后经劳氏多方建议，始获列席，对此高先生深以为憾[8]。

民国十八年（1929 年）5 月 16—25 日，在爪哇万隆召开了第四届太平洋科学会议，中国气象学会推选蒋丙然代表出席，并应邀担任气象海洋组主席团主席主持研讨会。

民国十九（1930 年）4 月 28 日①香港天文台召集远东气象台长会议，即根据 1929 年伦敦会议案召集，主要邀请气象所、青岛观象台、海岸巡防处、东沙观象台等参加，讨论统一暴风信号及气象电报问题，中研院派蒋丙然代表出席。

5.2 中国气象学会的年会

民国十三年（1924 年），中国气象学会在青岛召开成立会。当时的中国气象学会年会相当于现在的会员代表大会，是学会的最高权力机构，每年集会一次。在抗日战争爆发前的 13 年中，除了 1934 年外，每年都举行年会。1935 年举行的第十届年会是学会成立 10 周年纪念会。中国气象学会成立大会和第一届至第四届年会都是在青岛召开的，第五届至第十二届年会则是在南京召开的。抗日 8 年中，由于会员星散、交通不便、物价飞涨、经费短绌等原因，只在重庆北碚联合其他 5 个自然科学学会和团体开了一次年会[9]。

民国十八年（1929 年），中国气象学会总会由青岛移设南京。

民国十九年（1930 年），中央研究院在南京召开全国气象会议，出席团体共有 26 个，出席会议人数达 36 人。

以上是对民国时期中国气象事业建制化的大致考察，当然民国时期的气象事业和气象学研究远非以上有限内容所能涵盖，本文只是大体勾勒出中国气象事业的建制化的主要事件及历程，以探究中国气象事业的演变，明析中国气象事业之渊源。①

参 考 文 献

[1] 刘昭民. 中华气象学史. 台湾："商务印书馆"，1980.
[2] 竺可桢. 中国过去在气象学上的成就. 科学通报，1951，2 (6).
[3] 吕炯. 二十年来中国气象学之进展. 科学，19 (10)：1615-1621.
[4] 谢世俊. 竺可桢传. 重庆：重庆出版社，1933：43-44.
[5] 蒋丙然. 青岛观象台自民国十三年至二十六年（1924—1937）大事简记
[6] 青岛市气象局. 青岛近代气象概述//中国近代气象史资料. 编委会. 中国近代气象史资料. 北京：气象出版社，1995：135-137.
[7] 中国气象学会. 中国气象学会史. 上海：上海交通大学出版社，2008.
[9] 蒋丙然. 二十年来中国气象事业概况. 科学，1936，20 (8).
[9] 中国气象学会. 中国气象学会史. 上海：上海交通大学出版社，2008.

① 一说法为 4 月 23 日。

中央研究院与中国近代早期气象台站建设研究

Study on Academia Sinica and Early Modern Chinese Meteorological Stations Construction

袁小慧　李蓓蓓

（南京信息工程大学，南京 210044）

摘要：国立中央研究院气象研究所创立于1928年，为中央研究院最初设立的8个研究所之一，在竺可桢所长的领导下，气象研究所对近代中国气象台站建设做出巨大贡献，从筹建台站、气象观测、气象仪器与书籍、气象人员、气象电报和台站基础建设等各方面对于当时全国气象台站的建设给予关怀与指导，为我国现代气象科学和近现代气象台站发展打下良好基础。

关键词：中央研究院，气象研究所，竺可桢，测候所，近代气象台站

0　引言

1927年北伐战争胜利后，蔡元培等学术界领袖促成直隶于国民政府的中央研究院成立。中央研究院全称国立中央研究院（简称“中研院”），蔡元培为首任院长。研究所是中央研究院的实体，中研院在建院之始建立了气象研究所、天文研究所、物理研究所、化学研究所、工程研究所、地质研究所、社会科学研究所、历史语言研究所及自然历史博物馆筹备处等机构。其中国立中央研究院气象研究所（简称“气象所”）是中国第一个国家级气象科学研究机构。气象所位于南京北极阁山顶（亦名钦天山）。民国十七年（1928年），中研院择定钦天山为气象所所址，六月兴工拆除北极阁旧道观，新建台宇，共建成气象台一座，图书馆一座及两翼楼房、地下室等，至二十六年六月全部竣工①。

《国立中央研究院组织法》（民国十七年十一月九日公布）第一条明确规定“国立中央研究院直隶于国民政府，为中华民国最高学术研究机关”，第二条指出中研院的任务在于“实行科学研究”与“指导联络奖励学术之研究”②，当前学界对于中研院的研究也多立足于其科研职责，少有提及中研院对于当时气象台站建设的指导作用，但实际上在当时气象所“也是未冠名的全国气象行政中心”[1]。气象所将中研院与中国近代气象台站建设紧密联系在一起，其中最重要的组织者与领导者是竺可桢先生，气象所的指导作用主要体现在

资助项目：国家公益性行业（气象）科研专项（GYHY201306064）；中国气象局“中国气象台站史研究”（sk20140035）研究成果。

作者简介：袁小慧，南京信息工程大学科学技术史专业硕士。研究方向为气象科技史。李蓓蓓，南京信息工程大学科学技术史研究院副教授，博士。研究方向为气象科技史。

①来源：中国第二历史档案馆，三九三86《国立中央研究院概况》，1928年6月—1948年6月。

②同①。

以下几点。

1 提出气象事业建设纲领性文件，并制定气象观测规范

1928年春，竺可桢负责筹建气象所，提出《全国设立气象测候所计划书》这一规划布局性的计划书，制订的目标为在10年内在全国完成“至少须有气象台十所，头等测候所三十所，二等测候所一百五十所，雨量测候所一千处[2]”的任务，以便为我国农业、水利、航海、航空和国防等事业服务，同时也为中国气象事业发展奠定扎实的基础。这个计划书明确提出建设气象事业以及阶段性目标，虽然在当时的社会条件下难以完成，但是竺可桢先生为实现该计划，带领气象所与其他机构和单位积极合作，所以该计划实际上也就成为中国近代气象事业的纲领性文件。

除了该计划书，为规范气象观测活动的实施，提高气象观测结果准确性，气象所还制定了一系列气象观测规范，包括《全国气象观测实施规程》《测候须知》《航空气象概要》《国际云图节略》和《气象电码》等数十种。对各规程的重点，本文简述一二如下：

（1）《测候须知》

1929年春，国民政府军政部航空署及各省建设厅需要测候人才，气象所为此开设“气象学习班”（也有称“气象训练班”或“气象培训班”等），并编写《测候须知》一书油印本，作为气象观测课程的讲义。该书由黄厦千、全文晟先生根据英国气象局1926年出版的 *The Observes Handbook* 编译而成，其中结合我国国情，做了一些删改。为满足国内各界及测候站使用，《测候须知》讲义经竺可桢先生校阅后，于1930年正式编印发行。

（2）《全国气象观测实施规程》

1932年6月，国立中央研究院气象研究所起草《全国气象观测实施规程》，以指导全国气象工作，规程共16条，详细规定各级测候所的经费预算、气象仪器、观测细则以及记录格式等，并以国民政府行政院令，向全国省、市、县级政府颁发。1937年5月，民国政府内政部、国立中央研究院气象研究所、全国经济委员会水利处再次联合编印颁发。

该规程明确指出：省立以及县立测候所需将观测结果报告至气象所用于天气预报或以备核查；各省欲开办省立测候所以前“应派高中以上理科毕业人员一人或二人至国立中央研究院气象研究所实习，经该所证明合格后返省开办，并训练各市县测候所人员”；“凡关于气象技术事项，如单位符号、电码术语、测候方法、记录表格等，以国立中央研究院气象研究所规定者为标准，以资统一……倘有未尽事项随时由该所负责解释”；“主办各级测候人员之奖励由国立中央研究院气象研究所及内政部会同办理之”[3]。从这几条规定中我们可以得知气象所对于全国各级测候所的气象观测事宜拥有指导、核查以及解释职责，并负责省立以上测候所设立之初的气象人员培训，同时还协同制定全国各级测候人员的奖励政策。

（3）《测风气球观测须知》（1939年8月初版）

鉴于国内气象事业的发展，高空探测之需要日渐增加，气象所于1939年8月编印出版《测风气球观测须知》一书。该书由杨鉴初先生主编，共分四章：第一章绪言、第二章仪器设备、第三章观测站与观测场地及第四章观测。分别叙述高空测风气球观测的仪器设备、观测时间、观测要素及风向风速计算方法等。

除此之外，为适应气象观测工作和培训气象观测人员需要，气象所还编印了《航空气象概要》《国际云图节略》《气象学名词中外对照表》《气象电码》及《气象常用表》等气象观测业务技术规范、书籍，分发全国各气象台站使用，对气象观测工作的规范化起到重要的指导和促进作用。

2 筹备召开全国气象会议

晚清以来我国曾陆续设立气象台站，其中有外人越俎代庖在国内设立的气象台站，也有海关、农林试验场等机构隶属的测候所，亦有“南通军山气象台”一类国人以私人名义创立的气象台站。台站类型众多、仪器规格庞杂、观测时制不同、规章制度各异、机构体制混乱的情况使得观测所得气候资料缺乏比较性，难以综合利用，不利于我国气象事业健康发展。因此蒋丙然①先生在气象学会第五届年会上提出由气象所召集全国气象会议的提案。气象所请求“国立中央研究院”出面，于 1930 年、1935 年和 1937 年分别召开全国性气象机关联席讨论会（或称作全国气象会议），共同商讨合作事宜。

以 1930 年全国气象会议为例，该次会议共讨论议案 60 多件，分为 6 大类：电报号码案、无线电台广播案、预报用语及暴风预告案、划一气象报告及观测时间案、气象仪器订正及仪器单位案、其他[4]。会议中多数决议在后期都得到切实施行，对于我国气象业务的逐步统一起到非常重要的作用。

此外，1937 年 4 月 2 日第三届全国气象会议上，曾有一议案为设立中央气象行政机关，决定由航空委员会、交通部航政司、经济委员会水利处、江苏省会测候所和气象研究所促成其事。5 月 1 日，召开气象局促进委员会，决定请国民政府行政院设立气象局，统一管理全国气象事业，且在未设以前，授权给气象研究所行使气象局的职权。虽然说不久之后，日寇全面入侵我国，这一建议被搁置，但是由此可以看出当时气象研究所虽未能有统筹全国气象事业之权限，却已经承担指导全国气象事业的职责[4]。从中国第二历史档案馆馆藏资料来看，当时全国各测候所需将本所建设情况汇报给气象研究所。如在全宗号三九三卷宗 2892 题为“中央研究院气象所各测候所机关事业概况”的档案中，最后附有《全国测候机关调查表》（图 1），涉及全国 37 个气象台站，按照统一格式制表，表中对于各台站的名称、地点、历史沿革、观测项目、观测规则、设备等作有说明②。

3 积极筹建测候所

自 1928 年竺可桢提出《全国设立气象测候所计划书》，气象所在这一计划指导之下积极筹建测候所，先后共建成 28 个直属测候所。此外，气象所直接协助各省相关机关，提供技术、人员和物质等方面的支持，建成各类级别测候所不少于 50 个。中国第二历

① 蒋丙然，中国现代气象学家，中国近代气象事业开创者、中国近代天文、地震、地磁以及海洋事业开拓者之一。字右沧，福建闽侯县人。曾任台湾省气象学会首届会长和天文学会首届理事长，曾受聘为意大利气象学会名誉副会长。在“中央观象台”创建气象科，建立了我国最早的近代观测场，开展天气预报。

② 来源：中国第二历史档案馆，三九三 2892，《中央研究院气象所各测候机关事业概况》，1941 年 5 月—1941 年 9 月。

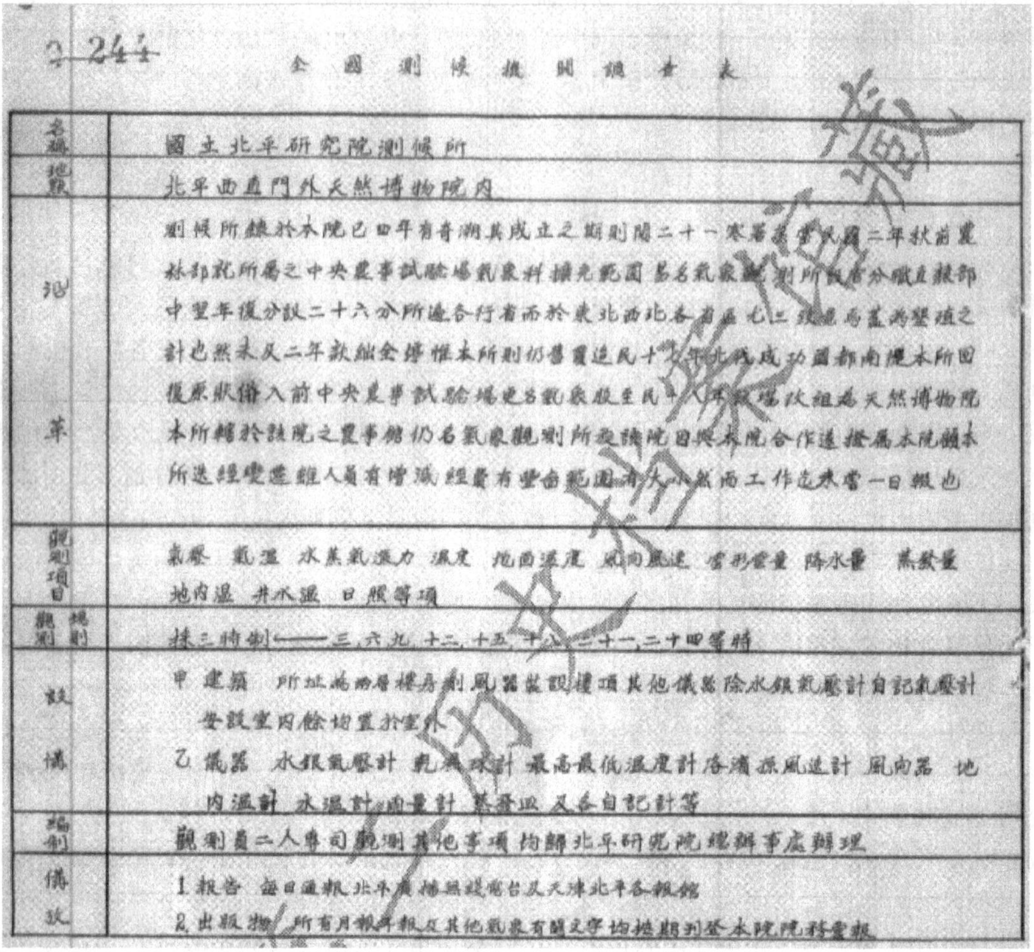

3-244

全國測候機關調查表

名稱	國立北平研究院測候所
地點	北平西直門外天然博物院內
沿革	測候所隸於本院已四年有奇溯其成立之期則閱二十一寒暑矣當民國二年秋前農林部就所屬之中央農事試驗場氣象科擴充範圍易名氣象觀測所設有分職直隸部中翌年復分設二十六分所遍各行省而於東北西北各省區尤三致意焉蓋為墾殖之計也然未及二年款絀全停惟本所則仍舊貫迨民十七年北伐成功國都南遷本所回復原狀併入前中央農事試驗場更名氣象股至民十八年該場改組為天然博物院本所轄於該院之農事館仍名氣象觀測所旋該院因與本院合作遂撥歸本院轄本所迭經變遷雖人員有增減經費有豐嗇範圍有大小然而工作迄未嘗一日輟也
觀測項目	氣壓 氣溫 水蒸氣漲力 濕度 地面溫度 風向風速 雲形雲量 降水量 蒸發量 地內溫 井水溫 日照等項
觀測規則	每三時測——三、六、九、十二、十五、十八、二十一、二十四等時
設備	甲 建築 所址為兩層樓房測風器裝設樓頂其他儀器除水銀氣壓計自記氣壓計安設室內餘均置於室外 乙 儀器 水銀氣壓計 乾濕球計 最高最低溫度計 洛濱孫風速計 風向器 地內溫計 水溫計 雨量計 蒸發皿 及各自記計等
編制	觀測員二人專司觀測其他事項均歸北平研究院總辦事處辦理
備攷	1. 報告 每日電報北平廣播無線電台及天津北平各報館 2. 出版物 所有月報年報及其他氣象有關文字均按期刊登本院院務彙報

图 1 《全国测候机关调查表》——“国立北平研究院”测候所①

史档案馆馆藏全宗号三九三国立中央研究院档案中查找到涉及中央研究院与全国各地测候所建设事业的公文与函件共计约 110 份。档案资料显示，为筹措全国各地测候所建设，气象研究所不仅为各地测候所建设提供纲领性指导意见，还深入细致地提供具体事宜上的帮助。

以安徽省为例，1936 年 5 月 13 日《竺可桢致气象研究所代所长吕炯函》中表示，“由中央研究院请行政院明令测候所尚未成立或稀少之各省，如贵州、云南、江西、安徽、湖北五省，鉴于气象飞航及水利之重要，嘱即速行设立为感。[5]”1936 年 7 月 30 日安徽省建设厅即函请中央研究院，表示“素仰贵院赞助气象事业，宏著热忱”，请求代为拟定一份最为经济的办法，欲筹备设立安庆二等测候所①。根据来函中对原有房屋、设备、观测情况的说明以及原有气象仪器名单，中研院 8 月 4 日函复《代拟设立二等测候所计划》一文，分从房屋、设备、工作、人员以及经费 5 方面对安徽省“建设厅”筹建测候所提供指

① 来源：中国第二历史档案管，三九三 218《安徽省建设厅中央研究院气象研究所代为拟定一二等测候所之组织设备及经常置预算案》，1936 年 7 月—1936 年 8 月。

导意见，可谓细致（图 2）。至 1937 年 10 月，安庆二等测候所正式建立。

安徽省政府建設廳公函　字第1846號

查氣象測候，至為重要，敝廳前於民國二十二年冬，曾向
貴院氣象研究所購辦測候儀器，就廳內原有房屋庭院，分別裝設，實施觀測，惟設備欠全，諸多簡陋，茲擬將原有設備，加以擴充，先於安慶省會成立二等測候所一所，住事廳經始，組織設備，均待規劃進行，素仰
貴院贊助氣象事業，容著熱忱，相應函請
賜予代擬一最經濟辦法，并將所需設備，組織兩項，最小限度之經費一併開列，又原有測候場所，前經
貴院氣象研究所黃逢昌君於二十三年來廳視察，究竟是否適宜，應否另遷地址及建築台屋之處，并希代為籌劃，一併
見示，至紉公誼。

此致

國立中央研究院

附原有儀器名單一紙

廳長 劉貽燕

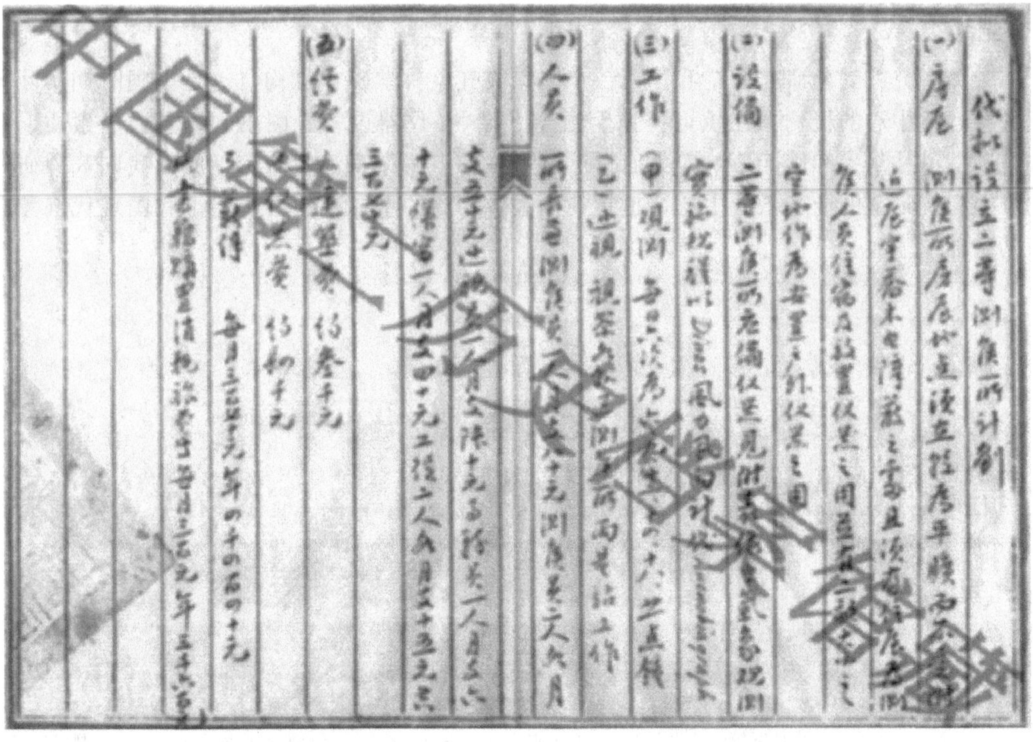

代擬設立二等測候所計劃

(一)房屋

(二)設備

(三)工作　(甲)觀測　(乙)

(四)人員

(五)經費

图 2　安徽省政府建设厅关于代拟二等测候所与中央研究院往来函（部分）①

4　培养气象科技人才

民国时期气象事业初创，没有专门培训气象观测人员的学校，仅有部分院校开设气象课程。竺可桢先生1918年从美国返回祖国，先后在武昌高等师范学堂、南京高等师范学堂和东南大学等大学执教，培养了我国最早的一批高级气象人才，但从数量上看当时在大学里读气象专业的学生真是“屈指可数”。竺可桢先生深感气象专业人才缺乏，各级测候所缺乏气象骨干更为严重。因此，竺可桢先生从1929年起，到1937年抗战爆发，在不到10年的时间，一方面陆续接受各机关、单位派来的气象人员几十名，给予其在气象研究所实习、进修的机会，以提高他们的业务能力；另一方面又先后开办4期“气象学习班”，招收高中毕业或者有相当高中程度的学生，开展气象学、数学、无线电、实用气象学、英语等多门课程，并开展实践实习活动，培训学员从事测候值班、仪器管理、绘制天气图和高空测候等具体工作①。

气象培训班每期培训班时间仅为数周，学生人数最多时也仅为三四十人，整体看来，气象所对气象人才的培养多以短期班的形式进行，时间短、规模小，然而培训班的教学和管理相当严格，又注重理论与实际相结合，因而从成效上看，气象所总共培养近百名学员充实到各个气象部门的工作岗位上去，大大缓解当时气象人员奇缺的现象，成为中国近代气象人才的摇篮。气象所培养出的著名气象学家和高层气象管理人才包括黄厦千、赵九章、吕炯、程纯枢、陶诗言及叶笃正等，他们在中国近现代气象事业的发展中都曾发挥过举足轻重的作用。

5　结语

中央研究院气象研究所是我国第一个国家级气象科学研究机构，也是民国时期实际承担气象行政中心的机构，在竺可桢先生领导下，“在仪器设备、图书刊物、人员素质、业务范围、科技水平和国际影响等方面早已超过……上海徐家汇观象台，成为我国气象研究的中心和实际上的业务指导中心，也是气象人才培养的重要基地，奠定了我国现代气象事业的基础。[6]”

参　考　文　献

[1]　吴增祥. 中国近代气象台站. 北京：气象出版社，2007.

[2]　竺可桢. 竺可桢文集. 北京：科学出版社，1979.

[3]　内政部. 内政法规汇编：第2辑. 内政部公报处，1934.

[4]　陈学溶. 中国近现代气象学界若干史迹. 北京：气象出版社，2012.

[5]　晨露夕舟. 1929—1941年间竺可桢发展地方测候事业相关信函选. 民国档案，2012 (1)：15-58.

[6]　《竺可桢传》编辑组. 竺可桢传. 北京：科学出版社，1990.

① 来源：中国第二历史档案馆，三九三218，安徽省建设厅请中央研究院气象研究所代为拟定一二等测候所之组织设备及经常费预算案，1936年7月—1936年8月。

鸦片战争前后西方在中国东南沿海的气象观测
Meteorological Observation by Western Countries in Southeast China Coast around the Opium War

何溪澄[1]　　冯颖竹[2]

（1.广州市气象局，广州 511430；2.仲恺农业工程学院，广州 510225）

摘要：通过介绍《中国丛报》中有关气象的3篇文章，揭示了鸦片战争前后西方在中国东南沿海的气象活动，对广州、舟山、上海等地的早期气象观测进行了回溯。

关键词：气象观测，气象史，鸦片战争

0 引言

第一次鸦片战争是中国近代史的开端，战前的广州是清政府准许的一口通商之城，于是，西方商人和传教士利用广州作为基地，收集中国的情报及开展汉学研究，西方基督教新教传教士创办的《中国丛报》期刊成为当时信息交流汇集的平台[1]。

《中国丛报》是一份英文月刊，名为 *Chinese Repository*，英文名直译就是"中国知识库"。《中国丛报》于1832年5月在广州创办，1836年迁到澳门出版，1844年迁到香港，1845年再移回广州，到1851年12月因经费短缺停刊。在20年的时间里，每月出1期，每12期为1卷（第9卷只有8期），每卷大约600页，办刊风格类似于同时期西方的学术期刊。广西师范大学出版社在2008年全文影印出版了该历史文献。

《中国丛报》是中国境内早期出版发行的报刊中最有影响力的刊物，它较详细地记录了第一次鸦片战争前后中国政治、经济、文化等方面的变化，是研究中国近代史开端时期的重要参考资料。本文挑选《中国丛报》中有关气象观测的3篇文章予以介绍，希望能为中国近代气象史研究增添新的史料。

1 1831年广州和澳门的气象观测

1757—1842年是广州一口对外通商时期，清政府对通商和文化往来的禁令，使当时西方人只能在广州和澳门居住。自1807年开始，西方基督教新教传教士带着先进的科学知识和仪器，来到广东沿海，担负着传道和了解中国的使命，中国各地区天气和气候状况是他们关心的一项内容。

1833年4月出版的《中国丛报》上刊登了一篇题为《广州和澳门的气候》的文章，文章没有作者的署名[2]。

该文首先指出中国的气候四季分明，适宜人类居住；中国有100岁以上的老人，老人

作者简介：何溪澄，广州市气象局高级工程师。主要从事城市气象研究。

能获得政府赏金和年轻人的尊敬；广东省在历史上常被认为是南蛮之地，气候不好，但事实上，广州的气候要优于世界上其他同纬度的一些城市。

文章接着描述了广州每月的气候概况，1月份的气候如下：

“一月的天气是干燥、寒冷的，与十一月、十二月相似，一般吹北风或偏北风，偶尔转南风时会导致气温明显上升。”

7月份的气候如下：

“七月是一年中最热的月份，中午的气温平均在88 ℉①左右，多雷暴和暴雨天气，几乎不中断地吹东南风或南风。”

值得一提的是，上面虽然是说气候，但诸如1月份北风转南风时气温会有明显的升高，已具有天气预报的萌芽。

文章以列表形式给出了1831年广州和澳门逐月的气温、气压，以及广州多年平均的月降水日数和风向频率，原文中温度的单位是华氏度（℉②），气压是英寸汞柱（inHg③），降水量是英寸（in④），表1是转换成摄氏度（℃）、百帕（hPa）和毫米（mm）后的广州1831年逐月气象观测数据，表2是广州1828—1831年4年平均的逐月风向频数。

表1 1831年广州逐月最高温度、最低温度、平均气压和降水量

月份	最高温度(℃)	最低温度(℃)	平均气压(hPa)	降水量(mm)
1	23.9	−1.7	1023.4	15
2	25.6	3.3	1020.3	43
3	27.8	6.7	1021.7	53
4	30.0	12.8	1016.9	142
5	31.1	17.8	1013.2	300
6	32.2	23.3	1011.9	282
7	34.4	26.1	1010.2	196
8	32.2	23.9	1010.8	252
9	31.1	21.1	1012.9	277
10	29.4	13.9	1016.3	140
11	26.7	4.4	1021.3	61
12	21.1	7.2	1023.7	23

表2 广州1828—1831年4年平均的逐月风向 单位：天数

月份	北	东北	东	东南	南	西南	西	西北
1	11.00	2.00	2.50	4.00	4.00	0.50	0	7.00
2	11.00	1.50	2.25	5.50	1.25	0.25	0	6.25
3	8.75	1.75	3.75	10.75	2.50	0	0.50	3.00
4	5.25	1.00	4.00	14.75	1.00	0.50	0	3.50
5	4.75	2.25	3.50	16.25	1.25	0.25	0.25	2.50
6	1.75	0.75	2.00	21.25	3.00	0.75	0	0.50
7	1.25	1.00	1.75	21.00	3.00	1.75	0.25	1.00
8	3.00	2.00	3.00	18.00	1.25	0.25	0.50	3.00
9	10.75	4.00	3.75	8.75	0	0	0	2.75
10	12.00	3.25	3.25	5.00	1.25	0.25	0.25	5.75
11	23.00	0.50	0.50	1.25	1.75	0	0	3.00
12	18.50	2.75	1.25	2.00	2.75	0	0.25	3.50

① 88 ℉约为31 ℃。

② 华氏度（℉）=32+摄氏度（℃）×1.8。

③ 1 inHg≈33.86 hPa。

④ 1 in=25.4 mm。

文中没有给出广州的气象观测人员和观测地点，考虑到当时清政府对西方人活动的严格限制，长期居住在广州的传教士或商人在十三行外国商馆内开展气象观测的可能性最大[3]。

2 1840—1841 年舟山的气象观测

1840 年，英国政府以保护英商利益为借口，发动了侵华鸦片战争。7 月 2 日，英国远征军 20 多艘军舰入侵舟山，6 日占领了舟山，直至 1941 年 3 月撤出。舟山岛是英国侵略者第一次以武力侵占的中国领土，英军占领期间，英国军队在舟山开展了较系统的气象观测，观测由英军伯兰汉号（Blenheim）战舰上的大副 W. H. Symonds 上尉等人具体实施。

题为《1840 年 9 月至 1841 年 2 月在舟山岛上的气象观测》一文刊登在 1841 年 7 月出版的《中国丛报》[4]。文章显示了舟山的气象观测项目相当齐全，观测的气象要素有气温、湿度、气压、辐射、降水、风向、风力和天气现象。观测时间从 1840 年 8 月 21 日—1841 年 2 月 21 日，气温、气压和湿度每天观测 6 次（06，09，12，15，18 和 21 时），辐射每天观测 4 次（09，12，15 和 18 时），为配合地磁观测，每月的第 21 日气象观测加密到每小时一次。

该文共 19 个页面，其中第 1 页为背景介绍，第 2～13 页为 1840 年 9 月—次年 2 月每天各观测时次的气压、温度、湿度、辐射、雨量、风向、风力和天空状况的列表，第 14、15 页是舟山岛每月的天气概况和气象要素的统计分析，例如，1 月的天气描述如下：

“本月多雨雾天气，气压计在 30.084 到 30.606 英寸汞柱范围内，最后两天下雪并伴有大风。本月西北风 20.5 天，西风 2 天，西南风 1 天，北风 2.75 天，东南风 1 天，静风 2.75 天。”

可见，出于海上航行对风向的关心，每月天气描述中对风向的描述最细，尽管当时风向观测还是依靠目测确定 8 个方位。

文中第 16 页是对气象观测表中风力等级的解释和天气现象标志的说明。风力采用弗朗西斯·蒲福（Francis Beaufort）根据风对地面物体或海面的影响程度定出的风力等级，即按强弱将风力划为“0～12”级，共 13 个等级，蒲福风力等级目前仍在有关部门使用。天气现象的记法则与现在有较大不同，当时不是用特定的天气符号而是用单个英文字母表示，如 b 代表蓝天（blue sky），c 代表多云（clouds），d 代表毛毛雨（drizzling rain），f 代表雾（foggy），h 代表冰雹（hail），l 代表闪电（lightning），m 代表雾霾（misty haze atmosphere），o 代表阴天（overcast），p 代表阵雨（passing temporary shower），q 代表大风（squally），r 代表雨（rain），s 代表雪（snow），t 代表雷（thunder），v 代表远方物体可见（visible clear atmosphere），w 代表露（wet dew）等，这些字母可以组合使用。

第 17～19 页给出了 1840 年 8 月 21 日、9 月 21 日、10 月 21 日、12 月 21 日和 1841 年 1 月 21 日逐时的气压、温度、湿度、辐射、风向、风力和天空状况的原始观测记录。图 1 是 1840 年 8 月 21 日和 9 月 21 日的逐时气象记录，其中气压的单位是英寸汞柱，干、湿球温度表的单位是华氏度，辐射事实上是测量白天的黑球温度，因而单位也是℉，风向采用 8 方位，风力采用蒲福等级。

Hourly Register

Of the BAROMETER, THERMOMETER, RADIATION, *and* WEATHER,—*Taken on the 21st of the Month.*

AUGUST.

Time. A. M.	BARO. Baro.	Thr.	THER. Air.	Wet.	RADIATION. Blk.	Com.	WEATHER. Direction, Force, &c.
5h 5m.	29,960	77	75	75			Calm, 0 bcm;
6.57	964	78	77	76	83	83	Calm, 0 cm;
7.56	974	80	80.5	78	89	89	Calm, 0 c;
9.4	30,022	84	88.5	84	111	108	N. E. by E. 3 bc;
10.3	008	89	95.5	82.5	116	112	Calm, 2 bc; cumulus.
11.0	29.986	89	97.5	83	120	115	
1.15	996	89	91.5	82	clou	dy	E. N. E. bc;
1.58	30,008	89	88.5	81	96	92	E. by N. 3 c;
2.57	29,992	90	94.5	83.5	125	113	Calm, bcm;
3.58	996	91	89	82	111	102	N. E. by E. 4 bcqm;
5.5	30,018	87	86.5	80	107	99.5	N. E. 4 cm;
6.0	29,992	83	82	79	over	cast.	N. by E. 3 cm;
6.59	30,006	81	78.5	76			Calm, 0 bcm;
7.59	012	81	78.5	77			Calm, 0;
8.59	040	80	78	77			N. E. 1;
10.28	022	81	77.5	77			Calm, 0 bm;
12	012	80	78.5	76.5			Calm, 0 bm;
1.12	002	80	78	77			Calm, 0 om;
2.2	29.948	79	77.5	76			Calm, 0 bcm;
3.0	994	80	77.5	76			N. 1 bcm;
4.4	992	80	77	76			Calm, 0 om;
4 56	30,006	78	75	75			Calm, 0 rom;
5.59	30,002	78	76	76			Calm, 1 pom;

SEPTEMBER.

Time. A. M.	BARO. Baro.	Thr.	THER. Air.	Wet.	RADIATION. Blk.	Com.	WEATHER. Direction, Force, &c.
5h.5m.	29,960	72	69	70			
7.0	978	72	71.5	70			Calm, 0 o;
8.0	30,000	75	74.5	71	83	82	N. W.ly 2 o;
9.0	026	77	77.5	72	163	99	W.ly 3 bcm;
9.58	024	82	83	75	102	97	N. E. 3 bc;
11.2	30,000	82	82.5	74	clou	dy	N. E. 4 bcm;
11.57	29,994	83	85	76	103	102	N. E. 4 bc;
1.0	986	85	86	77	105	99	N. E. 4 b;
2 1	976	86	87	78	102	99	N. E. 4 b;
2.58	990	86	88 5	78	103	96	E. N. E. b;
4.1	978	84	85.	75	94	88	N. E.
4.55	978	83	84	76	90	85	N. E.
6 1	992	79	75	69			N. N. E. 4 b;
7.4	30.000	76	72	68			N. N. E. 3 b;
8.5	30,000	74	72	68			N. E.ly.
9.3	022	73	71	68			N. E.ly.
10.4	022	73	71	68			N. E.
10.56	30,000	73	71	68			N. E. 2 b;
11.58	29,988	74	72	70			N. E. bc;
1.1	30,002	74	72.5	70			N. N. 0 o;
2.5	29.973	74	72	69			N. N. E. 1 o;
3.2	968	73	73	69.5			N. E. 2 o;
4.0	960	73	72	69			N. E. 0 o;
5.6	952	73	71	69			N. E. 0 o;

图 1　1840 年 8 月 21 日和 9 月 21 日舟山气象观测记录

3　1844—1847 年上海的气温观测

1842 年，清朝在与英国的第一次鸦片战争中战败。8 月 29 日，清政府代表在泊于南京下关江面的英军旗舰康华丽号上与英国签署《中英南京条约》。英国除获得战争赔款和占据香港外，还迫使中国开放了东南沿海的五个通商口岸，条约写道：“自今以后，大皇帝恩准英国人民带同所属家眷，寄居大清沿海之广州、福州、厦门、宁波、上海等五处港口，贸易通商无碍；且大英国君主派设领事、管事等官住该五处城邑，专理商贾事宜，与各该地方官公文往来。”

《中英南京条约》之后，法国、美国等西方国家也迫使清政府签订不平等条约，条约内容不仅包括享有英国在中国的特权，还允许外国兵船自由出入中国通商口岸，以及可在通商口岸建立教堂、医院等。

《中国丛报》在 1848 年 10 月刊登了一篇题为《上海气温观测》的文章[5]，文章写道：上海于 1842 年向外国人开放后，我们发现上海的气候比原先预期的更加舒适。过去有些人以为上海海滩是块沼泽地，这是错误的。现在我们知道，上海的海拔高度虽然低，但陆地的土壤大多是干燥的，大气也非常清新。

表 3 给出了 1844 年 7 月—1847 年 12 月上海逐月最高温度和最低温度，其中气温单位已从原文的华氏度换算成了摄氏度。资料是由仁济医院创办人雒魏林（William Lockhart）提供的，气温观测地点就在仁济医院内（1844 和 1845 年在上海市小南门外，1846 年 7 月移至山东中路现址），气温观测的目的主要是为了便于开展疾病，特别是流行病的统计分析。

此外，《中国丛报》在 1849 年 10 月份刊登的题为《中国的教会医院》中给出了上海 1848 年温度观测的逐月统计数据[6]，在 1850 年 6 月份刊登的《医务传道会报告》中给出了 1849 年的上海温度资料[7]。

表 3　1844—1847 年上海逐月最高温度和最低温度

	1844 年		1845 年		1846 年		1847 年	
月份	最高温度(℃)	最低温度(℃)	最高温度(℃)	最低温度(℃)	最高温度(℃)	最低温度(℃)	最高温度(℃)	最低温度(℃)
1	—	—	16.7	−4.4	8.3	−8.9	17.2	−4.4
2	—	—	14.4	−0.5	12.8	−3.9	17.2	−6.1
3	—	—	26.7	0.0	13.9	−0.5	25.0	−5.0
4	—	—	23.9	5.0	27.2	6.7	26.7	3.3
5	—	—	30.6	10.6	31.1	8.3	28.3	7.8
6	—	—	32.2	15.0	37.8	16.1	32.2	16.7
7	37.8	23.9	34.4	19.4	36.7	23.9	33.9	22.2
8	36.1	23.3	34.4	20.0	33.3	20.0	33.3	20.0
9	32.8	17.2	31.1	17.2	32.2	15.6	33.9	16.7
10	29.4	5.0	26.1	9.4	26.7	7.8	27.8	7.2
11	22.8	4.4	22.8	2.7	21.1	−2.2	25.0	5.0
12	17.8	−3.3	16.1	−9.4	18.3	−3.3	19.4	−6.1

4　进一步的讨论

(1)《中国丛报》是由最早一批来华的基督教新教传教士主办的，记载的气象资料揭示了西方在中国境内早期的气象活动，这些史料为中国气象史研究增添了新的内容，如广州在鸦片战争前就有近代气象观测，上海最早开展的气温观测是 1844 年位于仁济医院内。

(2) 第一次鸦片战争期间，侵华英国远征军的各式战舰中虽然有少量动力足、航速快、机动性强的蒸气船，但当时的蒸气船吨位小，安炮少，在作战中不是主力，多数战舰还是依靠风作为动力。英军从印度殖民地出发到珠江口，以及从珠江口沿中国东南沿海北上，需利用夏季风。英军两次北犯的时间分别选择在 1840 年 6—8 月和 1841 年 8—9 月，说明鸦片战争前西方对中国气象情报的搜集在战争中起到了重要作用。

(3) 广州、上海的气象观测和气候统计也许有西方在华人员个人的科学爱好和职业需求的成分，在舟山的气象观测则是英国军队所为。根据 1841 和 1842 年发表在《中国丛报》以及《自然历史杂志》上有关舟山的系列文章[8-10]，可以推测，在占领舟山期间，英国在舟山可能开展了气象、地理、地质、物产和动植物学等方面的综合调查。这旁证了当时英国曾想将舟山岛作为其殖民地的企图[11]。

(4) 表 1 和表 3 中的月最高（最低）气温是指该月逐日气温的最大（最小）值，与气象学上的极端最高（最低）气温意思相近，但由于当时每天只有上午、下午各一次温度和气压观测，因此月最高（最低）温度要小（大）于实际的极端月最高（最低）温度。表 1 中最醒目的就是广州 1 月份的最低气温明显低于现在的观测值，尽管存在观测仪器和观测方法带来的不确定性，还是可以推测当时广州冬季的最低温度很可能比现在低。

(5) 广州 1831 年的年降水量为 1784 毫米，冬季降水少，前汛期和后汛期各有一个降水量峰值，这些都符合现在广州的降水量分布特征，说明广州市的年降水量及季节分布在过去 180 年没有发生明显的变化。

参　考　文　献

[1] 刘圣宜，宋德华. 岭南近代对外文化交流史. 广州：广东人民出版社，2009：50-59.

[2] Climate of Canton and Macao. Chinese Repository，1833，1（12）：488-491.

[3] 顾长声. 传教士与近代中国. 上海：上海人民出版社，2013：19-23.

[4] Meteorological observations made at the island of Chusan from the month of September 1840 to February 1841. Chinese Repository，1841，10（7）：353-374.

[5] Observations on the Thermometer of Shanghai. Chinese Repository，1848，17（10）：527-528.

[6] Missionary Hospitals in China. Chinese Repository，1849，18（10）：505-514.

[7] Reports of Medical Missions. Chinese Repository，1850，19（6）：306-310.

[8] Topographical account of Chusan：its territorial divisions，population，productions，climate etc. Chinese Repository，1841，10（6）：328-340.

[9] Notices of Chusan：its geological，formation，climate，productions，agriculture，commerce and capabilities，people etc. Chinese Repository，1841，10（8）：425-431.

[10] CANTOR T. General features of Chusan，with remarks on the flora and fauna of that island. The Annals and Magazine of Nature History，1842，9（58）：265-278.

[11] 王文洪，俞强，来其，等. 西方人眼中的近代舟山. 宁波：宁波出版社，2014：131-163.

清华大学历史上的气象系（1929—1952年）
Historical Meteorological Dept. of Tsinghua University（1929—1952）

武海平

（清华大学地球系统科学研究中心，北京 100084）

摘要：本文首先简要回顾了清华大学地学系的历史沿革，随后重点介绍了地学系气象组（后为气象系）在1929—1952年办学期间的课程设置、科学研究和实验室建设、学生就业等情况。

关键词：清华大学，地学系，气象系

1 历史沿革

清华大学成立于1911年，最早是清朝政府利用“庚子赔款”建立的留美预备学校，随着学校逐步发展，1925年设立大学部开展本科教育，1928年更名为“国立清华大学”。在1925年清华刚刚设立大学部的时候，就开设了中国地理课程。1929年6月通过的《国立清华大学规程》决定设立地理学系，1932年更名为地学系。所以，目前一般认为清华地学始于1929年。

清华大学地学系成立之初，就大力发展地理学、地质学和大气科学三个学科，当时分设地理、地质、气象三组，均有雄厚的师资力量支持，比如：地质组有翁文灏、袁复礼、谢家荣、冯景兰、张席禔等教授，地理组有王成组、洪绂、张印堂、黄国障等教授，气象组有黄厦千、李宪之、涂长望、赵九章等教授，他们都为清华地学系的发展做出了杰出贡献。

1937年抗日战争爆发，清华大学南迁，当年11月和南迁的北京大学、南开大学联合组成“国立长沙临时大学”，由此三校的地学相关的系所得以合并，成立了“地质地理气象学系”，孙云铸任系主任。1938年3月，国立长沙临时大学南迁昆明，更名为“国立西南联合大学”，“地质地理气象学系”随之亦迁往昆明。这个时期，气象系的师资仍然比较雄厚，李宪之、赵九章、刘好治、谢光道、高仕功等教授任教于地质地理气象学系的气象组。

抗战时期国家内忧外患，物资匮乏，气象仪器几乎为零，水银气压表、风速风向仪、简单的温度计湿度计、雨量筒都没有，气象观测实习全靠眼看和手感。专业的图书资料也几乎为零，教授们凭记忆授课，学生们靠笔记学习。但师生们克服了种种困难，完成了教学任务，为今后发展做了很多铺垫工作。

作者简介：武海平，副研究员，清华大学地球系统科学研究中心副主任、党总支副书记。研究方向为计算机系统结构、高等教育管理等。

1945 年抗战胜利，1946 年清华大学北平复校后重新建设了地学系，包括地质、地理两组，另外单独组建了气象学系，李宪之任系气象学系主任。他任系主任后，首先抓教师队伍建设，一方面送西南联大时期的助教相继出国深造，另一方面又逐年留下新毕业生任教。1950 年，李宪之还聘请了刚获美国芝加哥大学博士学位的谢义炳任教，邀请中央气象局局长涂长望教授、联合天气分析预报中心顾震潮教授来清华兼课。

1952 年全国院系调整，清华地学系和气象学系并入北京大学；地质学系与北京大学、天津大学和唐山铁道学院的地质系合并，成立北京地质学院（现中国地质大学）。

2 课程设置

清华大学地学系创办之初即以“课程力求广博，以期造就多方面人才”为宗旨。在课程设置上，“除专习地理应有之各种理论地理及区域地理等基本学程外，为适应现在国内之需要，复设各种专门学程，如关于气象方面之气象观测与气象预告等。其目的在使本系学生则其兴所近，与所专习，毕业后，各有服务社会之特长”。这种理念，同现在的“通识教育”很接近，在当时中国高等教育界是绝无仅有的。

那个时期清华大学地学系开课以“与他校少有重复课程，多有互助课程”为原则；不仅讲授书本知识，而且注重测量、制图、气象观测等技能训练。培养的并非是专长单一的人才，而是具有地理、地质、气象 3 门学识的通才学生。起初因为本系开设课程不足，需要选修其他系的课程，1932 年以后随着本系师资力量增加，在专业培养计划中逐步增加了本系必修课，减少了其他系的选修课。共同必修的本系课程有普通地质学，自然地理、人文地理、气象学等。表 1 列出了当时清华大学地学系气象组分年度的课程设置。

表 1 民国前期清华大学地学系气象组分年度课程设置

学年度	课程设置
第一年	普通地质学
第二年	自然地理、人文地理、气象学、大学物理、普通测量、第二外国语、野外实习
第三年	气象观测、天气预报、中级物理(热光电)、第二外国语、微分方程式
第四年	气候学及世界气候、理论气象学
选修课程	古生物研究、航空气象学、农业气象学、东北经济地理、西北经济地理、中国自然区域研究、地文及构造地质研究、中国经济地理论文选读及专题研究、边疆地理、政治地理

清华大学地学系要求学生“不但用耳用目地学，还要动手动脚地学”。地学系 41 门主修和选修课程中，包含室内实习、野外实习的课程就有 25 门。野外实习为二、三、四年级学生公共必修课，大多利用每年春假到近郊或外地山区进行，实习完要做一份详细的《实习报告》。

比如黄厦千先生讲授的《气象学》一课，最初在校园西北角设有气象园进行实测。1931 年春，清华大学气象系以 3 万 3 千余元（旧币）建成对径 24 英尺[①]、高 5 层 90 英尺之八角形气象台一座。内装设有测气压、风力、温湿度、降水量等仪器，后又添置了口径

① 1 英尺≈0.3 米。

130 毫米、放大 275 倍的赤道望远镜，所有设备达到国际先进水平。图 1 是当时清华大学气象台照片。

图 1　20 世纪 30 年代的清华大学气象台

3　科学研究与实验室建设

1937 年时清华大学地学系就拥有了较好的科研条件。表 2 是清华大学地学系气象组 1937 年时的实验设备表，从表中可以看出当时清华大学气象学专业已具备较为齐全的实验设备，包括建筑、仪器、图书及模型等，颇具规模。

表 2　1937 年时清华大学地学系气象组科研设备表

类别	名称	用途
建筑	气象台	气象台于 1931 年春落成，为每日观测及气象课程实习之用。
图书	书籍	中文书约 1500 册，西文书约 2500 册。
	地图	挂图 15 种共 400 余幅，地图集 60 册，中国地形图 4 种共 3500 余张，亚洲地形图 3 种 100 余张，美国地形图 7 种共 4000 余张，地图模型 10 余件。
	杂志	36 种共 2000 余册
仪器	绘图仪器	30 余件
	测量仪器	20 余种
	野外考察应用仪器	高度计、指南针、手提水准照相机等共 40 余件。
	气象仪器	气压测量仪 10 种，气温测量仪 13 种，湿度蒸发测量仪 4 种，其他气象仪器 10 种。
	显微镜	10 架
	显微照相仪	1 架
	测磁仪	1 架
	蔡司幻灯	1 架

在气象学研究方面，气象台主任由黄厦千先生亲自担任，同时还设有三个专职的技术人员，他们经常进行地面层及上层空气状况的观测，并自 1939 年 1 月 1 日起，逐日对校内外发布北京附近的气象报告及外埠各地天气状况报告。气象组在西南联大时期完成论文 20 余篇，如赵九章的《大气涡旋运动》，李宪之的《台风预报法》等，在国内外产生了一定的影响。

抗日战争北平沦陷期间，气象台被日寇作为豢养军犬军马的场所，台内台外，垃圾成堆，恶臭熏天，破败不堪。抗战胜利清华复校后，气象台在废墟上重建，恢复观测和天气预报工作。当时在华北地区，清华大学气象系的天气观测资料是最完整、最可靠、最全面、最准确的，每月还以报表的形式与国外交流。解放初期，新中国各项建设迅速上马，北京、天津、太原等地的营建单位常到清华气象系收集资料，询问问题，特别值得一提的是，清华气象台深达 12 米的地温观测资料对于农林发展、国防建设都有重要用途，这说明清华大学气象台不但是本系教学和科研的基地，而且面向社会为国民经济提供气象服务。

4 学生就业情况

1952 年前的清华地学系采用的精英教育方式，每年毕业生人数比较少，学生毕业后大体有三种选择：一是留校任教，二是继续深造，三是去政府机关任职。以清华大学地学系第一位毕业生钟道铭为例，他毕业后考取了中英庚款第二届公派留学生，进入英国伦敦大学攻读博士学位，抗战初期回国，历任西南联大、中山大学、南昌大学、河南大学、西北大学等校教授。

冯景兰在清华大学地学系概况中曾提到，清华大学地学系气象组毕业的学生可以从事农业、水利、航空、航海等各个方面的气象观测。确如他所言，清华大学地学系尽管成立时间不长，但很多学生毕业后从事航空、航海的气象观测事业，也有不少供职于气象研究所和政府机关。比如我国著名气象学家、统计气候学奠基人么枕生教授 1932—1936 年就读于清华大学地学系气象组，毕业后在中央研究院气象研究所工作，后在西北农大、东北大学、浙江大学和南京大学任教。

到 1952 年院系调整为止，清华大学地学系共培养毕业生 200 多人，其中许多人成为著名的学者、教授。据不完全统计，有 53 位清华校友先后当选为中国科学院地学学部院士（学部委员），荣获 2003 年世界气象组织最高奖及 2006 年获国家最高科技奖的杰出气象学家叶笃正院士就是其中一位。叶笃正 1940 年毕业于清华，一直孜孜不倦地研究我国气象，主要成就包括建立青藏高原气象学、发现大气环流的突变、提出大气能量频散理论、倡导与可持续发展相联系的全球变化研究以及人类有序活动对全球变化影响的适应等，为我国现代气象业务发展做出了卓越的贡献。

参 考 文 献

[1] 清华大学校史研究室. 清华大学史料选编：第一卷. 北京：清华大学出版社，1991.

[2] 清华大学校史研究室. 清华大学史料选编：第二卷. 北京：清华大学出版社，1991.

[3] 清华大学地理系之暂定课程. 地理杂志，1929，2（5）.

[4] 北京大学，清华大学，南开大学，等. 国立西南联合大学史料：一～六. 昆明：云南教育出版社，1998.

我国气象站基础业务现代化历史上的一幕

History Recalls: Two Modernized Business Services of Weather Stations in China

张学文

（新疆维吾尔自治区气象台，乌鲁木齐 830002）

摘要：回顾了中国气象部门在20世纪80年代业务现代化进程中一些重要事件，包括地面、测风与探空观测业务，叙述了新疆气象台计算机等新技术的历史发展过程。

关键词：观测，现代化，新技术

0 引言

20世纪80年代我国告别了“文化大革命”的动乱，在很薄弱的经济和技术基础上开始了现代化的征程。时任中国气象局局长邹进蒙对此十分积极。他给我国气象工作者的气象现代化的图景是买大型计算机搞数值预告、搞中国的气象卫星等。至于分布在各个县城的上千的气象站在气象现代化中做什么，如何做，并没有明确的主意。观测员去观测场观测“天空状况”、读百叶箱里的温度表、回值班室查换算表，编发气象电报，做气象报表是其经典业务活动。显然这些业务活动与神秘、昂贵的计算机难以联系起来。花钱买计算机去代替气象站业务不仅没有必要也没有经济能力。显然那时的基层气象站如何搭上现代化的快车是个不清楚的问题。

1 一个思路

20世纪70年代末，可以做加减乘除的电子计算器进入我国。1980年我借到了一个很小但是可以编程的计算器用到我的降水统计上。由于我比较了解气象站观测基本业务，也热心现代化，我认识到如果把这种小的可编程计算器（袖珍计算机）用于气象观测计算和气象电报的编码业务中，全国的气象站岂不是把气象基本业务向现代化的方向推进了一大步吗！我激动地认为这是重大的气象业务方向问题，于是放弃了当时的降水统计研究，投身于此。可编程序的计算器配上对应的程序可以帮观测员编写气象计算程序，而且关机后程序不丢失，这成了一个重要的新闻传向全国同行。这个思路和我们的努力逐步得到新疆维吾尔自治区和国家业务主管的理解支持和承认。想来这确实是我国气象站现代化的一个切实的切入点。一位老观测员知道了这个情况居然高兴得跳了起来。

2 地面、测风、日射及探空观测业务的现代化

20世纪80年代初我是天气研究室主任，有了这个新思路以后就放弃了天气研究，转

作者简介：张学文，研究员。从事计算机开发、气象科技研究等工作。

而投身于这个推进气象观测基本业务现代化的方向。

地面观测、日射观测、测风观测和探空观测是气象站的 4 个基础业务活动。我们认为小小的可编程计算器，配上自己编的 Basic 程序就可以把这四项基本业务中的基本数据处理、计算、查表、编气象电报的工作自动化。于是我们就在当时内存只有 1000 多字节的有 Basic 程序的 SHARP 公司的 PC-1211 计算器上，研制了地面、日射、测风及探空观测的 4 个基本数据处理程序。《新疆气象》杂志特地出版了一个专辑名称是《程序式计算器上的气象观测程序》[1]。由天气研究室编著的这个专辑印了 900 册，很快被销售一空。

研究室编的程序要变成观测员的业务实用，显然还需要一个过程。新疆维吾尔自治区气象局业务处的杨锡生、科教处的陈明柏对此十分认可并且进入了有关组织工作。而气象局从克拉玛依气象台调来了懂 Basic 程序的探空员景祥宝研制功能更强的探空观测软件，从伊犁气象学校调来了熟悉地面观测和 Basic 的王岩老师，以开发功能更强的地面观测软件。我们先组织了测风观测程序的鉴定，并且获得了中国气象局有关部门的认可。即它可以先用于新疆测风业务中。于是新疆为有测风的 20 多个气象站配备了 PC-1211 计算器，办了培训班。从而使延续多年的测风业务用上了有编程的计算器。新疆迈出了气象观测基本业务现代化的一步。

随后我们组织了由新疆的景祥宝等编写的在内存更大的 PC-1500 计算器上的处理全部探空数据的 Basic 程序。这个程序经中国气象局认可，并且在全国探空气象站推广。于是一个由可编程计算器（配有对应的 Basic 程序）用于气象部门基础观测业务的现代化活动，逐步成为气象部门的共同目标。这在我国基层气象部门现代化中具有里程碑的意义。

3 新疆气象局特设的“新技术发展办”

为了推进这个业务新方向，新疆气象台的天气研究室翻译了两种日本的可编程计算器的英文说明书。后来功能更强的 SHARP 公司的 PC-1500 计算器进入我国，它更适合气象观测业务。天气研究室还组织（张学文、张丙午、郭爱卿）翻译了它的接口部件的说明书。后来气象出版社专门派人来新疆组织了对 PC-1500 计算机英文说明书的中文版的组稿和出版（内部印 2 次）[2]。出版社用我们与新疆水利水电勘测设计院人员共同翻译的书稿印了 60000 册。这也推进了我国各领域科技人员使用袖珍计算机的步伐。由我们参加翻译的该书也成为气象出版社有史以来印量最大的图书（后来还再版印刷了 10000 册）。

新疆气象局时任局长王为德为推进这个现代化活动，经过中国气象局邹局长同意，允许新疆另外设一个处级单位“新技术发展办公室”。1986 年王为德把我调过去任主任，还配了数位有气象业务背景又新学了计算机知识的人员。省级气象局有这样一个机构，就使得推进气象业务现代化的工作更为顺畅。

20 世纪 80 年代中期的 PC-1500 袖珍计算机是基层气象站的主选机型，而且它也是各个技术领域工程师们热衷的新工具。新疆气象局的新技术发展办公室则配合这种需要，还开发了有关这个计算机的软件、硬件和维修技术。我们设计研制的硬件把 PC-1500 计算机与气象部门接收气象电报用的电传机连接了起来。我们保证了对气象部门推广新技术的技术支持，还组织进口了计算机的配件，保证了全国气象部门的计算机维修需要。一时间新疆气象局的“新技术发展办”成为气象部门的技术革新的旗手。其时我国的气象年鉴还专门统计各个省区气象局的 PC-1500 袖珍电子计算机的数量，以此作为其现代化的一个指标。

4 服务社会和有偿服务

新疆气象局那时的“发展办”不仅为气象部门的基层气象站现代化服务提供了技术后盾，而且也为我国新兴的信息化、现代化做出了贡献。

20 世纪 70 年代电子计算机仅是少数数学专家可以接触的神秘的高新尖的庞然大物，到 80 年代，台式计算机刚出世，价格是 PC-1500 的数十倍。而当时 PC-1500 袖珍计算机在我国大约进口了数万部。它成为全国各个领域的用惯了计算尺的工程师们业务现代化的主要支点。而疆气象局的这个“新技术发展办”一时间却成为这个领域的先导者。全国袖珍计算机协会请我们的人（如郭兆兰、孟晓荣、刘锡宏等）办学习班，有偿转让保密技术，我们的人员到全国各地搞内存扩大服务。气象出版社出版了我们的 PC-1500 使用说明书的中文版以后，还出版了我们就此计算机的有关技术和开发的全面介绍的书，印 10000 册，我们先前的保密技术也在书中全部公开。

20 世纪 80 年代初气象业务部门可以对社会开展有偿服务工作。但是气象部门有什么项目可以有偿推向社会？这是各省气象局普遍不明确的问题。

而我们对 PC-1500 计算机的内存扩充技术、维修技术、接口技术在当时都处于全国领先地位。于是技术发展办公室开展了这些面对社会的技术服务，而且取得了经济效益。最初阶段“发展办”几个人的创收竟然占了新疆气象局创收的 50%。

5 尾语

1981—1986 年我几乎把力量都投入了气象基层气象站现代化的活动中去了。1986 年我被调入新疆气象研究所任所长，就告别了这个红极一时的新技术开发事业。随后的局面是“微机”在我国大普及的热潮，而小小的袖珍计算机热也就在中国社会上退潮了。

回想那几年，确实是激动人心的岁月。我学了很多新知识，也在技术革新的具体环节中做了贡献。我一度在社会的进步、气象部门的技术进步环节上走在前列，这始终是一段美好的回忆。

参 考 文 献

[1] 张学文，孟齐辉. 程序式计算器在新疆气象系统的应用研究. 新疆气象，1983 (3)：1-6.

[2] 张校正，李斌良，张学文. 袖珍计算机编写程序语言及外围设备. 北京：气象出版社，1984.

附一篇

关于气压订正技术的沉浮往事

张学文

（新疆维吾尔自治区气象局，乌鲁木齐 830002）

最近思考我国人对天气学之贡献，觉得被历史忘记的韦中达值得特别提出。

原青海省气象局总工尹道声曾经对我说，韦中达曾是青海的气象人员。他在20世纪50年代后期发表在《天气月刊》上的关于我国的气压订正的文章，促使亚洲地面天气图上的海平面气压场的面貌有了很大的改进。

确实，韦中达建议的气压订正技术使地面天气图上的欧亚地面天气系统得以完整地从欧洲、亚洲西部连贯的进入我国西部进而到我国东部以至日本。可以说没有这种新的海平面气压订正技术，从西北进入亚洲的冷高压几乎在天气图上与我们捉迷藏。

我们知道天气图上的天气系统主要是自西向东移动。经典的局面是一个一个的天气系统从欧洲或者亚洲西北部逐步向东南移动而进入我国。显然我国的气象预报员要依靠它的活动情况而预报天气。

但是以上的情况仅在高空天气图上清楚。在地面天气图上则出现了乱局。1956年，我在北京大学做学生，老师让我们自己分析地面天气图。可我国西北地区、蒙古国地区的地面图上气象站的海平面气压数值十分混乱。开始时你几乎无法相信气象站提供的海平面气压数据是可用的。结果是欧洲、亚洲西部的天气系统与我国东部的天气系统在我国西部连不起来。地面天气图上的等压线出现大面积的空白。这显然严重影响了预报员做天气预报的把握性。

确实我国西部和蒙古国的地面天气图上各个气象站的海平面气压不是没有数据，但是经典的情况是早晨气象站的气压太高，而下午的气压又低得不可思议。

为什么这些地区的海平面气压如此异常？

原来气象站提供的海平面气压值都是从气象站本站气压经过高度订正（按照静力学方程）而计算出来的。如果气象站本身的海拔不算高，那么气压的订正值就不算大。如果气象站的海拔高于海平面800 m，那么订正值就严重影响了所谓的海平面气压值。

我国西北地区和蒙古国的很多地区地势高，所以那里的气象站从本站气压换算为海平面气压时出现“不大合理”的情况是意料之中的。

就在大家无可奈何时，在西部工作的气象人员韦中达站了出来，他对海平面气压的订正公式作了一个修订，使得预报员看到了高海拔的我国西北地区的气象站提供的海平面气压值却可以使来自欧洲、亚洲西部的海平面气压系统顺当地与我国东部平原地区的气压场连通起来。

我在1957年到新疆维吾尔自治区气象台工作，而那时新疆气象台的天气图已经没有我在1956年在北京大学实习时遇到的尴尬了。也许因为有这个经历，我对于提出这个技术改进方法的人心存感激又记忆深刻。

韦中达是如何修订了气压订正公式的呢？

其实他提供的方法简单又合理：气压订正时要用到当时的测站温度，所以他提出改用最近24小时的平均温度（无形中消除了温度的日变化!）代替观测时的温度再做订正。

想一想确实，西北地区温度的日变化很大，世界气象组织推荐的计算方法，对于海拔不很高、温度日变化不很大的情况是可以的。但是遇到气象站海拔高而温度日变化又大的情况，即便本站气压变化不大，可温度的日变化就可以导致订正的海平面气压有很大的虚假的日变化。而韦中达的办法巧妙地消除了这个不合理因素！

韦中达的改进意见刊于当时著名的刊物《天气月刊》上。这个技术动议后来被中国气象局业务部门接受并且主持把它在全国所有的气象站推广。

可以说是中国人的方法使欧洲与亚洲的地面气压系统在海平面天气图上连贯起来了。

我认为这是我国科技人员对天气图分析技术的一个贡献。

20 世纪 50 年代韦中达的这个合理化建议技术合理，适用意义大。可当时中国并不是世界气象组织的成员，这个好建议是否在世界上获得推广我并不清楚。我认为这应当提供给蒙古国等有高原气象站的国家。而这个事至少要写入我国的气象史书中。

菲茨罗伊与《天气学手册——实用气象指南》
Fitzroy and The Weather Book: A Manual of Practical Meteorology

杨萍

（中国气象局气象干部培训学院，北京 100081）

摘要：罗伯特·菲茨罗伊（Robert Fitzroy，1805—1865 年）是英国著名的气象学家。作为天气预报业务的创始人，创造了“天气预报”这一气象专用术语，于 1863 年撰写的 *The Weather Book：A Manual of Practical Meteorology*（正文简称《天气学手册》）深入浅出地介绍了其在气象学研究方面的多年研究成果，是一本可以让大众阅读的气象学实用指南。文中简要介绍了菲茨罗伊的人生经历，并以菲茨罗伊的代表作《天气学手册》为重点，梳理了菲茨罗伊在气象学方面的研究成果，重点介绍了菲茨罗伊在气象仪器、全球气候特征、天气预报等方面的认识，并围绕菲茨罗伊的科学研究成果浅谈了其对气象学的主要贡献。

关键词：菲茨罗伊，天气学手册，气象预报，气象观测仪器

0 引言

罗伯特·菲茨罗伊（Robert Fitzroy，1805 年 7 月 5 日—1865 年 4 月 30 日），英国海军中将、水文地理学家、气象学家，英国气象厅（The Met Office，英国气象局的前身）的创始人。尽管菲茨罗伊最为人知晓的身份是“贝格尔号”（the Beagle，又译为“皇家海军号”）的船长[1]，在航海史方面的贡献为人们熟知，但是，从他的个人经历及出版的著作来看，菲茨罗伊对气象学的贡献巨大，是一位眼界超前、科学素养很高的气象学家。他在 1861 年建立的海上风暴预警系统开创了一项先锋性的服务，并在此基础上，将气象理论与实践相结合，以官方名义正式发布了全球第一份天气预报，被后人称为世界上第一个真正意义上的天气预报员[2-3]。

19 世纪的气象学与中世纪相比虽然有些许进展，但是，这些成绩与 20 世纪初期出现的以 V. 皮叶克尼斯（Vilhelm Bjerknes）为代表的挪威学派相比，显得不成体系和不被重视[4]。因此，后人关于菲茨罗伊在气象学方面的贡献及其代表作的研究很少。在中国，20 世纪 90 年代，在航海学的发展史研究中，有少许介绍提及了菲茨罗伊的航海经历[5-6]。近年来，出现了关于菲茨罗伊的科普类介绍[7-8]，但总体来看，其研究的深度和广度尚需提高。

《天气学手册》（图 1）作为菲茨罗伊气象学思想的代表作之一，集中体现了菲茨罗伊

本文已发表于《气象学报》2016 年第 74 卷第 4 期。

资助项目：中国气象局“气象科技史研究”项目、国家自然科学基金（41375069）。

作者简介：杨萍，主要从事城市气候、气象科技史等方面的研究。

对气象学的深刻认识，并能从中挖掘出全球第一次天气预报的来龙去脉，是一本值得气象科技史爱好者阅读的气象学经典著作。

1 菲茨罗伊生平

图 1 《天气学手册》[9] 封面

菲茨罗伊 1805 年出生于阿姆普顿·霍尔（Ampton Hall）。从 4 岁开始生活在韦克菲尔德（Wakefield Lodge），快 13 岁时，进入位于朴茨茅斯（Portsmouth）的皇家海军学校读书。1819 年参加英国海军，从普通士兵晋升为准少尉，在海军学校，菲茨罗伊仅仅用了 20 个月的时间完成了包括数学、古典学、历史学、地理学、英语、法语、绘画、航海学、剑术、舞蹈等多门课程。从海军学校毕业时，菲茨罗伊获得了人生第一块奖章，并在 1824 年 9 月 7 日以满分成绩被提升为海军中尉。1828 年，第一次航海去南美洲，因“贝格尔号”的船长自杀，年仅 23 岁的菲茨罗伊被破格提拔为“贝格尔号”的船长。1831 年，依据蒲福设计的航线，菲茨罗伊再次以船长身份带领着“贝格尔号”开始了第二次远航。这次远航，他不仅安装了当时最先进的科学仪器和设备，还邀请了当时非常年轻的博物学家达尔文同行。这次航行记录了大量珍贵的水文资料，并绘制了海图。这些成果大大促进了海运业的发展，菲茨罗伊也因此在 1837 年获得了由皇家地理学会授予的金质奖章。1841 年起，菲茨罗伊先后被任命为德罕市的议员、总督，经历了短暂的政治生涯后，1850 年从工作岗位上退休[5,10-11]。

1851 年，因为达尔文和蒲福等人的极力推荐，菲茨罗伊加入了皇家学会，并开始从事气象统计工作。1854 年，为履行布鲁塞尔公约（1853 年），隶属于英国贸易部的气象厅成立，菲茨罗伊作为该气象机构主要推动者之一，被任命为气象厅主任，也被后人认为是第一任英国气象局局长[3,12]。在任期间，菲茨罗伊开始建立同步气象观测站，启动日常气象观测，并尝试绘制新型海图。经过前期的大量研究和努力，1861 年，第一份天气预报诞生[13]，这份天气预报于 1861 年 8 月 1 日发布在英国最古老的报纸之一——《泰晤士报》（*The Times*）上（图 2），这也被认为是全球第一份由官方正式发布的天气预报，意义深远。

从那之后，在菲茨罗伊的带领下，英国气象厅开展起日常的天气预报业务，并为政府、公众、行业提供天气预报服务。1863 年，菲茨罗伊的《天气学手册》出版。尽管天气预报给英国的气象行业开创了崭新的时代，但是，政府、公众、媒体对天气预报的过分关注在无形中给菲茨罗伊带来了巨大的压力和挑战。当天气预报出现错误时，常常遭到夸大和渲染。面对各界的指责，一直高度紧张的精神状态让菲茨罗伊陷入了愈发严重的抑郁之中。1865 年的春天，菲茨罗伊的身体和精神状况日益恶化，最终选择了用自杀的方式结束一生[4,11]。

在菲茨罗伊自杀后，皇家科学院和海外贸易部却利用菲茨罗伊的自杀，对气象厅过往的工作业绩进行所谓的彻查，全盘否定了菲茨罗伊在风暴预警和天气预报服务上的价值，推翻了菲茨罗伊所有的成就。此后，英国气象局处于无机构状态，每日天气预报服务和风暴预警服务也被叫停。直至1878年国际气象组织正式成立，菲茨罗伊才被正式确认为气象预报的创始人和气象学的泰斗。2002年，为了表达对他的敬意和怀念，BBC的海上天气预报电台将区域非尼斯泰尔（Finisterre，位于Trafalgar，Biscay和Sole之间的海域）改名为菲茨罗伊，这位名副其实的气象预报事业的先驱者，最终获得了全世界人民的尊敬和景仰[4,13]。

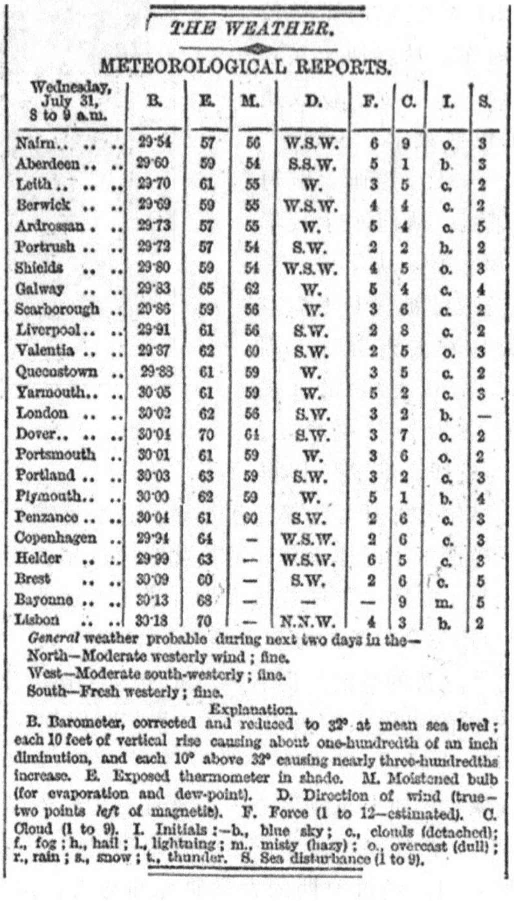

THE WEATHER.

METEOROLOGICAL REPORTS.

Wednesday, July 31, 8 to 9 a.m.	B.	E.	M.	D.	F.	C.	I.	S.
Nairn..	29·54	57	56	W.S.W.	6	9	o.	3
Aberdeen	29·60	59	54	S.S.W.	5	1	b.	3
Leith	29·70	61	55	W.	3	5	c.	2
Berwick	29·69	59	55	W.S.W.	4	4	c.	2
Ardrossan . ..	29·73	57	55	W.	5	4	o.	5
Portrush	29·72	57	54	S.W.	2	2	b.	2
Shields	29·80	59	54	W.S.W.	4	5	o.	3
Galway	29·83	65	62	W.	5	4	c.	4
Scarborough ..	29·86	59	56	W.	3	6	c.	2
Liverpool.. ..	29·91	61	56	S.W.	2	8	c.	2
Valentia	29·37	62	60	S.W.	2	5	o.	3
Queenstown ..	29·83	61	59	W.	3	5	c.	2
Yarmouth.. ..	30·05	61	59	W.	5	2	c.	3
London	30·02	62	56	S.W.	3	2	b.	—
Dover..	30·04	70	64	S.W.	3	7	o.	2
Portsmouth ..	30·01	61	59	W.	3	6	o.	2
Portland	30·03	63	59	S.W.	3	2	c.	3
Plymouth.. ..	30·00	62	59	W.	5	1	b.	4
Penzance	30·04	61	60	S.W.	2	6	c.	3
Copenhagen ..	29·94	64	—	W.S.W.	2	6	c.	3
Helder	29·99	63	—	W.S.W.	6	5	c.	3
Brest	30·09	60	—	S.W.	2	6	c.	5
Bayonne	30·13	68	—	—	—	9	m.	5
Lisbon	30·18	70	—	N.N.W.	4	3	b.	2

General weather probable during next two days in the—
North—Moderate westerly wind ; fine.
West—Moderate south-westerly ; fine.
South—Fresh westerly ; fine.

Explanation.

B. Barometer, corrected and reduced to 32° at mean sea level; each 10 feet of vertical rise causing about one-hundredth of an inch diminution, and each 10° above 32° causing nearly three-hundredths increase. E. Exposed thermometer in shade. M. Moistened bulb (for evaporation and dew-point). D. Direction of wind (true—two points *left* of magnetic). F. Force (1 to 12—estimated). C. Cloud (1 to 9). I. Initials :—b., blue sky; c., clouds (detached); f., fog; h., hail; l., lightning; m., misty (hazy); o., overcast (dull); r., rain; s., snow; t., thunder. S. Sea disturbance (1 to 9).

图2　第一份天气预报（1861年8月1日发表于《泰晤士报》）[13]

2　菲茨罗伊对气象学的认识

2.1　菲茨罗伊的《天气学手册》

《天气学手册》于1863年正式出版，该书包含正文、附录、附图3个板块。其中，正文分为21章，附录是对正文的细化和说明，书的最后附有气压曲线等各种图表[9]。

正文的章节安排如下：第一章为引言，第二、三章详述了气象仪器的使用，第四章归纳和综述了已有的研究结果，第五章在回顾全球气候的已有研究结果基础上，描述了全球气候的基本特征，第六、七章对不同高度大气运动情况进行了阐述，第八章介绍了收集数据和信息的方法，第九章研究了大气环流在全球范围的影响及补偿作用，第十至十二章对温带地区的气候进行分析和研究，第十三章初步设想了用统计和动力方法研究气象学，第十四章介绍电报在气象学研究中的应用，第十五章提供了业务实践中的天气预报案例，第十六章归纳了身边大气的一般特征，第十七章对附图的图表做进一步的解释说明，第十八章研究了月球和太阳的潮汐作用，第十九章介绍了里德（William Reid）关于飓风的研究，第二十章和二十一章研究了太平洋上的飓风和作者亲历的一些极端事件。

该著作的附录按照字母顺序，包括 A-O 14 个专题，给出了对气象电报、潮汐、云、风、同步观测、风速计、水汽、科学预报方法、闪电、风暴个例等专题阐述和研究，附图共 16 幅，包括气压曲线、极地和热带气流、气旋、云、潮汐、皇家风暴（Royal Charter storm）等各种与天气相关的图。在全书的最后有索引以及对菲茨罗伊气象学思想具有重要影响的科学家达夫（Heinrich Wilhelm Dove）的一篇文章《风暴理论》（*The law of storm*）。

2.2 菲茨罗伊对气象学的认识

19 世纪中期的英国，为大众和政府提供天气预报结果的主流是所谓的星象学家（Astro-Meteorologist），他们鼓吹星象的神奇力量，认为只有星象学才具有预示未来天气和气候的能力[4]。在这样的时代背景下，菲茨罗伊在气象学方面的认识远远超过了同时代的人。从《天气学手册》也能够看到，菲茨罗伊对气象学的理解和认识在那个时代来说是非常深刻的，但由于 19 世纪中期电报技术、同步观测才刚刚起步，气象学尚未成为一门独立的学科，菲茨罗伊的气象学思想仍不可避免地具有时代局限性，以下从几个方面介绍其对气象学的认识。

2.2.1 对气象仪器的认识

在气象仪器的使用中，菲茨罗伊强调要特别注意观测结果的准确性和观测样本的充分性。他认为，不同站点的观测需要遵循一致的观测规则和方法，但是，由于受到观测时间、观测地点、观测环境、气候特点和观测者等诸多因素的影响，实现这样的目标非常困难。正是因为认识到观测仪器的重要性，菲茨罗伊在正文中用两章的篇幅专门介绍气象仪器的使用和注意事项，他介绍了气压计、温度计、比重计、臭氧机、转杯风速表等多种类型气象仪器的使用方法和功能，并对气象仪器材质的选择提出了很多有价值的参考信息。此外，他还对气象仪器的安放位置、观测周期、降低误差的观测方法、观测仪器的可能影响因素等都提出了自己的意见和见解。在科技高度发展的今天，仪器设备的精准度、资料数据的可靠性仍旧是当代气象学研究中非常重视的基础性问题，菲茨罗伊在 100 多年前能有这样的见识实属罕见。

2.2.2 对气象学已有研究的认识

菲茨罗伊非常重视对前人工作的总结和归纳，书中，他较为清晰地梳理了气象学发展的历史脉络，从亚里士多德气象学思想的提出，到 19 世纪中期的气象学起步，菲茨罗伊对气象学在不同历史阶段的发展情况具有深刻的认识和准确的定位。他认为，亚里士多德被奉为经典的理论客观上阻碍了气象学的发展，直到中世纪气象学才走出了亚里士多德思想的禁锢。然而，中世纪气象学的发展仍旧非常落后，那时候与气象学紧密联系的天文学已经成为一门独立的科学。他提出，气象学的真正起步得益于哈得来（George Hadley）、哈雷（Edmund Halley）、丹皮尔（William Dampier）等对大气现象的科学探索和研究。

后来，随着电报和观测仪器的发明，气象学的发展逐渐有了新的进展和较大的进步。

菲茨罗伊重点介绍了18—19世纪取得重大成就的气象学家及他们的成果。例如他介绍了富兰克林（Benjamin Franklin）在1740—1770年对大气、水、闪电的研究到了一个比较痴迷的程度，介绍了1838年里德（William Reid）所建立的大尺度气象观测系统，提到了莫里（Matthew Fontaine Maury）在航海学上的研究大大缩短了海运路线。此外，霍华德（Luke Howard）、蒲福（Sir Francis Beaufort）、达夫（Heinrich Wilhelm Dove）、格雷舍尔（James Glaisher）等多位科学家的相关研究成果在著作中都有提及。从菲茨罗伊全书的内容看，其对前人的研究做了大量的综合和归纳，并吸收和采纳了很多观点与结果用到气象学的研究中去，这给后人一个重要的启示，即科学的新发展需要建立在前人大量研究的基础之上。

2.2.3 对全球气候的认识

由于有过两次航海的亲身经历，菲茨罗伊对全球气候的认识比较全面和深刻，尤其是对南半球海洋和陆地的气候有很多独到的见解和研究成果。他认为，正确解释周边大气的特征和运动状况之前，不仅需要对比英国气候与世界其他区域的关系，还需要考虑全球几个著名气候带（热带、温带、极地）在天气气候方面的显著差异，全面了解全球的天气和气候特征是不可缺少的起步工作。书中，菲茨罗伊对全球气候做了详实和全面的描述和记录，他认为，纬度相同的区域气候仍旧存在明显不同，温带地区极端气候发生相对较少，地中海气候非常宜人，鲜有风暴发生，赤道南部的热带外非洲天气晴好且长期干燥，而南半球高纬度地区季节差异明显；在不同区域的气候研究中，他认为英国的风潮湿温暖，盛行西风和南风，新西兰、福兰克岛等地气候多风多雨，适宜居住，智鲁岛的气候经历了长期逐渐变化后，从不可居住变为了特别宜居的重要区域等。可以看到，菲茨罗伊对全球尤其是南半球气候的研究除了其气象学理论的积淀外，早年的航海经历所积累的大量观测事实为其完成全球气候特征的研究奠定了重要的基础。此外，菲茨罗伊所关注的重点区域如地中海地区的气候，现在仍旧是欧洲气象学家们研究的重要对象，再如区域的气候变迁问题，也是当代气候学家研究的热点，由此可以看到，菲茨罗伊不仅仅是天气预报的第一人，他对于气候学研究的敏锐洞察力也远远超出了其所处的时代。

2.2.4 对天气预报的认识

菲茨罗伊作为正式向公众发布天气预报的第一人，在《天气学手册》中对未来天气预报及风暴预警等方面都有较为深入的阐述和分析。对于未来天气预报，菲茨罗伊认为，尽管人们所见到和感受到的大气只是当前状态，实际上当前的大气状况不只给人们提供直观的感受，还对未来的天气具有预示作用。他结合多年的观测实践，对未来天气预报的可能信号进行了分析和阐述。他认为气压是预报天气的重要因素，气压的快速升高意味着不稳定天气的来临，缓慢变化则相反，持续稳定的高气压伴随着干燥的空气，意味着未来将持续一段晴好的天气；他认为云也是预测未来天气的准确并值得重点关注的要素，稀薄、细碎、静态等性质的云，往往意味着降水或者大风。同时，他也提出需要关注更多的可能信号，如海鸟早飞，意味风来了，天晴了；动物寻找新住处，意味着不正常的天气可能要发生；露或雾的到来意味着晴好天气。对于海上风暴预警，菲茨罗伊认为这项工作对于降低经济和生命损失意义重大。他对海上风暴预警的信号也进行了多方面研究，认为极低的气压，伴随着高温和潮湿，这是大风暴来临的信号；具有威胁性的风暴一般发生在英国西部地区。风暴发生极不均匀，有时候几个月才发生，有时一周会有3～4个，这是信号难以抓住的重要原因。很多动物和鸟类对大气变化的敏感度很高，高山对气流运动也有影响。

在19世纪中期，菲茨罗伊并未能找到天气预报的利器——数值天气预报，未能将天气预报上升到更为科学的层面，但是，他认为气压、云等是进行天气预报的关键要素，这一观点与近百年之后（20世纪50年代）芝加哥学派提出的准地转理论（只预报高度场或气压场）是一致的，可见菲茨罗伊的研究对之后气象学的影响是巨大的。

3 从《天气学手册》看菲茨罗伊对气象学的贡献

总结《天气学手册》中的研究成果可以看到，菲茨罗伊对气象学的发展做出了很多贡献，本节将以《天气学手册》体现出来的气象学研究思想为重点，结合菲茨罗伊生平的气象学研究，尝试梳理和归纳菲茨罗伊对气象学的贡献。

3.1 注重气象观测事实的揭示

不论是在航海生涯还是在气象局工作期间，菲茨罗伊一直非常重视观测事实的揭示。首先，他组织建立了同步气象观测网。19世纪中期，电报的兴起给站点之间的资料交换带来可能。菲茨罗伊通过采购可靠的观测仪器、组织编写仪器使用指南，启动了各个观测站的日常观测，并充分利用电报进行数据的收集，从而建立了气象观测网，为积累丰富的观测资料做了大量有价值的工作。其次，他对全球和区域特征进行了详实的记录，例如，他在研究不同纬度的气候差异时提到，在位于地中海和大西洋交界的葡萄牙地区，仅仅只有夏季较为炎热。该地区向北延伸10～20个纬距的范围，夏秋季的天气更加稳定。他认为，人们需要更加关注全球气候，因为各地气候受局域影响非常强。最明显的事实是从葡萄牙途经爱尔兰、苏格兰群岛，再到挪威，天气变化越来越大，风暴越来越猛烈。再次，菲茨罗伊在航海探险过程中，对经历有大量闪电和风暴个例进行了详尽的记录和描述，还简要阐述了应对的办法，例如，他在对闪电的研究中，提到1831年时，在他率队航海中，为防止闪电破坏，及时更新了“贝格尔号”的桅杆装置，此后10年，“贝格尔号”都没有遭到过闪电的袭击。正是由于菲茨罗伊非常重视气象观测的客观事实，他得到的很多结论至今看来仍是较为准确的。

3.2 注重大气系统的变化特征

菲茨罗伊非常重视气象系统的变化特征。首先，他对于气流运动、大气的稳定性进行详细的分析和阐述。他认为动力作用对于天气状况有很大影响，动力作用会改变气流的运动方向，使其反向运动。在温带地区，由于热带气流和极地气流的交锋，使大气的稳定状态受到扰动，但是两支气流的速度不同，从而形成气旋，在赤道地区没有这种交锋，因此，在极低纬度区域很少会发生风暴（此处风暴意指“中高纬度风暴”）。其次，他提出对天气系统的研究需要充分利用动力和统计的方法。他认为，单个的观测给出的是静力测量或统计意义上的实况，对观测结果进行比较，则给出的是动力值，静力测量是瞬时的，动力测量则是一个连续的观测。而气象学在研究上过于重视静力测量，而难以提供更多直接和综合的效益。再次，他对气象学的研究队伍也提出了个人的看法，认为在气象学的研究人员中，应该按照研究领域进行分类，一部分人专门进行观测事实研究，一部分人做气候学等方面的研究，这样才能有助于更深入地研究气象系统的变化问题。在对大气系统的特征描述中，菲茨罗伊已经注意到了气旋、扰动等非常重要的大气运动规律，并强调了数学工具的重要性，这样的思想在今天看来是超越时代和值得尊敬的。

3.3　注重气象理论与预报实践的结合

菲茨罗伊重视气象学的科学理论，并将理论付诸实践，推进了天气预报业务，这种理论和实践相结合的科学思想，对于后人的启示意义深远。他毫不掩饰自己当时是天气和风暴理论的追随者。在全书中，重点介绍了霍华德关于云的分类理论、蒲福关于风的研究理论，以及达夫的风暴理论等。在借鉴已有理论的基础上，菲茨罗伊将其应用到了风暴预警及未来天气预报上，设计了天气预报的简单符号，发明了风暴预警的锥形装置，在1861年公开发布了第一次天气预报，逐渐形成天气预报业务，规定了日常天气预报的发布流程和发布区域的次序，并重点强调了发布天气预报的注意事项。还提出了全球分区的思想，并尝试对不同气象要素的关系进行关联，还对1859年发生的被命名为“皇家宣言号（Royal Charter）风暴”的天气事件绘制了具有划时代意义的气旋图（图3），这些工作为后人从事天气预报工作提供了很多有价值的参考和启示[14]。在菲茨罗伊去世20年后（19世纪80年代），英国气象局重新恢复的日常天气预报业务流程能够明显看到菲茨罗伊的思想痕迹，在被称为“英国的亚里士多德”艾伯克龙比（Ralph Abercromby）的专著中能够看到，菲茨罗伊设计的风暴预警锥形装置时隔多年后仍旧被采用[15]，可见其对英国气象业务的发展影响深刻。

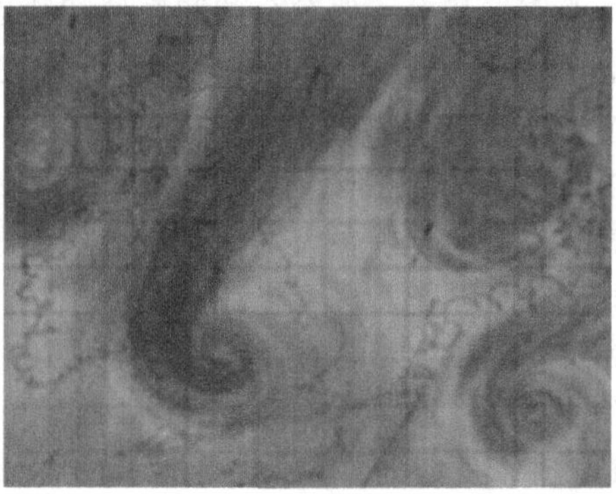

图3　1859年热带与极地气流图[9]

3.4　注重气象事业的公益性和服务性

从菲茨罗伊就职于英国气象局局长的工作和成就来看，他非常注重将政府主导与公众科普相结合。作为英国气象局的首任局长，菲茨罗伊正确引导了英国气象业务的发展方向，利用布鲁塞尔会议要求进行同步观测的契机，成功促成了英国气象机构的成立，并推进了英国气象同步观测网的建立，这对于英国气象事业的发展具有里程碑的意义。然而，菲茨罗伊的贡献不仅限于此，他在此基础上，利用政府平台，开创了天气预报业务，并为大众提供天气预报服务，使得当时的天气预报风靡一时，在水手、渔民、商会、游乐场、花展商之间盛传，甚至成为了赛马会的精英阶层挑选装备和下注的参考，天气预报的普及程度可谓前所未有。菲茨罗伊还非常重视气象学的科普工作，《天气学手册》便是其编著的重要科普读物之一。在该著作的引言中，菲茨罗伊一再强调了该书的科普性，认为这本书是写给大众看的，而不是面向为数不多的专业人士，因此读懂此书并不需要读者具有渊博的专业知识。菲茨罗伊提出，撰写此书的目的是希望让那些受过基础教育的普通人能够具备基本的天气素养，能够学会使用简单的气象仪器，并掌握基础的气象观测技能。他相信，当人们了解和掌握气象学的基本常识，并在日常生活中加以合理的运用，生活一定会过得更加美好。在强调气象公众服务和气象科普的今天，这样的想法对后人的启示无疑是巨大的。

与 19 世纪中期在英国盛行的星象学相比，菲茨罗伊对未来天气预报的科学思想是超越时代和具有先锋性的，但是，由于时代的局限性，他不可能找到准确预测未来天气的利器。由于他追求完美的个性使其对预报结果的期望值过高，加之来自于公众、学术界和政府机构对预报结果的过度苛求，最终导致他用自杀的方式悲剧地结束生命。然而，他对气象学的贡献是客观存在的，永远值得后人学习和借鉴。

致谢：感谢中国气象局许小峰研究员给予的指导和帮助。

参 考 文 献

[1] NICHOLS P. Evolution's Captain：The Dark Fate of the Man Who Sailed Charles Darwin Around the World. New York：Harpers，2003：189-247.

[2] GRIBBIN J R，Gribbin M. Fitzroy：The Remarkable Story of Darwin's Captain and The Invention of the Weather Forecast. New Haven：Yale University Press，2004：189-306.

[3] 许小峰，张萌. 气象科技发展历程的若干回顾及启示. 2014，气象科技进展，4（6）：6-12.

[4] COX J D. Storm Watchers：The Turbulent History of Weather Prediction from Franklin's Kite to El Niño. New York：Wiley，2002：56-89.

[5] 姚颂连. 气象预报创始人—罗伯特·菲茨罗伊. 航海，1985，（6）：16-18.

[6] 赵小涛. "贝格尔"号船长的故事. 海洋世界，1996（11）：23.

[7] 叶梦姝. 菲茨罗伊和 19 世纪英国的天气指南. 中国气象报，2013-11-29（4）.

[8] 刘钊. "天气瓶"百余年前的航海之行. 中国气象报，2015-1-9（4）.

[9] ROBERT F. 1863. The Weather Book：A Manual of Practical Meteorology（2nd ed. ）. London：Longman. Green，Longman. Roberts and Green，1863.

[10] PAUL M. FitzRoy：Governor in Crisis 1843-1845. Auckland：David Ling Publishing，2000：1-35.

[11] PAUL D B，Stenhouse J，Spencer H G. The two faces of Robert Fitzroy，Captain of HMS Beagle and governor of New Zealand. Quarterly Rev Biol，2013，88（3）：219-225.

[12] 杨萍，叶梦姝，陈正洪. 气象科技的古往今来. 北京：气象出版社，2014：60-62.

[13] BBC news. The birth of the weather forecast. Britain：BBC News，2015-8-30. http：//www. bbc. com/news/magazine-32483678.

[14] 陶祖钰，熊秋芬，郑永光，等. 天气学的发展概要——关于锋面气旋学说的四个阶段. 气象学报，2014，72（5）：940-947.

[15] ABERCROMBY R. Principles of Forecasting by Means of Weather Charts（2nd ed. ）. London：HMSO，1885：104-106.

李约瑟与竺可桢的中国科学史研究

Chinese History of Science Research by Joseph Needham and Chu Coching

钱永红

（浙江大学校史研究会，杭州 310028）

摘要：针对“中国自来无科学”的论断，以竺可桢为代表的中国学者致力于中国科学史研究，发表大量学术论著，为中国辉煌而久远的科技发展史正名；李约瑟亦不约而同地加入了大讨论，并以大量无可争辩的事实有力地批判了“西方中心论”。作为李约瑟《中国科学技术史》编纂强有力的支持者，竺可桢有目的地为李约瑟搜集中国科学技术史的书籍资料，并通过中国科学院给予其人力、财力资助。而李约瑟的《中国科学技术史》编撰计划实际上也诱发了竺可桢着手建立中国科学史研究专门机构的构想。就二十八宿起源地点与创立时期的学术争论，竺可桢坚持中国起源说，李约瑟则依违于巴比伦起源说与双方独立起源说之间。

关键词：李约瑟，竺可桢，科学史，《中国科学技术史》，二十八宿起源

0　引言

论及现代中国科学史，不得不提及两位对中国科学史研究做出杰出贡献的学者——竺可桢与李约瑟。何丙郁先生指出：“李约瑟研究中国科技史，最初曾受到浙江大学竺可桢、王琎、钱宝琮等学者的启发而着手进行的。①”针对“泰西与中国学人”所谓“中国自来无科学”的论断，以竺可桢为代表的一批中国学者致力于中国科学史研究，发表大量学术论著，为中国辉煌而久远的科技发展史正名；李约瑟毅然放弃早年卓有成就的化学胚胎学研究事业，皈依中国文化，以大量无可争辩的事实有力地批判了“西方中心论”，还中国古代科学技术一个公道，同时开创了集体研究、编写科学史系列著作和东西方科学与文明比较研究的成功范例[1]。

李约瑟认为，一个外国人要写出一部反映中国古代科学与文明的丛书必须具备的 6 大

本文已发表于《山东科技大学学报》2011 年第 13 卷第 6 期。

作者简介：钱永红，浙江大学校史研究会特约研究员。

① 1992 年 8 月，在浙江大学邵逸夫科学馆举行的中国科学技术史的国际学术研究会上，时任剑桥大学李约瑟研究所所长的何丙郁教授宣读李约瑟致词，特别提到浙江大学三位已故教授——竺可桢、钱宝琮和王琎对中国科学史研究的重大贡献。此言为何丙郁教授在浙江省领导的招待宴会上所说，参见 1992 年 8 月 31 日《杭州日报》王小川《省领导会见中外专家》的新闻报道。

综合条件①之一即是：他必须能够有幸地得到很多中国科学家和学者们的指导[2]。李约瑟在其钜著《中国科学技术史》（*Science and Civilization in China*）的序言中特别提到竺可桢、钱宝琮②、王琎③的名字，致谢："我们最慷慨的赞助人是著名的气象学家、长期担任浙江大学校长（现任中国科学院副院长）的竺可桢博士。"并将《中国科学技术史》第三卷（数学、天学和地学卷）题为献给竺可桢与李四光。

1 志同道合：《中国科学技术史》的编纂

20世纪初，随着西方先进科学的引进，中国古老的科学传统被当时一些科学家完全遗忘或忽视，于是出现了所谓"中国无科学"论。中国科学社社长任鸿隽在《科学》杂志创刊号上发表了《说中国无科学之原因》一文④，从此学术界掀起了一场关于"中国有无科学"的大讨论，同为科学社社员及《科学》杂志编辑的竺可桢也参加了讨论。

1926年秋，南开大学理学院组织"教授学术讨论会"，竺可桢、钱宝琮分别做天文学史、数学史学术演讲⑤。20世纪30年代，李俨、钱宝琮、朱文鑫、李乔苹、王庸、章鸿判等一批中国科技史研究领域的著名学者分别出版了科学史专著，受到了国内外的好评[3]。钱宝琮即提出了一个大胆的写作计划："吾之编纂算学史也，其目的有二：（一）算学史编成，不但可发挥我国之文化，且可纠正外人对我之误解，而增高我国之地位。（二）文化史编纂，应从各科着手，来日汇归一流，庶几可成一部最完美之文化史，故余之编纂算学史者，以期达到此目的也。⑥"

20世纪三四十年代，学术界对"中国有无科学"的讨论再一次进入高潮。竺可桢认识到，国人所谓的"科学"通常指西方近世科学，而研究近世科学的起源与西方科学家的科学精神，就能解答中国有无科学的疑问。从20世纪30年代起，他各处演讲，发表论

① 李约瑟认为，一个外国人要写出一部反映中国古代科学与文明的丛书，必须具备六大综合条件：他必须有一定的科学素养，而且还必须多年从事过实用的生产方面的科学研究；他必须很熟悉欧洲的科学史，并且已在其中某一方面进行过一些创造性的工作；他必须对欧洲各个历史时期科学技术发展的社会背景和经济背景有所了解；他必须亲身体验过中国人的生活，并有机会在中国各地旅行，最好既不是以传教士或者正式外交使节的身份，也不是以商人的身份；他必须懂得中文，如果不能顺利地阅读中文书籍，至少也应该能够查阅原作和必不可少的参考文献；他必须能够有幸地得到很多中国科学家和学者们的指导。参见科学出版社1975年版李约瑟所著《中国科学技术史》第1卷第9页。

② 钱宝琮（1892—1974年），字琢如，数学教育家、科学史家，浙江大学数学系教授，中国科学院中国自然科学史研究室一级研究员。1966年，当选为国际科学史研究院（International Academy of the History of Science）通讯院士。

③ 王琎（1888—1966年），字季梁，分析化学教育家、化学史家，浙江大学、杭州大学化学系教授。

④ 任鸿隽在《说中国无科学之原因》一文中指出："今试与人盱衡而论吾国贫弱之病，则必以无科学为其重要原因之一矣。然则吾国无科学之原因安在乎？……是故吾国之无科学，第一非天之降才尔殊，第二非社会限制独酷，一言以蔽之曰，未得研究科学之方法而已。"参见辽宁教育出版社2002年版刘钝、王扬宗所著《中国科学与科学革命》一书第31-32页。

⑤ 参见气象出版社2010年秦大河主编的《纪念竺可桢先生诞辰120周年文集》中钱永红所撰《竺可桢：中国科学史研究事业的奠基人》一文第69页。1925—1927年，钱宝琮为南开大学理科本科生开设了作为科学史分支的数学史课程，这是全国高等学校科学史课程第一次成功的尝试。参见南开大学2005年版李建珊主编《科技文化的起源与发展》一书第420页。

⑥ 1932年，钱宝琮编纂的《中国算学史》上卷出版。1933年5月，他应邀去南京中央大学演讲编纂《中国算学史》的心得，演讲结尾，即提出这一大胆的写作计划。这一美好计划未能实施，主要是由于抗战全面爆发，多数史学专家颠沛流离，苦于生计，无法安心写作所致。参见民国二十二年（1933年）五月十三日《国立中央大学日刊》之《中国算学史》演讲记录稿第710-712页，互见浙江大学出版社2008年版钱永红所编《一代学人钱宝琮》一书第20-21页。

文，阐述观点。1935年10月27日，为纪念中国科学社成立二十周年，竺可桢在中央广播电台作了《中国实验科学不发达的原因》的演讲。他指出：

中国古代对于天文学、地理学、数学和生物学统有相当的贡献，但是近代的实验科学，中国是没有的。实验科学在欧美亦不过近三百年来的事。意大利的伽利略可称为近代科学的鼻祖，他是和徐光启同时候的人。在徐光启时代，西洋的科学并没有比中国高明得多少……据我个人的见解，近代科学即实验科学所以在中国不发达，是由于两种原因。一是不晓得利用科学工具，二是缺乏科学精神。……中国要讲富强，要发达实业，要追上欧美的物质文明，必须要发达实验科学[4]。

实验科学最重要的工具就是人的双手①。正是凭着“只问是非，不计利害”的科学精神，西方的近世科学才发达起来。中国“劳心者役人，劳力者役于人”的圣贤传统使士大夫鄙视劳作，严重阻碍了科学的进步②。

李约瑟于20世纪20年代后期撰写《胚胎学史》③，开始对科学史产生兴趣。1931年在伦敦举行的第二届国际科学史大会又给李约瑟注入了新的动力。但当时“欧洲中心论”占统治地位的欧美学术界普遍认为，中国乃至整个东方只有发达的人文科学，至于科学技术方面的发明，则是微不足道的[5]。

1937年，李约瑟从剑桥大学三位中国留学生——鲁桂珍、王应睐、沈诗章，特别是从鲁桂珍的身上，看到了东方文明古国的科学文化背景和学术传统，感觉到中国人决不是像有些西方人所认为的那样属于“不开化人”的行列，中国文明在世界科学技术史中曾经起过没有被认识到的巨大作用，激发了他对中国文明的浓厚兴趣，渐渐地，发生了信仰的皈依。1938年起，李约瑟开始思考这样的问题：为什么中国在近代科学发明上明显落后于西方，无所成就？李约瑟从此开始关注中国，学习汉语，阅读中文古籍，研究中国古代科学文明发展，不约而同地加入了中国学者“中国有无科学”的大讨论，寻找近代中国科学落后之原因。

1942年，李约瑟在《自由世界》杂志上撰文《中国对科学人道主义的贡献》，这是迄今发现的李约瑟最早论述中国近代科学落后原因的论文。李约瑟开门见山地提出自己的观点：

虽然中国的文明受到阻抑而不能独立地发展起近代科学，可是中国人的思想却很早就达到了科学人道主义的水平，这远在我们西方人之前。这一点恐怕绝大多数西方人是不了解的。在中古世纪，中国人在科学和技术方面已经取得了不少成就，而上古时代中国的哲学可以和古代地中海哲学并驾齐驱。在三四百年以前，中国的文化和生活水平也许远远地超过西欧；只是由于近代科学的兴起以及随之而来的一切影响，才改变了这种局面[6]。

---

① 竺可桢指出，伽利略为了追求真理、认识大自然，不怕被指责为“异端妖妄”，大胆挑战1900多年前的亚里士多德学说。他的比萨塔试验举世闻名，所用的工具除了一小一大两个球以外，就是一双手。

② 早在1933年11月6日，竺可桢在南京中央大学所做的题为《科学研究的精神》的演讲中，就曾严厉批评了当时盛行的“中学为体，西学为用”的观点及“摩托救国”“飞机救国”的口号，认为“我们固然应当提倡科学的，但更不能忘却科学研究的。”参见上海科技教育出版社2004年版《竺可桢全集》第2卷第145页。

③ 自1922年起，李约瑟潜心将化学方法应用于研究发育过程中的胚胎研究。1931年，他出版了《化学胚胎学》专著，概括地论述胚胎发育期所发生的化学变化，被誉为“化学胚胎学之父”。专著的自序详论从最早的年代一直到1800年的胚胎学历史，李约瑟1932年将这篇长序以《胚胎学史》(*A History of Embryology*) 为名单独出版。

最后指出：

过去中国的情况对近代科学与有关技术的发展起着阻抑的作用。但是，许多年来，自从中国从东海岸受到来自西方的文明影响之后，中国人已经不断努力要赶上西方的科学发展，而且，在各个科学领域中已经出现了许许多多第一流的中国科学家和技术人才[6]。

1942年对李约瑟来说，可谓“天赐良机”①。1943年2月，李约瑟以英国驻华科学使团团长的身份来到中国。在去陪都重庆的途中，先访问考察战时撤至昆明附近的众多高校与科研机构。3月30日，时任教育部部长的朱家骅在重庆嘉陵宾馆宴请李约瑟，浙江大学校长竺可桢作陪，这是竺可桢与李约瑟的第一次见面。之后，竺可桢在重庆，听过李约瑟在中央党部的《轴心国对国际科学的侵袭》（*Axis Attack on International Science*）演讲[7]。他俩在重庆多次见面，时常聊天，竺可桢邀李约瑟率领中英科学合作馆②的中外学者前往遵义和湄潭参观考察浙江大学。1944年2月，在重庆举行的中国农学会会议上，李约瑟作题为《中国与西方的科学和农业》的演讲，首次提出“李约瑟难题”：

作为一个整体的近代科学没有发生在中国，它发生于西方——欧美，即欧洲文明的广大范围内。这是什么原因呢？我以为我们必须找出这个原因，因为如果我们不了解它，我们关于科学技术史的观点就要处于完全混乱之中[6]。

4月10日，李约瑟到遵义③，给浙江大学师生做《战时及平时之国际科学合作》（*International Scientific Cooperation in Peace and War*）的报告[8]。10月24日，他又在湄潭给师生作《中国科学史与西方之比较观察》（Observation on the History of Science in China as Compared with the West）的报告。他首先论述中国儒教重人伦，不谈天然，与道教不同，故炼丹术源于道教，致宋儒始有科学精神。着重分析了中国之所以没有产生近代科学的原因，“近世科学不能产生于中国，乃以囿于环境，即地理上、气候上、经济上，和社会上的四种阻力”[4]，后二者乃由中国之无商人阶级所致。中国为大陆国，重农不重商，而儒家思想重在应付人事，并不利于对自然之研讨[8]。李约瑟的结论立刻引起在场浙江大学学者的热烈讨论。竺可桢认为，近世科学作“实验科学”解，则中国人之不喜用手，亦是一原因。钱宝琮的观点是：中国科学之所以不兴，由于学以致用为目的，且无综合抽象之科学，不用演绎方法，更无归纳法。

10月25日，作为中国科学社的名誉社员，李约瑟出席在湄潭大成殿举行的中国科学

---

① 1942年秋天，英国政府在二次大战的重要时刻，决定派遣科学家与学者赴中国考察访问，作人道主义方面的援助。初通中文并对东方文明怀有浓厚兴趣的李约瑟被政府选中，与牛津大学的教授多兹（E. R. Dodds）组成“英国文化科学”，代表英国学术院和皇家学会前往中国。

② 1943年6月，中英科学合作馆（Sino-British Science Cooperation Office）在重庆建立，李约瑟任馆长。

③ 1944年4月10日，李约瑟率英国驻华科学使团的黄兴宗、曹天钦等第一次来到遵义访问浙江大学，受到竺可桢校长及师生们的热烈欢迎。李约瑟一行对浙江大学师生在偏僻的山区和极其困难的条件下，保持的学术研究氛围，取得许水平的研究成果，十分惊叹，便在报告中将浙江大学与剑桥大学相提并论，称誉浙江大学为“东方剑桥”，参见《自然辩证法通讯》2001年第3期刊发的许为民、张方华所撰《李约瑟与浙江大学》一文第67页。

社 30 周年纪念会暨中国科学社年会[①]，做《中国之科学与文化》的演讲。他批驳了“泰西与中国学人”“中国自来无科学”的论断，再次提出了“现代实验科学与科学之理论体系，何以发生于西方而不于中国”的疑问[9]。

竺可桢极为重视“李约瑟难题”，经过深思熟虑，于 1945 年 8 月 22 日为浙江大学师生做了题为《为什么中国古代没有产生自然科学?》的演讲。

为什么中国古代没有产生自然科学这个问题，近两年来很引起人们的注意。不但国人有许多议论发表，即欧美人士亦注意到这个问题。各人的意见虽有不同，但归纳起来，大多数统以为中国古代没有产生自然科学，并不是因为中国人先天的没有这种能力，而是由于我国历史上环境不适宜的缘故[4]。

接着竺可桢开始解答李约瑟难题，还引述浙江大学同事陈立、钱宝琮[②]、张荫麟及德国学者魏特夫（K. A. Wittfogel，1896—1988 年）的论述。讲演最后指出：

归根起来讲，中国农村社会的机构和封建思想，使中国古代不能产生自然科学。而此种机构，此种思想，到如今还大部遗留着。人民一受教育，就以士大夫阶级自居，不肯再动手。而社会上一般提倡科学的人们，亦只求科学之应用。从曾文正到现在，我们提倡科学已近八十年，而仍有人主张西学为用中学为体或类似的谬论。希望原子弹之发现，能打破这班人的迷梦，而使中国科学入于光明灿烂的境界[4]。

钱宝琮于 1947 年在《思想与时代》第 45 期上发表《科学史与新人文主义》的书评，开出了其解答“李约瑟难题”的良方：

今日世界交通日趋便捷，我们生活方式已与古代之因陋就简者迥异。工商业当与世界各国争一日之短长，举世尊重之学术文化岂甘居人后者耶？文化界工作者当知埃及、巴比伦、希腊、罗马各国学术之所以始盛而终衰，欧美列强及日本之所以崛起于近世，勿再以“中学为体，西学为用”为口头禅，则文艺复兴之期当不在远。且我国学者素重人文主义，纯粹科学虽较欧美稍为落后，今日已能急起直追，数十年后世界文化工作应得一伟大民族之生力军，当前文化之有缺陷，不足虑也[3]。

---

① 1944 年 10 月，李约瑟率夫人李大斐（Dorothy Needham）以及毕铿（Picken）、曹天钦等再次来到湄潭，考察浙江大学理学院并参加中国科学社成立 30 周年纪念活动，与浙江大学师生座谈交流。他原计划在浙江大学访问四五天，结果发现可看的东西太多，对浙江大学的学术成就非常惊讶，因而呆了整整八天，再一次赞誉浙江大学为“东方的剑桥”。1945 年 10 月 27 日，李约瑟在英国《自然周刊》上发表文章，述及参观浙江大学的印象：“在重庆与贵阳之间一个叫遵义的小城里，可以找到浙江大学，是中国最好的四所大学之一……遵义之东 75 公里为湄潭，是浙江大学科学活动的中心，在湄潭可以看到科学研究活动一派繁忙紧张的情景。在那里，不仅有世界第一流的气象学家和地理学家竺可桢教授，有世界第一流的数学家陈建功、苏步青教授，还有世界第一流的原子能物理学家卢鹤绂、王淦昌教授。他们是中国科学事业的希望。”参见贵州人民出版社 2009 年版周开讯主编的《永远的大学精神》一书第 144 页。李约瑟先后两次对浙江大学的访问考察不仅使“东方剑桥”名声远扬，而且促进了战乱时期浙江大学与国际科学界的学术交流，对以后浙江大学的国际合作起了积极的推动作用。他的到访和演讲也极大地鼓舞了浙江大学师生的教学科研热情，使浙江大学在短短十年左右的时间里成为国内著名大学。他通过英国文化委员会给浙江大学供应当时缺乏的新刊图书，并从印度代购急需的药品、仪器和化学药剂，竺可桢称李约瑟的帮助为“雪中送炭”。参见上海古籍出版社 1986 年版李国豪等主编的《中国科技史探索》中鲁桂珍撰写的《李约瑟的前半生》一文第 36 页。

② 钱宝琮在 1945 年 7 月浙江大学湄潭夏令讲习会上《吾国自然科学不发达之原因》的演讲中指出：“我国历史上亦曾提倡过科学，而科学所以不为人重视者，实因中国人太重实用。如历法之应用早已发明。对于地圆之说，亦早知之。然因不再继续研究其原因，以致自然科学不能继续发展，而外国人则注重实用之外，尚能继续研究，由无用而至有用，故自然科学能大有发展。为什么我国民族太注重实用呢？实由地理、社会、文化环境使然。中国为大陆文化，人多以农业为主，只希望能自给自足之经济。”参见上海科技教育出版社 2004 年版《竺可桢全集》第 2 卷第 628 页。

李约瑟在《中国科学技术史》第一卷总论的序言中给出了结论：

在人类了解自然和控制自然方面，中国人是有过贡献，而且贡献是伟大的。像伽利略和凡萨里乌斯等一类人物之所以都出在欧洲，很可能完全不是因为欧洲人有什么内在的优越性，而是由于欧洲有一些有利的环境因素，而这些有利因素过去没有也不能够在其他民族的不同的地理背景以及受其影响的不同社会进程中起作用罢了。无论如何，这个问题是值得探讨的。目前，有一点是肯定的：没有一个民族或一个多民族集体曾经垄断过对科学发展所作出的贡献[2]。

在湄潭，李约瑟给浙江大学师生做了3次报告，仔细听取了竺可桢《二十八宿之起源》、钱宝琮《中国古代数学发展之特点》等科学史专题演讲。经竺可桢介绍，李约瑟结识了“钱宝琮（及李俨——最杰出的两位中国数学史家之一）和王琎（他刻苦钻研冶金和化学史[2]”并专门拜访了他们，与钱宝琮的科学史交流至深夜。李约瑟“在20世纪40年代的重庆结识许多有学问的中国学者，学到了比在英国更多的有关中国的知识，从此他愿献身中国科技史的研究工作”①。

李约瑟坦承：“1942—1946年任职于中英科学合作馆。这四年的逗留判定了我的一生，除了写著一本中国文化的科学、技术、医学的史著以外，其它皆无所容心了。[10]”李约瑟发现，古代中国像古希腊一样，有巨大的科学成就，中国科学遗产“是个绝对的金矿（an absolute gold-mine）”[9]，“最终自然迷上了探究这个伟大文明国家的科学史、科学思想、工程学、技术学、医学这个课题”[11]。

1944年的一天，李约瑟在重庆拜访了时为国民政府教育部部长的陈立夫，向他表示想编一部论述中华民族过去对于科学与技术贡献的书。李约瑟强调：“中国技术学的发明，在第一到第十三世纪中，好像流水一般，不断地输进欧洲，正如后来欧洲的技术输入中国一样前后一辙。”陈立夫竭力鼓励李约瑟：“很好，因为由我来写，没有你写来得好，你是外国人，由外国人来写中国人的东西，把它编成一部书，这样价值很高。”随即赠送了一部《汉书》，并介绍李约瑟到各地搜集资料[11]。

李约瑟向好友竺可桢透露了他的中国科学史丛书的编写计划，希望为其搜集中国古籍资料。竺可桢非常欢迎李约瑟加入“淘金者”行列，从事中国史学专家想了很久却一直未能编纂的中国科学技术史。抗战胜利，复员返回杭州后，竺可桢利用各种机会，有目的地为李约瑟搜集中国科学技术史的书籍资料。在《中国科学技术史》序言中，李约瑟特别致谢“最慷慨的赞助人”竺可桢：“在我将离开中国的时候，他劝说许多朋友四出寻找各种版本，因此在我回到剑桥后不久，整箱整箱的书就运到了，其中包括一部《图书集成》（1726年）。[2]”

从竺可桢日记可知，李约瑟至少两次嘱请竺可桢替他在华购置中国古籍。李约瑟在联

① 1991年11月7日，摄影师邓伟专程前往剑桥大学李约瑟研究所，为91岁高龄的李约瑟摄影。“拍照进行了约20分钟，伟希望他谈谈人生，他同意了。……伟请他的秘书做了现场笔录。”参见中国旅游出版社2004年版邓伟的摄影日记《八年·一个感动世界的当代传奇》一书第255-256页。

合国教科文组织（UNESCO）会议期间，将一中国书目交给竺可桢①。1947 年 1 月 10 日，竺可桢到李约瑟所在的剑桥大学凯思学院访问，参观其办公室，拜会李夫人大斐，会晤时为《中国科学技术史》编写助手的王铃。16 日，竺可桢在伦敦将李约瑟的购书清单转交给即将返回浙江大学任教的王承绪购办[12]。6 月，竺可桢从美国考察毕，回杭在浙江大学图书馆受托寻检清代陈梦雷所编的大型类书铜活字版《古今图书集成》复本。在找书的那些夜晚，浙江大学图书馆灯火通明，工作人员彻夜在书库里忙碌。最后，找到该书的复本 1488 册（全书 1628 册）。1948 年 1 月 30 日，竺可桢致函李约瑟，并附上浙江大学的赠书清单：《梦溪笔谈》《日知录》《近思录》《明儒学案》《宋元学案》《涵芬楼秘笈》《十驾斋养新录》《中国算学史》《畴人传》《碑集传续》《碑集传》《通志略》《碑集传补》《中国农书》《书林清话》《说郛》《荀子集解》《墨子间诂》《老子道德经》《枕碧楼丛书》以及《古今图书集成》②[13]。3 月 20 日，李约瑟即将辞职返英前，得知浙江大学赠书不久寄来，特别高兴，立刻致电竺可桢："Deepest thanks splendid gift books，if not late please address Caius College，Cambridge，England，not Paris.（承赠书籍厚礼，极为感谢。如不太迟，请寄英国剑桥凯思学院，而不是巴黎）。[13]"

1948 年，李约瑟辞去教科文组织自然科学部主任职务（转任该组织名誉顾问），返回剑桥。虽然仍在凯思学院任原职，但他不再做生物化学工作而是整理从中国运来的一箱箱书籍和资料，继续搜集史料，在王铃的协助下，从事《中国科学技术史》写作。并与李大斐合编在华工作报告集《科学前哨》(*Science Outpest*)，邮寄给竺可桢。竺可桢阅后，对他在华的工作成果大加赞赏[13]。

5 月 18 日，李约瑟写信给剑桥大学出版社编辑罗伯特（S. C. Roberts），表示接受其意见，即《中国科学技术史》不超过一卷，在 600～800 页之间。"我写此书的目的既不是面向汉学家，也不是面向一般的大众，而是针对一切有知识的人，无论他们是否受过教育，只要对文明史比较感兴趣，特别是对欧亚文明发展比较感兴趣的有识之士"[9]。但没过几年，李约瑟就修正了自己的写作思路，认为"历史的无尽宝藏，使事图转变，从科学的分光镜看来分作七卷，以资料的大量堆积，致每门学科作六分册妥善，估计全书完成须二十分册左右始能蒇事。[10]"

竺可桢是李约瑟《中国科学技术史》编纂的强有力支持者，他们保持通信往来。李约瑟时常通报写作进度，竺可桢不时提出写作建议。1951 年 2 月 16 日，时为中国科学院副院长的竺可桢在回复李约瑟 1950 年 10 月 26 日的信中说：

为了使你书尽可能具有权威性，我建议你写信给下列中国公认之权威人物，咨询相关

① 联合国教科文组织（UNESCO）第一次大会于 1946 年 11 月 20 日—12 月 10 日在巴黎召开。中国代表团由时任教育部部长朱家骅带队，有 5 位正式代表：赵元任、李书华、竺可桢、程天放和陈源，专员四位：瞿世英、钱存典、萧子升、谢寿康，另有留法学生钱三强、汪德昭、周麟和留英学生王承绪、叶君健等作为秘书。参见上海科技教育出版社 2006 年版《竺可桢全集》第 10 卷第 254 页，互见上海科学普及出版社 2007 年版王钱国忠主编的《李约瑟传》一书第 127 页。在巴黎会议期间，竺可桢广泛接洽各国政要及文化、科教界人士，与自然科学部主任李约瑟频繁接触。竺可桢还应美国无线电台"联合国教育科学文化机构"栏目邀请，录制了 6 分钟的讲演，讲题是"复员问题"，给听众介绍战后中国的文化、科学和教育发展情况。参见上海科技教育出版社 2006 年版《竺可桢全集》第 10 卷第 265 页。

② 需要指出的是，在《去大后方——中国抗战内迁录》一书中，该书作者将李约瑟在华西大学罗忠恕的联络下，用一套《大英百科全书》换得成都石室中学的一部民国版的《道藏》，说成是换得《古今图书集成》，显然是将竺可桢的赠书与此交换所得混淆起来，需要正误。

学科史，未提及的如数学史的李俨、钱宝琮和天文学史的刘朝阳，是你熟稔的。

中国医学史	李涛	北京大学医学院
中国建筑史	刘敦桢	南京大学（即前中央大学）
中国工具与机械史	刘仙洲	清华大学
中国农学史	万国鼎	北京闲居
中国水利工程学史	张含英	水利部[14]

李约瑟编纂《中国科学技术史》的工作十分艰难，初期没有得到任何经费资助，完全依赖他与助手或合作者个人职业的薪金来支撑。李约瑟对中国科学史研究的执着和毅力令郭沫若、竺可桢等中国科学院领导非常钦佩。为此，科学院决定自 1956 年 1 月给予其三年的资助。1956 年，竺可桢三次函告李约瑟，“同意王铃继续留英三年，协助你完成该著作”①。终止了与王铃的合作关系后，李约瑟致函竺可桢，提出邀请西北农学院石声汉去英国协助编纂《中国科学技术史》，竺可桢随即表示赞同[15]。可惜在当时的背景下，这一计划没能实现。

李约瑟是第一位对中国科学技术史进行系统、综合研究的学者，《中国科学技术史》第一卷、第二卷于 1954 年、1956 年由剑桥大学出版社出版。1954 年 7 月 26 日，竺可桢看到刚出版的《中国科学技术史》第一卷，非常兴奋。一个月后，他在《人民日报》上发表《为什么要研究我国古代科学史》：

英国李约瑟博士近来写了一部七大本的《中国科学技术史》（第一本已出版），其中讲到从汉到明一千五百年当中，我国有二十几种技术上的发明，如铸铁、钻深井和造航海神舟等等技术传到欧洲。这种技术发明、传播和它们对西方各国经济的影响是应该加以研究和讨论的[16]。

1956 年 7 月 9 日，竺可桢在中国自然科学史第一次科学讨论会开幕词中，再次赞赏李约瑟对中国科学史研究的贡献：

英国剑桥大学李约瑟博士在他的《中国科学技术史》第一卷里，说到从东汉到清代一千八百年中，从中国传入欧洲的技术，他一口气列举了二十六个，而中国对欧洲的技术可还没摸到底。我很惭愧地承认对于这二十六个发明传入欧洲的事实，大多数总是一无所知[16]。

我们对于外国的权威学者如英国的李约瑟先生参加研究中国科学史也是无任欢迎的。尤其他放弃了本人已经很有成就的本行科学，单身匹马地来进行中国科学史的研究，他的国际主义的精神是值得我们钦佩的。我们欢迎他参加我们的百家争鸣[16]。

竺可桢多次召集自然科学史委员会委员对《中国科学技术史》第一卷、第二卷进行评介，不少委员提出了批评意见。竺可桢还请谭其骧提意见，谭其骧仅对第一卷第五章的内容给竺可桢写了一份书面评论，指出了书中的错误。有不少反对意见当时没有公开发表，我们只查阅到三篇赞扬之书评：叶企孙的《介绍李约瑟著“中国科学技术史”第一卷》、

① 中国科学院给王铃寄发全年的工资 345 英镑；1957 年起，再发王铃每年 254 英镑的津贴。参见《自然科学史研究》2007 年第 3 期郭金海所撰《李约瑟〈中国科学技术史〉与中国自然科学史研究室的成立》一文第 281 页。1957 年 9 月，当得知李约瑟终止了与王铃的合作关系，竺可桢于 10 月 4 日致函王铃，请他接受科学院的聘请，在年底以前回国。刚成立的中国自然科学史研究室不仅给王铃留了职位，还安排了住房。参见科学出版社 1990 年版《竺可桢传》一书第 282 页。王铃由于个人原因，没有回国，去了澳洲国立大学。

汪毅的《评介李约瑟著“中国科学技术史”第二卷》、任鸿隽的《中国的科学与文明》①。三篇书评均给予《中国科学技术史》很高的评价，认为该书是中国科学史方面的空前巨著，对中英文化的交流是一个巨大的贡献，西方人研究中国文化不可不读，中国人要知道本国和西方文化也不可不读，值得向学术界推荐。

李约瑟的《中国科学技术史》编撰计划实际上也诱发了竺可桢着手建立中国科学史研究专门机构的构想。“从 1951 年 1 月 10 日到 25 日的《竺可桢日记》可以知道，科学院当初想成立一个科学史研究室的目的很简单，就是为了应付人民日报社宣传爱国主义的约稿需求和给李约瑟《中国科学技术史》书稿提意见，到 1956 年才有建立这门学科的意图。②”竺可桢在题为《为什么要研究我国古代科学史》的文章中指出：

> 我们古代所积累的自然科学材料异常丰富，我们再不能置之不理，任其埋没于故纸堆中了。……我国古代自然科学史尚是一片荒芜的田园，却满含着宝藏，无论从爱国主义着想或从国际主义着想，我们的历史学和自然科学工作者都有开辟草莱的责任[16]。

经过竺可桢的不懈努力，并请示周恩来总理后，科学史家李俨、钱宝琮③及严敦杰分别于 1955 年、1956 年调入北京，从事专业科学史研究工作，实现了他们多年的夙愿。在李约瑟的有效协助下，1956 年，以竺可桢副院长为首的中国科学家代表团成功地出席了 9 月在意大利召开的第八届国际科学史大会，使中国的科学史研究开始走向世界。竺可桢结束“科学史之旅”回国后，立即向中国科学院提议建立科学史研究室。10 月 26 日，中国自然科学史研究委员会决定创办《科学史集刊》，推举钱宝琮为集刊主编。11 月 6 日，科学院常务会议通过了建立中国科学院中国自然科学史研究室的决议，并报请国务院批准。1957 年元旦，中国自然科学史研究室成立，由李俨、钱宝琮、严敦杰、席泽宗、曹宛如、芶萃华、黄国安和楼韵午 8 人组成，李俨任研究室主任。

中国自然科学史研究室一批高质量的科学史专著——钱宝琮主编的《中国数学史》、张子高主编的《中国化学史稿》（古代之部）出版，获得了李约瑟等外国科学史学者的好评。1965 年 12 月 15 日，李约瑟致函竺可桢，索要《中国化学史稿》《中国数学史》，提出“要把钱宝琮、王振铎、夏纬英、张子高、石声汉、曹元宇、陈邦贤、范行准七人推荐为

---

① 《科学通报》1957 年第 10 期刊发了叶企孙的《介绍李约瑟著“中国科学技术史”第一卷》与汪毅的《评介李约瑟著“中国科学技术史”第二卷》，《科学》1957 年第 1 期刊发了任鸿隽所撰《中国的科学与文明》。

② 参见中国科学院自然科学史研究所 2007 年版《科学技术史研究五十年》序言。新中国建立，国家百废待兴。为了摆脱西方的封锁、制裁，树立民族自尊心，激发国人的爱国热情，政府的报刊杂志都加大了中国古代对世界科技伟大贡献的宣传力度。1951 年 2 月 25 日，《人民日报》发表了竺可桢的《中国古代在天文学上的伟大贡献》一文（《科学通报》3 月期全文转载），指出中国古代天文学有注重实用和历史悠久两大特性。同年 3 月起，上海《大公报》开辟了“中国的世界第一”专栏，邀请竺可桢、梁思成、钱宝琮等著名科学史专家撰文宣传古代中国最有世界先进水平的科技成就，共计 150 篇，在国内外产生了很大的影响。竺可桢撰写了《历学》《天象记录》《二十八宿与浑天仪》《恒星本动的推断》《指南针应用与航海》5 篇短文。1954 年 5 月 4 日，科学院决定设立中国自然科学史委员会，通过了《中国自然科学史研究委员会组织办法》。9 月 2 日，中国自然科学史委员会在京成立，并召开了第一次会议。委员会受中国科学院领导，竺可桢为主任委员，叶企孙、侯外庐任副主任，委员有向达、侯外庐、钱宝琮、李俨、叶企孙、丁西林、袁翰青、侯仁之、竺可桢、陈桢、张含英、梁思成、刘敦桢、刘仙洲、李涛、刘庆云、王振铎。

③ 1952 年 1 月 20 日，竺可桢委托华罗庚去杭州时与苏步青、陈建功商调钱宝琮到北京中国科学院编写数学史。12 月 27 日，竺可桢又与吴有训、陶孟和副院长细谈如何开创中国科学院科学史的研究工作，认为“非有专人来主持，否则还是要落空的。所以主张钱琢如或刘朝阳能到院来专任其事。院中曾向华东调钱琢如，但是调不动”。参见上海科技教育出版社 2007 年版《竺可桢全集》第 12 卷第 544、747 页。

国际科学史学会基本会员，席泽宗、严敦杰、袁翰青为通讯会员，以为该会会员亚洲会员太少之故”①。

新中国成立之后，李约瑟来华访问8次，除了第一次②以外，其余7次都是专程来华为《中国科学技术史》的编纂搜集原始史料，走访国内各学科史学专家的。他与竺可桢见面四次，他们之间的交往意义已远远超出私人友谊的范畴，而升华到中英两国文化交流的高尚境界[17]。

1958年6月1日，李约瑟和鲁桂珍到北京，竺可桢与李俨去东郊机场迎接。6月2日晚，竺可桢设宴，冀朝鼎、侯外庐、钱三强、华罗庚、周培源、钱宝琮、李俨、叶企孙、王振铎、夏鼐、楚图南作陪[18]。6月6日，在北京大学礼堂，竺可桢听李约瑟报告中国古代科学的成就与西方的关系。6月9日，陪同李约瑟夫妇和鲁桂珍参观中国自然科学史研究室。6月10日，竺可桢与叶企孙、钱宝琮、李俨、黄子卿等在文津街3号（中国科学院）听李约瑟题为 *The Rise of Modern Science and Its Background in Europe and China* 的演讲。6月15日，竺可桢在济南机场巧遇李约瑟，与他同机去上海，两人谈论了剑桥、牛津大学的情况。7月31日，竺可桢约李约瑟、鲁桂珍在寓晚膳，聊中国的古代科技发明，直至10点才结束[18]。

1964年7月3日，李约瑟夫妇和鲁桂珍第三次访华，郭沫若、竺可桢、楚图南、侯外庐、张有渔、潘纯、钱宝琮、黄炜、杜石然等到首都机场迎接。李约瑟刚下机，就将英国学者科尔布鲁克（H. T. Colebrooke）1817年编著的印度古代数学家的梵文原著英译本《代数学：算术和测量包括婆罗摩笈多和婆什伽罗》（*Algebra, with Arithmetic and Mensuration from the Sanskrit of the Brahmagupta and Bhāskara*）赠送竺可桢[19]，竺可桢转交给了钱宝琮。当晚，郭沫若夫妇、竺可桢夫妇在人民大会堂浙江厅宴请李约瑟夫妇和鲁桂珍。7月13日，竺可桢夫妇专程去北京饭店拜访李约瑟夫妇，送唐代雕刻一本[19]。7月14日，竺可桢、钱宝琮与李约瑟夫妇在北京饭店一同观看由赵丹主演的电影《李时珍》。9月29日下午，竺可桢再次约请李约瑟夫妇和鲁桂珍在寓茶点。交谈中，李约瑟对于在中国两个月的旅行甚为满意。竺可桢又赠薮内清所编的《天工开物》之研究论文集（1959年译文版）和周子竞所著《江西景德镇瓷器研究》论文两种[19]。

1972年7月，李约瑟夫妇和鲁桂珍第四次访华。竺可桢、吴有训在北京全聚德宴请他们[20]。时值“文革”，宾主无法交流科学史的研究发展，但李约瑟还是询问钱宝琮、张子高、袁翰青的情况，并提出要见钱宝琮，因钱宝琮已被“疏散”，离开北京，竺可桢无法满足他。

---

① 参见上海科技教育出版社2010年版《竺可桢全集》第18卷第7页。竺可桢唯嘱寄李约瑟以张子高、钱宝琮主编的著作，没有积极响应其推荐建议。因为“李约瑟要介绍许多同志入 Academy（学会），照我们方针似有困难的，因为我们不希望和 UNESCO 有什么关系”。1966年7月20日，竺可桢“接 Academic International ed'Histoire des Sciences 来函，有新近推选会员名单，其中包括被选 Effective member，有上海 K. C. Wong（王吉民），member correspondent 钱宝琮，要代表选举，我拟置之不复”。参见上海科技教育出版社2010年版《竺可桢全集》第18卷第93、155页。因为，此时“文革”已经全面爆发，竺可桢无暇顾及此事。10月15日，钱宝琮被选为国际科学史研究院通讯院士，参见浙江大学出版社2008年版钱永红所编《一代学人钱宝琮》一书第245页。但钱宝琮已被打成科学史研究室的“资产阶级反动学术权威”，遭到批斗，完全失去了科学史研究的权利。

② 1952年6月，李约瑟参加“调查在朝鲜和中国的细菌战事实国际委员会”并兼任秘书长，赴中国和朝鲜战场实地调查，这是他建国后首次访华。在完成实在调查后，李约瑟利用闲暇，去沈阳和北京的图书馆查阅科技史资料。8月24日，竺可桢设家宴款待李约瑟，并请曹日昌、叶企孙、梁思成、王振铎、冯家升和李涛作陪，讨论中国科技史。参见上海科技教育出版社2007年版《竺可桢全集》第12卷第681页。

李约瑟又于1978年、1981年、1984年和1986年四次访问中国，其中1984年的那次在华时间最长。8月22日，他与鲁桂珍到北京友谊宾馆出席第三届国际中国科学史讨论会，演讲《汉语植物命名法及其沿革》[5]。与会期间，李约瑟、鲁桂珍意外地遇见了与会代表——钱宝琮之子钱克仁，三人一见如故，谈笑风生。钱克仁感谢李约瑟近30年对钱宝琮的关心，并将自己的数学史研究论文以及《钱宝琮科学史论文选集》赠送给李约瑟[3]。9月16日，李约瑟与鲁桂珍抵达台湾，遍访宝岛北、中、南部，赢得了岛内学者的钦敬，他做的题为《中国旧世界的科技对西方文明发生的影响》的演讲唤起了在场听众对中国古代科技与文明的重视。在结束18天台湾之旅时，李约瑟对前去送行的老友陈立夫①说："中国人早在十三世纪就发明了火药，继而传入西方，才发扬光大成火箭、太空船，中国人智慧高超，只因近数百年来动乱太多，致未再研究发展，于是一切都显得落后，非常可惜，现在应该珍视自己的优良传统，积极发展科技事业，不怕赶不上西方的成就。[11]"

2 切磋琢磨："二十八宿起源"的学术争论

李约瑟在《自然》杂志上撰文，称赞"真正对知识和大自然事物的热爱者"竺可桢②：

中国文化中的天文学史又是竺可桢的一大爱好。他发表了不少有关这方面的专题论文，如二十八宿的起源和历法学的发展等。因此，中国在这方面进行研究，受他有利的影响是很自然之事。他又是几年前在北京成立的科学史研究所的奠基人之一，那是前满洲亲王王府的一幢古建筑。许多曾在中国工作过的西方科学家，对竺可桢的和蔼友好、乐于助人的品格，深表感谢[9]。

竺可桢研读《中国古代二十八宿比较表》《中国天文学起源考》《星辰考源》《书经·洪范》《东洋天文学研究》等中外学者关于中国二十八宿的论著和殷墟甲骨文的气象文献，查出印度二十八宿主星的名称，并与中国星宿相比较，计算了中、印两国二十八宿的赤经，得出了中国是二十八宿之起源地点的论断。

我国有二十八宿，印度亦有二十八宿，埃及、波斯、阿拉伯亦有二十八宿。近百年来，欧美人士对于二十八宿起源地点，争论颇为激烈，或主印度，或主国人，或主巴比伦，而国人对于此问题，反懵然若无所知，宛若二十世纪初叶，日俄以东三省为战场，而我反袖手旁观也[4]。

这是竺可桢1943年5月25日在重庆北碚所作"二十八宿起源考"学术报告的开场白。在当天的日记中，他写道：

述过去法国Biot（1840年）之信二十八宿起源于中国，继有德国Whitney之印度起源说，Schelegel 1875年著《星辰考源》主中国起源。继之英国Kingsmill及J. Edin均主张巴比伦起源说。二十世纪乃有De Saussure与新城新藏又为中国起源说张目。大抵反对中国起源者，以为印度二十八宿起于昴，为春分，而中国则起于角，为秋分，故印度应早一

---

① 1969年，陈立夫在台湾成立了"中国之科学与文明编译委员会"。台北版《中国之科学与文明》第一卷中译本于1972年问世，该书前15册全部在台湾翻译出版。

② 1974年2月7日，竺可桢病逝。噩耗传至英国，李约瑟深感悲痛，于8月16日英国出版的《自然》杂志上，特别撰文称赞竺可桢。

千年。不知中国《尧典》亦以昴为冬至昏中之星，角乃以后变动，犹之后印度二十八宿以娄起不以昴也。且中国二十八宿起源有历史上之根据，自殷墟中之火鸟二星，至《尧典》鸟火虚昴四昏星，《诗经》《范洪》牵牛织女箕毕昴等，以至《夏小正》《吕氏春秋》《史记》《淮南子》，而印度则初次见时即全盘已备，可知其为传入无疑。至于巴比伦说尤无确证云。讲一小时余[7]。

回到遵义后，竺可桢仍在研究二十八宿起源这个重大的科学史问题。他在日记里记道："近日阅二十八宿考据文，如荷兰人 Schelegel，美国人 Proctor 及英国 Brennand 书，范围愈来愈广，全无暇晷作别事矣。[8]"竺可桢阅读了大量的中外古籍、近著，涉及天文气象、古诗词、算学、甲骨文、梵文等，即《吕氏春秋》《尔雅》《尔雅疏》《夏小正》《玉海》《索隐》《史记·天官书》《史记·律书》《晋书·天文志》《太史公自序》《六经·天文编》《问字堂集》《岁星经》《天官书补目》《灵枢经》《黄帝·素问》《淮南子》《道藏·云笈七签》《天官考异》《梦溪笔谈》《畴人传》《星图》《中星定时》《高厚蒙求》《曲礼》《历书》《春秋夏正考》《甲骨文中之天象记录》《学津讨源》《印度天文学》《东洋天文学史研究》《星辰考源》《印度天文学》《二十八宿》《应用天文学》《中国历法起源考》《中国天文学与星占学起源于巴比伦说》《天文考古录》《中西星名图考》《太一考》《甘石星经源流考》等。从 1944 年 5 月 25 日起，动笔起草《二十八宿考》论文①。这是竺可桢校长浙江大学西迁后撰写的唯一学术性论文，也是他一生中极为光彩的科学史论著。

在中国、印度、波斯、阿拉伯等国家的古代天文学中，都将黄赤道附近的星空区分为二十八宿，组成一个系统。自 1840 年以来，中外学者对二十八宿究竟起源于中国，还是起源于印度或中亚地区，进行了激烈的争论。在竺可桢之《二十八宿起源之时代与地点》发表以前，这个重大的科学史问题并没有引起国人足够的重视。竺可桢代表中国人放了可贵的第一枪[21]，极大地震动了世界科学史界。他从二十八宿以角宿为首，二十八宿分为四陆，四陆所占度数又各不相等，以及古书中"毕风箕雨"的记载等一系列事实，详尽地论证了二十八宿起源于中国。虽然他定的时间过早（后来也作了修正），但文章取材丰富、论证精详，至今仍是研究这个问题首屈一指的作品。

10 月 26 日晚 7 点，在湄潭大成殿，竺可桢给出席中国科学社年会的学者作了"二十八宿之起源"的学术报告。竺可桢日记载："讲毕，琢如、季梁略有讨论，琢如以为中国之十二次根本系岁星周，因十二次如星纪、元枵等首见于《左传》，而传中岁在星纪而淫于元枵，岁为岁星无疑。但余则谓先有岁（从步从戍）而后有岁星。朱雀分为鹑首、鹑火、鹑尾，全为四象，分为十二次之征。且十二次起于星纪，则以周正月冬至日在斗、牵牛也。②[8]"李约瑟始终认真听取竺可桢的报告及之后的讨论，当场没有发表意见。

---

① 竺可桢日记载："余历来作文无此次之苦者，因时间太局促，只有偷闲于批公文及写信之外，始有时间，以此常于 8 点后写至子夜始止。"参见上海科技教育出版社 2006 年版《竺可桢全集》第 9 卷第 116 页。《二十八宿考》后更名为《二十八宿起源之时代与地点》，于 6 月 11 日完成。先分期刊载于浙江大学天文学习会《北斗》壁报上，最后发表在《思想与时代》第 34 期和《气象学报》第 18 卷 1-4 合期。

② 钱宝琮细读竺文后，深为竺可桢的研究成果所振奋，但对其中的某些论断持有不同的观点。为此，他花费了两年时间撰写了《论二十八宿之来历》一文，同样发表于《思想与时代》杂志第 43 期（1947 年）上，又赋《〈论二十八宿之来历〉脱稿后作》五言四十韵长诗一首，书赠竺可桢。他们两人关于二十八宿的学术争论一直延续到 1960 年代，不仅在论文中各执己见，还时常当面争论得面红耳赤。参见浙江大学出版社 2008 年版钱永红所编《一代学人钱宝琮》一书第 246 页。

李约瑟对竺可桢的论文极感兴趣，1945 年 8 月，致函竺可桢，要求他将《二十八宿起源之时代与地点》翻译成英文，以便收入由张资珙与剑桥大学 Dr. Herbert Chatley 合作编著的关于中国科学的论文集中[8]。竺可桢于 10 月将两万字的中文稿压缩成六千余字的英文稿，寄交李约瑟①。

1951 年 2 月 25 日，《人民日报》发表了竺可桢的《中国古代在天文学上的伟大贡献》② 一文。3 月，上海《大公报》开辟了“中国的世界第一”专栏，竺可桢撰写《二十八宿与浑天仪》，两篇文章均说明二十八宿的发祥地在中国。

竺可桢多次修订论文稿，最后一次是在 1956 年，论文定名为《二十八宿的起源》③[22]317。竺可桢在简要综述一百多年来国际学术界“二十八宿起源”的争论后，呼吁“现在是提出和解决像二十八宿的起源之类问题的时候了。”论文最后指出：

就我们所知的而论，中国的二十八宿起源相当晚，不早于公元前第四世纪。它似乎是土生的，因为它的发展是从很古的中国旧天文传说中脱胎出来的。这些星宿中的某几个宿可以更上推到一千多年。总之，中国二十八宿创立的时期，仍有待于更多事实的发掘和更深入地研究才能确定[22]。

对于二十八宿的起源，李约瑟有着自己的研究思路：

所谓“二十八宿”，即位于赤道或其近处的星座所构成的环带，是中国人、印度人和阿拉伯人的天文学所共有的。一些对这几种文化的古籍原文很少了解或毫不了解的著作家们，采取各执己见的态度，经常作出武断的论述。我们以后将指出，二十八宿的发源地可能不是这几个地方当中的任何一个，它们关于二十八宿的概念统统是从巴比伦传去而衍生的[23]。

《中国科学技术史》第 3 卷“天学”指出：

现在我们要谈到一个曾经引起许多争论的问题，即印度的“纳沙特拉”（nakshatra）和阿拉伯的“马纳吉尔”（al-manazil 即“月站”）同中国二十八宿的关系[23]。

中国、印度、阿拉伯等三种主要“月站”体系同出一源，这一点几乎是无可置疑的，不过来源何在却是极为古老的问题。阿拉伯的“马纳吉尔”不是竞争对手。但其他两套则使印度学家和汉学者不断表现出包办代替的沙文主义[23]。

1956 年 9 月 6 日，李约瑟在意大利佛罗伦萨第八届国际科学史会议上听取了竺可桢的《二十八宿的起源》报告后，即席提出了有关中国古代天文与巴比伦的关系问题，曰：“巴比伦分星为三类，即赤道附近和北极附近及介于其间者，是否和《天官书》有关，又说《天官书》事关休咎很多和巴比伦是否有相同处。[24] ”

1961 年 10 月 17 日—11 月 6 日，竺可桢率领中国科学院代表团（贝时璋、王守武、张沛霖随行）访问英国皇家学会。竺可桢夫妇去剑桥李约瑟家中拜访，问候晤谈，亲如一

① 1946 年 1 月 16 日，李约瑟将竺可桢英文论文转寄给在剑桥大学讲学的张资珙。该论文集是否正式出版，目前还未查到相关文献记载。但竺可桢英文版论文以《天文学中二十八宿之起源》（*The Origin of 28 Mansions in Astronomy*）刊载于《大众天文学》（*Popular Astronomy*）1947 年第 2 期上。

② 该文修订稿刊载于《科学普及工作》1951 年 3 月号第 82-85 页，以及《科学通报》1951 年第 3 期第 215-219 页。

③ 该讲演稿英文版（*The Origin of Twenty Eight Lunar Mansions*）被收入《第八届国际科学史大会论文集》（*ACTEdu VIII Congrès International d'Histoire des Sciences*，Florence-Milan 3-9 September 1956，Vol. I，364-372 页，Grouppo Italiano di Storia delle Scienze），于 1956 年 9 月在意大利佛罗伦萨召开的第八届国际科学史会议上宣读。

家[17]。10月19日，伦敦天文馆举行学术报告会，由李约瑟报告《古典中国的天文学》。报告谈到了二十八宿体系的形成和起源：

至于二十八宿体系形成的时间，某些距星在公元前十四世纪的甲骨卜辞中已经出现，其体系的完全确立是在公元前四世纪。二十八宿主座令人迷惑的分布促使人们去寻求它们与岁差变化有关的年代。竺可桢本人也卓越地参加了这一努力。总的结果倾向于公元前2500年前后，这比中国文明要早。进一步的研究将会发现，这一体系或许更可能是巴比伦的创造，然后向几个方向传播，到达印度和中国[25]。

1974年，李约瑟又一次撰文叙述了二十八宿系统的起源：

关于二十八宿系统的起源，这是一个非常困难的问题，因为在其他的文明区域中有同类的其他系统，尤其是印度的“纳沙特拉”（nakshatra）和阿拉伯的“马纳吉尔”（manazil“月站”）。“马纳吉尔”没有参加竞争，但印度学家和汉学家长期来一直在争论哪个出现得早，是中国的还是印度的。今天，我不想参与这一争辩，但是中国二十八宿的距星中有九个与相应的印度联络星（yogataras）相同，有十一个虽然距星不同，但都在同一星座之内，只有八个在完全不同的星座之中，其中两个是织女一（Vega）和河鼓二（Altair）。在中国方面，也许我们可以这样说，“纳沙特拉”并不显示出“偶合”性，由于这种偶合性，使赤道上宽度各不相同的中国二十八宿一个个相对而立。此外，印度天文学受希腊天文学比之中国来要大得多，它并没有显示出在中国天文学中一个非常重要的现象，这一现象事实上是中国天文学的精髓，即拱极星和二十八宿的“栓”[25]。

李约瑟多次表明，中国的二十八宿体系是由巴比伦传入的。然而，在分析了1193年黄裳制作的苏州石刻星图所列二十八宿星座后，他也认为，中国古代天空划分与西方通常所用的星座是迥然不同的[25]。由此可见，李约瑟是依违于巴比伦起源说与双方独立起源说二者之间的[5,9]。

有关二十八宿的起源与创立时期，正像竺可桢1956年所期待的那样：“仍有待于更多事实的发掘和更深入地研究才能确定。[22]”

李约瑟，一位外国学者，以非凡的气魄、过人的聪慧睿智，发掘中国古代科学与文明“金矿”，与竺可桢等志同道合的中国同仁一道，在东西方科学文化领域架设了一座桥梁。他编纂的《中国科学技术史》纠正了西方人对中国科学史研究的错误与偏见。《中国科学技术史》这部历史长卷的编纂仍在继续，东西方的后辈学者正行走在李约瑟、竺可桢等架设的桥梁上，继续挖掘古老中国科学、文明的巨大宝藏。

致谢：在本文的写作过程中，上海理工大学李约瑟文献中心主任王钱国忠研究员提供了许多书籍与史料，提出了宝贵的意见与建议，在此谨致由衷的谢意！

参考文献

[1] 王钱国忠. 大有可为、任重道远的李约瑟研究. 山东科技大学学报（社会科学版），2011，13（4）：22.

[2] 李约瑟. 中国科学技术史：第1卷. 北京：科学出版社，1975.

[3] 钱永红. 一代学人钱宝琮. 杭州：浙江大学出版社，2008.

[4] 竺可桢. 竺可桢全集：第2卷. 上海：上海科技教育出版社，2004.

[5] 王钱国忠. 李约瑟传. 上海：上海科学普及出版社，2007.

[6] 李约瑟，李大斐. 李约瑟游记. 余廷明，等，译. 贵阳：贵州人民出版社，1999.

[7] 竺可桢. 竺可桢全集：第 8 卷. 上海：上海科技教育出版社，2006.
[8] 竺可桢. 竺可桢全集：第 9 卷. 上海：上海科技教育出版社，2006.
[9] 王钱国忠. 李约瑟文献 50 年. 贵阳：贵州人民出版社，1999.
[10] 李国豪，张孟闻，曹天钦，等. 中国科技史探索. 上海：上海古籍出版社，1986.
[11] 王钱国忠. 东西方科学文化之桥——李约瑟研究. 北京：科学出版社，2003.
[12] 竺可桢. 竺可桢全集：第 10 卷. 上海：上海科技教育出版社，2006：350.
[13] 竺可桢. 竺可桢全集：第 11 卷. 上海：上海科技教育出版社，2006.
[14] 竺可桢. 竺可桢全集：第 12 卷. 上海：上海科技教育出版社，2007：扉页.
[15] 郭金海. 李约瑟《中国科学技术史》与中国自然科学史研究室的成立. 自然科学史研究，2007，26 (3).
[16] 竺可桢. 竺可桢全集：第 3 卷. 上海：上海科技教育出版社，2004.
[17] 王国忠. 李约瑟与中国. 上海：上海科学普及出版社，1992.
[18] 竺可桢. 竺可桢全集：第 15 卷. 上海：上海科技教育出版社，2008.
[19] 竺可桢. 竺可桢全集：第 17 卷. 上海：上海科技教育出版社，2009.
[20] 竺可桢. 竺可桢日记：第 5 卷. 北京：科学出版社，1990：537-538.
[21] 《竺可桢传》编辑组. 竺可桢传. 北京：科学出版社，1990：289.
[22] 竺可桢. 竺可桢文集. 北京：科学出版社，1979.
[23] 李约瑟. 中国科学技术史：第 4 卷，天学第 1 分册. 北京：科学出版社，1975.
[24] 竺可桢. 竺可桢全集：第 14 卷. 上海：上海科技教育出版社，2008：405.
[25] 潘吉星. 李约瑟文集. 沈阳：辽宁科学技术出版社，1986.

竺可桢的气象思想与实践及其现代启示

Chu Coching's Meteorological Thinking and Practice of Meteorology and Its Modern Enlightenment

高学浩[1]　王邦中[1]　何凤翩[2]　李洪臣[1]　王立梅[1]　张改珍[1]

（1. 中国气象局气象干部培训学院，北京 100081；2. 绍兴市气象局，绍兴 312000）

摘要：简要总结回顾了竺可桢先生的生平。从季风、台风、物候学、气候变化、农业气候、中国气象史等方面，以及捍卫中国气象主权、气象台站建设、气象学学科制度化、国家级气象研究所筹建、气象人才培育 5 个方面，分别详细分析了竺可桢先生在气象学研究和实践方面的贡献。认为竺可桢先生爱国与求是精神，底蕴、眼界与胸怀，学术研究与气象实践等方面对我国现代气象事业都有所启示。

关键词：竺可桢，气象思想与实践，现代启示

0　引言

最早对竺可桢先生的印象产生于一篇小学课文《第一朵杏花》，文章中的竺可桢先生告诉中国千万小学生："我需要的是精确的时间，搞科学研究不能使用'大概'、'也许'这类字眼，也不能用估计和推断代替观察。"小学老师会讲这样的道理：竺可桢先生正是通过常年的精确观察，才掌握了气候变化的规律。当时直观地认为，竺可桢先生是一位了不起的科学家，他的研究与气候和花朵开放时间有关。

之后，通过较长时间对竺可桢先生的传记、日记、文集及关于先生的纪录片的阅读、观看、思考与研究，颇觉选择此项研究之必要。试列举一二原因：①竺可桢先生幼年熟读四书五经，成年赴美留学，据其日记记载，学成归国后仍一直阅读、研究中外名人人文、科学作品，其思想和行为无不采撷中西文化精华，眼界宽广深远，胸怀海纳百川。②竺可桢先生出生于清朝末年，学术创作和活动时间展开于民国时期和新中国时期，中国在动荡中转型，包括竺可桢先生在内的第二期庚款留学生学成归国，从竺可桢身上可以看到科学在中国的传播历程，可以让我们比较不同时代科学制度的变迁。③2014 年 4 月，"十五""十一五""十二五"国家重点图书规划项目大型文化工程《竺可桢全集》24 卷全部完成。清华大学教授刘兵认为："从学术研究来看，《全集》学术价值的稳定性非常高，绝不仅限于竺可桢研究，是超出科学之外的，延伸至整个文化领域，尤其是历史领域。"历史不仅仅是 1911 年清王朝灭亡，中华民国建立，1949 年中华人民共和国成立等这样的线条和事实，历史需要丰富的细节，《竺可桢全集》，特别是《竺可桢日记》，正是这样的富矿。其他原因还有，竺可桢的教育思想对于现代教育仍然具有深刻的启发意义等等。

科技史研究的方法有内史与外史、跨文化比较、计量法、社会调查、科技考古、实地

作者简介：高学浩，中国气象局气象干部培训学院党委书记，常务副院长，副教授。

考察、模拟实验等。“内史”强调科学史研究应关注科学自身的独立发展，注重科学发展中的逻辑展开、概念框架、方法程序、理论的阐述、实验的完成，以及理论与实验的关系等。“外史”强调科学史研究应更加关注社会、文化、政治、经济、宗教、军事等环境对科学发展的影响，认为这些环境影响了科学发展的方向和速度，在研究科学史时，把科学的发展置于更复杂的背景中。科技史人物研究中人物评价应有一定的价值立场和评价标准，历史学家陈寅恪认为历史人物评价有三条标准：一是独立与自由之标准，即历史人物是否具有“独立之精神，自由之思想”；二是社会进步与发展的标准，即历史人物能否推动社会的进步或发展；三是历史主义的标准，即当时当地标准，将历史人物放到当时的社会环境和历史条件中加以评价。两条方法：一是真了解方法，即了解之同情；二是方面论标准，即对人物不同方面的历史事功和成就要分别予以评价[1]。本文以科技史人物竺可桢先生为研究对象，使用实地考察（曾赴绍兴市气象局竺可桢纪念馆实地考察）、内史与外史相结合等方法，对人物的评价也力争依循陈寅恪先生的三条标准做到了解之同情和方面论评价。

1 竺可桢生平简介

竺可桢，字藕舫，1890 年 3 月 7 日出生于浙江绍兴东关镇（今属上虞）。3 岁可认字，5 岁随秀才大哥竺可材入私塾学习，熟读《声律启蒙》《史鉴节要》《四书》《五经》等，7 岁开始习八股文，9 岁入东关镇毓菁学堂学习，毓菁学堂受戊戌维新思想影响，按“中学为体，西学为用”设置课程，“中学”内容较多，如读经、修身等，“西学”即自然科学课程。中学就读于上海澄衷学堂、复旦公学（复旦大学前身，严复时任校长）。

1909 年，竺可桢考入唐山路矿学堂（唐山铁道学院前身），学习土木工程。唐山路矿学堂是北洋政府为建筑北方铁路和开发北方矿产而培养技术人员的高等学校，学校的自然科学课程都由英国教师用英文授课。1910 年，与赵元任、胡适等一起考取第二批留美庚款公款生，赴伊利诺大学农学院学习农学，1913 年毕业后进入哈佛大学研究院地理系读气象学，1918 年获得博士学位回国。他赴美转学农学的原因在于他认为中国是农业大国，万事以农为本，入校后感到美国的大农经济与中国的小农经济迥异，当时美国的农业科学也很落后，于是硕士毕业后进入哈佛大学学习气象学。

回国后，在武昌高等师范学校（武汉大学前身）教地理学和气象学 2 年。1920 年，赴南京高等师范学校（南京大学前身）任地学系主任，教授地学通论、气象学、世界气候和世界地理等课程。在他的培育下，我国现代最早的一批气象和地理工作者主要就在这时开始成长起来。1925 年曾至商务印书馆编译所任职，次年赴天津南开大学任教。1927 年“中央研究院”（中华民国时期中国最高学术研究机关）筹备时，应院长蔡元培先生邀请筹建气象研究所，旋任所长。1936 年 4 月起到 1949 年 4 月底担任浙江大学校长，期间兼任浙大气象所所长 9 年。1949 年 10 月中华人民共和国成立之后，担任中国科学院副院长。1962 年 6 月参加中国共产党。1974 年 2 月 4 日逝世于北京，享年 84 岁。

1913—1918 年竺可桢在哈佛读博期间，参加我国留美学生组织的、我国最早的一个科学社团——中国科学社，是该社骨干成员之一。回国之后一直活跃其间，为中国科学事业的繁荣与发展做出了很大贡献。在“中央研究院”气象研究所时期，还任“中央研究院”评议员、院士及地理学会理事、气象学会理事长等职。在中国科学院时期，还先后被选为一至四届全国人民代表大会代表和常务委员会委员、科学技术协会副主席、地理学会理事长、气象学会理事长和名誉理事长，兼任中国科学院学部委员、生物学地学部主任、综合考察委员会主任、编译出版委员会主任、自然科学史委员会主任等。

竺可桢先生学术研究成绩突出。气象学研究中对台风的研究等颇受国际学术界重视；在气候学方面持续研究50年之久，开创我国区域气候研究，重视农业气候问题。1972年发表的《中国近五千年来气候变迁的初步研究》，受到国内外学术界一致赞扬；他是我国物候研究的创始者，持续从事物候的观测记录，撰有《物候学》一书；在古天文学史方面的研究也有很高成就；他还热心于科普工作，在这方面做出了不小贡献。

竺可桢先生对我国科学事业的组织推动做出了巨大贡献。他是我国近代气象事业和近代地理学的奠基人；他在我国高等学校首先开设近代地理学课程，并在东南大学首创地学系。新中国成立后又亲自筹建中国科学院地理研究所及其他机构；担任中科院副院长期间，在综合考察、自然区划、沙漠、冰川、海洋和自然科学史研究方面也做了不少组织推动工作，并在制订科技政策、培养人才方面做出了贡献。

竺可桢先生是一位杰出的教育家。他担任浙江大学校长13年，使浙江大学迅速发展为国内比较完备的综合性大学。在12年的战乱动荡中仍使教学质量和学术水平有所发展，当时在中国工作的英国著名生物化学家和科学史学家李约瑟接触到浙江大学浓厚的学术空气，深受感动，称浙江大学为“东方剑桥”。举两例以管窥其教育思想：竺可桢先生在1936年3月9日的日记中不赞同浙江大学原校长的大学军队化（原浙江大学校长郭任远奉蒋介石的旨意，竭力推行法西斯化教育）和物质主义，认为“办大学不能不有哲学中心思想”，颇为赞同中国古代四海之内皆兄弟的精神和英美各国大学重学术自由的精神[2]。在1936年9月18日的日记中嘱一年级新生：（一）学一技一能果要紧，而最要实是养成一个清醒的头脑；（二）出学校后，中国一般人的理想以享福为无上光荣，但照现在看来，享福是一种可耻的事，我们出校以后应该为社会服务[2]。

2 竺可桢气象思想及实践

竺可桢先生是我国气象学的奠基人。在气象学研究方面，他运用现代气象科学理论来解决中国实际问题，提出在当时创新、在国际上引起重视的观点和论据，至今仍不失其价值；他也是气象学和地理学的交叉学科——气候学方面的杰出学者。竺可桢先生在季风、台风、物候学、气候变化、农业气候、中国气象史方面研究成就斐然；气象实践方面，竺可桢先生在捍卫中国气象主权、气象台站建设、气象学学科制度化、国家级气象研究所筹建、气象人才培育等方面，做了大量工作。他的气象学思想和气象实践概述如下。

2.1 气象学思想

2.1.1 季风、台风研究

季风研究方面，除1933年在第五届太平洋学术会议上宣读的《中国气流运行》一文之外，1934年竺可桢先生发表中国季风气候研究的经典之作《东南季风与中国雨量》一文，指出“夏季季风带来水汽是中国大陆上雨泽的来源，又指出当夏季东南季风强盛时，长江流域主旱，华北主涝，而当东南季风不强时，长江流域主涝而华北主旱”[3]。论文为我国季风气候的研究以及长期天气预报的研究提供了重要的基础。

竺可桢先生关于台风的思想集中体现在《台风中心的若干新事实》(1918 年)、《远东台风的新分类》(1924 年)、《台风的源地与转向》(1925 年) 等文章中，在后两篇文章中竺可桢先生研究了 1904—1915 年的 247 个台风的季节分配源地、运动途径及其转向地点，提出了新的台风分类法。“他关于台风的研究在 20 世纪 20 年代具有权威性，闻名于当时远东气象界。[4] ”

2.1.2 物候学、气候变化研究

竺可桢先生是我国物候学研究的创始者。在“52 年的漫长岁月中，他积累了南京(1921—1925 年，1928—1931 年)、北京 (1950—1973 年) 两地 33 年的长期物候资料”[3]。他通过比较古代物候史料与现代物候，创造性地得出我国各历史时期气候变化的定量估计，1931 年发表《论新月令》。1963 年出版《物候学》，结合我国农业生产的实际，“系统介绍了物候学的基本原理，我国丰富的物候记载，世界各国物候学的发展，物候学的基本定律，以及利用物候预告农时的方法”[4]。

在气候变化方面，1925 年发表《南宋时代我国气候的揣测》，在 1925 年、1926 年和 1931 年发表多篇有关中国历史上气候变迁的研究论文，认为“在我国历史上第四、第六、第七世纪较干旱，十二至二十四世纪较湿润，十五世纪又较干旱”[3]。并根据历史文献中的物候记载推论，秦汉时期的气候比现代要温暖；北京 1841—1924 年平均温度升高，气候的大陆度有增大趋势。在《历史时代世界气候波动》(1961 年) 一文中，竺可桢先生阐述了 20 世纪上半期气候变暖的事实。

2.1.3 农业气候研究

竺可桢先生 1963 的文章《论我国气候的几个特点及其与粮食作物的生产关系》认为，气候是目前影响粮食生产的重要因素。因此，我们的应急工作是要分析气候如何影响粮食生产，随之探讨如何利用气候资源实现增加粮食生产的目标。文章提出，影响粮食生产的三大气候要素是太阳辐射总量、温度和雨量。文章被节选编入国家科委的《科学技术研究动态》第 274 期上。竺可桢先生早在 1922 年发表《气象与农业之关系》，1936 年发表《气候与人生及其他生物的关系》，一直非常重视气候与我国农业生产的关系问题的研究。

2.1.4 中国气象史研究

“我国气象史研究是由竺可桢开创和奠基的。[5] ”“我国近代气象史研究工作始于竺可桢氏。[6] ”竺可桢在 1916 年发表的论文《中国之雨量及风暴说》一文中介绍了徐家汇历史雨量资料及朝鲜在 15 世纪已有测雨器的历史，提倡我国遍设气象台、长期观测雨量；1934 年发表《东南季风与中国之雨量》，根据对古籍的研究介绍有关季风及信风航行的历史，研究季风与雨量的关系。在《前清北京之气象记录》(1936 年)、《中国之温度》序(1940 年)、《中国近代科学论著丛刊——气象学》序 (1953 年) 等文中，从不同角度介绍自明清到民国初年中国的气象观测史，并系统总结了清代到新中国成立前外国人在我国的气象工作及我国近代自办气象工作的艰苦情况。《中国过去在气象学上的成就》(1951 年)一文介绍了我国数千年来在气象学上的主要成果，揭示了清乾隆、同治、光绪等朝代在我国进行气象观测的外国人及其机构。1972 年发表的《中国近五千年来气候变迁的初步研究》介绍了我国古代各时期气象资料获取的特点，研究了我国五千年来的气候变迁大势。此外，他还著有《气象学发展的历史》(1920 年)、《中国历史上的旱灾》(1925 年)、《天

时对于战争之影响》(1932 年)、《高空之探测》(1932 年)等论文。

新中国成立后，担任中国科学院副院长的竺可桢“支持成立了中国自然科学史委员会，并亲自筹划组建了自然科学史研究室，为中国科技史研究的组织化、系统化和国际化做出了重大贡献”[7]。

2.2 气象实践

2.2.1 捍卫中国气象主权

清末民初时期，我国没有独立的气象事业，大部门气象台站控制在西方国家手中。西方国家对中国气象工作者也极为歧视，在一次太平洋区域科学会议上，竟只准中国代表列席，不许发表论文。1924 年，竺可桢先生撰写《青岛接收之情形》报告，摧毁日本人的借口，协助中国政府收回青岛气象台主权。竺可桢先生筹建的南京北极阁气象台从 1930 年元旦开始发布天气预报和台风预警，结束了外国人垄断我国天气预报的历史。在气象计量单位上，竺可桢先生坚决要求海关管理的气象站改变原先记录用的英制，采用国际通用的公制，并且坚持气象电报由我国集中广播的权利。在香港召开的一次远东各国气象会议上，英法等国举行两次招待各国代表的宴会，都将中国代表排在末席，竺可桢先生愤然提出抗议，并拒绝出席以后的会议。1932 年，在竺可桢先生的主持下，我国参加了国际气象组织第二次国际极年活动（1932 年 8 月 1 日—1933 年 8 月 31 日），中国气象成就取得了很大的国际影响，1935 年出版了《峨眉山泰山国际极年观测报告》。

2.2.2 气象台站建设

气象台站是发展气象事业的基础，清朝末年，我国境内绝大部分的气象台站（共 40 多处测候所）由外国人所设置并管理，这些测候所分布在我国沿海和长江流域，为西方国家侵略扩张、航运服务提供气象信息。早在 1920 年，竺可桢先生在南京高等师范学堂建立了气象测候所。1921 年，竺可桢先生发表《论我国应多设气象站》一文，向政府呼吁气象台站网络建设的重要性。1922 年，中国政府收回青岛主权时，竺可桢先生提案收回青岛观象台的管辖权，并使其发展成为能够与徐家汇气象台科技水平相均衡的气象台。青岛观象台接收后，竺可桢先生多方筹措经费以保证其正常业务运行。1928 年春筹建“中央研究院”气象研究所时，竺可桢先生提出《全国设立气象测候所计划书》，制订了 10 年内全国完成“至少须有气象台十所，头等测候所三十所，二等测候所一百五十所，雨量测候所一千处”[8] 的目标，同年，竺可桢先生筹建了南京北极阁气象台，并将气象研究所移址此处。根据计划书，竺可桢先生先后在全国筹建了 28 个直属测候所，他还倡导各省政府建设地区测候所，到 1937 年，我国气象台站网已初具规模，有气象台站 139 个。除了推动全国气象台站的建设，竺可桢先生还组织气象研究所为台站制订统一的、国际先进的技术、规范和标准。

2.2.3 气象学学科制度化

归国后的前两年（1918—1920 年），竺可桢先生在武昌高等师范学校（简称“武高”，武汉大学前身）讲授地理学和气象学。当时，学校使用的气象学教材还是传统的《观象台实用气象学》，竺可桢先生通过重构气象学讲义改进教学内容，向学生传授先进的气象学知识和思想。从 1920 年始，竺可桢先生在南京高等师范学校（简称“南高”，东南大学前身）教授地学和气象学课程。1921 年，南高改建为东南大学，借助学校系属关系多次调整的机会，竺可桢先生在东南大学创建地学系（地质学和地理学系）并任地学系主任，致力于推动地质学、地理学和气象学的融合[9]，在中国最早将气象学作为地学中的重要内容列入高等教育中。在与其他教师一起努力之下，几年后，东南大学地学系名声大震，专攻地学的学生占全校学生总数的二十分之一，和北京大学地质系齐名，为中国培养了大量气象学与地理学人才[10]。竺可桢先生进一步修订、发行了他在武高时期的《气象学》讲义，在中国近代气象学教育史上具有奠基性地位。据施雅风先生文，讲义各章之末均附有参考文献，介绍当时相关的权威著作供学生深入学习。他在气象学教学中极力培养学生们的自学和研究能力，鼓励学生阅读国际重要文献。朱炳海先生即将毕业时曾翻译美国《天气评论》上威列特博士“雾与航空”一文，竺可桢先生为之逐字逐句校对、润色，介绍到《科学》杂志分三期发表[10]。此外，竺可桢先生还在东大校园内主持建立了气象测候所，供气象课学生实习训练专用。他要求学生严守时间，严格按照操作规程进行气象观测，并经常亲自监督，亲自分析和逐月亲自撰写气候报告。测候所于1921年专聘曾在武高上过竺可桢气象课的鲁直厚负责测候，他和学生们一起观测和记录最高最低气温、气压、雨量、相对湿度、风向和风速、云量和云的类型、气候状况。测候所每晚和北京中央气象台用电报交换天气报告，观测结果还在本地报纸上发表。南高、东大时期随同竺可桢先生教授气象，后在研究教学和中国的气象事业中起领导和骨干作用的有：黄厦千、张宝堃、吕炯、沈孝凰、郑子政、朱炳海等。东大时期，竺可桢先生学术创造力旺盛和成熟，不包括《地学通论》和《气象学》两本讲义，发表的论文多达42篇（发表于1921—1926年）。

1925年夏，竺可桢先生离开东大，曾在上海商务印书馆和天津南开大学短暂任职两年，1927年重回南京任地学系主任，一年后由于气象研究所成立，辞职专任研究所所长。由竺可桢先生筹建的气象研究所的成立是气象学科进一步体制化的体现。1930年南京中央大学（今南京大学）在地学系设立气象组，1935年北京清华大学亦在地理系附设气象组，用以培植气象人才，后来这两校的气象组都独立成为气象系。1936年3月竺可桢任浙江大学校长后，创建史地学系并网罗人才，史地学系分为史学和地学两组，气象学为其中重要一科，后扩充为气象学组。

2.2.4　国家级气象研究所筹建

1927年冬，竺可桢应蔡元培之邀出任“中央研究院”观象台筹备处常务筹备员，1928年2月任“中央研究院”气象研究所筹备主任，后任“中央研究院”气象研究所（今中国科学院大气物理研究所前身）所长。竺可桢在近代开展的几项重要气象实践活动——气象学研究及气象学研究组织、捍卫中国气象主权、气象台站建设、气象人才培养、中国气象国际交流、全国气象研究及工作者组织大部分是在“中央研究院”气象研究所开展的。他的这些气象实践活动与其他活动一起为我国现代气象事业的创建和发展奠定了坚实的基础。竺可桢在“中央研究院”气象研究所的其他气象实践活动还有：①建成北极阁气象台，北极阁气象台也是气象研究所的所址。两三年的建设之后，荒山变成气象基地，北极阁也成为“中央研究院”理想的科研基地，“中央研究院”决定将其所属的各研究所尽量集中到北极阁周围。从1931年起，“中央研究院”社会科学研究所、心理研究所、历史语言研究所、地质研究所及“中央研究院”总办事处先后在北极阁山麓修建了永久性办公地址。②开展了地面气象观测、高空探测、天气预报、无线电气象广播等业务。在竺可桢的主持下，南京地区安装了气象仪器，从1928年元旦0时起开展每小时一次、昼夜无间的地面气象观测与记录。1928 年，竺可桢通过他的哈佛同学选派沈孝凰和黄厦千前往马尼拉气象台学习天气图表的绘制和天气预报的技术。学成回国一年后，从 1930 年元旦起，气象研究所正式绘制天气图和发布天气预报及台风警报，开创了我国领土领海的气象预报新纪元。③统一规章制度，出版专刊资料。在竺可桢的努力下，他和助手拟定的《全国气象观测实施规程》于 1932 年 5 月颁发全国实施，规程在测候所等级、建制、管理、经费开支、仪器设备、观测时制、表式符号、气象电报和人员培训等方面都做了具体规定。他还组织气象所研究人员编印了一些指导手册和工具书等。当时定期出版的气象资料五六种之多。

2.2.5 气象人才培育

除了在武昌高等师范学校和南京高等师范学校通过创新教材、创建地理学和气象学系进行气象人才培养之外，为了满足国家和社会的要求，1928 年建立的、竺可桢先生任所长的“中央研究院”气象研究所在南京先后创办了四期气象学习班，共输送 123 个测候骨干，造就了一批近现代著名的气象学家和高层次气象管理人才，其中有黄厦千、吕炯、张宝堃、朱文荣、朱炳海、卢鋈、程纯枢、陶诗言等，成为全国气象科技人才的摇篮之一。

3 今日气象事业启示

竺可桢先生的个人成长与发展及其对中国气象事业的推动与贡献展开于一个与我们现在完全不同的中国时代：政治制度方面处于专制向民主过渡，教育制度方面处于旧式教育向新式教育过渡。兵荒马乱的年代，中国肩负着打倒日本等帝国主义、在各个领域收回主权的重任，新中国需要为自己选择一个面向人民的、强有力的政府。竺可桢先生从学术研究和实践活动两方面对中国气象事业做出了许多具有奠基意义的贡献，这些贡献与中国当时所处的时代背景息息相关，不可复制，在如下几方面对中国今日之气象事业仍有启示和借鉴。

3.1 爱国与求是精神

竺可桢先生有极大的爱国心，对祖国和民族事业有极大的热忱。当他看到祖国的气象事业掌握在外国人手中时，他就要建立中国自己的气象事业，从外国人手中夺回这个事业；当他看到祖国建设需要了解自然条件和自然资源时，他就组织进行自然条件和自然资源考察研究。竺可桢先生的求是精神表现在学术研究方面的一丝不苟、谦虚谨慎、坚韧不拔、持之以恒。他从 50 多年积累的浩瀚资料中取其精华，总结有关历史气候变化的论文；他持续 50 多年积累资料，写出中国五千年来的气候变化，坚持不间断地记录日记和每天的天气和物候情况，直到去世前一天[11]。我们今日的气象事业也需要有爱国的大情怀和治学研究方法上的求是精神做依托和底子，竺可桢先生具有榜样和激励意义。

3.2 底蕴、眼界与胸怀

竺可桢先生从小接受中国旧式的私塾教育，熟稔中国传统文化，又在世界顶尖大学接受了近代科学的系统训练和科学民主的文化熏陶。由《竺可桢日记》可以看到，他参加工作后仍然坚持阅读科学家薛定谔、卢瑟福、玻尔、罗素的著作和中国的《论语》《孟子》《老子》，对其思想精华信手拈来，且有独立精到的评论。竺可桢先生深厚的科学人文底蕴和开阔宽广的眼界支撑了他一生生生不息的成就。在浙江大学任校长期间，用其海纳百川的胸怀广纳贤士，让不少有性格的教授发光发热，最终汇聚成“东方剑桥”浙江大学。我们今日的气象发展也需要更多底蕴深厚、眼界开阔、胸怀宽广之士，最终汇聚为更为蒸蒸日上的中国气象事业。

3.3 学术研究与气象实践

中国科协书记处王春法书记把竺可桢先生称为“科技活动家”，如前文，竺可桢先生特别是在对中国气象实际问题的研究、中国古籍整理发现气象气候规律等方面也具有较大的学术成就和贡献，他无疑是一位更为成功的科技活动家。学术研究和科技活动的价值大小无法做绝对的比较，在中国气象尚无主权、中国气象学尚无建制、中国气象台站尚无规模、中国气象尚无人才的时代，科技活动家对“四无”的结束意义大于在气象学学术原创理论上有所突破。我国今日气象处于一个风平浪静、国家各方面的发展势不可当的黄金年代，气象实践和气象科技活动也如同气象学术创造性发展一样重要，尽管它的意义已不同于竺可桢先生所处的那个年代。

4 结语

陈寅恪先生历史人物评价的三条标准为：独立与自由（独立之精神、自由之思想）、社会进步与发展、历史主义（当时当地标准），在行文过程中凡涉及对竺可桢先生评价无不遵循社会进步与发展、历史主义标准，竺可桢先生的气象学术研究及气象科技活动无疑是对推动社会进步与发展有巨大作用的，他在气象科技活动方面的成就经得起历史的考验，他在学术研究方面的成就在今天仍然具有价值，在当时处于世界先进水平，具有原创性价值。

在引言中笔者提到“从竺可桢身上可以看到科学在中国的传播历程”，从广义的方面，科学的传播不仅仅指科学知识在大学的传播，这当然是一个很重要的方面，竺可桢先生从 1918 年归国在武高任教始，就从课程内容调整入手开始传播近代先进的科学，期间遇到了一定的阻力，可见个人一己努力传播现代科学的不易；1920 年东南大学创建地学系给竺可桢先生提供了一个更为广阔的舞台，他通过专业和课程设置，在中国引入他从哈佛学到的先进的现代科学理念，也是中国气象学学科制度化的开始；从 1928 年“中央研究院”气象研究所任所长开始，竺可桢先生以学术研究和气象实践（捍卫中国气象主权、气象台站建设、培养气象人才等）为阵地和载体在中国进行现代气象科学的传播，气象制度化进一步推进。气象科学在中国的传播于竺可桢先生而言贯穿其一生，包括其终生持续的气象学术研究、任浙江大学校长和中科院副院长期间所做得参与国家气象政策制定等方面的活动和努力。这是一个独立的主题，值得进行专门更为细致的研究（值得研究的还有很多方面，如竺可桢先生主持参加国家极年会议的前前后后等）。

参 考 文 献

[1] 徐国利，李天星. 陈寅恪历史人物评价的标准、方法和理论特征. 南开学报：哲学社会科学版，2014 (1)：89-97.

[2] 竺可桢. 竺可桢全集. 上海：上海科技教育出版社，2005：36-147.

[3] 陶诗言. 竺可桢先生——我国近代气象学的奠基人. 气象学报，1990 (1)：2-3.

[4] 施雅风，许良英. 竺可桢传略. 中国科技史料，1980 (4)：13，16，15.
[5] 王鹏飞. 在中国气象史研究中怎样继承竺可桢的开拓性精神. 南京气象学院学报，1988 (3)：263.
[6] 王鹏飞. 开创中国气象史研究的新局面——中国气象史研究的意义、概况、紧迫性和远景. 南京气象学院学报，1984 (2)：131.
[7] 何亚平，张立，于小涵，等. 竺可桢与中国科技史研究. 合肥工业大学学报：社会科学版，2011 (3)：6.
[8] 王东，丁玉平. 竺可桢与我国气象台站的建设. 气象科技进展，2014 (6)：70.
[9] 张九辰. 竺可桢与东南大学地学系——兼论竺可桢地学思想的形成. 中国科技史料，2003 (2)：114.
[10] 施雅风. 南高、东大时期的竺可桢教授. 地理研究，1987 (2)：58，61.
[11] 叶笃正. 竺可桢先生——我国近代气象学、地理学的奠基人. 大气科学，1990 (3)：5.

云南气象科学的奠基人——陈一得

Chen Yide, a Founder of Meteorological Science in Yunnan Province

李晓岑　刘杰

（南京信息工程大学科学技术史研究院，南京 210044）

摘要：研究了云南当地气象学家陈一得的生平和主要学术贡献。

关键词：云南，陈一得，气象科学

1　生平

陈一得（1886—1958 年，图 1），原名陈秉仁，云南盐津人，清末在云南高等学堂、云南优级师范学堂读书，在昆明各中等学校任教员 40 年，教法严谨，各校争聘。业余研究天文学、气象学和地震学等，自学成才。他数十年如一日地坚持观测星象，并自己购买仪器，于 1927 年在昆明钱局街住宅建立私立“一得测候所”，观察云南的天文和气象。这是中国气象工作者创建的第二个私人气象测候所，该建筑于 1990 年被拆除。

1926 年，陈一得以任教十余年的积累，自费赴南京气象台进修，半年后由南京、上海、南通、武汉、北京、天津、青岛，绕东京、横滨，经香港、海防、河内，遍历东亚有名的各天文、气象及地震台所参观。此后他的专业知识精进不已。

陈一得利用丰富的物理和气象学知识，每天都按时观测记录昆明的晴雨、温度、湿度、风向及云形等情况，并进行科学的整理、统计和分析，其资料竟然 30 年无缺，在当时就受到英国、奥地利和日本等国学者的重视。他还将手写的《昆明气象观测纪录》印行出来，分送研究气象的人员参考。这些观测资料直到现在仍然有重要参考价值，这是陈一得最大的科学功绩，也使他成为云南近代气象学研究的先驱。1936 年，省立昆明气象测候所在太华山成立，陈一得任台长，这期间，整理出版了气象月报、季报和年报等。

图 1　陈一得

图 2　步天规

作者简介：李晓岑，教授，博士生导师。主要研究金属史、造纸史、少数民族科技史、传统工艺。

陈一得创制了以昆明经纬度为基础的天文仪器“步天规”（图 2），并绘制出第一张“昆明恒星图”。据说利用步天规对准方向，拨正日期，就可以从规上辨认当夜昆明天空出现的星宿。如果是在别的地方，也可以根据不同的经纬度进行调整观看。晚清云南状元袁嘉谷是陈一得在翠湖的邻居，曾到陈一得住处参观，同登观测小楼，询问步天规的使用方法，并以天文图书对照，无不相符，不禁感叹不已。

陈一得还对地震进行了深入的研究，认为云南的历次地震，都发生在上弦月或下弦月的时候，于是认为地震与月亮的运行有关，这当然只是一种推测。他曾到各地震区域实地考察，东至陆良、弥勒，南至建水、石屏，西至永仁、丽江，探寻震源，并分析研究，都留下了详细记录。1932 年，他撰写的《道光十三年（1833 年）云南全省大地震的研究》出版，他认为 1833 年嵩明杨林大地震“应属断层地震”。

陈一得主要著作有《云南气象》《云南恒星图》《云南地震史之考察》《步天规及其附表》等。《新纂云南通志》中的《天文考》《气象考》为其所撰，为云南历代各天文志最精湛者。内容一扫谶纬、符端、迷信、附会等旧说，只以科学论事：“专就星象、授时之有记载者，证之科学方法观测之结果，分别列表加以说明。”这种风格为云南修志所新创，受到广泛的赞誉。他还编辑了《盐津县志》，不循旧例，只重民生各门。1934 年，中央大学地理系考察团参观了一得测候所，誉之为“科学化之家庭，硬干苦干的机关”。20 世纪 50 年代后，陈一得担任云南气象学会主席、云南省博物馆馆长等，1958 年病逝于昆明。

陈一得一生清寒，但研究云南的科学问题却不遗余力。他十分博学，在以气象学为代表的多个科学领域做出了突出成绩，特别在民国早期的云南可谓独步一时，云南名士方树梅说：“笃钻研天文气象，开滇新纪元以成名者，陈一得一人而已。[1]”

陈一得在气象学方面的工作主要体现在《新纂云南通志·气象考》中，分三卷，对云南的历代地方志的材料搜集十分完备，均列表进行记述，表后附有科学的评论。其中设有水气、光象、旋风、气候和物候等门目，门目下又设有各种小条目，进行较为科学的分类。例如，水气下设五彩云、昼晦、雨雹、雪、霜、露、霪雨、大水、雷雨等条目，光象下设有白气、霞、虹等现象的条目，并统计这些现象在全省的分布规律。例如，“彩云”的条目就引用了从明洪武十五年（1832 年）到清宣统三年（1911 年），地方志共 125 年有记载；“露”的条目引用了从东汉章帝元和年间到清乾隆五十一年（1786 年），地方志共 15 年有记载；“霪雨”引用从明景泰元年（1450 年）到清光绪十五（1889 年）年，地方志共 27 年有记载；“大水”引用了从晋泰始元年（265 年）到清光绪三十四年（1908 年），地方志共有 102 次记载；“雷雨”则从成化十六年（1480 年）到光绪二十六年（1900 年），地方志共 32 年有记载；“山鸣”则从嘉靖四十年（1561 年）到光绪七年（1881 年），地方志共 18 年有记载。他还解释了甘露和山鸣等特殊的气象情况，这都是云南历史上前所未有的气象学工作。

他撰有《云南之云》和《云南气流之运行》两篇论文，集中反映了其在气象学方面的认识水平，以下对之进行介绍和分析。

2 《云南之云》

陈一得的《云南之云》一文，载《新纂云南通志·气象考》（1948 年），是第一篇以近代眼光研究云南之云的文章。开篇就提及云南之云的特殊重要性，认为云南省以云为名，非云岭之南的简称，而是祥云、彩云多见之地。根据云南省立气象测候所的观察，云南彩云多现于日月附近 25°之内，各层云之边缘，七色灿烂，备极美观。最多一个月内出现 10 日以上，连续出现 4 日以上，持续 4 小时以上或者 1 日叠见数次。有时见于降雨前后，随见日月晕，即为日月华的一部分，内紫外红，光彩美丽。旧《志》及各县志中多提到“彩云见”之记载，但无精细记录的数据。

从昆明气象测候所的观察数据得知，昆明无月不有云，雨季月彩云少，干季月彩云多，且 7 月彩云最少，10 月最多，是因为 7 月阴雨连绵，而 10 月气候转变巨大。在 6—9 月彩云数量低于 3%，7 月彩云数量低于 2%，雨季中气候变化不剧烈，彩云频度低。10 月是从雨季进入干季的转换时节，彩云频度高达 17%。昆明地区白天各时与彩云频度数据，揭示了云南各地每日都俱有彩云出现的机会，晨昏时期最少，13—16 时均多，14 时最多。云状与彩云频度的数据可以发现，卷云、层积云和卷积云占全部彩云的 8 成左右，卷云与层积云因其呈纤细状或者排列稀疏，易于透射日光，进行分光作用。迤西各县的彩云多，因为地势高耸，云量稀薄。彩云的云向，统计多从西及西南方向来，即西南海洋气团初到云南，湿气尚未充分凝结的时候。云量及云的形状，关系天气预报十分紧密。凡高空气流的上升或下降，状态的稳定与否及湿气凝结程度，常常与云的形状的变化有关。

对昆明地区各种云出现的频度的观察得知，中层云较多，其中又以高层云最多，下层云次之，上层云较少，碎层云最少。中层云是两气流交汇之处，高层云是低气压系之中层特性云，形成阴雨天气。云南以气候温和著称全国，多因全年各月云量分布雨季多而干季少。雨季云多可以荫蔽日光直射，酷暑全消；干季云少阳光充足，严寒顿减。昆明自 5 月云量开始增多，6 月、7 月、9 月最多，10 月后云量减少，12 月、1 月、2 月、3 月最少。一年内晴多阴少，冬暖夏凉，促成云南特殊温和的气候。

各层云的动向，有关高空气流的运行，为航空飞行、天气预报必须要有的信息。陈一得根据测候所观察数据，研究 1 月与 7 月上、中、下三层云的动向，解释云南高空气团的特性。观察发现冬季北方寒流的上、下两层均未达到云南，只有中层有太平洋气流东来的痕迹。冬季，云自西来，在各层中占绝对多数，且随高度而增加。次多来自西南，各层俱盛，唯中层稍少，掺入东及东南来的气流。冬季，云南地区为西南海洋气团独霸区域，只有上层微偏西北，可能与青藏高原下降陆地气流有关，构成冬季干燥气候。夏季，自西南及西面来的云仍然占据多数，由东北来的云，动向、频度随着高度逐层增加，并且有北方气流的痕迹，冬季未到达的寒潮，夏天才到云南，所以云南与其他各省风信相反，非属季风气候区。

陈一得对观察数据进行分析以后，发现云南的特点是彩云很多，有时候是天气转变的征兆；高层云是两大气团交汇，导致降雨；云南干季云量少，主要被从西及西南来的气团控制，气候暖和；云南云向与各省风信不同，是非季风气候区；云南全年云动向最多的是在西方及西南地区，即被印度洋气团独霸的控制区域。

以上陈一得对丰富的云南之云的观察与分析，其结果以实测为基础，有近代科学分析的特征，超越了前人直觉和经验性的认识水平，是云南的彩云及云量、云向的重要研究成果。

3 《云南气流之运行》

陈一得的《云南气流之运行》一文，亦载《新纂云南通志·气象考》。是云南学者撰写的第一篇关于大气科学的论文。开篇即言明云南气流偏南北转移，殊少季风气候区域实况。云南大部分周年受变性热带海洋性气团控制，良由西南密迩印度洋、孟加拉湾，东南俯临南海、东京湾，西北背倚青康藏高原，多高达4000米的大山，阻滞极地大陆性气团南下，致使云南中部形成有春秋无冬夏的温和气候。

考察气流运行，必须要考察各地气压，气旋分布以及高空气团之分析。陈一得说因为测候所仪器比较简陋，无法精密观测，但因为航空飞行、天气预报等需要，所以就利用目测风力及风向，参考各地之地形，以推测云南省各地的气流运行状况。

春季云南全省各地最多西南风向，其次为南风。罗茨等地之西风，因西南风顺地形而变；云县等地的东风与顺宁等地的东南风，好像是南风顺河谷而转移；只有大关等地的东风是受到极地寒流的影响。镇雄、巧家、盐丰、永平等地受北风影响，主要是寒流沿澜沧江、金沙江南下所致；昭通、腾冲等地兼有南、北风，则为寒、暖流辅合地区。高空春季气流，主要是西南风和西风，没有东北风及北风。云南周边的峨眉山、乐山等地也是多西南风和西风，说明热带气流远达四川盆地。

夏季云南各地南风占绝对多数，热带气流鼎盛。西南风依然大量存在，但东南风增多，因南海气流更大。东北镇雄与西北永平依然保存北风，大理有时也盛行北风，是因为雪山融化形成的高气压。高空夏季气流仍多为南西南风和西风，距地2500米以上处，有北东北风向，可能是热带太平洋气团阑入。贵阳、成都等地风向杂乱，是寒、暖气流辅合地区。内江、峨眉山、乐山及西藏东南部多西南风向，是受到热带暖流所影响。

秋季云南各地最多风向仍为南风超于一切，次则西风亦盛。昆明秋季风多西南与东北，金江多西南与东南，大理与墨江多东南与西北，通海等地多东北风，弥勒等地多东南风，巧家等地多北风，富民多东风，元谋多西南风，皆有热带海洋气团与变性极地气团或热带大陆气团交绥进退，造成秋雨的原因。高空秋季昆明风向，8月和10月两月多北风及东北风，9月则偏西南。10月风力较强，雨季终了。省外重庆多北风，成都多北风及北东北风，贵阳多北风及东北风，乐山、峨眉山风皆偏西，是寒、暖两气流区分显然。

冬季云南各地气流南风与西风仍占最多数，是热带暖流仍盛行所致。昆明等地多西南风和东南风也是热带暖流势力范围，镇雄等地多北风，是因为极地寒流沿金沙江南下。冬季青康藏高原下降之大陆气流，颇能深入云南中、南部，多贯横断山脉间的澜沧江、怒江及金沙江红河谷南下，为干燥气流。腾冲为寒暖两气流之辅合地区。冬季高空气流，昆明最多西风，风力甚大，故非极地大陆气团所控制，保持温和气候。省外成都、贵阳等地，为极地寒流所统治，北风和东北风盛行。但峨眉山、乐山仍多西风和西南风，西藏东南部易多西南风及西风，气流同于云南，受印度热带暖流控制。

云南全省四季如春，与热带暖流控制有关，冬天几乎全为西南印度热带暖流控制，只有几处风向不同，多为气流沿山川河流走势而变。夏季亦被西南热带暖流控制，并且东部南海热带暖流也进入云南地区，在东西两个方向上，都有热带气流进入，可以很好地抵消炎热气候，大量水汽被带到云南地区，形成雨季。极地寒流仅能沿河谷和山脉转变，并没有深入云南中南部，青康藏高原的下降气流为热带大陆气团，构成干燥气候，印度及南海热带气流控制云南全省及西藏东南部，势力远达四川盆地西南。

大气的运动是非常复杂的，以上陈一得研究了云南气流的各种现象及其演变规律，虽然仍然主要是定性描述，但却使用了近代科学的语言进行了客观性分析，在云南大气科学史上具有划时代的意义。

4　余论

在气象学特别是大气科学方面，陈一得在云南取得了空前和多方面的成绩，在民国时期的云南居于前沿水平，他不愧是云南近代气象科学的奠基人。与民国时期云南其他科学家有海归背景不同（例如数学家熊庆来、林学家张海秋和工程技术专家段纬等），陈一得基本上是在云南省内自学成才的，其工作有民间科学家色彩，他紧紧围绕以气象为核心的各种问题进行分析和研究，这使他的成长和贡献都打上了强烈的本土特色，成果对云南有突出的应用价值，成为民国时期对本省最有贡献的滇籍科学家，是云南本土科学家的一面光辉旗帜。

致谢：本文写作过程中，陈一得的亲属陈永平提供了相关情况和照片，谨致谢！

参　考　文　献

[1]　云南省地方志编纂委员会办公室．续云南通志长编：下册．昆明：云南民族出版社，2010：824．

杨惟德及其科学成就述评

Yang Weide and Its Scientific Achievements

白欣

（首都师范大学物理系，北京 100048）

摘要：宋代科学家杨惟德是杨惟德星表的编制者、1054年超新星的观测者和记录者、世界上最早发现地磁偏角的人。这样一位在中国古代科学技术史上留下了浓墨重彩的科学家，他的名字却不为人知，正史中也未有传记。杨惟德及其成就理应在科学史上专门记录。

关键词：杨惟德，1054超新星，地磁偏角，历法，科学思想

0 引言

曾经担任过美国原子能委员会主席的麻省理工学院教授韦斯科夫说："在人类历史上有两个7月4日值得永远纪念。一个是1776年7月4日美利坚合众国的成立；一个是1054年7月4日中国天文学家记录了金牛座超新星的爆发，这次爆发产生了蟹状星云。[1]"中国和日本的天文学家几乎同时发现了这颗超新星，而中国的记录最详细[2]。天文学家将"蟹状星云"看成是宇宙中最稳定的高能辐射源之一。英国天文学家赫威斯（Antony Hewish，1924—）由于蟹状星云中央脉冲星的发现而获得1974年诺贝尔物理学奖。脉冲星的发现可与类星体和微波背景辐射的发现并列为近代天文学的三大发现之一。这颗在历史上被称为"1054超新星"的发现，是宋代司天监全体人员做出的重要贡献。是他们认真地观察、忠实地记录了1054超新星爆炸的全过程。为当代天体物理学研究留下了人间罕见的珍贵的科学史料。其中的观察者之一杨惟德是见证这一重大天文现象中唯一留下姓名的人，是他的相关奏疏引起了宋仁宗的重视和朝廷内百官称贺。然而，杨惟德在正史中无传，诸多观察者又无名。这不能不是中国科技史的一大遗憾。本文特以杨惟德作为这一发现的观察者们的代表，叙述杨惟德的生平贡献。不妥之处，祈识者正之。

1 杨惟德其人

杨惟德，北宋著名天文学家。生卒年月、籍贯均不详。杨惟德生活在北宋真宗和仁宗年间（11世纪上半叶），关于他的生平，各类古籍中只有零星记载，正史《宋史》没有为其立传，只在《宋史·韩显符传》中提及，他是至道元年（995年）春官正韩显符（940—1013年）造铜质浑仪的年轻助手：

"大中祥符三年（1010年），诏显符择监官或子孙可以授浑仪法者。显符言长子监生承矩善察德度，次子保章正承规见知算造，又主簿杜贻范、保章正杨惟德皆可传

本文已发表于《自然科学史研究》2013年第2期。

作者简介：白欣，副教授。研究方向为物理学史。

其学。[3]”

这是韩显符去世前三年的事情，即宋真宗大中祥符三年（1010 年），此时“春官正”韩显符已经是一位很有名望的天文学家，且受命制造至道浑仪。而杨惟德被韩显符指定为可以授业的 4 名学生之一，后来的成就也证明了杨惟德的确是韩显符学生中成就最高的一位。当时杨惟德在司天监官“保章正”。

“春官”与“保章”二官名源自《周礼》。《周礼》言及西周百官次序及其职掌范围，内分天官、地官、夏官、秋官、冬官。其中，“春官”下属约 70 种官职，包括天文、占卜、乐舞、祭祀、典礼、大小各种分工，而以“春官”总其属。“保章”是“春官”下属之一。《周礼》载：“保章氏掌天星，以志星辰日月之变动，以观天下之迁，辨其吉凶。”除这一项，还有“以量土辨九州之地所封”，“观天下之妖祥”，“以五云之物辨吉凶”，“以十有二风察天地之和”。这就是“保章氏”的 5 大职责[4]。可见，官“保章正”者有相应的观象经验和知识。

宋代，这些天文官多属秘书省下之太史局。据《宋史》载：

“太史局，掌测验天文，考察历法”，“其官有令，有正，有春官、夏官、中官、秋官、冬官正，有丞，有直长，有灵台郎，有保章正。其判局及同判，则选五官正以上业优考生者充。保章正五年，直长至令十年一迁。惟灵台郎试中乃迁，而挈壶中无迁法。[5]”

假令杨惟德 18 岁入太史局任天文生，至少也需 5 年后，才能升迁保章正。他作为保章正，并得到春官韩显符赏识且作为他的学生之一，应有 20 余岁了。

杨惟德后来在天文历法领域所取得的成就，是有目共睹的。韩显符去世后，杨惟德成为宋代重要的天文学家之一。

自 1010 年后的 20 余年间，杨惟德大约一直在司天监任职，职位逐级上升。天圣八年（1030 年）九月，燕肃制造“莲花漏”，首次采用了漫流原理，使水量均匀，巧妙地解决了水位变化对漏壶流量的影响，又简化了漏壶系统，克服了补偿式漏壶过于庞大的缺陷，在中国古代漏刻史上占有十分重要的地位。但朝廷认为其“不与崇天历合”，这次检验是由司天监王立等所做，他们认为“不可施用，罢之”[6]。这里所说的“不与崇天历合”，是以理论上的崇天历来验证观测仪器莲花漏，而不是相反之。因而得到的对莲花漏是极不公正的评价。过了 4 年，至景祐元年（1034 年）九月，燕肃“奉诏于资善堂，与司天少监杨惟德测验”，测验结果是“并合天道”[7]。这里的“资善堂”是东宫内太子读书之地，正是在这里，杨惟德与燕肃找到了正确的测验方法，并得出了正确的结论，即证明了莲花漏是“合天”的。两年后又解决了操作上的困难，莲花漏才正式被采用，成为包括司天监在内使用的最主要的计时仪器[8]。由此可知，莲花漏的采用，杨惟德起到了重要作用。后来，莲花漏的制造法式，不仅北宋十分流行，而且在以后几百年的时间里，成了漏壶的标准。杨惟德以其渊博的天文学知识肯定了燕肃的莲花漏，才使得这个具有科学价值的创造，没有在历史中被淹没。此时杨惟德时任司天少监，已经颇具影响与声望。

大概在资善堂制验莲花漏时与皇太子的接触，获得皇太子好感，不久杨惟德就进入东宫任职。景祐元年（1034 年），杨惟德已身兼数职。他是“太子洗马兼司天春官正权同判监”。太子洗马是太子近身的东宫官之一。“洗马”或作“先马”，是太子出行时的秘书。“权用”即“暂时代理”。太子洗马、司天春官正二官官品都比司天监高。由高定职代理较低官职，称为“判”。由此可见，此时杨惟德作为太子洗马名义，已由司天少监晋升为监，为春官正了。该年，宋仁宗“乃命太子洗马兼司天春官正权同判监杨惟德、春官正王立、翰林天文李自正、何湛等，于资善堂将历代诸家天文占书，并自春秋至五代已来史书，采披撰集。又遣内侍任承亮、邓保信、皇甫继和、周惟德等总其工程。庀事数月书成”，这部书名为《景祐乾象新书》，全书采摭了春秋至五代诸史的周天星宿度分和占测术，全书“凡三十卷。至景祐元年七月五日编成”[9]。宋陈振孙《直斋书录解题》历象类录杨惟德《景祐乾象新书》三十卷，内云：“司天春官正杨惟德等撰。以历代占书及春秋至五代诸史采拾撰集。元年（景祐元年，即1034年）七月成书赐名，仍御制序”[10]。在该书编撰过程中，杨惟德等进行了一次周天恒星观测，测得了二十八星宿的位置，以及周天星座的去极、入宿度。书中不仅包含前代的星占理论和占法著作，还包括杨惟德等的新测成果。

由于这一成果，杨惟德又改升入“殿中省”为官。殿中省是个负责一辈子衣食住行的官署，省内设监、少监、丞三官员[11]。宋仁宗“以权判司天监杨惟德为殿中丞、少监，何湛为冬官正，以新书成也”。此时杨惟德不仅官司天监，又进入到皇帝近身并兼殿中丞、殿中少监多个要职。由于近天子之官品高于远离天子的“司天”官品，故有“权判司天监”之说。大约在奉诏编撰《景祐乾象新书》的同时，杨惟德还受命与王立等编撰《景祐太一福应集要》，将历代“诸家言太一者编为一集”[12]，内容包含甚广。此外杨惟德还著有《景祐遁甲符应经》三卷、《六壬神定经》十卷、《三式日录》一卷等著作，这些著作大约都完稿于景祐年间（1034—1038年）。

杨惟德不仅从事天文观测，他还负责编纂历法的任务。宋仁宗“景祐五年（1038年）六月戊子，杨惟德等请移闰于庚辰岁（1040年），以避正旦月食。上不许，曰：‘惟有责可以答天变。’[13]”当时所用的历法为崇天历，若以崇天历推算，次年会闰十二月，如果这样，将会有月食发生在后年的正月十五，因此杨惟德等建议将闰月调整到后年。但是他们的建议并未被宋仁宗采纳。曲安京教授曾在文章《宋代太乙术数中的历法钩沉》中曾经论证过，《景祐太乙历》也应该是杨惟德的著作[14]。康定元年（1040年），杨惟德又修订了《万年历》。由此表明，杨惟德在中国传统历法史上也有一定贡献。

此后十余年，杨惟德的科学活动在史书中鲜有提及。但是杨惟德无疑是一位优秀的天文学家。他在宋仁宗至和元年（1054年）向宋仁宗作了关于1054年客星的观测报告。从而引起朝廷重视，导致“容百官称贺”的庆祝景象，使这一观测持续二年之久。这在世界天文学史上也是难得的壮举。

关于杨惟德，在《全宋文·卷三二六》中也有记载：“杨惟德，大中祥符间为司天监保章正，明道二年判司天监，位于四品班内。宝元元年权至司天少监。康定元年已修《万年历》成，除司天少监。至和元年守将做监致仕。[15]”《万年历》编成的1040年，辞司天监，改将作监。到至和元年（1054年）退休。然而，他终生不改其对天文观测的兴趣与爱好。作为一个名闻天下的占卜家，他也不会轻易放过对1054超新星的例日观测和占卜。由于他曾在太子和天子身旁为臣，他的观测与占卜奏疏才可能引起朝廷的重视。

杨惟德不仅是个优秀勤勉的天文观测者，同时也是一个堪舆大家。康定元年（1040年）撰《茔原总录》一书。该书是一本相地、相墓、相风水的堪舆著作。在古代人看来，占天、占地与天文地理是同一知识领域。今天的学界都以为占卜思想中含有建筑环境、生态平衡的合理内核。或许，正是这一观念，不仅使杨惟德从占天走向了占地，也让他从司天监转而官将作监。大概朝廷需要他为宫廷建筑和皇家墓地提供风水理论。

据《宋史·艺文志》记载，杨惟德有著作《乾象新书》三十卷、《新仪象法要》一卷、《景祐遁甲符应经》三卷、《六壬神定经》十卷，以及与王立合撰《太一符应集要》一卷、与王立、李自正、何湛等合撰《七曜神气经》二卷[16]，这些书籍是关于天文历法和占卜之作。其中《新仪象法要》主要记述了杨惟德的老师韩显符所造的铜质浑仪，该书与其后苏颂（1020—1101年）的《新仪象法要》同名，但属于不同的两种书籍。而他的《茔原总录》在《宋史》中却无记载。

根据以上内容，可以排出杨惟德年表如下，以供今后更深入研究或为杨惟德立传提供参考：

987年（雍熙四年），设此年杨惟德生。

1005年（景德二年），入司天监任天文生，时年18岁。

1010年（大中祥符三年），韩显符助手，官保章正。时年23岁。

1030年（天圣八年），燕肃制成莲花漏，时年43岁。

1033年（明道二年），官太子洗马，时年46岁。

1034年（景祐元年），官太子洗马，兼司天春官正，司天监，时年47岁。

7月5日，与春官正王立等编成《景祐乾象新书》。

9月，与燕肃测量莲花漏于资善堂。

1038年（景祐五年）6月，建言移闰，《景祐太乙历》似时年成书，时年51岁。

1034—1038年，著有《景祐遁甲符应经》三卷、《六壬神定经》十卷、《三式日录》一卷等著作。

1041年（康定二年），修订《万年历》，《茔原总录》书成，时年54岁。

除司天监，改将作监。至此，任司天官员30余年。

1054年（至和元年），时年67岁，7月22日，杨惟德上奏客星见，并占卜。朝廷为之贺。

辞将作监。至此，任将作监14年。

1056年（嘉祐元年），客星最终消失的日期是1056年4月6日，距发现之日已有643天，时年69岁。

据以上内容可推定，杨惟德生活于987—1056年间，享年在70岁上下（任将作监时，仍关注观测占验，继《宋史·天文志》“客星”见占吉祥之处，乃获朝廷奖赏）。

2 科学贡献和成就

在杨惟德的一生中，在天文观测、相墓堪舆等方面都有一定成就，但主要集中在三个方面：一是景祐年间的恒星测量，二是1054年超新星的观测，三是关于地磁偏角的记载。

2.1 杨惟德在天文学上的成就

2.1.1 景祐年间的恒星测量与杨惟德星表

宋代是我国古代科学技术的高峰，天文学也空前发达，而恒星测量是天文学的基础工作。宋代是进行全天恒星观测最多的时期，先后进行过七次较大规模的恒星测量。如第一次是宋太宗太平兴国年间（976—984年）作了二十八宿距度测量；第二次大中祥符三年（1010年），韩显符等用其制造的浑仪又补测了外官星的位置；第三次景祐年间（1034—1038年），再一次测量了二十八宿距度及周天恒星；第四次皇祐年间（1049—1054年），周琮等用所铸黄道铜仪重测二十八宿及周天恒星；第五次元丰年间（1078—1085 年）又进行一次恒星测量，测量精度也比较高；第六次是绍圣二年（1095 年）的观测复测了二十八宿距度；第七次是崇宁年间（1102—1106 年）的观测。崇宁年间又测定了二十八宿距度，此时因为有了仪器和观测手段的改进，测验能达到较高的精度。

其中景祐年间的恒星测量工作，主要就是由杨惟德主持的。当时宋仁宗下令要编一部新的星占书，为使历代诸家占语与当时天象相符，所以要求重新测量恒星位置。约在景祐元年（1034 年），宋仁宗“乃命太子洗马兼司天春官正权同判监杨惟德，春官正王立，翰林天文李自正、何湛等，于资善堂将历代诸家天文占书，并自春秋至五代已来史书，采摭撰集。又遣内侍任承亮、邓保信、皇甫继和、周惟德等总其工程。庀事数月，书成”。这部书就是《景祐乾象新书》。全书则“凡三十卷，至景祐元年七月五日编成。因命约景祐乾象新书。”序后又称：“初命惟德等以周天星宿度分及占测之术，纂而为书，至是上之。”其下王应麟又注道，“以权判司天监杨惟德为殿中丞少监，何洪为冬官正，以新书成也。”

《景祐乾象新书》计有“天占、地占各一卷”，“太阳、太阴占各上下二卷”，“周天星座去极、入宿度一卷”，“晷景、昼夜刻、中星、七曜行数、分野一卷”，“岁星、荧惑、填星、太白、辰星之占各一卷”，“紫微垣、太微垣、天市垣占各一卷”，“二十八宿为之占七卷”，“东西南北杂座之占四卷”，“五星总占一卷”，“彗星、孛星占一卷”，“瑞星、妖星、客星占一卷”，“流星占一卷”。依此全书应为 31 卷，由之可见，它是一部汇集前代星占理论和占法著作。其中“异景、昼夜刻、中星、七耀行数、分野一卷”可能除了综述前代有关测量成果之外，还包括杨惟德等的新测结果。书中内容最重要的就是“……然去极入度，□次有伦，故为周天星座去极入宿度一卷”。这是宋仁宗“初命（杨）惟德等以周天星宿度分及占测之术，纂而为书，至是上之”的。这一卷“周天星座去极入宿度”又是从何而来的呢?《玉海》又记“新书云”：

“《天文录》并诸家占书所载石申、甘德、巫咸三家星座共二百八十三座，总一千四百六一卜四星。年代寖远，宿次舛误，验天文则去极不同，赜星书则次舍靡定，臣等将司天监铜浑仪测验周天星次。[17]”

这是说，前代诸家天文星占著作中有关三家星官的记述，存在诸多错误与混乱，或者星宿的坐标与今不同，或者恒星所应归属的星官众说纷纭，所以有重新测定周天星官坐标和厘定归属的必要。杨惟德用以测量的浑仪应就是韩显符制作的至道浑仪，而杨惟德等做周天星次的测验，目的是为了“较定前书”。这次测量比以前测量的星数要多，在《宋史·天文志》中，可以见到许多关于《乾象新书》、“景祐测验”与前代相关星官坐标值以及归属差异的记述，可见杨惟德等对全天星官的组成做了不小的调整。如：

“按汉永元铜仪，尾宿十八度，唐开元仪同。旧去极百二十度，一云百四十度，今百二十四度。景祐测验，亦十八度，距西行从西第二星去极百二十八度，在赤道外二十二度。《乾象新书》二十七度。[18]”

“按《步天歌》，大角一星，折威七里，左右摄提总六星，顿顽、阳门各二星，俱属角宿。……《乾象新书》以右摄提属角，左摄提属亢，……景佑测验，乃以大角、摄提、顿顽、阳门皆属于亢，其说不同。[19]”

《景祐乾象新书》中曾列有一张周天星座入宿、去极度数表，可惜这份星表已经失传，仅在《宋史·天文志》中载有其中关于二十八宿距星的实测结果。除了在《宋史·天文志》中保存有这两次测量的成果外，也有不少资料在南宋李季于宋高宗建炎四年（1130年）所纂集的《乾象通鉴》一书中亦有留存。据《乾象通鉴·序》记载："据经集诸集之善，考古备已验之变，复以景祐新海上秘法参列而次第之，著为成书，凡一百卷……前赴行在而献之。[20]"卷内列石申、甘德，巫咸三家"周天星座去极度数论"及"紫微垣星座论"[21]，所录本数、星数正与上述"将司天监铜浑仪测验周天星次"所得完全相合，故知确为景祐测验的恒星位置表。

依照《乾象通鉴》，潘鼐先生整理、考订出杨惟德等的部分观测成果，对之做了精度分析：包括二十八宿距星在内的341颗恒星的入宿度、去极度和去赤道内外度等坐标值，将其定名为《杨惟德星表》或《景祐星表》。这是中国古代继《石氏星经》后，我国现存的第二份星表，在潘鼐先生的《中国恒星观测史》中有一份详细的汇总征订的宋代《杨惟德星表》[22]。就二十八宿距星而言，其入宿度的平均误差为0.68°、去极度的平均误差为1.63°，误差是比较大的；取其他恒星的抽样精度分析的统计结果表明，16星赤经的平均误差为2.25°，平均偏差标准差为1.65°，赤纬平均误差为1.12°，其标准差为0.92°。其中，赤纬测量的精度还稍高于对二十八宿去极度的测量，赤经的平均偏差约比赤纬大1°，究其原因，自然是受到二十八宿入宿度的测量误差的影响，误差被引入各星赤经，产生叠加的影响。纵观之，杨惟德等的观测结果是比较粗疏的，这大约与至道浑仪不够精密有关，也与观测者的测量误差有关。

在杨惟德受命编纂《景祐乾象新书》的同一时期，还与王立合撰《景祐太一符应集要》一卷，此外还编有《六壬神定经》十卷，《景祐遁甲符应经》三卷等，这些著作都完稿于景祐年间，即1034—1038年。此后杨惟德的作为，史料鲜有记载。但是杨惟德无疑是一位勤勉的天文学家，在杨惟德沉寂了十余年后，我们又看到了这一伟大的天文学家的又一重大贡献。

2.1.2 1054年超新星的观测

在我国古代关于新星和超新星的记载中，最为精彩的就是在宋至和元年（1054年）出现在金牛座ζ星（天关客）附近的超新星，即编号为SN 1054的超新星。杨惟德观测并详细记录了1054年超新星爆发的全过程，充分显示出了杨惟德在天文观测方面的特长。

（1）1054年超新星的观测

《宋史·天文志》中有记录："至和元年五月己丑（即1054年7月4日），（客星）出天关东南，可数寸，岁余稍没。[23]"① 《宋会要辑稿·瑞异一》记载："宋仁宗至和元年（1054年）七月二十二日，守将作监致仕杨惟德言：'伏睹客星出见，其星上微有光彩，黄色。谨案《黄帝掌握占》云：客星不犯毕，明盛者，主国有大贤。乞付史馆，容百官称贺。'诏：'送史馆。'[24]"这时，杨惟德已从将作监官位上退休，不在司天监任职。但他仍然关注天象的变化，进行习惯的观测，并说明这一天象所昭示的意义。宋仁宗则信其说，容百官称贺，这自然使得该超新星的观测备受人们关注[25]。

其实该超新星的最先报告者并不是杨惟德，而是司天监的人员。宋仁宗"至和元年五月乙（这里的'乙'可能是转抄者的笔误，应为'己'）丑（1054年7月4日），（客星）

---

① 在马瑞临的《文献通考》（约成书于1280年）中也有相同的记载，但最后二字为"消没"，似乎更为确切，详见《文献通考》卷二九四《瑞星、客星、云气虹霓》（浙江古籍出版社，2007年）。

出天关东南，可数寸，岁余稍没。[26]”嘉祐元年三月“辛未（1056 年 4 月 6 日），司天监言：‘自至和元年五月，客星晨出东方守天关，至是没。’嘉祐元年三月（1056 年 3 月 19 日—4 月 17 日），司天监言：‘客星没，客去之兆也。初，至和元年五月，晨出东方，守天关。昼见如太白，芒角四出，色赤白，凡见二十三日。’[27]”“至和二年止月二十一日（1055 年 2 月 20 日）侍御史赵抃上言日：‘臣伏见自去年五月已来，妖星遂见，仅及周年，至今光耀未退。’[28]”这些连同杨惟德所言是关于该超新星观测始末的主要记述。

这段话的意思用现代的话来说就是，嘉佑元年（1056 年）三月，司天监的人说：“客星消失，这是客人要离去的预兆。”在此之前，至和元年（1054 年）五月，这颗客星于清晨 4 时左右，出现在东方，定位于天关星附近[29]。“天关星”是中国古星名，是指现在所说的金牛座中的一颗亮星，那颗客星当时就出现在它的附近。它像太白金星一样明亮，在白天都可以看到，光芒四射，呈现出赤白色。这种明亮的状态一共延续了 23 天；在其后 32 天（即杨惟德报告时），其亮度大约与岁星相仿，颜色微黄；又经过 176 天（赵抃上言时），“光耀未退”当指虽不明亮，但仍有光亮，又过了 411 天，消失不见。客星最终消失的日期是 1056 年 4 月 6 日，距发现之日已有 643 天。在这段时间内，司天监人员坚持不懈地进行观测，详细记录了客星的位置、颜色和亮度变化。后人把这颗客星称为“天关客星”。在客星出现第 643 天之后，人们即使在夜晚也不能再看到它，所以司天监的官员说“客星没”。

（2）1054 超新星对现代天体物理的影响

到了几百年之后的 17 世纪，人类发明了望远镜。在望远镜里，人们在金牛座中的同一天区中发现了一个形状怪异，有点像一只螃蟹的星云。法国天文学家梅西叶把它列入他所编的著名的星表中，而且让它名列榜首，取名 M1。现在通常称之为蟹状星云。发现蟹状星云之后，天文学家们对它进行了仔细的研究。从它的直观形态来看，很像是一次爆炸后的遗迹。1921 年美国天文学家邓肯发现这个蟹状云在不断向外膨胀，1928 年美国天文学家哈勃首先估计了星云的膨胀速度，以这一速度往回推算，便发现蟹状星云大约是在 900 年前的一次超新星爆发中产生的，这正好差不多与 1054 年相吻合，而爆炸发生的地点恰好就在中国人记录下来的天关客星附近的位置上。1968 年，更进一步地，在此蟹状星云中心发现了一颗短周期的波霎（高速旋转而两极强烈辐射的中子星）。所以我国对于此颗超新星的记载，成了近代验证“恒星演化理论”在晚期成为中子星的有力佐证。

当今天文界“已广泛承认了 AD1054 新见星是一颗超新星，而蟹状星云是它的遗迹”[30]。近些年来在许多国际天体物理会议中，各国学者相当频繁地提到了著名的中国超新星 SNl054 以及它的遗迹——蟹状星云。这是由于蟹状星云以及其中的脉冲星在近代天体物理的研究中占有非常特殊的地位。它是一个强射电源，在射电天文、X 射线天文、γ 射线天文、非热辐射、宇宙射线起源、宇宙电动力学、高密物质物理学，以及引力理论等的研究中部扮演着一个相当重要的角色，在已知的几百个中子星中，蟹状星云当中的脉冲星向我们提供的信息最丰富。国际上已相当一致地公认，蟹状星云是我国宋代历史书籍中所记载的“天关客星”。

无疑，杨惟德对 1054 年天关客星的观测和中国古代天象记录的传统，对当今“天体物理学最广泛研究对象之一”这一课题的开展，起了至关重要的作用。对此，中国近现代物理学家任之恭先生也曾评价说：“在中国为数甚多的记录中，公元 1054 年超新星的事件，在表面上本无特别重要的地方。然而在第二次世界大战的末期，一方面天文学者认为1054年超新星记录和蟹状星云有密切联系，另一方面利用近代射电天文仪，找到星云的稳恒射电源及脉冲射电源。这脉冲射电源相随脉冲X光与宇宙射线，很清楚地显示1054年超新星遗迹里至少含一个转动的中子星。这种奇异的天文物理现象，展开一个革新的广大局面，造成一门别有天地的天文物理学。[31]”而且“有关AD1054超新星的历史记载，涉及的国家和地区有中国、日本、美国亚利桑那、前苏联亚美尼亚以及中东地区。经分析证明，中国的记录是最完整和精细的，而且在目前已发现的记载中，也可能是最早的。这是中国古代劳动人民在世界科学史上的一项巨大贡献，是中国古代珍贵文化遗产中极其光辉灿烂的一页”[32]。

2.2 《茔原总录》记地磁偏角

古代电磁知识的获取，是科学史上最为丰富多彩的篇章，尤其对磁学的认识，是在两条完全不同的路径上为人们所熟知的，其中一条是由占卜家、堪舆家所做出的，另一条是由矿工、军事家和航海家所作出的。占卜和堪舆在磁知识的起源与经验积累上，有着不可磨灭的贡献。

杨惟德是世界上最早发现地磁偏角的人。据严敦杰先生的研究[33]，杨惟德晚年的著作《茔原总录》成书于宋仁宗康定二年（1041年），是迄今未时所发现的有关指南针的最早文献。该书虽然没有对指南针的造法给出具体描述，但是其中有最早关于地磁偏角的记载。

《茔原总录》在中国国家图书馆古籍馆藏有一份元刻本残本的缩微卷。全书共十一卷，现仅存卷一至五共5卷，且有残缺。兹录其残缺目录如下：

卷一，共有十四篇：四折曲路法篇第一，诞道命祇法篇第二，葬杂忌篇第三，镇墓法篇第四，改葬开旧墓篇第五，葬后谢墓法第六，接灵除灵篇第七，雌雄杀法篇第八，传符之篇第九，殃杀出去日时方位篇第十，岁杀历篇第十一，禳除仪物篇第十二，择师篇第十三，伪书篇第十四。专门列有改葬开旧墓篇，说明当时迁葬之风的盛行和对迁葬的慎重，伪书篇，则一一指出当时所流传的一些风水地理书的伪异之处。

卷二，有十篇：地吉凶篇第一，筮地吉凶篇第二，初终篇第三，庭丧论篇第四，送丧避忌篇第五，野外历篇第六，神杀地上合禁步数篇第七，三镜六道篇第八，上下利方篇第九，交射论篇第十。其中上下利方篇谈到“凡论上下姓利，常以河魁加五音墓维得功曹为上利，传送为下利”，讲的便是五音姓利之说。此说宋代时流传于河南、河北一带，朱熹之《山陵议状》则认为，该法近已不流行（于南方），从而推知《茔原总录》是一部关于北方风水的书籍。风水经典多处于南方，足见《茔原总录》在风水历史上的重要性。

卷三，择葬年月避忌篇第一，推魁刚法篇第二，择凶葬篇第三。中缺。择葬取八法篇第八，立明堂法篇第九，祭神祇立坛法篇第十，卜立宅北破上祭仪篇第十一。

卷四，地合四兽法篇第一，丧庭冢穴篇第二。中缺。八卦冢开面闭十法篇第四，天履地载法篇第五。中缺。龙虎行法篇第七。中缺。座冗次序篇第十。中缺。封树高下法篇第十二，幽冗浅深篇第十三。中缺。丧葬之制篇第十五，棺椁之制篇第十六。

卷五，以下目录基本全缺，只存葬后讲墓法篇第六。

《茔原总录》作者杨惟德供职于司天监，推测该书很可能是对宋陵实施的指导。从上面极其混乱的残存目录看，《茔原总录》是一本专讲葬法风水的综合性书籍，集环境选择、墓址选址、建筑布局、景观评价于一体，在探索、研究自然地貌、地理形势的基础上，融合天人合一的思想，其理论以阴阳为纲的理气法为主，杂有许多禁忌，符镇和遁甲的内容，十分庞杂。《茔原总录·卷一·主山论》中关于指南针和磁偏角记载道：

"客主取的，宜匡四正以无差，当取丙午针，于其正处，中而格之，取方直之正也。盖阳生于子，自子至丙为之顺；阴生于午，自午至壬为之逆；故取丙午壬子之间是天地中，得南北之正也。丙午约而取于大概。若究详密，宜曲表垂绳，下以重物坠之，照重物之心，□而□□一如□□之晕，绳以占号，二晷渐移，逢晕致□，自辰巳至□未，申□□□□，真东而也。半折之，望坠物之下，则□南北之正中也。[34]"

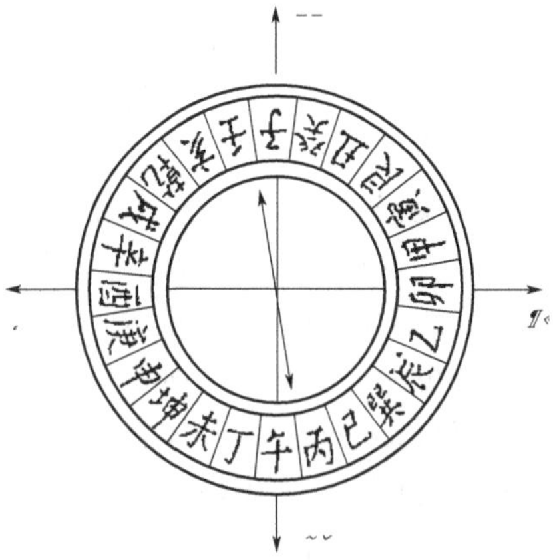

图 1　指南针与方位盘

整段文字虽然有残缺，但大意还是清楚的。它告诉我们如何用罗盘取得南北方向。《茔原总录》认为，指南针在罗盘上"取丙午壬子之间是天地中"，得到了"约而取于大概"的地理南北向。所谓"匡四正以无差"，即无差误地指出东西南北四个方向。杨惟德认为，欲以指南针取南北方向，需将方位盘丙午之间对准针的方向，就可以获得东西南北（即罗盘中的子午卯酉）的正向。他还指出指南针"当取丙午针"，意思是指南针不指正午，而是对着罗盘的丙午之间。在罗盘上（图 1），有 24 向，平均分布在一个圆周上。由于子午为地理南北向，所以这相当于地磁偏角为南偏东 7.5°。当针的一端正对丙与午的中间那一格，则针的另一端必取壬子中间那一格，此时就获得"天地中"，也就是"南北之正"。现在我们已经知道，这里所说的"南北之正"是指地磁的南北之正，而非地理的南北之正。"午"是地理正南方，"丙"是地理正南偏东，指针的南向，即地磁南向是在这两个地理方向之间，而地磁南向与地理南向有偏差，这二者之间的偏角，就是所谓的地磁偏角[35]。而 7.5°这一数值，正是杨惟德在北宋京都汴梁（今开封）所测得的偏角值。古人虽然没有南北地磁极的概念，但是他们已经知道了这一差值。《茔原总录》这段文字的后几句写到"若究详密，宜曲表垂绳，下以重物坠之，照重物之心，□而□□一如□□之晕，绳以占号，二晷渐移，逢晕致□，自辰巳至□未，申□□□□，真东而也。半折之，望坠物之下，则□南北之正中也。"这是以悬重晷影测得准确地理南北极方向的方法。

《茔原总录》的这段文字表明，宋代那个时候已经有了指南针和方向盘，或者它们二者结合而成的罗盘。而且还知道了地磁偏角的存在。与杨惟德几乎同时或更早的堪舆师王伋（约公元 1007—1076 年）也曾以诗歌形式记下了地磁偏角："虚危之间针路明，南方张度上三乘。坎离正位人难识，差却毫厘断不灵。[36]"早期不仅堪舆家多通天文，如杨惟德等，而且开始的时候并没有罗盘，指南针的方向盘就是传统式盘中的地盘。地盘上列有天干、地支、八卦和二十八宿以示方向（图 2）[37]。在诗中，王伋指出，指南针所指的不是正确的地理南北极方向，而是在罗盘的"虚危之间"。"虚"与"危"是天上星宿的名称，用 24 天宿表示罗盘方向与用干支表示是相同的。"虚危之间"与"丙子、壬午之间"实则是一个方向，相当于南偏东 7.5°。杨惟德与王伋所测定的地磁偏角是在北宋京都汴京

（今开封）测得的。其后，沈括在《梦溪笔谈·杂志一》中也记述了地磁偏角："方家以磁石磨针锋，能指南，然常微偏东，不全南也。[38]"其意思与《茔原总录》中的记录意思相同，但并未指出"南偏东"的具体数值。至此时，磁偏角知识已为许多学者所知晓而堪舆师和方家也为它的成因而展开了热烈的争论。明代王子朱载堉（1536—1611 年）又测得洛阳的地磁偏角为 4°48′，并指出"八方之地，各有偏向"[39]，也即地磁偏角各地并不尽相同。

在西方，磁偏角是哥伦布（Cristoforo Colombo，1446—1506 年）在 1492 年航海中发现的，这比杨惟德的记述晚了 450 年。

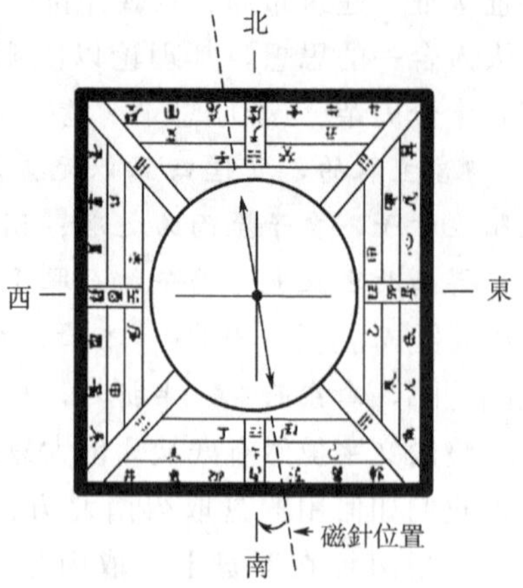

图 2　地盘显示地磁偏角

现在我们已经知道，地球是个大磁体，在地球周围空间存在着磁场，即地磁场。实验证明，地磁极和地理的南北极并不完全相合，而且地磁场磁感线的两个汇集点并不在地面上，而是在地面下。它们间的距离比地球直径短，而且两个磁极的连线不经过地心。由于地球的磁极与地理两极并不相合，所以磁针所指的南北方向仅仅是近似的。磁针静止时所指的方向跟实际南北方向之间的夹角叫磁偏角。在地球上不同的地方，地磁偏角一般也不同，即便在同一个地方，地磁偏角随着时间的推移也在不断变化，磁偏现象的研究，对于确定方向有着很重要的意义。

作为地磁三要素之一的地磁偏角的发现，是中国古代科学史上的一大成就，在中国古代电和磁历史上具有重大的意义，对世界的发展也有着重大意义。杨惟德是最早发现地磁偏角的人，并在其著作《茔原总录》中记录下具体数值。

杨惟德作为一位有重要贡献的宋代天文学家，他的业绩是值得人们传颂的，他所做出的贡献不应被人忘记。

参　考　文　献

[1] 席泽宗. 蟹状星云与中国客星//古新星新表与科学史探索. 西安：陕西师范大学出版社. 2002：589.

[2] 席泽宗. 中、朝、日三国古代的新星纪录及其在射电天文学中的意义//古新星新表与科学史探索. 西安：陕西师范大学出版社. 2002：104.

[3] 脱脱，等. 宋史·韩显符传：卷四六一. 北京：中华书局，1977：13502.

[4] 周礼·春官宗伯. 十三经注疏. 北京：中华书局. 1980：752，819.

[5] 脱脱，等. 宋史·职官志：卷一主四. 北京：中华书局，1977：38793.

[6] 脱脱，等. 宋史·燕肃传：卷二九八. 北京 ：中华书局，1977：9910.

[7] 王应麟. 玉海：卷十一. 南京：江苏古籍出版社，1987：213.

[8] 华同旭. 中国漏刻. 合肥：安徽科学技术出版社，1991：85.

[9] 王应麟. 玉海：卷三. 南京：江苏古籍出版社. 1987：60.

[10] 陈振孙. 直斋书录解题：卷十二. 乾隆年间刻本，国家图书馆古籍馆藏.

[11] 脱脱，等. 宋史：职官四. 北京：中华书局，1977：3880.

[12] 同 [9].

[13] 同 [9].

[14] 曲安京. 宋代太乙术数中的历法钩沉. 自然科学史研究，1999 (1)：69-77.

[15] 曾枣庄，刘琳．全宋文：卷三二六．国家图书馆藏．
[16] 脱脱，等．宋史·艺文志．北京：中华书局，1977：5236，5254，5257.
[17] 同［9］第59-60页．
[18] 脱脱，等．宋史·天文志：卷五十六．北京：中华书局，1977：1007.
[19] 同［18］第1000页．
[20] 李季．乾象通鉴．明抄本．国家图书馆缩微文献中心藏．
[21] 同［9］第59页．
[22] 潘鼐．中国恒星观测史．上海：学林出版社，2009：248-257.
[23] 同［18］第1230页．
[24] 徐松．宋会要辑稿．北京：中华书局，1957：2085.
[25] 陈美东．中国科学技术史：天文学卷．北京：科学出版社，2016：457.
[26] 任继愈，薄树人．宋史·天文志九：卷五十六//中国科学技术典籍通汇·天文卷三．郑州：大象出版社，1993：937.
[27] 同［24］第2086页．
[28] CLARK D H，STEPHENSON F R．历史超新星．王德昌，徐振韬，等，译．南京：江苏科学技术出版社，1982：194.
[29] 庄威凤．中国古代天象记录的研究与应用．北京：中国科学技术出版社，2009：67.
[30] 薄树人，王民健，刘金沂．蟹状星云是1054年天关客星的遗迹//中国天文学史文集：第1辑．北京：科学出版社，1978：167.
[31] 任之恭．公元1054年中国对超新星的记录及其在现代天文物理学上的意义．抖擞，1974（5）：11.
[32] 同［28］第193页．
[33] 郭沫若．中国史稿：第五册．北京：人民出版社，1983：620-621.
[34] 杨惟德．茔原总录：卷一，主山论．国家图书馆古籍馆藏元刻本．
[35] 戴念祖．中国物理学史大系·电和磁的历史．长沙：湖南教育出版社，2002：170.
[36] 戴念祖．朱载堉——明代的科学和艺术巨星．北京：人民出版社，1986：221.
[37] 同［35］第192页．
[38] 沈括．梦溪笔谈．赵德荣，译．北京：中国画报出版社，2011：200.
[39] 同［36］.

解析气象学史的创新视角

——空间观的演变

Analysis of Innovative Angle for Meteorology History: Evolution of Space Concept

叶梦姝

（中国气象局气象干部培训学院，北京 100081）

摘要：科学的发展往往受到特定世界观、价值观等社会因素的影响，在大气科学的发展史中，空间观是众多社会因素中独特的一个。通过分析空间概念及其与时间、物质、运动的关系，从空间观念演变的视角来解析气象学发展脉络：从封闭空间观念对古代气象研究的限制，到空间距离和影响大小关系的削弱与遥相关概念的建立，再到空间唯一性与绝对性的消失与大气科学研究中的坐标系转换，以及建立在以地理信息系统为代表的连续时空概念基础上的数值天气预报。可以说，空间观演变是大气科学发展的重要线索之一，也是客观解析气象学的一个综合视角。

关键词：科学史，科学哲学，气象，大气科学，空间观

0 引言

也许是因为对空间的研究和思考可以有多种不同的方式——科学的、技术的、哲学的、建筑学的、美学的，因此即使是在当代，也很难清楚地界定“空间”概念的丰富内涵。“空间”是最重要的科学和哲学概念之一，在任何一门相关科学的历史发展中，都可以寻找到空间观念演变的线索，对空间的认识是所有研究都无法回避的前提。空间观念的演变甚至会涉及数学（尤其是几何学）、物理学、地理学及天文学等自然科学及社会学、政治学、心理学等社会科学发展范式的变革。

空间观念至少包括 4 个方面的内涵：一是事物存在的“处所”，“不在什么地方”的物体是不存在的；二是物体的“广延”，物体占据的空间，由其长宽高决定；三是代表空的状态的“虚空”，空无一物、空空如也；四是“空气”，在反对虚空的年代里，空气被认为是空间的代表，不存在没有空气的空间。

为什么空间观念的变革对气象学史的研究尤为重要？首先，地理是空间的科学，对以天气现象和天气系统为研究对象的气象学来说，地理学知识是其研究基础和前提，“空气”又是天气现象发生的处所，因此对天气、气候现象观察基础上的概念提炼和理论研究，严重依赖其所处时代的空间观念；另一方面，社会发展程度决定了生产、生活的空间模态，社会需求牵引下的知识应用与概念阐释，也会受到空间观念的引导。这两方面共同决定了

作者简介：叶梦姝，工程师。主要研究气象科技史。

空间观念的变革是解析气象学史发展的一条重要脉络。

现代人很少会思考空间，但空间的本质及其特征却是困扰古代先贤的最重要的命题：空间是有限的还是无限的，是封闭的还是开放的，是暂时的还是永恒的，是均匀的还是分层的，是实体还是幻象……等等问题曾经引发诸多智者的思考。本文的研究问题是：不同时期人们对天气气候的认识，塑造了什么样的时代的空间观，而不同历史时期流行的空间观念，又是怎样影响了人们对天气现象的理解和研究？不同时期的社会需求，是怎样决定了对空间模型的解释和应用（图 1）？

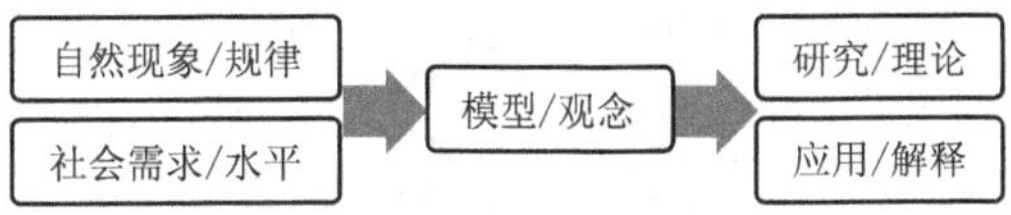

图 1　观念因素在自然科学研究中的影响示意图

1　古代：封闭空间中的空气团

在古希腊，空间观念中至少有两个方面的内涵得到过充分探讨，一个是 topos——可以翻译为“处所”，还有一个是 kenon——即“虚空”。德谟克利特等原子论者认为，世界是由原子和虚空组成的，然而亚里士多德却声称“自然界厌恶”真空。在《物理学》第四章中，亚里士多德系统探讨了空间概念，他从“月下世界的天气无所不在”的经验出发，否定了虚空的可能性，无论是物理真空还是哲学真空，于是 topos（处所）成为了最重要的空间范畴。

古代世界对空间的基本认识是，空间等同于物质，“位置”等同于“广延”。亚里士多德称，月下世界没有虚空，所有的空间都被物质充满。“月以下”“地以上”的世界分为水、气、火三层，物质层就是空间层，物质之间相互作用的本质，就是不同天层的作用。正是在这样的前提假设下，亚里士多德解释了天气中的能量来源、雨雪等天气现象中的相变，以及风表现出的空气的流动性。空间等同于物质是一种较为原始的观念，其背后隐含的逻辑是——万物之所以是这样，是为了特定的目的。即必须有某种物质作为空间的主体，才能赋予空间某种特性，才能够由该性质引发物质的运动。

古代世界空间概念最重要的特征是，空间是封闭的。亚里士多德假设，地球的大气是“一个相当大容积的气”，在有限、有界、分层的封闭空间中，地面的嘘气缘于天穹的吸引，向上运动，因此形成了风。正是由于这种封闭空间的假设，希波克拉底认为，所有各个方向的风都是同一团空气，它吹东吹西，看似不同，实际是一样的，托勒密的世界地图也显示了若北方风强、南方风即弱的关系（图 2)。也是出于这样的原因，亚里士多德认为，一个地方吹起南风，必然意味着另一个地方将要吹起北风。亚氏提出的问题是：“风究竟是从上起始的，还是从下起始的”，在封闭空间中思考这样的问题，就仿佛是问先有鸡还是先有蛋。

等同于物质的空间只有性质范畴，而广延具有量的范畴。空间属于质的范畴，也没有角度概念，用大区域、小区域、相邻区域、局地等词汇来描述。空间是几何的，但这种几何是“直尺＋圆规”的几何，并不带任何一点解析的几何。例如，在希腊人看来，不同量纲的量不能够放在一起做比例，即不能把他们相除，同样量纲的又都可以用含有某种

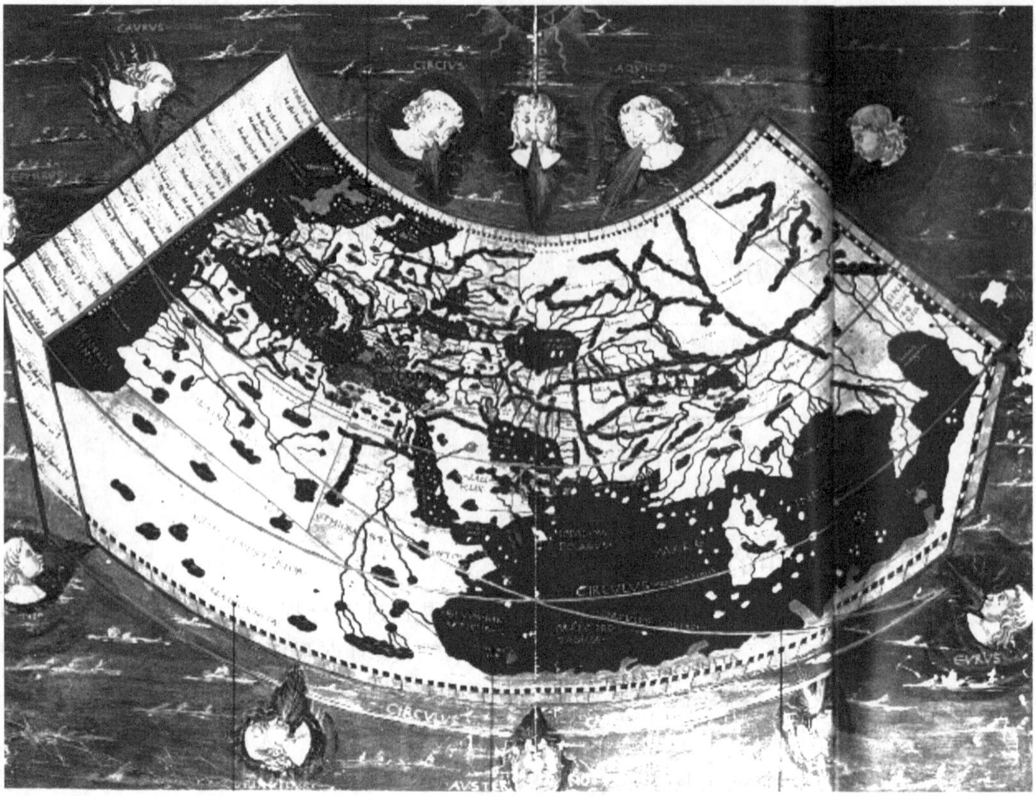

图 2　托勒密的世界地图中风由 12 个方向向中间吹来

“性”的多少来描述，因此没有速度概念，距离除以时间是没有意义的；12 个方向并不是均匀划分，而是依据两分两至日时太阳位置的变化；雨和露的差别在于，雨是较大的空间范围内在较长时间里聚集起来的水汽，露则是小空间短时间聚集的水汽；云的高度取决于最高的山峰的高度。但作为“广延”的空间却是可以测量的，古希腊人对有限空间的测量还是卓有成效的，埃拉托色尼测量过地球的大小（通过两城市的太阳角高度差算出纬度差，用纬度差和距离算出地球圆周），并且在 1617 年荷兰的斯涅耳之前，其测量结果一直是最为精确的。

2　中世纪和近代：上帝、空间与运动

中世纪的空间概念和上帝的形象密切相关。中世纪时人们对空间的思考带有明显的时代特征，一切知识的目的都是为了证明上帝的完美无缺。什么样的空间是一个完美的上帝所必须的呢？首先，必须是无限的，因为一个有限的空间从逻辑上来说很难承载无限的上帝；第二，至少是三维的，因为上帝和上帝所占据的空间都是三维的；第三，上帝是空间存在的基础，因为大气压力试验已经向人们证明了，如果拿走空气，真空将无处不在，那么是什么撑起了这个三维的实体呢，上帝是一个看起来最合理的答案。和古代文明中将物质与空间等同的思想完全相反，17 世纪的人认为，空间和物质相比，与精神有更多的相似之处，空间可入不可分，精神也可入不可分，物体可分不可入。奥古斯丁认为，空间是上帝于“无”中创造的，空间的本质和上帝一样，三维、无限、永恒持续、无处不在；摩

尔认为，上帝本身就是一个有广延的三维存在，并列出了20多条空间和上帝的共有属性；牛顿说，“承认至高上帝的存在是必然的，且同样要承认他是永恒的和无处不在的。通过上帝的永恒和无所不在，构成持续的时间和无限的空间。在这样持续的时间和无限的空间中，复杂多变的天气现象也是上帝或诸神的旨意”。

空间的本质是广延。从中世纪到近代，都认为空间的本质是广延，处所是个无关紧要的概念。霍布斯认为，广延是本质属性，空间是运动在广延内引起的幻象，时间是在运动中的前后引起的幻象。牛顿也认为，代表广延的空间才能有其绝对性，“处所”不同的两个事物，并没有本质的差别：“一切事物在位置和时间状况上的差异，只可能出自一个真的必然存在的理念（idea）和意志”。笛卡尔认为，空间等同于广延，说一个物体占据的空间，就是说它的体积占据的空间，只和其中拥有的微粒个数及状态有关，而以太作为“第一物质”，不停地进行着圆周运动，占据着所有的空间。为此，笛卡尔提出了漩涡说：所有的空间都充满了流体或以太，它们的各个部分相互作用并产生圆运动，这样一来，这种流体形成了许多有不同大小、速度和密度的漩涡，这就是离心力产生的原因。这个学说的影响力一直到18世纪中期，它虽然并不是什么伟大理论，也没有成功解释过什么现象，但的确对推翻亚里士多德的“空间即物质”的体系起到了决定性作用。

“空气到底是不是随着地球一起转动”是困扰这一时期科学家的一个核心问题。古希腊人发现，塔顶或山顶的风并不会比地面猛烈，因此地球及环绕在其周围的“气层”一定是相对静止的，它们在天穹的作用下共同转动。而在中世纪，地球与空气的运动有可能并不是完全同步的，因为每一种物体都有由其属性决定的“自然运动”。笛卡尔在《方法论及折光学、几何学、气象学》（图3）中认为地球应该比空气运动得快些，因为“所有的空气都是从东向西运动的”，并因此推论出西风和东风不同的性质，局地的现象和错误的假设导致了不知所云的理论。笛卡尔还断言，“近地表的空气比高空的空气更浓密，通常产生的风会更强些”，笛卡尔的风更强，指的是同样速度下风力更强，而现代大气科学的分析角度是：地转风与气压梯度成正比，与大气密度成反比，这个“同样速度”的假定都来源于空气“自然运动”的概念框架。

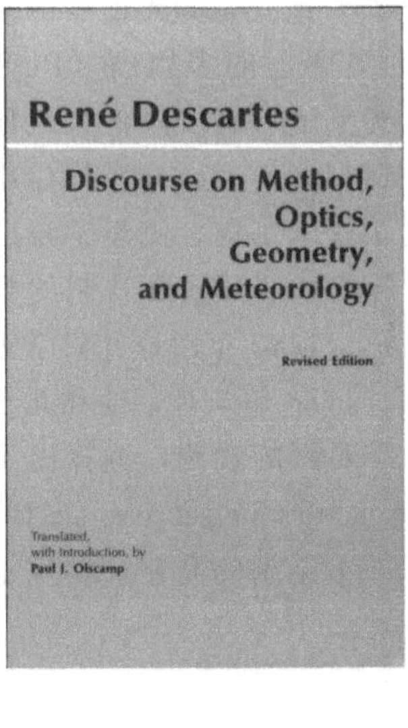

vi CONTENTS

图3 笛卡尔《方法论及折光学、几何学、气象学》封面及目录

所有物理现象都可以表现为空间和运动，空间是考察物质运动的重要因素，是很多问题的切入点。例如，笛卡尔认为，空气和水汽会朝着更“容易”的方向运动，例如从被占满的空间向较空的空间运动；当水分稀释到一个很大的空间中，变成十分细小的蒸汽时，它就转化成了空气；他从是不是有足够的空间供组成物质的微小粒子旋转，来解释雷电、冰雹、彩虹、海陆风的日际变化等各种天气现象；认为风是空气中的任何突然变化（比如当其变得比相应季节更加温暖、稀薄或湿润）的原因，而风的形成，是由于水汽或空气占据的空间扩张；夏天空气静止时，会从各个方向被压缩，因而人们感到更加闷热，而晴朗清澈的空气会使人感到较为凉爽。

3 地理大发现：空间尺度的扩展

正确的世界观是认识空间的前提，随着航海、殖民和迁徙活动的开展，人类能够认知的空间尺度不断扩展，对于天气、气候的认识也随之不断加深。古代和中世纪流传最为广泛的世界地图来源于公元 2 世纪托勒密编著的《地理学指南》，只包括西南欧、北非和中亚，并在地图区域的周围绘制了制造不同方向“嘘气”的风神；1375 年，犹太制图家贾·克雷斯奎父子在葡萄牙绘制出《加泰罗尼亚地图》(*Catalan Atlas*)，虽然其在东亚和南亚地区的形变几乎使其丧失了实用价值，但它仍被誉为是“中世纪最好、最丰富完备的一幅世界地图”，在这幅地图上同样绘制了包括天文、地理、基本元素等各种知识；为了能为航海者提供直线导航，1569 年，墨卡托设计了正轴等角圆柱投影，第一次把更为精确的东西半球展现在一幅地图上，这种投影方法后来在气象上常用于低纬度天气图的底图；制图学的飞速进步为气象学知识的积累提供了平台，1595 年，荷兰人范·林斯霍滕(Van Linschoten) 编著了最早的航海志，记述了大西洋的风系和海流。为了准确计算新大陆的面积，1772 年斯威士兰数学家兰勃托用圆锥投影的方法绘制出了兰勃托投影地图，后来常用于中高纬天气的分析。

从登山，使用风筝、气球到发明航天器，随着人类能够达到的垂直高度不断延伸，人类对气压变化、天气的本质及大气垂直结构的理解产生了质的飞跃。最早在 1648 年，法国数学家帕斯卡进行了对同一地区不同高度大气压强测量的试验，他先是跑到巴黎的教堂尖顶测量大气压，但结果不够明显，他又去了海拔 500 米的奥弗涅的多姆山（Puy De Dome)，试验结果让他狂喜，水银柱下降了 3 英寸[①]，于是证实了随着高度降低大气压强增大的规律。1749 年，格拉斯哥大学的两位学生威尔逊（Alexander Wilson）和梅尔维尔(Thomas Melville) 在苏格兰将小型温度计绑在风筝上，放到 700 米高空，测量了温度随高度的变化；1783 年，法国人查理斯在巴黎将自记温度计和自记气压计系在自制的氢气球下面，释放至高空，测定了巴黎 3 千米高空和气压的变化情形；1787 年山地气象学家索绪尔在勃朗峰顶的恩特立维斯冰河下方设立了山地气象观测站，1788 年 7 月，他和儿子在海拔 3360 米的山脊上开展了一连串的气压、气温、空气湿度等要素的观测，测算出了高度每增加 100 米，气温下降 0.6 ℃。1883 年，法国气象学家博尔（L. Teisserenc De Bort，1855—1913 年）使用氢气球进行了多次高空探测，最高到达了 11 千米的高空，发现了逆温层，并首次把对流层和平流层区分开来。

① 1 英寸≈2.54 厘米。

虽然气压和气温的测量并非难事，在航海带来的巨大需求的牵引下，观测数据才被用于天气学研究。亚里士多德和柏拉图已经发现了空气有质量，但伽利略还误以为是“对真空的阻力”，托里拆利把空气拉到了可以产生压力的流体名单中，但这时候的气压测量，还没有和天气变化联系到一起。17 世纪以后，英国天文学家、地理学家哈雷（Edmond Halley，1656—1742 年），在远洋航行中，系统研究了信风和季风，认为太阳辐射是大气运动的根本动力，并注意到了气压读数的变化和风场差异的问题，1686 年阐述了环流理论。1688 年绘制成信风与季风的分布图。德国地理学家、博物学家洪堡（Alexander Von Humboldt，1769—1859 年）被誉为“哥伦布第二”，在探险考察的过程中，洪堡最先确定了等温线与等压线的概念，并开创性地绘制了世界等温线图（图 4），他还研究了气候带的分布、温度垂直递减率、大陆东西岸温度差异、大陆性与海洋气候、地形对气候形成的作用等。法国气象学家博尔通过对地中海、大西洋信风的研究，提出了“大气活动中心”的概念，标志着人类对大气的理解又迈上了一个新台阶。

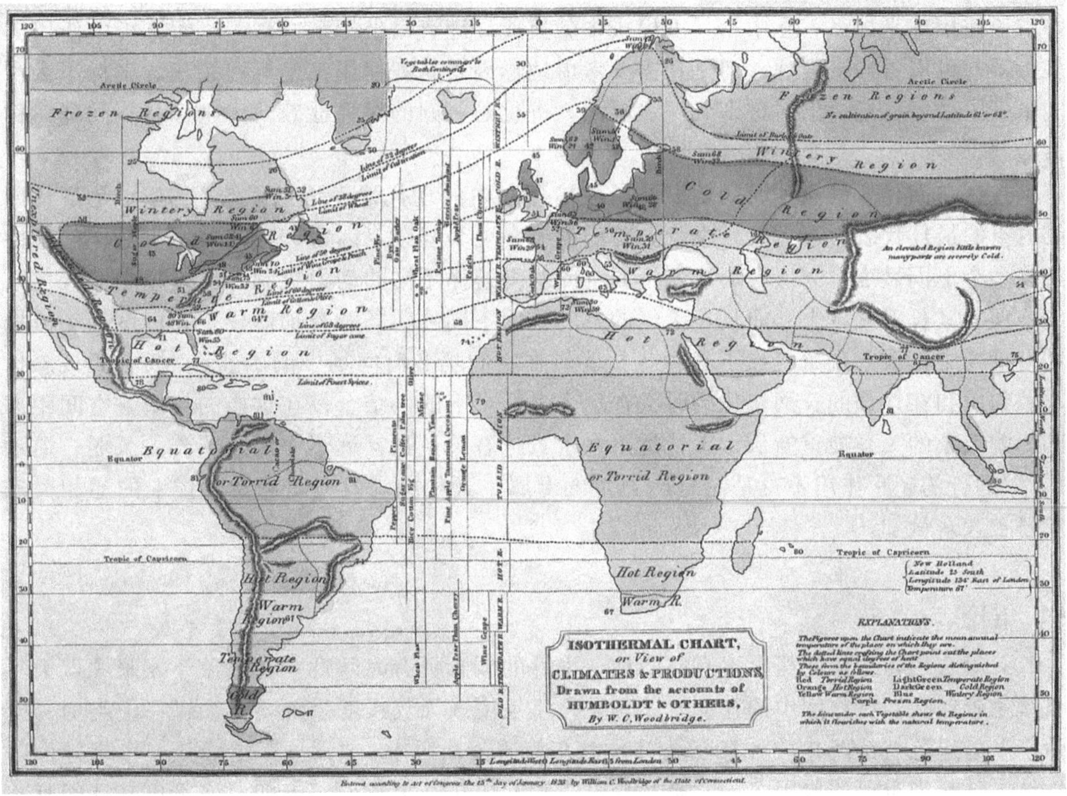

图 4　根据洪堡观测数据绘制的全球等温线图

4　地学革命：现代四维时空

地学革命从 19 世纪中叶一直延伸至 20 世纪中叶，在地质学领域，地学革命以火成论和灾变论的争论为起点，以大陆板块理论的形成为巅峰，在大气科学领域，这场革命的起点往往被认为是皮叶克尼斯挪威学派的创立，其巅峰是数值天气预报的应用。

地学革命把地学的各个分支从一种近似于“收藏”和“探险”爱好转变成了物理科

学，经过这场革命，地质学不再是对矿物、岩石、化石等现象的描述，气象学不再是对各种无规则天气现象和各地气候特征的记录，海洋学也不仅仅是地图上绘出的洋流，整个地学成为了研究地球上一切现象的物理、化学和生物作用过程的科学，而这一切的基础就在于现代四维时空观念的建立。各种地学现象在大气、海洋、地质的数值模式中，变成了坐标中的“地学大数据”。

在参照系中，为确定空间一点的位置，按规定方法选取的有次序的一组数据，叫作“坐标”，有了坐标，可以很方便地表达质点的位置、运动的快慢和方向。坐标系的发明和应用对于空间观念的影响是革命性的。首先，坐标系标志着空间概念和实体的分离，正如康德所说，“空间本身只是一种观念形式，只有通过它的内容才能获得实在的意义”，坐标系就是一种作为数学概念的空间，可以有没有物质的空间，摆脱了实体束缚的无限空间，恩格斯认为空间的特点是“没有一个方向是有终点的，不论是向前或向后，向上或向下，向左或向右”，其实所说即是坐标系的特点；第二，坐标系带来了空间的相对性，例如动力气象的基本方程组往往会在球坐标、局地直角坐标、P 坐标之间转换，例如在全球模式中一般使用球坐标系，在中小尺度模式中就换成局地直角坐标系，在等压面分析中使用 P 坐标系，可以省略密度项，但是在需要考虑地形因素是就使用Σ坐标；第三，坐标系为空间带来了秩序，绝对的对称即无序、混沌，进化是时间的对称性破缺，坐标是空间的对称性破缺。

包括空间位置信息、时间信息和属性信息在内的现代地理信息系统（GIS）是现代四维时空的最佳代表。在大气科学中，空间的概念更为复杂，因为天气现象发生的空间是由有许多个不同尺度空间嵌套而成，不同空间甚至遵循不同的动力机制，尺度越小的天气系统，误差增长率就越大；而且，天气的空间是由不同的“场”叠加而成，在温度场、流场和湿度场中，天气现象变成了各种气象要素在空间场和时间场中的函数，“场”的概念标志着物质和在连续的、网格化的时空在一个坐标系下的再结合；在这样的场中，空间距离和影响大小的关系被重新认识了，近不一定意味着关系强、远不一定意味着关系弱，通过“场”进行的超距作用不再是超自然力量的专属，天气蝴蝶效应，以及气候上的遥相关现象已被大众认知。

5 结论

一般来说，物体的概念更有空间性，事件的概念更有时间性。在气象学家眼中，天气系统是延伸在四维空间中的存在，尤其是行星尺度或天气尺度系统，往往以一个类似“生命体”的形象持续演化数日甚至数月，但在普通公众眼中，“天气”更像是一个事件而非物体。这其中重要的原因之一，是社会对空间的弱化。山脉、河流和湖泊不再是空间唯一的分界线，自然空间被社会化、行政化空间所代替。像各个历史时期一样，社会需求决定了人们对空间概念的应用：虽然农业劳动者的工作受到天气情况的影响更大，但是城市生活者却表现出对天气信息更为强烈的需要。现代城市是严格分配、整齐划一的，不仅消除了不同城市间的差异，本身也是“消除时空”的。天气的变化成为了一个城市走向“普遍”和永恒的唯一障碍，我们要求无论雨雪风霜，城市都必须要照常运转，要尽量避免哪怕是暂时性的交通阻塞或电力供应不足。同时，在历史的各个阶段，公众都在接受着天气、气候对时空的再造，气候的跃迁、蝴蝶效应的发生、空气污染的覆盖范围，都在不断刷新着人们对时空内涵的理解。

参 考 文 献

[1] 吴国盛.希腊空间概念.北京：中国人民大学出版社，2010.

[2] 科拉瓦尔，地理学思想史.北京：北京大学出版社，2007.

[3] 杨萍，叶梦姝.气象科技的古往今来.北京：气象出版社，2014.

[4] 涂光炽.地学思想史.长沙：湖南教育出版社，2007.

[5] 格兰特.近代科学在中世纪的基础.张卜天，译.长沙：湖南科学技术出版社，2010.

[6] 柯瓦雷.从封闭世界到无穷宇宙.张卜天，译.北京：北京大学出版社，2008.

[7] 科恩.新物理学的诞生.张卜天，译.长沙：湖南科学技术出版社，2010.

[8] 弗·卡约里.物理学史.南宁：广西师范大学出版社，2002.

[9] 赫特纳.地理学——它的历史、性质和方法.王兰生，译.北京：商务印书馆，1983.

[10] 徐靖华.搏击沧海——地学革命风云录.北京：地质出版社，2006.

气象科技史学科建设的初步设想

Thoughts on the Discipline Construction of Meteorological History

李蓓蓓　李忠明

（南京信息工程大学科学技术史研究院，南京 210044）

摘要：近年气象科技史研究焕发活力。结合新时期的气象工作要求与特点，分析了气象科技史学科建设的必要性，从学科范畴、学科分支、研究方法和手段等方面进行探讨，提出了加强气象科技史学科建设的若干设想。

关键词：气象科技史，学科范畴，学科分支，研究方法

0　引言

我国的气象科技发展源远流长，散落在灿若繁星的历史长河中，亟需当今的气象科技工作者发掘研究。中国气象史研究会成立以来开展了许多研究工作，但是相对浩瀚的历史、日新月异的当代需要，气象科技史还有更为广阔的发展空间。2013 年和 2015 年，第一、第二届“气象科技史学术研讨会”相继召开，从一个侧面说明气象科技史学科的发展得到学术界的高度重视。

在新的历史时期下，开展气象科技史研究的必要性日益凸显，而对于气象科技史研究的诸多方面又有了更多新的认识和理解，由此气象科技史的学科建设成为推动这一领域发展的重要环节，本文提出了关于气象科技史学科建设的若干设想，为促进气象科技史研究的进一步发展提供思考。

1　开展气象科技史学科建设的必要性

我国近现代气象事业发展始于清朝中后期，民国时期逐渐发展壮大，而气象事业得到迅速发展是在新中国成立之后。尤其是改革开放之后的新时期，迎来了我国气象事业发展的黄金时期。

竺可桢先生既是我国气象事业的奠基人，也十分支持建立中国科技史的专门组织。20 世纪 30 年代，已经有学者开展气象史研究，但由于各种条件尚未成熟，一直没有创立气象史研究组织。中国气象学会气象史志委员会于 1983 年 12 月在北京成立，是我国第一个进行气象史志研究的组织。该委员会的成立标志着气象史研究不再是个人行为。

在新的历史时期下，全球气候问题备受关注，气象史研究再次掀起热潮，中国气象局

资助项目：国家公益性行业（气象）科研专项（GYHY201306064）；中国气象局“中国气象教育史研究”（sk20150017）。

作者简介：李蓓蓓，南京信息工程大学科学技术史研究院副教授，研究方向为气象科技史。李忠明，南京信息工程大学科学技术史研究院教授，研究方向为气象科技史。

成功举办了两届“气象科技史学术研讨会”。时代为气象史研究提供了新机遇的同时，也提出了新的研究需求：全面系统地分析古代至近现代气象科学、技术、制度和机构等多方面的演进，清晰地整理出中国气象科技发展脉络，为中国气象事业溯根正源，促进中国气象科技的发展和传承。通过对中国丰富气象历史文献的整理研究，建设中国气象史研究体系，形成与国际接轨、服务于气候变化应对和气象灾害风险评估的历史时期气象灾害史料库。亟待形成一个综合性、系统性、共享型气象史科研交流平台，促进气象科技文化的传承和创新等。

第一届和第二届“气象科技史学术研讨会”上，涌现了一大批气象史研究者，促进了气象科技史研究的发展。学术研讨会作为重要的研究交流平台对气象史研究起到了重要的推动作用。但是，仅仅依靠这些还是远远不够的，亟需培养气象科技史研究的专门人才，为当前相对薄弱的气象专门史研究提供人才队伍储备。

2 气象科技史的学科范畴

气象科技史既是大气科学的一个分支，又是科学技术史学科的一个分支，也是科技史与大气学科和历史学、环境史、生态史等学科交叉的研究方向。在大气科学和科学技术史两个一级学科之下，气象科技史方向均是一支新生力量。

气象科技史是关于气象科学技术的产生、发展及其规律的科学。气象科技史既要研究气象科学技术内在的逻辑联系和发展规律，又要探讨气象科学技术与整个社会中各种因素的相互联系和相互制约的辩证关系。因此，气象科学技术史既不是一般的自然科学，也不同于一般的社会历史学。它是横跨于自然科学与社会科学之间的一门综合性学科。

在气象科技史研究中，既包括对现有气象科技工作成果的全面调查和分析，也有针对性地对中国气象史文献资料的整编，还涉及中国古代至近代的气象思想史、气象记录与测量史、气象预报发展史研究，对中国气象灾害史的时空复原和影响研究，以及“资料收集、对比集成、标准量化、交互查询、数据共享”等气象灾害史料的开发应用设计，此外，还有气象与社会发展的互动过程研究。由此可知，气象科技史的研究涵盖了基本史实研究、基础理论研究、资料整编研究、应用开发研究、科学社会学研究等多种研究类型，包含了气象科学史、气象技术史、气象思想史、气象灾害史、气象文献研究、气象人物研究、气象事业发展史和气象文化研究等方面。

3 气象科技史的学科分支

气象科技史的研究对象不仅局限于气象科技的发展轨迹和脉络，更包括气象科技思想的形成与发展，特别是从一种技术到一门科学的发展历程，还包括气象事业发展史、气象文化等气象科技与社会方面的研究。因此气象科技史学科建设时，结合气象科技史研究对象，可以从以下 5 个方面进行气象科技史学科的研究规划。

3.1 气象科学史与技术史

气象科技史的传统和基础的研究主题是研究气象科技本身的发展轨迹及过程，包括气象科学的发展进程和气象技术的革新演进。它是对气象科技基本史实进行梳理后得到的清晰而全面的认识，尤其是对气象科技发展过程中的重要阶段及代表性事件有正确而深入的把握。

气象科学史，可以从国别角度进行建设，如中国气象科学史、美国气象科学史等；也可以从时间维度进行建设，如近代气象科学史、现代气象科学史等；还可以从气象科学发展的领域进行研究，如气候变化发展史、气象预报史等。技术史也可以如此建设。对于中国古代是否有自然科学学术界尚存争议，但是气象科技史的研究不能缺少中国古代，尤其对中国古代的气象记录和观测等尚有很大的深入研究空间，因此，可以在中国古代气象科技活动广泛语境下开展研究。此外，气象科技发展与社会发展和其他科技发展密切相关，因此在研究气象科学史和技术史的过程中，不应割裂地仅仅关注气象这一领域的发展，还应结合时代背景、社会基础和科技水平等因素，综合分析，对气象科技本身的发展轨迹及过程进行更准确的认识和把握。

3.2 气象思想史

气象科技思想的形成与发展是一个动态的过程，并不是某一时间点的状况，而是一个特定历史时期内的发展状况。气象科技思想是在气象科技发展之中形成的，对深入理解气象科技发展的动因、历程以及科学家等具有重要作用，是进行探究气象科技行为的必要基础。

气象思想史的研究与气象科学史的研究可以相对应，从国别和时间的角度进行多维度建设，包括中国及西方国家在不同历史时期，如近代和现代的气象思想史研究，在分析重要气象学家和重大气象科技事件的基础上，梳理气象科学概念、理论和认识上的进展和突破，归纳总结气象科学思想的历史。对于中国古代气象思想史的研究也应作为一个重要方面，与西方近现代科学之树的思想之花不同，中国古人对气象现象的观测和思考更多折射的是中国古代的自然哲学思想，同时也是理解中国古代气象科技史活动发展的重要组成要素。

3.3 气象灾害史

随着全球气候变化研究的兴起，历史时期气候变化成为一个备受关注的研究领域。对气象科技史研究来说大气自然史曾是一个重要研究分支，而这一领域随着研究的深入，专业研究者越来越多，分工也愈加明确，成为大气科学、地理学等学科的研究分支，逐渐脱离了科技史的研究领域。而气象灾害史作为一个传统的史学研究问题，一直存在发展，并逐渐成为气象科技史研究者所关注的一个研究领域。

作为气象科技史学科分支来说，气象灾害史研究并非单一对气象灾害的复原，还是对气象科学史、技术史以及气象思想史的综合研究，尤其是中国古代气象灾害史。在中国古代，气象记录往往与“大灾”密不可分，气象占卜和观测也与气象灾害预报有关，直至近代中国沿海通商所需的台风灾害预报，以及新中国成立后农业气象灾害防御，这些均使得气象灾害史成为气象科技发展史研究的有机组成。

3.4 气象典籍研究

气象科技典籍是进行气象科技史研究的重要参考资料，气象科技研究中所需要的文献都可视作气象科技典籍。我国气象科技史研究拥有得天独厚的文献资料优势，五千多年的中华文明为我们留下了皓如繁星的科技典籍宝库，但是中国有关气象的记载散落其中，尚需进行专门的文献搜集整编和基础研究工作。

随着大数据时代的到来，文献管理进入数据库时代。气象典籍研究不仅是传统文献学、历史学的研究，还可以借助数据库的信息管理优势，搭建开放搜索型的气象典籍题录库，在此基础上还可以建设中国气象史研究成果信息库，建成资料、数据共享服务中心和课题、成果交流讨论平台。

3.5 气象与社会

从科学与社会的角度，气象对社会的影响，以及影响气象科技发展的社会因素，都是气象科技史研究的重要研究对象。这一研究可以从气象台站史、气象教育史、中外气象交流史、气象科技政策、气象文化等角度开展。通过气象与社会的研究，可以再现气象科学史和技术史发展的社会环境，展示气象科技对社会发展的影响与作用，凝练气象文化和气象精神，更加深入地理解气象与社会的互动过程。

4 气象科技史学科的研究方法和手段

基于气象科技史学科范畴的扩展，研究分支更加走向多学科交叉领域，由此气象科技史学科研究方法既要有历史学传统方法和科技史的各类研究方法，也要吸收交叉学科的研究方法和手段。目前，气象科技史学科研究方法主要有：传统历史学方法、科学编史学方法、口述史及信息数据库。

4.1 传统历史学方法

对于科学史和技术史的研究，均可以基于中国传统历史学的方法，使用编年史、纪传体、纪事本末体等方式进行整理式研究。基于这些方法的研究是对气象科技发展历程线索的基础梳理，有利于研究者对史料进行还原式研究，对史实发展过程进行准确展示。编年史方法，可以用于对气象科技史上重要的标志性事件进行梳理，也可以作为气象典籍的整理编辑线索。对气象科技史人物研究，可使用纪传体进行汇编，该方法是记言、记事的进一步结合，能够更全面地记录科技人物的生平、经历、思想和生活环境等信息。纪事本末体是以历史事件为主体，完整地叙述一个历史事件始末，将有关专题材料集中在一起，在气象科技史发展阶段和相关主题式研究时可以使用。

4.2 科学编史学方法

科学史研究受到了西方科学史研究方法的重要影响，包括萨顿、柯瓦雷的编目考证法、引证原始材料分析法、概念分析法、历史记录分析法，到科恩的证据分析法、广义语境分析法、微观宏观整合法、再版补充法，等等。气象科学史的研究在不断革新的科学编史学方法引导下，将更加清晰地展示气象科技创新的思路，更加深入地呈现气象思想生长的脉络，从而揭示出尚未发现或者被忽视的气象科技进程中的灵感火花。

4.3 口述史

口述史，即以搜集和使用口头史料来研究历史的一种方法，出现于20世纪40年代的美国，现在已经成为国内科技史研究的重要方法之一，在老科学家以及传统工艺研究方面发挥重要作用。我国许多气象科技史工作者，尤其是老科学家亲历了中国气象事业的近现代发展过程，对他们进行口述资料的采集是获得气象科技史研究的重要素材。此外，气象与社会研究中，对气象工作者以及相关人员的访谈调查，也是重要的资料证据来源。

4.4 信息数据库

信息数据库是通过对气象科技史研究资料和成果进行数字化、信息化、数据化，建立分类存储、可以检索的数据库，便于共享和交流。建设信息数据库，可以为气象科研机构、气象类高校或综合性大学的气象系室，以及气象部门相关单位提供资料和数据服务。信息数据库分为题录库、全文库等不同建设方式，不仅可以实现史料文献的存储，还可以对研究成果进行归类收录，并对所有资料进行信息化管理和维护。

5 结语

气象科技史学科作为一个综合性领域，其发展的生命力在于交叉学科的前沿需求，学科规划应密切联系现有气象科技史研究成果，追踪最新国际研究动向。在厘清当前气象科技史研究的重点、难点和不足后，尚需建立一个综合的气象科技史研究体系，形成与国际接轨、服务于气象科技研究前沿、汇集气象典籍史料、集共享交流等功能的气象科技史数据库和研究平台，对气象科技史学科发展形成支持。

南京信息工程大学 2011 年获得科学技术史学科一级硕士点，自 2012 年开始招收硕士生，至 2016 年已经顺利毕业了两届硕士研究生，其中气象科技史方向硕士研究生达到 22 人，在气象科技史学科发展方面积累了一些经验，本文是对该学科方向的一些总结，尚有许多有待探讨之处。

参 考 文 献

[1] 朱祥瑞. 编史修志，继往开来——气象史志研究简介//朱祥瑞. 海峡两岸气象科学技术研讨会论文汇编，2004：72-76.

[2] 王鹏飞. 开创中国气象史研究的新局面——中国气象史研究的意义、概况、紧迫性和远景. 南京气象学院学报，1984 (2)：129-138.

[3] 王鹏飞. “朝鲜测雨器传自中国” 辨. 中国科技史料，1984 (03)：10-13，18.

[4] 苏玉娟，魏屹东. 科恩的科学编史学方法新探. 自然辩证法通讯，2009，31 (3)：67-112.

[5] 夏明方. 中国近代历史研究方法的新陈代谢. 近代史研究，2010，02：14-21，2.

[6] 夏明方. 大数据与生态史：中国灾害史料整理与数据库建设. 清史研究，2015 (02)：67-82.

[7] 竺可桢. 前清北京之气象纪录. 气象杂志，1936 (02)：65-68.

[8] 竺可桢. 中国过去在气象学上的成就. 气象学报，1951 (01)：7-10.

中国气象科技史研究中影视节目的作用初探

——以气象人物影像记录为例

Film and Television Program Functions in China Meteorological History Research: A Case Study of Meteorologial Characters in Vidio Record

王丽岩　朱定真

（中国气象局公共气象服务中心，北京 100081）

摘要：我国是世界上对天气现象观测最早的国家之一，气象科学随着农耕社会向工业化、信息化社会的发展和社会的需求不断发展。纵观古今，在中国气象事业发展的不同历史时期，技术的进步和创新都离不开敢于创新探索的气象工作者，在中国气象科技发展历史中写下了浓重一笔。这一发展史用影视素材记录和用影视产品表现、传播，对于挖掘、抢救、传承和弘扬气象史实、气象人物精神，有着特殊且不可替代的贡献。从气象影视的角度，通过对中国近现代气象人物纪录片拍摄经历的体会，初步探讨影像记录在科技发展史研究的优点和不足。

关键词：气象前辈，科技发展，影像记录，历史传承

0　引言

正如马克思所说："每一个社会时代都需要有自己的伟大人物，如果没有这样的人物，它就要创造出这样的人物来。"一切伟大的人物都是时代的产物，是历史发展到一定时期的必然结果，这也就是我们常说的"时势造英雄"。但反过来，英雄对时势也会产生深刻而长远的影响，他们对历史的发展也会起到不可忽视的作用。所以，历史人物研究在历史研究中有着极其重要的地位，是历史研究的重要内容和有效手段[1]。中国气象科技史的发展同样也需要研究气象历史人物，以人物为中心，以其个人成长经历为主线，以其参与的各个历史事件为分支，必定会将其所处时代的历史和环境真实、全面地展现出来，为后人呈现出那个时代的气象历史画卷，从而使气象历史研究变得更加深入、丰富和具体。

目前我们的气象科技史对历史人物的研究和记录主要停留在文字阐述方面，缺少影像画面及声音的收录保存。即使存在部分历史影像资料的留存，但由于缺乏系统的管理、合理的保存，并且大部分未正式出版发行，珍贵的气象人物影像资料正在流失，历史人物也逐渐在记忆中模糊。

在中国气象事业发展的不同历史时期，都曾涌现出富有科学探险的勇气、坚韧不拔的毅力和勇于献身的精神的探索者。他们站在时代的前沿，以国家利益为出发点，为中国的

作者简介：王丽岩，工程师。主要研究气象影视传播。

气象科技进步和业务发展做出了卓越贡献[2]。为了抢救、挖掘中国当代气象史的珍贵影像资料，让气象大家们不会因为岁月的流逝而被人们遗忘，也是要让老一辈气象泰斗的爱国、爱科学的精神教育年轻一代，中国气象局气象影视中心（原华风气象影视信息集团）尝试着策划了《风雨人生》大型电视文献纪录片的拍摄，以竺可桢、涂长望、赵九章、邹竞蒙等老一辈气象事业奠基人、开拓者的人生轨迹为脉络，以他们的科学成就、贡献和社会活动为背景，运用大量弥足珍贵的影像、文献资料，及近百年亲历者的口述历史，辅以现代电视表现手段，全景式地展现了我国当代气象事业发展的历史大格局。形成了视频7.5小时，文字200万字的珍贵资料。通过节目的创作，对用影视制作手段研究气象科技史、气象人物有了新的体会和认识。

1 影像记录的优势

在纪录片中有一种表现形式叫文献纪录片，它利用以往的新闻、纪录片、影视资料以及相关的真实文件档案照片和实物等作为创作的素材采访当事人物及与事件有关联的人，来客观叙述某一历史时期，某一历史事件，某一历史人物的纪录片。基于这种理念，将当代气象人物用影像进行记录，通过气象人物来侧面反映中国气象科技的发展历程。与文字及图片的记录相比，影像记录有以下几大优势。

1.1 更易于接受

影视节目力求以生动、简洁、直观的叙述方式和语言技巧展现气象人物及其相关的事迹。通过对气象人物生活、工作细节的挖掘和提炼，既有苦难也有成绩、既有创新也有无奈，用讲故事的叙述方式介绍气象科技的发展及重大成就。无论你是否了解中国的气象事业发展、是否对气象感兴趣、是否有阅读能力，通过影视节目的讲述，都很容易理解和接受，不会让人觉得这是在讲述气象史，更像是听一段发生的故事和历史。

1.2 更直观体现气象科技发展过程中的重大事件和技术进步

时势造英雄，英雄也同样造时势。科技的进步、技术的创新、气象事业的推进，在不同时代和节点，都会有值得我们尊敬的气象前辈的身影。由于影视节目的时长、可视性的限制，不可能对老一辈气象学家所有的事件一一讲述，主要以重要事件为关注重点。通过他们亲身的讲述和经历，将我们重新带入到那个年代，切实感受每一次创新背后的困难与辛苦。

回首再看当代中国气象发展进程中的气象大家们，我们知道更多的可能是他们在学术上的成就，重新整理前辈们的照片和影像，代代传承的人物关系清晰可见。竺可桢先生建立了中国气象研究所，收回了中国天气预报播报主权，建立了中国第一个地学系，培养了一批优秀的科学工作者。中国气象局第一任局长涂长望，是最早提出全球变暖理论的科学家之一，开创了中国旱涝长期预报的历史先河，为发展中国气象事业吸纳英才，施雅风、叶笃正都是涂先生的学生。李宪之先生绘制出了世界上第一张台风眼结构图，提出来的“越赤道气流”在世界气象科学史上都是划时代的。2004年世界气象组织奖第一次涉足我国，授予了我国著名气象学家叶笃正先生，大气能量频散、东亚大气环流演变等理论还一直指导着现代气象工作；建立了气象学的分支学科——青藏高原气象学。赵九章先生编写了我国第一部《动力气象学》讲义，提出行星波不稳定概念等。顾震潮先生建立了我国灾害性天气预报业务体系，开拓了雷达气象、大气探测等学科分支。谢义炳先生提出了湿空气动力学，并获得了帕尔曼国际奖。

在当代中国气象事业的发展中，这样的科学家还有很多，他们推动了中国当代气象事业的发展。用影像记录这段历史，老旧的视频资料、泛黄的照片，都是中国气象科技发展的见证。

1.3 可视性效果更好

影像记录与文字记录相比，可观看性更强。影视节目将密密麻麻的文字转换成了可以被看到的画面，结合历史影像、旧照片与亲历者的讲述，并附加那个时代的背景，不管是太平盛世还是战火纷飞，能让平淡的文字叙述转换成故事性强、情节跌宕起伏、画面直观、内容简洁、可呈现的影视节目，适合于各个年龄层的人群观看，将观众带入到那个年代、那个环境中。同时，可视化的节目对于人物的情感关注和表达，更加直观，通过对气象学家的采访，我们能够切身感受和体会他们浓浓的爱国情，一切以国家利益出发、奉献在前享乐在后的精神，这是一种精神和文化的传承，是中国气象事业发展的精神文化需求的产物。

1.4 能更好地保存珍贵历史资料和影像

在科技还不十分发达的年代，照相机、摄像机对于生活在战争中的人们来说是稀有物品，也就造成照片、视频等可视化的资料十分稀缺，仅存的可视化资料往往由于保存不当，部分毁损。这些历史资料一旦毁损或消失将不会再现，而有时随着科学家的离世，将没有重新拍摄的可能，就算可以拍摄也已经时过境迁，我们对过去的气象发展的历史也只能停留在纸质文字里。

为了记录中国气象科技发展的历史，让历史资料更完整，关注气象前辈的个人工作和生活并从中整理和发现中国气象科技发展的历史，是非常有必要的。而且这种本人亲自讲述的内容更加真实，条理更加清晰，不仅仅是停留在对主要科技成果的记录，更能深度挖掘背后的故事。老一辈的科研精神需要这样一代代地传承下去，值得我们永远记住。

2 历史影像记录的问题

2.1 重视度不够

目前对中国气象科技发展史的研究，大多停留在仪器、设备、技术及方法论等方面，对于可视化资料的研究比较少。纵观古今，无论是照片还是视频文件，也是历史记录中的一部分，同样可以成为历史的见证。如果此部分的研究丢失的话，中国气象科技史的研究中可能会缺少最珍贵的一部分资料。

2.2 历史资料保存不当

无论视频文件还是照片，它们的保存条件要求非常苛刻，如果保存不当，特别容易造成毁坏，甚至彻底消失。在我们搜集资料的过程中发现，许多珍贵的资料比较分散，大部分掌握在个人手中，而且不懂得如何保存，往往发潮、泛黄或者出现影像模糊、打不开等情况。科技快速发展、社会不断进步，过去的资料保存方式已经不适合现在，但我们目前还缺少专门负责保管和修复这些资料的机构。

3 建议

3.1 加强对气象人物影像记录的重视，建立专项扶持计划

气象发展的不同时期，都会有一些优秀的科学家涌现，他们就是那个时代的活字典，是气象科技发展的最好见证。如何将这些珍贵的资料留存下来，不仅仅是依靠文字记载生平事迹，更需要可视化的记录。通过对他们一生的记录，无论是细枝末节还是重大事件，都可以客观、直接地记录下来，并能够全面反映当时气象事业的发展历程。他们是气象事业的传承者和传播者，建议能够制订气象科学家影视节目拍摄专项，记录下更多为气象事业做出贡献的科学家和气象工作者，并制作成系列节目，作为中国气象局精神文明宣传的典范。

3.2 加强历史资料保存和修复工作

现今保存下来的历史资料分布在各个地方，有些并未得到很好的保存。如何将中国气象史上珍贵的照片、视频文件及文字材料搜集整理回来，完整保存和修复，并进行数字化处理。创造历史的人是没有时间去书写历史的，我们如何让后人充分了解气象历史，并充分挖掘其利用价值，值得思考。

3.3 形成对重大项目、领军人物记录拍摄的制度

建议针对目前中国气象事业已有的重大项目及领军人物进行拍摄并进行影像留存，记录当下，为今后的气象科技发展史的研究提供更多的资料。

4 总结

在气象发展的历史长河中，涌现出了无数的科学家和学者，他们是时代的造就者，也是气象精神的传承者，他们见证了中国气象的发展。希望通过气象人物影视节目的制作，将中国的气象学家们一一记录下来，让我们能够以更加直观和易于传播的方式了解中国气象史，用镜头记录随时可能失去的人物、场景、事件。这将弥补气象科技发展史研究中影像记录的空白，也可以为未来的相关研究提供更加丰富的资料。

参 考 文 献

[1] 石永怡. 风雨人生. 北京：气象出版社，2009.

[2] 孙晓东. 关于历史人物研究的几点思考. 廊坊师范学院学报（社会科学版），2012，28（1）：76-78.

略论中国气象传播的孕育时期（远古至公元前 770 年）及其基本特点

Gestation Stage of China Meteorological Media (Ancient to 770 BC) and Its Basic Characteristics

刘立成

（湖北省气象局，武汉 430074）

摘要：所谓气象传播是指人类传受气象及其相关信息的过程。中国气象传播伴随着人类的诞生而孕育、诞生。中国气象传播的孕育时期为远古至公元前 770 年《夏小正》成书年代。这个时期的中国气象传播的特点表现为在图腾中写实、在巫术中光大、在游戏中传承。

关键词：气象传播，孕育，特点

所谓气象传播是指人类传受气象及其相关信息的过程，也就是指涉及气象及其相关领域的信息的传受过程，而其中的气象信息是指关于大气圈、海洋圈、冰雪圈、陆地圈和生物圈所组成的地球环境系统相互联系、相互作用下的大气现象、大气行为和系统内部各组成部分之间所达到的一种缓变平衡态及其变化的集合的不确定性的消除。传统的如刮风、下雨、天晴、雷击、冰雹等大气运动的天气变化是气象信息，气候变化引发的自然灾害和人类心理变化也是气象信息；气象行业内的新管理新变动是气象信息，社会对于气象工作的意见和建议也是气象信息；人类运用气象科技改造自然的新进展是气象信息，人类通过考古发现的古代气候特征也是气象信息。

中国气象传播始于何时？我们认为，中国气象传播伴随着人类的诞生而孕育、诞生。研究中国气象传播的孕育，我们依靠的途径有两个，一是中国古代神话，一是中国古代石刻、壁画等遗存。

中国气象传播的孕育期的下限划至何时？本文认为中国气象传播的萌芽期即是中国气象传播的孕育期的下限年代。中国气象传播的孕育时期，就中国气象传播的内容来说，人类还是以蒙昧的巫术的方式传播着气象信息。而中国气象传播的萌芽时期，就中国气象传播的内容来说，已经具有经验的探索，并逐步为科学的传播积累基础了。萌芽期开始的标志性事件，本文认为是我国著名的最早的物候学专著《夏小正》的诞生。《夏小正》开启了物候气象传播时代，物候观测的经验已经具有了科学的萌芽。《夏小正》究竟成书于何时，学术界尚无定论。比较权威的属夏纬瑛、范楚玉的观点，他们认为《夏小正》的经文成书年代可能是商代或商周之际，最迟也是春秋以前居住在淮海地区沿用夏时的杞人整理记录而成的。《夏小正》的《传》则是战国时候的人作的[1]。据此，我们可以推断，《夏小

作者简介：刘立成，高级记者，主要研究气象传播史。

正》的经文成书年代大致上应在公元前770年。也就是说，可以将中国气象传播的萌芽期的开始年代，即中国气象传播的孕育期的下限年代定为公元前770年。

1 传说时代的气象传播

传说时代，又称传疑时代，是指依靠口述传播信息的远古历史时代，传播的内容是中国地区古代传说和神话的一部分，在文字记载出现之前，历史靠世世代代的口述而流传，这些内容到后来才被文字记录下来，成为文献中的古史传说。中国古代文献里有丰富的古史传说内容，从中可看出中国原始时代大概的社会面貌和发展变化[2]。依靠现存的文字记录，大致可以推断传说时代的气象传播状况。这一时代的气象传播可定义为神话气象传播，即以神话传说为载体来传播气象信息。

无论是人类起源的传说（传说中的远古先民生活、古代社会及其发展、原始农业），还是传说中的时代人物，我们都可以从中找寻到我们所关注的气象传播。

1.1 洪水神话中的气象传播

从古代神话的考察来看，古人为了生存，经历了对气候的适应过程，对自然灾害的原因难以探明，产生了对自然神尤其是气象神的崇拜。古人认为风云雷雹都各有神，各司其职，如在《山海经·大荒北经》中提到，南方之所以多雨是因为南方为雨师应龙所居，北方之所以干旱乃是因为旱神女魃居于赤水之北（今河西走廊以北的大沙漠）。而传说中的"后羿射日"则反映了人们战胜旱灾的美好愿望。

中国古代丰富多彩的神话，是远古历史的回音，它真实地记录了中华民族在它童年时代所经历的气象状况。神话传说用一种特殊的方式传播了上古时期的气象信息。时至今日，我们仍然能透过这些瑰丽的幻想和悲壮的文字，感受到上古先民所需要传达的信息：与天所做的顽强的抗争以及步履蹒跚的足印。

从洪水神话中，我们大略可以窥见古人对气象灾害信息的传播。无论是西方的创世纪说，还是东方的女娲造人说，都以洪水为主题或背景。古人怎么传达洪水灾害信息呢？由于没有文字，基本上是口耳相传，这在后世的典籍中得到了反映。比如，《淮南子·览冥训》记载："往古之时，四极废，九州裂，天不兼覆，地不周载，火蛐炎而不灭，水浩洋而不息。"《孟子·滕文公》也记载："当尧之时，天下犹未平，洪水横流，泛滥于天下。"

从后来的甲骨文中，我们可以推想，古人曾经经历过的洪水灾害是多么惨烈，以至于在人类心灵中留下了多么不可磨灭的印记，甚至成为一种集体表象，提醒人们对洪水等自然灾害保持戒惧的态度。在甲骨文中，"昔"字写成""，上面的两条曲线代表水，下面圆圈中间有一点则代表太阳。反过来看，太阳底下到处都是滔滔洪水。

面对洪水怎么办？从流传下来的洪水神话来看，人们一定十分恐惧，争相传播，如《孟子·滕文公》记载"民无所定"。同时，也可以看出，人们面对洪水灾害，想了很多解决的办法，如流传久远的大禹治水的故事，《山海经·海内经》记载的"洪水滔天。鲧窃帝之息壤以湮洪水"。

1.2 干旱神话中的气象传播

从流传下来的神话来看，干旱神话主要有两则，一则是后羿射日，一则是夸父逐日。

后羿是传说中弓箭的发明者，是神射手，传说中的后羿不仅射杀了凿齿、九婴、大风等害人妖孽，还射落了危害人民的九个太阳。据《山海经·大荒南经》和《山海经·大荒东经》记载："羲和者，帝俊之妻，生十日。"这十个太阳住在树上，轮流出现，导致草木焦枯，于是羿弯弓搭箭，"仰射十日，中其九日，日中九乌皆死，堕其羽翼，故留其一日也"。这一神话很有可能是关于上古时期人们对于无法忍受的干旱状态的描述。

另外一则反映古代干旱状况的神话是著名的"夸父逐日"。据《山海经·海外北经》记载："夸父与日逐走，入日。渴欲得饮，饮于河渭，河渭不足，北饮大泽。未至，道渴而死。弃其杖，化为邓林。"夸父在追日的过程中极度干渴，乃至于喝干了黄河、渭水的水，但是仍然不能解渴。这种夸张的描写，实际上是对上古人间极其严重旱情的实际写照。上古人认为干旱是由太阳造成的，夸父追日，是要把太阳赶回其居住之所禺谷，以免其继续危害百姓。这则神话，实际上是对远古时期黄河流域一带发生的极其罕见的干旱的曲折记载。流传至今，我们可以据此推想当时干旱状态。

1.3 战争神话中的气象传播

中国古代神话中，还有很多惊心动魄的战争神话，黄帝炎帝之战以及黄帝蚩尤之战就是其中最有名的两则战争神话。尤其是传说中的黄帝蚩尤之战，战斗十分激烈。

《山海经·大荒北经》是这样记载这次著名的战争的："蚩尤作兵伐黄帝，黄帝乃令应龙攻之冀州之野。应龙蓄水。蚩尤请风伯、雨师纵大风雨。黄帝乃下天女日魃，雨止，遂杀蚩尤。"《太平御览》卷十五引《志林》也有类似记载："黄帝与蚩尤战于涿鹿之野。蚩尤作大雾弥三日，军人皆惑，黄帝乃令风后法斗机作指南车，以别四方，遂擒蚩尤。"

黄帝蚩尤之战的战争神话，涉及风伯、雨师等天神，涉及了古代的祈雨、止雨巫术。这是因为古人觉得气象很神秘，因此杜撰出许多如风伯、雨师气象神来。另外一个意思是这些气象神可成为战争双方可供驱使的对象，风、雨、旱、雾都成了敌我双方相互进攻的有力武器，这实际上是对于人们渴望战胜自然灾害的一种曲折反映。

2 夏及夏商之交的气象传播

传说时代结束后，半信史时代开始。半信史时代中，事实成分大大增多，而且一部分已得到考古学家发掘物的支持。但属于神话传说的史迹仍然不少，有时很容易分辨，有时容易混淆，无法澄清。夏、商、周三个王朝是衔接的，所以史学家称为"三代"，我们也可以称半信史时代为三代时代[2]。半信史时代起自公元前23世纪，终于公元前8世纪，约1500年。在原始神话的基础上，气象信息不仅靠口耳相传，而且通过各类符号进行传播。

原始社会后期，随着人类的发展完善以及人的观念形态的进化，人类产生了将从农业劳动实践中得来的认识、情感、情绪和思想表现出来的强烈要求，于是使用壁画、雕刻等方法把外界反映到大脑中的印象照样描绘出来，用图画方式反映集体劳动的实践活动，记录和表达自己的生活、情感乃至信仰。如果说传说时代人们通过口耳相传来传播气象信息，那么，在半信史时代，特别是夏朝和夏商之交，人们更多地是通过壁画、雕刻等方式来进行气象传播，可以概括为是一种符号气象传播。

2.1 夏朝前期东夷石刻连云港将军崖岩画与气象传播

我们来分析夏朝前期东夷石刻连云港将军崖岩画这一历史遗存。其中有与社石有关的正南北线，由此可以推断二分二至，可以看出当时的人们已经能够利用天象、物候进行农事活动。

位于江苏连云港市海州区锦屏镇桃花村锦屏山南麓的后小山西端，在南北长 22.1 米、东西宽 15 米的一块混合花岗岩构成的覆钵状山坡上，分布着三组线条宽而浅、粗率劲直、作风原始、断面呈“V”形、面壁光滑、以石器敲凿磨制而成的岩画。这是我国迄今发现的最古老时代岩画，是东南沿海地区首次发现的岩画，是唯一反映农业部落原始崇拜内容的岩画，距今约 4000 年。著名考古学家苏秉琦先生称之为我国最早的一部天书。第一组岩画在山坡西侧，南北长 4 米、东西宽 2.8 米，以人物和农作物图案为主。在人面与农作物之间，还有鸟头、鸟面、圆点、刻划符号等。第二组在山坡南侧，南北长 8 米，东西宽 6 米，以星象、鸟兽图案为主。第三组在山坡顶部，由人面像和各种符号组成。另外，在山坡顶部还有一大三小四块大石头，其中一块上有许多人工凿磨而成的圆窝，直径 3～7 厘米。江苏连云港将军崖第三组岩画有银河和鸟星，证明夏朝已进入观象授时时代。《尚书·尧》便有“日中星鸟，以殷仲春”“日永星火，以正仲夏”“宵中星虚，以殷仲秋”“日短星昴，以正仲冬”[3]。

制作者是生活在沿海平原地区的原始先民，生产方式以采集和原始农业为主，动物仅见牛、羊、猪、鸡等后世被驯养的家畜和具有特殊含义的鸟。岩画中有禾苗、谷穗等植物形象以及太阳、月亮、北斗、银河、星云等“星象”题材，还有大地、社石、社坛、社神祖以及祭祀坑，也有符号、文字、族徽甚至天体、生命的周期线等。禾苗、谷穗、星象图像以及对大地的祭祀等内容都是原始稻作农业的生动写照，禾苗的生长、谷穗的成熟离不开大地的抚育和风调雨顺的气候，农耕生产方式需要更多地关注天象的变化所导致的气候的差异，因此，江苏连云港将军崖岩画所描绘的是一幅幅原始农业生产的画面。而这种以石器敲凿磨制而成的岩画，很巧妙地向人们传播了当时的气候状况及其所包含的气象信息。

2.2 我国北方草原地区狩猎岩画与气象传播

见于我国北方草原地区狩猎岩画中猎人行猎武器，早期（新石器时代）有弓箭、木棒、石球、流星索等，进入青铜时代有刀、剑、弩等，有些画面还有类似陷井一类的图形。说明我国北方草原地区从旧石器时代，经中石器时代，到了以细石器为特征的新石器时代，人们都过着狩猎、采集的经济生活。从我国古代北方草原岩画看，狩猎社会之后，是一个畜牧社会，在大多数地区这种经济形式一直延续到今天。由狩猎向畜牧转化，在我国北方草原首先是自然的原因。约在公元前 2000 年，我国北方草原的自然条件发生了很大变化；在新石器时代那种较为温和而湿润的气候逐渐为干燥而寒冷的大陆性气候所取代。水系在干涸，沙丘在形成，气候逐渐向今日蒙古草原的气候过渡，草原上西北风劲吹，暴雨夹杂着雷电与冰雹，夏季酷热，冬季凛冽。这样的自然条件对植物的生产十分不利，森林和百草逐渐衰退，随之猎物也日渐减少，迫使猎民改变生产方式，即由狩猎向畜牧转化。在干旱条件下，游牧养畜业成了唯一的赢利经营，它能提供更多的奶肉食品、畜粪燃料、制毡用的和做衣物用的毛皮以及其他用品（如固定毡包用的毛绳，制作靴子、家具、皮带、皮条、笼头用的皮革等）。在内蒙古西部巴丹吉林沙漠地带至甘肃、青海、新疆等地发现了大批骆驼岩画，考虑到骆驼所需的生态环境，这就间接、深刻地表明了当时气候的变化[4]。

3 殷商时期的气象传播

远在 3000 年前，我国殷代甲骨文中，就有关于天气实况的记录。甲骨文反映出人们已经有预知天气状况的要求，常卜问未来十天的天气（称为“卜旬”），并将实况记录下来以资验证。

3.1 甲骨文保留了大量天气现象的记录

殷商甲骨文保留了大量天气现象的记录，出现了晴、云、阴、霾、雾、虹、霓、霜、雪、雷、电、雨、风、雹等名称。按照气候学家张德二先生的说法，甲骨卜辞内容按气象项目可以分为风、云、雷电、雨、固体降水、阴晦、视程障碍、光象、季节、一日内气象、多日气象变化等12类（参见张德二主编《中国三千年气象记录总集·壹》第194页）。甲骨文中对风雨有不同的称谓，雨有大雨、小雨、幺（丝）雨（毛毛雨），风有小风、大风、风（骤风）、大飓（狂风），可以说是雨量分级、风力概念的开始。

殷商时期有关天气和物候现象的记录大量出现，揭示了我国大陆上古今气候的变化情况。2000多年前的物候现象比现今要早一周以上，黄河流域当时生长着很多竹子、桑树，种植水稻，还有大象，表明那时期黄河流域气候比现在温暖湿润。当然，诚如我们论述神话传说是曲折反映历史气象传播一样，这种物候传播也是通过巫术、占卜的迷信形式曲折反映的。

3.2 公元前1217年三月二十日的卜辞开启了文字气象传播的先河

公元前13世纪文丁时期的卜辞中有连续10天的气象记录，这是世界最早的气象记录之一，也是后来传统气象记录的先声。1936年在河南安阳殷墟出土的一片殷王文丁时的卜辞上，完整地记录了文丁六年，即公元前1217年三月二十日至二十九日10天的天气实况。可以说，公元前1217年三月二十日开启了文字气象传播的先河。自此以后，气象传播才以文字的形式出现。当然，这种文字传播也是通过巫术、占卜的迷信形式曲折反映气象信息的。译文如下：

癸亥卜，贞旬。三月。

乙丑，夕，雨。

丁卯，明，雨。

戊，小采日，雨，风。

己，明，启。

壬申，大风自北。

（编号13.0.206—13.0.222 甲骨文拓片）

第一句是叙事和占辞，说明占卜的时间、卜官和为什么占止。后五句是应验。董作宾将该卜辞推定为文丁六年（公元前1217年）三月二十日（癸亥），文中今译为：“卜旬，阴。二十一日（甲子）惊蛰，阴。二十二日（乙丑）夕雨（傍晚雨）？丙寅……丁卯，晴，雨？二十五日（戊辰），多云？下午雨，风。二十六日（己巳）早上开始晴。二十七日（庚午）晴。二十八日（辛未），晴。二十九日（壬申），晴，大风自北。”

殷人对农业很关心，故对气象、下雨重视，卜雨极多，约占全部卜辞的五分之一。如：

（最上辞）

癸卯卜：今日雨？

（右下辞）

其自东来雨？

（左下辞）

其自南来雨？

（右中辞）

其自西来雨？

（左上辞）

其自北来雨？

这片卜辞说明殷人对雨情移动方向的认识，方位明确。相当于后世法师祈雨的祷词。在卜辞的写法上，句式排比整齐，有浓厚的修辞意味。占卜虽然是迷信的做法，但是通过龟甲，人们一方面记录了气象信息，同时也传播了气象信息，卜辞可以视作最早的天气预报发布，也可以视作最早的文字气象传播。

4 中国气象传播孕育时期的特点

4.1 气象传播在图腾中写实

人们在生产力低下时代，对于气象处于蒙昧无知状态，因此，会以图腾崇拜、一种拜物教的方式来进行气象传播。尽管如此，却并非虚妄。“任何神话都是用想像和借助想像以征服自然力，支配自然力，把自然力加以形象化；因而，随着这些自然力之实际上被支配，神话也就消失了。”（马克思语）我们往往可以透过神话这一人类的“童年时代”（马克思语），找寻到人类当时的真正的状况。史学前辈王玉哲先生说：“各民族远古的历史都是很渺茫的，而且都是人、神杂糅的传说。古代流传下来的这类传说，虽然杂以神话，但毕竟与单纯的神话有本质的区别。古代传说系口耳相传，时间愈久愈易失真。可是它们大都具有真实历史为之素材，并非完全向壁虚造。”所以，剥开气象神话传播中气象神的外衣，我们可以大致推断远古时期的气象状况。也就是说，气象神话传播也清晰地传播了远古气象信息。

4.2 气象传播在巫术中光大

巫术，是一种企图借助于超自然的神秘力量，对人及一切事物施加非凡影响，以期达到某种控制结果的特殊的行为方式。鲁迅先生在《中国小说的历史变迁》中说：“中国本来信鬼神的，而鬼神与人乃是隔离的，因欲人与鬼神交通，于是乎就有巫出来。巫到后来分为两派：一为方士；一仍是巫。巫多说鬼，方士多谈炼金与求仙，秦汉以来，其风日盛，到六朝并没有息，所以志怪之书特多……六朝人视一切东西，都可成妖怪，这正是巫的思想，即所谓‘万有神教’。此种思想，到了现在依然留存……其实这种思想，本是无论何国，古时候都有的……”

中国是一个古老的农业国。天气的阴晴旱涝，直接决定着农作物的生长，而收成的好坏又直接影响到人类的命运。因此，自远古以来，祈雨就是巫术中最重要的内容之一。上古时代遇到严重旱灾的时候，也是当地居民生死存亡的关键时刻，于是就要举行规模宏大的祈雨巫术。根据甲骨文记载，这种巫术的主要内容，一是焚人祭天，二是用龙参加祭祀。其中，“焚人求雨的古俗在甲骨卜辞里有充分的反映。例如：‘乙卯卜：今日赤，从雨。于巳未雨。’（《戳》四七·三）”（《殷虚书契前编集释》）在商（殷）代时候，每当遭遇重大的疑难问题，无法解决的预知未来取向的事情，商王的行为方式通常是围绕着占卜而转的。说明商代社会是一个极其不发达的社会，科技知识少得可怜。巫术横行不绝，卜筮的东西在王家中地位显赫。

通过巫术卜筮，不知不觉中却让气象传播得到光大，这也许是古代巫术的重要作用之一。比如，甲骨文中有这样一段：

乙亥夕卜：丁雨 一

乙亥夕卜：其雨 子占曰，占曰：今夕雪，其于丙雨，其多日.用.一

丁卜：雨 于庚 二

丁卜：[雨] 其 [ ] 于庚 子占曰：□.用.二

这是一版比较完整的占卜天气的卜辞，从乙亥的晚上开始下雪，丙（子）雨，丁（丑）雨；到丁丑这天仍在占卜：这雨会不会持续到庚辰？从这些记录看，此次雨雪前后延续了6天（从乙亥夕至庚辰）。由于这次雨雪下的时间比较长，引起了“子”的关注，留下了这份珍贵的“气象传播历史档案”。

4.3 气象传播在游戏中传承

原始艺术的起源有多种理论，其中有游戏说。首先被康德提出，后来斯宾塞、席勒加以补充、发展。康德认为艺术是“自由的游戏”，其本质特征就是无目的合目的性或自由的合目的性。“游戏说”这种理论认为，人们从事艺术创造活动不带任何功利目的，人们在现实生活中受到物质和精神的约束，只能将过剩的精力从事游戏，借以创造一个自由天地。游戏与艺术确实存在共同之处，如它们都具有非功利的特点，这为人们提供了艺术产生的某方面的启发。游戏与艺术都可以使人愉悦，但艺术更给人以美的享受，这是游戏无法提供和说明的。

无论是壁画、岩画，还是石刻等原始遗存艺术，如果从“游戏说”理论来分析，都是原始人游戏的产物。和巫术一样，这种游戏，也在无意中将气象传播传承下来。时至今日，我们仍然能看到，人们还通过绘画、雕刻、动画等艺术形式来传播气象信息。

参考文献

[1] 夏纬瑛，范楚玉.《夏小正》及其在农业史上的意义.中国史研究，1979（3）.

[2] 柏杨.中国人史纲.太原：山西人民出版社，2008.

[3] 李洪甫.太平洋岩画——人类最古老的民俗文化遗迹.上海：上海文化出版社，1997.

[4] 盖志毅，盖山林.我国北方草原古代猎牧经济的岩画学观察（续）.农业考古，1992（03）：275-292.

西方气象科技引进与中国气象事业近代化

Introduction of Western Met. Technology and Chinese Met. Service Modernization

施 威 刘 青 李忠明

（南京信息工程大学，南京 210044）

摘要：鸦片战争之前，近代气象仪器已零星传入中国，但影响有限。鸦片战争以后，列强为满足侵华需求而引进先进气象仪器，国人也翻译了大量西方气象科技书籍，近代气象科技在中国开始广泛传播，为本土气象学的创立奠定了思想、人才和物质基础。19 世纪中叶至 20 世纪 40 年代，列强在我国设立的气象观测站点多达 80 余处，晚清政府在江苏、福建、广东等省的农事试验场也建立了 20 余处测候所。从民国成立至 1941 年，中国从气象观测网络建设、科研机构和人才培养体系构建等方面着手，基本实现了气象事业的近代化和本土化。

关键词：气象事业近代化，科技交流，徐家汇气象台，气象研究所，气象学会

0 引 言

19 世纪 50 年代，气象学正式成为一门独立的学科。然而，受“礼仪之争”影响，中西方气象科技交流自 1705 年被迫中断。鸦片战争以后，近代气象科技广泛传播，气象活动陆续开展，中国近代气象事业逐渐发展起来。目前，学界尚未展开对该领域的研究。本文旨在梳理西方气象科技传入中国的历程以及该过程对中国气象事业的影响。

1 西方近代气象科技的传入

明末清初，中西气象科技交流可谓“昙花一现”诚如李约瑟所言，这是一次不圆满的交流。鸦片战争以后，近代气象科技的传入大体有两条途径：其一，列强为满足侵华需求而引进先进气象仪器；其二，国人大量翻译西方气象科技书籍，以“通机器之理”。

1.1 气象仪器的传入

引进气象仪器是气象科技传播中最基本而有效的方式，它以一种有形的力量影响着中国人的生活方式和思想观念。以鸦片战争为分界点，近代气象仪器的传入可分为“零星传入与简单测量”和“大量传入与广泛应用”两个阶段。

本文已发表于《闽江学刊》2016 年第 2 期。

资助项目：国家公益性行业科研专项“气象科普体系构建研究”（GYHY201306064）；中国气象局科研专项“气象台站史研究”（ZX2014021）。

作者简介：施威，博士，南京信息工程大学科学技术史研究院副教授。李忠明，博士，南京信息工程大学科学技术史研究院院长、教授。刘青，南京信息工程大学科学技术史研究院硕士研究生。

1.1.1 鸦片战争之前：零星传入与简单测量阶段

根据《中国新图志》对北京气温状况的描述可知，1655 年以前，温度计已传入中国[1]。据《灵台仪象志》载，1660 年，南怀仁曾将气象仪器献给顺治，在主政钦天监期间又自制了温度计和湿度计，“其加减之度数，则于地平盘上之左右边明划之”[2]。1689 年，洪若翰向康熙进献过“验气管”，张诚则奉命为康熙讲解过温度计的使用原理。雍正年间传入的温度计已较为先进，“玻璃管内水银，天气热往上走，寒往下走”[3]。1793 年，马戛尔尼率团来华时，贡品中亦有气象仪器“十一盒杂样器具，为测定时候及指引月色之变，可先知将来天气如何”。“试探气候架一座，测看气候最为灵验。[4]”其中，“气候架”就是气压计，被称为“风雨（晴雨）表”。

但是，早期气象仪器并未得到广泛传播，以至于雍正帝对温度计一无所知。当时，从事气象测量的均为传教士，最早进行温度测量的是哥比神父，1743—1746 年，他使用拉谋氏温度表对北京的气温进行了 250 余次观测。1757—1762 年，阿弥倭也利用自带的气象仪器进行了气象观测[5]。

总体上看，在鸦片战争前，近代气象仪器基本上都是由传教士或外国使团传入的，且大多作为皇室贡品而被收藏，即使有少量近代气象仪器被用于实际观测，影响也很有限，其科学价值和应用价值并未得到重视。

1.1.2 鸦片战争至清末：大量传入与广泛应用阶段

鸦片战争后，随着气象观测台站的涌现，近代气象仪器大量传入中国并得到广泛应用，最具代表性的当属上海的徐家汇气象台。成立之初，该台观测仪器较为简陋，仅有寒暑表、气压计、风车以及气象记录机等。1901 年扩建后，气象仪器的数量、种类和性能得到全面提升。第一，气象仪器的数量和种类大幅增加，例如寒暑表亭中增加了燥湿自记发表、准燥湿表、比希氏水蒸气表等，在地面上添置了草地、地中和井中寒暑表以及测云架、量雨器、测验日光表等，在高塔上则增设了佘尔唐氏、康培尔氏测晴机以及自记验风机等。第二，新式仪器的引入使观测能力显著提升，如虹吸式雨量计、里查得雨量计、乔唐式和康培司托克式日照计、伯克利式风向风速仪等。第三，观测项目和服务范围明显扩大，徐家汇气象台成为远东地区功能最为齐全的气象台站之一。

与前期相比，本阶段具有以下三个特征。第一，仪器种类明显增加，同期出现的欧洲观测仪器大都传入中国，且仪器的规格划分更为细致，如气压计就可分为农用风雨表、轮风雨表、自记风雨表等。第二，仪器和使用标准不一，各观测点的仪器类型、规格和测量规范均以各自需求为准。直至 1905 年海关颁布了《气象工作须知》后才得以统一。第三，气象观测范围明显扩大，如海关气象观测项目就包括风、云、气压、温湿度、雨量、蒸发量、臭氧含量、能见度等。

1.2 近代气象科学理论的传入

在气象仪器和观测技术传入的同时，西方气象学专著、期刊等陆续在中国出版，为中国近代气象科学体系的建立奠定了理论基础。早期，气象科技出版主要由传教士主持，1860 年以后，洋务派创办的译书机构出版了大量气象著作。

1.2.1 鸦片战争至洋务运动前夕

明代晚期，高一志的《空际格致》就对气象学、地理学、地震学等地学知识进行了介绍，这些内容可谓“最早介绍到中国来的欧洲气象知识”。但是，书中所述理论较为陈旧，且受时局影响，反响甚微[6]。

鸦片战争以后，教会出版机构陆续建立，气象学著作的出版日趋繁荣，重要的出版物包括《新释地理备考》《天文论略》《全体新论》《航海金针》《博物通书》《地球图说》《博物新编》以及《地理全志》等。

当时，以墨海书馆于1855年出版的《博物新编》最具影响力，该书系统地介绍了17世纪中期以来的气象学知识、气象仪器的制作原理和观测方法，王韬评价该书"词简意尽，明白晓畅，讲格致之学者，必当由此入门，奉为圭臬。[7]"此外，创刊于1853年的《遐迩贯珍》月刊，也有部分文章涉及气象学。

1.2.2 洋务运动至清末

洋务运动开始后，以江南制造局、墨海书馆为主体，翻译出版了一系列气象学专著，其中影响较大的有：《谈天》《地学浅释》《御风要术》《测候丛谈》《格致启蒙·天文学》《测候器图说》《气学丛谈》《气学》等。在农业气象学方面，有《气候论》《气中现象学》《农业气象学》等。

在以上著作中，以《测候丛谈》最负盛名，该书译自约翰·赫歇尔的《地理学概论》(*Treatise of Gography*)，首次将完整的近代气象科学引入中国[8]。这一阶段还出版了一系列教科书，包括京师同文馆的《格物测算》、汇文书院的《地势略解》以及上海新学会社的《大气物理学》等。同时，科技期刊积极开展气象科学的大众普及工作，如《格致新报》一直以时效新闻的形式宣传气象知识。

然而，与工程学、化学、军事学等洋务运动"显学"相比，中国在19世纪下半叶出版的气象科技著作明显偏少。甲午战争后，国人逐渐认识到"器物技术观"的局限性，气象学著作的出版数量随之大增。

1.3 晚清气象科技传播的影响

从时间上看，晚清气象科技在中国的传播与世界近代气象学科基本一致，这对中国乃至世界气象学的发展都具有重要意义。就中国而言，为本土近代气象学的创立和发展提供了思想、人才和物质基础。首先，大量科技书籍的翻译出版，使公众广泛接受了气象学原理，逐渐为知识分子构建了一个相对完整的知识体系。一方面，气象学从天文、地理中独立出来，成为与地理学、地质学并列的地学学科；另一方面，奠定了从"被动引进"向"主动研究"跨越的理论基础，具有极为重要的启蒙意义[9]。其次，在洋务运动和农业改良活动的推动下，我国先后设立了250多所农业学堂，并将农业气象学列为必修课程，有力地推动了气象科技在农业领域的应用。再次，气象仪器的大量引入和广泛应用，使中国拥有了一套较为完善的气象观测系统，不但为认识全球气候变化规律提供了不可或缺的观测数据，也为中国学者积累了弥足珍贵的原始资料。最后，近代中国气象学的发展还对天文、地质、航海等学科产生了一定的影响。

2 晚清气象科技活动与近代气象事业的奠基

鸦片战争后，列强和国内相关机构开展了一系列气象科技活动。从某种意义上说，列强构建的气象观测网络及其运行机制奠定了中国近代气象事业的基础。

2.1 欧洲教会主导的早期近代气象活动

我国早期的近代气象活动是在欧洲教会的主导下进行的，其动机主要来自三方面：一是借助气象观测活动达到传教之目的，二是充分了解中国的气候条件和特征，三是为列强的殖民活动提供气象信息服务。

天主教耶稣会最先在中国开展气象活动，康熙年间南怀仁即参与改建北京观象台，其他传教士则在厦门、舟山等地进行气象观测。此后，哥比神父进行气象观测活动，留下了大量记录，其著作《中国天文史略》被称为“引证中国经籍最富，完全可以信任”的史料[10]。同期，阿弥倭关于北京的气温、雨量、风向等观测数据，在美休氏（Messier）的《巴黎数理杂志》以及美国史密斯协会主办的《地球的风》（*Winds of the Giobe*）上均有刊载[11]。此外，自1695年起，俄国政府为东正教会在中国搜集情报提供了大笔经费，其中就包括气象观测和信息搜集[12]。

由于系统布点、持续观测等气象学理念尚未形成，早期观测活动并非真正意义上的台站观测，却为19世纪中叶以后的台站观测积累了经验。

2.2 晚清气象台站的建设与观测活动

古代中国明令禁止私设气象观测机构，但是，晚清时期国力衰微，藩篱尽撤，列强纷纷在中国设立气象观测台站。据不完全统计，从19世纪中叶至20世纪40年代。列强在我国设立的气象观测站点多达80余处，就兴建主体和性质来看，大致可分为教会、租界当局和海关三类。

2.2.1 教会兴建的气象观测台站及其活动

（1）北京地磁气象台

1830年，俄国传教士富士在北京开展观测活动，但持续时间不过半年。1841年，俄国东正教会以教堂为据点，开启了近代中国最早的系统性、连续性的气象观测。1849年，北京地磁气象台正式建成，它不仅是欧洲教会在中国创建的第一个气象台，也是中国最早使用近代气象仪器的机构，其观测活动从1841年一直延续到1914年末[13]。

（2）上海徐家汇气象台

鸦片战争后，法国天主教耶稣会开展了大规模的气象科技活动。1865年至1872年末，刘德耀神父在董家渡进行了持续性的气象观测。1872年8月，天主教江南教区开始筹建上海徐家汇气象台，12月1日正式启用。1901年，建上海佘山天文台，进行天文星象和太阳观测。1908年，在昆山菉葭浜建地磁台.后并入佘山天文台。此后，又建成外滩台，直属总台领导[14]。之后，徐家汇气象台汇集了国内其他台站的观测数据，一举成为中国气象信息网络的中心节点和远东气象情报活动与科学交流的中心。总之，无论是从观测技术、项目和服务范围来看，还是从气象活动的连续性来看，徐家汇气象台在国内外气象史上都堪称一流。此外，徐家汇气象台的观测业务还涉及地磁、校时、天文等领域，在当时属于国际知名的综合性观象台，在物理、天文、重力等领域均有重要贡献。

2.2.2 列强侵华建立的气象观测台站及其活动

（1）英国

1883年，英国殖民地大臣在九龙设立天文气象台，成为东亚气象观测网络的重要节点，该天文台获英王颁赐“香港皇家天文台”称号。1887年起，天津英租界当局在紫竹林进行气象观测。此外，“亚东商务公所”于1893年在亚东春丕建立了首个青藏高原观测站。

（2）日本

《马关条约》签订后，日本在台湾设立了台北、澎湖等 5 处测候所，此后又增设了台东、花莲测候所，形成一个完整的台海气象观测网。日俄战争期间，日本在大连、奉天、旅顺等地设立了观测站点。1908 年起，以“关东都督府观测所”为基础，日本帝国主义在我国构建了以重点布局为特色的气象观测体系。此外，日本还在天津、南京、杭州、汉口等地的租界设立了测候所[15]。

（3）其他列强

1897 年，德国强占青岛胶州湾后，于次年设置“胶澳商埠气象观象台”，1911 年，德皇将其更名为“皇家青岛观象台”，成为远东三大气象台之一。该台下辖 10 余处测候所，观测范围包括气象、天文、地震、地磁、海洋等。1896 年，俄国修建南满铁路后，在满洲里、瑷珲、哈尔滨等地分设测候所，逐步构建起覆盖整个区域的测候网。1906 年起，法国滇越铁路公司在云南境内铁路沿线建立了蒙自、河口和昆明等测候所。

2.2.3 近代海关气象观测网络的建设及其成效

近代海关气象观测网是为满足列强商贸和航运需要而建立的气象观测体系，在近代中国气象观测史上有着举足轻重的地位。1869 年起，在海关总税务司的推动下，各地先后设立了 70 多处海关测候所，分布在沿海重要口岸、岛屿及长江沿岸、边关商埠城镇等地，气象观测正式成为海关 5 项基本业务之一[16]。1882 年，海关总署通令各站点将气象观测记录寄送上海徐家汇气象台。1905 年，海岸稽查处颁布《海关气象工作须知》，海关气象观测开始实施规范化管理，当时有 41 个台站能够开展正规观测，并将数据寄送远东 5 个观象台。我国近代海关气象观测网络的建立，既保障了航运安全，也为英法等国积累了大量系统的气象情报资料，其观测记录年代之长，资料保存之完整，在近代中国气象观测史上十分少见。

2.2.4 清政府兴建的农业测候所

在列强气象活动的影响下，1903 年，清政府颁布《通饬各省振兴农务》，明确农事试验场的职责包括“气候之占测”。1908 年，农工商部又“责成各该地方官划定荒区，测验气候、土性，绘图、列表，报部核夺”。在清政府的推动下，农工商部和江苏、福建、广东等省的农事试验场建立了 20 余处测候所。这些测候所对当地的农业活动具有一定的积极作用，但是因为缺乏统一的管理机构和规范，大多数未能坚持下来。

2.3 气象灾害预报系统的构建与学术研究

2.3.1 气象灾害预报系统的构建

早期，我国气象台站的功能局限于观测和研究，1874 年和 1879 年遭受台风灾害之后，香港、上海两地气象台开始发布天气预报。以徐家汇气象台为例，继 1882 年开展沿海天气预报后，1890 年又率先发布台风警报，开远东地区之先河。该台台长能恩斯所撰论文《1879 年 7 月 31 日的台风》首次对台风演进路径进行预测，影响深远。劳积勋于 1900 年出版的《远东的大气》则成为远东地区航海防灾的必备书籍。此外，在徐家汇气象台的引领下，远东各气象台站自 1898 年 1 月启用天气预报代码，开始构建标准化的气象预警信号系统.这一举措对于远东地区的海上防灾事业具有里程碑式的意义。

2.3.2 气象学术研究

气象是一个全球性问题，中国的气象活动对人类研究全球大气运动规律具有举足轻重的作用。徐家汇气象台历任台长均具有深厚的学术造诣，他们撰写了大量关于台风、季风、大气压等方面的学术论文，如“台风神父”蔡尚质发表的《太平洋西部气压温度之按年变差》纠正了“太平洋海洋气象现象七年周期”的错误假设。另外。部分台站凭借其综合性观测功能，广泛参与天文、地理、物理学等学科的观测和研究，如国际极年、国际经度联测、绘制《中国地磁图》等，在全球范围内产生了较大的学术影响。

3 民国时期中国气象事业的近代化

晚清时期，无论是气象观测台站还是海关观测网络都掌握在外国教会或列强手中，对中国的国家安全造成了极大威胁。民国成立以后，我国致力于气象事业的近代化和本土化，自 1912 年中央观象台设立至 1941 年中央气象局成立，这一过程历经了近 30 年。

3.1 近代气象观测网络的形成

3.1.1 中央观象台的设立

1912 年 11 月，民国临时政府在北京古观象台遗址上建立中央观象台，因人才、设备和经费所限，只设历数一科。1913 年，正式设立气象科，并制订了《气象观测规程》，标志着中国气象事业正式迈入近代化阶段[17]。1916 年，中央观象台开始向社会提供天气预报，每日两次，分风向、天气两种。1921 年，该台提交的《扩充全国测候所计划书》获北洋政府内阁会议通过，由国库拨款保证实施，但最终只设立了张北、开封、西安 3 处测候所。

3.1.2 全国气象台站网络的形成

1913 年 12 月，北洋政府农商部成立后，按照国际二等测候所的通例，在各省设立 26 处观测分所以及全国性的气象观测总所。1920 年，航空事务处在航线各站设立气象观测点；1921 年，航空署专设气象科以统筹航空测候工作；1922 年，组建北京、天津、济南、南京等地的航空测候站。1926 年 7 月，海军部海岸巡防处在东沙岛设立了首个海上气象台。此外，1924 年，蒋丙然等人代表中国接收了青岛观象台，初设气象地震与天文磁力两科。

为提升气象观测的科学性和准确性，1928 年，竺可桢提出“全国设立气象测候所计划”，计划到 20 世纪 30 年代，山西、江苏、山东、四川等省基本实现县县都有测候所。此外，北平、上海、酒泉、西宁和拉萨等 5 处测候所及郑州、包头和贵阳等 4 处航空测候所陆续建立。至抗战全面爆发，全国气象台站网初具雏形，但因缺乏协调，各地台站的隶属关系、仪器、规范等难以统一。

综上所述，民国成立以后，国人在列强气象台站建设的基础上进行回收和自建，全国性的气象观测网络初步形成，为中国气象事业近代化奠定了坚实的物质基础。

3.2 近代气象科研体系的构建

中国气象近代化最为突出的标志是科学共同体和科学家群体的形成，以气象研究所、气象学会为代表的气象科研机构为中国气象事业近代化做出了不可磨灭的贡献。

3.2.1 气象研究所的建立

1928 年，中央研究院成立气象研究所，标志着气象科学从天文、地理、农学等学科中分离出来，成为一门真正的独立学科。该所成立后，在仪器设备、人员素质、业务范围、科研水平和国际影响等方面均超过了徐家汇气象台”在经费短绌、人员不足、内忧外患的艰难条件下，经竺可桢所长和所中同仁近十年的努力经营，成为我国气象研究的中心和实际上的指导中心，同时也成为我国气象人才培养及输出的重要基地，为我国近现代气象事业的发展打下了坚实的基础。[18] ”

3.2.2 气象科学考察活动的开展

1930—1933 年，中瑞联合开展了西北科学考察与高空测候工作，并在沿途设立了多处气象观测站。西北科学考察活动是一次成功的国际合作，对欧亚航空事业发展作出了重要贡献，是中外科技交流史上的一块里程碑。在其影响下，从 1931 年 1 月开始，南京气象研究所以及徐家汇、北平、汉口等台站也陆续开展了高空测候工作，逐渐掌握了我国境内高空气流的状况。此外，农林、空军、水利等系统也先后开展了气象观测、预报和试验工作，留下了宝贵的气象观测资料。

3.2.3 气象学术期刊的创办

民国时期先后出版了三份气象学专业学术期刊。1914 年，中央观象台创办《气象月刊》(后改为《观象丛报》)，刊登气象、天文学原理及部分海关气候记录，1921 年因经费问题被迫停刊。《中国气象学会会刊》于 1925 年正式出刊。每年一期，竺可桢发表的《论新月令》等文终结了近百年的学术争论，得到国内外学界的高度认可。1935 年 7 月，该刊更名为《气象杂志》，并改为月刊，主要刊登各地气象数据，因其实用性提高，发行量激增。气象学术期刊的出版，对于促进气象学界的交流、普及气象学知识、保存气象科研成果等具有重要意义。

3.2.4 气象学会的成立

辛亥革命的胜利，为近代科研体制化和科学共同体的形成提供了政治和法律保障。早在民国初年，蒋丙然等即酝酿组建气象学会。但是，他们考虑时机尚未成熟，于是决定从普及气象知识、培养人才等方面进行先期准备。1924 年，蒋丙然、高鲁、竺可桢等正式发起成立中国气象学会并得到了积极响应，申请加入的团体会员有 6 个，个人会员 31 名[19]。抗战爆发前，除 1934 年外，学会每年集会一次。气象学会通过开展气象教育、交流和研究等方式，凝聚了第一代气象学研究队伍，对于中国气象科学近代化具有决定性意义。

3.3 近代气象人才培养体系的确立

在中国传统社会，气象人才的培养由钦天监、司天台等机构负责，近代以来，气象人才的培养逐渐向学校教育转变，这与中国近代科学教育的发展轨迹是一致的。

3.3.1 洋务运动时期的气象教育活动

洋务运动中，中国涌现出了一批新式学堂，其中一部分开设了气象类课程，如地理口传、地理初阶、蒙学地理、天方略解等。以格致书院为例，“但凡在书院中接受教育的学生，都需要接受气象学常识的教育”[20]。此外，《地势略解》等科普书籍的广泛出版，使普通受众也能够接触到气象学知识。但是，当时气象学科尚未独立，而是包含在天文、地理等学科之中。

此外，清政府还选派一部分人员进入在华气象机构学习，但是，这种非系统性方式培养的科技人才并不具备教学和科研能力。真正意义上的高级气象人才是通过留学方式培养的，代表人物有蒋丙然、竺可桢和高鲁等，他们回国后大都成为近代气象科技的先驱和气象教育事业的奠基人。

3.3.2 民国时期气象高等教育机构的创立与发展

建制化气象高等教育机构的出现，是气象事业近代化的又一重要标志。1921 年，国立东南大学率先成立地学系，下设气象学专业，“近代气象学本科人才的培养即发端于此”[21]。此后，清华大学于 1929 年设立地学系，1935 年又成立了气象组，邀请黄厦千、赵九章、李宪之等人任教。厦门大学于 1931 年开设气象学课程，由杨昌业任主事。浙江大学则于 1935 年创办史地学系，下设气象组，由涂长望和卢温甫执教。

抗战期间，中央大学成为气象人才培养中心。该校于 1938 年增设了测候学、气候学、天气预报等课程，1944 年正式成立气象系，这是中国高等教育史上首个以专门培养气象人才为目标的二级院系。1921—1949 年，中央大学共培养 72 名气象人才，绝大多数成为中国气象事业各领域的开拓者或骨干人员。

3.3.3 民国时期专业气象人才的培养

民国初期，气象人才十分紧缺。1917 年，参谋本部在航空学校增设气象学讲座，蒋丙然编纂《理论气象学》作为教材。此后，中央观象台于 1921 年、1924 年举办了两期培训班，共培训气象观测人才 40 余人。1929—1937 年，气象研究所先后开办了四期学习班，培养近百名学员，还对各机关单位的几十名气象人员进行了系统培训。总体而言，该时期的气象专门人才培养多采用短期学习班的形式，时间短、规模小、未形成建制化，但学员均能够按照相关规范从事气象观测、发报、抄送报表等工作。

3.4 “中央气象局”的设立

近代以来，中国始终没有成立统一管理气象事业的行政机关，气象事业一直被外国人所操控。为尽快改变这一局面，特别是满足抗战的需要，1941 年 8 月，“行政院”发文成立“中央气象局”，下设两科两室。1948 年，气象局所辖机构扩展至 9 个。“中央气象局”设立后，立即制订了一系列法律法规，为机构建设与观测活动提供了依据和规范。同时。“中央气象局”开始接管各级观测机构，并增设安庆、宁波等 18 处气象站以及金华、莫干山等 11 处测候所。到 1948 年 9 月，共管辖气象台、站、所 123 个。

民国时期，“中央气象局”既是“全国民用气象之最高机关”，也是“掌理全国气象行政及技术事宜”之主管部门。它的设立具有里程碑式的意义，改变了气象事业没有统属行政机构的局面，标志着中国气象事业近代化的初步完成：气象事业的重要性已上升到国家战略的高度，气象事业的推进有了国家财政保障，各级各地气象事业的发展纳入了国家统一规划。从此，一个系统、健全、拥有严密组织机构的气象事业体系基本形成。

4 结语

从鸦片战争至 20 世纪中叶，西方近代气象科学的理论体系、仪器设备、信息资料、实验手段以及研究方法等逐步传入中国并生根、发展和壮大，最终促成了中国气象事业的近代化。诚然，与当时的世界先进水平相比，中国气象事业的总体水平仍然比较落后：气象科学本土化并未真正完成，学科体系尚未健全；气象观测、服务和人才培养体系建设严重滞后于社会需求；社会公众的气象科学素养，乃至气象从业者的专业技能水平依然低下。但是，从历史发展的角度来看，中国气象事业的近代化仍是伟大的进步。

参 考 文 献

[1] 石云里.康熙宫廷里的一缕机械论科学之光.科学文化评论，2013（1）：42.

[2] 王冰.南怀仁介绍的温度计和湿度计试析.自然科学史研究，1986（1）：76.

[3] 吴增祥.中国近代气象台站.北京：气象出版社，2007：11.

[4] 故宫博物院掌故部.掌故丛编：英使马戛尔尼来聘案.北京：中华书局，1990：120.

[5] 竺可桢.前清北京之气象记录.竺可桢文集.北京：科学出版社，2001：60.

[6] 刘昭民.最早传入中国的西方气象学知识.中国科技史料，1993（2）：90.

[7] 汪广仁.中国近代科技思想刍探.清华大学学报：哲社版，2002（5）：64.

[8] 刘昭民.中华气象学史.台北："商务印书馆"，2011：200.

[9] 张九辰.中国近代地学主要学科名称的形成与演化初探.中国科技史料，2001（1）：26.

[10] 余三乐.早期西方传教士与北京.北京：北京出版社，2001：20.

[11] 中国气象局气象档案馆.中国气象局气象档案馆指南.北京：气象出版社，2003：12.

[12] 顾长声.传教士与近代中国.上海：上海人民出版社，1991：83.

[13] 同［3］第14页.

[14] 束家鑫.徐家汇观象台发展始末//中国近代气象史资料.北京：气象出版社，1995：32.

[15] 山东省气象局.中国近代气象史资料.北京：气象出版社，1995：132.

[16] 中国第二历史档案馆.中国海关秘档：第一卷.北京：中华书局，1990：90.

[17] 竺可帧.中国过去在气象学上的成就.科学通报，1951（6）：7.

[18] 谢世俊.竺可桢传.重庆：重庆出版社，1993：42.

[19] 中国气象学会.中国气象学会史.上海：上海交通大学出版社，2008：5.

[20] 吴小鸥.晚清西式教科书的引进.湖南师范大学教育科学学报，2008（6）：22.

[21] 中国科学院南京分院.竺可桢逝世20周年纪念文集.合肥：中国科学技术大学出版社，1994：105.

内蒙古中西部地区农牧交错带形成历史过程与气候脆弱性分析

Analysis of the Ectone Between Agriculture and Pasture Areasin Central and Western of Inner Mongolia in Historical Process and Its Climate Vulnerability

于志勇

（内蒙古师范大学历史文化学院，呼和浩特 010022）

摘要：内蒙古中西部地区是自中生代至新生代以来，在剥蚀夷平作用下形成的准平原，处于典型的生态环境脆弱带，为典型的农牧交错生态过渡带。在漫长的气候发展变化过程中，内蒙古中西部地区整个生态环境系统脆弱度高、不稳定性强，往往某一环境要素一旦出现波动，整个系统就会随之发生变化，并造成灾害，整个生态环境的脆弱性还集中表现在气候的脆弱机制上。

关键词：农牧交错带，形成机制，脆弱性，内蒙古中西部

内蒙古中西部地区是自中生代至新生代以来，在剥蚀夷平作用下形成的准平原。由于青藏高原的隆升，导致了东亚季风系统的形成，到晚更新世末至全新世初，现代季风气候形成。现代季风气候的出现，是中国北方地区气候变干旱的主要原因。来自印度洋的暖湿气流被青藏高原所阻挡，而来自太平洋的气流由于受到秦岭、太行山等阻挡，也很难到达西北部和北部，西北部就成为干旱的中心地区。西伯利亚—蒙古高气压区的形成正是由于青藏高原的隆起起了决定性作用，高气压控制使内陆地区气候极为干燥，同时造成中国北方冬春季多西风、西北风。缺水干旱使这一地区的动植物种类分布也随之发生巨大变化，影响了我国早期北方人类活动聚集地的格局。

全新世以来，我国北方经历了暖湿向干旱转化的过程。这就为生产力低下的新石器时代和历史初期人类提供了丰富的生活资源，因而在研究区内出现了原始文化的兴盛期。大青山南麓至包头的土默特平原、乌拉特前旗，向南经东胜以西，鄂托克旗、杭锦旗以东一带，均有原始农业最盛时期的文化遗存，表明这一带成为我国早期北方人类活动的聚集地。

从距今 4300 年前后开始，气候发生了急剧变化。距今 3500～4000 年是气候发生急剧变化的转折时期，标志着大暖期的结束。正是降温使人们为适应环境变化而改变原有的土地利用方式，或迁向西南条件较岱海地区温暖但少雨的鄂尔多斯地区，从而造成老虎山农

作者简介：于志勇，理学博士，内蒙古师范大学历史文化学院副教授，内蒙古自治区高校人文社科中国北疆史重点研究基地秘书。主要从事灾害史与北疆史研究。

业文化的衰亡和朱开沟早期农业文化的出现。朱开沟早期文化之所以能继续保持农业文化性质，是由于降温后朱开沟文化所在的鄂尔多斯地区温度、条件仍能满足农业生产的需要，降温后的300～400年内降水并未发生显著变化，体现了暖期结束过程中降水变化落后于温度变化的影响。在朱开沟文化期间由农业文化转变为牧业文化的过程，与距今3700年以后发生的变干过程相对应。距今3500～3700年发生降水突变之后的平均降水较突变前至少减少100 mm以上，因而使这一地区的土地利用方式从以农业为主转变为半农半牧或纯牧业，农牧交错带自此形成。

气候变化引起农牧业经济的波动和农牧界线的摆动。历史时期气候的变化多次导致物种组成和植被群落的改变，自然亦制约人类的经济活动内容，逐渐影响农牧界线的变动。河套—鄂尔多斯高原处于中温带向暖温带的过渡地区，是典型的大陆性气候。同时因为又处在过渡性弱季风气候区，兼有季风气候的特点，季风活动常强弱变动。因此本地区年降水量的波动幅度很大，水分条件也极不稳定。这便决定土地利用和作物种植等农牧业经济运行方式也相应地不断变化波动。属于典型的农牧交错生态过渡带。

本区域处于农牧交错带，农耕文化与游牧文化若干次的兴衰与交替，都与气候的冷暖波动变化有很大关系。根据考古资料和历史文献的记载，竺可桢先生研究我国冰后期的后半期的气候变化，划分出4个寒冷期和4个温暖期。近5000年气候变化的特点是寒冷期越来越长，寒冷程度越来越强，而温暖期越来越短，温暖程度越来越低。内蒙古中西部地区历史时期的气候变化与全国的气候变化基本一致。处于干冷时期，植被衰退，牧业经济相对兴盛，牧业文化南界向南拓展；处于暖湿时期，植被繁茂，农耕经济相对兴盛，农耕文化北界向北扩展。

气候变化对历史上农牧过渡带变迁的影响是存在的，同时气候变化对农牧过渡带的影响是通过人类社会系统起作用的。它不光反映了中原汉族农民与北方游牧民族活动地域的交互变化，也反映经济生活方式以及文化形态在地域组合上的迁移。

公元前770—前222年，春秋战国时期，游牧民族大力发展畜牧业，农牧分界线向北移动。

公元前221—公元23年，秦汉时期。秦始皇统一后，在北边设郡县，迁3万户至北河（今乌加河）、榆中（今杭锦旗至准格尔一带）。《史记》《汉书》[1] 等载汉元朔二年（前127年），汉武帝派卫青出云中，击匈奴各部，当时“朔方土地肥沃”，“沃野千里”，可见气候温暖湿润，畜牧业发达。同年，汉武帝即募民10万口徙朔方屯垦。元狩四年（前119年），又徙山东贫民于陇西、北地、西河、上郡等地及朔方以南新秦中（鄂尔多斯河套地区）。次年，汉武帝出巡北边，“令民得畜牧于边县”。至元始二年（公元2年）朔方一郡（包括今包头以西、五原、乌拉特前旗、杭锦旗、鄂托克旗、乌审旗北部、达拉特西部一带）人口达13.66万人。河西走廊和额济纳旗一带也是水草丰美，汉曾在此屯兵千万。汉武帝时开始修筑自敦煌至辽东的长城。长城是南北地区的政治分界线，“亦是一条重要的自然地带分界线”[2]。秦汉长城基本与当时的农区与牧区分界线相当，也是由环境演变所重建的降水分界线。

公元初至589年，是我国第二个寒冷期。这一时期气候引起植被的变化，牧业经济进入了相对繁荣时期，北魏仅在适宜地区采取屯田措施，如《魏书·食货志》载：太祖“使垦辟河（今乌加河）北，自五原至固阳塞外为屯田”。高祖在盛乐、固阳、五原一带屯田。

农业发展规模有限。

公元589—907年，隋唐时期，气候暖湿、雨水丰富，农耕经济再次北上发展。唐在河套地区大规模移民屯垦，农业发展迅速。新旧唐书记录“东起振武，西逾云州，极于中受降城，凡六百余里”，屯垦相望。到宪宗时，这里已“垦地三千八百余顷，岁收粟二十万石，省度支钱两千万缗”。安史之乱后，唐王朝曾规定破产逃荒农民可以在这一带开荒，5年内不缴税，人们实际往往不到5年就又弃地新垦，垦殖面积不断扩大，农业已发展到一定规模。

公元1000年左右，契丹、女真先后南下，建立辽、金政权。内蒙古中西部地区分别归属辽、金和西夏管辖。恶劣的气候条件使农耕经济再次衰退，仅在靠近黄河的生态条件较好的少数地区，如丰州附近还保留有少量农业。牧业经济也受到一定程度影响，只在长城边缘地区放牧。

公元1200—1600年左右，我国气候进入了第三个寒冷干燥期。这一时期气候变化频繁。据研究资料显示，12世纪寒冷气候结束向温暖气候转变中，北方地区开始普遍的干旱过程。进入13世纪，气候温暖，北方地区转向湿润。13世纪中，由于气候的波动，农牧过渡带北界向北移动了50～80 km，农耕北界大致在大青山北麓百灵庙北一线。

13世纪末14世纪初以后气候又转向干冷，且全球开始进入小冰期。牧民大批向南迁移，到长城一线为生。到15世纪初，由于寒冷程度的加剧和周期的延长，北方游牧民族大规模南迁。农耕区的北界同时南移。气候的变化决定在这一带已不再适宜大规模发展农耕屯垦。明永乐初年（15世纪初），明朝东胜等卫所内迁。天顺、成化年间（15世纪中叶以后），蒙古各部陆续入居河套。弘治、正德年间，许多部落在这里定居驻牧。16世纪20年代，俺答汗驻牧丰州地区，牧业经济南下兴盛起来。嘉靖年间（1522—1566年），据《明实录》① 载，俺答汗与明朝通贡互市遭到拒绝，为改变“生齿日繁，部落众多，食用不足”的局面，决定引汉人发展农业，开发丰州川。到万历年间（1573—1619年），“开云田丰州地万顷，连村数百”[3]。农耕经济又向北发展了。

14世纪初以来气候开始转向干旱趋势，而湿润气候向干旱气候转变的气候特征必然伴随水分条件的波动。在相对干旱时期，降水波动的幅度大大增加，影响了农牧业生产的条件，渐进导致农牧更替、农牧交错带的波动。交错带界线的变化，与气候上冷暖干湿的波动变化之间呈现出大体同步相关或共振的关系，而且不仅局限于某一阶段或某一朝代。据研究，近520年来本地区的百年尺度气候变化期有5个湿期和5个干期。湿期峰分别在1560年、1670年、1770年和1880年，干期谷分别在1480年、1610年、1720年、1830年和1930年。干湿波动具有100～130年左右明显的周期往复。前溯地质时期以来的气候波动，也基本上都是冷干与暖湿对应。这也决定了农牧的交替变化。

内蒙古中西部地区所处的农牧交错带是自更新世中期现代季风形成以来，气候环境变化形成的半干旱区向干旱区过渡的地带。空间格局上，农牧格局镶嵌交错分布；时间顺序上，时农时牧，波动性大，在明清时期有过明显的推移。这个过渡带极为敏感，自然环境要素中的地貌过程、水文现象、植被及由此而反映的气候变化，以及人文环境要素中的人类生存条件与文化形态，生产方式与生产条件等，均可以影响其发生波动变化。

内蒙古中西部地区是一个古地理环境变迁的敏感地带，生态环境脆弱，对各种自然和

---

① 《明世宗实录》，台湾影印本，1962。

人为的扰动极为敏感。本区属典型的环境脆弱地区。河套—土默川夹在阴山与鄂尔多斯高原之间，地表平坦；鄂尔多斯高原三面为黄河包围，呈台状隆起。由于第三纪发生的欧亚板块与印度板块相撞，继而又发生了3次喜马拉雅运动，使青藏高原隆升，并作用于整个东亚下垫面，我国的北部地区最终形成了准平原化的高原地貌。

内蒙古中西部地区处于典型的生态环境脆弱带，在这样的生态系统中形成了两种以上的物质体系、能量体系、结构体系和功能体系界面，并向外延伸，而且环境变化的速度快、频率高，环境波动的空间范围广，恢复环境原状的概率很小，可被替代的概率大，对于外力抵抗能力低。因而整个生态环境系统脆弱度高、不稳定性强，往往某一环境要素一旦出现波动，整个系统就会随之发生变化，并造成灾害[4]。内蒙古高原大部分地区都处在生态环境的脆弱地带中，主要呈东北—西南走向，自晚更新世末至全新世初便具有明显不同的变化规律和水热配置模式，形成植被、土壤的分布过渡，现代季风气候形成以来，各生态系统和基本因子极易受到扰动而形成恶性循环。整个生态环境的脆弱性集中表现在气候的脆弱机制上。

鄂尔多斯高原气候的基本特征是温带四季分明的强大陆性，弱季风性，干旱、半干旱高原气候。主要气候特征有以下几点。

首先，中纬度位置，四季分明。鄂尔多斯高原高空受副热带高气压带北缘与西风带气候交替控制，四季分明。冬季漫长严寒，多寒潮天气，大部分地区可持续5个月以上。春季干旱，多大风天气，春季降水少，占全年降水量的12%～16%，春旱突出，伴以沙暴天气，加重春旱。夏季短促，降水集中，占全年的60%～66%，多温热天气。秋季气温剧降，多晴爽天气，伴随降温，秋霜来得早。

其次，季风气候与内陆气候过渡的弱季风性。因高原距海较远，属内陆区域。夏季风可抵达阴山南坡，北来气流下山与河套地区交绥，所以鄂尔多斯又能受到一些海洋气流余惠，带来夏季降水，占全年降水量的65%左右。冬季受极地大陆气团控制，干燥少雨，降水量少，仅占全年的2%左右。风向有明显季变，冬天盛行西北风，夏天多西或东偏南风，体现了大陆性气候与季风气候兼有的过渡性气候特点。

再次，年日较差大的强大陆性。在高原面上有极其广泛的第四纪沉积物所覆盖，沙质干旱地表，加剧了增温与冷却的下垫面物理效应。年较差达32～35 ℃；日较差也大，夏季一般在20 ℃以上，冬季多在15 ℃左右。

最后，内陆高原腹地的干旱与半干旱气候。区内年降水量为160～400 mm，自东而西由多到少；年蒸发量多在2200～2600 mm，蒸发量约为降水量的10倍左右。干旱与半干旱气候是高原的主要气候特征之一，因此具有干旱频繁，风多、风大、多暴雨及强烈的风蚀沙化和流水侵蚀的特点[5]。

参 考 文 献

[1] 班固. 汉书. 北京：中华书局，1983.

[2] 史培军，田广金. 中国北方农牧交错带环境考古研究. 中国北方资源开发与环境研究. 北京：海洋出版社，1992.

[3] 瞿九思. 万历武功录. 北京：中华书局，1962.

[4] 牛文元. 生态环境脆弱带的基础判定. 生态学报，1989 (2)：97-105.

[5] 杨美华，顾卫. 鄂尔多斯高原气候//李博. 内蒙古鄂尔多斯高原自然资源与环境研究. 北京：科学出版社，1990.

1482—1486 年山西特大旱灾历史研究

Historical Research on Big Drought in Shanxi (1482—1486)

张伟兵[1,2]　谢永刚[3]

(1. 中国水利水电科学研究院，北京 100038；
2. 水利部防洪抗旱减灾工程技术研究中心，北京 100038；
3. 黑龙江大学经济学院，哈尔滨 150080)

摘要：明成化年间，山西发生了区域性特大旱灾。从旱情、灾情、灾害的社会影响和社会应对措施等方面对这场特大旱灾开展了个案研究。基本认识如下：①干旱中心位于平阳府一带，长时间、大范围降雨偏少是这场特大旱灾发生的最主要原因。②此次特大旱灾涉及 46 个州县，灾区面积约 5.6 万 km^2，约占全省面积的 35%。③特大旱灾对社会造成严重冲击，灾区出现不稳定因素，发生饥民暴乱，甚至出现人相食的社会道德失范行为。重灾区多灾并发，灾区环境恶化，加剧了灾情。④明政府采取了积极的应对措施，在灾害初期制订应急方案，以及灾后的恢复重建中将灾害划分为不同等级，依据灾情严重程度与否确定相应的救助办法，都具有积极意义。对于今日的防灾减灾，也有着参考借鉴。

关键词：成化年间，特大旱灾，山西

0　引言

典型特大灾害一般具有受灾范围广、持续时间长、灾情严重的特点，对区域经济、社会发展影响大，远非一般灾害所能比拟。因此，开展典型特大灾害研究，对于认识灾害与社会的互动关系，以及揭示灾害发生、发展和演变，有着重要的意义。此外，典型特大灾害对研究区域的气候极值以及减灾规划、减灾对策的制订，也有着重要的参考借鉴意义。因此，历史上发生的一些典型特大灾害，也成为学者特别关注的研究对象。

明成化年十八年至二十二年（1482—1486 年），在今山西境内发生一场特大旱灾[1]。目前学术界对这场旱灾较少提及，本文从雨情、旱情、灾情、灾害的社会影响以及社会应对措施等方面对这场旱灾开展个案分析。

1　雨情和旱情

1.1　雨情

据方志资料，1482—1486 年特大旱灾期间，无雨期持续时间最长的出现在平阳府，持续时间从 1484 年秋一直持续到 1485 年六月①，前后持续近一年。平阳府以南各州县，如临晋、平陆、解州等各州县的方志中也都明确记载了这次长达一年的不雨期②。可见此

作者简介：张伟兵，高级工程师，现任职于中国水利水电科学研究院减灾中心，主要从事水利史与灾害史研究。

① 万历《平阳府志》卷十《灾祥》。

② 以上 3 州县的方志都编纂于康熙年间，而《平阳府志》编纂于万历年间，这里不排除各州县志传抄府志的可能。

次特大旱灾期间，雨情以平阳府为中心，覆盖范围大体包括今临汾盆地和运城盆地，覆盖区域粗略估计为1.7万 km^2。

1.2 旱情

文献记载中关于旱情的记载较多，这里以连续受旱州县的分布情况来反映旱情的发展演变。据方志资料，1482—1486年连续受旱的州县如表1所示。

表1 1482—1486年特大旱灾连续受旱2年以上的州县分布表

持续年份	地点	持续年数
1482—1483年	灵石	2
1483—1484年	孝义、蒲州	2
1484—1485年	解州、临晋、临汾、太平、平陆	2

据上表，特大旱灾发生初期，旱情影响区域大致位于山西中部的灵石、孝义一带。1484年开始向南部转移，1484—1485年期间，旱情影响区域转移至平阳府中南部，且影响范围急剧增大。1485年以后没有出现连续受旱的区域。

结合雨情和旱情分析，整个灾害期间，干旱中心位于南部的平阳府一带，影响区域包括整个山西中南部地区，但并非同时发生干旱，而是经历了由北向南的发展演变过程。

2 灾情

此次特大旱灾期间，1484年灾区范围最广，涉及39县约4.8万 km^2，约占全省面积的31%。1482—1486年历年受灾县数和灾区面积见表2。

表2 1482—1486年历年受灾县数和受灾面积统计表

年份	受灾县数(个)					受灾面积(km^2)					
	1级	2级	3级	4级	总计	1级	2级	3级	4级	合计	占全省面积比例(%)
1482年	3	3		2	8	2845	4112		3594	10551	6.75
1483年				3	3				3263	3263	2.09
1484年	4		19	16	39	6386		23184	18733	48303	30.88
1485年			18	14	32			21532	15166	36698	23.46
1486年	1	2		7	10	1120	2507		6190	9817	6.28

从灾区的空间分布来看（图1），1482年旱灾范围主要分布在太原府的南部和东部，主要为夏旱，平定州一带自夏五至七月不雨①。其中太原府南部一带灾情严重，太谷“旱，大饥，道殣相望”②。平阳府北部的霍州、灵石、汾西也都受旱，但灾情较轻。汾州府北部和太原府西部接壤一带发生饥荒。

1483年，受灾区域向南部转移。灵石、孝义一带夏秋不雨，民逃窜饿殍者甚众③。平

① 乾隆五十五年《平定州志》卷五《饥祥》。

② 咸丰《太谷县志》卷二《年纪》。

③ 万历《灵石县志》卷三《祥异》；雍正《平阳府志》卷三十四《祥异》。

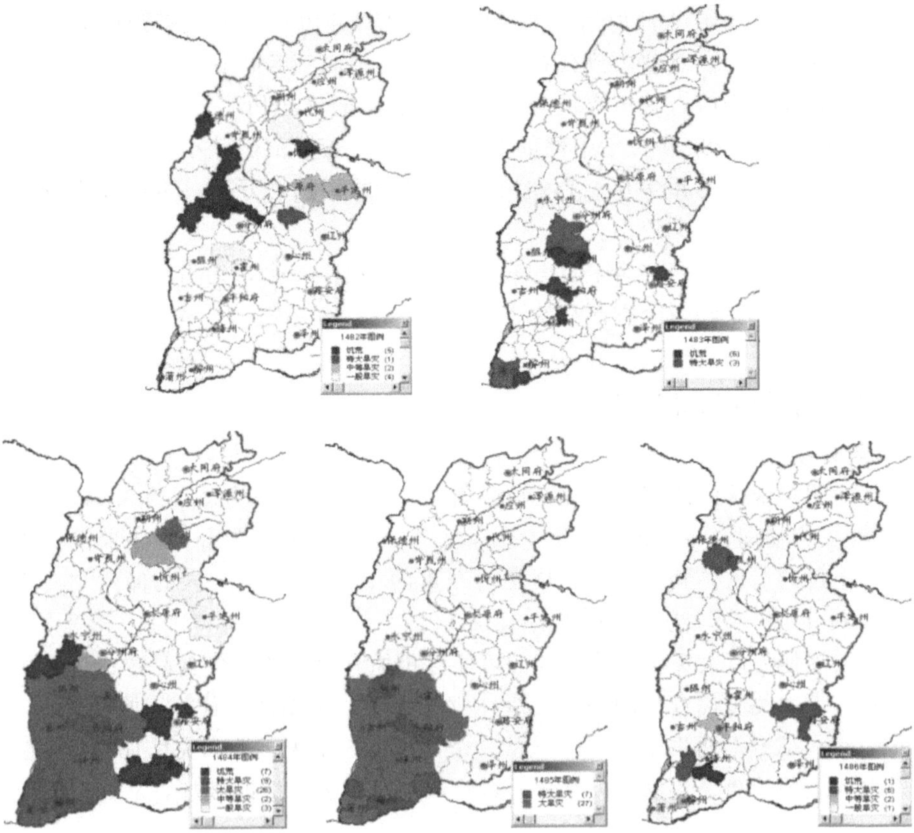

图 1　1482—1486 年受灾范围分布图

阳府南部的蒲州发生人相食行为[1]，平阳府中部区域饥荒范围较广。

1484 年开始，以平阳府为中心，灾区范围北到太原府的代州，东到平定州，西到平阳府的宁乡、石楼一带，南至蒲州、解州一带，几乎全省的大半个区域处于旱灾的笼罩之下。其中北部的代州一带春夏旱[2]，范围较小，但灾情严重，崞县“大旱，人相食”[3]。南部一带秋旱严重，平阳府全境都处于旱灾的威胁之下，且灾情严重。境内“饥莩盈野，人相食，诸州是皆然”[4]。

1485 年受灾区域集中分布在平阳府。在经历了 1483 年以来连续三年大旱之后，各州县民大饥，多数州县方志记载饿殍盈野、人相食。

1486 年受灾范围大大缩小。前述受灾严重的平阳府该年只有南部的稷山、万泉一带灾情较重，但与此同时，受灾区域向东转移。该年潞安府长治、潞城、屯留一带“秋禾稿，人相食。”此外，北部的岢岚州“大旱，饥，人相食”[5]。

纵观灾害的整个发生过程，大致经历了中部—南部—东部的发展演变过程，南部持续

---

① 光绪《永济县志》卷十九《艺文》。

② 万历《代州志书》卷二《灾祥》。

③ 雍正《山西通志》卷一六三《祥异》。

④ 万历《平阳府志》卷十《灾祥》。

⑤ 康熙《岢岚州志》卷一《祥异》。

时间较长。1482 年首先在太原府南部一带出现，1483 年开始转移至平阳府北部，1484 年蔓延至平阳府全境，并向北波及到代州、崞县一带，1485 年集中发生在平阳府，1486 年受灾区向东扩展至潞安府。就重灾区分布转移来看，同样经历了中—南—东的发展变化，1482 年没有重灾区，1483 年位于中部的孝义、灵石一带，范围较小。1484—1485 年转移至南部，平阳府全境均为重灾区。1486 年在平阳府的稷山、万泉一带以及潞安府形成两个重灾中心，但范围都相对较小。

据初步统计，1482—1486 年特大旱灾期间受灾州县 46 个，约占全省州县的一半。灾区面积约 5.6 万 km^2，约占全省面积的 35%。

3 特大旱灾对社会和环境影响

3.1 粮价与食物

据学者对明代米价的研究，1480—1490 年间，全国米价平均每石约 0.441 两[2]，约合每斗 44 文。灾害初期，斗米价已涨至七八十文①，保德州更为严重，“斗米银三钱”②，约为全国平均米价的七倍。到了灾害发展最为严重的 1484 年，重灾区的蒲州“斗米白金五钱”③，约合每斗 500 文，为平常年景的 12.5 倍。

粮价的上涨使得广大灾民获取食物的可能性更加有限，各种代食品遂成为灾民食之对象。各州县方志中关于代食品的记载很少，仅在灾害严重期间，代州春夏不雨，“人食草木”④。但各地“饿殍盈野”的生活惨状从一个侧面反映了灾害期间灾民食物极度匮乏的局面。在以农为主的社会，食物的极度缺乏意味着灾民正常生活的破坏，从而引发了严重的社会危机。

3.2 生存危机：“逃窜”与“饿殍”

随着粮食的奇缺，灾区社会底层民众开始逃徙流亡。这种求生性的移民与一般的人口迁移有着本质的不同，由于这种移民是迫于生存的无奈举动，因而从一开始就带有十分悲惨的色彩，史籍中往往将之与“饿殍”“饿死”相连记载。早在灾害发生初期，晋西北和晋中一带天旱民饥，人民纷纷逃亡。晋中的灵石、孝义“禾尽槁死”，民逃窜饿殍者甚众⑤。而晋西北承受灾害的能力更为脆弱，从前述旱情状况来看，晋北尚不是旱情严重区域，但由于社会的贫困，即使稍微的气候变化，也会造成严重灾情。崞县“大饥，民多相食，饿殍者半”⑥，保德州“斗米银三钱，逃亡甚众”⑦，岚县“饥，民离散”⑧。

灾害发展最为严重的 1484—1485 年，平阳府诸州县“饥莩流移者甚多”⑨。汾河下游、涑水河流域等盆地区域尤为严重，荣河“死者枕藉于途，老幼窜亡莫可胜计”⑩，蒲州、解

---

① 《明臣奏议》，转引自《明代米价考》。
② 康熙《保德州志》卷三《祥异》。
③ 嘉靖《蒲州志》卷三《祥异》。
④ 万历《代州志书》卷二《灾祥》。
⑤ 万历《灵石县志》卷三《祥异》，雍正《孝义县志》卷一《祥异》。
⑥ 嘉靖《崞县志》卷八《灾祥》。
⑦ 康熙《保德州志》卷三《祥异》。
⑧ 雍正《重修岚县志》卷一《建置》。
⑨ 《明宪宗实录》卷二五三。
⑩ 嘉靖《荣河县志》卷一《古迹志·祥异》

州、临晋、浮山、洪洞、临汾等州县皆“饥莩盈野”[①]，太平旱蝗并发，飞蝗“禾穗树叶食之殆尽”，“民不聊尘，多转沟壑”[②]。6月，巡按山西监察御史周洪等即奏称：“山西平阳府等州县自冬徂春，雨雪不降，风沙漫野，播种良艰，军民阻饥，饿莩流移者甚多”[③]。9月，山西巡抚叶淇奏称：“山西连年灾伤，平阳一府逃移者五万八千七百余户，内安邑、猗氏两县饿死男妇六千七百余口。蒲、解等州，临晋等县，饿莩盈途，不可数计。父弃其子，夫卖其妻，甚至有全家聚哭投河而死者，弃其子女于井而逃者[④]。时至成化二十一年（1485年）正月，流民日众，且与周边省份陕西、河南连为一片，颠沛流离，贫困潦倒的生活随处可见。吏科都给事中李俊等上言六事，言称“陕西、河南、山西之境赤地千里，井邑空虚，尸骸枕藉，流亡日多”[⑤]，浙江道监察御史汪奎等上言十事，上言“陕西、山西、河南等处连年水旱，死徙大半。今陕西、山西虽止征税三分，然其所存之民亦仅三分，其与全征无异。……陕西、山西、河南等处饥民流亡，多入汉中、郧阳、荆襄山林之间，树皮草根食之已尽，骨肉自相啖食，可为痛伤”[⑥]。当中蒲州、垣曲的流亡情况当更严重，时蒲州“民多易子而食，死徙者不可胜数”[⑦]，“流亡者三分之二”[⑧]。垣曲旱蝗并发，“流死者大半”[⑨]。

3.3 社会动荡：人相食与饥民暴乱

生存危机必然带来社会动乱不安，重灾区之一的垣曲在灾害严重期间，坐以待毙的饥民就“啸聚山林”[⑩]，以此来维系苟延的悲惨生境。

社会不安的另外一种表现方式是食人行为。据初步统计（表3），1482—1486年有28州县发生食人行为。从发生的时间来看，集中发生在1484—1485年，其中1484年尤多，为20州县。1485年也有10州县发生食人行为。这与灾害的发展进程是完全一致的。从空间分布来看（图2），集中分布在平阳府的中南部，以及泽州、潞安府。与旱灾重灾区的分布略有不同，此次特大旱灾期间，泽州本没有受旱的记载，但据方志记载，食人主要由饥荒引起。由此，旱、饥并发，灾区的范围进一步扩大，前述灾民困苦的生活处境也就不难理解了。

表3 成化特大旱灾期间人相食州县统计表

年份	食人州县	州县数(个)
1482年	崞县	1
1483年	潞城、蒲州	2
1484年	曲沃、洪洞、临汾、临晋、荣河、解州、平陆、夏县、安邑、孝义、太平、乡宁、蒲州、崞县、泽州、高平、阳城、潞城、长子、屯留	20
1485年	翼城、曲沃、临汾、洪洞、浮山、太平、解州、绛州、临晋、垣曲	10
1486年	岢岚、潞城、长治、屯留、稷山、万泉	6

① 分别参见《明宪宗实录》卷二五六；乾隆《浮山县志》卷三十四《祥异》；万历《洪洞县志》卷八《祥异》；康熙五十七年《临汾县志》卷五《祥异》。

② 万历《太平县志》卷四附《灾祥》。

③ 《明宪宗实录》卷二五三。

④ 《明宪宗实录》卷二五六。

⑤ 《明宪宗实录》卷二六〇。

⑥ 同⑤。

⑦ 光绪《永济县志》卷二十三《事纪》。

⑧ 嘉靖《蒲州志》卷三《祥异》。

⑨ 康熙《垣曲县志》卷十二《灾荒》。

⑩ 同⑨。

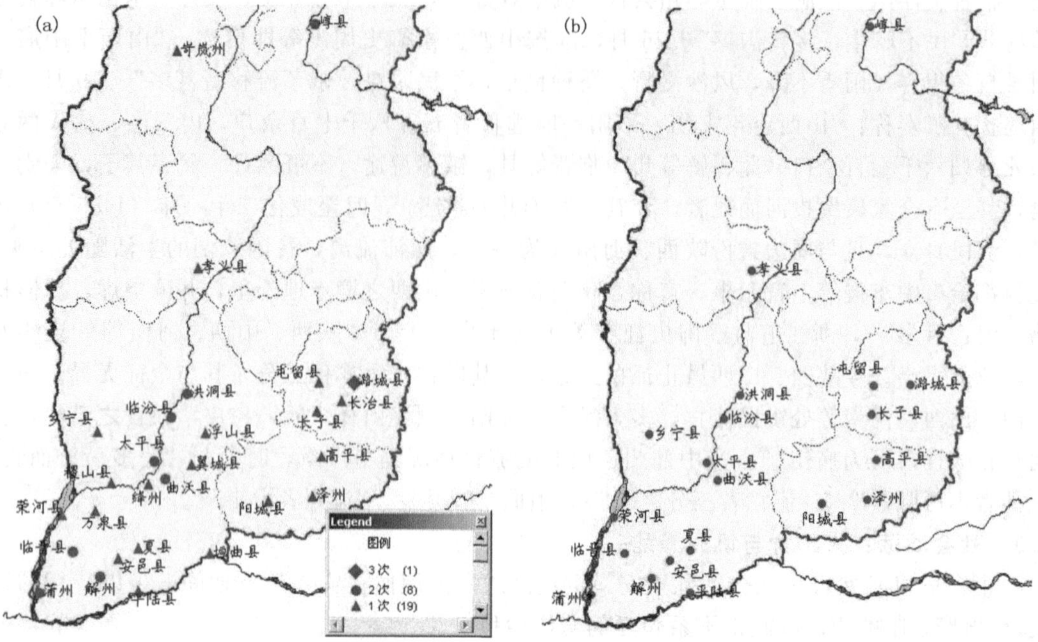

图 2　1482—1486 年山西食人州县分布（a）及 1484 年食人州县分布（b）

3.4　特大旱灾对环境的影响

连年的干旱和旱灾，对灾区的生态环境也产生严重负面影响，重灾区平阳府在经历了 1483 年冬至 1484 年春的“雨雪不降”后，六月“风沙漫野”①。

此外，旱灾期间，晋东南泽州、潞安府有 8 个州县还发生了较大范围的瘟疫，且疫情严重，感染疫情的诸州县到处“饿殍盈野”。这也从一个侧面反映了灾区环境的恶化（表 4）。

表 4　成化特大旱灾期间瘟疫灾害简表

年份	地点及疫情	来源
1483 年	十九年、廿年潞州饥，人相食，饿莩盈野，瘟疫大作。	弘治《潞州志》卷三《灾异》
	饥，民相食，饿莩盈野，瘟疫大作。	天启《潞城县志》卷八《灾祥》
1484 年	泽州、高平、阳城大饥，民多疫死，生者至相食。	雍正《泽州府志》卷五十《祥异》
	岁大饥，民多疫死，生者至相食。	顺治《高平县志》卷九《祥异》
	饥民相食，饿莩盈野，瘟疫大作。	天启《潞城县志》卷八《灾祥》
	大饥，民多疫死，人相食。	光绪《屯留县志・祥异》卷一
	长子、宁乡、泽州、高平、阳城饥疫。	雍正《山西通志》卷一六三《祥异》
1487 年	岁荐饥，瘟疫大作，饿殍盈野。	乾隆《长治县志》卷二十一《祥异》
	岁荐饥，饿殍盈野，瘟疫大作。	康熙《潞城县志》卷八《灾祥》

瘟疫发生区域（图 3）与旱灾发生区并不一致，但从进程来看，二者基本一致。平阳

① 《明宪宗实录》卷二五三。

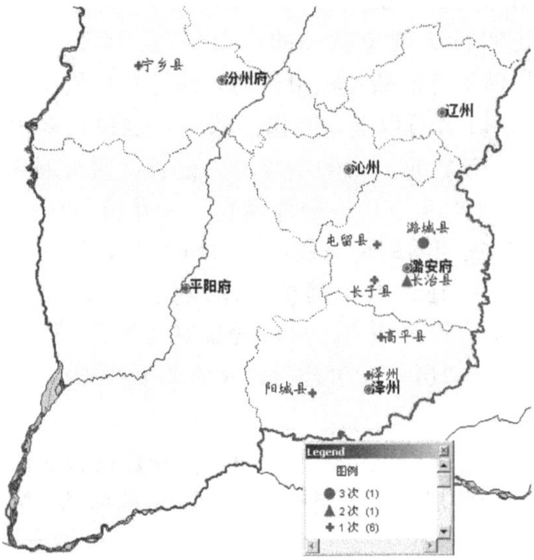

图 3　1483—1487 年山西瘟疫灾害州县分布图

府灾情最严重的时段出现在 1484—1485 年，晋东南一带瘟疫盛行的时间也出现在这一时期。潞安府 1485 年才见诸受旱的记载，但早在 1483 年，潞城即已发生疫情，1484 年疫情的范围更是扩展至邻近州县。其中原因，有待今后进一步探究。

4　社会应对措施

4.1　制订应急办法

旱灾发生初期，户部在听取了主事汪洪“山西连遭荒歉，疫疠流行，死亡无数”的奏言后，即令山西都御史何乔新、大同都御史郭镗督同都、布、政三司官，赈济饥民。制订应急救灾办法①。核心内容是赈济灾民和蠲免杂赋，具体包括：①令所属赈恤极贫军民。以丰赡库所收用于救荒，折钞银籴粮，河东余盐四万八千余引，由山西都御史何乔新“斟酌时直，定为则例”。②召商纳粮。司府各属两考役满吏及考满官纳米，一如例行。③如遇有死亡军民，“即为理瘗，毋使暴露”。④停止岁办物料，以纾军民之困。

4.2　社会救助措施

根据灾害应急管理办法，灾害严重期间政府采取了相应的社会救助措施，主要包括赈济、蠲免赋税以及捐纳筹粟。

赈济措施包括赈粮和赈银。赈粮行动至少有三次，赈粮活动有两次，其中成化二十一年（1484 年）春正月同时开展赈银与赈粮活动，规模较大。时首先“查饥民若干，即发邻近布政司所属仓储二三十万（石）移运赈济。令有司籴豌豆、小麦督民播种，再敕户部定议，以成化二十年漕运之米分拨三五十万，至陕州境上转，令陕西、山西、河南诸司运至被灾之处。倘有屯聚抢掠者，宜令有司防御抚慰”。此外，“遣大臣或科道部属公勤廉能

① 《明宪宗实录》卷二二五。

者，赍内帑银一二十万两，分诣各境"①。

赈济之外，明政府还实行了蠲免赋税的应急措施。据不完全统计，1482—1486年，明政府先后进行了8次规模不等的蠲免税粮活动，共计减免税粮约322万石。其中1484—1485年的蠲免，每次都在40万石以上，既包括秋粮，也包括夏税，从侧面反映了此次特大旱灾对农业破坏的严重程度。据《大明一统志》记载，明天顺年间平阳府、泽、潞、辽四州府的粮额约136万石，1485年几乎全部蠲免。《万历会典》载时全省每年的税粮约220余万石[3]，成化特大旱灾期间蠲免的税粮大约相当于全省一年的夏秋税粮。

明政府在蠲免税粮之余，还进行了其他杂赋蠲免活动。如成化二十年（1484年）6月，暂行停免平阳府"柴炭、银、绫绢、户口食盐岁办等料。②"成化二十一年（1485年）春正月，因山西、河南旱灾，"历年逋欠药材，悉宜宥免"③。二月，因旱灾还蠲免平定州卫的柴炭④。

此外，特大旱灾期间，平阳府灾情尤为严重。"虽尝设法劝借，加意抚恤，奈人多粮少，不得周给"⑤。明政府为此展开了大规模的筹措粮米的活动。主要措施包括纳官筹粟及考官筹粟。

关于纳官筹粟，早在成化初年即有鬻卖度碟赈济饥民之事⑥[4]。成化二十年（1484年）九月，大学士万安上疏的救荒十策中，极力推荐纳官赈济④。十二月，因山西、陕西饥，"许浙江等处愿为僧道者，输粟赈济，给以度牒已万人矣⑦"。成化二十一年（1485年）二月，巡抚大同都御史左钰奏："近以山西、陕西荒旱，许舍余军官人等纳粟补官，今大同仓廪空虚，兼山西本处军舍亦迫于饥荒，少就募者，宜令凡在京河南、北直隶、山东，有能如例纳米大同者，听仍限以五百名，至七月而止。"⑧

考官筹粟是明政府在灾中采取的一项临时应急措施，主要是将灾中官吏的考核方法与纳粟结合起来。"令被灾所在三年、六年考满官员，四品纳米六十石，五品五十石，六、七品四十石，八、九品三十石，俱听巡抚官拨缺粮仓分纳完，回任管事，免其赴部。惟造完须知功绩牌册并通关，差人缴部而已"[5]。

无论纳官筹粟，还是考官筹粟，虽然是以牺牲正统的选官、考官原则为代价的，但它也反映了政府面对灾害所做出的积极应变反应，诸如对捐纳期限的规定，即是灾中的一种应急措施，这也反映了明中期政府的灾荒应变能力。此外，捐纳筹粟也反映了政府对民间财富在救灾中作用的重视，意图通过有效的诱惑使民间财富及时投入到救灾中。

4.3　恢复重建措施

灾害后期，明政府及时改革荒政措施，部署灾后的恢复重建工作，主要内容有两项。

其一，根据灾荒等级确定蠲免税粮的数额。明洪武年间，基本上是有灾即蠲，"太祖

---

① 《明宪宗实录》卷二六〇。

② 《明宪宗实录》卷二五三。

③ 同①。

④ 《明宪宗实录》卷二六二。

⑤ 《明宪宗实录》卷二五六。

⑥ 徐学聚，《国朝典汇》卷九十九《户部一三·赈恤》成化二年条："二月，命礼部给度碟僧以赈济饥民。"转引见参考文献[4]。

⑦ 《明宪宗实录》卷二五九。

⑧ 同④。

之训，凡四方水旱辄免税”，“凡岁灾，尽蠲二税”[①]。成化特大旱灾之后，弘治三年（1490 年）明政府颁布了《灾伤应免粮草事例》，规定：“全灾者免七分，九分者免六分，八分者免五分，七分者免四分，六分者免三分，四分者免一分。止于留内除豁，不许将起运之数一概混免；若起运不足，通融拨补。[②]”这一规定有两点重要意义：第一，确立了灾蠲的比例，为后代根据灾情等级确定蠲免税粮数额的做法开了先河。第二，规定了田赋中属于中央的部分不能蠲免，当中央起运额不足时，地方必须设法补足。

其二，弘治三年（1490 年）还颁布了各州县预备仓的积粮标准，《明孝宗实录》卷三十六载[③]：

命天下州县预备仓，积粮以里分多寡为差。十里以下积粮至万五千石者，为及数；二千里以下者二万石，三十里以下二万五千石，五十里以下三万石，百里以下五万石，二百里以下七万石，三百里以下九万石，四百里以下十一万石，五百里以下十三万石，六百里以下十五万石，七百里以下十七万石，八百里以下十九万石。及数者斯为称职，过额者奏请旌擢，不及者罚之。各府州正官，亦视其所属粮数足否以为黜陟。其军卫亦略仿此数，以量示劝惩。

这一规定第一次从制度上将积谷数额与州县官的考核联系起来，从而保证了地方上的积粮数额，明代的荒政在这里也由此发生了很大变化。

5 初步认识

基于上述对 1482—1486 年山西特大旱灾的雨情、旱情、灾情、灾害对社会和环境影响以及社会应急对策等方面的分析，可以得到以下几点认识。

(1) 长时间、大范围降雨偏少是此次特大旱灾发生的最主要原因。平阳府从 1484 年秋至 1485 年六月出现了长达约 9 个月的连续不雨期，也是受灾最严重的区域。在时间序列变化方面，干旱影响区域和受灾区域都经历了先中部后南部的发展过程。不同的是，干旱影响区域前后经历了一次转移，中部和南部的旱情并非同时出现，而受灾区域则表现为从中部开始，然后不断蔓延扩展，灾害最严重期间，整个中南部区域都处在旱灾威胁之中。

(2) 特大旱灾对社会造成严重冲击。首先表现为粮价的上涨，重灾区的粮价上涨 10 倍以上；待至食物进一步匮乏，灾害对社会的冲击表现为灾民流移与逃窜；由于社会未能及时遏制这一局面，灾区社会出现不稳定因素，不仅发生饥民暴乱行为，而且出现人相食的社会道德失范行为。初步统计，1482—1486 年发生食人的州县 28 个，时间上集中在 1484—1485 年，与旱灾的发展进程完全一致；空间上集中分布在平阳府、泽州和潞安府，与重灾区的分布基本一致。

(3) 特大旱灾对环境也产生严重影响，重灾区平阳府出现沙尘天气。而在省境东南部的泽州、潞安府等地，还发生了瘟疫灾害，发展的进程与平阳府一带旱灾的发展进程基本一致。旱、疫并发，灾区环境进一步恶化，灾情更加严重。

---

① 《明史·食货志二》。

② 《大明会典》卷十七《户部四·灾伤》。

③ 《明孝宗实录》卷三十六。

（4）明政府在整个灾害发生期间都采取了积极的应对措施，虽然限于社会条件的局限对特大旱灾的应急认识和能力建设方面存在一定不足，但其在灾害初期积极制订应对办法，以及在灾后的恢复重建行动还是具有积极意义的。特别是灾后的恢复重建方面，将灾害划分为不同等级，依据灾情严重程度与否确定相应的救助办法，对于今日的防灾减灾，仍然具有重要的参考借鉴意义。

参 考 文 献

[1] 张伟兵，朱云枫．区域场次特大旱灾评价指标体系与方法探讨．中国水利水电科学研究院学报，2008，6（2）：111-117.

[2] 秦佩衍．明代米价考//明清社会经济史论稿．中州古籍出版社，1984.

[3] 梁方仲．中国历代户口、田地、田赋统计．上海：上海人民出版社，1980.

[4] 万明．晚明社会变迁问题与研究．北京：商务印书馆，2005.

[5] 黄瑜．给由赈济//双槐岁钞．北京：中华书局，1999.

后　记

2015 年 12 月 12—13 日，中国气象局气象干部培训学院成功召开“第二届气象科技史研究学术研讨会”，两天的时间虽然很短，但是内容丰富，与会代表表示这是一个富有成果的会议，也是一个成功的会议，主要体现在三方面。

一是会议的广泛性。会议代表来自不同的机构、不同的领域、不同的专业，探讨的问题时间、空间都非常的广泛，既有对事件的描绘，也有对人物的描述，更有理论和技术上多方面的探讨。二是会议的新颖性。这方面体现在科学和技术的互动，不少研究报告既讲了科学，也讲了技术，更讲了科学和技术的互动，推动文明的发展。理论与实践的研究，有理论深度、有技术借鉴价值、还有业务启示。有报告还谈到了人与自然之间特殊的关系，国际学者特别注重人和自然之间怎么样处于一种和谐的关系。三是会议的实质性。会议这么多的探讨，这么多的报告，每个报告有启示，思考有创意，交流有效果。从社会科学的角度看自然科学，从自然科学的角度看社会科学。

这次会议有一个主题是“探索大气科学历史，推动气象科技创新”，编委会希望把这个主题能持续不断地推动下去。未来希望通过中国科技史学会气象科技史委员会这个平台做好更多工作，把国内不同研究机构和国际机构之间的合作都要做好。编委会感谢各位专家的贡献，特别感谢远道而来的三位国际专家，记住了他们精彩的报告，也记住了他们精彩的评论意见，国际气象科技史学会首任主席詹姆斯·弗莱明教授评价这次会议是“3I”：一是国际化（Inter-nation），二是跨学科（Inter-discipline），三是跨代际（Inter-generation），还有额外两个“I”，一是印象深刻、钦佩不已（Impressive），二是自己水平还不够（Injudicious）。编委会向他们致以深深的感谢。

正因为会议富有成效，决定把会议成果以文集形式正式出版，以推动气象科技史的进一步深入研究，也希望能为同行带来一些研究启示，比如气象科技史研究的内容是什么，为什么，可能干什么，未来的路线图、方向和目标等等；又比如怎么样去挖掘气象科技史诸多方面的史实，怎么样总结气象科技史，包括大气科学技术的发展规律，怎么样通过气象科技史的研究推动气象科技的创新，怎么样通过我们的研究促进气象学科、气象事业的发展等等。

编委会以会议投稿论文和报告为主，适当吸收相关气象科技史论文，经过近一年努力，终于正式出版，由于不少学者是大气科学专业，在用科技史的范式方面或许稍有不规范之处，同样科技史学者对于大气科学内核理解不完全一致，或许使得一些论文在科技史专家或大气科学专家看来稍有不足，但这更需要未来大气科学和科技史学科的融合。由于编者水平有限，论文涉及学科和领域又很多，对于文集中可能出现的不足、不规范、不到位，甚至错误，请各位读者朋友批评指教。

编委会

2017 年 1 月 22 日

后记

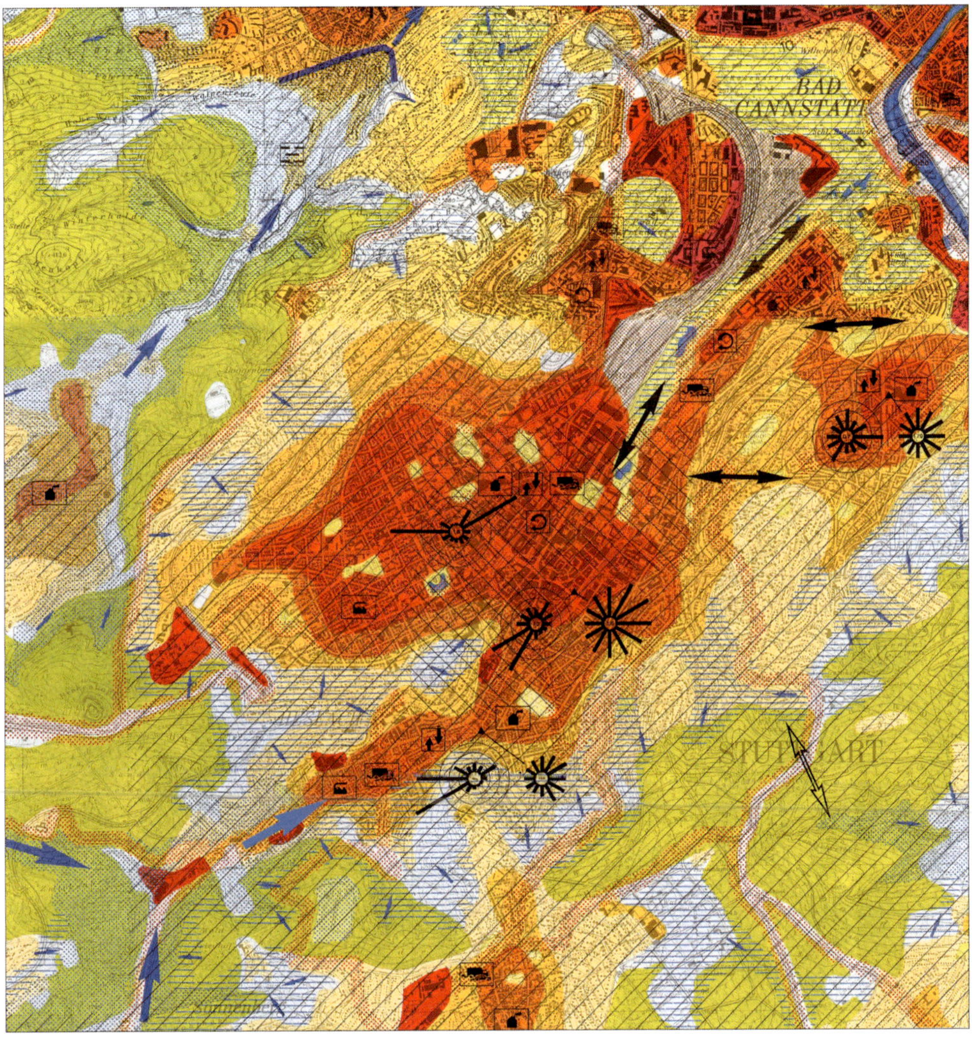

附彩图 1　1992 年斯图加特气候分析图（包括风花、冷空气走廊、绿色区域和城市网格）

（来源：由 Jurgen Baumueller 教授和 Nicole Baumueller 女士提供）

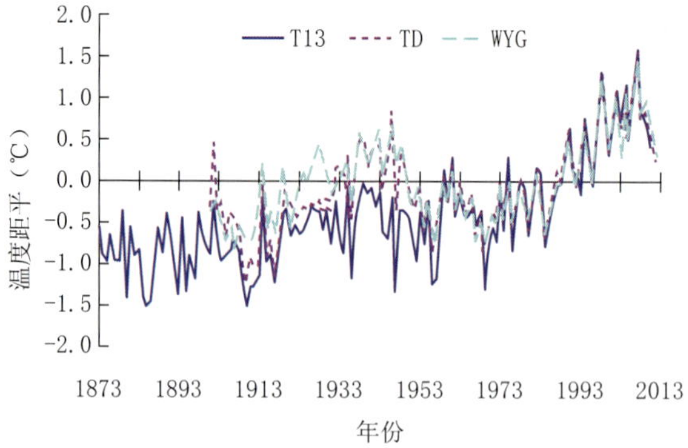

附彩图 2 1873—2012 年中国区域地表气温年平均距平变化（相对于 1971—2000 年）。其中 3 个系列为 T13 序列、TD 序列与 WTG 序列（1998 年）（严中伟提供，2015 年）

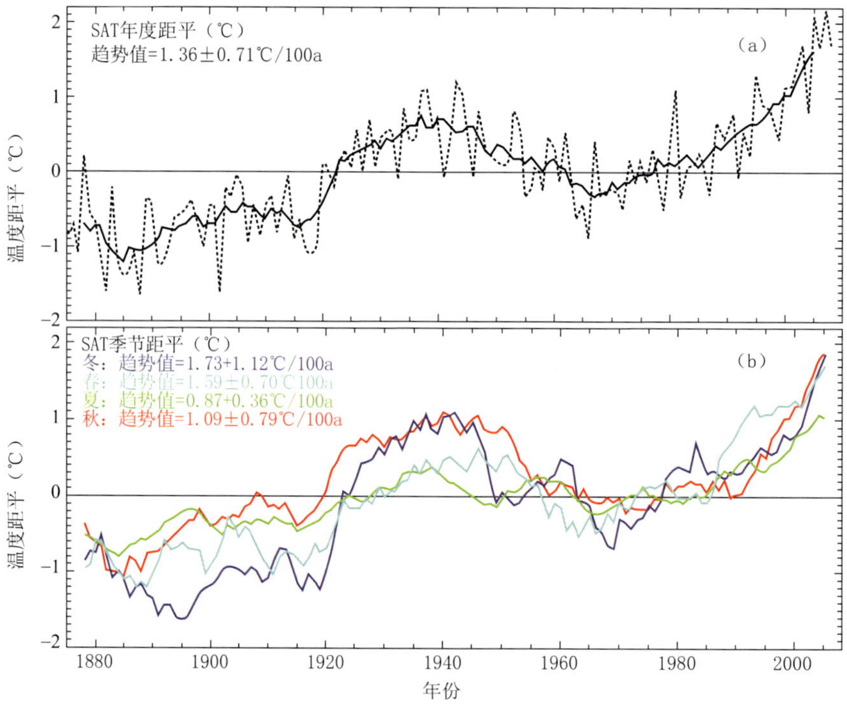

附彩图 3 北极地区（59°N 以北）年平均（a）和季节平均（b）地表气温距平综合时间序列（a）点线为原始值，实线是 7 年滑动平均曲线。图中给出的线性趋势值是指 1900—2008 年间的趋势值

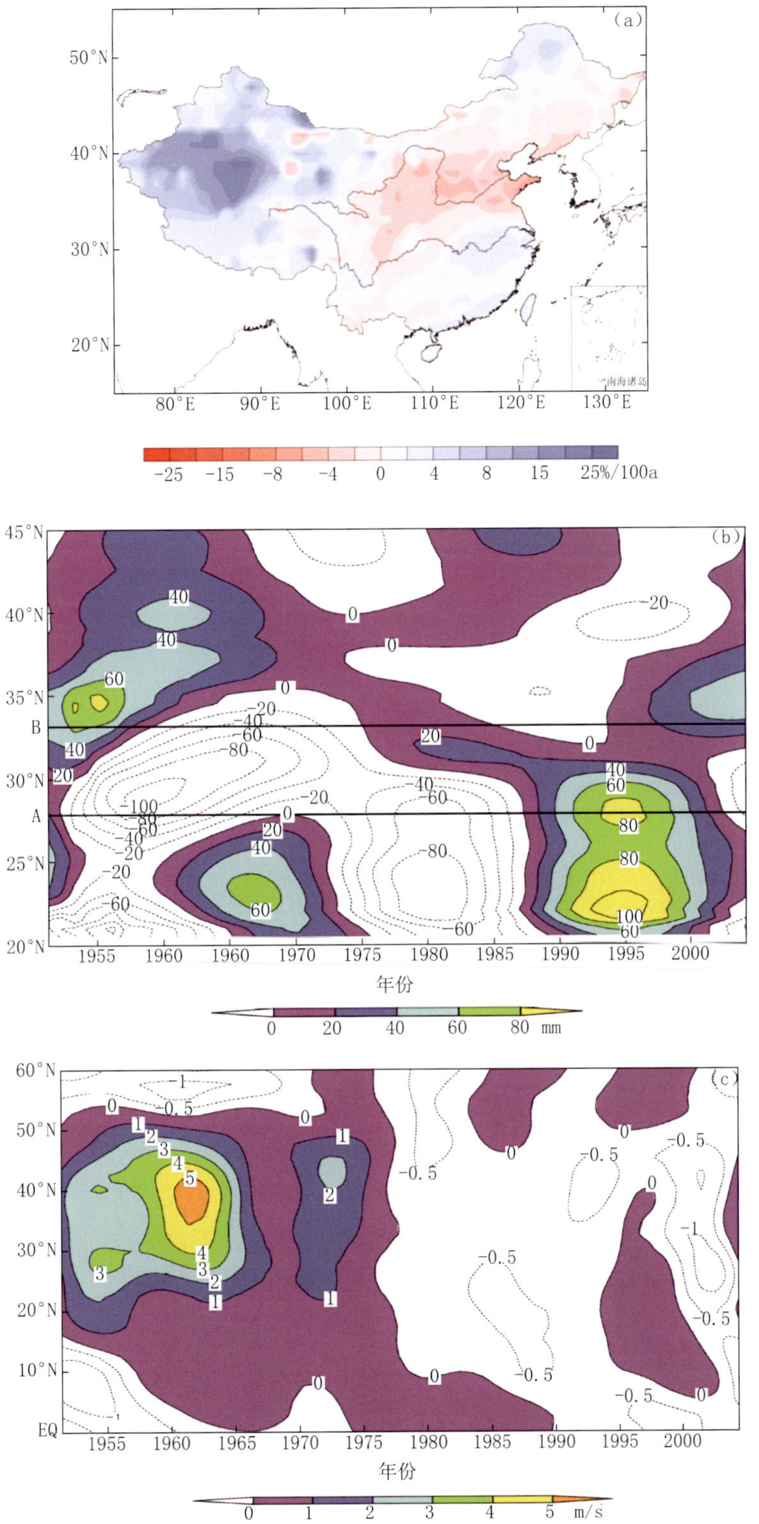
(a)
50°N
40°N
30°N
20°N
80°E
90°E
100°E
110°E
120°E
130°E
南海诸岛
-25
-15
-8
-4
0
4
8
15
25%/100a
(b)
45°N
40°N
35°N
B
30°N
A
25°N
20°N
1955
1960
1965
1970
1975
1980
1985
1990
1995
2000
年份
0
20
40
60
80 mm
(c)
60°N
50°N
40°N
30°N
20°N
10°N
EQ
1955
1960
1965
1970
1975
1980
1985
1990
1995
2000
年份
0
1
2
3
4
5
m/s

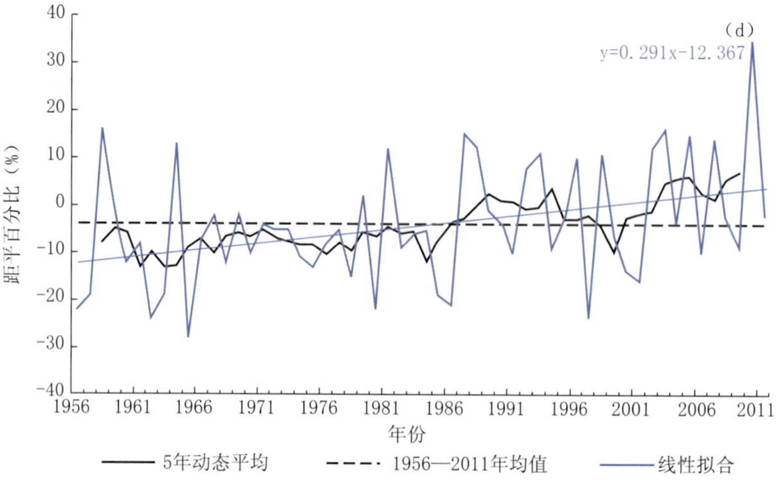

附彩图 4　中国降水变化及相关特征量的时间演变（（a）1957—2010 年中国夏季降水量距平百分比变化图；（b）1951—2004 年东亚夏季风（6—8 月）降水和（c）850 hPa 经向风，经度—时间剖面图；（d）西北地区（110°以西，33°N 以北）1956—2011 年平均降水量距平百分比时间序列（柳艳菊提供，2014 年））

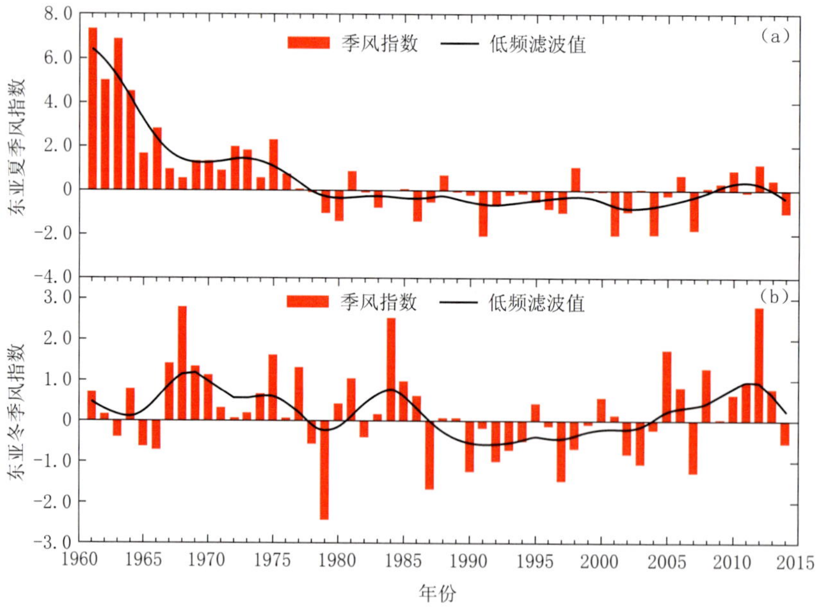

附彩图 5　1961—2014 年东亚夏季（6—8 月）季风（a）和冬季（12—次年 2 月）季风（b）指数变化曲线（国家气候中心，2015 年）

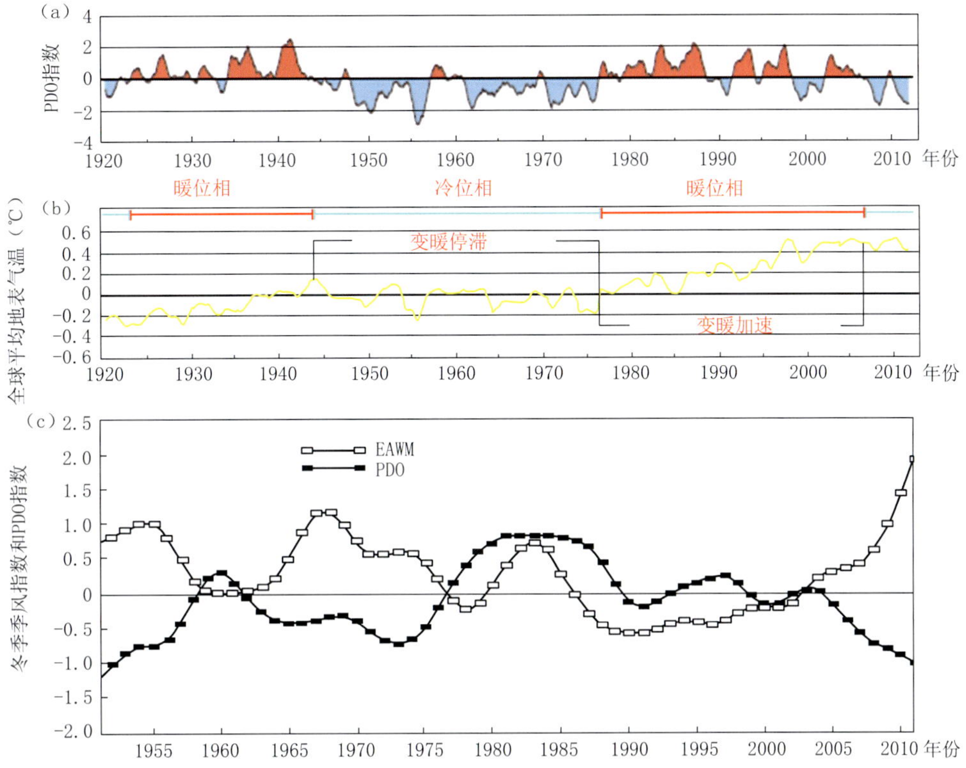

附彩图 6　北太平洋年代际振荡指数（PDO）（a、c）
与全球平均地表气温（b）的关系图（由 Tollefson 改绘）

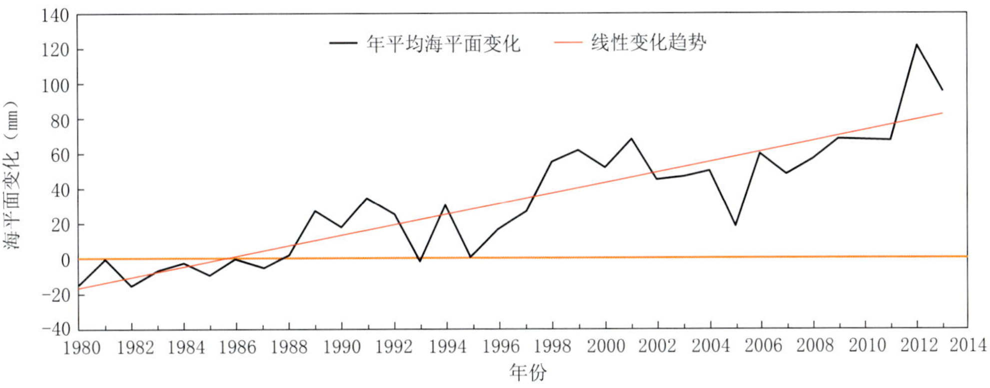

附彩图 7　中国沿海海平面变化（相对于 1975—1993 年平均值）
（引自国家海洋局 2013 年中国海平面报告）

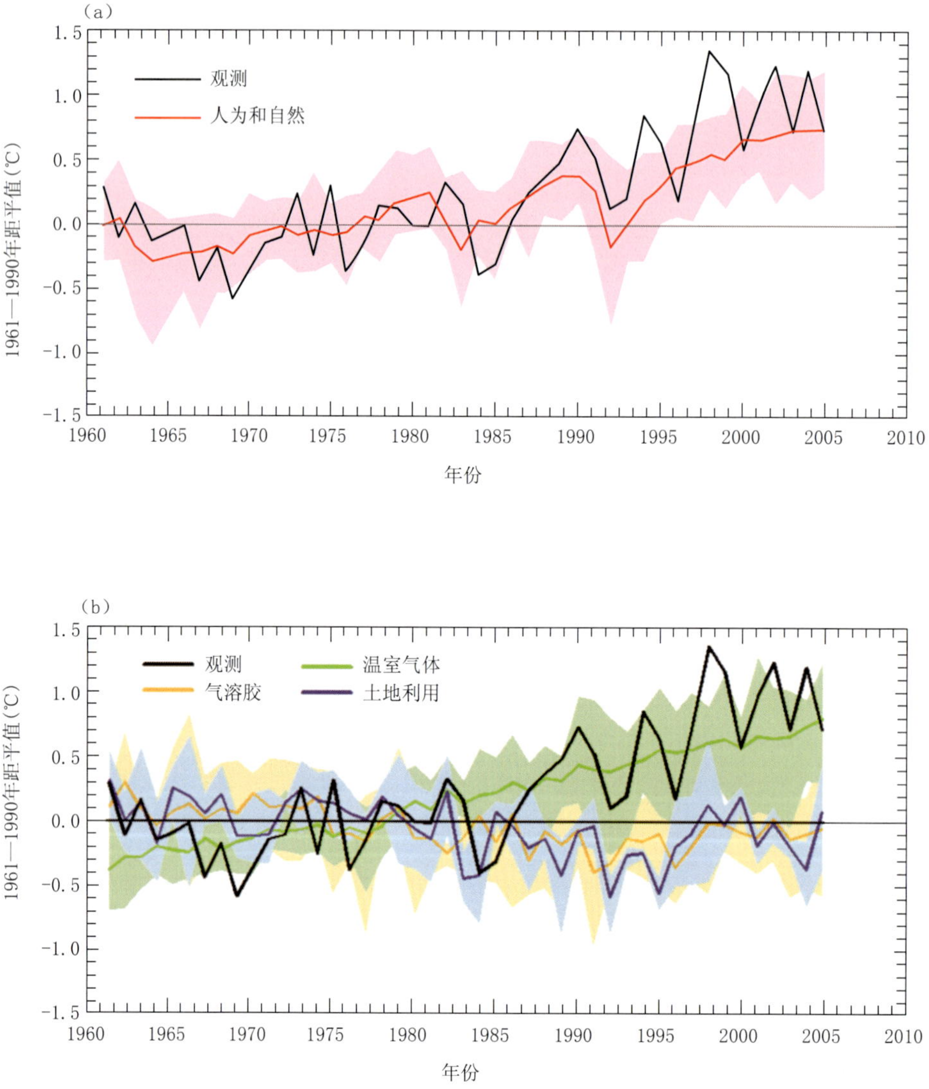

附彩图 8　不同强迫因子对中国地区 1961—2005 年地表气温变化的影响（(a) 自然因素和人为因素及 (b) 不同因子对中国近 50 年升温的共同作用）

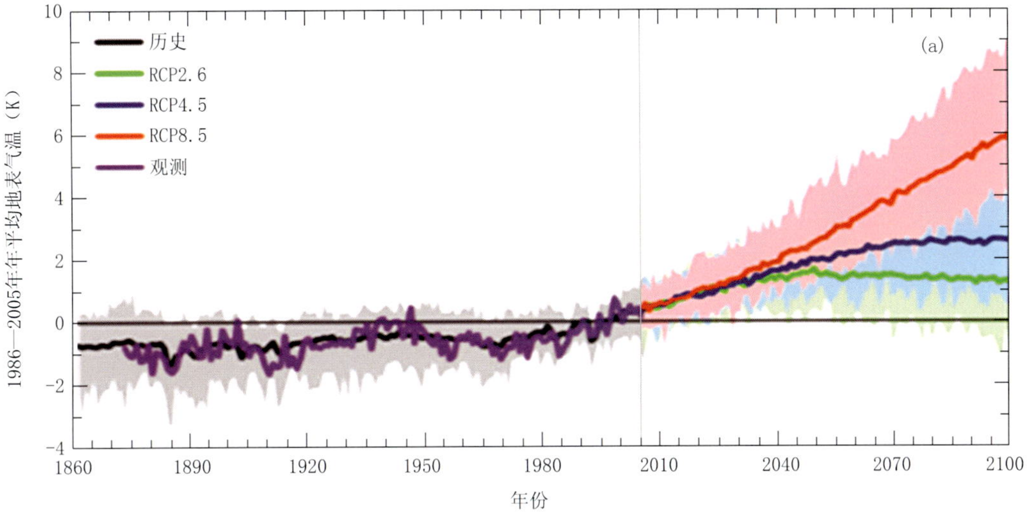

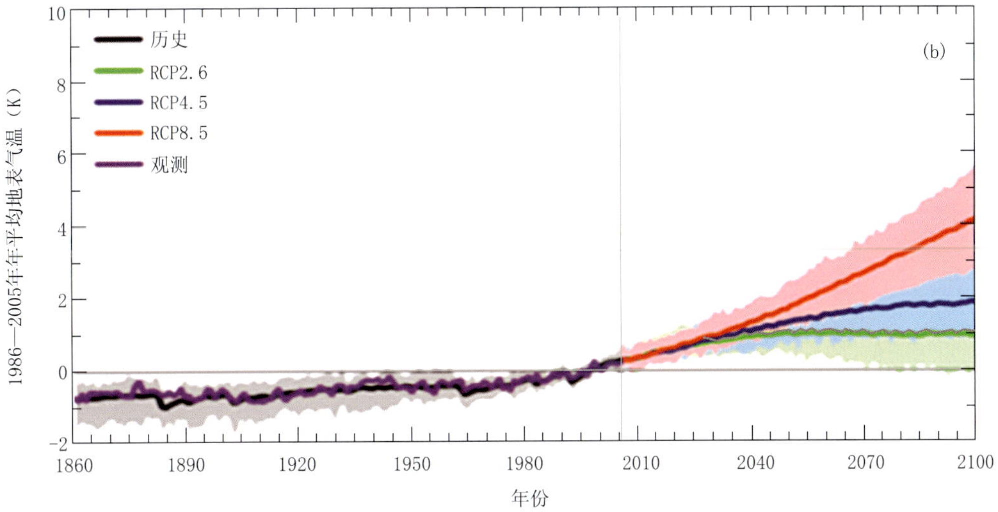

附彩图 9　1861—2100 年中国（a）和全球（b）地区年平均地表气温距平序列（相对于 1986—2005 年），红、蓝、绿色实线为 29 个模式集合平均结果，紫色线为观测序列（全球观测序列资料取自 HadCRUT3（Brohan 等，2006 年）；中国区域资料取自唐国利等（2009 年）绘制（吴统文，俞永强提供，2014 年））

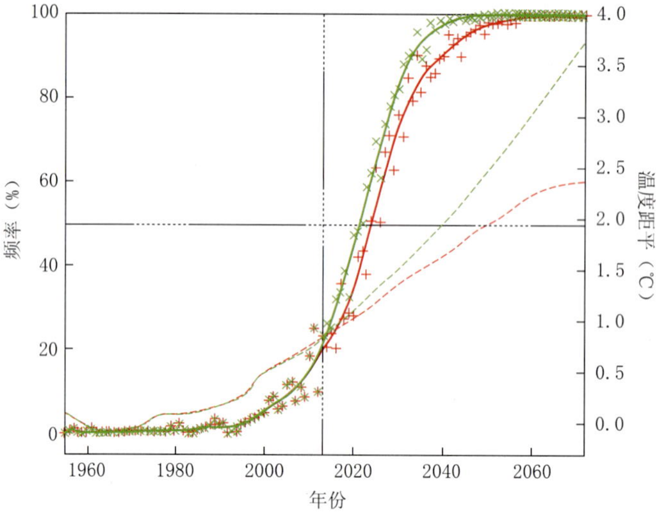

附彩图 10　1955—2072 年极热夏季重现频率的变化，即夏季温度高于 1.1 ℃距平（相对于 1955—1984 年）频率的时间演变（红色十字和绿色叉号分别代表 RCP4.5 和 RCP8.5 排放情况，虚线代表预估的集合平均温度变化（右边坐标））